21世纪高等学校机械设计制造及其自动化专业系列教材

机械工程测控实验教程

王峻峰　黄　弢　主编

华中科技大学出版社
中国·武汉

内容简介

本书以工程测试与控制技术在实际工程中的应用为中心展开，全书内容分为6章，分别介绍了MATLAB/Simulink和传统PLC在测控领域中的应用，基于高速工业以太网的EtherCAT总线技术，Arduino单片机和树莓派的使用与编程方法，以及Arduino单片机和树莓派在测控领域中的应用。此外，书中以二维码形式提供了大量的实验实例及相关程序代码，有利于读者举一反三，完成更为复杂的实验任务及实际工程任务。

本书可作为机械工程控制基础实验、工程测试技术实验、机电传动控制实验、机械工程测控综合实验和机电综合训练、智能制造技术实验和实践等课程的教材或参考书，也可用于机电控制方面的实训与培训。

图书在版编目(CIP)数据

机械工程测控实验教程/王峻峰，黄弢主编. —武汉：华中科技大学出版社，2023.4
ISBN 978-7-5680-9299-9

Ⅰ.①机… Ⅱ.①王… ②黄… Ⅲ.①机械工程-计算机控制系统-实验-教材 Ⅳ.①TP273-33

中国国家版本馆CIP数据核字(2023)第055257号

机械工程测控实验教程
Jixie Gongcheng Cekong Shiyan Jiaocheng

王峻峰　黄　弢　主编

策划编辑：万亚军
责任编辑：戢凤平
封面设计：原色设计
责任监印：周治超
出版发行：华中科技大学出版社(中国·武汉)　电话：(027)81321913
武汉市东湖新技术开发区华工科技园　邮编：430223
录　　排：武汉市洪山区佳年华文印部
印　　刷：武汉科源印刷设计有限公司
开　　本：787mm×1092mm　1/16
印　　张：27
字　　数：702千字
版　　次：2023年4月第1版第1次印刷
定　　价：79.80元

本书若有印装质量问题，请向出版社营销中心调换
全国免费服务热线：400-6679-118　竭诚为您服务

21 世纪高等学校
机械设计制造及其自动化专业系列教材

总序一

“中心藏之，何日忘之”，在新中国成立 60 周年之际，时隔“21 世纪高等学校机械设计制造及其自动化专业系列教材”出版 9 年之后，再次为此系列教材写序时，《诗经》中的这两句诗又一次涌上心头，衷心感谢作者们的辛勤写作，感谢多年来读者对这套系列教材的支持与信任，感谢为这套系列教材出版与完善作过努力的所有朋友们。

追思世纪交替之际，华中科技大学出版社在众多院士和专家的支持与指导下，根据 1998 年教育部颁布的新的普通高等学校专业目录，紧密结合“机械类专业人才培养方案体系改革的研究与实践”和“工程制图与机械基础系列课程教学内容和课程体系改革研究与实践”两个重大教学改革成果，约请全国 20 多所院校数十位长期从事教学和教学改革工作的教师，经多年辛勤劳动编写了“21 世纪高等学校机械设计制造及其自动化专业系列教材”。这套系列教材共出版了 20 多本，涵盖了“机械设计制造及其自动化”专业的所有主要专业基础课程和部分专业方向选修课程，是一套改革力度比较大的教材，集中反映了华中科技大学和国内众多兄弟院校在改革机械工程类人才培养模式和课程内容体系方面所取得的成果。

这套系列教材出版发行 9 年来，已被全国数百所院校采用，受到了教师和学生的广泛欢迎。目前，已有 13 本列入普通高等教育“十一五”国家级规划教材，多本获国家级、省部级奖励。其中的一些教材(如《机械工程控制基础》《机电传动控制》《机械制造技术基础》等)已成为同类教材的佼佼者。更难得的是，“21 世纪高等学校机械设计制造及其自动化专业系列教材”也已成为一个著名的丛书品牌。9 年前为这套教材作序的时候，我希望这套教材能加强各兄弟院校在教学改革方面的交流与合作，对机械工程类专业人才培养质量的提高起到积极的促进作用，现在看来，这一目标很好地达到了，让人倍感欣慰。

李白讲得十分正确：“人非尧舜，谁能尽善？”我始终认为，金无足赤，人无完人，文无完文，书无完书。尽管这套系列教材取得了可喜的成绩，但毫无疑问，这套书中，某本书中，这样或那样的错误、不妥、疏漏与不足，必然会存在。何况形势总在不断地发展，更需要进一步来完善，与时俱进，奋发前进。较之 9 年前，机械工程学科有了很大的变化和发展，为了满足当前机械工程类专业人才培养的需要，华中科技大学出版社在教育部高等学校机械学科教学指导委员会的指导下，对这套系列教材进行了全面修订，并在原基础上进一步拓展，在全国范围内约请了一大批知名专家，力争组织最好的作者队伍，有计划地更新和丰富“21 世纪高等学校机械设计制造及其自动化专业系列教材”。此次修订可谓非常必要，十分及时，修订工作也极为认真。

“得时后代超前代，识路前贤励后贤。”这套系列教材能取得今天的成绩，是几代机械工程教育工作者和出版工作者共同努力的结果。我深信，对于这次计划进行修订的教材，编写者一定能在继承已出版教材优点的基础上，结合高等教育的深入推进与本门课程的教学发展形势，广泛听取使用者的意见与建议，将教材凝练为精品；对于这次新拓展的教材，编写者也一定能吸收和发展原教材的优点，结合自身的特色，写成高质量的教材，以适应“提高教育质量”这一要求。是的，我一贯认为我们的事业是集体的，我们深信由前贤、后贤一起一定能将我们的事业推向新的高度！

尽管这套系列教材正开始全面的修订，但真理不会穷尽，认识不是终结，进步没有止境。“嘤其鸣矣，求其友声”，我们衷心希望同行专家和读者继续不吝赐教，及时批评指正。

是为之序。

中国科学院院士

2009.9.9

21 世纪高等学校
机械设计制造及其自动化专业系列教材

总序二

制造业是立国之本，兴国之器，强国之基。当今世界正处于以数字化、网络化、智能化为主要特征的第四次工业革命的起点，世界各大强国无不把发展制造业作为占据全球产业链和价值链高端位置的重要抓手，并先后提出了各自的制造业国家发展战略。我国要实现加快建设制造强国、发展先进制造业的战略目标，就迫切需要培养、造就一大批具有科学、工程和人文素养，具备机械设计制造基础知识，以及创新意识和国际视野，拥有研究开发能力、工程实践能力、团队协作能力，能在机械制造领域从事科学研究、技术研发和科技管理等工作的高级工程技术人才。我们只有培养出一大批能够引领产业发展、转型升级和创造新兴业态的创新人才，才能在国际竞争与合作中占据主动地位，提升核心竞争力。

自从人类社会进入信息时代以来，随着工程科学知识更新速度加快，高等工程教育面临着学校教授的课程内容远远落后于工程实际需求的窘境。目前工业互联网、大数据及人工智能等技术正与制造业加速融合，机械工程学科在与电子技术、控制技术及计算机技术深度融合的基础上还需要积极应对制造业正在向数字化、网络化、智能化方向发展的现实。为此，国内外高校纷纷推出了各项改革措施，实行以学生为中心的教学改革，突出多学科集成、跨学科学习、课程群教学、基于项目的主动学习的特点，以培养能够引领未来产业和社会发展的领导型工程人才。我国作为高等工程教育大国，积极应对新一轮科技革命与产业变革，在教育部推进下，基于"复旦共识""天大行动"和"北京指南"，各高校积极开展新工科建设，取得了一系列成果。

国家"十四五"规划纲要提出要建设高质量的教育体系。而高质量的教育体系，离不开高质量的课程和高质量的教材。2020 年 9 月，教育部召开了在我国教育和教材发展史上具有重要意义的首届全国教材工作会议。近年来，包括华中科技大学在内的众多高校的机械工程专业结合自身的办学特色，引入先进的教育理念，在专业建设、人才培养模式、教学内容、教学方法、课程建设等方面积极开展教学改革，取得了较好的效果，建设了一大批优质课程。为了将这些优秀的教学改革经验和教学内容推广给全国高校，华中科技大学出版社联合华中科技大学在内的一批高校，在首批“21世纪高等学校机械设计制造及其自动化专业系列教材”的基础上，再次组织修订和编写了一批教材，以支持我国机械工程专业的人才培养。具体如下：

（1）根据机械工程学科基础课程的边界再设计，结合未来工程发展方向修订、整合一批经典教材，包括将画法几何及机械制图、机械原理、机械设计整合为机械设计理论与方法系列教材等。

（2）面向制造业的发展变革趋势，积极引入工业互联网及云计算与大数据、人工智能技术，并与机械工程专业相关课程融合，新编写智能制造、机器人学、数字孪生技术等方面教材，以开拓学生视野。

（3）以学生的计算分析能力和问题解决能力、跨学科知识运用能力、创新（创业）能力培养为导向，建设机械工程学科概论、机电创新决策与设计等相关课程教材，培养创新引领型工程技术人才。

同时，为了促进国际工程教育交流，我们也规划了部分英文版教材。这些教材不仅可以用于留学生教育，也可以满足国际化人才培养需求。

需要指出的是，随着以学生为中心的教学改革的深入，借助日益发展的信息技术，教学组织形式日益多样化；本套教材将通过互联网链接丰富多彩的教学资源，把各位专家的成果展现给各位读者，与各位同仁交流，促进机械工程专业教学改革的发展。

随着制造业的发展、技术的进步，社会对机械工程专业人才的培养还会提出更高的要求；信息技术与教育的结合，科研成果对教学的反哺，也会促进教学模式的变革。希望各位专家同仁提出宝贵意见，以使教材内容不断完善；也希望通过本套教材在高校的推广使用，促进我国机械工程教育教学质量的提升，为实现高等教育的内涵式发展贡献一份力量。

中国科学院院士 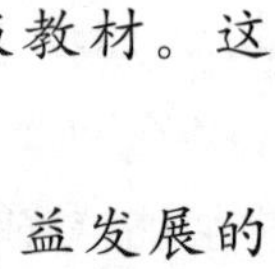

2021年8月

前　言

我国要加快建设制造强国、实现中华民族伟大复兴，就需要培养一大批优秀的社会主义建设者和接班人，需要一大批能够适应和支撑我国产业迈向全球价值链中高端的工程创新人才。实践教育是工程教育的重要组成部分，对创新人才的培养至关重要。实践是工程的本质，实践是创新的基础。丰富的实践活动可以促进学生将理论学习融入工程实践中，激发学生的成就感和学习热情，对提高机械专业学生的综合素质和实践能力、培养创新思维和能力具有至关重要的作用。

第四次工业革命浪潮下，高校的工科教育对培养时代需要的、适应工程科技进步与创新的本科人才提出了更高的要求。传统的机械工程教育过于理论化，割裂了工程教育与工程本身的联系，对实践教学的主导性重视不够。根据《国家中长期教育改革和发展规划纲要(2010—2020)》有关精神，为了提高应用型人才培养质量，高校机械工程实验教学的内容、方法、手段及实验教学模式需要改进与创新。"学习是基础、思考是关键、实践是根本"，工程专业的实验课程要注重理论与实践相结合，以培养学生的实践能力和创新精神为重点。

实验教学是实践教学环节的一个重要组成部分，在这个背景下，本书对机械工程测控类课程实验教学的内容进行了更新，对实验教学模式的转变进行了探索。

本书针对目前机械工程测控类课程实验教学中普遍存在的实验内容相对陈旧、实验方法单一、实践创新能力不足等问题，以工业领域常用的控制器为对象，讲述了它们在测控领域的应用，按照由易到难的顺序给出了相关的实验，布置了相应的实验任务，可以使读者在完成这些实验后熟悉并掌握相关控制器的使用方法，养成良好的工程实验习惯。在实验教学的方法上，采取以引导学生主动实践为主导的理论与实践相结合的实验教学模式，以学生为中心，帮助学生构建问题空间，夯实理论基础，强调实践能力，增强系统意识，引入新技术、新方法，在实验中加强对学生系统观、工程观、质量观和宏观思维等意识的培养。

全书内容分为 6 章，以工程测试与控制技术在实际工程中的应用为中心展开。第 1 章介绍了 MATLAB/Simulink 在测控领域中的应用，并安排了相应的实验。第 2 章和第 3 章以西门子 S7-200 系列 PLC 为例，介绍了传统 PLC 在测控领域中的应用，并强调了测控系统中的接线规范，以加强职业素养的训练；给出了若干个基础性实验和综合性设计型实验案例。第4章介绍了在当前工业领域应用越来越广泛的、基于高速工业以太网的EtherCAT总线技术，由浅到深地安排了基础性实验和面向复杂工程问题的综合性设计型实验。通过这些实验，读者可以快速地掌握基于工业以太网的测控系统的开发与设计方法。第5章和第6章从零基础开始引导读者掌握Arduino单片机和树莓派的使用与编程方法，分别介绍了Arduino单片机和树莓派在测控领域中的应用。此外，书中以二维码形式提供了大量的实验实例及相关程序代码，有利于读者举一反三，完成更为复杂的实验任务及实际工程任务。

本书具有以下特点：

(1) 针对传统的机械专业测控实验教学内容与智能制造所需求的内容衔接不够，实验教学内容、实验手段明显滞后于行业发展的现状，增加了智能制造领域使用的先进的新技术、新设备以及更为丰富的实验内容，多学科的知识及技术在实验中得到融合应用。

(2) 针对现行机械专业测控实验教学专注于强调对课程知识点的理解，对实验能力和方法要求不高，以及对实验方案中所涉及的多学科知识与技术的综合应用探究不深，而忽视了对系统观、大工程观和宏观思维的培养等问题，本书增加了复杂工程问题教学情境，加强了对学生的机电测控的专业技能、综合素质和创新能力等方面的训练。

(3) 针对传统机械专业实验教学方式方法难以适用于多学科交叉融合的不足，以问题为导向，将新技术、多学科交叉融合的应用能力培养融入实验教学，引导研究性学习，以达成知识、能力与素养的协同培养。

本书可作为机械工程控制基础实验、工程测试技术实验、机电传动控制实验、机械工程测控综合实验和机电综合训练、智能制造技术实验和实践等课程的教材或参考书，也可用于机电控制方面的实训与培训。

本书由王峻峰、黄弢主编，第1章的1.5节由黄弢编写，第6章6.6节中的树莓派程序由谭波提供，其余章节由王峻峰编写。在本书编写过程中，王书亭教授、何岭松教授、陈冰副教授对本书的内容、编排给出了宝贵的建议。同时，编者还参考了德国倍福自动化有限公司、武汉德普施科技有限公司、武汉迈信电气技术有限公司的有关资料。本书的出版得到了“国家级新工科研究与实践项目”的资助，在此一并表示感谢。

由于时间仓促，加之作者水平有限，书中疏漏或不足之处在所难免，恳请各位专家、学者批评指正。

编　者

2022年9月

目　　录

第 1 章　MATLAB/Simulink 测控应用 …… (1)

1.1　MATLAB/Simulink 简介 …… (1)

1.2　MATLAB 入门 …… (1)

1.3　MATLAB 的基本操作 …… (5)

1.4　Simulink 仿真 …… (9)

1.5　MATLAB/Simulink 测控实验 …… (20)

第 2 章　PLC 测控基础实验 …… (38)

2.1　PID 控制算法 …… (38)

2.2　实验接线基本要求 …… (38)

2.3　S7-200 系列 PLC 应用设计基础 …… (39)

2.4　基于 PC 的人机交互实验 …… (74)

第 3 章　PLC 测控综合实验 …… (125)

3.1　水位监控组态实验 …… (125)

3.2　温度监控组态实验 …… (136)

3.3　双旋翼平衡控制实验 …… (140)

3.4　伺服电机的 JOG 控制实验 …… (154)

3.5　一维工作台的位移伺服控制实验 …… (158)

3.6　物料输送分拣线运行控制 …… (168)

第 4 章　基于实时工业以太网 EtherCAT 总线的测控实验 …… (191)

4.1　工业以太网 EtherCAT …… (191)

4.2　基于 IEC61131-3 的 TwinCAT 编程规范 …… (193)

4.3　常用 EtherCAT 模块 …… (199)

4.4　基于 EtherCAT 的 I/O 控制 …… (211)

4.5　人机界面 HMI 实验 …… (242)

4.6　基于 EtherCAT 总线方式的运动控制 …… (254)

4.7　基于 EtherCAT 总线的流水线控制 …… (307)

第 5 章　Arduino 测控实验 …… (327)

5.1　Arduino 测控应用基础实验 …… (327)

5.2　Arduino 水位测量与控制实验 …… (343)

5.3　Arduino 控制旋翼平衡实验 …… (346)

5.4　一维直线工作台的位置控制实验 …… (350)

5.5　视频信号与颜色识别实验 …… (355)

第 6 章　树莓派测控基础实验 …… (359)

6.1　树莓派硬件 …… (359)

6.2　常用工具软件及安装 …… (361)

6.3　Raspberry Pi OS 安装 …… (369)

6.4　树莓派的操作系统 …… (381)

6.5　树莓派 Python 编程基础 …… (386)

6.6　基于树莓派的测控实验 …… (392)

参考文献 …… (417)

第1章 MATLAB/Simulink 测控应用

1.1 MATLAB/Simulink 简介

MATLAB 是一种应用于科学和工程计算的商业数学软件。

在科学与工程应用中，往往要进行大量的数学计算，这些计算一般来说难以通过手工精确和快速地完成，而要借助于计算机的强大的计算能力。虽然我们可以用一些高级语言，如 C、C++、Basic 等，来编制计算程序，但这要求对有关算法有深刻的了解，还需要熟练掌握所用编程语言的语法与编程技巧。对很多人来说，同时具备这两方面的才能有一定困难，而且即使具备这两方面的能力，也会耗费大量的时间、人力与物力，进而影响工作进程和效率。为避免将大量精力用于计算编程，而将主要精力用在计算本身，我们可以使用专门用于科学和工程计算的工具，如 MATLAB。MATLAB 的功能非常强大，采用了基于矩阵的运算方式，可以进行各种科学和工程计算，特别容易学习和使用，实际经验表明，一般理工科学生 1 个小时就能初步学会使用 MATLAB 进行一些简单的计算。除了传统的交互式编程方式外，MATLAB 还提供了丰富的工具（如矩阵运算、图形绘制、数据处理、图像处理）和外围通信接口等供用户使用。MATLAB 已广泛地应用于信号处理、图像处理、自动控制、优化设计、统计分析、趋势预测、人工智能、机器人等领域，目前已成为国际上最为流行的计算软件。

在测控实验中广泛采用 MATLAB/Simulink 作为实验过程分析的计算工具。

1.2 MATLAB 入门

不同版本的 MATLAB 呈现给用户的界面的差异不大，2017 版 MATLAB 的界面如图 1.1 所示。

MATLAB 中包括了一般的数值分析、矩阵运算、数字信号处理、建模、系统控制和优化等应用函数，在这个集成用户环境中所解问题的 MATLAB 语言表述形式和其数学表达形式相同，多数问题不需要通过编程求解。因此，MATLAB 大大降低了对使用者的数学基础和计算机语言知识的要求，而且它把编辑、编译、连接和执行融为一体，编程效率和计算效率极高。MATLAB 提供的工具箱（Toolbox）和 Simulink 仿真工具，使之成为一个应用最为广泛的、高效的科研助手。点击 MATLAB 的“附加功能”，选择“管理附加功能”，就可以看到工具箱了，如图 1.2 所示。

例 1-1 命令行指令输入。

在图 1.1 中，命令行窗口是 MATLAB 最主要的工作空间，所有的指令、变量的使用、函数的调用、在线帮助等，都在这个工作空间里完成。对于简单的计算，可以在命令行窗口逐条输入指令，按回车键就能得到结果，如图 1.3 所示。

在命令行窗口的“〉〉”符号后输入“x=3”，并回车，得到“x=3”的结果，再在符号“〉〉”后输入“y=sqrt(abs(x))+x^3”，回车后可以得到结果 y=28.7321。

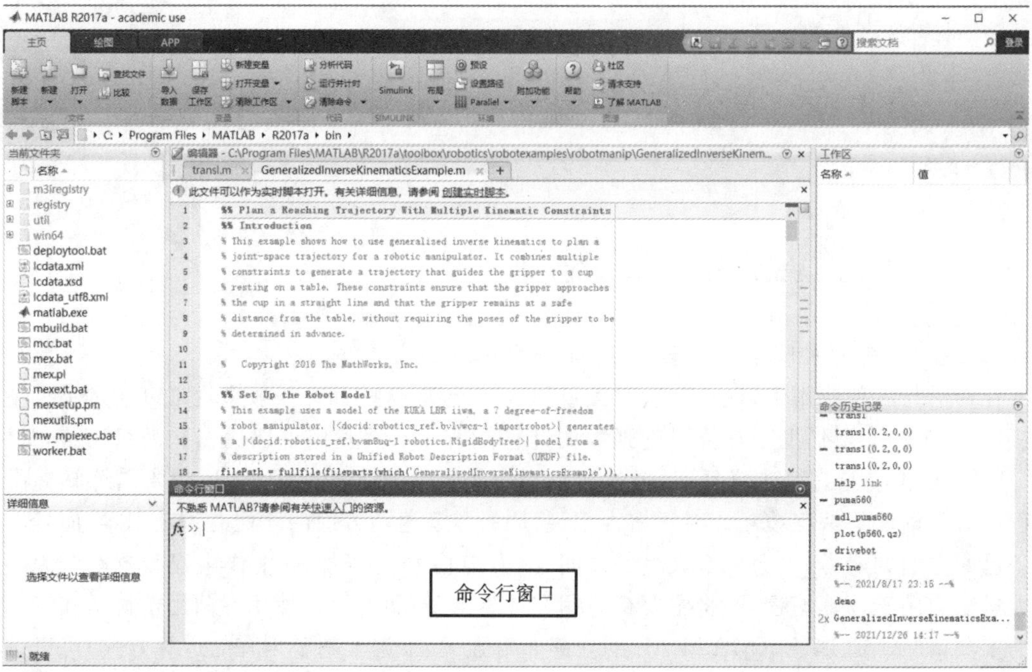

图 1.1

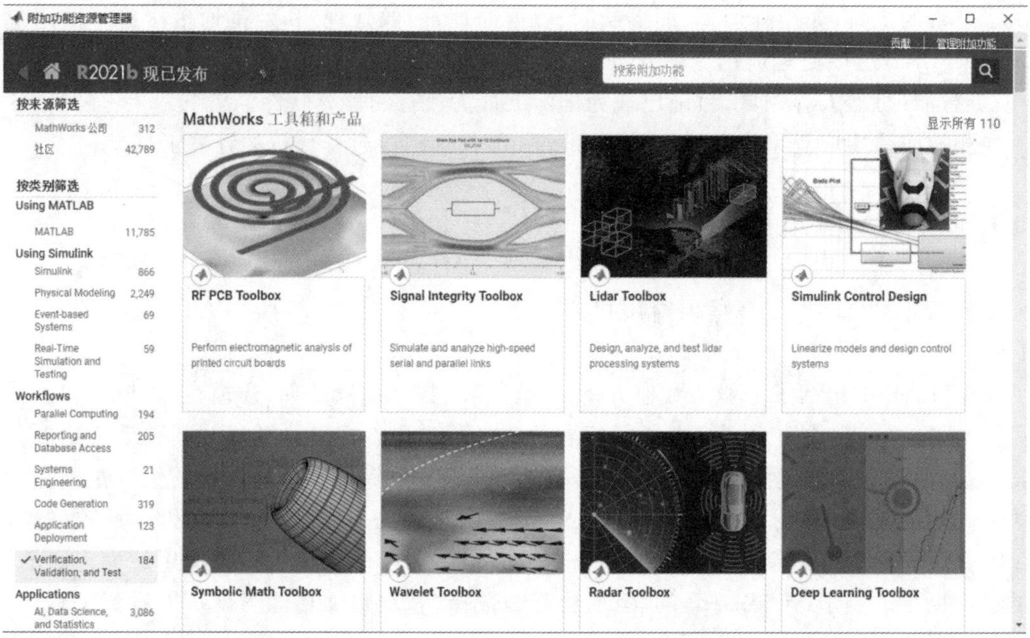

图 1.2

如果是比较复杂的计算，一般要借助于 M 文件，即把计算程序在函数编辑器中编写好，并保存为 M 文件，然后在命令行窗口调用这个已经编辑好的函数，如图 1.4 所示。

一个 M 文件包含一些 MATLAB 语句，M 文件可以相互调用，也可以调用自己。从功能上看，常用的 M 文件有 M 脚本文件(M-Script)和 M 函数文件(M-Function)两种类型，它们的扩展名相同，都是“.m”。M 脚本文件中包含一组 MATLAB 语言所支持的语句，类似于 DOS

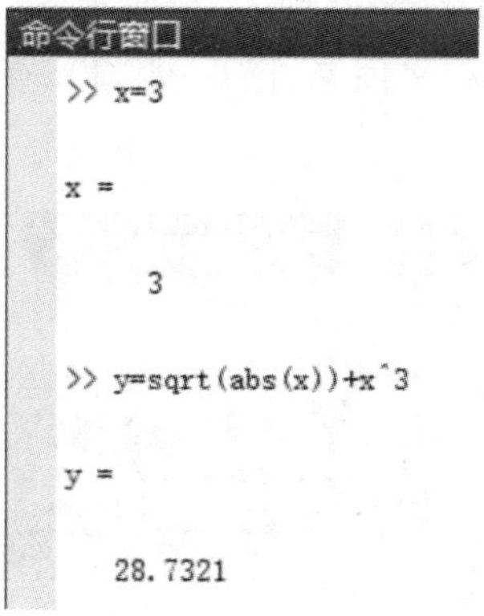

图 1.3

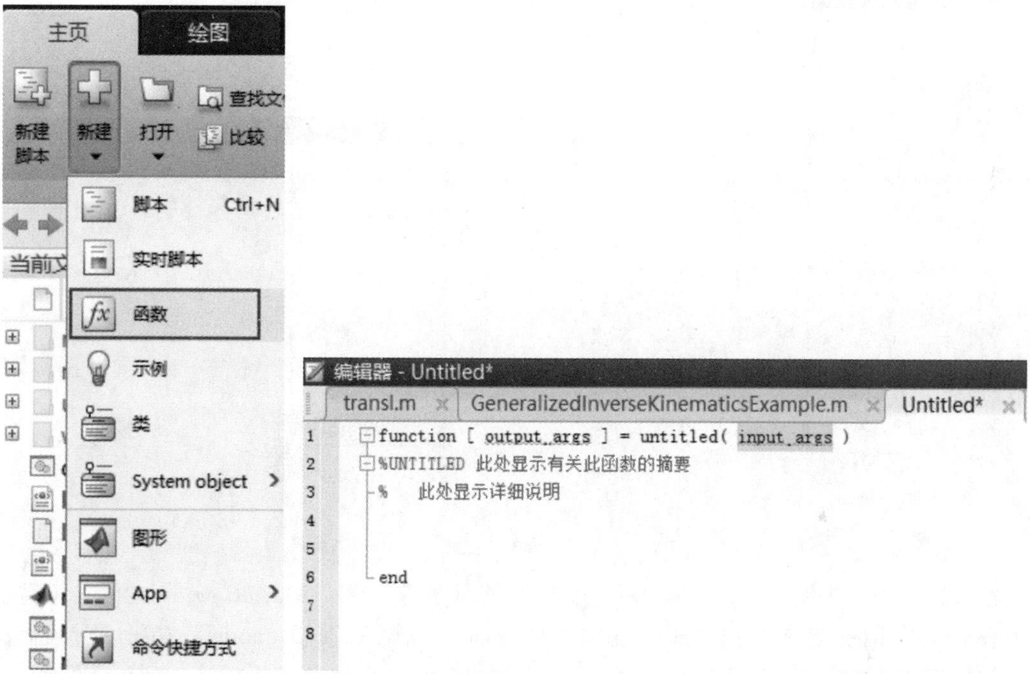

图 1.4

下的批处理文件。执行方式也非常简单，用户只需要在 MATLAB 的提示符下输入该 M 文件的文件名，MATLAB 就会自动执行该 M 文件的各条语句，并将结果直接返回到 MATLAB 的工作空间。在运行过程中产生的所有变量都是全局变量。为运算调试方便，用户可以像编写批处理命令一样，将多个 MATLAB 命令集中在一个 M 文本文件中。在一个文件中，既能方便地进行调用，又便于修改；用户还可以根据自身的情况，编写用于解决特定问题的 M 文件，这样就可以实现结构化程序设计，并降低代码重用率。实际上，MATLAB 自带的许多函数就是 M 函数文件。MATLAB 提供的编辑器可以使用户方便地进行 M 文件的编写。

简而言之，用户把要实现的命令写在一个以 .m 作为文件扩展名的文件中即得到一个 M 文件，然后由 MATLAB 系统进行解释，运行出结果。实际上 M 文件是一个命令集，因此 MATLAB 具有强大的可开发性与可扩展性。MATLAB 中的许多函数本身都是由 M 文件扩展而成的，用户也可以利用 M 文件来生成和扩充自己的函数库。

例 1-2　编写一个 M 脚本文件，并在 MATLAB 命令窗口调用它。

在 C 盘建立一个“Matlab_code”文件夹，打开 MATLAB，点击“新建”→“脚本”，如图 1.5(a)所示。

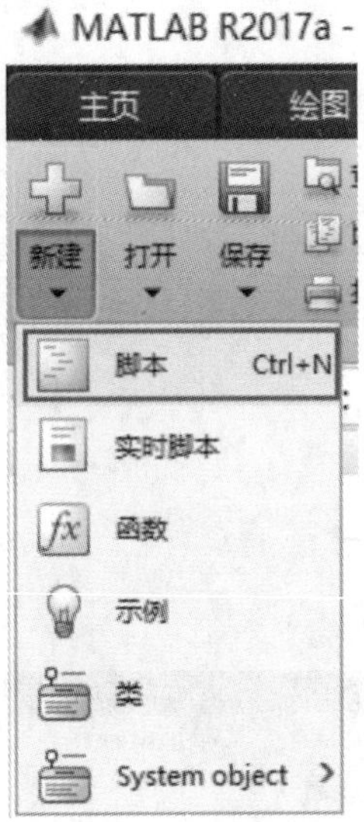

(a)

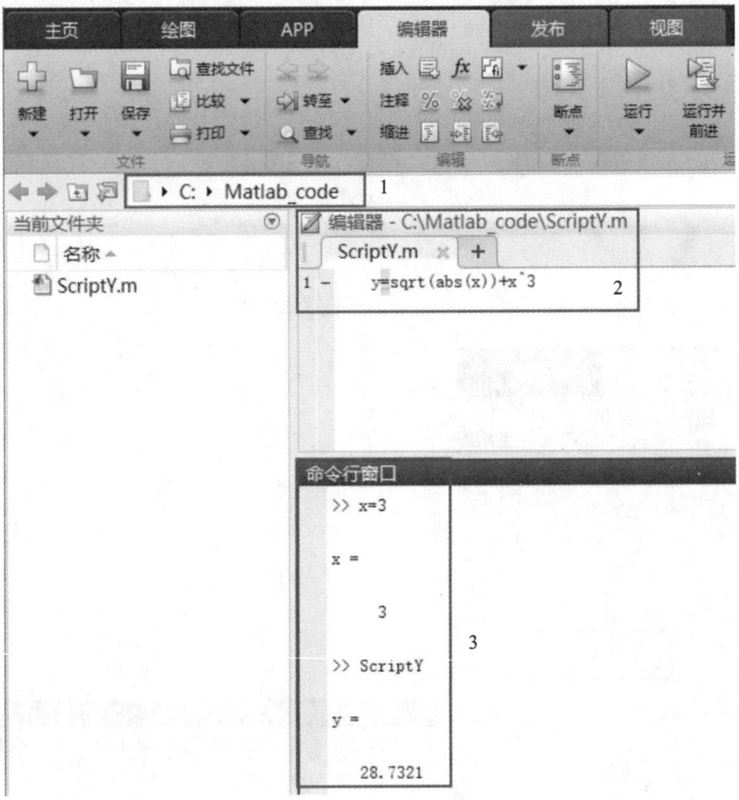

(b)

图 1.5

在编辑器中输入“y=sqrt(abs(x))+x^3”，将其保存到 C:\Matlab_code 文件夹中，文件名为 ScriptY. m，并将 MATLAB 的工作路径指向“C:\MATLAB_code”。在命令行窗口的“〉〉”符号后输入“x=3”，并回车，得到“x=3”的结果，再在符号“〉〉”后输入“ScriptY”，回车后可以得到结果 y=28.7321，见图 1.5(b)中步骤“1,2,3”。

如果 M 文件的第一行包含“Function”，则这个 M 文件是函数文件。函数文件的功能是建立一个函数，这个函数可以同 MATLAB 的库函数一样使用。

例 1-3　创建一个函数，并调用。

按照图 1.4 所示的方法，新建一个函数文件，在编辑器窗口按照图 1.6 中的步骤 1，输入注释及代码。

图 1.4 中以%开头的内容为注释行。点击保存，将其保存到“C:\Matlab_code”文件夹中，文件名为 FuncY. m。按照图 1.6 中的步骤 2，将 MATLAB 的工作路径指向“C:\Matlab_code”。按照步骤 3，在命令行窗口的“〉〉”符号后输入“FuncY(3)”，并回车，命令行窗口出现调用 FuncY 的计算结果。

对比例 1-2 与例 1-3，可以看出：脚本文件与函数文件的区别在于脚本文件没有函数定义行，在使用方法、变量生存周期中也存在差异。对于稍微复杂的计算，多会使用函数型的 M 文件。

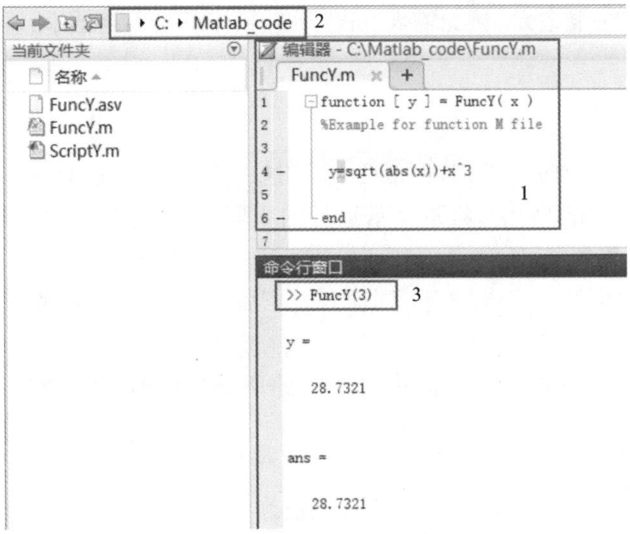

图 1.6

1.3　MATLAB 的基本操作

MATLAB 是 Matrix Laboratory(矩阵实验室)的缩写,它最基本、最重要的功能就是进行实数矩阵或复数矩阵的运算。向量可以作为矩阵的一列或一行,标量(一个数)也可作为只含一个元素的矩阵,所以向量和标量都可以作为特殊矩阵来处理。

与其他高级语言,如 Basic、C、C++等中数据单元是“数”不同,MATLAB 的基本数据单元是不需要指定维数的矩阵,所以在 MATLAB 环境下数组(向量或矩阵)的操作与“数”的操作一样简单。

1. 矩阵输入

在 MATLAB 中,不必描述矩阵的维数和类型,它们是由输入的格式和内容来确定的。输入矩阵最简单的方法是采用直接排列的形式,把矩阵的元素直接排列在方括号中,每行内的元素用空格或逗号分开,行与行的内容用分号分开,例如:

```
>>A=[1 2 3;4 5 6;7 8 9]
```

回车后会得到

```
A=
   1     2     3
   4     5     6
   7     8     9
```

输入后的矩阵 A 会一直保存在工作空间中,除非被替代或被清除,否则矩阵 A 可以随时被调出来。当然,也可以把矩阵 A 建成一个 M 文件,在运算中调用它。

矩阵元素除了是具体的数据以外,也可以用表达式来描述。

2. 语句与变量

MATLAB 语句的常用形式为:

```
变量=表达式
```

或简单地用“表达式”直接表示，例如输入“pi：>>pi”，回车后会得到结果：

```
ans=3.1416
```

MATLAB的变量默认是区分大小写的。

如果在语句的末尾加分号“;”，则表明除了这一条命令外还有下一条命令等待输入，MATLAB运行完这一条语句后，将不显示运行的中间结果；在所有命令输入完毕并回车后，MATLAB将给出最终的结果。

如果一条表达式很长，一行写不下，则键入“…”后回车（注意“…”前要留有空格），即可在下一行再接着写。

输入who命令可检查在工作空间中所建立的所有变量名。MATLAB有一些固定的变量，如：eps，pi，Inf（无穷大），NaN，i（复数）等。

3. help 命令

通过help命令可以查看MATLAB命令的联机帮助信息，如输入“>>help pi”，回车可以得到：

```
pi    3.1415926535897...
   pi=4*atan(1)=imag(log(-1))=3.1415926535897...
```

4. 算术表达式和数

MATLAB的算术运算符有：+加，-减，*乘，/右除，\左除。

对于标量来说，“左除”和“右除”运算的结果一样；对于矩阵来说，“左除”和“右除”表示了两种不同的除数矩阵和被除数矩阵的关系。

MATLAB的关系运算符有：==等于，<小于，<=小于等于，>大于，>=大于等于，~=不等于。

MATLAB的逻辑运算符有：& 与，| 或，~ 非。

平时习惯使用的十进制符号如小数点、负号等，在MATLAB中可以同样使用。表示10的幂次要用符号e或E，如 1.6×10^5 在MATLAB中可以写为1.6e5。

在MATLAB中，复数的单位为i=sqrt(-1)，其值在工作空间中都显示为0.000+1.000i。

5. 向量和下标

（1）向量。

在MATLAB中，“：”是一个很重要的字符，如x=1:5即产生一个1～5单位增量的行向量。如果希望增量可以指定，可以把增量放在起始和结尾量的中间，如输入“>>a=1:2:7”，其运行结果为：

```
a=
  1    3    5    7
```

（2）下标。

单个的矩阵元素可在括号()中用下标来表达，例如对于矩阵A：

```
A=
  1    2    3
  4    5    6
  7    8    9
```

A(1,3)=3,A(3,1)=7,A(3,3)=9,等等。

可以使用“:”代替下标,表示所有的行或列,如 A(:,2)表示第 2 列所有的元素,A(3,:)表示第 3 行所有的元素。

6. 常用数学函数

MATLAB 提供的常用数学函数有基本数学函数、三角函数和数据分析函数,分列如下:

基本数学函数			
abs	绝对值或复数模	floor	朝负无穷方向取整
angle	相角	ceil	朝正无穷方向取整
sqrt	开平方	sign	正负符号函数
real	实部	rem	除后余数
imag	虚部	exp	以 e 为底的指数
conj	复数共轭	log	自然对数
round	四舍五入到最接近的整数	log10	以 10 为底的对数
fix	朝零方向取整		

三角函数			
sin	正弦	sinh	双曲正弦
cos	余弦	cosh	双曲余弦
tan	正切	tanh	双曲正切
asin	反正弦	asinh	反双曲正弦
acos	反余弦	acosh	反双曲余弦
atan	反正切	atanh	反双曲正切
atan2	第四象限反正切		

数据分析函数			
max	最大值	cumsum	元素的累加和
min	最小值	cumprod	元素的累积
mean	均值	diff	差分函数
median	中值	hist	直方图
std	标准差	corrcoef	互相关矩阵
sort	排序分类	cov	协方差矩阵
sum	元素的总和	cplxpair	共轭复数的重排
prod	元素的乘积		

7. 磁盘操作命令

MATLAB 提供了对磁盘文件进行操作的命令,如 dir、type、delete、cd 等,相应的含义读者可以用 help 命令查询。

8. 绘图

MATLAB 提供了很多的绘图指令,支持用户绘出需要的图形:

绘图指令			
plot	线性 X-Y 坐标图	loglog	双对数坐标图
semilogx	x 轴对数半对数坐标图	semilogy	y 轴对数半对数坐标图
polar	极坐标图	mesh	三维消隐图
contour	等高线图	bar	条形图
stairs	阶梯图		

MATLAB 提供了对所绘图形进行标注的指令：

图形标注指令			
title	标注题头	text	任意定位的标注
xlabel	x 轴标注	gtext	鼠标定位的标注
ylabel	y 轴标注	grid	画网格

MATLAB 提供了关于坐标轴尺寸的选择和图形处理的控制指令：

图形控制指令			
axis	人工选择坐标轴尺寸	clg	清图形窗口
hold	保持图形	shg	显示图形窗口
ginput	利用鼠标的十字准线输入	subplot	将图形窗口分成 *N* 块子窗

MATLAB 提供了绘图的线型控制参数，在绘图指令 plot 中使用：

线型控制参数			
-	实线	......	虚线
:	冒号线	-.	点画线
.	绘点	+	绘“+”号
*	绘“*”号	o	圆形
x	x 标记	s	方形

MATLAB 提供了绘图线的颜色控制参数，在绘图指令 plot 中使用：

绘图线颜色控制参数			
b	蓝色	c	青色
g	绿色	k	黑色(默认)
m	洋红色	r	红色
w	白色	y	黄色

9. 控制语句

(1) for 循环。

for 循环语句完成一条语句或一组语句在一定情况下的反复使用，其重复的次数是预先设定的，for 语句一定要有“end”命令作为结束。其一般形式为：

```
for R=1:N
    for C=1:N
        A(R,C)=1/(R+C-1);
    end
end
```

（2）while 循环。

while 循环语句用于控制一个或一组语句在一个逻辑条件下重复预先不确定的次数。while 循环语句的一般形式为：

```
while expression
  statements
end
```

只要表达式“expression”不为零，语句“statements”将继续执行。

（3）if 条件语句。

if 条件语句根据逻辑判断的结果决定是否运行其下面的内容，if 语句可以与 elseif 和 else 语句结合使用，以 end 语句结束。if 语句的一般形式为：

```
if expression1
  statements1
elseif expression2
  statements2
else
  statements3
end
```

其中如果表达式 expression1 非零，则执行 statements1，否则判断表达式 expression2 是否非零，当 expression2 非零时，执行 statements2，其他情况执行 statements3。else 和 elseif 是可选的。

关于绘图指令的使用，可以参照后面的实验例子多练习。

MATLAB 提供的指令和函数很多，限于篇幅不能一一列举并说明其详细使用方法，实验中遇到这方面的问题可以用“help”命令查询在线帮助，或参考关于 MATLAB 使用的专门书籍。

1.4　Simulink 仿真

系统仿真作为一种特殊形式的实验技术，已经发展成为一种系统的实验科学，具有经济、安全、快捷、优化及预测等优势。仿真的基本思想是利用物理或数学模型来类比模仿现实过程，以寻求对真实过程的认识，它所遵循的基本原则是相似性原理。随着计算机技术的发展，仿真作为一种研究、发展新产品、新技术的科学手段，在航空航天、电力工业、原子能工业、石油化工、装备制造等领域得到了广泛的应用，并产生了巨大的经济效益和社会效益，已成为各种复杂系统研制工作中一种必不可少的手段。

1990 年，Mathworks 公司为 MATLAB 提供了一种新的、基于计算机的控制系统模块化图形输入与仿真工具，命名为 Simulink，由于采用了图形化建模的方式，对使用者的软件编程能力要求较低,用户可以把更多的精力投入系统模型的构建而非编程语言上,因此该工具很快在控制领域得到了广泛的认可。

所谓模块化图形建模,是指 Simulink 提供了一些按功能分类的基本系统模块,用户只需要知道这些模块的功能,及模块的输入、输出,而不必考察模块内部是如何实现的。通过对这些基本模块的调用,再将它们连接起来就可以构成所需要的系统模型,进行系统的仿真分析,模型以.mdl 命名的文件存放。

计算机仿真是基于所建立的系统仿真模型,利用计算机对系统进行分析、研究的技术与方法。

(1) 模型。

模型是对现实系统有关结构信息和行为的某种形式的描述,是对系统特征与变化规律的一种定量抽象。模型可以分为三种:

① 物理模型,指不以人的意志为转移的、客观存在的实体,如飞行器的飞行模型、船舶制造中的船舶模型等。

② 数学模型,指在一定的功能或结构上相似,用数学的方法来再现原型的功能或结构特征。

③ 仿真模型,指根据系统的数学模型,用仿真语言转化得到的计算机可以实现的模型。

(2) 仿真。

与不同类别的模型相对应,仿真可以分为物理仿真和数学仿真两种类型。

物理仿真采用物理模型,有实物介入,具有效果逼真、精度高的优点,但造价高、耗时长。物理仿真具有实时、在线的特性,往往用于大型复杂系统,如飞行器的动态仿真、发电站综合调度仿真与培训系统等。

数学仿真是在计算机上对所建立的数学模型进行计算,得到仿真计算结果,具有非实时、离线、经济、快速的特点。

1.4.1　Simulink 快速使用

1. Simulink 的启动

启动 Simulink 有两种方式:一种是在 MATLAB 的命令行窗口输入"simulink"并回车;另一种是点击 MATLAB 主窗口上的快捷按钮,如图 1.7 中的方框所示。

图 1.7

启动 Simulink 后,进入"Simulink Start Page",可以看到 Simulink 的基本模块库,如图1.8所示。

点击第一个图标"Blank Model",打开建模窗口,如图 1.9 所示,从 Simulink 库中拖取要用到的库模型到这个建模窗口。Simulink 的建模就是在这个窗口里进行的。

2. Simulink 建模仿真

点击模块库浏览快捷键,弹出模块库浏览窗口如图 1.10 所示,该窗口显示了 Simulink 所

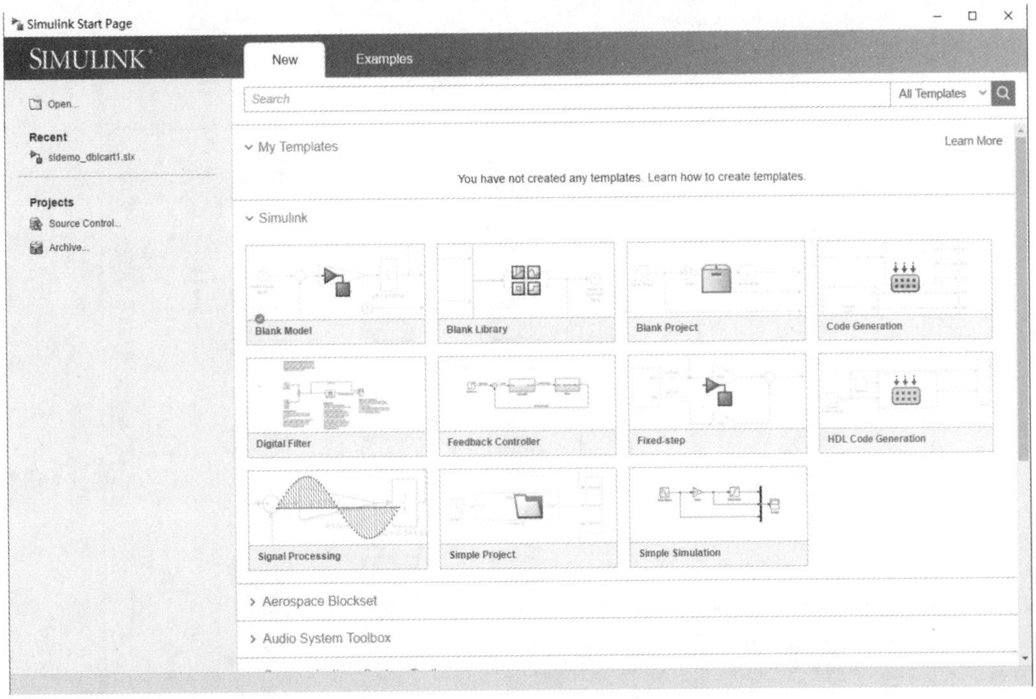

图 1.8

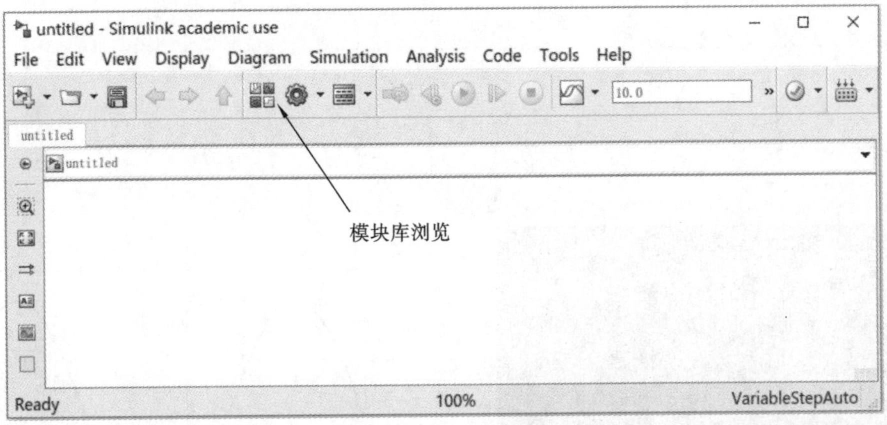

图 1.9

包含的模型库。

从 Simulink 的 Sources 库中，找到正弦波 Sin Wave 模块，按住鼠标左键，将其拖入建模窗口中；同样地，从 Sinks 库中，将示波器 Scope 模块拖入建模窗口中，放在 Sin Wave 模块的右侧。鼠标点击 Sin Wave 模块的输出端，按住鼠标左键，移动到 Scope 模块的输入端，释放鼠标左键，可以看到在 Sin Wave 模块的输出端与 Scope 模块的输入端之间画出了一条带箭头的直线，它表示了信息的流动方向。

点击运行快捷键，双击示波器模块，弹出示波器显示窗口，如图 1.11 所示。

选择菜单“File/Copy to Clipboard”，可以拷贝示波器中的图形到 Windows 剪贴板，然后就可以粘贴到 Word 文档里了，如图 1.12 所示。

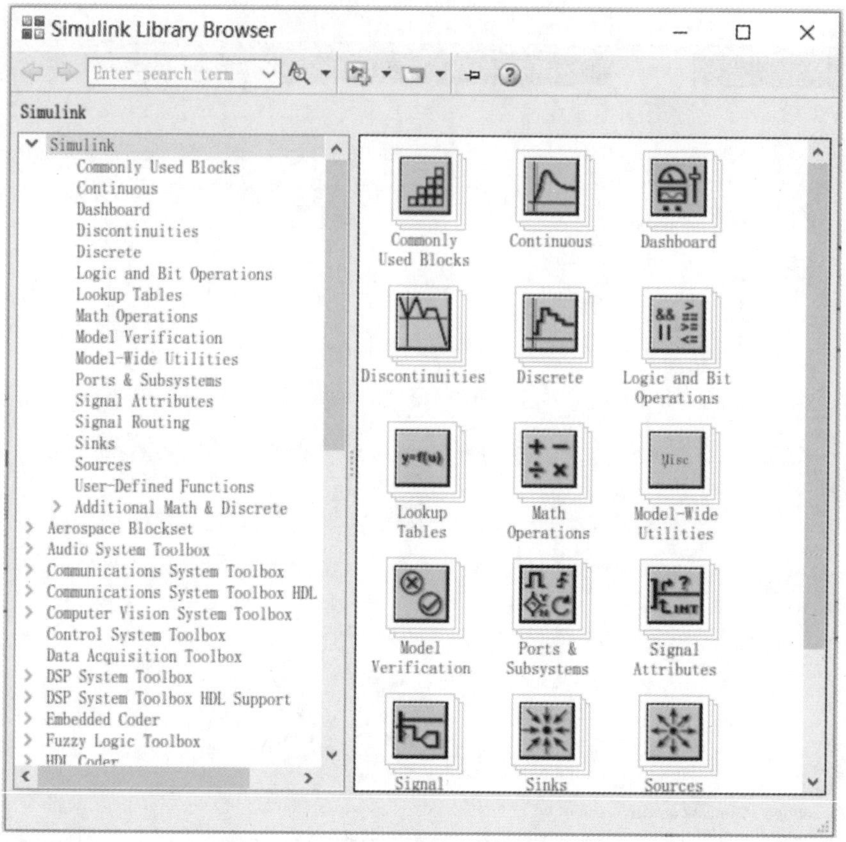

图 1.10

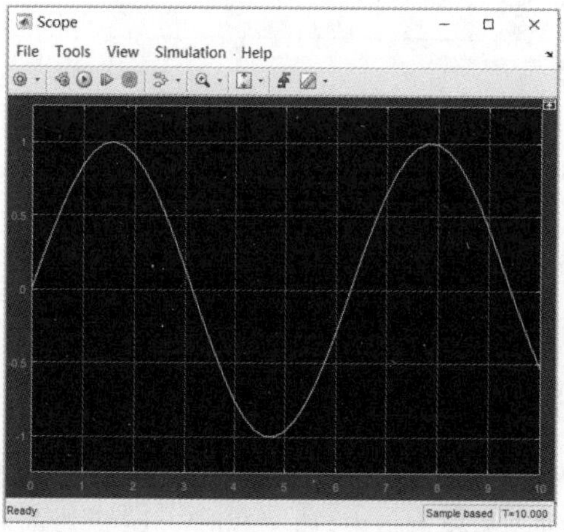

图 1.11

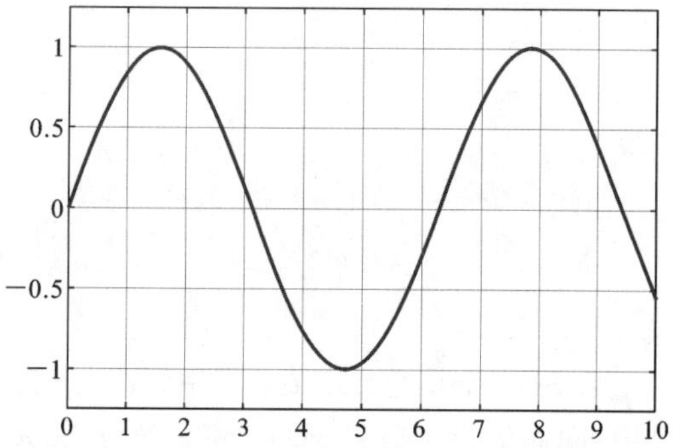

图 1.12

上面以一个简单的例子说明了 Simulink 建模的方法。在实际的应用中，一个典型的 Simulink 模型由以下三种类型的模块构成。

(1) 信号源模块。

信号源为系统的输入，它包括常数信号源、函数信号发生器(如正弦波、方波、锯齿波、阶跃函数等)。信号源模块主要在 Sources 库中。

(2) 系统模块。

系统模块一般是作为仿真的模块，是 Simulink 仿真建模所要解决的主要部分。

(3) 输出显示模块。

显示模块接收系统模块的输出，并以用户所选择的形式将仿真结果显示出来。显示的形式包括示波器显示、图形显示和输出到文件或 MATLAB 工作空间三种。输出显示模块主要在 Sinks 库中。

3. Simulink 的模块库

在进行 Simulink 建模时，需要用到各种功能模块。Simulink 提供的模块库分为标准库和专业库两大部分，其中标准库包含了大部分常用的模块。2017a 版本的 MATLAB 中的 Simulink 按功能划分，提供了 17 类子模块库：

(1) Commonly Used Blocks 模块库，为仿真提供常用元件，如输入端子、输出端子、放大器、加法器、积分器、示波器等。

(2) Continuous 模块库，为仿真提供连续系统模块，如传递函数、PID 控制器等。

(3) Dashboard 模块库，为仿真提供仪表类的指示模块，如仪表盘(Gauge)、旋钮(Knob)、指示灯、各种开关等。

(4) Discontinuitles 模块库，为仿真提供非连续系统模块。

(5) Discrete 模块库，为仿真提供各种离散模块元件。

(6) Logic and Bit Operations 模块库，为仿真提供逻辑运算和位运算的模块元件。

(7) Lookup Tables 模块库，包含了常用的线性插值查表的模块。

(8) Math Operations 模块库，提供数学运算功能的模块元件。

(9) Model Verification 模块库，提供模型验证的功能元件。

(10) Model-Wide Utilities 模块库，是模块扩充功能库，提供了支持模块扩充操作的模块，如 DocBlock 文档模块等。

(11) Ports & Subsystems 模块库，提供端子、使能和多种子系统功能模块。

(12) Signal Attributes 模块库，提供多种信号属性类的功能模块，如数据类型转换、数据宽度转换、单位换算等。

(13) Signal Routing 模块库，提供用于信号流向控制及相关信号处理功能的模块，如信号合并、分离、选择及数据读写等模块。

(14) Sinks 模块库，为仿真提供输出模块元件，如浮点示波器、数码显示、保存数据到文件、保存数据到 MATLAB 工作空间、X-Y 图形显示等。

(15) Sources 模块库，为仿真提供多种信号源，如正弦信号发生器、斜波信号发生器、锯齿波信号发生器、单端输入、常数、白噪声、时钟、来自数据文件、取自 MATLAB 数据空间、接地等。

(16) User-Defined Functions 模块库，为用户自定义模块库，用于用户自行定义函数功能模块。

(17) Additional Math & Discrete 模块库。

除了标准模块库之外，Simulink 还提供了很多专业模块库。

从图 1.10 中可以看到，模块库的 Simulink Library Browser 窗口中，在标准 Simulink 模块库下面还有许多其他的模块库，如 Aerospace Blockset、Audio System Toolbox、Control System Toolbox 等，这些就是专业模块库。它们是各领域专家为满足特殊专业领域的需要在标准 Simulink 模块库基础上开发出来的。Simulink 专业库涉及的专业比较多，用户可以根据自己的专业研究方向，选择相应的模块库，进行专业的 Simulink 仿真。

1.4.2 Simulink 模块的使用

1. 模块的基本操作

功能模块的基本操作包括：模块的调用、移动、旋转、删除、复制、改变大小、命名、颜色设定、输入/输出等。模块库中的模块可以用鼠标进行拖曳（选中模块，按住鼠标左键不放）而放到建模窗口中。在建模窗口中，选中模块，则模块方框的 4 个角会出现黑色标记，此时可以对模块进行各种操作。

（1）移动：选中模块，按住鼠标左键将其拖曳到所需的位置，然后松开鼠标左键即可。若要脱离线而移动，可按住 Shift 键再进行拖曳。

（2）复制：选中模块，按住鼠标右键进行拖曳即可复制同样的一个功能模块，也可以选中一个模块后，用 Ctrl＋C 组合键复制这个模块，然后用 Ctrl＋V 组合键粘贴所复制的模块。

（3）删除：选中模块，按 Delete 键即可。若要删除多个模块，可以同时按住 Shift 键，再用鼠标选中多个模块，按 Delete 键即可；也可以用鼠标选取某区域，再按 Delete 键就可以把该区域里的模块和连接线全部删除。

（4）转向：为了能够顺序连接功能模块的输入和输出端，功能模块有时需要通过选择模块来调整模块方向。在菜单 Diagram 中选择 Rotate & Flip，再选择 Flip Block 旋转 180°，选择 Clockwise 顺时针旋转 90°，选择 Counterclockwise 逆时针旋转 90°；或者直接按 Ctrl＋I 组合键执行 Flip Block，按 Ctrl＋R 组合键执行 Clockwise。也可以选中模块后，点击鼠标右键，选择 Rotate & Flip，再根据需要选择相应的操作，如图 1.13 所示。

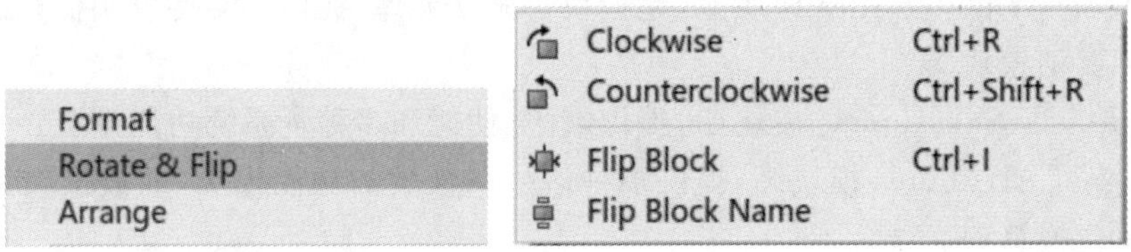

图 1.13

（5）改变大小：选中模块，对模块出现的 4 个黑色标记进行拖曳即可。

（6）模块命名：先用鼠标在需要更改的名称上单击一下，然后直接更改即可。可以对名称在功能模块上的位置进行变换，用 Diagram 菜单中 Rotate & Flip 下的 Flip Block Name 可以将模块名称位置翻转 180°。Hide Name 可以隐藏模块名称。

（7）颜色设定：鼠标选中模块，在 Diagram 菜单中 Format 下，Foreground Color 可以改变模块的前景颜色，Background Color 可以改变模块的背景颜色，如图 1.14 所示；而模型窗口的颜色可以通过 Screen Color 来改变。

（8）参数设定：用鼠标双击模块就可以进入模块的参数设定窗口，从而对模块进行参数设定。参数设定窗口包含了该模块的基本功能帮助，为获得更详尽的帮助，可以单击其上的“Help”按钮。通过对模块参数的设定，可以获得需要的功能模块。

（9）属性设定：选中模块，打开 Edit 菜单下的 Block Properties 可以对模块进行属性设定，包括对 Description、Priority、Tag、Open function、Attributes format string 等属性的设定，其中 Open function 属性是一个很有用的属性，通过它指定一个函数名，当模块被双击之后，

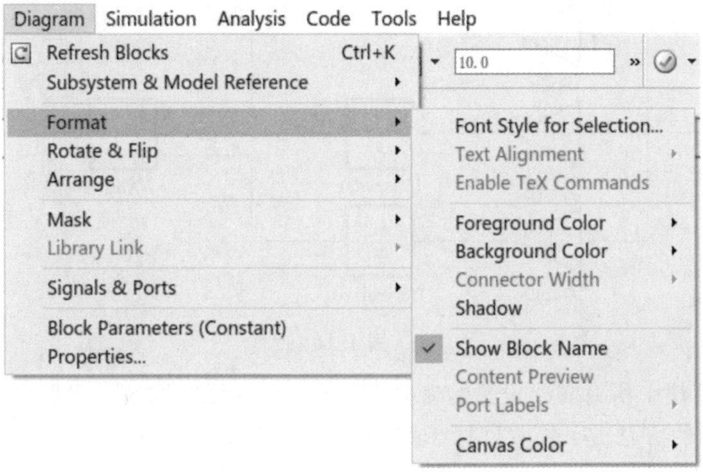

图 1.14

Simulink 就会调用该函数并执行。这种函数在 MATLAB 中称为回调函数。

(10) 输入、输出信号:模块处理的信号包括标量信号和向量信号。标量信号是一种单一信号,而向量信号为一种复合信号,是多个信号的集合,它对应着系统中几条连线的合成。默认情况下,大多数模块的输出都为标量信号,对于输入信号,模块都具有一种“智能”的识别功能,能自动进行匹配。某些模块通过对参数的设定,可以使模块输出向量信号。

2. Simulink 自定义功能模块

在实际应用中,会碰上用户自己想要用的功能模块而 MATLAB/Simulink 没有提供的情况,此时需要用户自行建立 Simulink 的模块,以适应用户自己的特定需求。为此 Simulink 提供了用户自定义功能模块,用户可以根据规定要求设计一些满足自己使用要求的模块,并可在 Simulink 中调用。

常用的自定义功能模块一般有两种。

(1) Subsystem 子系统功能模块。

如果仿真模型比较复杂,规模比较大,包含了数量众多的各种模块,而把这些模块都放在一个模型编辑窗口中会显得臃肿、杂乱不堪,不利于编辑和分析,这时我们可以把完成某些功能的模块用 Subsystem 将它们单独封装成一个个子系统,最后再用一个模型文件调用这些子系统,这样可以使仿真模型变得简洁易读。

调用模块库中的 Subsystem 功能模块,双击 Subsystem 功能模块,进入自定义功能模块窗口,该窗口已自带了一个子模块的输入和输出端子,名为 In1、Out1。输入和输出端子是子模块与外界联系的端口,如图 1.15 所示。

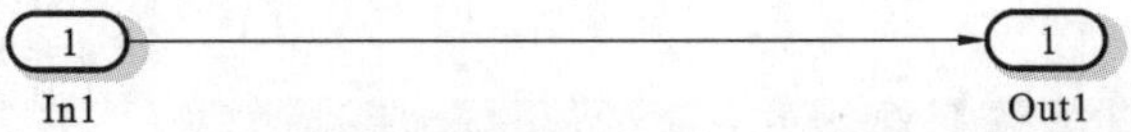

图 1.15

在编辑区添加、组合新的功能模块,即可设计出新的功能模块。图 1.16 显示了用 Subsystem 功能模块设计的 PID 控制器。

如果要对自定义的 Subsystem 子系统功能模块进行命名,或对该功能模块进行说明、设置模块外观、设定输入数据窗口等,则需要对其进行封装处理。所谓封装(Mask),就是将 Simulink 的子系统“包装”成一个模块,并隐藏全部的内部结构。访问该模块时只出现一个参

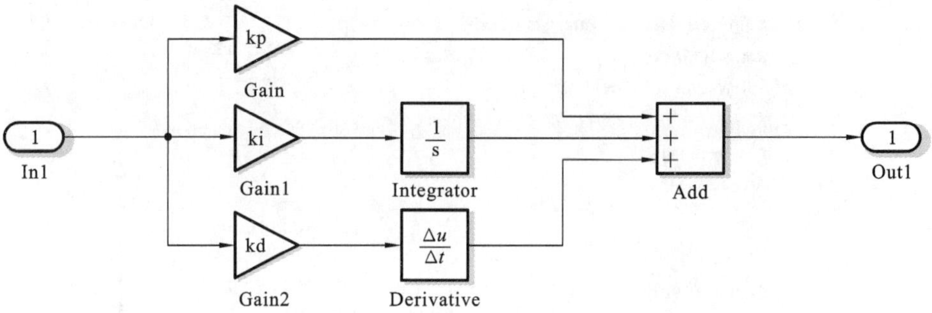

图 1.16

数设置对话框，模块中所有需要设置的参数都可通过该对话框来统一设置。

封装子系统的方法是：选中目标子系统 Subsystem，点击右键，选择“Mask”→“Create Mask”，如图 1.17 所示。

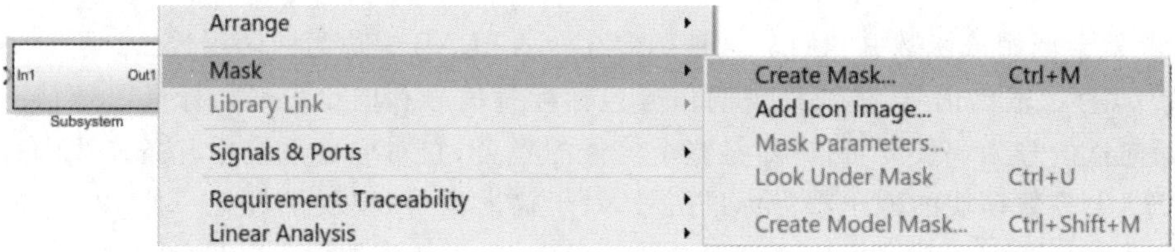

图 1.17

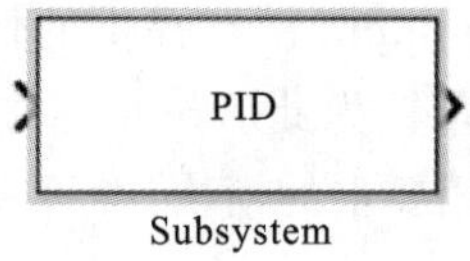

图 1.18

在 Icon & Ports 下的“Icon drawing commands”中填入“disp(‘PID’)”，点击 Apply，Subsystem 模块的图标变成了“PID”，如图 1.18 所示。

在 Icon & Ports 下的“Parameters & Dialog”标签页中的 Dialog box 中，点击左侧的 Edit，依次添加 Kp、Ki、Kd 和 Sample Time 四个参数；在右侧的 Property editor 中设置上面四个参数的初始值，分别为：Kp=1，Ki=0，Kd=0，SampleTime=0.005，如图 1.19 所示。

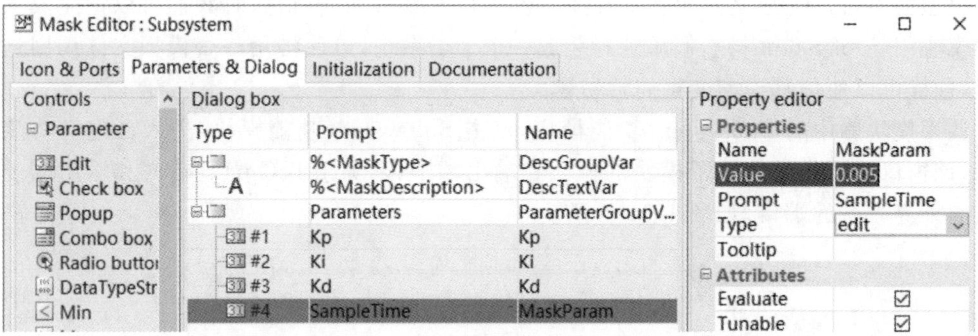

图 1.19

此时在 Simulink 模型窗口，用鼠标双击 PID Subsystem，就会弹出这个子模块的参数设置窗口，如图 1.20 所示。在这个窗口里，可以像标准子模块一样，直接设置模块参数。

(2) S-Function 功能模块。

虽然 Simulink 为用户提供了许多内置的基本模块库，还有很多专业模块库，但是在许多

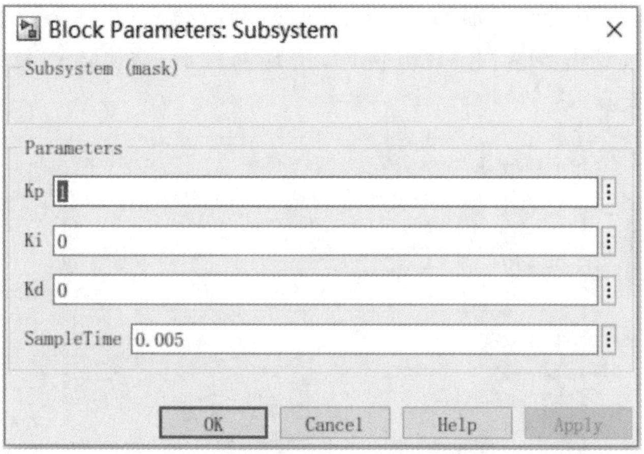

图 1.20

情况下，尤其是在特殊的应用中，用户总是有各种各样的特殊需求，需要用到一些特殊的模块，Simulink 的标准库和专业库也不可能一一满足这些需求。为此，Simulink 提供了一个功能强大的对模块库进行扩展的新工具 S-Function。S-Function 是系统函数(System Function)的简称，其最广泛的用途是定制用户自己的 Simulink 模块，其形式十分通用，能够支持连续系统、离散系统和混合系统，是扩展 Simulink 模块库的有力工具。

S-Function 采用一种特定的调用语法，实现函数和 Simulink 解法器之间的交互。在 MATLAB 中，用户可以选择用 M 文件编写，也可以用 C 或 C++语言结合 mex 指令编写。如果 S-Function 用于计算仿真，一般采用 M 文件编写的方式；如果 S-Function 用于两个不同的硬件，如计算机与外设，或两个不同的应用软件的直接交互，一般采用 C 或 C++语言结合 mex 指令的方式编写。

Simulink 提供了一个 S-Function 范例库，在 MATLAB 命令行中输入“sfundemos”，MATLAB 会显示如图 1.21 所示的 S-Function 范例库。

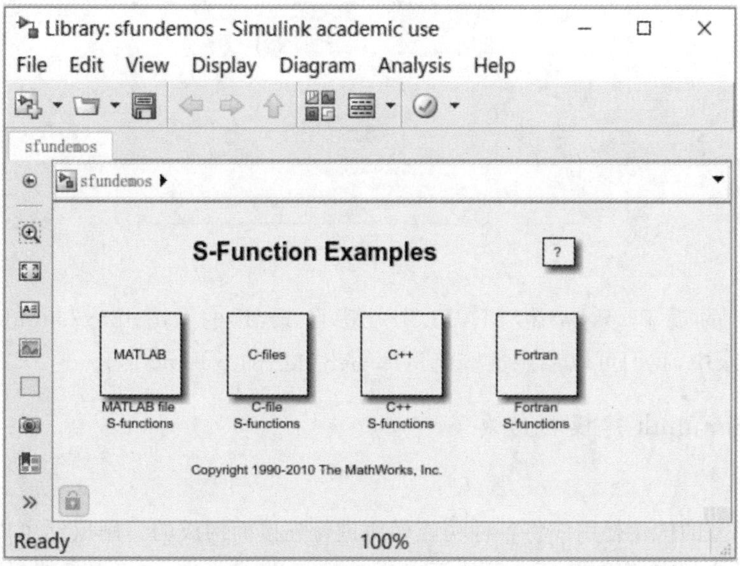

图 1.21

库中的每个块代表了一种类别的 S-Function 范例，双击一个库类别的块，可以显示出它所包含的范例，例如，双击 MATLAB 范例库，出现两种形式的 MATLAB 范例：Level-1 和 Level-2，如图 1.22 所示。

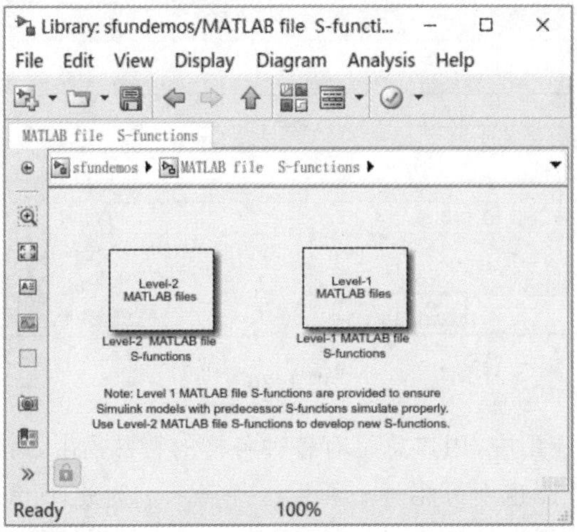

图 1.22

Level-1 运行速度快，能处理矩阵，但是不能处理复数和基于帧的数据；Level-2 能处理的更多，但是速度慢。双击一个块，选择范例并运行，如图 1.23 所示。

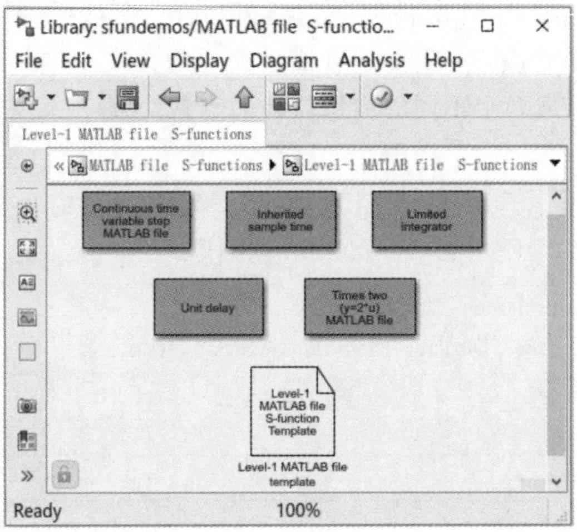

图 1.23

这些范例的源码保存在 MATLAB 根目录下的"toolbox/simulink/simdemos/simfeatures"目录中，我们可以参照这些范例库写出自己的 S-Function。

1.4.3 Simulink 建模与仿真

1. 建模

Simulink 模型的构建是用线将各种功能模块进行连接而构成的。用鼠标可以在功能模块的输入端与输出端之间直接连线，所画的线可以改变粗细、设定标签，也可以把线折弯、分支。

(1) 改变线的粗细：线之所以有粗细是因为线引出的信号可以是标量信号或向量信号，当选中 Format 菜单下的 Wide Vector Lines 时，线的粗细会根据线所引出的信号是标量还是向量而改变，如果信号为标量则为细线，为向量则为粗线。选中 Vector Line Widths 则可以显示出向量引出线的宽度，即向量信号由多少个单一信号合成。

(2) 设定标签：只要在线上双击鼠标，即可输入该线的说明标签。也可以通过选中线，然后打开 Edit 菜单下的 Signal Properties 进行设定，其中 Signal name 属性的作用是标明信号的名称。设置这个名称反映在模型上的直接效果就是，与该信号有关的端口相连的所有直线附近都会出现写有信号名称的标签。

(3) 线的折弯：按住 Shift 键，用鼠标在要折弯的线处单击一下，就会出现圆圈，表示折点，利用折点就可以改变线的形状。

(4) 线的分支：按住鼠标右键，在需要分支的地方拉出即可，或者按住 Ctrl 键并在要建立分支的地方用鼠标拉出即可。

(5) 线与模块的分离：按住 Shift 键，把模块拖到别处。

2. 仿真参数设置

仿真程序完成后，大多数情况下可以直接运行仿真程序，也可以根据需要设置仿真操作参数。点击 Simulation 菜单下的 Model Configuration Parameters，如图 1.24(a)所示，便会弹出仿真参数设置窗口，如图 1.24(b)所示。

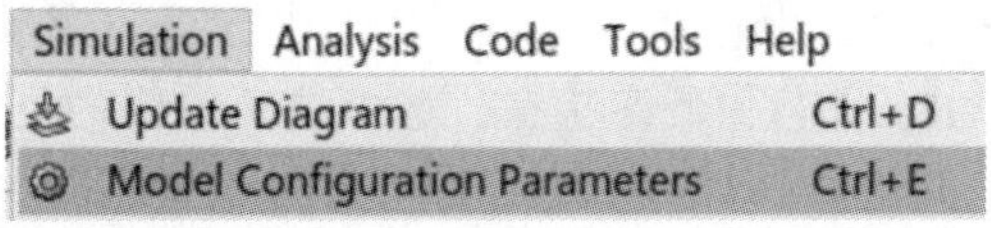

(a)

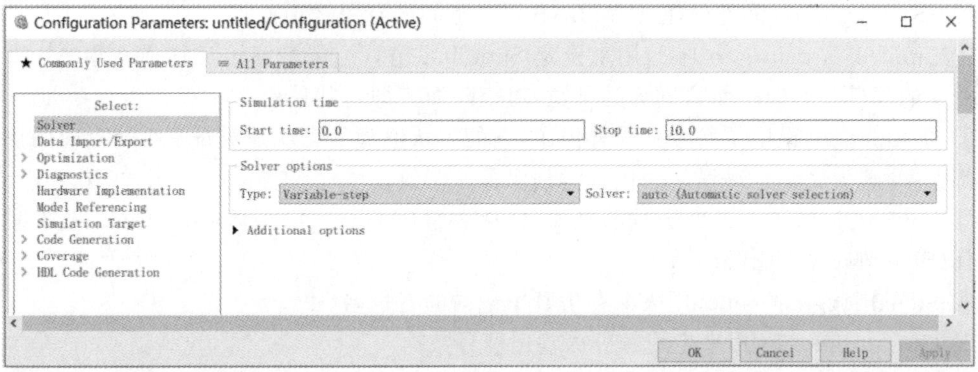

(b)

图 1.24

通过仿真参数设置窗口，可以对仿真开始时间、仿真结束时间、解法器(Solver)及输出项等参数进行设置。对于一般的设置，可以直接采用默认设置。

在仿真参数设置窗口，还可以对工作空间数据的导入、导出(Data Import/Export)进行设置，如图 1.25 所示。也可对 Simulink 与 MATLAB 工作空间交换数据的有关选项进行设置。通过设置，可以从 MATLAB 的工作空间输入数据，初始化状态模块，也可以把仿真结果、状态变量、时间数据保存到 MATLAB 的工作空间，它包括 Load from workspace、Save to workspace 和 Save options 三个选项。

(1) Load from workspace：选中前面的复选框，可以从 MATLAB 的工作空间获取时间和

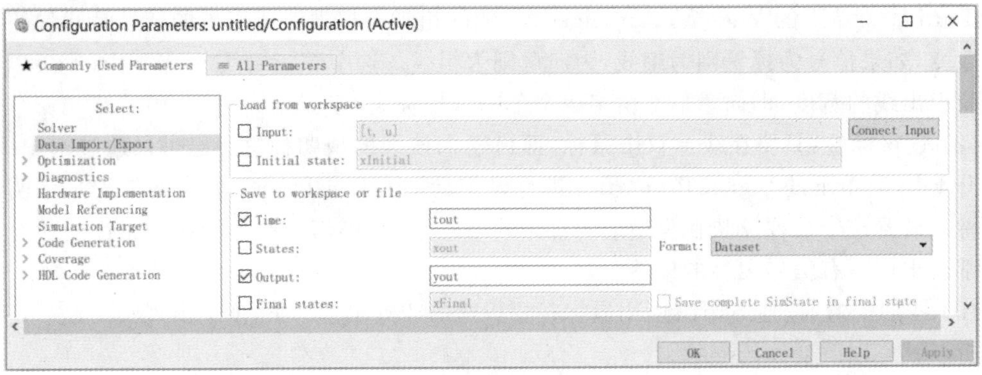

图 1.25

输入变量,一般时间变量为 t,输入变量为 u。Initial state 用来定义从 MATLAB 工作空间获得的状态初始值的变量名。

Simulink 通过设置模型的输入端口,实现在仿真过程中从工作空间读入数据。常用的输入端口模块为信号与系统模块库(Signals & Systems)中的 In1 模块,设置其参数时,选中 Input 前的复选框,并在后面的编辑框中键入输入数据的变量名。可以在 MATLAB 中用命令行窗口或 M 文件编辑器输入数据,Simulink 根据输入端口参数中设置的采样时间读取输入数据。

(2) Save to workspace:设置保存在 MATLAB 工作空间的变量类型和变量名,可以选择保存的选项有时间、端口输出、状态和最终状态。选中选项前面的复选框并在选项后面的编辑框中输入变量名,就可以把相应数据保存到指定的变量中。常用的输出模块为信号与系统模块库(Signals & Systems)中的 Out1 模块和输出方式库(Sinks)中的 To Workspace 模块。

(3) Save options:设置存往 MATLAB 工作空间的有关选项。

① Limit data points to last,用来设定 Simulink 仿真结果最终可存往 MATLAB 工作空间的变量的规模。对向量而言即为其维数,对矩阵而言即为其秩。

② Decimation,设定了一个亚采样因子,它的默认值为 1,也就是对每一个仿真时间点的产生值都保存,若为 2 则是每隔一个仿真时刻保存一个值。

③ Format,用来说明返回数据的格式,包括数组(Array)、结构体(Structure)及带时间的结构体(Structure with time)。

④ Signal logging name,用来保存仿真中记录的变量名。

⑤ Output options,用来生成额外的输出信号数据。

⑥ Refine factor,用来指定仿真步长之间产生数据的点数。

3. 仿真运行

完成了仿真建模及参数配置后,可以点击快捷键▶,开始运行仿真。

1.5 MATLAB/Simulink 测控实验

1.5.1 典型环节的时域特性实验

一、实验目的

通过对典型环节阶跃响应曲线的观测,加深对典型环节的理解,掌握基本知识。定性了解参数变化对典型环节动态特性的影响。

二、实验原理

系统的数学模型是系统动态特性的数学描述。对于同一系统，数学模型可以有多种形式，如微分方程、传递函数、单位脉冲响应函数及频率特性，等等。

系统的传递函数往往是高阶的，但均可简化为一些零阶、一阶、二阶的典型环节（如比例环节、惯性环节、微分环节、振荡环节）和延时环节，熟悉这些环节，对了解与研究系统会带来很大的方便。

在控制工程中，常采用的典型函数有：① 阶跃函数；② 斜坡函数（速度函数）；③ 脉冲函数。

1. 二阶系统的单位阶跃响应

若系统的输入信号为单位阶跃函数，即

$$x_i = u(t)$$

$$L[u(t)] = \frac{1}{s}$$

则二阶系统的阶跃响应函数的拉普拉斯变换式为：

$$\begin{aligned} X_o(s) &= G(s) \cdot \frac{1}{s} = \frac{\omega_n^2}{s^2 + 2\zeta\omega_n s + \omega_n^2} \cdot \frac{1}{s} \\ &= \frac{1}{s} - \frac{s + 2\zeta\omega_n}{(s + \zeta\omega_n + j\omega_d)(s + \zeta\omega_n - j\omega_d)} \end{aligned}$$

其中 $\omega_d = \omega_n\sqrt{1-\zeta^2}$，称 ω_d 为二阶系统的有阻尼固有频率。

其响应函数可按 $0<\zeta<1$，$\zeta=0$，$\zeta=1$，$\zeta>1$ 来讨论。

2. 二阶系统的单位脉冲响应

当二阶系统的输入信号是理想的单位脉冲函数 $\delta(t)$ 时，系统的输出 $x_o(t)$ 称为单位脉冲函数，特别记为 $w(t)$。对于二阶系统，因为

$$X_o(s) = G(s)X_i(s)$$

而

$$X_i(s) = L[\delta(t)] = 1$$

所以

$$W(s) = G(s)$$

同样有

$$\begin{aligned} w(t) &= L^{-1}[G(s)] = L^{-1}\left[\frac{\omega_n^2}{s^2 + 2\zeta\omega_n s + \omega_n^2}\right] \\ &= L^{-1}\left[\frac{\omega_n^2}{(s + \zeta\omega_n)^2 + (\omega_n\sqrt{1-\zeta^2})^2}\right] \end{aligned}$$

其响应函数可按 $0<\zeta<1$，$\zeta=0$，$\zeta=1$，$\zeta>1$ 来讨论。

3. 二阶系统响应的性能指标

系统的性能指标通常根据系统对单位阶跃输入的响应给出。其原因有二：一是产生阶跃输入比较容易，而且从系统对单位阶跃输入的响应也比较容易求得对任何输入的响应；二是在实际中，许多输入与阶跃输入相似，而且阶跃输入又往往是实际中最不利的输入情况。

因为完全无振荡的单调过程的过渡时间太长，所以，除了那些不允许产生振荡的系统外，

通常都允许有适度的振荡，其目的是获得较短的过渡过程时间。这就是在设计二阶系统时，常使系统在欠阻尼(通常取 $\zeta=0.4\sim0.8$)状态下工作的原因。因此，下面有关二阶系统响应的性能指标的定义及计算公式除特别说明外，都是针对欠阻尼二阶系统而言的；更确切地说，是针对欠阻尼二阶系统的单位阶跃响应的过渡过程而言的。

为了说明欠阻尼二阶系统的单位阶跃响应的过渡过程的特性，通常采用下列性能指标。

(1) 上升时间 t_r。

响应曲线从原工作状态出发，第一次达到输出稳态值所需的时间定义为上升时间，而对于过阻尼系统，一般将响应曲线从稳态值的10%上升到90%的时间称为上升时间。上升时间计算式为 $t_r=\dfrac{\pi-\beta}{\omega_d}$，其中 $\omega_d=\omega_n\sqrt{1-\zeta^2}$，$\beta=\arctan\dfrac{\sqrt{1-\zeta^2}}{\zeta}$。

(2) 峰值时间 t_p。

响应曲线达到第一个峰值所需的时间定义为峰值时间。按定义计算，峰值时间 $t_p=\dfrac{\pi}{\omega_d}$。

(3) 最大超调量 M_p。

一般用下式定义系统的最大超调量，即

$$M_p=\frac{x_o(t_p)-x_o(\infty)}{x_o(\infty)}\times100\%$$

因为最大超调量发生在峰值时间，当 $t=t_p=\pi/\omega_d$、$x_o(\infty)=1$ 时，可求得

$$M_p=-\mathrm{e}^{-\zeta\omega_n\pi/\omega_d}\left(\cos\pi+\frac{\zeta}{\sqrt{1-\zeta^2}}\sin\pi\right)\times100\%$$

即

$$M_p=\mathrm{e}^{-\zeta\pi/\sqrt{1-\zeta^2}}\times100\%$$

可见，超调量 M_p 只与阻尼比 ζ 有关，而与无阻尼固有频率 ω_n 无关。所以，M_p 的大小直接说明系统的阻尼特性。也就是说，当二阶系统阻尼比 ζ 确定后，即可求得与其相对应的超调量 M_p；反之，如果给出了系统所要求的 M_p，也可由此确定相应的阻尼比。当 $\zeta=0.4\sim0.8$ 时，相应的超调量 $M_p=25\%\sim1.5\%$。

(4) 调整时间 t_s。

在过渡过程中，$x_o(t)$取的值满足下面的不等式时所需的时间，定义为调整时间 t_s。不等式为：

$$|x_o(t)-x_o(\infty)|\leqslant\Delta\cdot x_o(\infty)\quad(t\geqslant t_s)$$

式中 Δ 是指定的微小量，一般取 $\Delta=0.02\sim0.05$。在 $t=t_s$ 之后，系统的输出不会超过下述允许范围：

$$x_o(\infty)-\Delta\cdot x_o(\infty)\leqslant x_o(t)\leqslant x_o(\infty)+\Delta\cdot x_o(\infty)\quad(t\geqslant t_s)$$

又因此时

$$x_o(\infty)=1$$

所以可得

$$|x_o(t)-1|\leqslant\Delta$$

$$\left|\frac{\mathrm{e}^{-\zeta\omega_n t}}{\sqrt{1-\zeta^2}}\sin\left(\omega_d+\arctan\frac{\sqrt{1-\zeta^2}}{\zeta}\right)\right|\leqslant\Delta$$

当 $\zeta=0\sim0.7$ 时，根据不同的 Δ 取值得到 t_s 的近似取值。

三、实验仪器和设备

(1) 计算机。
(2) MATLAB 计算机软件。

四、实验步骤及内容

1. 建立文件路径

打开 MATLAB,界面如图 1.26 所示,建立自己的文件路径,如 F:\XX0801\test1\,变换当前路径为你自己新建立的路径。

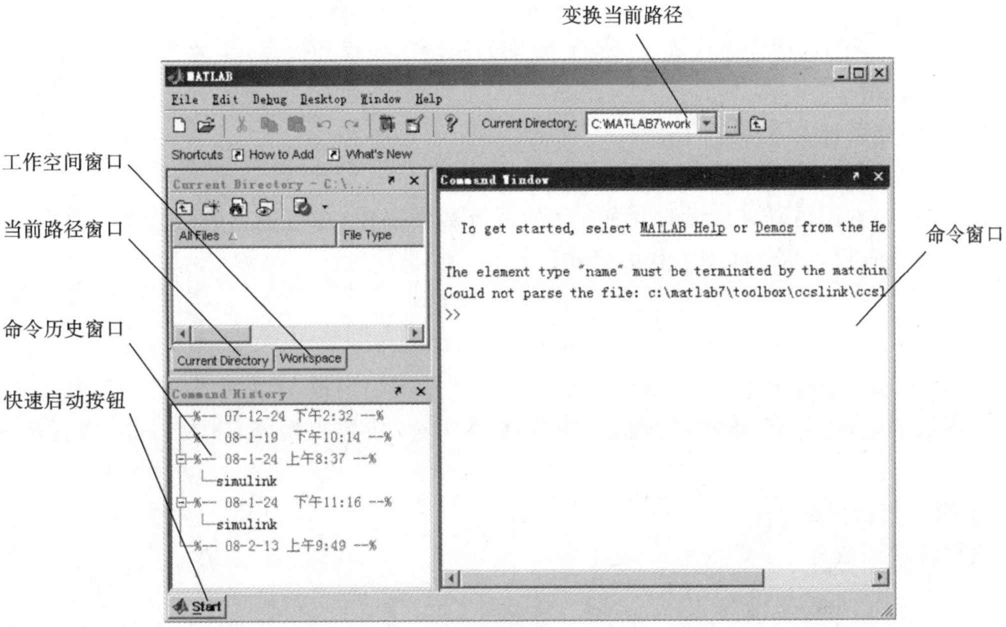

图 1.26

2. 系统的数学模型

1) tf 函数

功能:建立传递函数模型。

格式:　sys= tf(num,den)

　　num=[b_m,b_{m-1},…,b_0] 表示分子多项式系数

　　den=[a_n,a_{n-1},…,a_0] 表示分母多项式系数

例 1-4　已知系统的传递函数为 $G(s)=\dfrac{s^2+2s+9}{s^4+2s^3+4s^2+7s+2}$,在 MATLAB 命令窗口建立系统的传递函数模型。

解

```
>>num=[1 2 9];den=[1 2 4 7 2];
>>model=tf(num,den)
```

例 1-5　已知系统的传递函数为 $G(s)=\dfrac{7*(2s+5)}{s^2(3s+2)(2s^2+7s+8)(4s+5)}$,在 MATLAB 命令窗口建立系统的传递函数模型。

解
```
>>num=7*[2 5];
>>den=conv(conv([1 0 0],[3 2]),conv([2 7 8],[4 5]));   % conv为多项式相乘运算
>>model=tf(num,den)
```

2）zpk 函数

功能：建立零极点形式的数学模型。

格式：sys=zpk([z],[p],[k])。

说明：系统的传递函数还可以表示成另一种形式，即零极点形式；这种形式比标准形式的传递函数更加直观，可清楚地看到系统的零极点分布情况。系统的零极点模型一般表示为：

$$G(s)=K\frac{(s-z_1)(s-z_2)\cdots(s-z_m)}{(s-p_1)(s-p_2)\cdots(s-p_n)}$$

其中 $z_i(i=1,2,\cdots,m)$ 和 $p_i(i=1,2,\cdots,n)$ 分别为系统的零点和极点，K 为系统的增益。

3）ss 函数

功能：建立系统的状态空间模型。

格式：sys=ss(A,B,C,D)，sys=ss(A,B,C,D,T)。

说明：状态方程是研究系统的最为有效的系统数学描述，在引进相应的状态变量后，可将一组一阶微分方程表示成状态方程的形式。

$$\dot{\boldsymbol{X}}=\boldsymbol{AX}+\boldsymbol{BU}$$
$$\boldsymbol{Y}=\boldsymbol{CX}+\boldsymbol{DU}$$

式中：$\boldsymbol{X}$ 为 n 维状态向量；$\boldsymbol{U}$ 为 m 维输入矩阵；$\boldsymbol{Y}$ 为 l 维输出向量；$\boldsymbol{A}$ 为 $n\times n$ 的系统状态矩阵，由系统参数决定；$\boldsymbol{B}$ 为 $n\times m$ 维系统输入矩阵；$\boldsymbol{C}$ 为 $l\times n$ 维输出矩阵；$\boldsymbol{D}$ 为 $l\times m$ 维直接传输矩阵。

4）模型转换函数

模型转换函数有：

```
tf2ss    tf2zp   ss2tf    ss2zp    zp2tf   zp2ss
```

% 2 表示 to 的意思

格式：

```
[a,b,c,d]=tf2ss(num,den)
[z,p,k]=tf2zp(num,den)
[num,den]=ss2tf(a,b,c,d,iu)     %  iu指定是哪个输入
[z,p,k]=ss2zp(a,b,c,d,iu)
```

3. 系统的组合和连接

所谓系统组合，就是将两个或多个子系统按一定方式加以连接形成新的系统。这种连接组合方式主要有串联、并联、反馈等形式。MATLAB 提供了进行这类组合连接的相关函数。

1）series 函数

功能：用于将两个线性模型串联形成新的系统，即 sys=sys1 * sys2。

格式：sys=series(sys1,sys2)，sys=series(sys1,sys2,outputs1,inputs2)。

说明：sys=series(sys1,sys2)对应于单输入单输出(SISO)系统的串联连接；对于多输入多输出(MIMO)系统，将两个系统串联的函数为 sys=series(sys1,sys2,outputs1,inputs2)，其中 outputs1 与 inputs2 分别为 sys1 和 sys2 的输出、输入向量。

例 1-6　已知两个线性系统 $G(s)=\frac{2s+9}{4s^2+7s+2}$ 和 $G(s)=\frac{s+6}{s^2+7s+1}$，应用 series 函数进行系统的串联连接。解题过程及结果写入实验报告。

2) parallel 函数

功能：将两个线性系统以并联方式进行连接形成新的系统，即 sys=sys1+sys2。

格式：sys=parallel(sys1,sys2,in1,in2,out1,out2)，sys=parallel(sys1,sys2)。

说明：in1 与 in2 指定了相连接的输入端，out1 和 out2 指定了进行信号相加的输出端；当系统为 SISO 系统时，该函数简化为 sys=parallel(sys1,sys2)，sys1 和 sys2 这两个系统在共同的输入信号作用下，将产生两个输出信号，而并联系统的输出信号就是这两个系统输出之和。若用传递函数来描述，系统总的传递函数为 $G(s)=G_1(s)+G_2(s)$。

例 1-7　已知两个线性系统 $G(s)=\frac{2s+9}{4s^2+7s+2}$ 和 $G(s)=\frac{s+6}{s^2+7s+1}$，应用 parallel 函数进行系统的并联连接。解题过程及结果写入实验报告。

3) feedback 函数

功能：实现两个系统的反馈连接。

格式：sys=feedback(sys1,sys2,sign)。

说明：对于 SISO 系统，应用 sys=feedback(sys1,sys2,sign)函数，其中 sys1 表示前向通道的模型，sys2 表示反馈通道的模型，sign 缺省时为负反馈，sign=1 时为正反馈。

例 1-8　已知线性系统 $G(s)=\frac{2s+9}{2s^2+6s+5}$，应用 feedback 函数进行系统的单位正反馈和单位负反馈连接。解题过程及结果写入实验报告。

4. 时间响应

1) step 函数

功能：求连续系统的单位阶跃响应。

格式：

```
[Y,X,T]=step(A,B,C,D)
[Y,X,T]=step(A,B,C,D,iu)
[Y,X,T]=step(A,B,C,D,iu,t)
[Y,T]=step(num,den)
[Y,T]=step(num,den,t)
```

说明：step 函数用于计算线性系统的单位阶跃响应，当不带输出变量时，step 函数可在当前窗口中直接绘制出系统的单位冲激响应曲线。

[Y,X,T]=step (A,B,C,D)可得到一组阶跃响应曲线，每条曲线对应于连续 LTI 系统(线性时不变系统)的输入输出组合对，时间参量自动选取。Y 是输出向量，X 是状态向量，T 是时间向量。

[Y,X,T]=step (A,B,C,D,iu)可绘制出从第 iu 个输入到所有输出的阶跃响应曲线。

[Y,T]=step (num,den)可绘制出传递函数形式表示的系统单位冲激响应曲线。

[Y,X,T]=step (A,B,C,D,iu,t)和[Y,T]=step (num,den,t)可利用用户指定的时间向量 t 来绘制阶跃响应曲线。

以上各种调用格式可以统一写为[Y,X,T]=step (G)。

例 1-9　考虑下面的传递函数模型：

$$G(s)=\frac{2s^2+7s+9}{s^4+12s^3+24s^2+37s+22}$$

试绘制其单位阶跃响应曲线。

解　我们可以用 MATLAB 语句得出系统的阶跃响应曲线：

```
>>sys=tf([2,7,9],[1,12,24,37,22]);
>>t=0:0.1:10;y=step(sys,t);
>>plot(t,y),grid
```

得到的输出图形如图 1.27 所示。

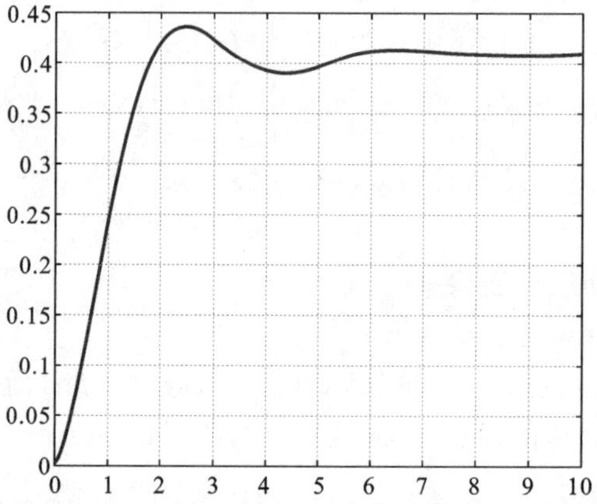

图 1.27

例 1-10　典型二阶系统传递函数 $G(s)=\frac{2}{s^2+0.6s+2}$，试计算其最大超调量 M_p、峰值时间 t_p、调整时间 t_s，并绘制其单位阶跃响应曲线。

解

```
sys=tf([2],[1,0.6,2]); t=0:0.01:20;y=step(sys,t); plot(t,y);
[ym,km]=max(y);
line(t(km),ym,'marker','.',…% 画峰值点
'markeredgecolor','r','markersize',20);
ystr=['ymax=',sprintf('% 1.6g\',ym)]; tstr=['tmax=',sprintf('% 1.4g\',t(km))];
text(t(km),ym,{ystr;tstr});
ttt=t(find(abs(y-1)>0.05));ts=max(ttt);
hold on;plot(ts,0.95,'bo','MarkerSize',10);hold off
text(ts+1.5,0.95,['ts=', num2str(ts)]), grid
```

得到的输出图形如图 1.28 所示，所求性能指标已在图上显示。

例 1-11　典型二阶系统传递函数 $G(s)=\frac{\omega_n^2}{s^2+2\zeta\omega_n s+\omega_n^2}$，试分析不同参数下的系统单位阶跃响应。

(1) 自然频率固定为 $\omega_n=1$，$\zeta=0.1,0.3,0.5,0.7,1,2,3$。编写程序绘制各单位阶跃响应曲线，计算 $\zeta=0.3$ 时的最大超调量 M_p、峰值时间 t_p、调整时间 t_s 和上升时间 t_r。

(2) 将阻尼比 ζ 的值固定在 $\zeta=0.45$，编写程序绘制出在各个自然频率 $\omega_n=0.1,0.2,0.3,\cdots,1$ 时的阶跃响应曲线，计算 $\omega_n=0.9$ 时的最大超调量 M_p、峰值时间 t_p、调整时间 t_s 和上升时间 t_r。

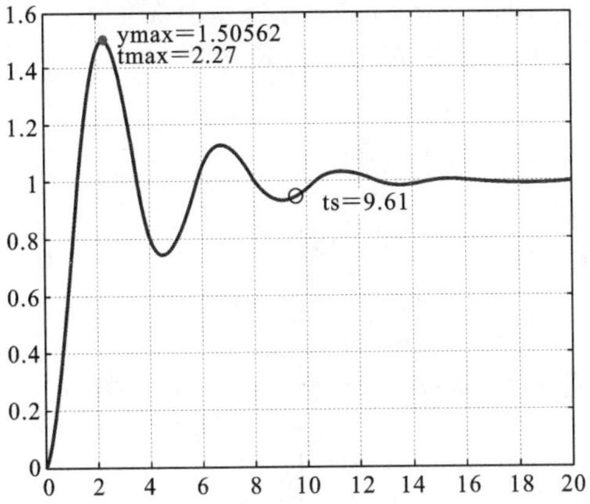

图 1.28

解题过程及结果(含图形)写入实验报告。

2) impulse 函数

功能:求连续系统的单位冲激响应。

格式:[Y,X,T]=impulse(G)。

说明:impulse 函数用于计算线性系统的单位冲激响应,当不带输出变量时,impulse 函数可在当前窗口中直接绘制出系统的单位冲激响应曲线。

例 1-12　对于典型的负反馈控制系统结构,已知开环传递函数是 $G(s)=\frac{4s-12}{s^4+5s^3+9s^2+13s+12}$,反馈传递函数是 $H(s)=\frac{1}{0.01s+1}$,求系统的开环和闭环单位冲激响应。

解

```
G=tf([4,-12],[1,5,9,13,12]);H=tf(1,[0.01,1]);
G_c=feedback(G,H);
impulse(G) ;figure,impulse(G_c)
```

得到的图形如图 1.29 所示。

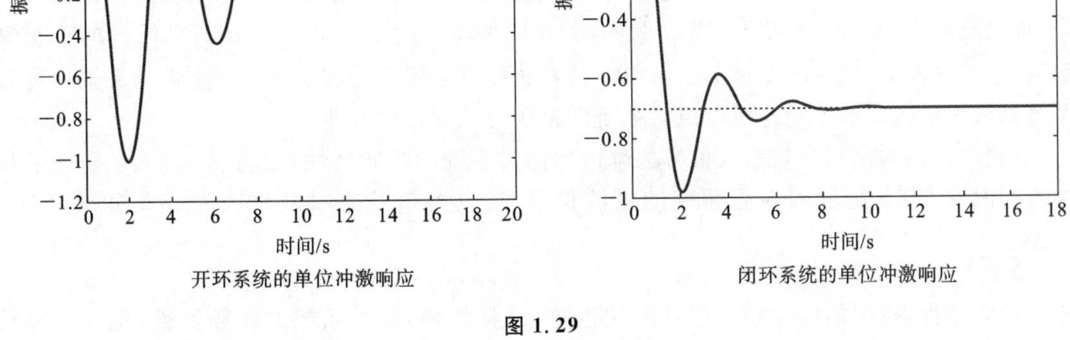

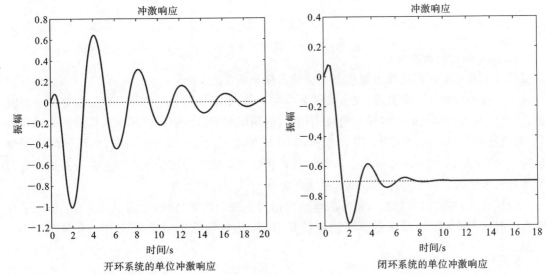

开环系统的单位冲激响应　　闭环系统的单位冲激响应

图 1.29

从图 1.29 可见，开环系统最终稳定于 $y(t)\to 0$，而闭环系统并不收敛于 0 点，因此可以得出结论：控制器和闭环系统结构并不总能改进控制效果。

3) lsim 函数

功能：对任意输入的连续系统进行仿真。

格式：[Y,X,T]=lsim(G)。

说明：lsim 函数可以对任意输入的连续时间线性系统进行仿真，在不带输出变量的情况下，lsim 可在当前图形窗口中绘制出系统的输出响应曲线。

例 1-13　二阶系统传递函数 $G(s)=\dfrac{1}{s^2+0.1s+3}$，求频率为 50 Hz 的正弦信号的响应。

解

```
num=1;den=[1, 0.1, 3];t=[0: 0.1: 100];
u=sin(2*3.14*50*t);        % 50 Hz 相位为 0 的信号
lsim(num,den,u,t)
```

五、实验报告要求

按实验步骤附上解题相应的 M 代码、结果和相应的曲线，总结实验得出的主要结论。

六、思考题

(1) 如何从阶跃响应的输出波形中测出惯性环节的时间常数？

(2) 分析二阶系统无阻尼自然频率、阻尼比与过渡过程时间、超调量之间的关系，重点了解系统两个重要参数阻尼比和自然频率对二阶系统动态特性的影响。

1.5.2　典型环节的频域特性分析实验

一、实验目的

掌握频率特性的 Nyquist 图和 Bode 图的组成原理；熟悉典型环节的 Nyquist 图和 Bode 图的特点及绘制，掌握一般系统的 Nyquist 图和 Bode 图的特点和绘制。

二、实验原理

1. 频率响应与频率特性

线性定常系统对谐波输入的稳态响应称为频率响应。

一个稳定的线性定常系统，在谐波函数作用下，输出的稳态分量(频率响应)也是一个谐波函数，而且其角频率与输入信号的角频率相同，但振幅和相位一般不同于输入信号的振幅和相位，而是随着角频率的改变而改变。例如，若系统的输入为 $x_i(t)=X_i\sin\omega t$，则系统的稳态输出为 $x_o(t)=X_o(\omega)\sin[\omega t+\varphi(\omega)]$。因此，往往将线性系统在谐波输入作用下的稳态输出称为系统的频率响应。频率响应可以定义系统的幅频特性和相频特性。

幅频特性：输出信号与输入信号的幅值比称为系统的幅频特性，记为 $A(\omega)$。它描述了在稳态情况下，当系统输入不同频率的谐波信号时，其幅值的衰减或增大特性。显然 $A(\omega)=\dfrac{X_o(\omega)}{X_i}$。

相频特性：输出信号与输入信号的相位差(或称相移)称为系统的相频特性，记为 $\varphi(\omega)$。

它描述了在稳态情况下，当系统输入不同频率的谐波信号时，其相位产生的超前[$\varphi(\omega)>0$]或滞后[$\varphi(\omega)<0$]的特性。

通常将幅频特性 $A(\omega)$ 和相频特性 $\varphi(\omega)$ 统称为频率特性。

根据频率特性和频率响应的概念，还可以求出系统在谐波输入 $x_i(t)=X_i\sin\omega t$ 作用下的稳态响应为 $x_o(t)=X_iA(\omega)\sin[\omega t+\varphi(\omega)]$。

2. 频率特性的代数表示方法

频率特性用代数表示为：

$$G(\mathrm{j}\omega)=|G(\mathrm{j}\omega)|\cdot\exp[\mathrm{j}\angle G(\mathrm{j}\omega)]$$

$$G(\mathrm{j}\omega)=\mathrm{Re}[G(\mathrm{j}\omega)]+\mathrm{j}\mathrm{Im}[G(\mathrm{j}\omega)]=u(\omega)+\mathrm{j}v(\omega)$$

其中，$|G(\mathrm{j}\omega)|$ 称为幅频特性；$\angle G(\mathrm{j}\omega)$ 称为相频特性；$u(\omega)$ 称为实频特性；$v(\omega)$ 称为虚频特性。

3. 频率特性的图示法

(1) 频率特性的极坐标图。

在复平面[$G(\mathrm{j}\omega)$]上表示 $G(\mathrm{j}\omega)$ 的幅值 $|G(\mathrm{j}\omega)|$ 和相角 $\angle G(\mathrm{j}\omega)$ 随频率 ω 的改变而变化的关系图，称为频率特性的极坐标图，又称为 Nyquist 图。图中矢量 $G(\mathrm{j}\omega)$ 的长度为其幅值 $|G(\mathrm{j}\omega)|$，与正实轴的夹角为其辐角 $\angle G(\mathrm{j}\omega)$，当频率 ω 从零变化到无穷大时，矢量 $G(\mathrm{j}\omega)$ 在复平面上移动所描绘出的矢端轨迹就是系统频率特性的 Nyquist 图。绘制频率特性 Nyquist 图的步骤如下：

① 在系统传递函数中令 $s=\mathrm{j}\omega$，写出系统频率特性 $G(\mathrm{j}\omega)$。

② 写出系统的幅频特性 $|G(\mathrm{j}\omega)|$、相频特性 $\angle G(\mathrm{j}\omega)$、实频特性 $u(\omega)$、虚频特性 $v(\omega)$。

③ 令 $\omega=0$，求出 $\omega=0$ 时的 $|G(\mathrm{j}\omega)|$、$\angle G(\mathrm{j}\omega)$、$u(\omega)$、$v(\omega)$。

④ 若频率特性矢端轨迹与实轴、虚轴存在交点，求出这些交点。令 $u(\omega)=0$，求出 ω，然后代入 $v(\omega)$ 的表达式即求得矢端轨迹与虚轴的交点；令 $v(\omega)=0$，求出 ω，然后代入 $u(\omega)$ 的表达式即求得矢端轨迹与实轴的交点。

⑤ 对于二阶振荡环节(或二阶系统)还要求 $\omega=\omega_n$ 时的 $|G(\mathrm{j}\omega)|$、$\angle G(\mathrm{j}\omega)$、$u(\omega)$、$v(\omega)$。若此环节(或系统)的阻尼比 $0<\zeta<0.707$，则还要计算谐振频率 ω_r、谐振峰值 M_r 及 $\omega=\omega_r$ 时的 $u(\omega)$、$v(\omega)$。其中，谐振频率 ω_r、谐振峰值 M_r 可由下式得到：

$$\omega_r=\omega_n\sqrt{1-2\zeta^2},\quad M_r=\frac{1}{2\zeta\sqrt{1-\zeta^2}}=|G(\mathrm{j}\omega_r)|$$

⑥ 在 $0<\omega<\infty$ 的范围内再取若干点分别求 $|G(\mathrm{j}\omega)|$、$\angle G(\mathrm{j}\omega)$、$u(\omega)$、$v(\omega)$。

⑦ 令 $\omega=\infty$，求出 $\omega=\infty$ 时的 $|G(\mathrm{j}\omega)|$、$\angle G(\mathrm{j}\omega)$、$u(\omega)$、$v(\omega)$。

⑧ 在复平面[$G(\mathrm{j}\omega)$]中，标明实轴、原点、虚轴和复平面名称[$G(\mathrm{j}\omega)$]。在此坐标系中，分别描出以上所求各点，并按 ω 增大的方向将上述各点连成一条曲线，在该曲线旁标出 ω 增大的方向。

(2) 频率特性的对数坐标图。

频率特性的对数坐标图又称为 Bode 图。对数坐标图由对数幅频特性图和对数相频特性图组成，分别表示幅频特性和相频特性。对数坐标图的横坐标表示频率 ω，但按对数分度，单位是弧度/秒或秒$^{-1}$。对数幅频特性图的纵坐标表示 $G(\mathrm{j}\omega)$ 的幅值，单位是分贝，记为 dB，按线性分度；对数相频特性图的纵坐标表示 $G(\mathrm{j}\omega)$ 的相位，单位是度，也是按线性分度。

对数幅频特性图的纵坐标的单位 dB 的定义为 $1\ \mathrm{dB}=20\lg|G(\mathrm{j}\omega)|$。当 $|G(\mathrm{j}\omega)|=1$ 时，其分贝值为零，即 0 dB 表示输出幅值等于输入幅值。

4. 频率特性的求法

(1) 利用频率特性的定义来求取。

设系统或元件的传递函数 $G(s)$ 的输入为谐波输入 $x_i(t)=X_i\sin\omega t$，则系统的输出为：

$$x_o(t)=L^{-1}\left[G(s)\frac{X_i\omega}{s^2+\omega^2}\right]$$

系统的稳态输出为：

$$x_{oss}=\lim_{t\to\infty}x_o(t)=X_o(\omega)\sin[\omega t+\varphi(t)]$$

根据频率特性的定义即可求出其幅频特性和相频特性。

(2) 在传递函数 $G(s)$ 中令 $s=j\omega$ 来求取。

系统频率特性为 $G(j\omega)=G(s)|_{s=j\omega}$。其中，幅频特性为 $|G(j\omega)|$，相频特性为 $\angle G(j\omega)$。本实验采用该方法。

(3) 用实验方法求取。

三、实验仪器和设备

(1) 计算机。

(2) MATLAB 计算机软件。

四、实验步骤及内容

1. nyquist 函数

功能：求连续系统的 Nyquist 曲线。

格式：[re,im,w]=nyquist(num,den)。

说明：nyquist 函数可计算连续时间 LTI 系统的 Nyquist 频率曲线。当不带输出变量时，nyquist 函数会在当前图形窗口中直接绘制出 Nyquist 曲线。

nyquist 函数返回的向量 re、im 分别为系统 Nyquist 阵列的实部和虚部。如果只给出一个返回变量，则返回的变量为复数阵列，其实部和虚部可以用来绘制系统的 Nyquist 图。

例 1-14 系统的开环传递函数是 $G(s)=\dfrac{1000}{(s^2+s+2)(s+6)}$，绘制系统的 Nyquist 图，并讨论其稳定性。

解 在 MATLAB 命令行窗口用下面的指令：

```
G=tf(1000,conv([1,1,2],[1,6])); nyquist(G)
```

得到系统的 Nyquist 图如图 1.30 所示。

该图中(−1,j0)点附近的情况不是很清楚，选择图形窗口中的放大按钮，将图形放大，从局部放大的图形可以看出，Nyquist 图逆时针包围(−1,j0)点 2 次，而原开环系统中没有不稳定极点，从而可以得出结论，闭环系统有 2 个不稳定极点。进一步验证，运行以下指令：

```
G_close=feedback(G,1); roots(G_close.den{1})
```

得到运行结果：

```
ans=-12.8196
2.4098+8.5427i
2.4098-8.5427i
```

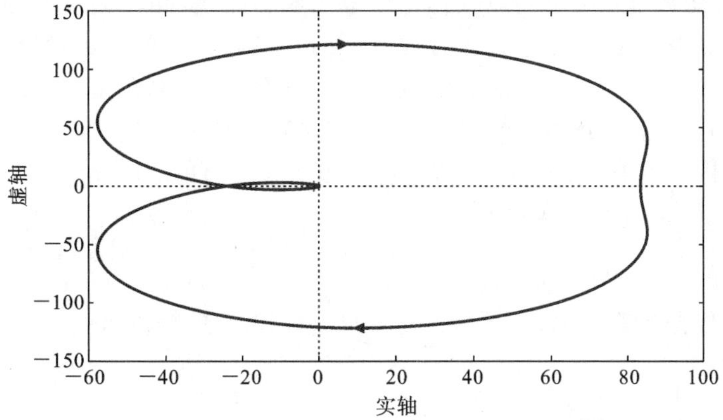

图 1.30

闭环系统有 3 个根,其中有 2 个根位于右半 s 平面,由此可见该系统是不稳定的。

频域分析法是利用频率特性研究线性系统的一种经典方法,可以用开环系统的 Nyquist 图、Bode 图分析系统的性能,如系统的稳态性能、动态性能、稳定性。闭环系统必须满足稳定性要求,在 Nyquist 图上判定系统稳定性的判据如下。

反馈控制系统稳定的充要条件:如果开环系统有 P 个极点在右半平面,相应于频率 ω 从 $-\infty \to +\infty$ 变化时,开环频率特性 $G(\mathrm{j}\omega)H(\mathrm{j}\omega)$ 曲线逆时针方向环绕 $(-1,\mathrm{j}0)$ 点的次数 N 等于右半根平面内的开环系统的极点数 P,那么闭环系统就是稳定的,否则是不稳定的。

2. bode 函数

功能:求连续系统的 Bode 频率响应。

格式:[mag,phase]=bode(num,den)。

说明:bode 函数可计算连续时间系统的幅频和相频曲线(即 Bode 图)。Bode 图可用于分析系统的增益裕度、相位裕度、增益、带宽以及稳定性等特性。当缺少输出变量即 bode(num,den) 时,bode 函数可在当前输出窗口中直接绘制出 LTI 系统的 Bode 图。

例 1-15 考虑系统模型 $G(s)=\dfrac{3.5}{s^3+2s^2+3s+2}$,试绘制该系统的 Bode 图。

解 通过指令 num=3.5;den=[1, 2, 3, 2];bode(num,den) 即可得到该系统的 Bode 图。

例 1-16 典型二阶系统传递函数 $G(s)=\dfrac{\omega_n^2}{s^2+2\zeta\omega_n s+\omega_n^2}$,试用 MATLAB 绘制出不同 ζ 和 ω_n 时的 Bode 图:

(1) 自然频率固定为 $\omega_n=1$,$\zeta=0.2,0.4,0.6,0.8,1$。编写程序绘制各 Bode 图。

(2) 将阻尼比 ζ 的值固定在 $\zeta=0.707$,编写程序绘制出在各个自然频率 $\omega_n=0.2,0.4,0.6,\cdots,1$ 时的 Bode 图。

解题过程及结果(含图形和分析)写入实验报告。

3. margin 函数

功能:求取给定线性定常系统的幅值裕度和相位裕度。

格式:

```
[Gm,Pm, Wcg , Wcp]=margin(mag,phase,w)
[Gm,Pm, Wcg, Wcp]=margin(num,den)
```

说明：margin 函数可从频率响应数据中计算出幅值裕度、相位裕度和剪切频率。幅值裕度和相位裕度是针对开环 SISO 系统而言的，它指示出系统闭环时的相对稳定性。

margin(mag,phase,w)可得到幅值裕度和相位裕度，并绘制出 Bode 图，其中 mag、phase 和 w 为由 bode 函数得到的增益、相位裕度及其频率值。当不带输出参数时，margin 可在当前图形窗口中绘制出 Bode 图，并在 Bode 图上标出幅值裕度和相位裕度。

函数的输出变量 Gm 为幅值裕度，Wcg 为幅值裕度处的频率值，Pm 为相位裕度，Wcp 为剪切频率。

例 1-17 考虑系统模型 $G(s)=\dfrac{3.5}{s^3+2s^2+3s+2}$，试求它的幅值裕度和相位裕度，并求其闭环阶跃响应。

解 在 MATLAB 命令行窗口用下面的指令：

```
G=tf(3.5,[1,2,3,2]);G_close=feedback(G,1);
[Gm,Pm,Wcg,Wcp]=margin(G)
step(G_close)
```

运行结果：ans = 1.1429 7.1578 1.7321 1.6542，闭环阶跃响应曲线如图 1.31 所示。

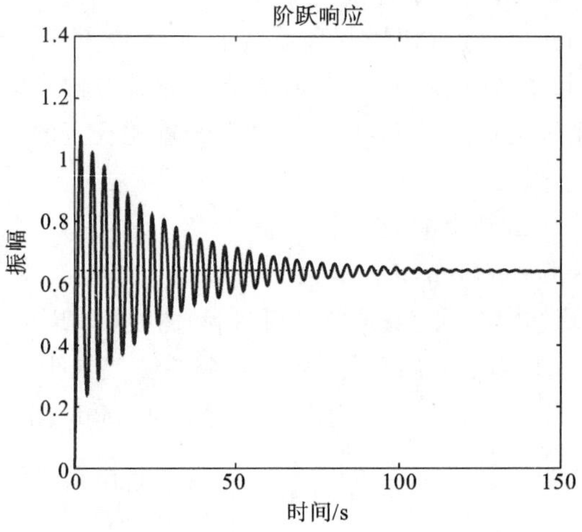

图 1.31

从运行结果可知，系统的幅值裕度很接近稳定的边界点 1，且相位裕度只有 7.1578°，所以尽管闭环系统稳定，但其性能不会太好。同时从图 1.31 中可以看出，在闭环系统的响应中有较强的振荡。如果系统的相位裕度 $\gamma>45°$，则称该系统有较好的相位裕度，然而这样的数值不是很绝对。

例 1-18 考虑系统模型 $G(s)=\dfrac{100\ (s+5)^2}{(s+1)(s^2+s+9)}$，试求它的幅值裕度和相位裕度，并求其闭环阶跃响应。

解 在 MATLAB 命令行窗口用下面的指令：

```
G=tf(100*conv([1,5],[1,5]),conv([1,1],[1,1,9]));
G_close=feedback(G,1); [Gm,Pm,Wcg,Wcp]=margin(G)
step(G_close)
```

运行结果：ans= Inf 85.4365 NaN 100.3281，闭环阶跃响应曲线如图 1.32 所示。

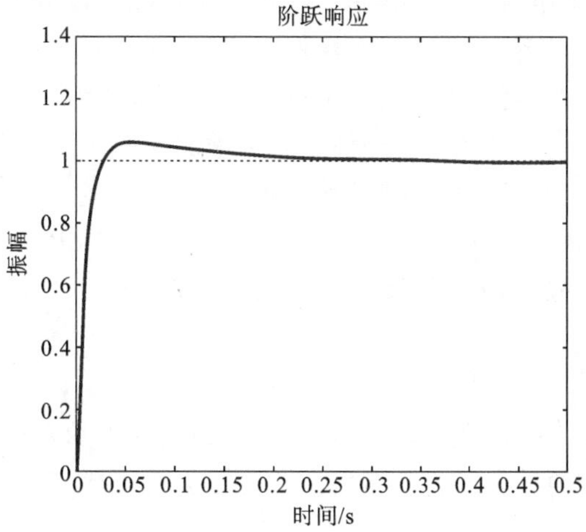

图 1.32

从运行结果可以看出，该系统有无穷大的幅值裕度，且相位裕度高达 85.4365°，所以系统的闭环响应是较理想的。

从 Nyquist 稳定性判据可推知：当 $P=0$ 的闭环系统稳定时，若开环系统的 Nyquist 轨迹点离(−1,j0)越远，则其闭环系统稳定性越高；若开环系统的 Nyquist 轨迹点离(−1,j0)越近，则其闭环系统稳定性越低。所以系统相对稳定性可通过 $G(j\omega)$ 对点(−1,j0)的靠近程度来表征，其定量的表示则为相位裕度 γ 和幅值裕度。

五、实验报告要求

按实验步骤附上解题相应的 M 代码、结果和相应的曲线，分析实验结果并得出相关结论。

六、思考题

(1) 简述频域特性的概念，说明如何求取。

(2) 简述开环传递函数与 Nyquist 图、Bode 图的关系。

1.5.3　古典控制系统设计——Bode 图法

一、实验目的

掌握使用 Bode 图进行控制系统设计的方法。

二、实验原理

设计基于传递函数模型的线性定常连续 SISO 反馈控制系统。设计的目的是将控制器和被控对象适当地组合起来，使之能满足控制系统的性能指标(如控制精度、阻尼程度和响应速度等)。一般来说，反馈控制系统具有良好的性能是指：

(1) 在输出端按要求能准确复现给定信号；

(2) 具有良好的稳定性；

(3) 对扰动信号具有充分的抑制能力。

为使系统满足预期的性能指标而有目的地增添的元件或装置，称为控制系统的校正装置。

在控制系统中，我们经常采用两种校正方案——串联校正和反馈校正。

Bode 图描述的是开环系统的对数频率特性，其低频区表征了闭环系统的稳态特性，中频区表征了系统的相对稳定性，而高频区表征了系统的抗干扰能力。在大多数实际情况中，校正问题实质上是一个在稳态精度和相对稳定性之间折中的问题。为了获得比较高的开环增益及满意的相对稳定性，必须改变开环频率特性响应曲线的形状，这主要体现为：在低频区和中频区增益应该足够大，且中频区的对数幅频特性的斜率应为 -20 dB/dec，并有足够的带宽，以保证适当的相位裕度；而在高频区，要使增益尽可能地衰减下来，以便使高频噪声的影响达到最小。

1. 串联超前校正

超前校正装置的主要作用是通过改变 Bode 图中曲线的形状来产生足够大的超前相角，以补偿原系统中的元件造成的过大的相角滞后。一阶超前校正环节的传递函数为：

$$G_c(s)=\alpha\frac{Ts+1}{\alpha Ts+1}$$

利用 Bode 图的几何设计方法如下：

(1) 根据稳态指标要求确定未校正系统的型别和开环增益 K。

(2) 绘制开环特性的 Bode 图，并找出未校正前系统的相位裕度和幅值裕度。

(3) 确定串联超前校正所应提供的最大超前相角。由于串联相位超前校正环节会使系统的幅值剪切频率 ω_c 在对数幅频特性的坐标轴上向右移，因此在考虑相位超前量时，要增加 $5°$ 左右，以补偿这一移动。即

$$\text{相位超前角 } \phi_m=\text{需要的相位裕度}-\text{未校正前系统的相位裕度}+5°$$

(4) 利用公式 $\sin\phi_m=\dfrac{\alpha-1}{\alpha+1}$，计算得到校正环节的 α 参量。

(5) 由于 ϕ_m 发生在 $\omega_m=\dfrac{1}{\sqrt{\alpha}T}$ 的点上，计算在这点上超前环节的幅值为 $20\lg\left|\dfrac{jT\omega_c+1}{j\alpha T\omega_c+1}\right|$，这就是超前校正环节在 ω_n 点上造成的对数幅频特性的上移量。在开环特性的 Bode 图上找到幅值为负上移量 $-20\lg\left|\dfrac{jT\omega_c+1}{j\alpha T\omega_c+1}\right|$ 对应的频率，此即为校正后系统的剪切频率 ω_c。

(6) 按照公式 $\omega_c=\omega_m=\dfrac{1}{\sqrt{\alpha}T}$，计算得到 T 值和 αT 值，再计算极点频率和零点频率。

(7) 绘制校正后的闭环系统 Bode 图，确认相位裕度是否满足设计要求。若仍不满足设计要求，则重复上述设计步骤，直至相位裕度满足设计要求。

(8) 确定系统的增益取值，保持系统的稳态精度。为此应提高环路放大器增益，$K_1=\dfrac{1}{\alpha}$。

2. 串联滞后校正

串联滞后校正的主要作用是在不改变系统动态特性的前提下，提高系统的开环放大倍数，使系统的稳态误差减小，并保证一定的相对稳定性。设一阶滞后校正装置的传递函数为：

$$G_c(s)=\frac{Ts+1}{\alpha Ts+1}$$

利用 Bode 图的几何设计方法如下：

(1) 根据稳态指标要求确定未校正系统的型别和开环增益 K。

(2) 绘制开环特性的 Bode 图，并找出未校正前系统的相位裕量和幅值裕量。

(3) 在开环特性的 Bode 图上找到相位裕度为 γ=要求的相位裕度+(5°～12°),计算对应于该相位裕度的频率,并选取此频率点作为已校正系统的幅值剪切频率 ω_c。

(4) 计算相位滞后环节的零点转角频率 ω_T,选为已校正系统的幅值剪切频率 ω_c 的 1/10～1/5。相位滞后环节的零点转角频率 $\omega_T=\dfrac{1}{T}$,应远低于已校正系统的幅值剪切频率 ω_c,选 $\omega_c/\omega_T=5$。

(5) 确定 α 值和相位滞后环节的极点转角频率。在开环特性的 Bode 图中,在已校正系统的幅值剪切频率点上,找到使 $G(j\omega)$ 的对数幅频特性下降到零分贝所需要的衰减分贝值,这一衰减分贝值等于 $-20\lg\alpha$,由此确定了 α 值。在剪切频率上,相位滞后环节的对数幅频特性分贝值应为:

$$20\lg\left|\frac{jT\omega_c+1}{j\alpha T\omega_c+1}\right|=-20$$

当 $\alpha T\geqslant 1$ 时,有

$$20\lg\left|\frac{jT\omega_c+1}{j\alpha T\omega_c+1}\right|\approx -20\lg\alpha \quad 即 \quad -20\lg\alpha=-20$$

故

$$\alpha=10$$

显然,相位滞后环节的极点转角频率 $\omega_T=\dfrac{1}{\alpha T}$。

3. 串联滞后-超前校正

串联滞后-超前校正装置的传递函数为:

$$G_c(s)=\frac{(T_1s+1)(T_2s+1)}{(\alpha T_1s+1)(\beta T_2s+1)}$$

利用 Bode 图的几何设计方法如下:

(1) 根据稳态指标要求确定未校正系统的型别和开环增益 K。

(2) 绘制开环特性的 Bode 图,并找出未校正前系统的相位裕度和幅值裕度。

(3) 根据给定的动态指标,确定串联超前校正部分的参数。为了保证相位裕度,确定超前校正提供的超前角时,应为滞后校正留出 5°的裕量。通常滞后校正会使原系统的剪切频率减小,因此确定超前校正的剪切频率时应比预定的指标大一些。

(4) 根据给定的稳态指标,确定串联滞后校正部分的参数。

(5) 验算性能指标。如果不满足预期指标,视具体情况适当调整校正环节的参数。

三、实验仪器和设备

(1) 计算机。

(2) MATLAB 计算机软件。

四、实验步骤及内容

1. 串联超前校正

例 1-19　设单位负反馈控制系统的传递函数为 $G(s)=\dfrac{K}{s(0.5s+1)}$,给定的稳态性能指标:单位恒速输入的稳态误差 $e_{ss}=0.05$;相位裕度 $\gamma\geqslant 45°$,幅值裕度 $20\lg K_g\geqslant 10$ dB。

解　根据稳态误差确定开环增益 K：

$$K=\frac{1}{\varepsilon_{ss}}=\frac{1}{e_{ss}}=\frac{1}{0.05}=20$$

在 MATLAB 命令行窗口用下面的指令：

```
num=20;den=[0.5 1 0];
w=logspace(-1,2,500);      % 产生介于 10^-1与 10^2之间的 500 个频率点
sysk=tf(num,den)
[mag,phase,w]=bode(sysk,w);
[Gm,Pm, Wcg , Wcp]=margin(mag,phase,w);      % 计算校正前的相位裕度
Phi=(45-Pm+ 5)* pi/180;                      % 计算所需要的相位超前角
alpha=(1-sin(Phi))/(1+ sin(Phi));            % 计算 φm
M=10* log10(alpha)* ones(length(w),1);
semilogx(w,20* log10(mag(:)),w,M)
wmmin=w(find(20* log10(mag(:))> M)); wmin=max(wmmin);   % 计算 ωc
wmmax=w(find(20* log10(mag(:))< M)); wmax=min(wmmax);
wm=(wmin+ wmax)/2;
wc=wm;
T=1/sqrt(alpha)/wc;                          % 计算 T
alphaT=alpha* T;
numx=[T 1];denx=[ alphaT 1];
sysx=tf(numx,denx);
figure;bode(sysx,w);% 为补偿超前校正造成的幅值衰减,原开环系统增益要增加,使得 K1* α=1
% 校正后系统的传递函数为
[nums,dens]=series(numx, denx, num, den);
syss=tf(nums,dens)
[mag,phase,w]=bode(syss,w);
[Gm,Pm, Wcg , Wcp]=margin(mag,phase,w);   % 计算校正后的相位裕度
hold on
bode(tf(syss),w);
bode(tf(sysk),w);
hold off
grid
text(1,0,['相位裕度=' num2str(Pm)])
```

例 1-20　设单位负反馈控制系统的传递函数为 $G(s)=\frac{K}{s(s+2)}$，给定的稳态性能指标：速度误差系数 $K_v=20\ s^{-1}$；相位裕度 $\gamma\geqslant45°$，幅值裕度 $20\lg K_g\geqslant10$ dB。设计串联超前校正装置来满足系统性能要求。

解题过程及结果(含图形)写入实验报告。

2. 串联滞后校正

例 1-21　设单位负反馈控制系统的传递函数为 $G(s)=\frac{K}{s(s+1)(0.5s+1)}$，给定的稳态性能指标：单位恒速输入的稳态误差 $e_{ss}=0.2$；相位裕度 $\gamma\geqslant40°$，幅值裕度 $20\lg K_g\geqslant10$ dB。设计串联滞后校正装置来满足系统性能要求。

解题过程及结果(含图形)写入实验报告。

3. 串联滞后-超前校正

例 1-22　设单位负反馈控制系统的传递函数为 $G(s)=\dfrac{K}{s(s+1)(0.5s+1)}$，给定的稳态性能指标：单位恒速输入的稳态误差 $e_{ss}=0.1$；相位裕度 $\gamma \geqslant 40°$，幅值裕度 $20\lg K_g \geqslant 10$ dB。设计串联滞后-超前校正装置来满足系统性能要求。

解题过程及结果(含图形)写入实验报告。

五、实验报告要求

对实验中例 1-20、例 1-21 和例 1-22，附上解题相应的 M 代码、结果和相应的曲线，总结实验得出的主要结论。

第 2 章　PLC 测控基础实验

PLC(可编程控制器)现在已经是工业领域应用最广的控制器,西门子 PLC 又是其中市场占有率很高的一类 PLC。西门子 PLC 按照计算和控制能力分为大型(400 系列)、中型(300 系列)和小型(S7-200 系列和 S7-1200 系列)PLC。考虑到实验要求和实验的经济性,本章的实验采用 S7-200 系列中的 S7-224XP 型号的 PLC。

2.1　PID 控制算法

对于图 2.1 所示的控制系统,在本课程的实验中,控制策略 G_c 就是 PID 算法,其时域的数学模型为:

$$m(t) = K_p\left[e(t) + \frac{1}{T_i}\int_0^t e(\tau)\mathrm{d}\tau + T_d\frac{\mathrm{d}e(t)}{\mathrm{d}t}\right]$$

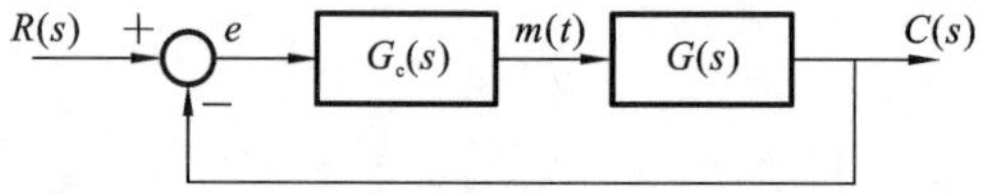

图 2.1

在上式中,方括号内的三项分别为比例项、积分项和微分项。设采样周期为 T,则其数值计算表达式为:

$$\left.\begin{aligned} & t \approx kT \\ & \int_0^t e(t)\mathrm{d}t \approx T\sum_{j=0}^{k} e(jT) = T\sum_{j=0}^{k} e_j \qquad (k = 0,1,2,3,\cdots) \\ & \frac{\mathrm{d}e(t)}{\mathrm{d}t} \approx \frac{e(kT) - e[(k-1)T]}{T} = \frac{e_k - e_{k-1}}{T} \end{aligned}\right\}$$

将上式中的 $e(kT)$ 简化成 e_k 形式,其他项与之类似,则 PID 控制策略的数值算法可以用下式表示:

$$m_k = K_P\left[e_k + \frac{T}{T_I}\sum_{j=0}^{k} e_j + \frac{T_D}{T}(e_k - e_{k-1})\right] + m_0$$

即

$$m_k = K_P\left[e_k + K_I\sum_{j=0}^{k} e_j + K_D(e_k - e_{k-1})\right] + m_0$$

其中 m_0 为常量,反映了实际控制过程中的直流偏置。

2.2　实验接线基本要求

1. 用电

闭合用电开关前,必须逐个检查电源的正负极是否连接正确,接头和导线有无裸露,确认无误后，再闭合电源开关。

2. 实验用线

实验过程中使用的导线应遵循国家标准 GB/T 6995.2—2008《电线电缆识别标志方法　第 2 部分：标准颜色》，如：

单芯导线用于交流电时，交流电源 A 相用黄色，交流电源 B 相用绿色，交流电源 C 相用红色，交流电源中性线（零线）用淡蓝色；

双芯导线或双绞线用于交流电时，采用红黑双色线；

直流电源正极用棕色，直流电源负极用蓝色，地线用黄绿双色线；

信号及控制线用其他色（推荐用黑色）。

3. 接线

剥线时，将剥下来的线头和塑料橡胶绝缘废料直接落入废料盒或垃圾箱，防止剥线产生的废料直接落到工作台面或地面，以防废料污染控制系统。

接线时，导体线头全部进入接线端子的孔内，以孔外触碰不到线头导体部分为原则。

2.3　S7-200 系列 PLC 应用设计基础

西门子 S7-200 系列的 PLC 有 5 个具体的型号，如表 2.1 所示。

表 2.1　西门子 S7-200 系列 PLC 的型号及参数

型号		S7-221	S7-222	S7-224	S7-224XP	S7-226
外观						
内置	数字量 I/O	6DI/4DO	8DI/6DO	14DI/10DO	14DI/10DO	24DI/16DO
	中断输入	4	4	4	4	4
	HSC 输入	4(30 kHz)	4(30 kHz)	6(30 kHz)	2(200 kHz) +4(30 kHz)	6(30 kHz)
	脉冲输入	2(20 kHz)	2(20 kHz)	2(20 kHz)	2(100 kHz)	2(20 kHz)
CPU 特性/端口扩展选件		· AC 或 DC 电源 · 1 个模拟设置调整器 · PID 控制器 · 浮点运算	· AC 或 DC 电源 · 1 个模拟设置调整器 · PID 控制器 · 浮点运算	· AC 或 DC 电源 · 2 个模拟设置调整器 · PID 控制器 · 实时时钟 · 浮点运算	· AC 或 DC 电源 · 2 个模拟设置调整器 · 自整定 PID 控制器 · 实时时钟 · 浮点运算	· AC 或 DC 电源 · 2 个模拟设置调整器 · 自整定 PID 控制器 · 实时时钟 · 浮点运算
最大数字 I/O 点		6DI/4DO	48DI/46DO	114DI/110DO	114DI/110DO	128DI/128DO
内置模拟量 I/O		无	无	无	2 AI/1 AO	无

续表

型号	S7-221	S7-222	S7-224	S7-224XP	S7-226
可扩展模拟量 I/O	无	16 AI/8 AO 最大 16	32 AI/28 AO 最大 44	32 AI/29 AO 最大 45	32 AI/28 AO 最大 44
通信端口	1 个 RS485 口	1 个 RS485 口	1 个 RS485 口	2 个 RS485 口	2 个 RS485 口
执行时间(位指令)	0.22 μs				
PPI,MPI(从站)波特率	9.6/19.2/187.5 kbit/s				

S7-224XP 型号 PLC 本机自带 2 路模拟量输入、1 路模拟量输出，对于有模拟量传感器信号输入的使用和采用模拟量输出控制的应用非常方便，它的高速计数能力最高可达 200 kHz，高速脉冲输出能力达 100 kHz，非常方便直接用于对步进电机、伺服电机的控制。此外，这款型号的 PLC 还具有一个自整定 PID 控制器，这是其他型号 PLC 所没有的、在实际控制中又非常有用的。S7-224XP 具有 2 个 RS485 通信端口，便于同时调试 PLC 程序和 HMI 程序，方便开发使用。

本书以高性能 S7-224XP(DC/DC/DC)型号的 PLC 为例(见图 2.2)，说明 PLC 的各种输入输出接口。

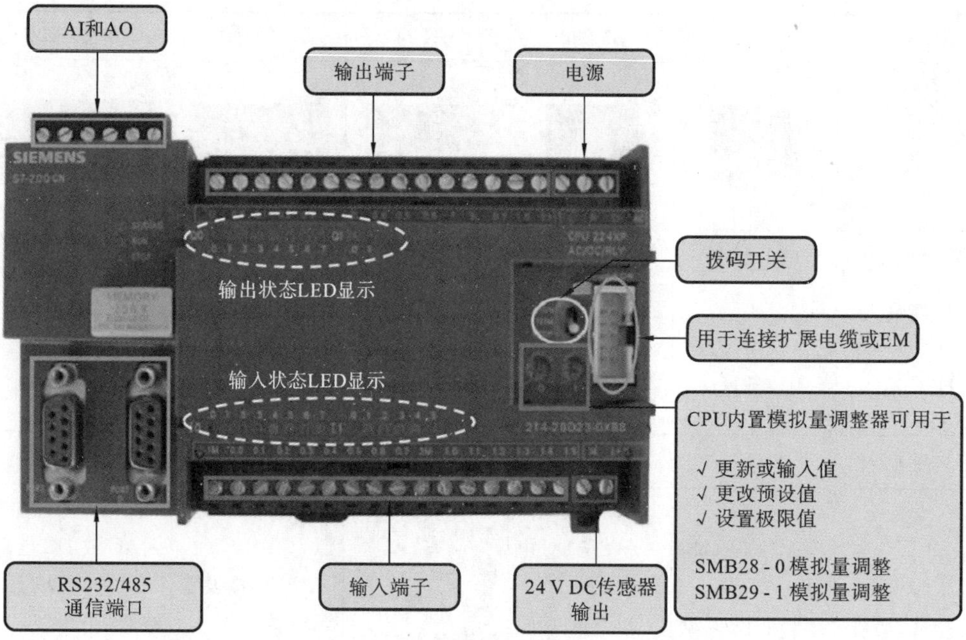

图 2.2

(1) 电源。

S7-224XP(DC/DC/DC)PLC 的电源接线端子在 PLC 的右上方，采用 24 V 直流电源供电，最小供电电流为 280 mA。其接线方式如图 2.3 所示。

(2) 数字量输入端子。

S7-224XP(DC/DC/DC)PLC 的数字量输入端子在 PLC 的下方中部，其接线图如图 2.4 所示。

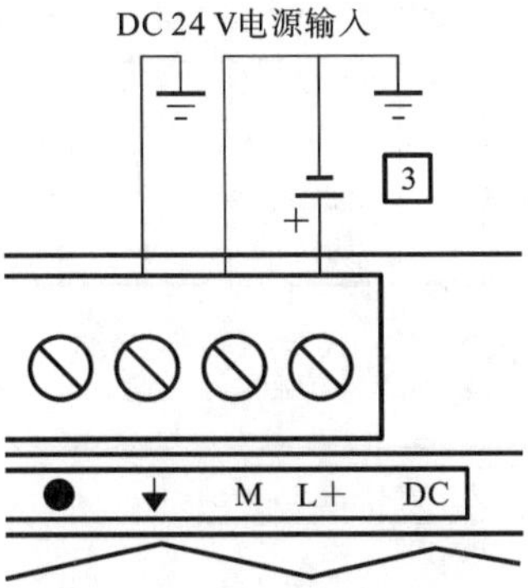

图 2.3

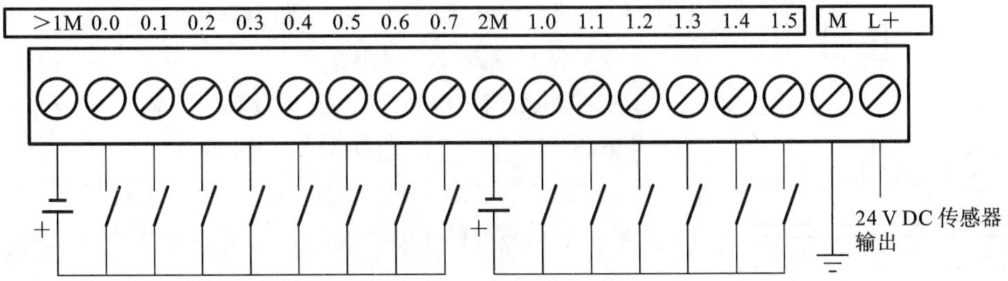

图 2.4

图 2.5 表示了 S7-224XP(DC/DC/DC)型号 PLC 的数字量输入的原理。当外接(如 I0.1)开关闭合时，PLC 内部的光耦接通，信号进入 PLC 内部。

对于 S7-224XP(DC/DC/DC)型号 PLC 的输入端子，额定电压为 24 V DC，额定电流为4 mA，最大持续允许电压为 30 V DC，最大浪涌电压为 35 V DC，持续时间为 0.5 s。

端子 I0.0～I0.2 和 I0.6～I1.5，逻辑 1 的最小电平为 15 V DC，最小电流为 2.5 mA，逻辑 0 的最大电平为 5 V DC，最小电流为 1 mA；端子 I0.3～I0.5 用作高速脉冲输入时，逻辑 1 的最小电平为 4 V DC，最小电流为 8 mA，逻辑 0 的最大电平为 1 V DC，最小电流为 1 mA。

(3) 数字量输出端子。

S7-224XP(DC/DC/DC) PLC 的数字量输出端子在 PLC 的上方中部，其接线图如图 2.6 所示。

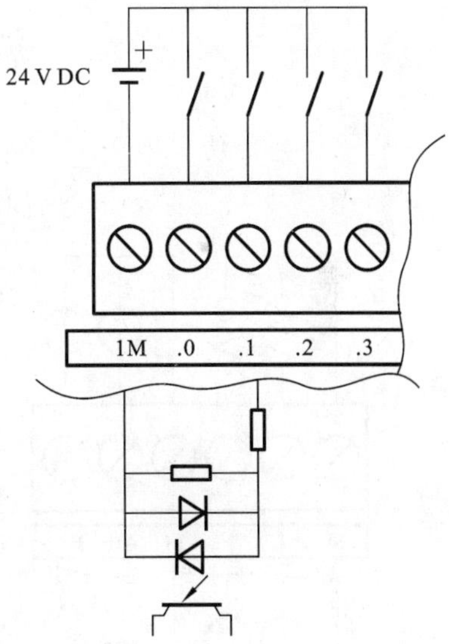

图 2.5

对于 S7-224XP(DC/DC/DC)型号 PLC 的输出端子，额定电压为 24 V DC，端子 Q0.0～Q0.4 的电压范围为 5～28.8 V DC，端子 Q0.5～Q1.1 的电压范围为 20.4～28.8 V DC。

每个输出端子的最大额定电流为 0.75 A，每个公共端的最大额定电流为 3.75 A。从断开到接通的最大延迟为 0.5 μs(Q0.0、Q0.1)和 15 μs(其他)；从接通到断开的最大延迟为 1.5 μs (Q0.0、Q0.1)和 130 μs(其他)。输出脉冲的最大频率为 100 kHz(Q0.0、Q0.1)。

图 2.7 表示了 S7-224XP(DC/DC/DC)型号 PLC 的数字量输出的原理。当 PLC 程序将

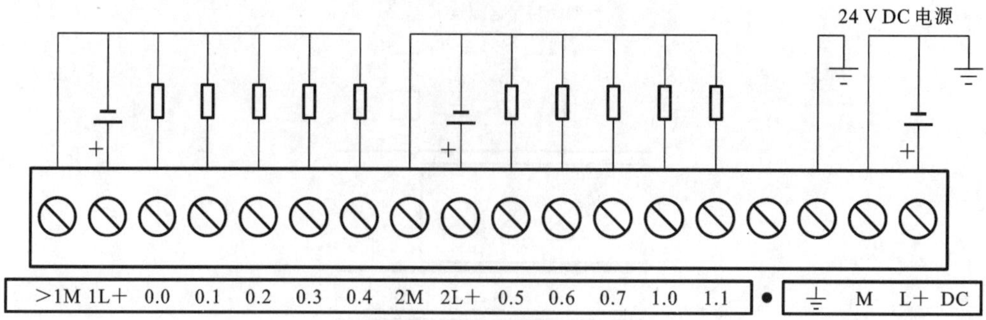

图 2.6

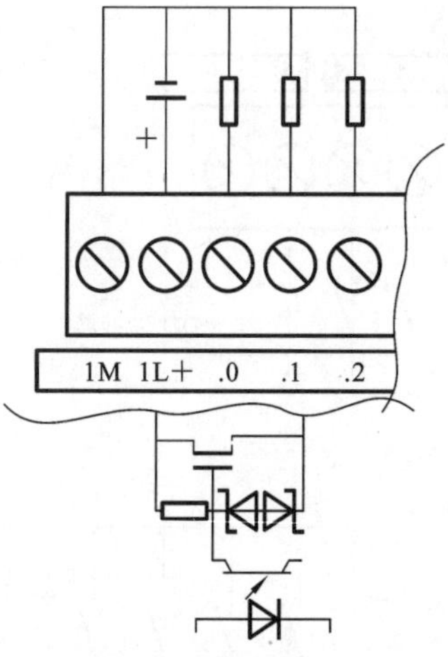

图 2.7

数值输出端口(如 Q0.1)置 1 时,光耦接通,控制场效应管接通,在外部电源的作用下,形成回路,Q0.1 置“高”。

(4) 模拟量输入、输出端子。

S7-224XP PLC 自带的模拟量输入、输出端子位于 PLC 的左上方,其端子接线图如图 2.8 所示。

S7-224XP PLC 自带 2 路 11 位(加 1 个符号位)模拟量输入(A+、B+)和 1 路模拟量输出(输出方式有电压输出和电流输出可选)。

模拟量输入的电压范围为−10～+10 V DC,其对应的数字量范围为−32000～+32000,最大输入电压为 30 V DC,误差为±1%。

模拟量输出的电压范围为 0～10 V DC,电流范围为 0～20 mA,其对应的数字格式为 0～32000。输出电压的建立时间不超过 50 μs,输出电流的建立时间不超过 100 μs。

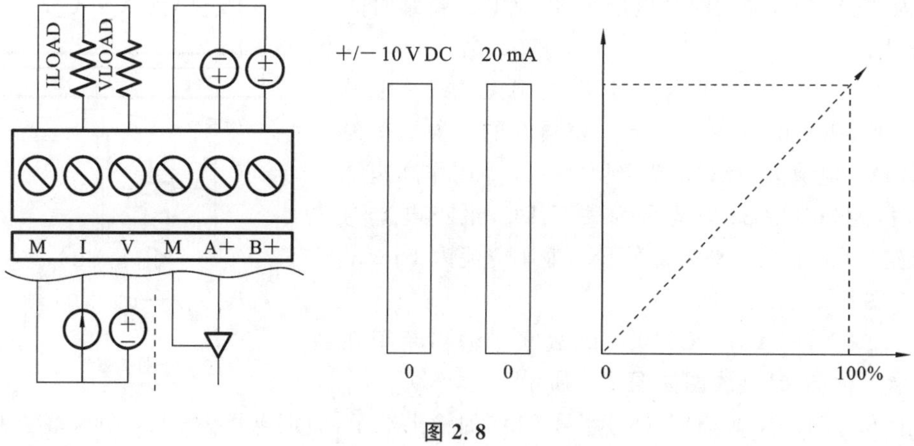

图 2.8

(5) 通信。

PLC 通过一根 PPI 电缆,一端连接 PLC 的 RS232/485 端口,另一端连接计算机的 RS232 串口(或 USB 口,但对于很多非原厂的 USB PPI 电缆,需要安装该 PPI 电缆的驱动程序)。

在 S7-200 系列 PLC 的集成开发环境 STEP 7-Micro/WIN 中(见图 2.9),设置与 PLC 的通信,其方法是:点击指令树中的“通讯”,如果连接无误,就会出现 PLC 的型号(见图 2.10)。

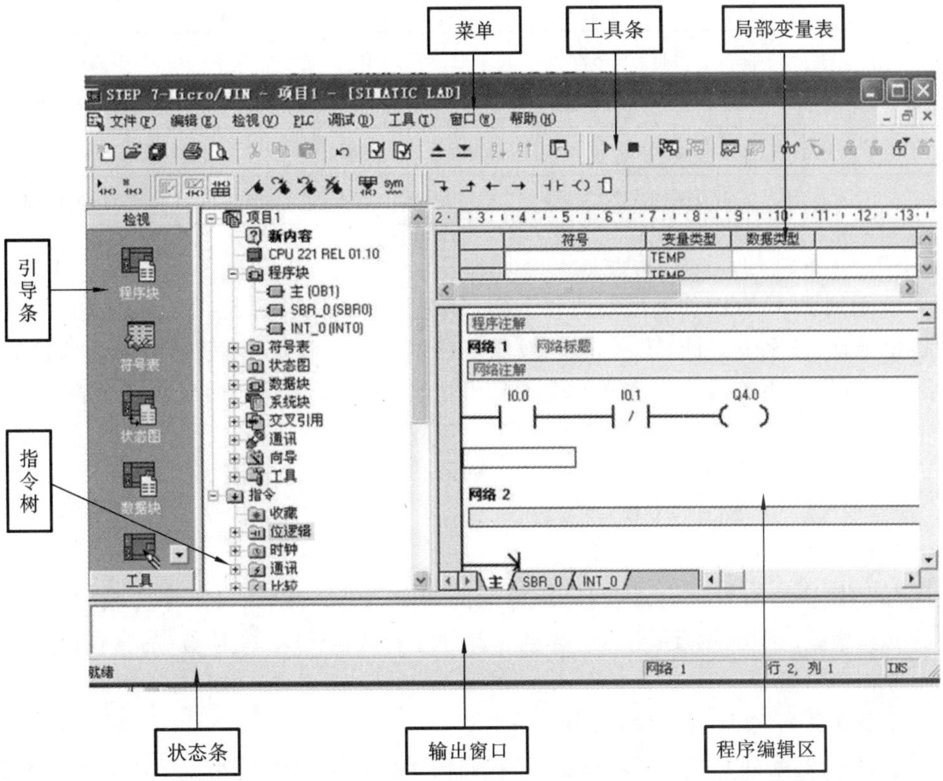

图 2.9

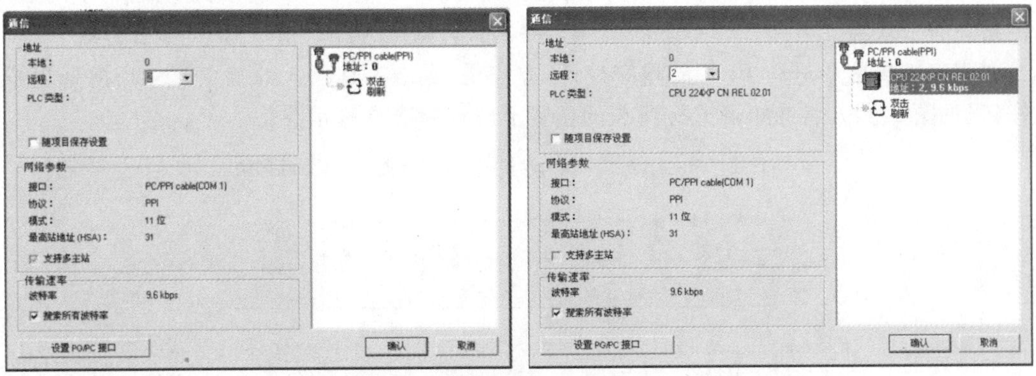

图 2.10

(6) 特殊寄存器。

为了方便使用，S7-200 系列 PLC 提供了一组特殊寄存器位，如表 2.2 所示。

表 2.2　特殊寄存器位

SM0.0	该位始终为 1	SM1.0	操作结果＝0
SM0.1	首次扫描时为 1	SM1.1	结果溢出或非法数值
SM0.2	保持数据丢失时为 1	SM1.2	结果为负数
SM0.3	上电	SM1.3	被 0 除

续表

SM0.4	30 s 闭合/30 s 断开	SM1.4	超出表范围
SM0.5	0.5 s 闭合/0.5 s 断开	SM1.5	空表
SM0.6	闭合 1 个扫描周期/断开 1 个扫描周期	SM1.6	BCD 到二进制转换出错
SM0.7	开关在 RUN 位置	SM1.7	ASCII 到十六进制转换出错

(7) S7-200 系列 PLC 的内存空间与寻址。

S7-200 系列 PLC 有四种类型的内存空间，分别为位、字节、字、双字。与之相对应的寻址方式为按位寻址、按字节寻址、按字寻址、按双字寻址。对字寻址，地址编号为 2 的倍数；对双字寻址，地址编号为 4 的倍数。这样地址不会相互覆盖，可以用下面的表达式来表示：

$$VW0=VB0+VB1,\quad VW2=VB2+VB3$$

$$VD0=VW0+VW2=VB0+VB1+VB2+VB3$$

$$VD4=VW4+VW6=VB4+VB5+VB6+VB7$$

(8) 常用运算指令。

在进行 PID 算法编程时，会用到计算方面的指令，如加、减、乘、除，平方根、自然对数、自然指数、正弦、余弦、正切，取反、与、或、异或。此外还有数据传送、左移位、右移位指令等，请读者自行参考相关书籍。

(9) S7-200 系列 PLC 程序设计。

西门子 S7-200 系列 PLC 的程序设计是在西门子公司提供的 STEP 7-Micro/WIN 程序中进行的，其界面如图 2.9 所示。

S7-200 系列 PLC 的程序设计多采用梯形图的方式。梯形图程序被划分为若干个网络，一个网络只有一块独立电路。梯形图的编程元件主要有触点、线圈、指令盒、标点和连线。

在程序编辑区中进行 PLC 的程序设计，方法是：点击工具条上的触点、线圈、指令盒等编程按钮(见图 2.11)，将在矩形光标所在的位置上放置所选择的元件。

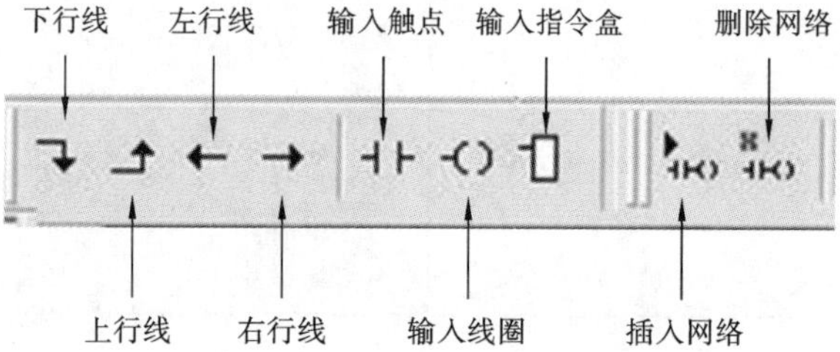

图 2.11

(10) 程序下载与运行。

程序设计完成，需要将程序下载到 PLC 中，PLC 才能运行该程序。

将 PLC 的状态开关拨在 STOP 或 Term 状态，单击工具条中的“下载”按钮(见图 2.12)，或选择菜单命令“文件”→“下载”项，将会出现下载对话框，用户可以选择下载程序块、数据块和系统块。单击“确认”按钮，开始下载前的编译，如果没有错误，就执行下载任务。下载成功后，确认框显示“下载成功”。

如果 PLC 的运行方式开关置于“Term”挡位，则可以直接点击 STEP 7-Micro/WIN 工具栏中的运行键▶，PLC 的程序开始运行。

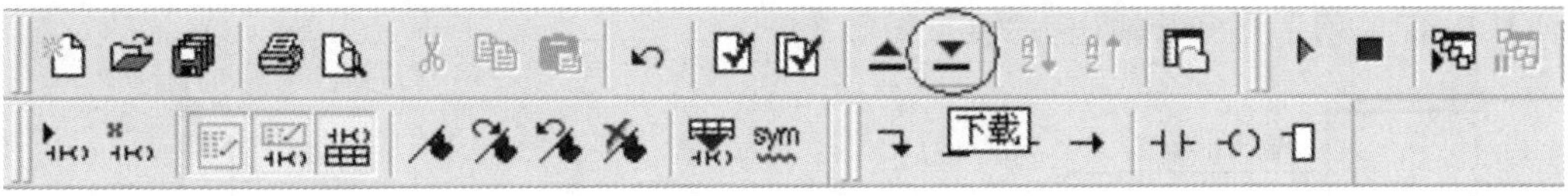

图 2.12

2.3.1 PLC 输入、输出实验

一、实验目的

(1) 掌握 PLC 的数字量输入、输出端口的接线与编程方法。
(2) 掌握 PLC 的模拟量输入、输出端口的接线与编程方法。

二、实验原理

从前文对 S7-224XP PLC 的介绍可以看出，S7-224XP PLC 数字量输入、输出的类型是漏极输入、源极输出。

1. 电源接线

根据所选用 S7-200 系列 PLC 的具体型号，按照使用手册，给 S7-200 CPU 提供正确的供电电源，然后在计算机与 S7-200 CPU 之间连上通信电缆即可。

2. 输入接口原理

输入单元是 PLC 获取控制现场信号的输入通道，用于输入信号的隔离滤波及电平转换。输入单元由滤波电路、光电隔离电路和输入单元内部电路组成，如图 2.13 所示。

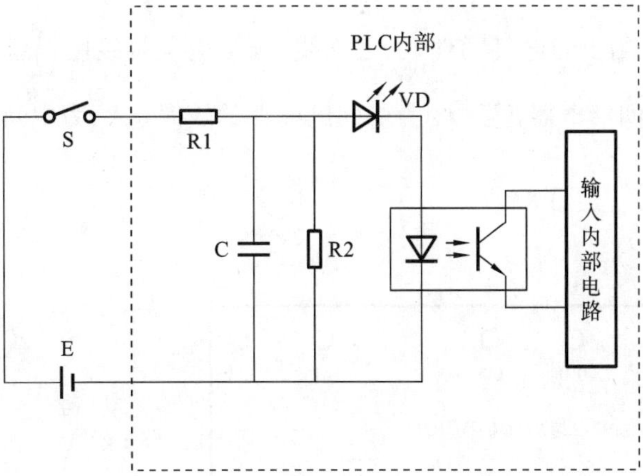

图 2.13

当 PLC 外面的开关 S 接通时，指示灯 VD 及光电耦合器中的发光二极管就会发光，光敏三极管因而获得基极电流，导致集电极与发射极导通，从而集电极电平变低；当 PLC 外面的开关 S 处于断开状态时，指示灯 VD 及光电耦合器中的发光二极管因无电流通过而不发光，光敏三极管因无基极电流而截止，这时集电极输出高电平。图 2.13 中的 R1、R2 和 C 组成滤波电路，用于消除高频干扰。

3. 输出接口原理

输出接口用于对 PLC 的输出进行放大及电平转换，驱动控制对象。直流 24 V 供电的 S7-

224XP PLC 采用了晶闸管输出方式(见图 2.14)。

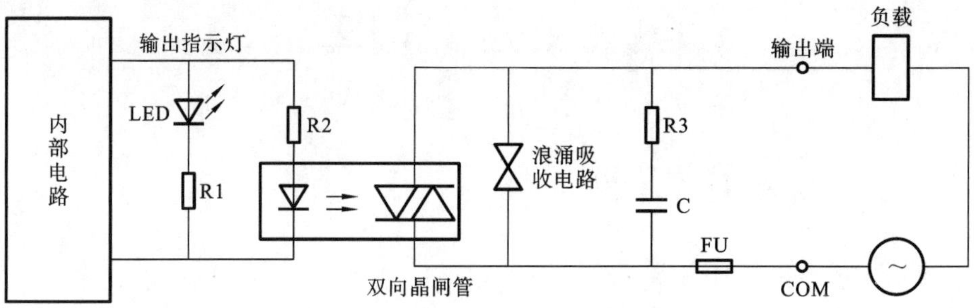

图 2.14

三、实验仪器和设备

(1) 计算机(安装有 STEP7-Micro/WIN)。

(2) 西门子 S7-224XP(DC/DC/DC)PLC。

(3) 24 V 直流电机。

(4) 24 V DC 电源。

(5) 开关、导线、接线端子排若干。

四、实验步骤及内容

1. PLC 的数字量输入、输出实验(直流电机启、停控制)

现有一个额定工作电压为 24 V 的直流电机,设计一个 PLC 控制系统,用两个按钮分别控制电机的启动和停止。

(1) 根据图 2.15 给出的电气元件,加上连线,画出电气接线图,经检查无误后,按接线图接线。图中 KA 为中间继电器,□ KA为中间继电器的线圈,KA 为中间继电器的常开触点。

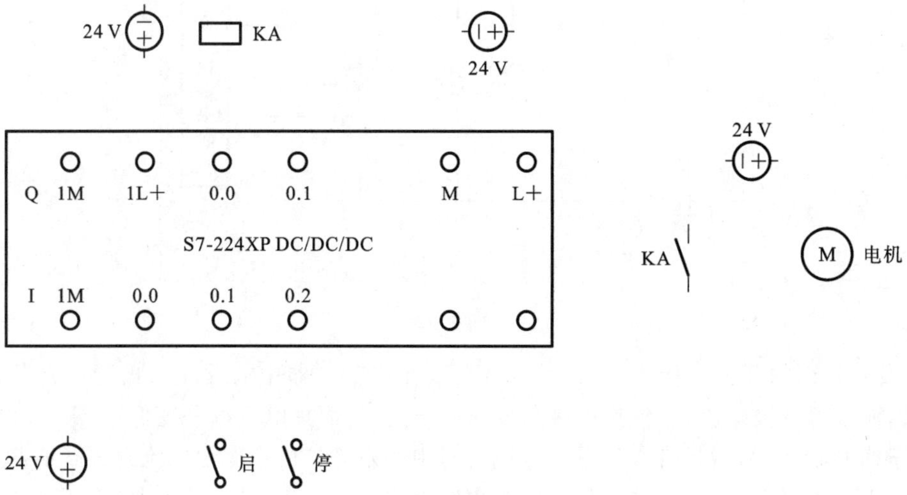

图 2.15

(2) 设计 PLC 程序。

根据实验目的,结合上一步骤所设计的电气接线图,设计出 PLC 程序。

(3) 将上面设计的 PLC 程序，在 STEP7-Micro/WIN 中写成 PLC 程序代码，并下载到 PLC 中。运行并调试 PLC 程序，实现电机的启、停控制功能。

2. PLC 的模拟量输入、输出实验

现有一个带连接纽扣的 9 V 电池，设计一个实验，用 PLC 测量该电池的电压，然后在 PLC 的模拟量输出端输出所测得的电压。

(1) 参照图 2.8 所示的 S7-224XP PLC 模拟量接口，确定模拟量的输入输出端口。

(2) 参照图 2.15，手绘设计系统硬件接线图。

(3) 设计相应的 PLC 程序，读取电池的电压(提示：S7-224XP PLC 的两个模拟量输入端口地址分别为 AIW0 和 AIW1)。

(4) 根据上一步骤所读取电池的电压，设计相应的 PLC 程序，通过模拟量输出端口向外输出一个相同的电压(提示：S7-224XP PLC 的模拟量输出端口地址为 AQW0)。

(5) 程序运行与调试。用万用表测量电池的电压和 PLC 模拟量输出端口的电压，观察这两个电压值是否一致。

五、实验报告要求

实验报告至少包括以下内容：

(1) 实验目的与要求。

(2) 控制系统接线图及说明。

(3) PLC 程序及注释。

(4) 调试过程总结与实验心得。

六、思考题

(1) 用数字量输出端口控制直流电机运行时，为什么要用中间继电器？

(2) 模拟量输入端口的 A/D 转换位数是多少位的，10 V 的输入电压转换后的数字量是多少？

2.3.2　PLC 高速脉冲输入实验

现代很多的数字化机电设备具有数字传感器，如旋转光电编码器、直线光栅尺等，用来反馈设备运行过程中的转角、位移等信息。

S7-200 系列 PLC 提供了多种高速脉冲输入计数的功能，利用高速脉冲输入计数功能，可以对光电式旋转编码器、直线编码器的脉冲输入信号进行计数。

一、实验目的

掌握 PLC 单相和双相高速脉冲输入计数的硬件系统设计和相应的应用编程。

二、实验原理

1. 高速计数器

S7-200 系列 PLC 的高速计数器 HSC 用来累计比 PLC 扫描频率高得多的脉冲输入，一般用于普通计数器频率达不到的场合。S7-224XP PLC 的高速计数器的最高计数频率为 230 kHz,并可产生中断,执行中断程序。

S7-224XP PLC 具有 6 个高速计数器,每个高速计数器可以配置为 13 种模式中的任意一种,如表 2.3 所示。

表 2.3 S7-224XP PLC **的计数器**

<table>
<tr><th>模式</th><th>类型</th><th>描述</th><th colspan="4">输入</th></tr>
<tr><td rowspan="6"></td><td colspan="2">HSC0</td><td>I0.0</td><td>I0.1</td><td>I0.2</td><td></td></tr>
<tr><td colspan="2">HSC1</td><td>I0.6</td><td>I0.7</td><td>I1.0</td><td>I1.1</td></tr>
<tr><td colspan="2">HSC2</td><td>I1.2</td><td>I1.3</td><td>I1.4</td><td>I1.5</td></tr>
<tr><td colspan="2">HSC3</td><td>I0.1</td><td></td><td></td><td></td></tr>
<tr><td colspan="2">HSC4</td><td>I0.3</td><td>I0.4</td><td>I0.5</td><td></td></tr>
<tr><td colspan="2">HSC5</td><td>I0.4</td><td></td><td></td><td></td></tr>
<tr><td>0</td><td rowspan="6">单相计数</td><td rowspan="3">带有内部方向控制的单相计数器</td><td>脉冲</td><td></td><td></td><td></td></tr>
<tr><td>1</td><td>脉冲</td><td></td><td>复位</td><td></td></tr>
<tr><td>2</td><td>脉冲</td><td></td><td>复位</td><td>启动</td></tr>
<tr><td>3</td><td rowspan="3">带有外部方向控制的单相计数器</td><td>脉冲</td><td>方向</td><td></td><td></td></tr>
<tr><td>4</td><td>脉冲</td><td>方向</td><td>复位</td><td></td></tr>
<tr><td>5</td><td>脉冲</td><td>方向</td><td>复位</td><td>启动</td></tr>
<tr><td>6</td><td rowspan="6">双相计数</td><td rowspan="3">带有增减计数时钟的两相计数器</td><td>增脉冲</td><td>减脉冲</td><td></td><td></td></tr>
<tr><td>7</td><td>增脉冲</td><td>减脉冲</td><td>复位</td><td></td></tr>
<tr><td>8</td><td>增脉冲</td><td>减脉冲</td><td>复位</td><td>启动</td></tr>
<tr><td>9</td><td rowspan="3">A/B 相正交计数器</td><td>脉冲 A</td><td>脉冲 B</td><td></td><td></td></tr>
<tr><td>10</td><td>脉冲 A</td><td>脉冲 B</td><td>复位</td><td></td></tr>
<tr><td>11</td><td>脉冲 A</td><td>脉冲 B</td><td>复位</td><td>启动</td></tr>
<tr><td>12</td><td>内部计数</td><td>只有 HSC0 和 HSC3 支持模式 12,
HSC0 计数 Q0.0 输出的脉冲数,
HSC3 计数 Q0.1 输出的脉冲数</td><td></td><td></td><td></td><td></td></tr>
</table>

从表 2.3 可知,每个高速计数器不同的输入端有着专用的功能,如时钟脉冲输入端、方向控制端、复位端、启动端等。例如,在模式 2 中使用高速计数器 HSC0,时钟脉冲输入必须接在 I0.0 端,复位信号必须接在 I0.2 端。

每个高速计数器都有一个控制字节,它决定了计数器的许用/禁用、方向控制情况,以及装入初始值和预置值等。高速计数器的控制字节如表 2.4 所示。

使用高速计数器之前,必须先用 HDEF 指令,选择高速计数器的模式,即定义高速计数器的脉冲输入、计数方向、启动和复位功能。而且,若使用多个高速计数器,则每个高速计数器都需要使用 HDEF 指令。使用高速计数器时涉及的指令如表 2.5 所示。

表 2.4　高速计数器的控制字节

HSC0	HSC1	HSC2	HSC3	HSC4	HSC5	描述
SM37.3	SM47.3	SM57.3	SB137.3	SM147.3	SM157.3	计数方向控制位： 0=减计数　1=增计数
SM37.4	SM47.4	SM57.4	SB137.4	SM147.4	SM157.4	将计数方向写入 HSC； 0=无更新　1=更新方向
SM37.5	SM47.5	SM57.5	SB137.5	SM147.5	SM157.5	将新预设值写入 HSC； 0=无更新　1=更新预设值
SM37.6	SM47.6	SM57.6	SB137.6	SM147.6	SM157.6	将新的当前值写入 HSC； 0=无更新　1=更新当前值
SM37.7	SM47.7	SM57.7	SB137.7	SM147.7	SM157.7	启用 HSC； 0=禁止 HSC　1=启用 HSC

表 2.5　使用高速计数器时涉及的指令

指令	说明
高速计数器定义指令 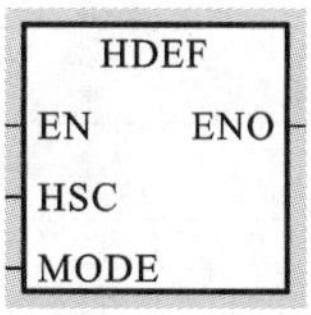	选择特定的高速计数器(HSCx)的操作模式。在选定的模式中选择定义高速计数器的时钟、方向、启动和复位功能。 设置 ENO=0 的错误条件：0003——输入点冲突；0004——中断中的非法指令；000A——HSC 重新定义
高速计数器指令 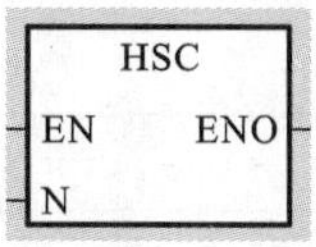	根据 HSC 特殊内存位的状态配置和控制高速计数器。 参数 N 指定高速计数器的号码。 高速计数器最多可配置为 12 种不同的操作模式。每台计数器在功能受支持的位置有专用时钟、方向控制、复位和启动输入。对于双相计数器，两个时钟均可按最高速度运行。在正交模式中，可以选择一倍(1×)或四倍(4×)的最高计数速率。所有的计数器按最高速率运行，而不会相互干扰
中断指令 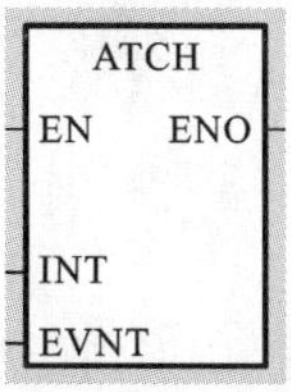	将中断事件(EVNT)与中断例行程序号码(INT)相联系，并启用中断事件

2. 中断

定时中断时间间隔寄存器为 SMB34 和 SMB35。把周期时间值(1～255 ms)写入该寄存器后，每当达到定时时间值，就执行中断程序。中断事件优先级别如表 2.6 所示。

表 2.6　中断事件优先级别

事件		优先级别		受 CPU 支持			
号码	中断说明	群组	组别	221	222	224	224XP、226、226XM
8	端口 0:接收字符	通信(最高)	0	√	√	√	√
9	端口 0:传输完成		0	√	√	√	√
23	端口 0:接收信息完成		0	√	√	√	√
24	端口 1:接收信息完成		1				√
25	端口 1:接收字符		1				√
26	端口 1:传输完成		1				√
19	PTO:0 完全中断		0	√	√	√	√
20	PTO:1 完全中断		1	√	√	√	√
0	上升边缘,I0.0	离散(中等)	2	√	√	√	√
2	上升边缘,I0.1		3	√	√	√	√
4	上升边缘,I0.2		4	√	√	√	√
6	下降边缘,I0.3		5	√	√	√	√
1	下降边缘,I0.0		6	√	√	√	√
3	下降边缘,I0.1		7	√	√	√	√
5	下降边缘,I0.2		8	√	√	√	√
7	下降边缘,I0.3		9	√	√	√	√
12	HSC0 CV=PV		10	√	√	√	√
27	HSC0 方向改变		11	√	√	√	√
28	HSC0 外部复原/Z 相		12	√	√	√	√
13	HSC1 CV=PV		13			√	√
14	HSC1 方向改变		14			√	√
15	HSC1 外部复原		15			√	√
16	HSC2 CV=PV		16			√	√
17	HSC2 方向改变		17			√	√
18	HSC2 外部复原		18			√	√

3. S7-200 系列 PLC 的程序结构

S7-200 CPU 的控制程序由主程序、子程序和中断程序组成。

(1) 主程序。

主程序(OB1)是程序的主题,每一个项目都必须并且只能有一个主程序。在主程序中可以调用子程序和中断程序。

主程序通过指令控制整个应用程序的执行,每个扫描周期都要执行一次主程序。STEP7-Micro/WIN 中程序编辑器窗口下部的标签用来选择不同的程序。因为各程序都存放在独立的程序块中,所以各程序结束时不需要加入无条件结束指令或无条件返回指令。

(2) 子程序。

子程序是可选的,仅在被其他程序调用时执行。同一个子程序可以在不同的地方被多次调用。使用子程序可以简化程序代码和减少扫描时间。设计好的子程序容易移植到别的项目中去。

(3) 中断程序。

中断程序用来及时处理与用户程序的执行时序无关的操作,或者不能事先预测何时发生的中断事件。中断程序不由用户程序调用,而是在终端事件发生时由操作系统调用。中断程序是由用户编写的。因为不能预知何时会出现中断事件,所以不允许中断程序改写可能在其他程序中使用的存储器。

4. 增量式光电旋转编码器

增量式光电旋转编码器通过内部的两个光敏接收管转化其角度码盘的时序和相位关系,得到角度码盘角度位移量增加(正方向)或减少(负方向)的情况。在结合数字电路特别是单片机后,增量式旋转编码器在角度测量和角速度测量方面较绝对式旋转编码器更具优势。

图 2.16 所示为增量式光电旋转编码器的工作原理。

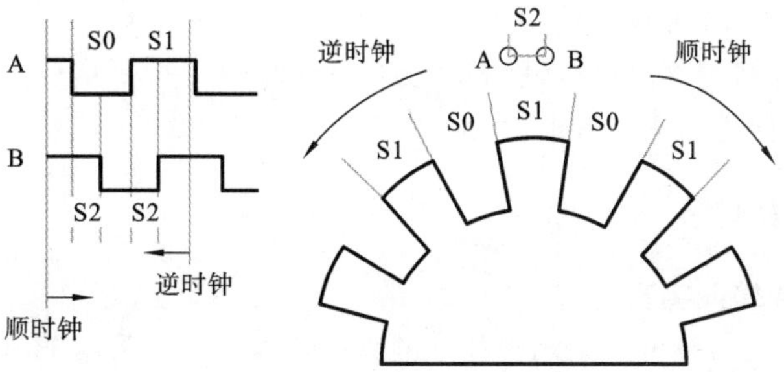

图 2.16

A、B 两点对应两个光敏接收管,A、B 两点的间距为 S2 ,角度码盘的光栅间距分别为 S0 和 S1。

当角度码盘以某个速度匀速转动时,可知输出波形图中的 S0 : S1 : S2 比值与实际图的 S0 : S1 : S2 比值相同;同理,当角度码盘以其他的速度匀速转动时,输出波形图中的 S0 : S1 : S2 比值与实际图的 S0 : S1 : S2 比值仍相同。如果角度码盘做变速运动,则可把它看成多个运动周期的组合,而每个运动周期输出波形图中的 S0 : S1 : S2 比值与实际图的 S0 : S1 : S2 比值仍相同。

通过输出波形图可知每个运动周期的时序为:

顺时针运动		逆时针运动	
A	B	A	B
1	1	1	1
0	1	1	0
0	0	0	0
1	0	0	1

我们把当前的 A、B 输出值保存起来,与下一个 A、B 输出值做比较,就可以轻易地得出角度码盘的运动方向,

如果光栅格 S0 等于 S1，即 S0 和 S1 弧度夹角相同，且 S2 等于 S0 的 1/2，那么可得到此次角度码盘运动的位移角度为 S0 弧度夹角的 1/2，再除以所消耗的时间，就得到此次角度码盘运动的位移角速度。

当 S0 等于 S1 且 S2 等于 S0 的 1/2 时，1/4 个运动周期就可以得到运动方向位和位移角度；如果 S0 不等于 S1，S2 不等于 S0 的 1/2，那么要 1 个运动周期才可以得到运动方向位和位移角度。

E6B2-CWZ5B 型光电编码器，工作电压为 12～24 V DC，输出信号的电压等于工作电压。如果编码器的工作电压为 24 V DC，则输出信号的电压也为 24 V，这时，光电编码器的输出信号可以直接接入 PLC 的高速计数器的输入端。

三、实验仪器和设备

(1) 计算机(安装有 STEP7-Micro/WIN)。

(2) 西门子 S7-224XP DC/DC/DC PLC。

(3) 24 V 直流电源。

(4) 光电编码器 E6B2-CWZ5B。

(5) 联轴器(轴径适配直流电机轴和光电编码器轴)。

(6) 开关、导线、接线端子排若干。

四、实验步骤及内容

1. 单相高速脉冲输入实验

单相高速脉冲输入一般可以采用模式 0 的高速计数器。如采用 HSC0 模式 0 的高速计数器，对一个旋转式光电编码器转轴朝一个方向转动时的脉冲输出数量进行测量。

(1) 高速计数器指令生成向导如图 2.17 所示。

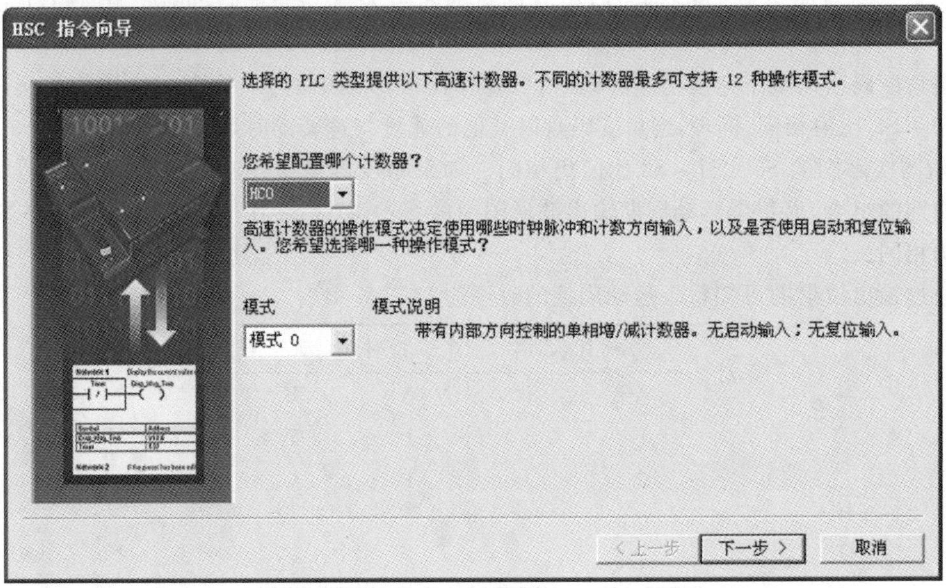

(a)

图 2.17

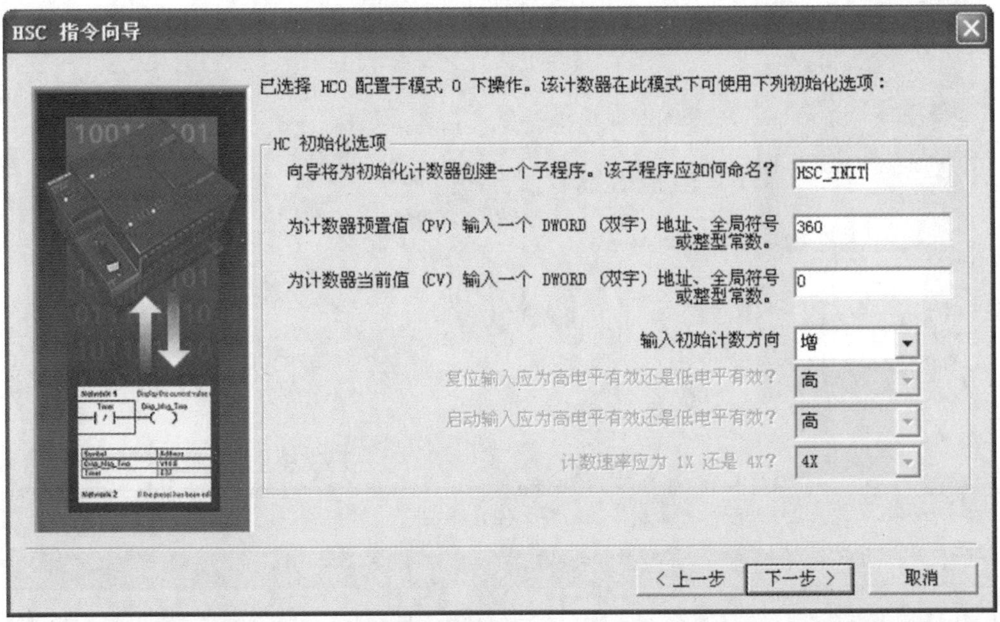
HSC 指令向导
已选择 HC0 配置于模式 0 下操作。该计数器在此模式下可使用下列初始化选项：
HC 初始化选项
向导将为初始化计数器创建一个子程序。该子程序应如何命名？
HSC_INIT
为计数器预置值 (PV) 输入一个 DWORD (双字) 地址、全局符号或整型常数。
360
为计数器当前值 (CV) 输入一个 DWORD (双字) 地址、全局符号或整型常数。
0
输入初始计数方向
增
复位输入应为高电平有效还是低电平有效？
高
启动输入应为高电平有效还是低电平有效？
高
计数速率应为 1X 还是 4X？
4X
< 上一步
下一步 >
取消

(b)

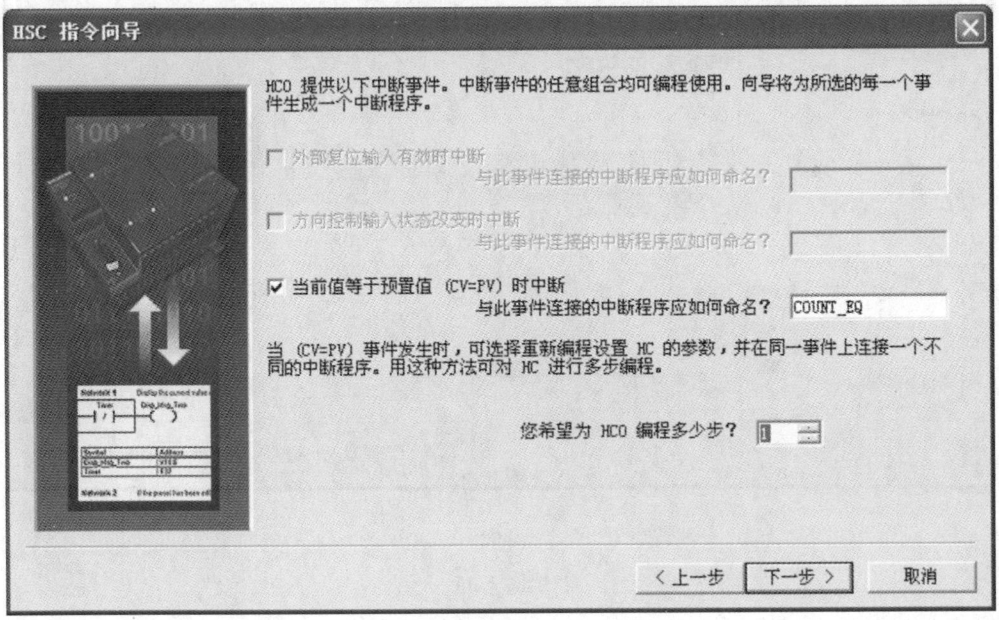
HSC 指令向导
HC0 提供以下中断事件。中断事件的任意组合均可编程使用。向导将为所选的每一个事件生成一个中断程序。
外部复位输入有效时中断
与此事件连接的中断程序应如何命名？
方向控制输入状态改变时中断
与此事件连接的中断程序应如何命名？
当前值等于预置值 (CV=PV) 时中断
与此事件连接的中断程序应如何命名？
COUNT_EQ
当 (CV=PV) 事件发生时，可选择重新编程设置 HC 的参数，并在同一事件上连接一个不同的中断程序。用这种方法可对 HC 进行多步编程。
您希望为 HC0 编程多少步？
1
< 上一步
下一步 >
取消

(c)

续图 2.17

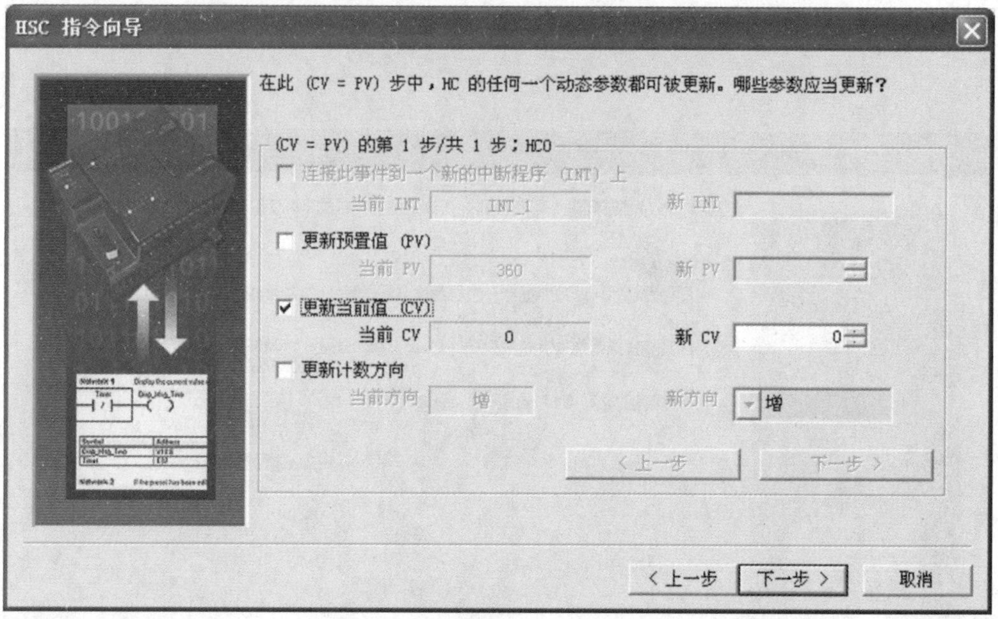

(d)

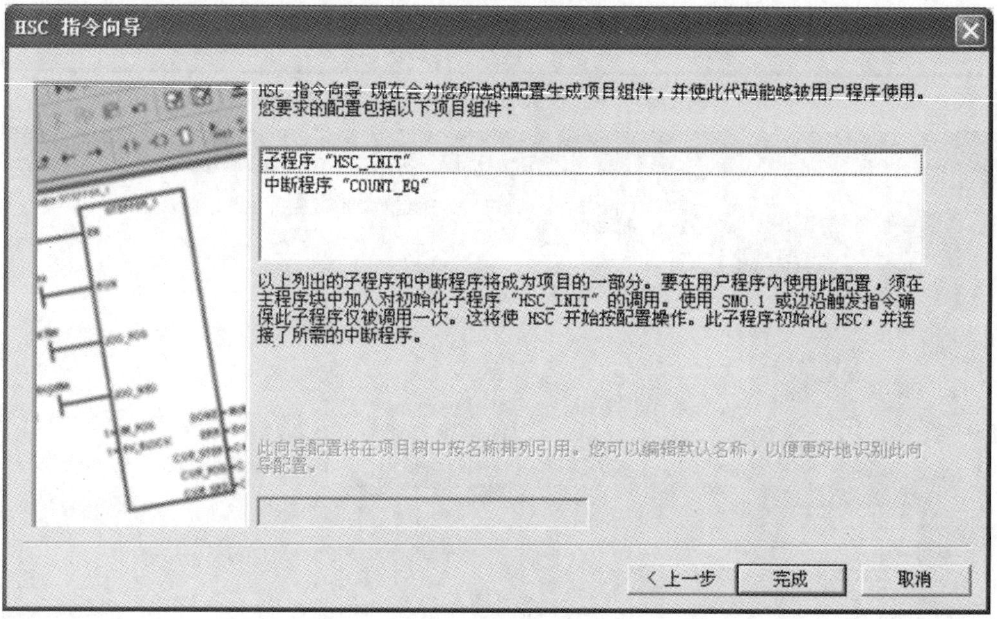

(e)

续图 2.17

(2) 硬件系统接线图。

请读者根据模式 0 下高速计数器设计实验方案，画出系统接线图。

(3) PLC 的梯形图程序如图 2.18 所示。

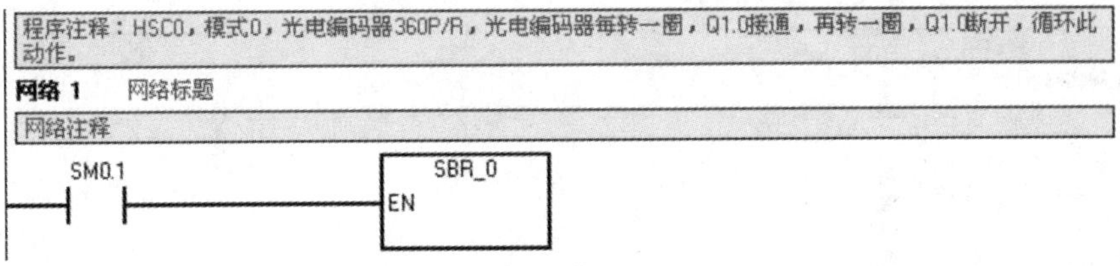

（a）主程序

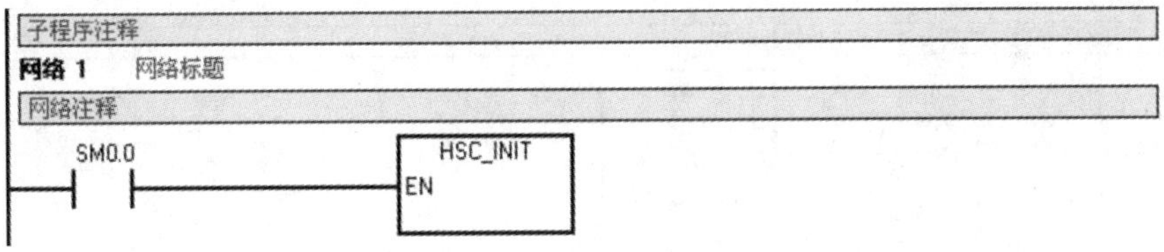

（b）子程序SBR_0

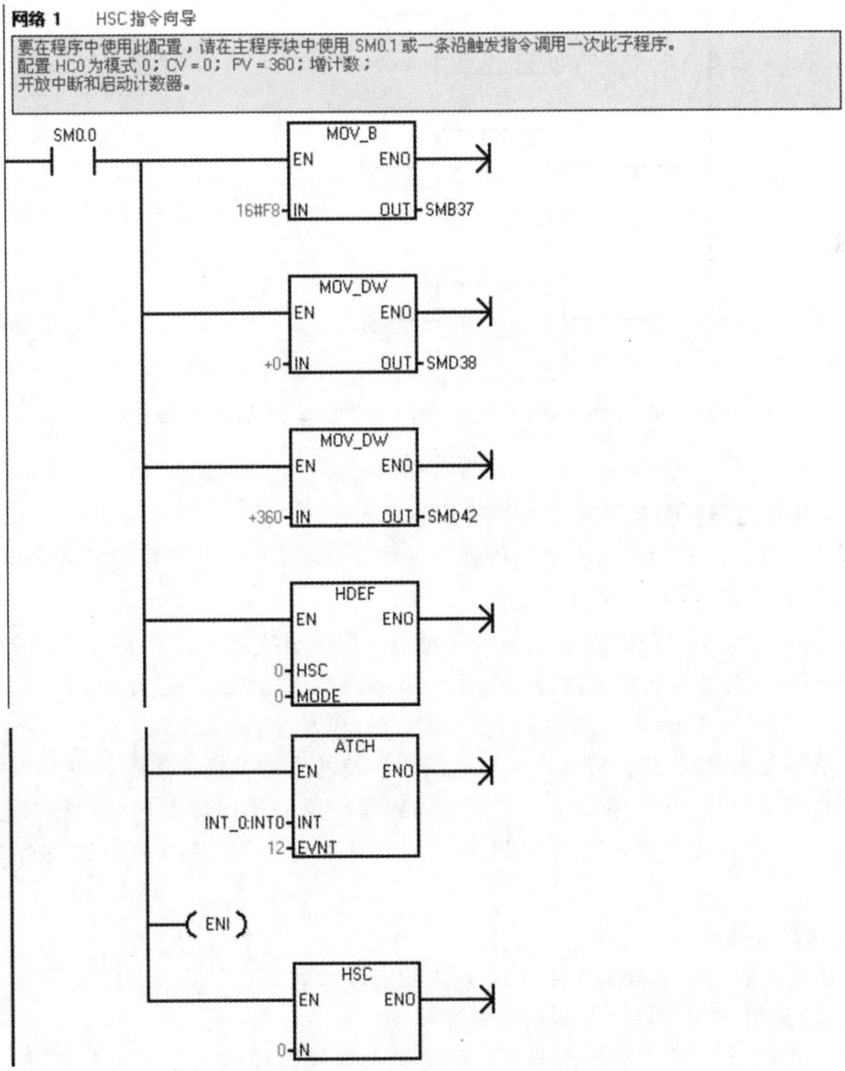

（c）子程序HSC_INIT（SBR_1，由向导生成）

图 2.18

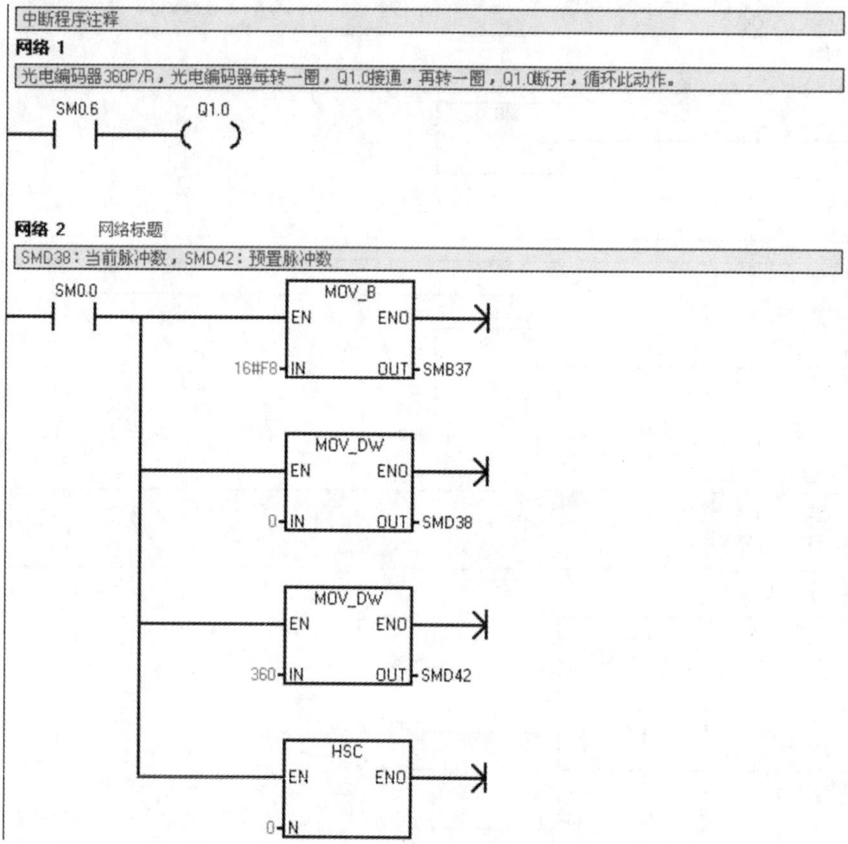

(d) COUNT_EQ中断子程序（网络2为向导生成，网络1为自行添加）

续图 2.18

(4) 用高速计数器测量旋转式光电编码器的转速。

将旋转式光电编码器的轴与直流电机轴用联轴器连接，并同轴固定旋转式光电编码器和直流电机，编制梯形图程序，测量直流电机的转速。

转速的计算方法：如果旋转式光电编码器每转一周输出的脉冲数为 p，定时器的定时时长为 T ms，在时间 T 内测得的脉冲数为 i，那么光电编码器连接轴的转速 n 为：

$$n=[(i/p)/(T/1000)]\times 60 \quad (\text{单位：r/min})$$

请读者设计画出 PLC 测量旋转式光电编码器转速的硬件系统接线图，并写入实验报告。

请读者自行设计出 PLC 测量旋转式光电编码器转速的梯形图程序（将计算出的转速值放入 VD200），下载到 PLC，进行系统调试、运行，并将运行成果的梯形图程序写入实验报告。

2. 双相高速计数实验

采用高速计数器向导生成 HSC1 模式 9，正转增计数到 360 个脉冲，Q1.0 接通，再反转减计数到 0，Q1.0 断开。用 VD30 监测实时脉冲数。

根据实验要求，选用高速计数器 HSC1 模式 9，其高速脉冲输入端口为 I0.6、I0.7，设计的系统接线图如图 2.19 所示。

梯形图程序如图 2.20 所示。

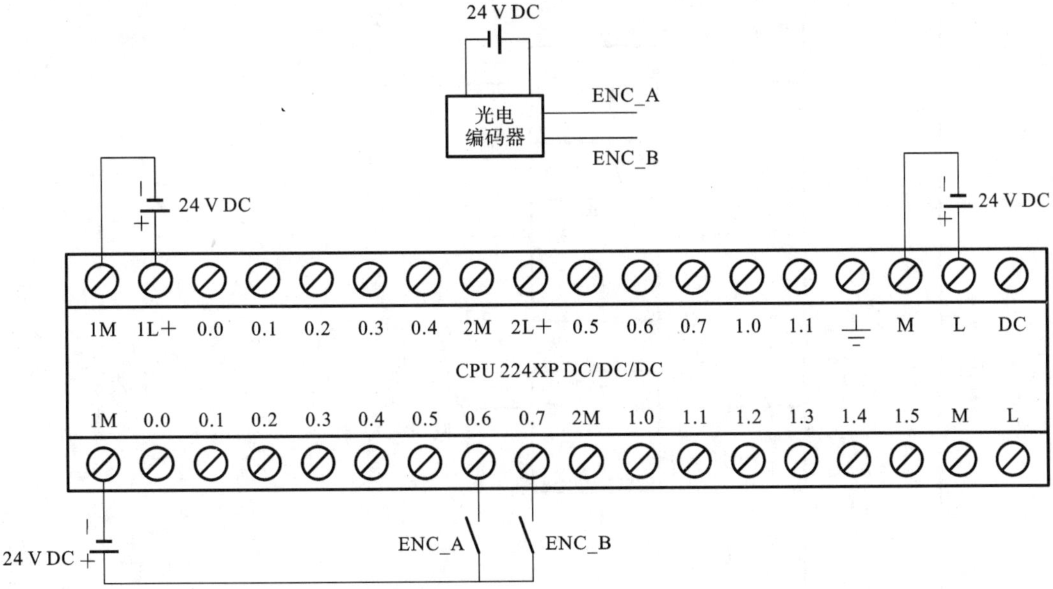

图 2.19

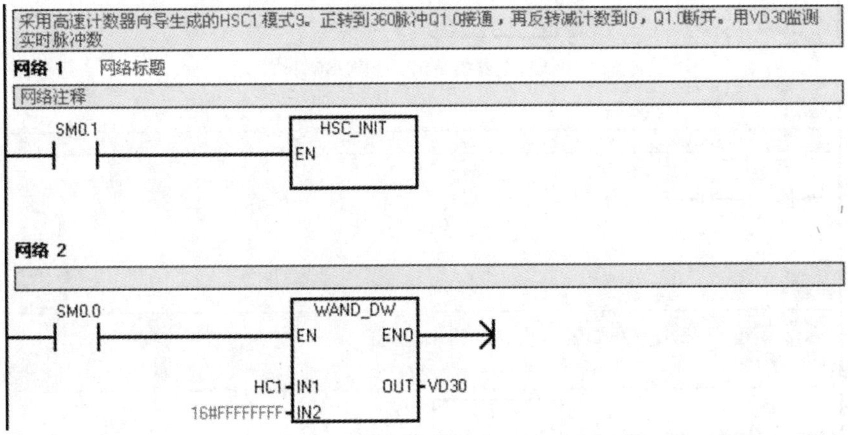

（a）主程序

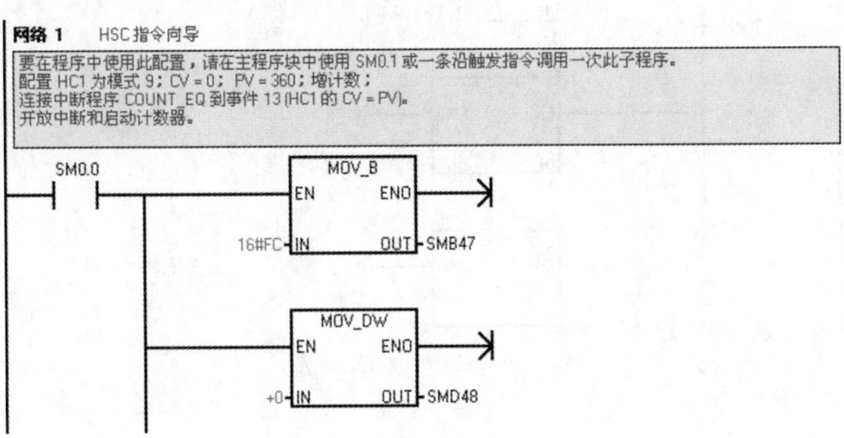

图 2.20

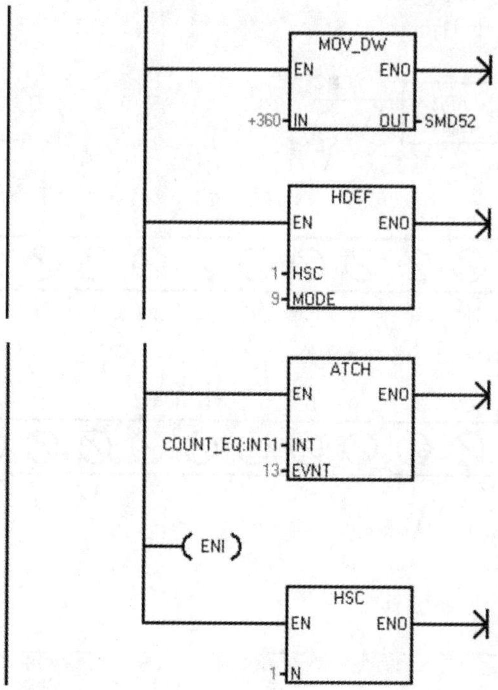

（b）计数器初始化子程序HSC_INIT

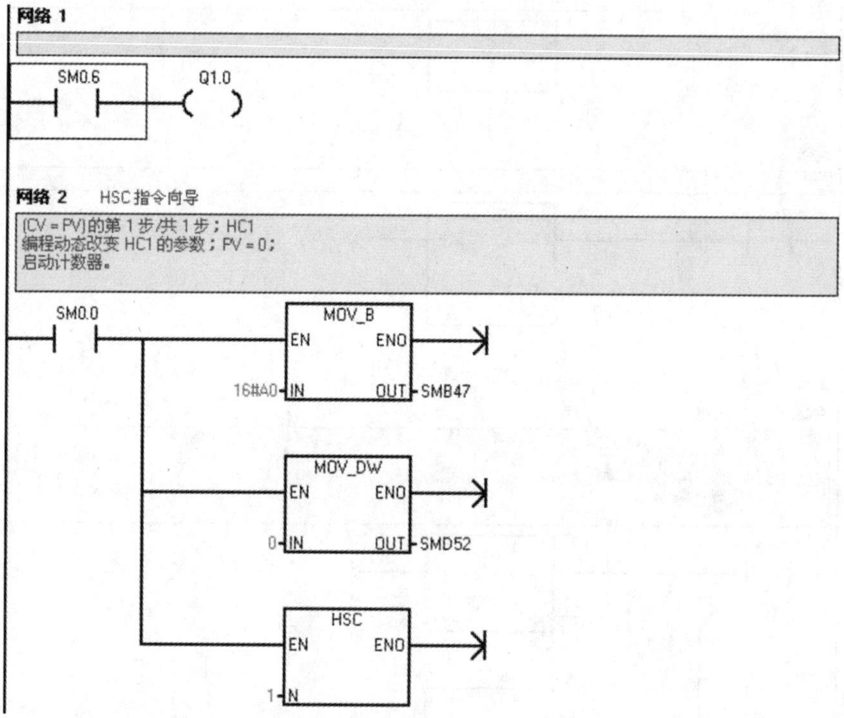

（c）计数中断程序

续图 2.20

五、实验报告要求

实验报告至少包括以下内容：
(1) 实验目的与要求。
(2) 实验方案。
(3) 控制系统接线图及说明。
(4) PLC 程序及注释。
(5) 调试过程总结与实验心得。

六、思考题

(1) 上面给出的梯形图程序,只能用于正转增计数到 360 个脉冲，接通 Q1.0,再反转减计数到 0,Q1.0 断开。之后不论编码器正转还是反转,都只能在计数值为 0 时产生中断。如果要求实现:正转增计数到 360 个脉冲，接通 Q1.0,再反转减计数到 0,Q1.0 断开,接着再正转增计数到 360 个脉冲,接通 Q1.0,如此循环,请设计出梯形图程序。

(2) 用 S7-224XP PLC 和 OMRON E6B2-CWZ5B 型光电编码器及其他按钮开关等辅件,设计一个带复位和启动功能的 A/B 相高速计数器,并画出系统接线图。

2.3.3　PLC 高速脉冲输出实验

S7-200 系列 PLC 提供了高速脉冲输出的功能,利用高速脉冲输出功能,可以控制 PWM(脉冲宽度调制)方式驱动的直流电机、步进电机、伺服电机的运动。

一、实验目的

(1) 掌握 PLC 高速脉冲输出的硬件系统设计和应用编程。
(2) 掌握步进电机驱动器的设置以及与 PLC 控制器的连接方法。
(3) 掌握用 PLC 控制步进电机的转动角度及转速。
(4) 熟悉常用测量仪器示波器、万用表的使用方法。

二、实验原理

西门子 S7-200 系列 PLC 的脉冲输出有以下两种方法:
(1) 使用 STEP7-Micro/WIN 编程软件提供的高速脉冲输出向导设计程序;
(2) 使用非向导的自主编程设计高速脉冲输出梯形图程序。

1. 关键函数

涉及的关键函数及其功能描述见表 2.7。

2. 步进电机

步进电机是一种将电脉冲转化为角位移的执行机构,其实物图及接线方式如图 2.21 所示。当步进驱动器接收到一个脉冲信号时,它就驱动步进电机按设定的方向转动一个固定的角度(即步进角)。因此可以通过控制脉冲个数来控制角位移量,从而达到准确定位的目的;同时还可以通过控制脉冲频率来控制电机转动的速度和加速度,从而达到调速的目的。

表 2.7　关键函数及其功能描述

LAD	功 能 描 述
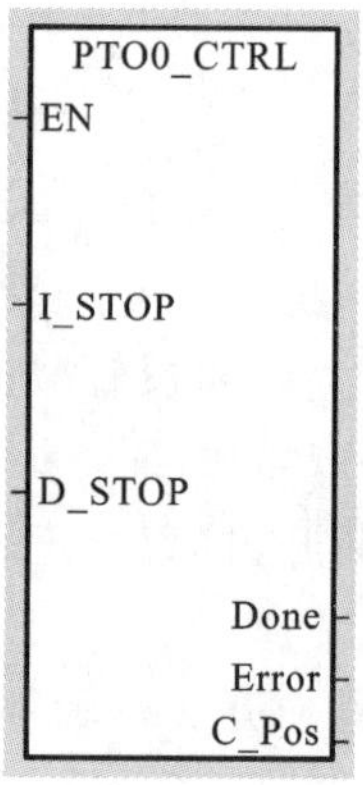	PTOx_CTRL 子程序　启用和初始化 PTO 输出，在程序中只使用一次，并且确定在每次扫描时得到执行。 推荐使用 SM0.0 作为 EN 的输入。I_STOP(立即停止)输入是一布尔输入。当此输入为低时，PTO 功能会正常工作；当此输入为高时，PTO 立即终止脉冲的发出。D_STOP(减速停止)输入是一布尔输入。当此输入为低时，PTO 功能会正常工作；当此输入为高时，PTO 会产生将电机减速至停止的脉冲串。 Done 输出是一布尔输出。当此输出位被置为高时，表明上一个指令也已执行；当此输出位为高时，错误字节会报告无错误或错误代码。 如果 PTO 向导的 HSC 计数器功能已启用，C_Pos 参数包含用脉冲数目表示的模块；否则此数值始终为零。 错误表： 0 无错误。 1 在移动中曾发出“立即停止”，停止命令成功完成。 2 在移动中曾发出“减速停止”，停止命令成功完成。 3 在脉冲发生器中或 PTO 表的格式中检测到执行错误。 128 PTO 指令正在忙于执行另一项指令。 129 “立即停止”命令和“减速停止”命令被同时启用。 130 PTO 子程序目前正在被命令停止。 131 HSC、PLS 或 PTO 子程序导致执行中的 ENO 错误
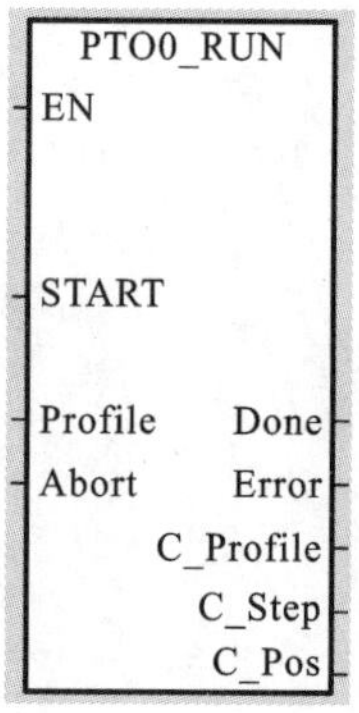	PTOx_RUN 子程序(运行轮廓)　命令 PLC 执行存储于配置/轮廓表的特定轮廓中的运动操作。开启 EN 位会启用此子程序。在 Done 位发出子程序执行已经完成的信号前，EN 位应保持开启。 开启 START 参数会发起轮廓的执行。对于在 START 参数已开启且 PTO 当前不活动时的每次扫描，此子程序会激活 PTO。为了确保仅发送一个命令，应使用边缘探测元素以脉冲方式开启 START 参数。 Profile(轮廓)参数包含用户为此运动轮廓指定的编号或符号名。 开启 Abort(终止)参数即命令位控模块停止当前轮廓并减速至电机停止。当模块完成本子程序时，Done(完成)参数开启。 Error(错误)参数包含本子程序的结果。 C_Profile 参数包含位控模块当前执行的轮廓。 C_Step 参数包含目前正在执行的轮廓步骤。 如果 PTO 向导的 HSC 计数器功能已启用，C_Pos 参数包含用脉冲数目表示的模块；否则此数值始终为零。 错误表： 0 无错误。 1 在移动中曾发出“立即停止”，停止命令成功完成。 2 在移动中曾发出“减速停止”，停止命令成功完成。 3 在脉冲发生器中或 PTO 表的格式中检测到执行错误。 128 PTO 指令正在忙于执行另一项指令。 129 “立即停止”命令和“减速停止”命令被同时启用。 130 PTO 子程序目前正在被命令停止。 131 HSC、PLS 或 PTO 子程序导致执行中的 ENO 错误

续表

LAD	功能描述
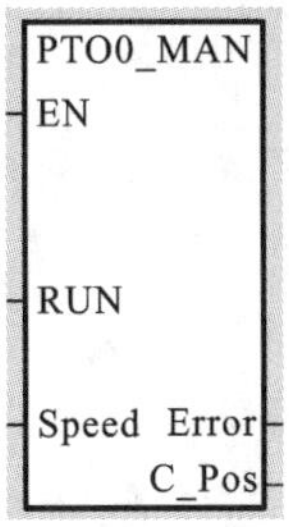	PTOx_MAN 子程序(手动模式)　将 PTO 输出置于手动模式,允许电机启动、停止和按不同的速度运行。当 PTOx_MAN 子程序已启用时,任何其他 PTO 子程序都无法执行。 启用 RUN(运行/停止)参数即命令 PTO 加速至指定速度(Speed(速度)参数)。用户可以在电机运行中更改 Speed 参数的数值。停用 RUN 参数即命令 PTO 减速至电机停止。 当 RUN 已启用时,Speed 参数就确定速度。速度是一个用每秒脉冲数计算的 DINT(双整数)值。用户可以在电机运行中更改此参数。 如果 PTO 向导的 HSC 计数器功能已启用,C_Pos 参数包含用脉冲数目表示的模块;否则此数值始终为零。 错误表: 0 无错误。 1 在移动中曾发出"立即停止",停止命令成功完成。 2 在移动中曾发出"减速停止",停止命令成功完成。 3 在脉冲发生器中或 PTO 表的格式中检测到执行错误。 128 PTO 指令正在忙于执行另一项指令。 129 "立即停止"命令和"减速停止"命令被同时启用。 130 PTO 子程序目前正在被命令停止。 131 HSC、PLS 或 PTO 子程序导致执行中的 ENO 错误

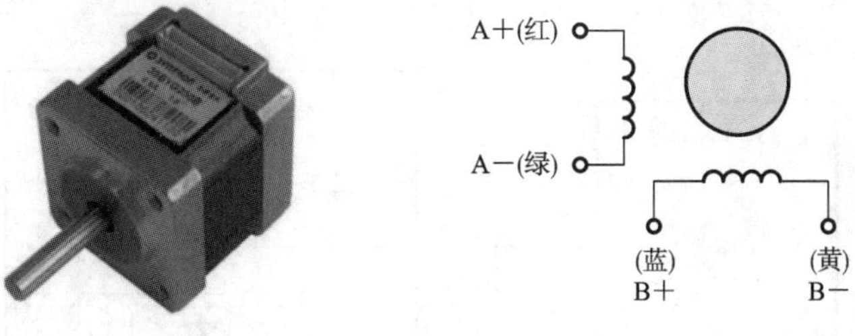

图 2.21

步进电机的技术参数如表 2.8 所示。

表 2.8　步进电机的技术参数

货物编码	规格型号	相数	步距角/(°)	静态相电流/A	相电阻/Ω	相电感/mH	保持转矩/(N·m)	定位转矩/(N·m)	质量/kg	转动惯量/($g\cdot cm^2$)
000950	35BYG250B-SASSMQ-0081	2	0.9/1.8	0.8	5.7	7	0.11	0.012	0.18	14
000951	35BYG250B-BASSMQ-0081	2	0.9/1.8	0.8	5.7	7	0.11	0.012	0.18	14

(1) 保持转矩(holding torque)是指步进电机通电但没有转动时,定子锁住转子的力矩。它是步进电机最重要的参数之一,通常步进电机在低速时的力矩接近保持转矩。由于步进电机的输出力矩随速度的增大而不断衰减,输出功率也随速度的增大而变化,所以保持转矩就成了衡量步进电机最重要的参数之一。比如,当人们说 2 N·m 的步进电机,在没有特殊说明的

情况下是指保持转矩为 2 N · m 的步进电机。

（2）定位转矩（detent torque）是指步进电机没有通电的情况下，定子锁住转子的力矩。detent torque 在国内没有统一的翻译，容易使大家产生误解。由于反应式步进电机的转子不是永磁材料，所以它没有 detent torque。

（3）步进电机的精度：一般步进电机的精度为步进角的 3%～5%，且不累积。

（4）步进电机的外表最高许可温度：步进电机温度过高首先会使电机的磁性材料退磁，从而导致力矩下降乃至失步，因此电机外表允许的最高温度应取决于不同电机磁性材料的退磁点；一般来讲，磁性材料的退磁点都在 130 ℃以上，有的甚至高达 200 ℃，所以步进电机外表温度在 80～90 ℃完全正常。

（5）步进电机的力矩-转速特性：当步进电机转动时，电机各相绕组的电感将形成一个反向电动势；频率越高，反向电动势越大。在反向电动势的作用下，电机相电流随频率（或速度）的增大而减小，从而导致力矩下降，甚至在达到一定速度时电机无法启动。

（6）空载启动频率：步进电机在空载情况下能够正常启动的脉冲频率，如果脉冲频率高于该值，电机不能正常启动，可能发生丢步或堵转。在有负载的情况下，启动频率应更低。如果要使电机达到高速转动，脉冲频率应该有加速过程，即启动频率较低，然后按一定加速度升到所希望的高频（电机转速从低速升到高速）。

3. 步进电机的驱动方式

一般情况下，步进电机是靠驱动器驱动的，而驱动器接收来自控制器的控制信号。步进驱动器电源、控制器及步进电机的接线如图 2.22 所示。控制信号主要有脉冲信号、方向信号和脱机信号。除了采用专门的步进电机控制器外，PLC 也可以作为步进电机的控制器，控制步进电机的运行。

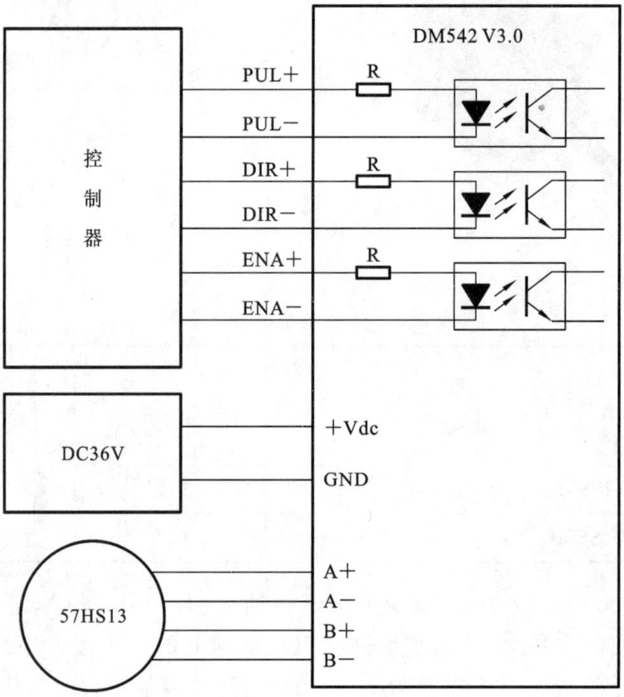

图 2.22

步进电机驱动器外形如图 2.23 所示，将其安装在控制柜内，利用位于上端部的 8 位拨码开关可以设置不同的细分和输出电流；拨码开关的 1、2、3 位用于设置细分，可以组合出 7 种不同的细分模式；拨码开关的 5、6、7 位用于设置输出电流，可以组合出 8 种输出电流，以配合不同的电机使用。

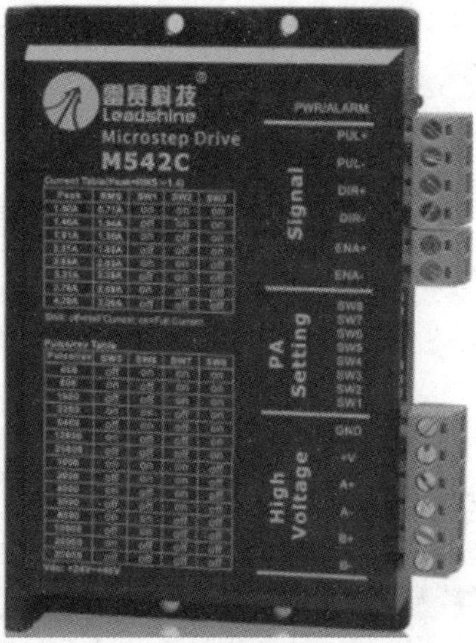

图 2.23

要改变两相步进电机的转动方向，只需将电机与驱动器接线的 A＋和 A－（或者 B＋和 B－）对调即可。

（1）步进电机驱动脉冲的细分。

按照步进电机的驱动原理，步进电机每收到一个脉冲转动一个步距角，而由于步距角是一个定值，这样就会出现以下的情况：当电机旋转速度很高时，转过一个步距角的时间很短，而电机低速运行时，转过一个步距角的时间就会变得很长。而且，电机转子在很短的时间内转到对齿位置后，转子基本上是在等待下一拍的到来。这使得电机在旋转时振动很厉害。如果电机本身精度不高，机械误差过大，转子在等待下一拍的时候，在对齿状态晃个不停，就会发生电机转轴的低频振荡。解决办法是，驱动器对接收到的每一个脉冲进行细分，将其变成若干个脉冲，并进行功率放大后再驱动步进电机转动。这样可以明显减小步进电机的低频振动，细分的次数越多，步进电机走得越顺滑。

此外，通过细分可以大幅提高精度（细化行程角和细化行进速度）。以 8 细分为例，1.8°的步进电机，可以使得每步变为 1.8°/8＝0.225°，并且可以锁定其位置。这样就可以提高电机运行定位的精度。

在步进电机的驱动器上都有细分拨码开关，供使用者针对实际需要选择细分值。

（2）步进驱动器的输入接口信号要求。

步进电机驱动器的输入信号要求是 TTL 电平。由于 PLC 的输出信号是 24 V，因此 PLC 的输出信号不能直接连接到步进驱动器的相应输入端子上。可以在 PLC 的输出端与 M 端之间接一个 2 kΩ 的分压电阻，并且每路信号都需要独立的分压电阻，不要共用。也可以采用 24 V 转 5 V 的电平转换模块，将 24 V 的 PWM 信号转换为逻辑 1 电平为 5 V 的 PWM 信号。由于 PLC 的高速脉冲输出要求至少有 10％的负载，因此分压电阻也可以起到负载限流的作用(约 10 mA)。

三、实验仪器和设备

(1) 计算机(安装有 STEP7-Micro/WIN)。

(2) 西门子 S7-224XP DC/DC/DC PLC。

(3) 24 V 直流电源。

(4) 步进电机及其驱动器。

(5) 开关、导线、接线端子排若干。

四、实验步骤及内容

1. 使用 PTO 输出向导,实现高速脉冲输出

使用 STEP7-Micro/WIN 编程软件提供的向导,产生一组预期参数的高速脉冲串输出。

(1) PTO 向导配置过程。

双击"PTO/PWM"弹出脉冲输出向导,指定一个脉冲发生器分配到 Q0.0,选择其中一个,点击"下一步",如图 2.24 所示。

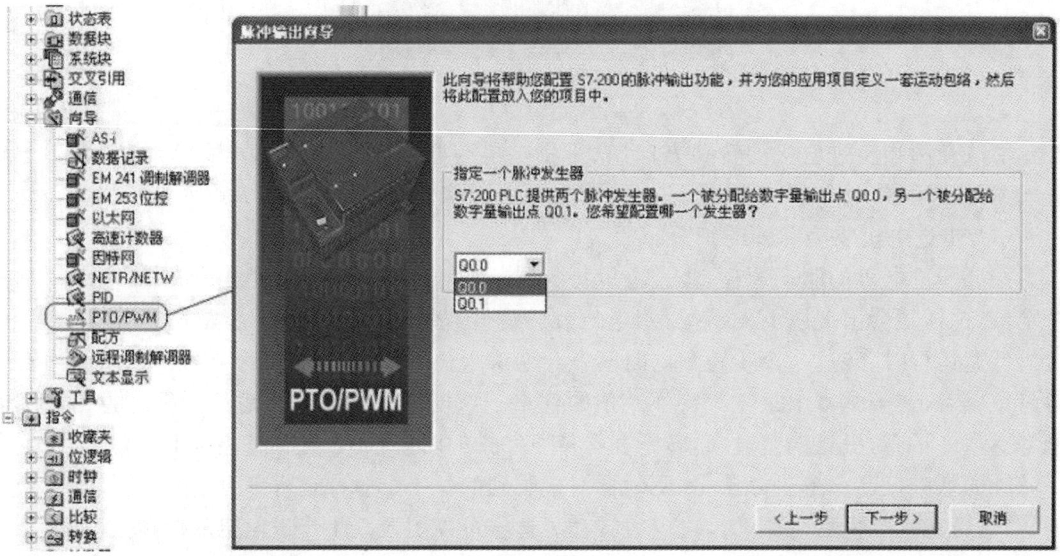

图 2.24

选择"线性脉冲串输出(PTO)",点击"下一步",如图 2.25 所示。

设定电机最高速度及电机的启动/停止速度。如果电机的额定转速为 3000 r/min,即 50 r/s,则电机每转一圈需 1000 脉冲,所以设定电机最高速度为电机的额定转速,即 50×1000=50000 脉冲/s,启动/停止速度取其 10%,即 5000 脉冲/s(如果电机的转速不同,则按此法计算)。设置完后点击"下一步",如图 2.26 所示。

设置加减速时间均为 2000 ms,点击"下一步",如图 2.27 所示。

在接下来的"运动包络定义"对话框中点击"新包络" 按钮,新建新包络曲线。选择"单速连续旋转"操作模式,如图 2.28 所示。

完成运动包络定义后点击“确认”按钮，出现图 2.29 所示画面，为配置分配存储区。点击“下一步”，在弹出的对话框中点击“完成”，完成向导配置。

在完成向导配置后，增加如图 2.30 所示子程序。可用这些子程序来编写程序完成定位应用。

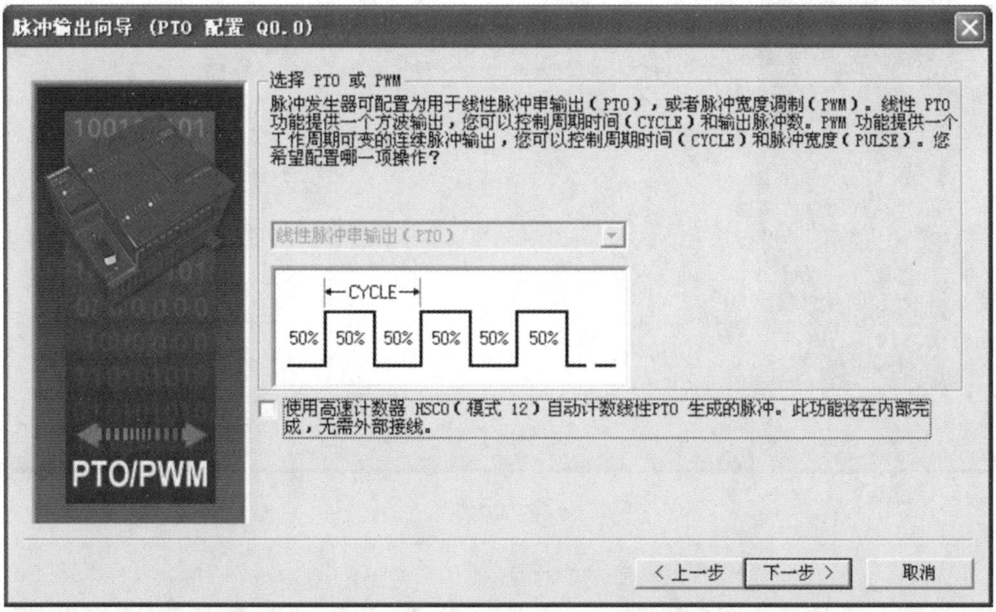

图 2.25

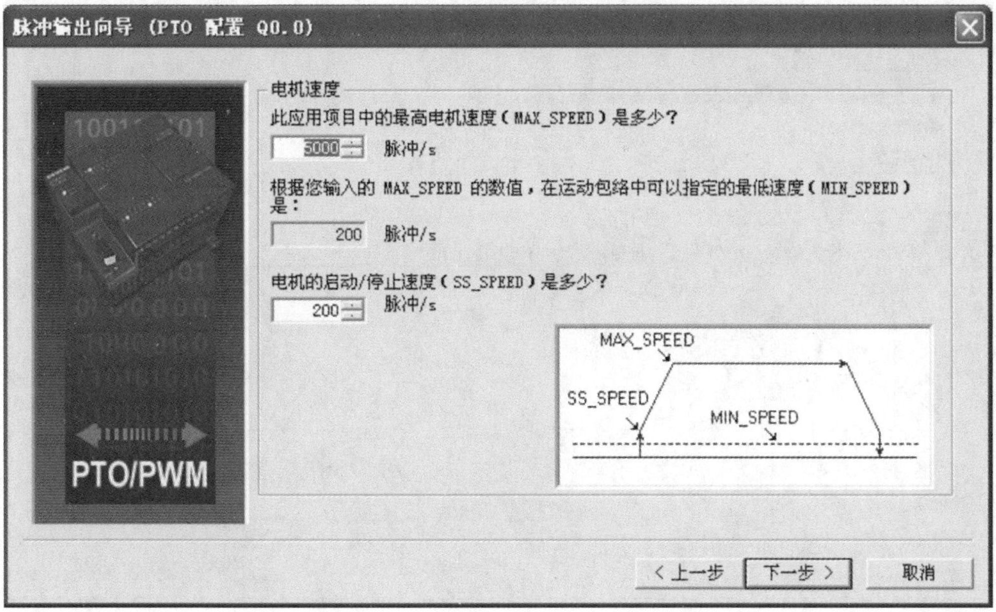

图 2.26

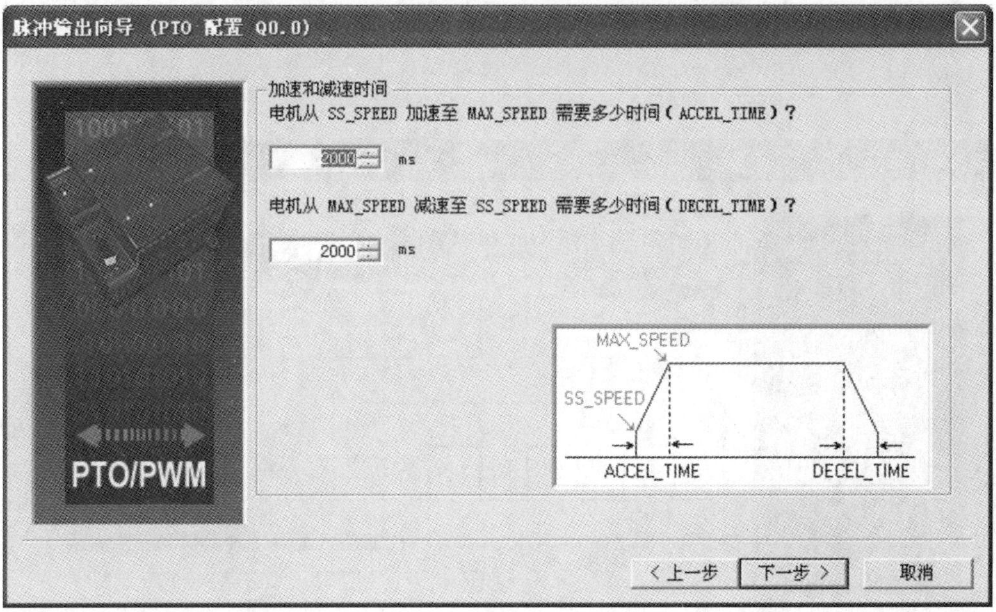
脉冲输出向导 (PTO 配置 Q0.0)
加速和减速时间
电机从 SS_SPEED 加速至 MAX_SPEED 需要多少时间(ACCEL_TIME)?
2000 ms
电机从 MAX_SPEED 减速至 SS_SPEED 需要多少时间(DECEL_TIME)?
2000 ms
MAX_SPEED
SS_SPEED
ACCEL_TIME
DECEL_TIME
PTO/PWM
< 上一步
下一步 >
取消

图 2.27

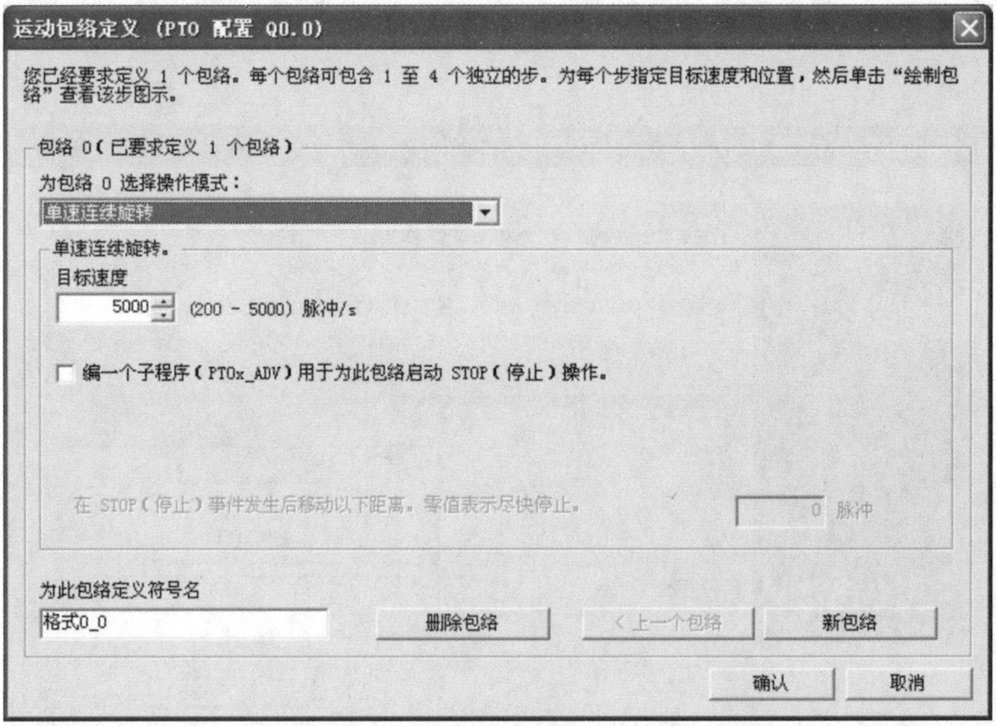
运动包络定义 (PTO 配置 Q0.0)
您已经要求定义 1 个包络。每个包络可包含 1 至 4 个独立的步。为每个步指定目标速度和位置，然后单击“绘制包络”查看该步图示。
包络 0(已要求定义 1 个包络)
为包络 0 选择操作模式:
单速连续旋转
单速连续旋转。
目标速度
5000 (200 - 5000) 脉冲/s
编一个子程序(PTOx_ADV)用于为此包络启动 STOP(停止)操作。
在 STOP(停止)事件发生后移动以下距离。零值表示尽快停止。
0 脉冲
为此包络定义符号名
格式0_0
删除包络
< 上一个包络
新包络
确认
取消

图 2.28

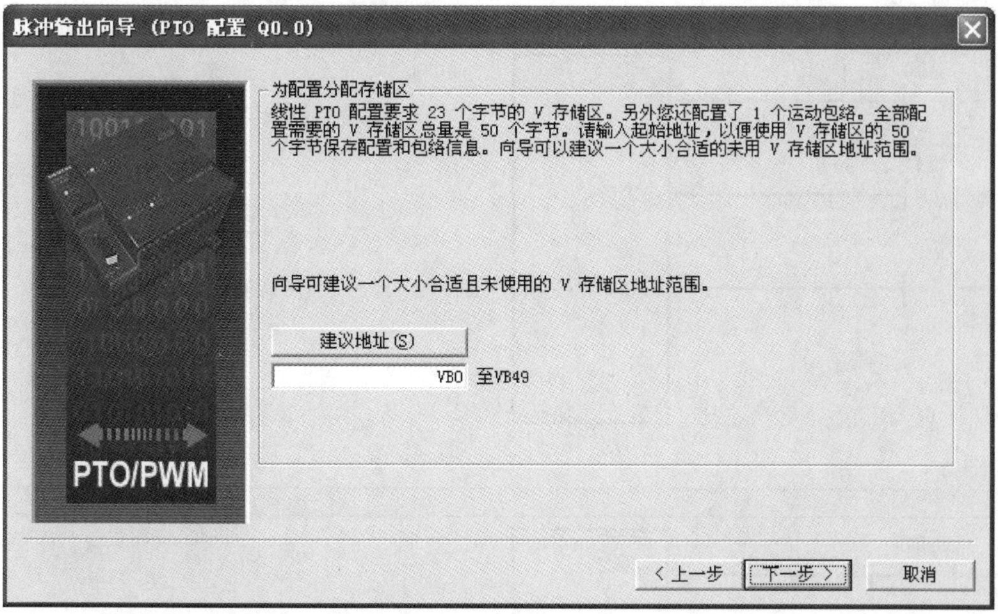

图 2.29

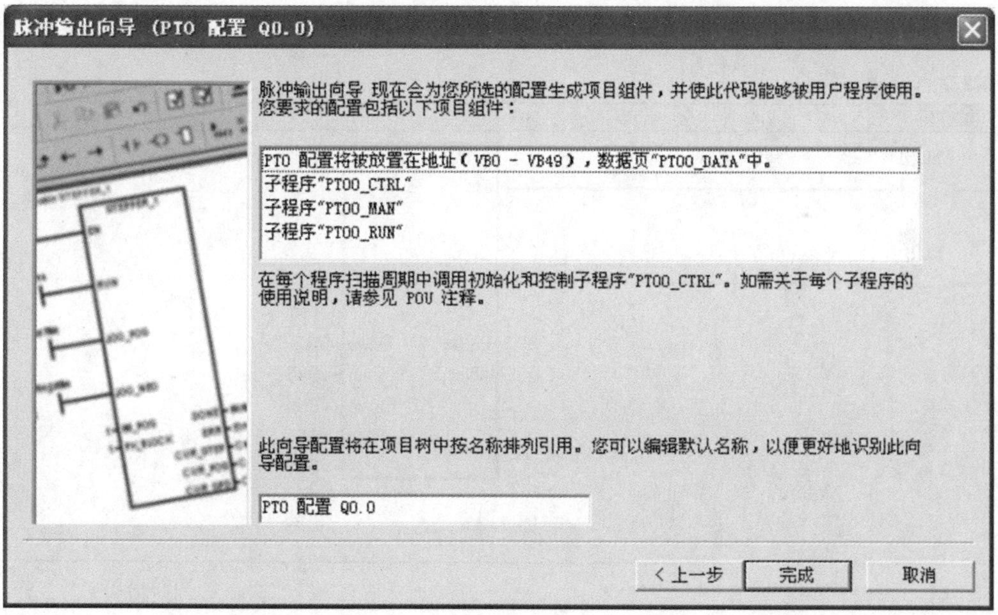

图 2.30

(2) 编写采用向导方式实现 PLC 的 PTO 高速脉冲输出程序梯形图，如图 2.31 所示。

(3) 下载并运行 PLC 程序，使用示波器观察输出信号，并与设计参数相比较。

2. 非向导方式实现 PLC 的高速脉冲输出

脉冲输出指令 PLS 配合特殊存储器用于配置高速输出功能，其指令格式为：

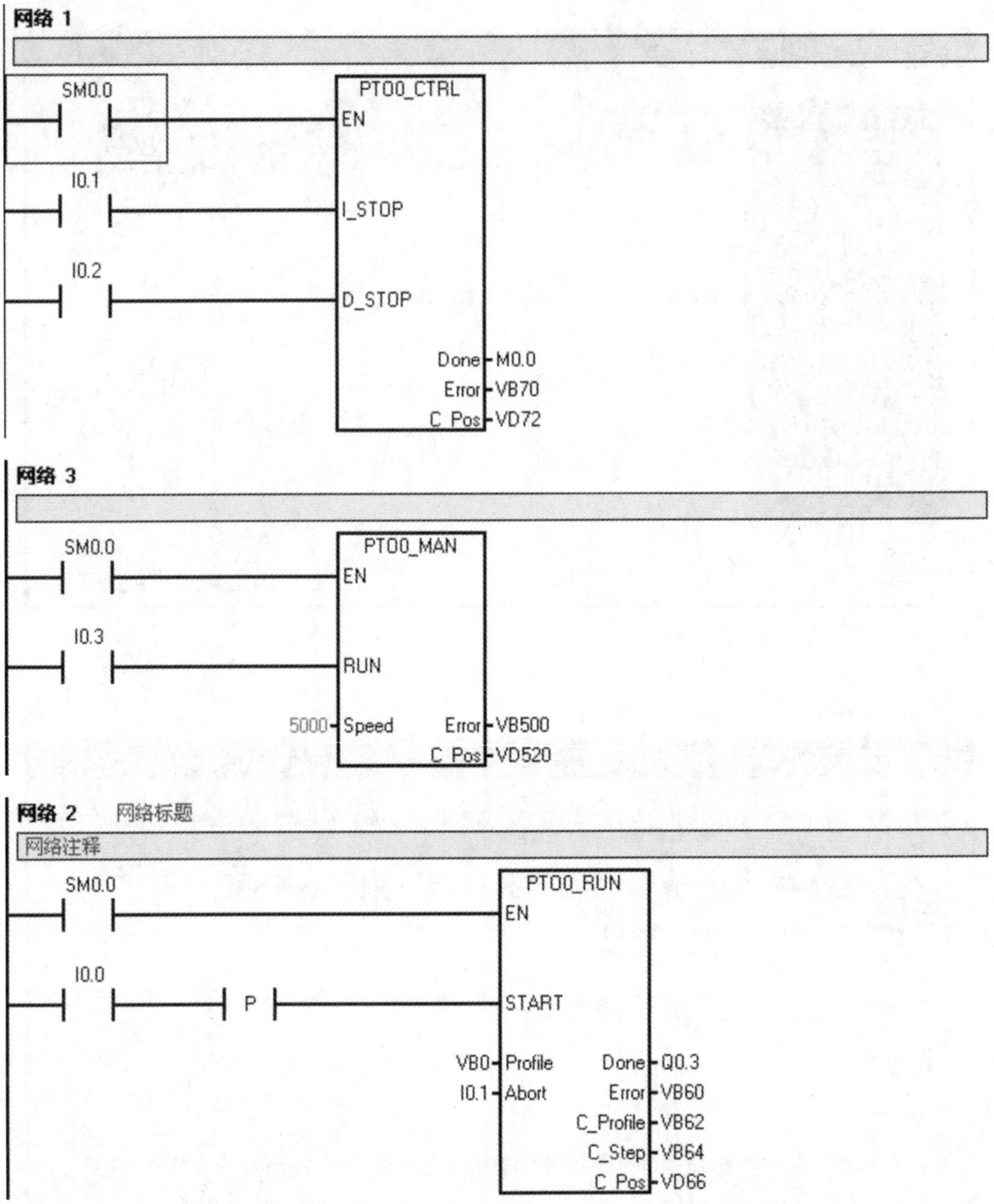

图 2.31

LAD	STL	功能描述
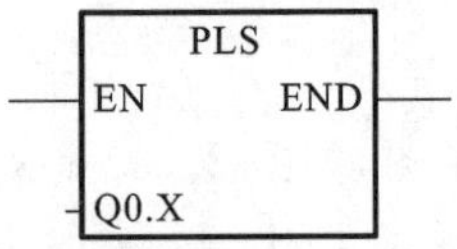 PLS / EN / END / Q0.X	PLS 1(0)	产生一个高速脉冲串或者一个脉冲调制波形

采用 PLS 指令实现高速脉冲输出，需要在相关的控制寄存器中设置参数。与 PTO/PWM 相关的控制寄存器有 SMB66(PTO0 状态)、SMB67(监控与控制 Q0.0 上的 PTO0(脉冲串输出)和 PWM0(脉冲宽度调制))、SMB68、SMB70 和 SMB72，具体见表 2.9。

表 2.9　PTO/PWM 相关的控制寄存器

Q0.0	Q0.1	状态位
SM66.4	SM76.4	PTO 包络终止：0＝无错；1＝由于 δ 计算错误终止
SM66.5	SM76.5	PTO 包络终止：0＝未被用户命令终止；1＝被用户命令终止
SM66.6	SM76.6	PTO 管道溢出(使用外部包络时，由系统清除，否则必须由用户复位)：0＝无溢出；1＝管道溢出
SM66.7	SM76.7	PTO 空闲：0＝PTO 正在执行；1＝PTO 空闲
—	—	控制字节
SM67.0	SM77.0	PTO/PWM 更新周期值：1＝写入新周期
SM67.1	SM77.1	PTO/PWM 更新脉冲宽度值：1＝写入新脉冲宽度
SM67.2	SM77.2	PTO 更新脉冲计数值：1＝写入新脉冲计数
SM67.3	SM77.3	PTO/PWM 时间基准：0＝1 μs，1＝1 ms
SM67.4	SM77.4	同步更新 PWM：0＝异步更新；1＝同步更新
SM67.5	SM77.5	PTO：0＝单段操作；1＝多段操作
SM67.6	SM77.6	PTO/PWM 模式选择：0＝PTO；1＝PWM
SM67.7	SM77.7	PTO/PWM 启用：1＝启用
—	—	其他
SMW68	SMW78	字数据类型：PTO0/PWM0 周期值(2 至 65535 个时间基准单位)
SMW70	SMW80	字数据类型：PWM0 脉冲宽度值(0 至 65535 个时间基准单位)
SMD72	SMD82	双字数据类型：PTO0 脉冲计数值(1 至 $2^{32}-1$)
—	—	PLS 指令的 PTO 轮廓表
SMB166	SMB176	PTO 的当前包络步计数值
SMW168	SMW178	PTO 包络表的 V 存储区地址(对 V0 的偏移量，字数据类型)

(1) 脉冲串操作 PTO，按照给定的脉冲个数和周期输出一串方波(占空比 50%)。

PTO 可以产生单段脉冲，当使用脉冲包络时，也可以产生多串脉冲。可以用 μs 或 ms 为单位指定脉冲宽度和周期。PTO 脉冲个数范围为 1～429496295，周期根据 S7-200 系列 PLC 不同的型号确定，详情参考 PLC 的选型手册或用户手册。

在执行 PLS 指令之前，需要装入新的脉冲数(SMD72 或 SMD82)、脉冲宽度(SMW70 或 SMW80)和周期(SMW68 或 SMW78)，然后 PLS 指令会从相应的特殊寄存器 SM 中读取数据，并据此来控制 PTO/PWM 发生器。

PTO 状态字中的空闲位(SM66.7 或 SM76.7)标志着脉冲输出完成。另外，在脉冲输出串完成时，可以执行一段中断服务程序。

如果使用多段操作，可以在整个包络表完成后执行中断服务程序。如果要手动终止一个正在进行的 PTO 包络，需要把状态字中的用户终止位(SM66.5 或 SM76.5)置 1。

(2) S7-200 系列 PLC 控制步进电机启动、停止的梯形图程序如图 2.32 所示。

(3) 下载并运行 PLC 程序，使用示波器观察输出信号，并与设计参数相比较。

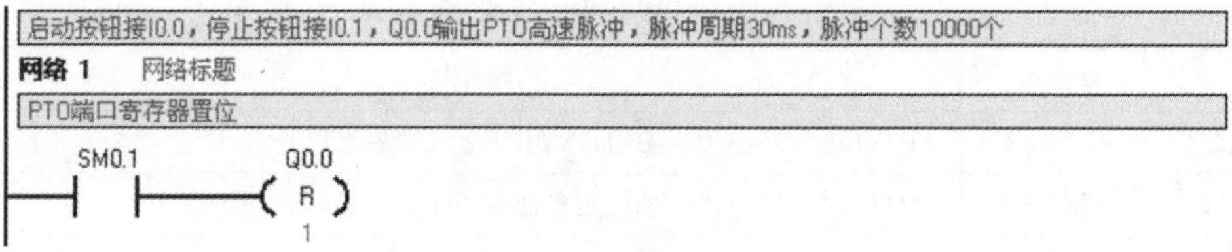
启动按钮接I0.0，停止按钮接I0.1，Q0.0输出PTO高速脉冲，脉冲周期30ms，脉冲个数10000个
网络 1　网络标题
PTO端口寄存器置位
SM0.1
Q0.0
R
1

（a）

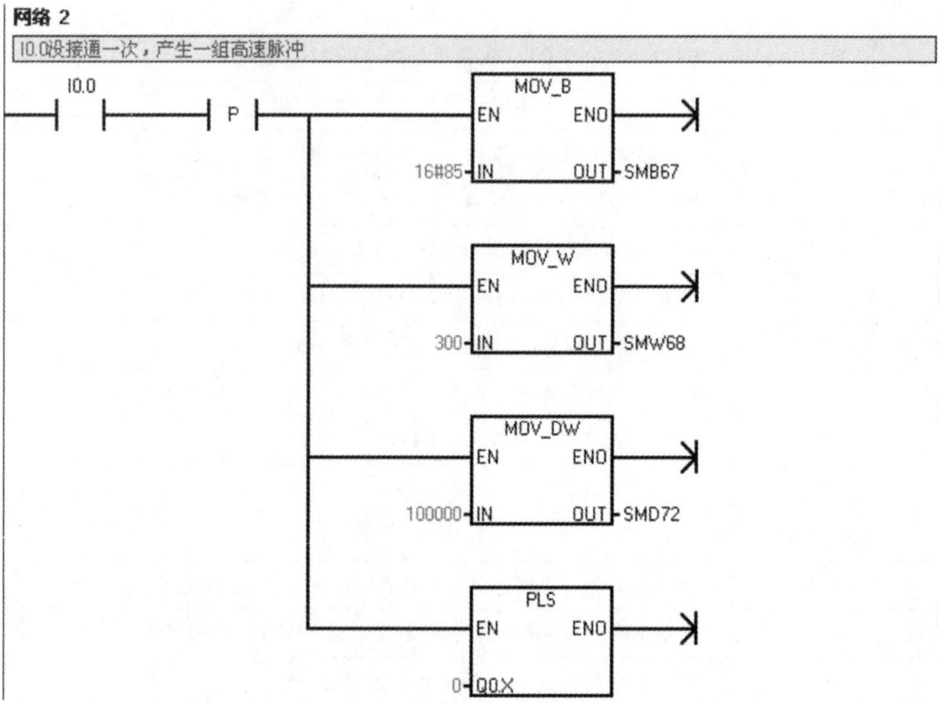
网络 2
I0.0设接通一次，产生一组高速脉冲
I0.0
P
MOV_B
EN
ENO
16#85
IN
OUT
SMB67
MOV_W
EN
ENO
300
IN
OUT
SMW68
MOV_DW
EN
ENO
100000
IN
OUT
SMD72
PLS
EN
ENO
0
Q0.X

（b）

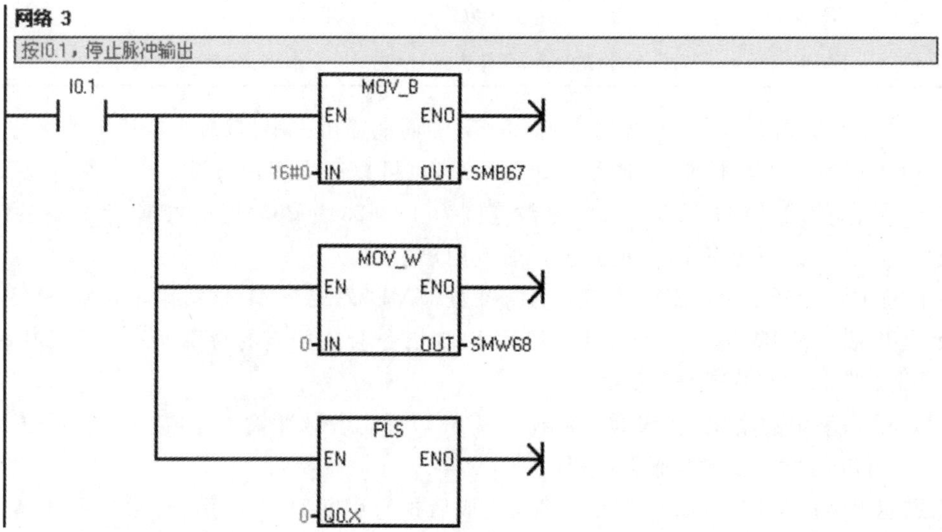
网络 3
按I0.1，停止脉冲输出
I0.1
MOV_B
EN
ENO
16#0
IN
OUT
SMB67
MOV_W
EN
ENO
0
IN
OUT
SMW68
PLS
EN
ENO
0
Q0.X

（c）

图 2.32

3. S7-200 系列 PLC 控制步进电机的启动、停止与正反转

(1) 分配 I/O 端口，并设计控制步进电机启动、停止与反转的电路原理图。

I/O 端口分配如图 2.33 所示，电气接线图如图 2.34 所示。

			Symbol	Address	Comment
1			Step_Motor_Pul	Q0.0	步进电机脉冲信号
2			Step_Motor_Dir	Q0.2	步进电机方向信号
3			Button_P	I0.0	步进电机正向转动/停止按钮
4			Button_N	I0.1	步进电机负向转动/停止按钮
5					
6					
7					

图 2.33

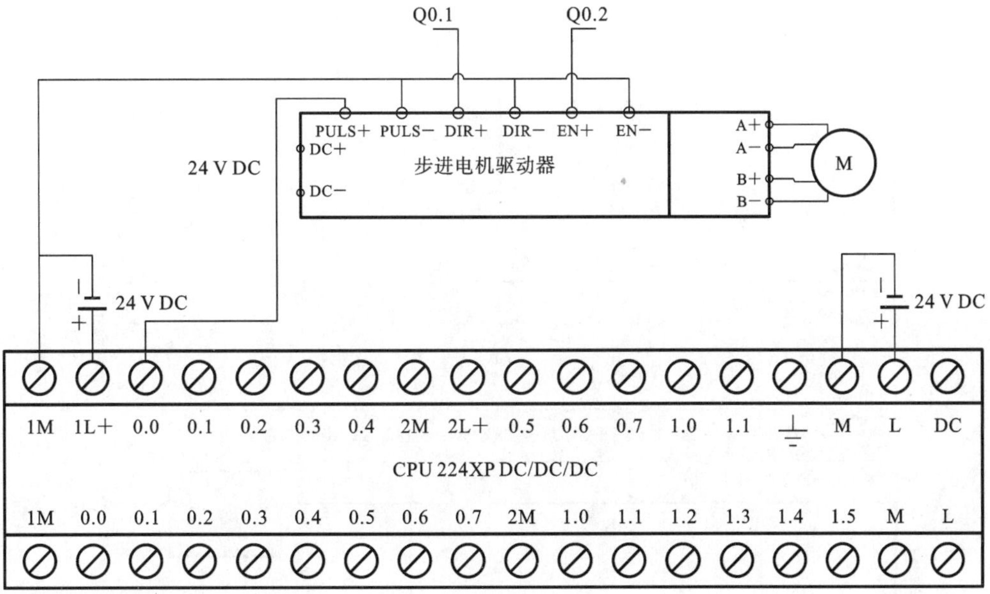

图 2.34

(2) 编写梯形图程序，如图 2.35 所示。

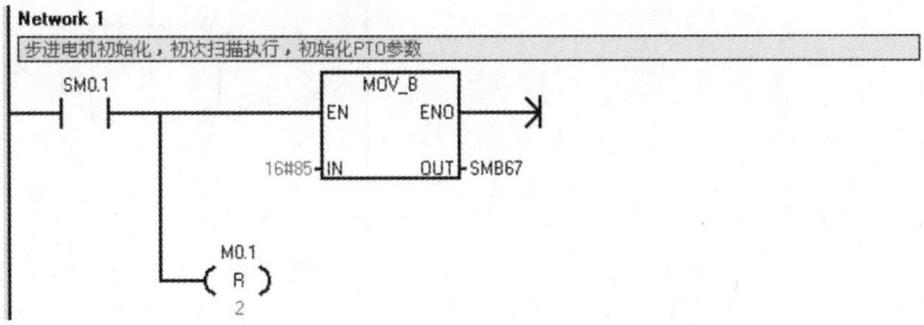

(a)

图 2.35

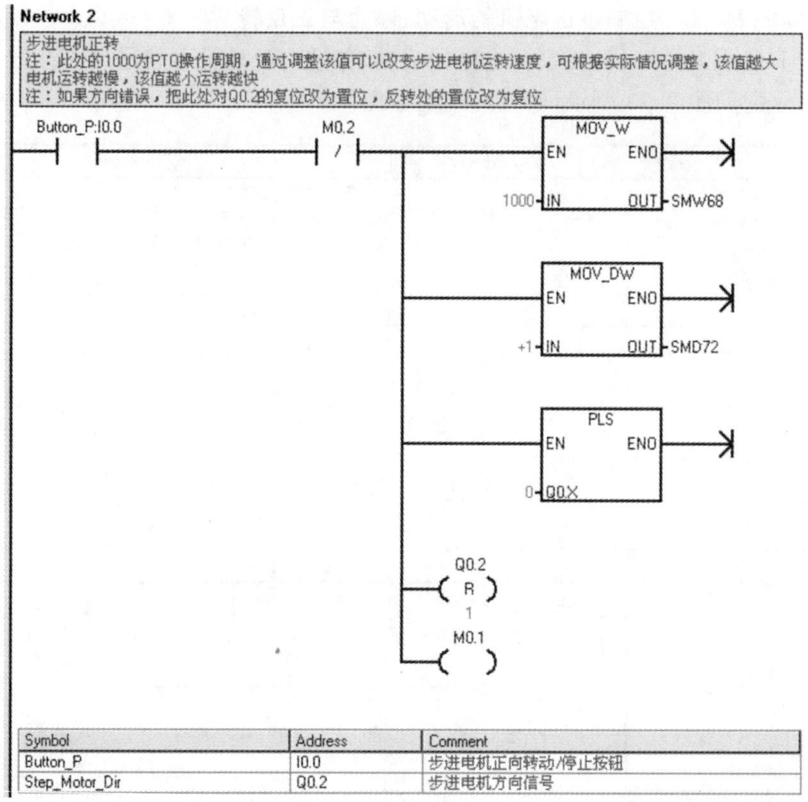
Network 2
步进电机正转
注：此处的1000为PTO操作周期，通过调整该值可以改变步进电机运转速度，可根据实际情况调整，该值越大电机运转越慢，该值越小运转越快
注：如果方向错误，把此处对Q0.2的复位改为置位，反转处的置位改为复位
Button_P:I0.0
M0.2
MOV_W
EN
ENO
1000
IN
OUT
SMW68
MOV_DW
+1
SMD72
PLS
0
Q0.X
Q0.2
R
1
M0.1
Symbol | Address | Comment
Button_P | I0.0 | 步进电机正向转动/停止按钮
Step_Motor_Dir | Q0.2 | 步进电机方向信号

（b）

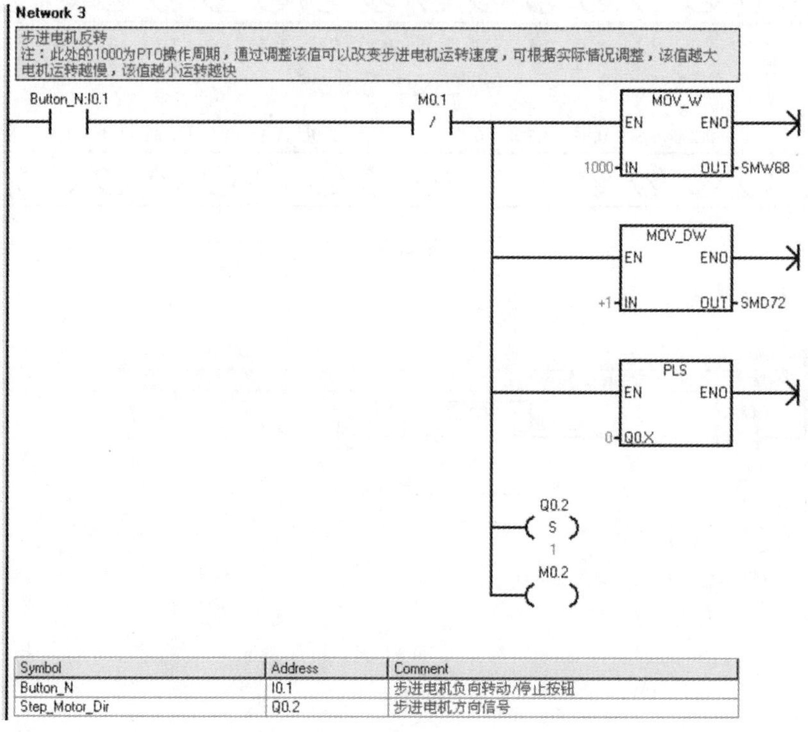
Network 3
步进电机反转
注：此处的1000为PTO操作周期，通过调整该值可以改变步进电机运转速度，可根据实际情况调整，该值越大电机运转越慢，该值越小运转越快
Button_N:I0.1
M0.1
MOV_W
EN
ENO
1000
IN
OUT
SMW68
MOV_DW
+1
SMD72
PLS
0
Q0.X
Q0.2
S
1
M0.2
Symbol | Address | Comment
Button_N | I0.1 | 步进电机负向转动/停止按钮
Step_Motor_Dir | Q0.2 | 步进电机方向信号

（c）

续图 2.35

梯形图程序说明：

其中，SMB67=16#85 的含义是 PTO 允许、选择 PTO 模式，单段操作、时间基准为 ms，PTO 脉冲更新和 PTO 周期更新。

(3) 下载并运行 PLC 程序，观察步进电机的运行情况。

4. 操作说明及注意事项

(1) 在控制步进电机启动时，如果频率升得太快，步进电机就会出现失步或不动现象；在步进电机停止之前，如果控制频率降得太快，也会出现失步或不动现象。因此，在控制步进电机启动时，应先使步进电机在低频下启动，然后逐步加速，最后使其进给脉冲频率升到所要求的高频下运行；当需要电机停止时，将脉冲频率逐步降低，然后再停止。图 2.36 所示为步进电机升、降频示意图。其中 S1 为步进电机最高频率；S2 为输出脉冲总数；S3 表示升、降频时间。

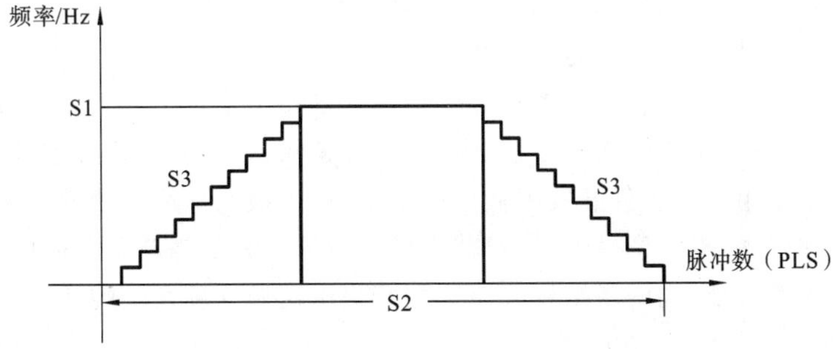

图 2.36

(2) 如果步进电机在较低的频率下运行，步进电机就会振动(也称为爬行现象)，从而引起机械系统振动。应避免步进电机在振动频率下运行。

(3) 本实训步进电机 57BYG250E 的步距角为 1.8°，如果驱动器的细分数被设置为 8，则表明 PLC 向驱动器发送 8 个脉冲，步进电机走完一个步距角 1.8°，即 PLC 每发出一个脉冲，步进电机转动 0.225°。

五、实验报告要求

实验报告至少包括以下内容：

(1) 实验目的与要求。

(2) 实验方案。

(3) 控制系统接线图及说明。

(4) PLC 程序及注释。

(5) 实验步骤及调试过程。

(6) 实验总结与心得。

六、思考题

(1) 步进电机驱动器设置细分的首要目的是什么？

(2) 影响步进电机单轴定位精度的主要因素是什么？

(3) 查资料，说明什么是步进电机的工作频率、最高频率、突跳频率、振动频率？

(4) 怎样实现步进电机的连续路径控制：正向转动 5 s，反向转动 5 s？

2.4 基于 PC 的人机交互实验

在自动化控制中，参数指令的数据需要设置到计算机中，控制系统的实时数据也需要及时显示出来，这种人机交互一般是通过计算机的人机交互界面实现的，该界面简称 HMI(Human Machine Interface)。

如果采用计算机语言(如 C、C++等)设计一个人机交互界面，往往需要耗费工程师大量的精力和时间。为了让控制工程师能够把精力集中到控制上，出现了很多专业的人机界面设计软件，在测控领域，也称为组态软件。

组态，在英语中是 config 的意思，中文的含义就是配置、设置。在工业控制领域，有很多种组态软件，如 WinCC、组态王、MCGS、昆仑通态等。在本项实验中，用到的组态软件是组态王，通过本节的实验，也可以容易地理解并掌握其他组态软件的使用。

组态王软件是一种通用的工业监控软件，它融过程控制设计、现场操作以及工厂资源管理于一体，将一个企业内部的各种生产系统和应用以及信息汇集在一起，实现最优化管理。基于 Microsoft Windows 操作系统，用户在企业网络的所有层次的各个位置上都可以及时获得系统的实时信息。采用组态王软件开发工业监控工程，可以极大地增强用户的生产控制能力，提高工厂的生产力和效率，提高产品的质量，减少成本及原材料的消耗。它适用于从单一设备的生产运营管理和故障诊断，到网络结构分布式大型集中监控管理系统的开发。

2.4.1 具有一个报警灯画面的组态实验

一、实验目的

(1) 以组态王软件为例，初步了解基于 PC 的工业组态软件的应用开发方法。

(2) 设计具有一个报警灯的组态画面，当 PLC I0.1 有输入信号时，组态画面上的报警灯闪烁。

二、实验原理

组态软件，又称组态监控系统软件，是数据采集与过程控制的专用软件，也是在自动控制系统监控层一级的软件平台和开发环境。组态的含义是组合、配置或设置。这些软件实际上也是一种通过灵活的组态方式，为用户提供快速构建具有工业自动控制系统监控功能的、通用层次的软件工具。组态软件广泛应用于机械、汽车、石油、化工、造纸、水处理以及过程控制等诸多领域。

组态王软件的结构由工程管理器、工程浏览器及运行系统三部分构成。

(1) 工程管理器：工程管理器用于新工程的创建和已有工程的管理，对已有工程进行搜索、添加、备份、恢复以及实现数据词典的导入和导出等功能。

(2) 工程浏览器：工程浏览器是一个工程开发设计工具，用于创建监控画面、监控的设备及相关变量、动画链接、命令语言以及设定运行系统配置等。

(3) 运行系统：工程运行界面，从采集设备中获得通信数据，并依据工程浏览器的动画设计显示动态画面，实现人与控制设备的交互操作。

组态王软件作为一个开放型的通用工业监控软件，支持与国内外常见的 PLC、智能模块、智能仪表、变频器、数据采集板卡等(如西门子 PLC、莫迪康 PLC、欧姆龙 PLC、三菱 PLC、研华模块等)通过常规通信接口(如串口方式、USB 接口方式、以太网、总线、GPRS 等)进行数据通信。

组态王软件与 I/O 设备进行通信一般是通过调用 *.dll 动态库来实现的,不同的设备、协议对应不同的动态库。工程开发人员无须关心复杂的动态库代码及设备通信协议,只需使用组态王提供的设备定义向导,即可定义工程中使用的 I/O 设备,并通过定义变量实现与 I/O 设备的关联,既简单又方便。

组态王与 PLC 的数据交换,是通过事先定义好的变量完成的。在组态王工程浏览器中提供了"数据库"项供用户定义设备变量。数据库中变量的集合在组态王软件中形象地称为"数据词典",数据词典记录了所有用户可使用的数据变量的详细信息。

变量可以分为基本类型和特殊类型两大类,基本类型的变量又分为内存变量和 I/O 变量两种。

I/O 变量指的是组态王与外部设备或其他应用程序交换的变量。这种数据交换是双向的、动态的,也就是说在组态王系统运行过程中,每当 I/O 变量的值改变时,该值就会自动写入外部设备或远程应用程序;每当外部设备或远程应用程序中的值改变时,组态王系统中的变量值也会自动改变。所以,那些从下位机采集来的数据、发送给下位机的指令,如反应罐液位、电源开关等变量,都需要设置成 I/O 变量。那些不需要与外部设备或其他应用程序交换,只在组态王内使用的变量,如计算过程的中间变量,就可以设置成内存变量。

基本类型的变量也可以按照数据类型分为离散型、实型、整型和字符串型。

(1) 内存离散变量、I/O 离散变量:类似一般程序设计语言中的布尔(BOOL)变量,只有 0 和 1 两种取值,用于表示一些开关量。

(2) 内存实型变量、I/O 实型变量:类似一般程序设计语言中的浮点型变量,用于表示浮点数据,取值范围为 10E－38～10E＋38,有效值为 7 位。

(3) 内存整型变量、I/O 整型变量:类似一般程序设计语言中的有符号长整数型变量,用于表示带符号的整型数据,取值范围为 2147483648～2147483647。

(4) 内存字符串型变量、I/O 字符串型变量:类似一般程序设计语言中的字符串变量,可用于记录一些有特定含义的字符串,如名称、密码等,该类型变量可以进行比较运算和赋值运算。

特殊类型的变量有报警窗口变量、历史趋势曲线变量、系统变量三种。

通常情况下,建立组态王的应用工程大致可分为以下几个步骤。

1. 创建新工程

为工程创建一个目录,用来存放与工程相关的文件。

2. 定义硬件设备并添加工程变量

添加工程中需要的硬件设备和工程中使用的变量,包括内存变量和 I/O 变量。组态王把那些需要与之交换数据的硬件设备或软件程序都作为外部设备使用。外部硬件设备通常包括 PLC、仪表、模块、变频器、板卡等;外部软件程序通常指 DDE、OPC 等服务程序。计算机和外部设备的通信连接方式,则有串行通信(232/422/485)、以太网、专用通信卡(如 CP5611)等。

在计算机与外部设备硬件连接好后,为了实现组态王和外部设备的实时数据通信,必须在组态王的开发环境中对外部设备和相关变量加以定义。为方便用户定义外部设备,组态王设计了"设备配置向导"用于引导完成设备的连接。

3. 制作图形画面并定义动画连接

按照实际工程的要求绘制监控画面，并使静态画面随着过程控制对象产生动态效果。

4. 编写命令语言

通过脚本程序的编写完成较复杂的上位操作控制。

5. 进行运行系统的配置

对运行系统、报警、历史数据记录、网络、用户等进行设置，完成系统现场应用前的必备工作。

6. 保存工程并运行

完成以上步骤后，一个可以拿到现场运行的工程就制作完成了。

三、实验仪器和设备

(1) 计算机(安装有 STEP7-Micro/WIN、组态王)。

(2) 西门子 S7-224XP DC/DC/DC PLC。

(3) +24 V DC 电源、+12 V DC 电源。

(4) 开关、导线、接线端子排若干。

四、实验步骤及内容

1. 建立新工程

新工程的建立是通过工程管理器完成的。在组态王中，开发者所建立的每一个组态称为一个工程。每个工程反映到操作系统中是一个包括多个文件的文件夹。工程管理器的主要功能包括：新建、删除工程，对工程重命名，搜索组态王工程，修改工程属性，工程备份、恢复，数据词典的导入导出，切换到组态王开发或运行环境等。

启动工程管理器的方式：

点击“开始”→“程序”→“组态王 6.52”(或直接双击桌面上组态王的快捷方式)，启动后的工程管理窗口如图 2.37 所示。

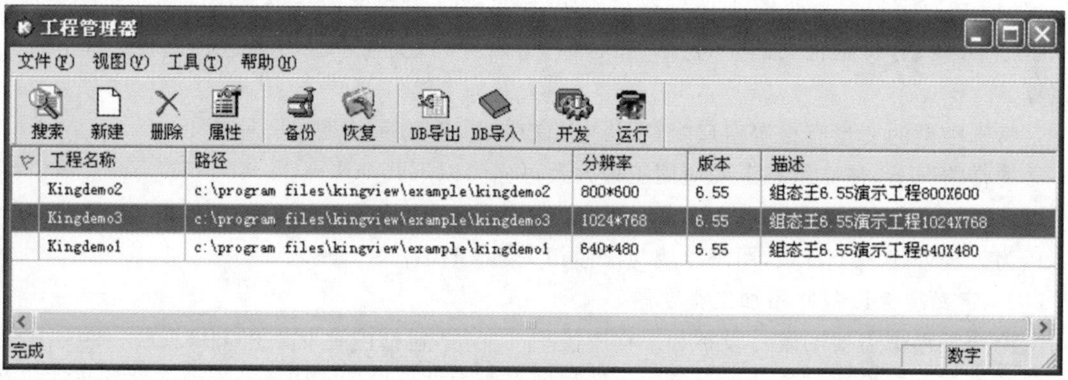

图 2.37

(1) 在工具条中，点击“新建”，出现新建工程向导，如图 2.38 所示。

(2) 点击“下一步”，出现如图 2.39 所示界面。

(3) 输入新建工程的名称“Alarm_Lamp”，点击“浏览”，为新建工程的文件夹指定路径，如图 2.40 和图 2.41 所示。

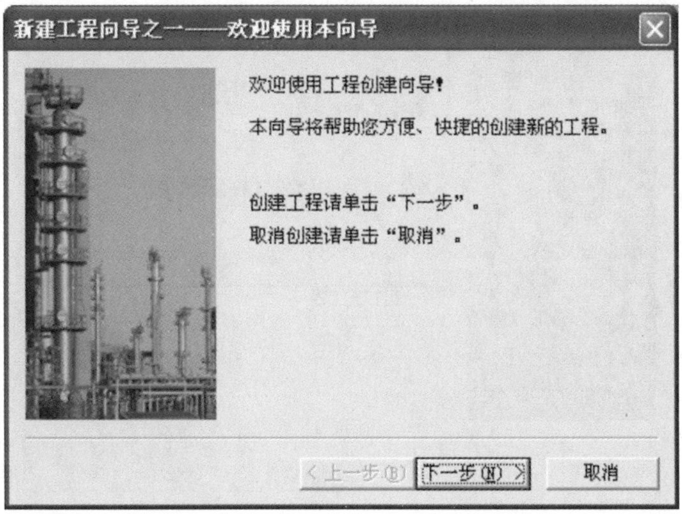

图 2.38

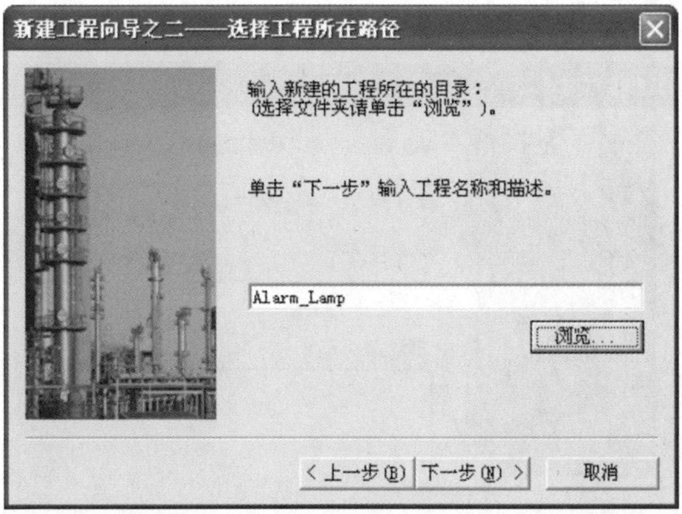

图 2.39

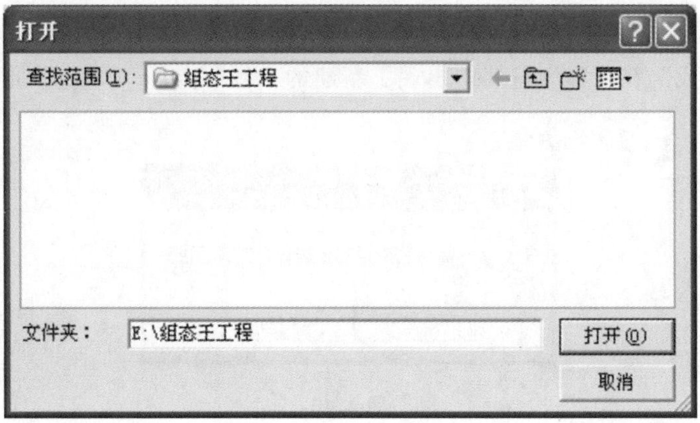

图 2.40

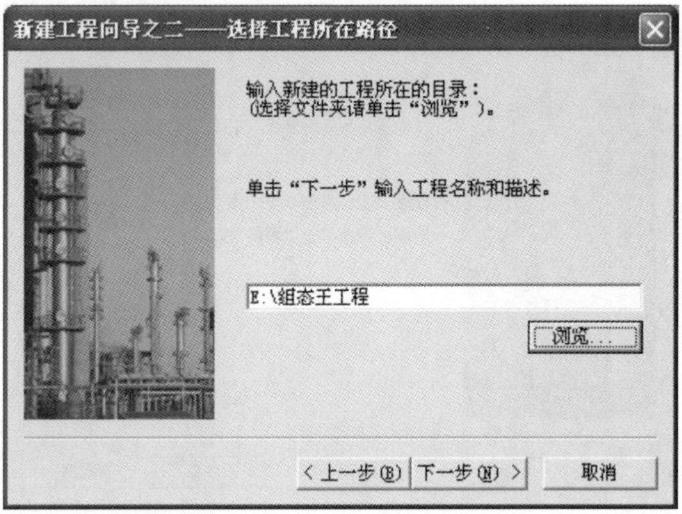

图 2.41

(4) 点击“下一步”，出现图 2.42 所示界面。

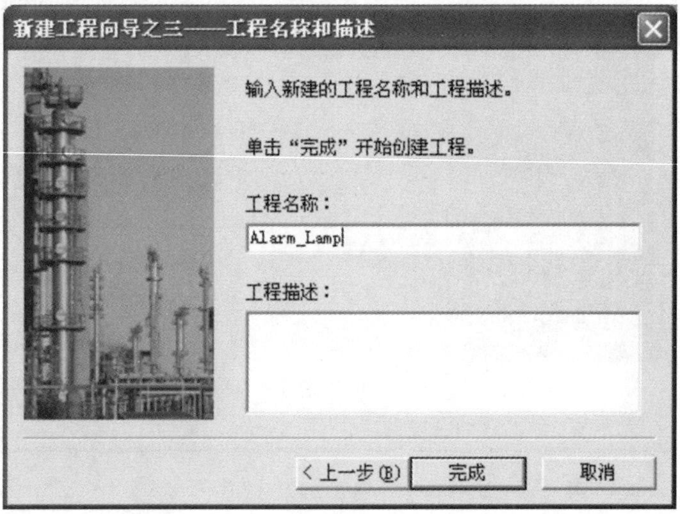

图 2.42

(5) 点击“完成”，在工程浏览器中出现了新建的工程“Alarm_Lamp”，此时弹出图 2.43 所示的窗口。

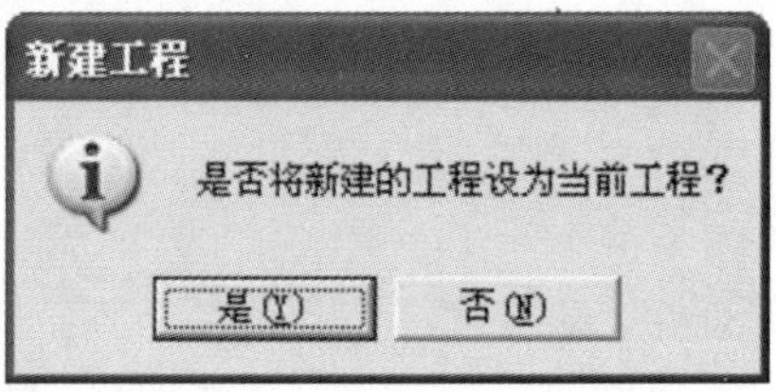

图 2.43

(6) 点击“是(Y)”，将工程“Alarm_Lamp”设置为当前工程，如图 2.44 所示。

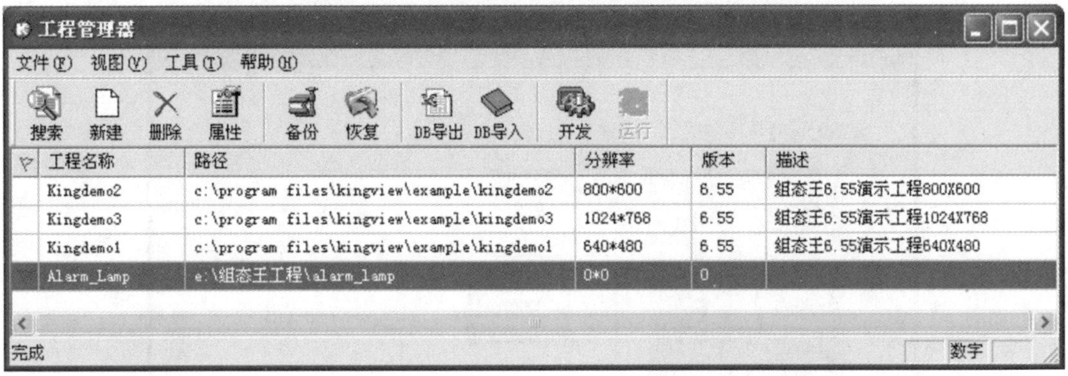

图 2.44

2. 定义外部硬件设备

以 S7-200 系列 PLC 通过 PPI/USB 电缆连接计算机串口 COM9 为例。

(1) 点击工程浏览器左侧“设备/板卡”选项，如图 2.45 所示。

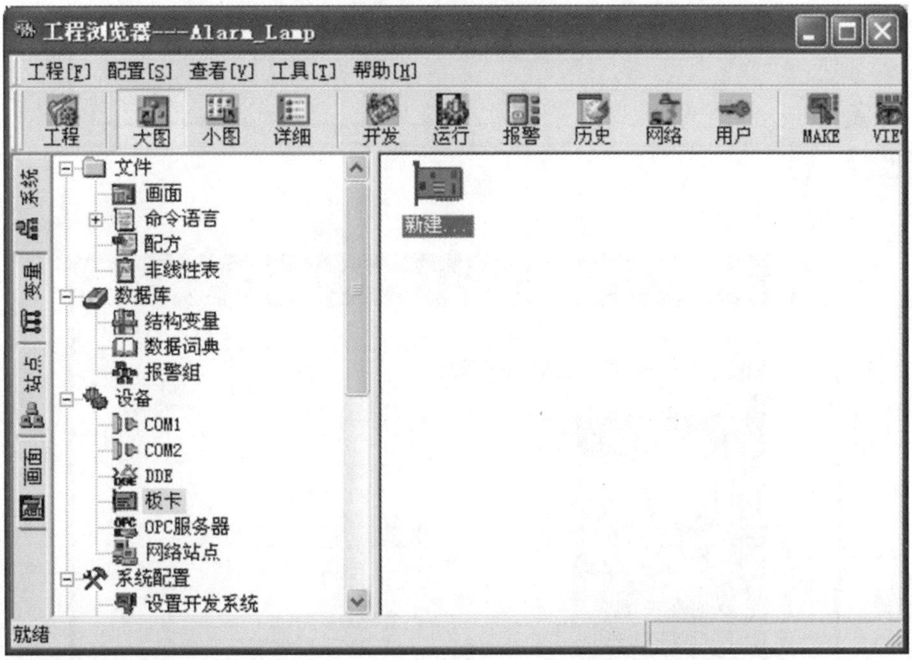

图 2.45

(2) 点击“新建”，弹出“设备配置向导”窗口，如图 2.46 所示。

(3) 点击“PLC”，选择其中的“西门子”，再选择“S7-200 系列/PPI”，如图 2.47 所示。

(4) 点击“下一步”，指定所连接的 PLC 的逻辑名为“S7_224XP_1”，如图 2.48 所示。

(5) 点击“下一步”，根据 PLC 连接计算机所占用的 COM 口，设置 COM 口号，这里选择 COM5，如图 2.49 所示。PLC 所使用的串口号，可以通过西门子 S7-200 系列 PLC 的编程软件“STEP7-Micro/WIN/项目/通信/设置 PG_PC 接口/PC_PPI cable”查询。

(6) 点击“下一步”，弹出设备地址设置窗口，如图 2.50 所示。关于设备地址的详细信息，可以点击“地址帮助”查看，帮助界面如图 2.51 所示。

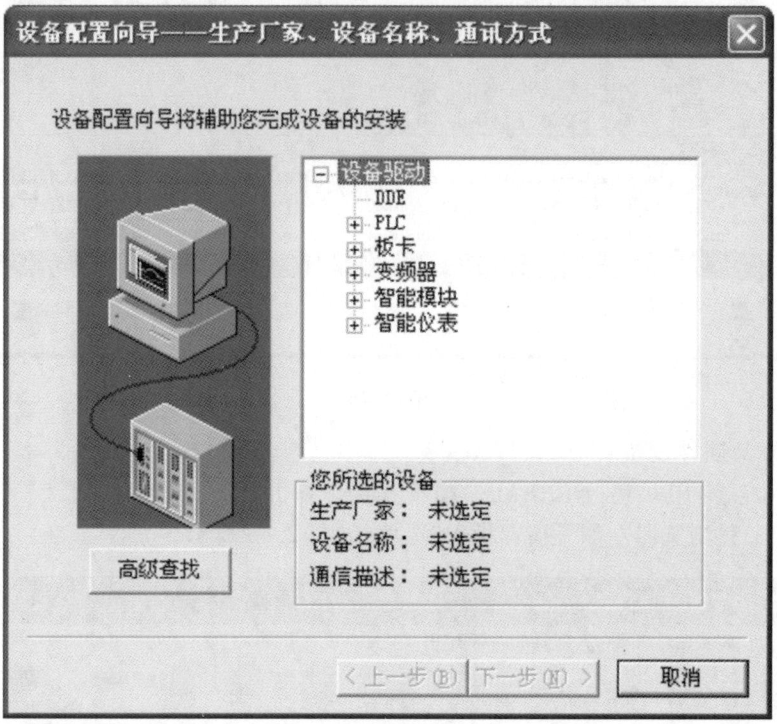
设备配置向导——生产厂家、设备名称、通讯方式
设备配置向导将辅助您完成设备的安装
设备驱动
DDE
PLC
板卡
变频器
智能模块
智能仪表
您所选的设备
生产厂家： 未选定
设备名称： 未选定
通信描述： 未选定
高级查找
< 上一步(B)
下一步(N) >
取消

图 2.46

设备配置向导——生产厂家、设备名称、通讯方式
设备配置向导将辅助您完成设备的安装
S5系列
S7-1200
S7-200(MPI)
S7-200(S7)
S7-200(TCP)
S7-200系列
自由口
PPI
S7-200系列(DP)
S7-200系列(USB)
S7-300(MPI)
S7-300(S7)
您所选的设备
生产厂家： 西门子
设备名称： S7-200系列
通信描述： PPI
高级查找
< 上一步(B)
下一步(N) >
取消

图 2.47

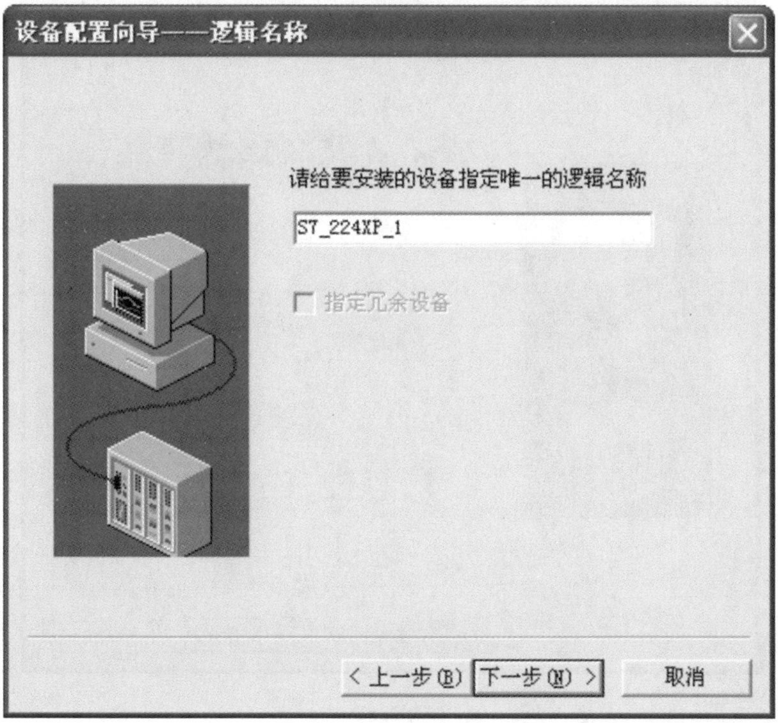
设备配置向导——逻辑名称
请给要安装的设备指定唯一的逻辑名称
S7_224XP_1
指定冗余设备
< 上一步(B)
下一步(N) >
取消

图 2.48

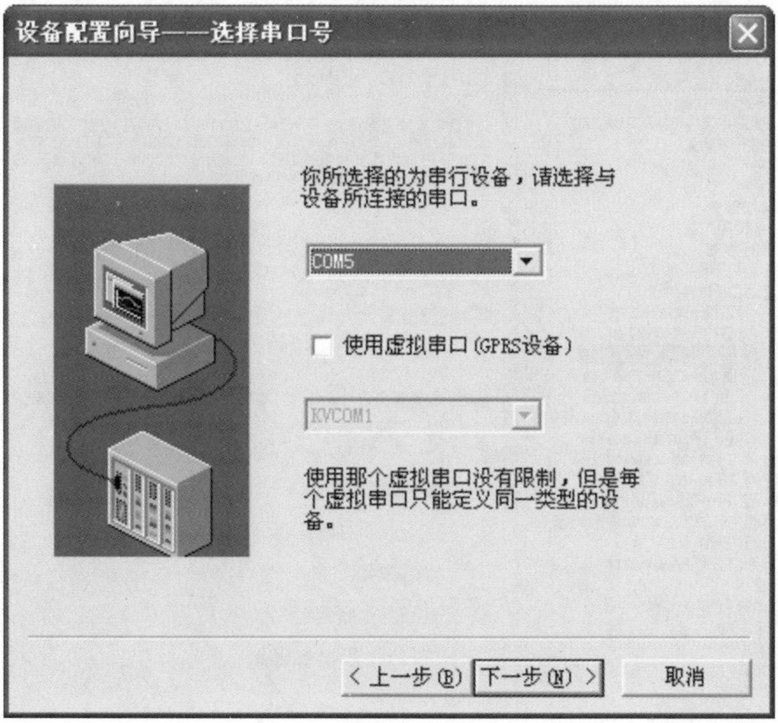
设备配置向导——选择串口号
你所选择的为串行设备，请选择与设备所连接的串口。
COM5
使用虚拟串口(GPRS设备)
KVCOM1
使用那个虚拟串口没有限制，但是每个虚拟串口只能定义同一类型的设备。
< 上一步(B)
下一步(N) >
取消

图 2.49

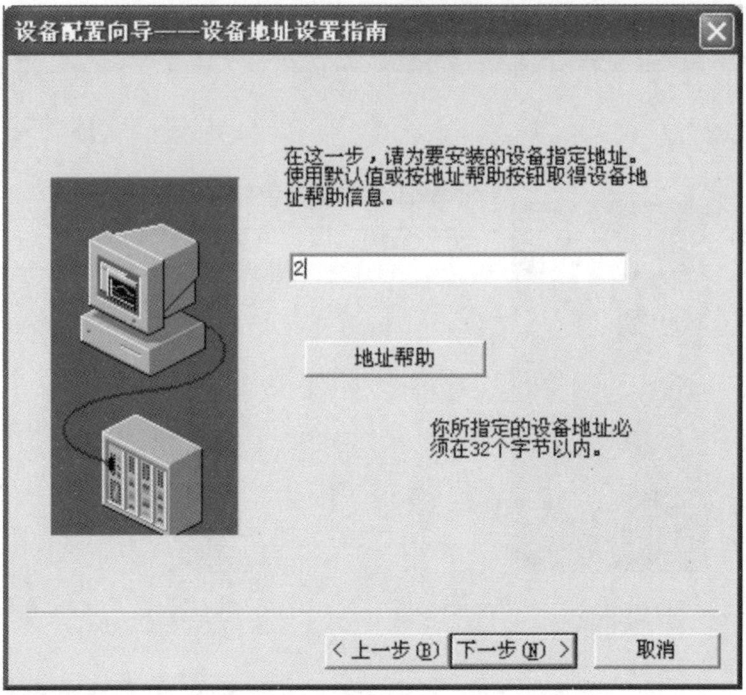

设备配置向导——设备地址设置指南
在这一步，请为要安装的设备指定地址。使用默认值或按地址帮助按钮取得设备地址帮助信息。
2
地址帮助
你所指定的设备地址必须在32个字节以内。
< 上一步(B)
下一步(N) >
取消

图 2.50

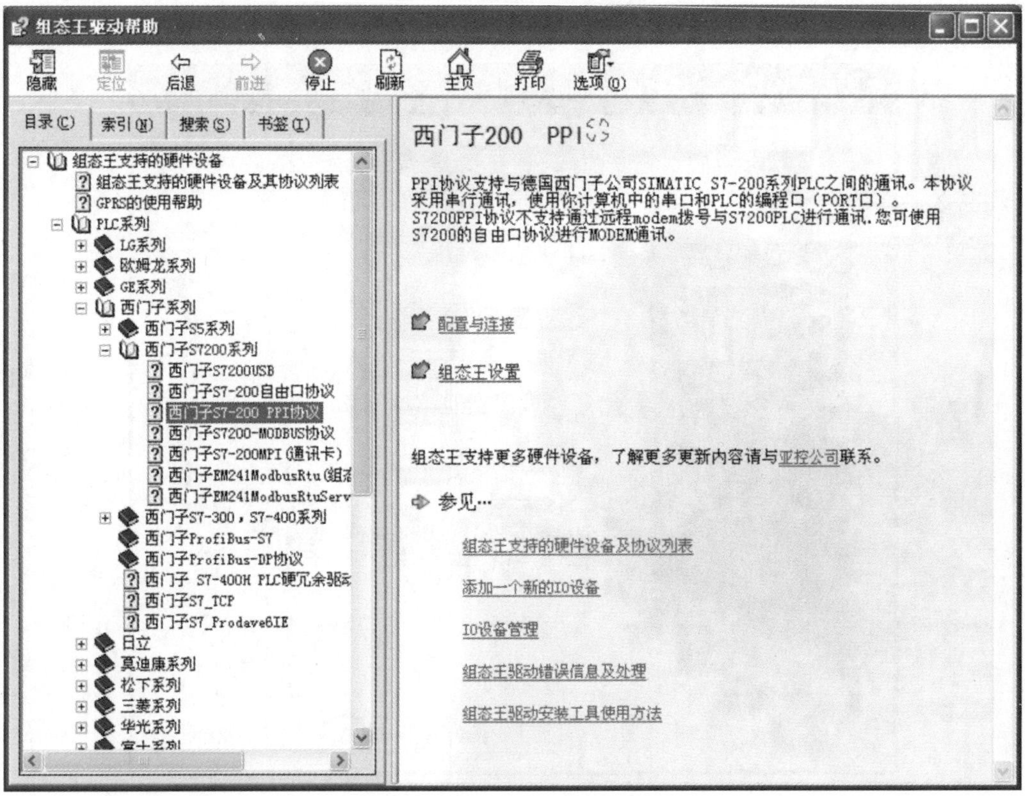

组态王驱动帮助
隐藏
定位
后退
前进
停止
刷新
主页
打印
选项(O)
目录(C)
索引(N)
搜索(S)
书签(I)
组态王支持的硬件设备
组态王支持的硬件设备及其协议列表
GPRS的使用帮助
PLC系列
LG系列
欧姆龙系列
GE系列
西门子系列
西门子S5系列
西门子S7200系列
西门子S7200USB
西门子S7-200自由口协议
西门子S7-200 PPI协议
西门子S7200-MODBUS协议
西门子S7-200MPI(通讯卡)
西门子EM241ModbusRtu(组态
西门子EM241ModbusRtuServ
西门子S7-300，S7-400系列
西门子ProfiBus-S7
西门子ProfiBus-DP协议
西门子 S7-400H PLC硬冗余驱动
西门子S7_TCP
西门子S7_Prodave6IE
日立
莫迪康系列
松下系列
三菱系列
华光系列
西门子200 PPI
PPI协议支持与德国西门子公司SIMATIC S7-200系列PLC之间的通讯。本协议采用串行通讯，使用你计算机中的串口和PLC的编程口（PORT口）。S7200PPI协议不支持通过远程modem拨号与S7200PLC进行通讯.您可使用S7200的自由口协议进行MODEM通讯。
配置与连接
组态王设置
组态王支持更多硬件设备，了解更多更新内容请与亚控公司联系。
参见…
组态王支持的硬件设备及协议列表
添加一个新的IO设备
IO设备管理
组态王驱动错误信息及处理
组态王驱动安装工具使用方法

图 2.51

在连接现场设备时，设备地址处填写的地址要和实际设备地址完全一致，所用 PLC 的远程地址为 2，因此，设备地址填写“2”。

（7）点击“下一步”，可进行通信参数设置，如图 2.52 所示。如果不需要更改参数，直接点击“下一步”，得到图 2.53 所示界面。

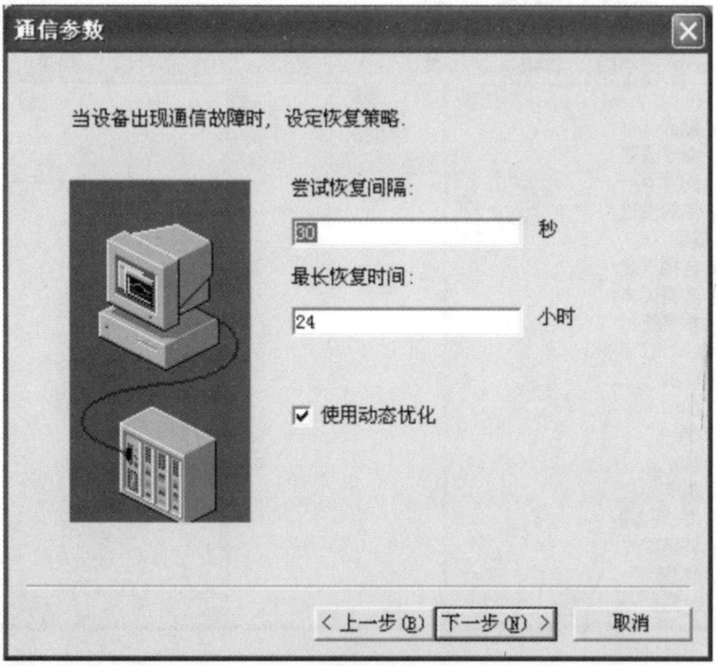

图 2.52

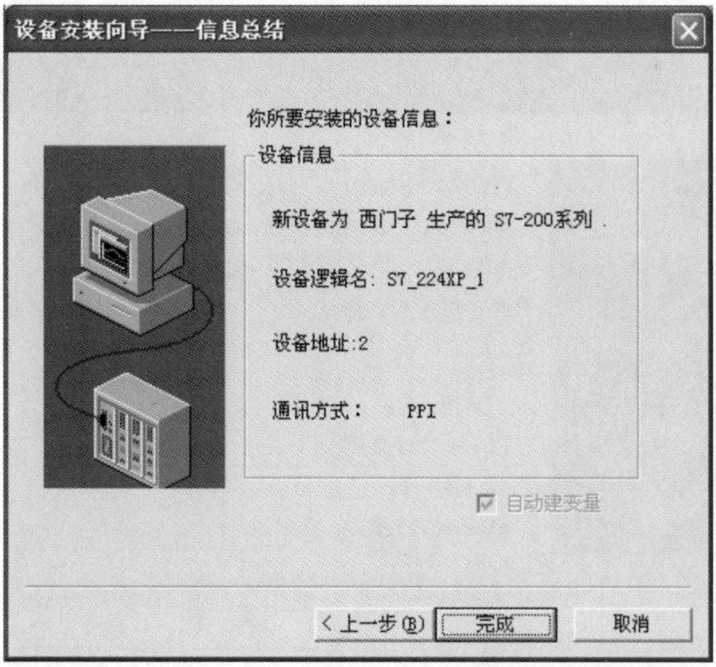

图 2.53

(8) 点击“完成”，即配置完毕，这时工程浏览器中出现了设备“S7_224XP_1”，如图 2.54 所示。

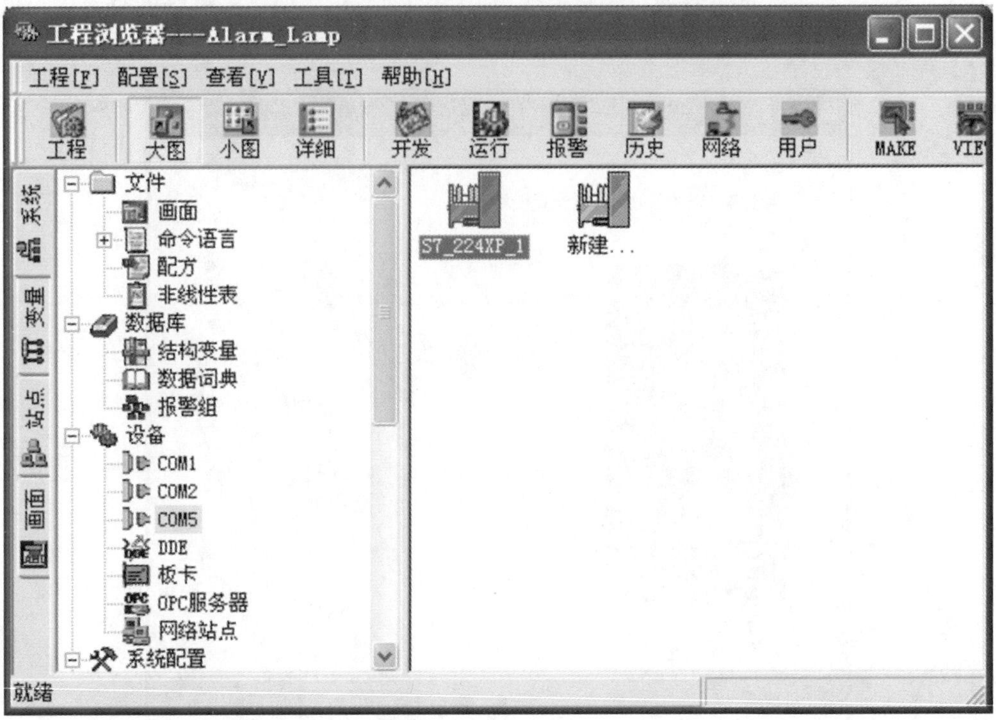

图 2.54

(9) 点击工程浏览器左侧“设备”中的 COM5，出现 COM5 端口的参数设置窗口，如图2.55 所示，确认该端口的参数与 STEP7-Micro/WIN 中 PLC 的通信参数一致。

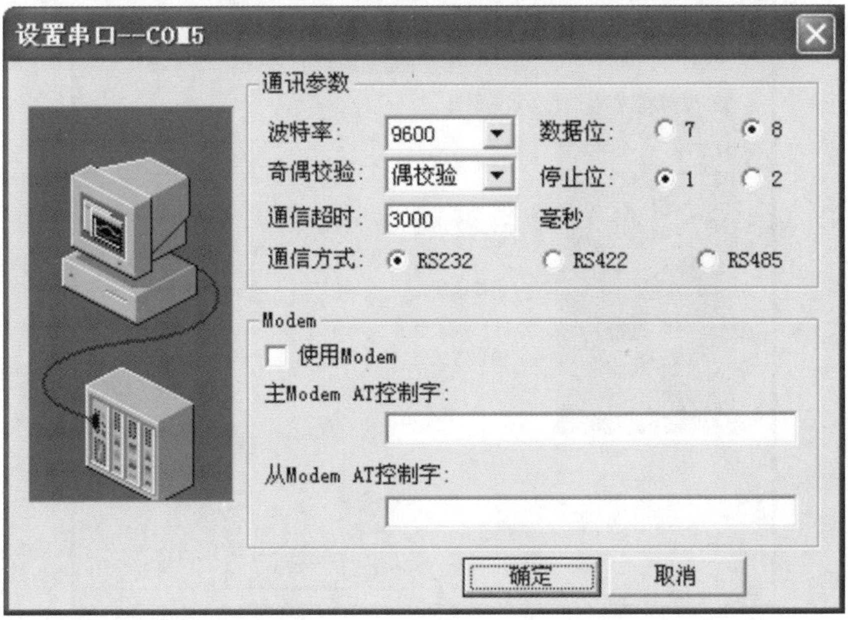

图 2.55

(10) 点击“确定”,这样就配置好了组态王与 PLC 的通信参数。

3. 添加工程变量

对于本项工程,只需要用到一个 I/O 变量,即可完成 I0.0 端口状态的识别。

在工程浏览器树形目录中选择“数据词典”,双击右侧的“新建”图标,如图 2.56 所示,弹出“定义变量”对话框,如图 2.57 所示。

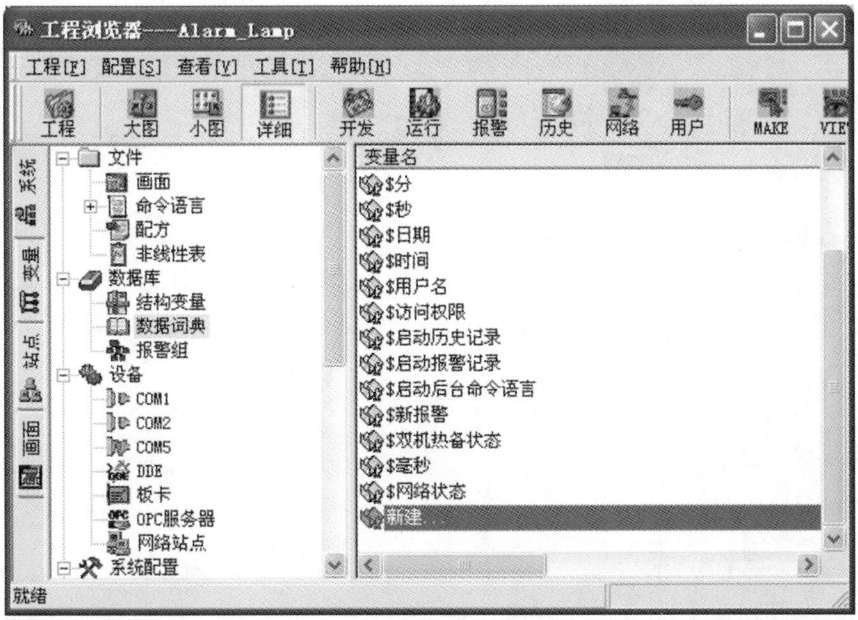

图 2.56

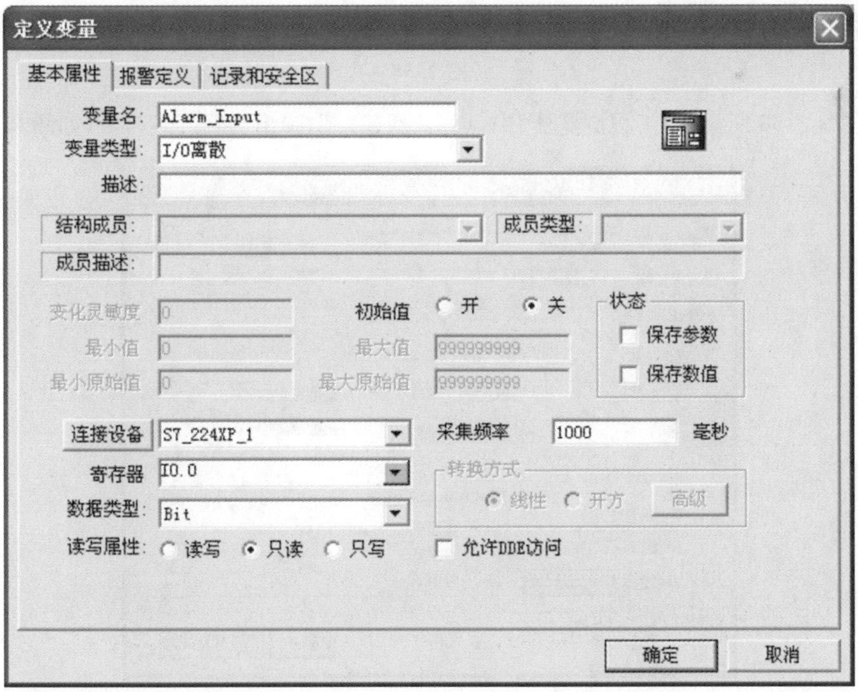

图 2.57

按照图 2.57 进行设置，点击“确定”，可以看到在数据词典中出现了名字为“Alarm_Input”的变量。

4. 制作图形画面并定义动画连接

在“工程管理器”中，双击工程“Alarm_Lamp”，组态王将打开工程浏览器窗口、开发系统窗口和信息窗口，此时开发系统窗口由于还未进入画面设计状态，因此处于空白状态，工程浏览器窗口如图 2.58 所示。

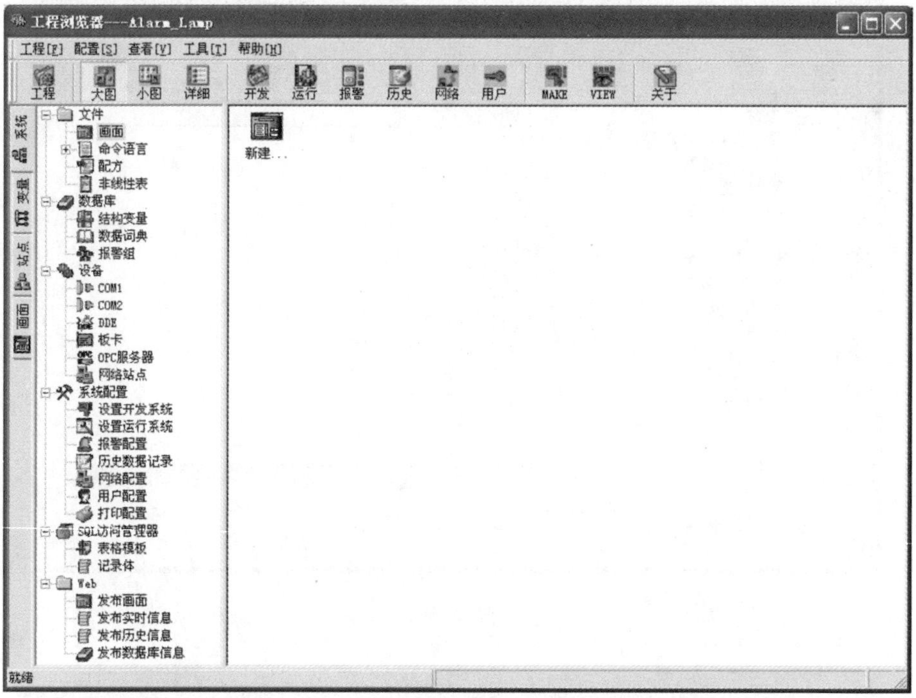

图 2.58

(1) 在图 2.58 所示的“工程浏览器”中，点击“新建…”，弹出“新画面”窗口，如图 2.59 所示。

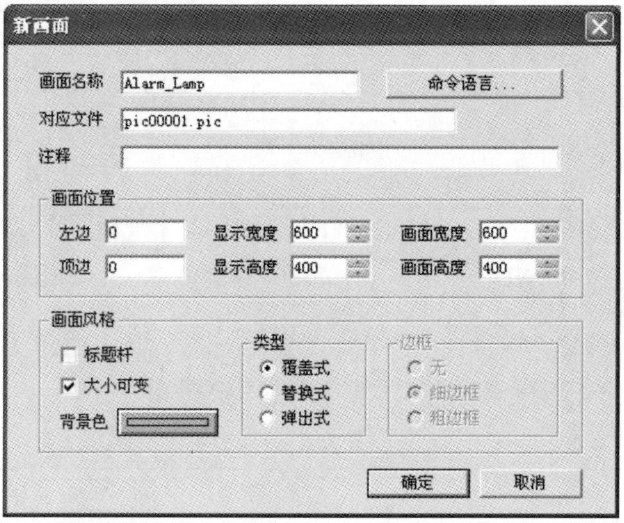

图 2.59

(2) 输入新画面的名称“Alarm_Lamp”，点击“确定”，此前处于深灰色的开发系统窗口变为浅灰色，且弹出工具箱，如图 2.60 所示。此时就可以在这个浅灰色的画布上设计自己的组态程序了。

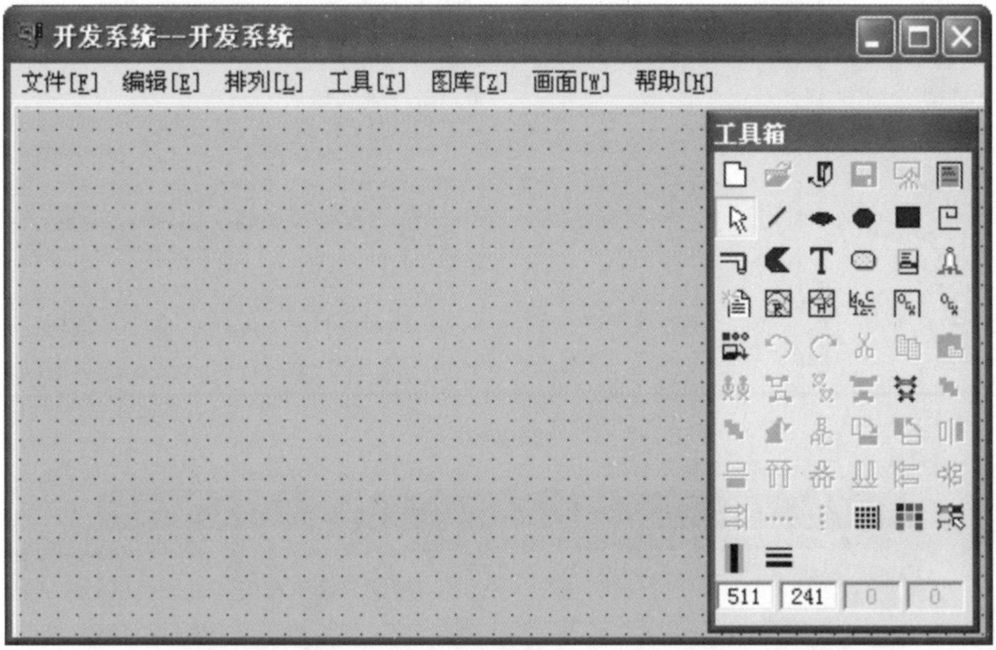

图 2.60

(3) 点击菜单“图库”，选择“打开图库”，在开发系统中出现组态王提供的图库，如图 2.61 所示。

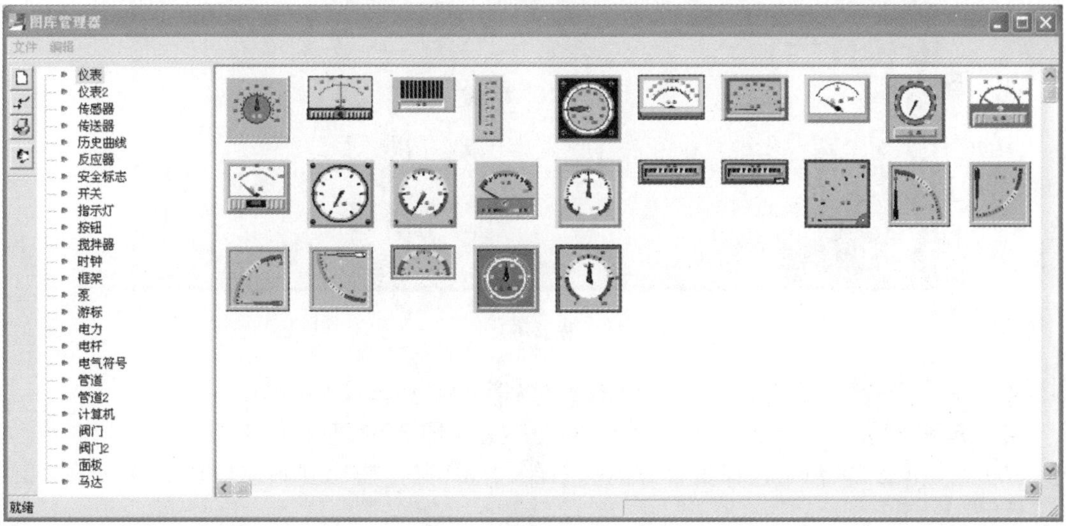

图 2.61

(4) 点击左侧的“指示灯”库，如图 2.62 所示，右侧出现了指示灯图库。

(5) 选择指示灯图库中的最后一个灯，双击，将其放置在画面的中部，如图 2.63 所示。

(6) 双击画面上的灯，弹出如图 2.64 所示的窗口。

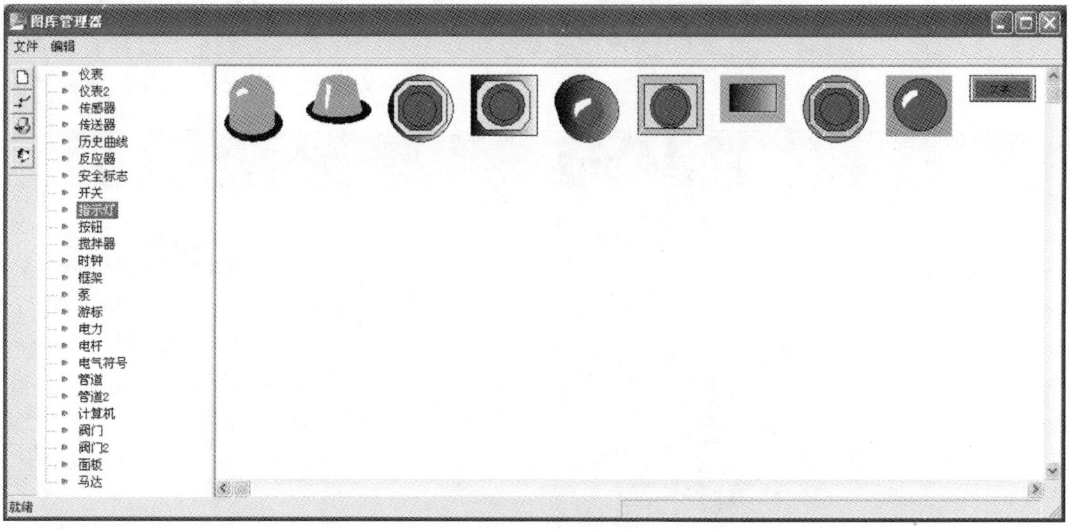

图 2.62

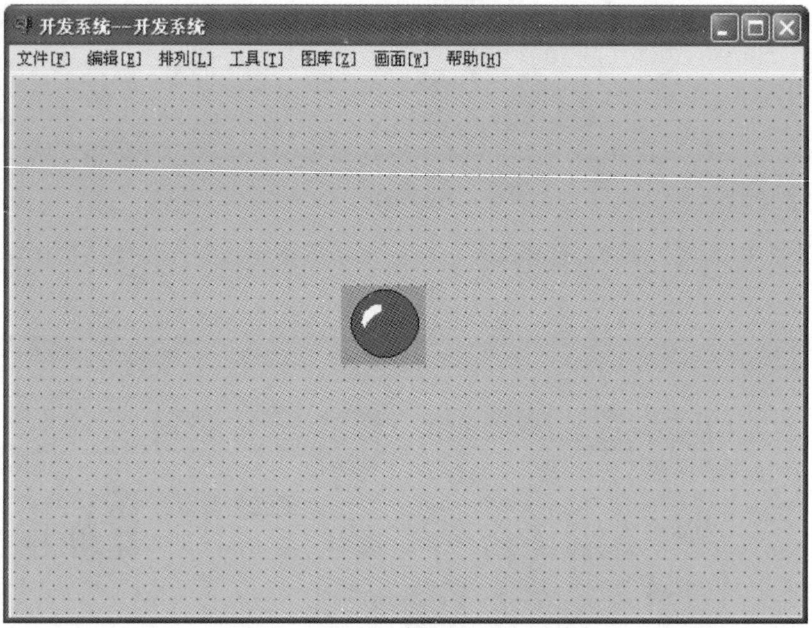

图 2.63

(7) 点击弹窗中的“?”按钮,出现“选择变量名”窗口,如图 2.65 所示。

(8) 选择变量名“Alarm_Input”,点击“确定”,弹出图 2.66 所示窗口。

(9) 按照图 2.66 所示选择报警灯闪烁条件,点击“确定”,回到画面设计窗口,如图 2.67 所示。

5. 编写命令语言

本项目跳过。

6. 进行运行系统的配置

本项目跳过。

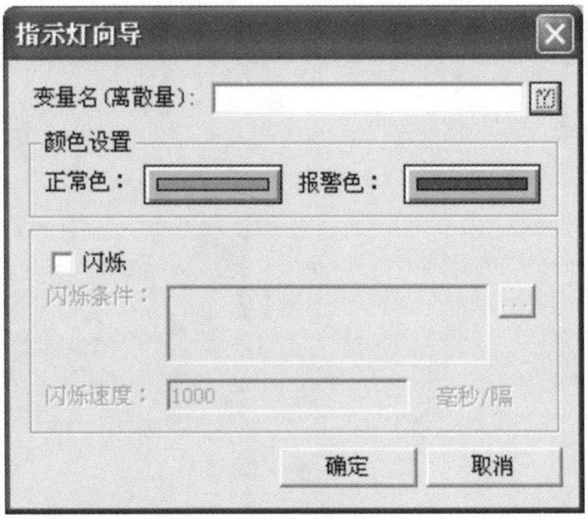

图 2.64

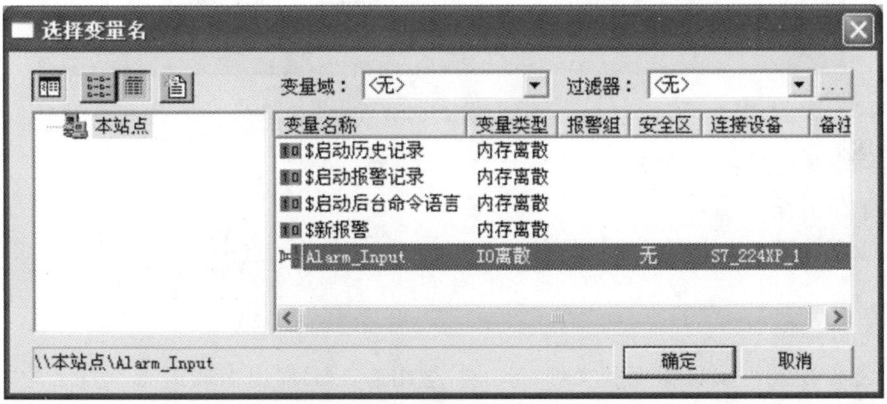

图 2.65

图 2.66

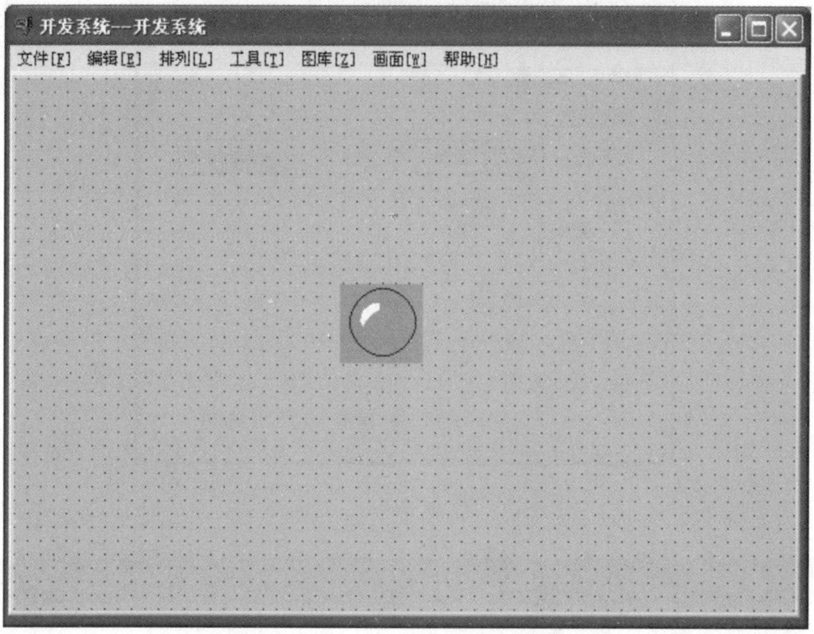

图 2.67

7. 保存、备份工程并运行

(1) 保存工程。

完成以上步骤后,一个可以运行的工程就制作完成了。点击菜单"文件/全部存",保存项目。

(2) 备份工程。

工程备份是在需要保留工程文件的时候,把组态王工程压缩成组态王自己的". cmp"文件。备份的具体操作如下:点击"工程管理器"上的"备份"图标,弹出"备份工程"窗口,如图 2.68 所示。

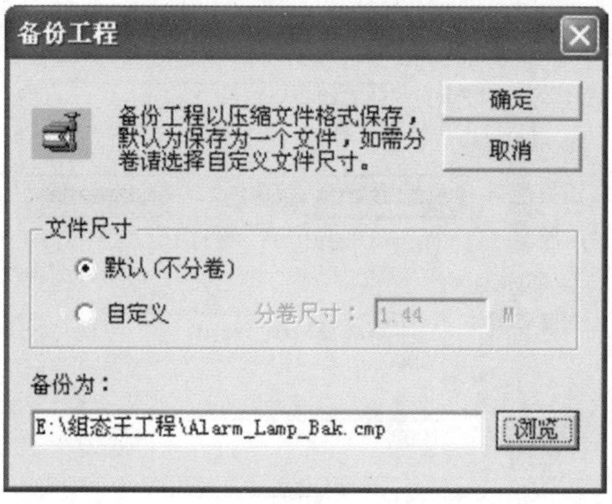

图 2.68

(3) 运行工程。

点击菜单"文件/切换到 View",弹出运行画面。接通 PLC 的 I0.0,可以观察到组态画面上的指示灯在正常色和报警色之间闪烁，闪烁频率为 1 Hz。

注意，运行工程时，须先退出 S7-200 系列 PLC 的编程软件 STEP7-Micro/WIN，以释放 COM5 端口。

五、实验报告要求

实验报告至少包括以下内容：

(1) 实验目的与要求。

(2) 实验方案(包含设计实验方案的原理)。

(3) 实验步骤及说明。

(4) 调试过程总结与实验心得。

六、思考题

(1) 组态王软件与 I/O 设备进行通信一般是通过什么方式实现的?

(2) 组态王软件与 PLC 的数据交换是通过什么方式实现的?

2.4.2　具有声光报警画面的组态实验

一、实验目的

(1) 进一步巩固熟悉组态软件的基本开发方法。

(2) 在完成实验 2.4.1 的基础上，设计具有一个报警灯和一个输出控制按钮的组态画面，当有报警信号输入 I0.1 时，报警灯闪烁，并控制接在 PLC Q0.1 上的声音报警器发出报警声，按下输出控制按钮时，报警解除。

二、实验原理

参见实验 2.4.1。

三、实验仪器和设备

(1) 计算机(安装有 STEP7-Micro/WIN、组态王)。

(2) 西门子 S7-224XP DC/DC/DC PLC。

(3) +24 V DC 电源。

(4) 按钮开关、导线、接线端子排、工具等若干。

四、实验步骤及内容

(1) 根据实验目的所提出的任务和所提供的器材，画出系统电气图。

(2) 根据系统电气图，进行硬件连接。

(3) 借鉴实验 2.4.1，设计组态程序：

① 建立工程 Alarm_Sound_Lamp；

② 定义外部硬件设备；

③ 添加工程变量 I0.1 和 Q0.1；

④ 制作图形画面；

⑤ 定义动画连接；

⑥ 运行并保存工程文件。

(4) 运行调试，观察并记录实验结果。

五、实验报告要求

实验报告至少包括以下内容：

(1) 实验目的与要求。

(2) 实验方案(包含设计实验方案的原理)。

(3) 电气接线图及说明。

(4) PLC 程序及注释说明。

(5) 实验步骤及说明。

(6) 调试过程总结与实验心得。

六、思考题

使用组态软件设计 HMI 有什么优势？有什么不足？

2.4.3　交流电机控制与转速组态监测实验

一、实验目的

(1) 结合工业的实际应用需求，进一步熟悉掌握组态软件在实际工控中的开发应用方法。

(2) 了解交流异步电机变频器调速的控制方法。

(3) 结合 PLC，采用组态王软件，设计一个具有转速表和数字转速计的组态画面，用于监测交流电机的转速。

二、实验原理

组态软件的基本原理参见实验 2.4.1 的原理部分。

西门子 V20 变频器是一种功能丰富的供小功率交流异步电机使用的变频器，如图 2.69 所示。

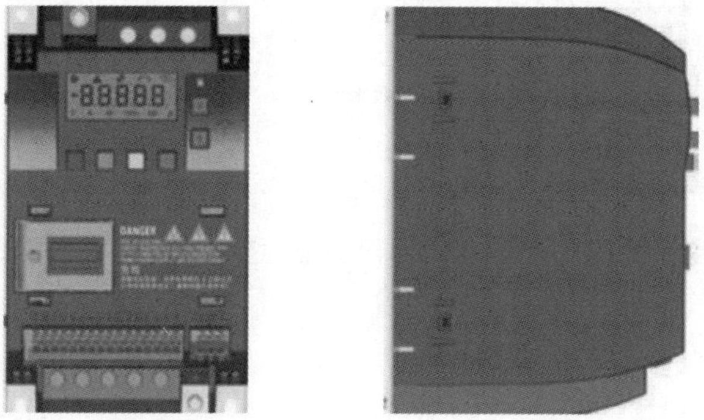

图 2.69

V20 变频器的电气接线图如图 2.70 所示。

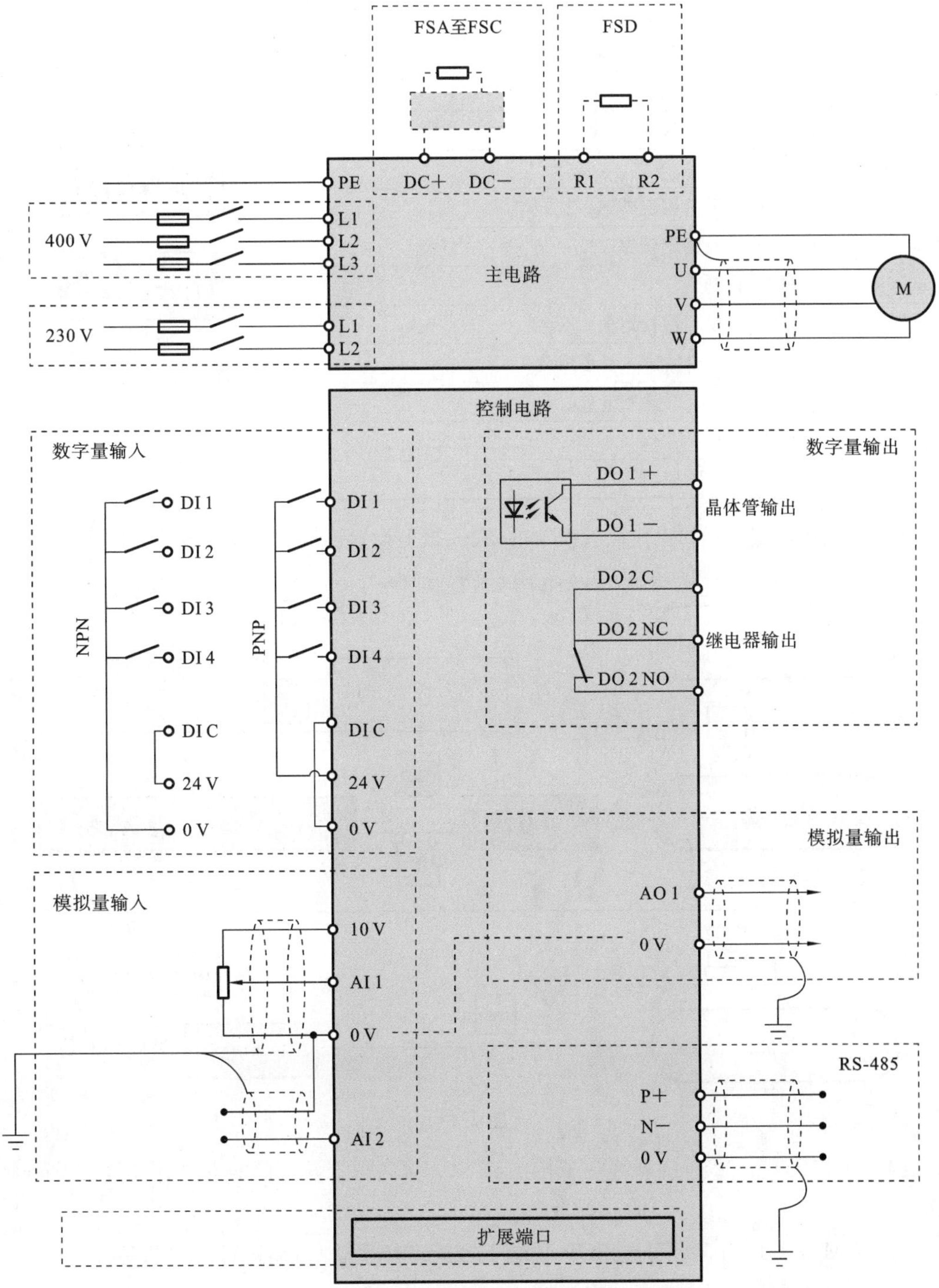

图 2.70

控制器对 V20 变频器的控制是通过“连接宏”的形式完成的，V20 变频器的连接宏如表 2.10 所示。

表 2.10　V20 变频器的连接宏

连接宏	描述	显示示例
Cn000	出厂默认设置，不更改任何参数设置	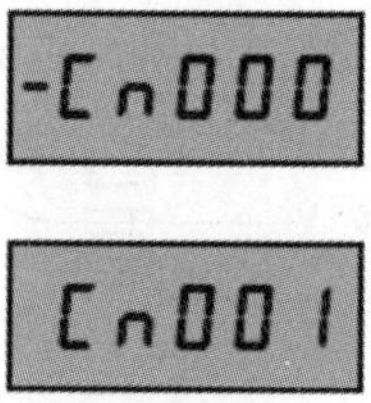 负号表明此连接宏为当前选定的连接宏
Cn001	BOP 为唯一控制源	
Cn002	通过端子控制(PNP/NPN)	
Cn003	固定转速	
Cn004	二进制模式下的固定转速	
Cn005	模拟量输入及固定频率	
Cn006	外部按钮控制	
Cn007	外部按钮与模拟量设定值组合	
Cn008	PID 控制与模拟量输入参考组合	
Cn009	PID 控制与固定值参考组合	
Cn010	USS 控制	
Cn011	MODBUS RTU 控制	

连接宏是通过变频器的操作面板设置的，在面板上设置连接宏的操作方法如图 2.71 所示。

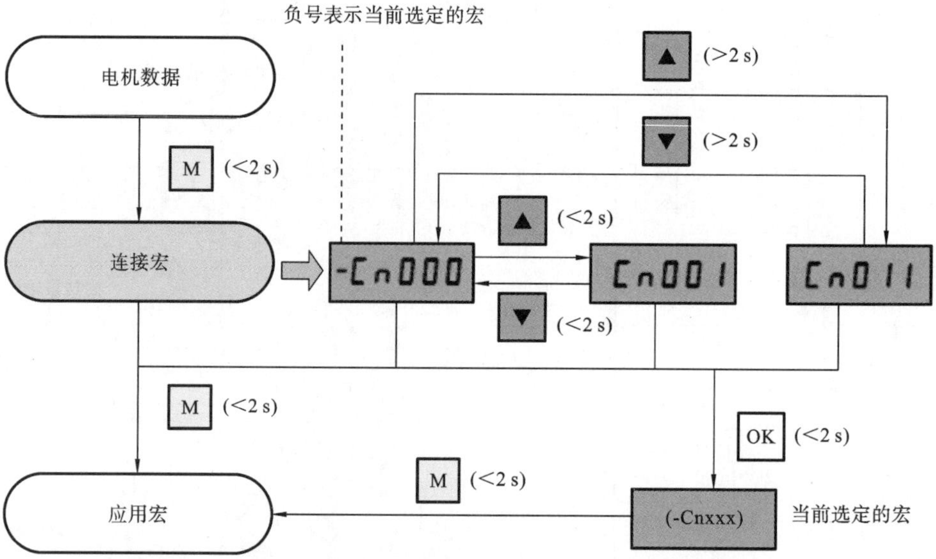

图 2.71

例如：连接宏 Cn002 通过外部端子控制(PNP/NPN)，带设定值的电位计连接宏 Cn002 的功能为：

(1) 按M+OK组合键可在 BOP 和端子之间进行手动/自动运行模式的切换。

(2) NPN 和 PNP 型控制均可通过相同的参数实现。用户可通过改变数字量输入公共端子的连接(接至 24 V 或 0 V)来改变控制模式。

三、实验仪器和设备

(1) S7-224XP DC/DC/DC PLC。

(2) 24 V DC 电源。
(3) 200 W 三相交流异步电机。
(4) 西门子 V20 交流电机用变频器。
(5) 24 V DC 供电的电感式接近开关,PNP 型输出。
(6) 磁性仪表架。
(7) 断路器(空气开关)。
(8) 自锁型开关 5 个。
(9) 其他辅件,如电线、工具等。

四、实验步骤及内容

1. 设置 V20 变频器的工作模式

通过 V20 变频器的操作面板将其工作模式设置为 Cn003(固定转速)。V20 变频器在工作模式为 Cn003 时,工作方式如下:

(1) 三种固定转速与 ON/OFF 命令组合;

(2) 按[M]+[OK]组合键可在操作面板模式和端子控制模式之间进行手动/自动运行模式的切换;

(3) 若多个数字量输入同时激活,则所选的频率会相加,例如 FF1+FF2+FF3。

2. 设置连接宏参数

按表 2.11 设置变频器的连接宏参数。

表 2.11　变频器 Cn003 工作模式下的连接宏参数

参数	描述	出厂默认值	Cn003 默认值	备注
P0700[0]	选择命令源	1	2	以端子为命令源
P1000[0]	选择频率	1	3	固定频率
P0701[0]	数字量输入 1 的功能	0	1	ON/OFF 命令
P0702[0]	数字量输入 2 的功能	0	15	固定转速位 0
P0703[0]	数字量输入 3 的功能	9	16	固定转速位 1
P0704[0]	数字量输入 4 的功能	15	17	固定转速位 2
P1016[0]	固定频率模式	1	1	直接选择模式
P1020[0]	BI:固定频率选择位 0	722.3	722.1	DI2
P1021[0]	BI:固定频率选择位 1	722.4	722.2	DI3
P1022[0]	BI:固定频率选择位 2	722.5	722.3	DI4
P1001[0]	固定频率 1	10	10	低速
P1002[0]	固定频率 2	15	15	中速
P1003[0]	固定频率 3	25	25	高速
P0771[0]	CI:模拟量输出	21	21	实际频率
P0731[0]	BI:数字量输出 1 的功能	52.3	52.2	变频器正在运行
P0732[0]	BI: 数字量输出 2 的功能	52.7	52.3	变频器故障激活

3. 画系统电气图

根据实验要求及提供的器材，画出系统电气图，如图 2.72 所示。

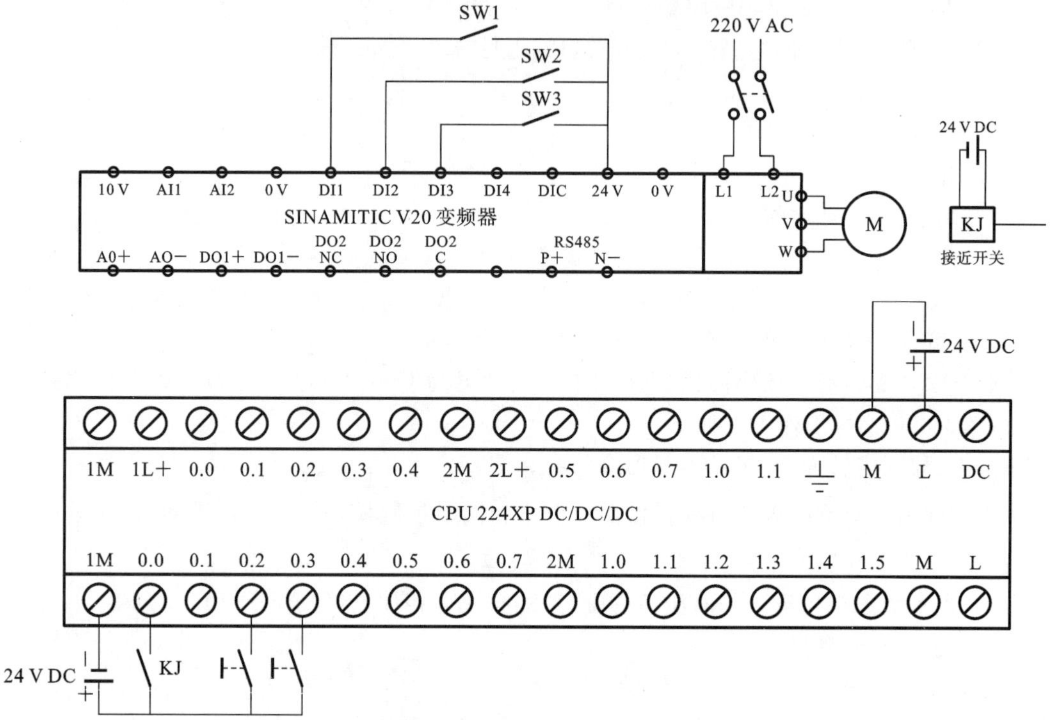

图 2.72

4. 连接硬件系统

根据系统电气图，设计系统硬件的布局，并连接。

5. 设计 PLC 端程序

设计 PLC 端程序，对 I0.0 端口的脉冲进行计数，并将其转换为转速，单位为 r/min。将计算出的转速值放入地址 VW200。设计的 PLC 程序梯形图如图 2.73 所示。

6. 设计组态程序

借鉴实验 2.4.1 和实验 2.4.2，设计组态程序。

(1) 建立工程 AC_Motor_SP_Monitor。

(2) 配置外部硬件设备；参照实验 2.4.1 中的"定义外部硬件设备"部分，定义组态的 PLC 为"S7_224XP_1"，配置向导如图 2.74(a)～(f)所示。

(3) 添加工程变量 RS，将其与 VD200 关联，如图 2.75 所示。

(4) 制作图形画面，画面名称命名为 Rotate Speed Monitor，相关设置如图 2.76 所示，确定后得到的设计画面如图 2.77 所示。

(5) 定义动画连接，将画面上的虚拟转速表和虚拟的数字转速计与变量 RS 相关联，如图 2.78 所示。

(6) 运行组态检测软件。将电机轴的键用胶带与电机轴固定牢固，再将接近开关固定在磁性表架上，对正电机轴上的键，按照电气图完成接线。调整好变频器参数，通电，使电机开始低速转动。电机每转一圈，当键转到接近开关头部下方时，接近开关尾部的发光二极管应该发光，或 PLC 的 I0.0 口的灯点亮。按下连接在 I0.3 端上的带锁按钮，观察组态画面上的转速表

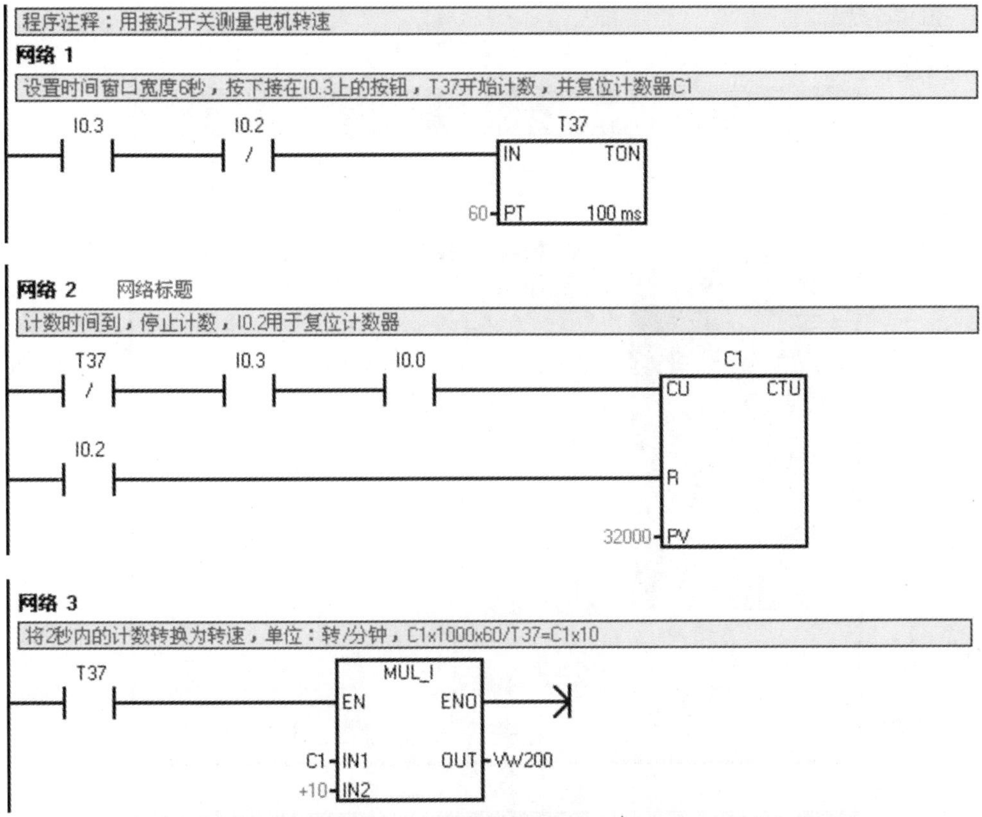
程序注释：用接近开关测量电机转速
网络 1
设置时间窗口宽度6秒，按下接在I0.3上的按钮，T37开始计数，并复位计数器C1
I0.3
I0.2
T37
IN
TON
60
PT
100 ms
网络 2　网络标题
计数时间到，停止计数，I0.2用于复位计数器
T37
I0.3
I0.0
C1
CU
CTU
I0.2
R
32000
PV
网络 3
将2秒内的计数转换为转速，单位：转/分钟，C1x1000x60/T37=C1x10
T37
MUL_I
EN
ENO
C1
IN1
OUT
VW200
+10
IN2

图 2.73

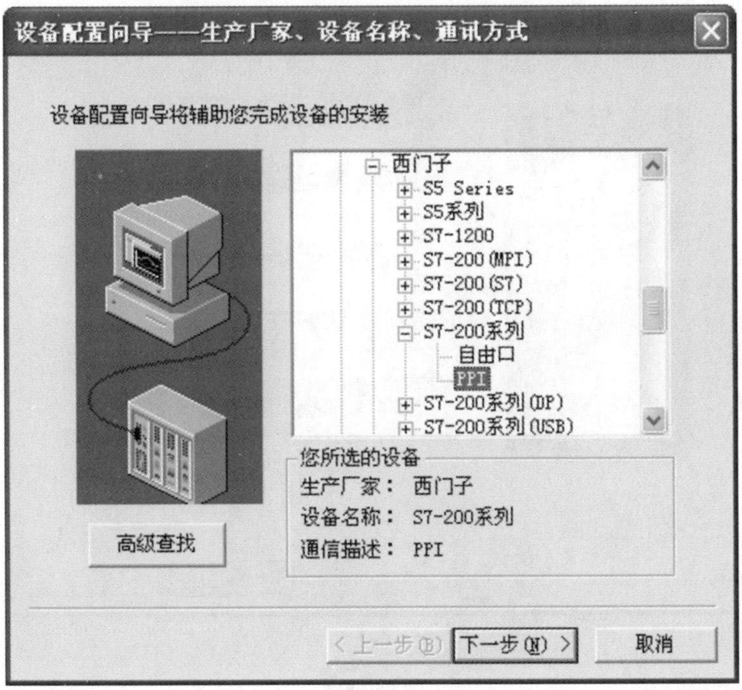
设备配置向导——生产厂家、设备名称、通讯方式
设备配置向导将辅助您完成设备的安装
西门子
S5 Series
S5系列
S7-1200
S7-200(MPI)
S7-200(S7)
S7-200(TCP)
S7-200系列
自由口
PPI
S7-200系列(DP)
S7-200系列(USB)
您所选的设备
生产厂家：　西门子
设备名称：　S7-200系列
通信描述：　PPI
高级查找
< 上一步(B)
下一步(N) >
取消

(a)

图 2.74

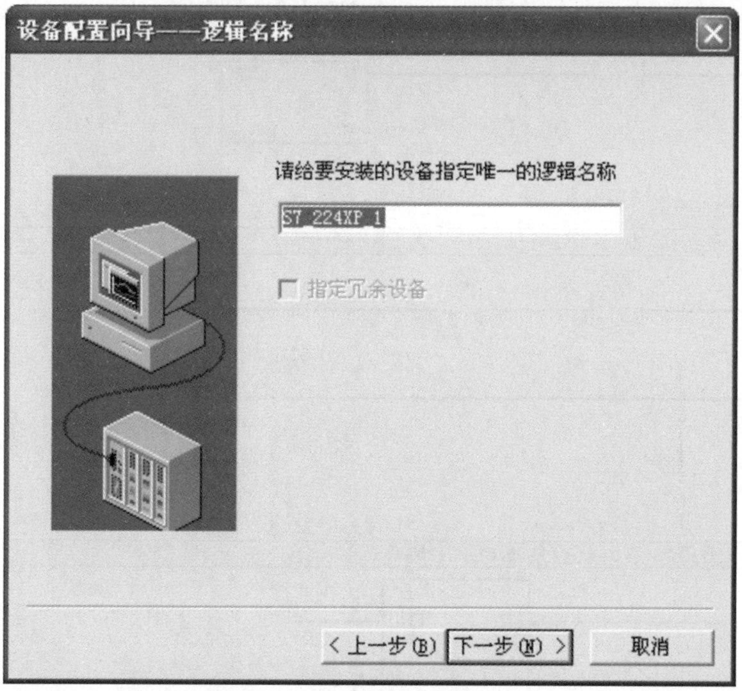
设备配置向导——逻辑名称
请给要安装的设备指定唯一的逻辑名称
S7_224XP_1
指定冗余设备
< 上一步(B)
下一步(N) >
取消

(b)

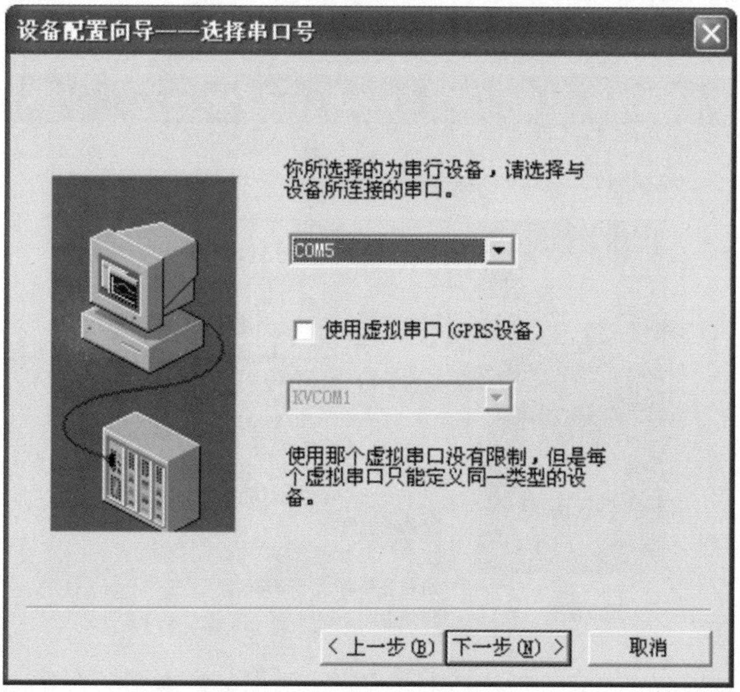
设备配置向导——选择串口号
你所选择的为串行设备，请选择与设备所连接的串口。
COM5
使用虚拟串口(GPRS设备)
KVCOM1
使用那个虚拟串口没有限制，但是每个虚拟串口只能定义同一类型的设备。
< 上一步(B)
下一步(N) >
取消

(c)

续图 2.74

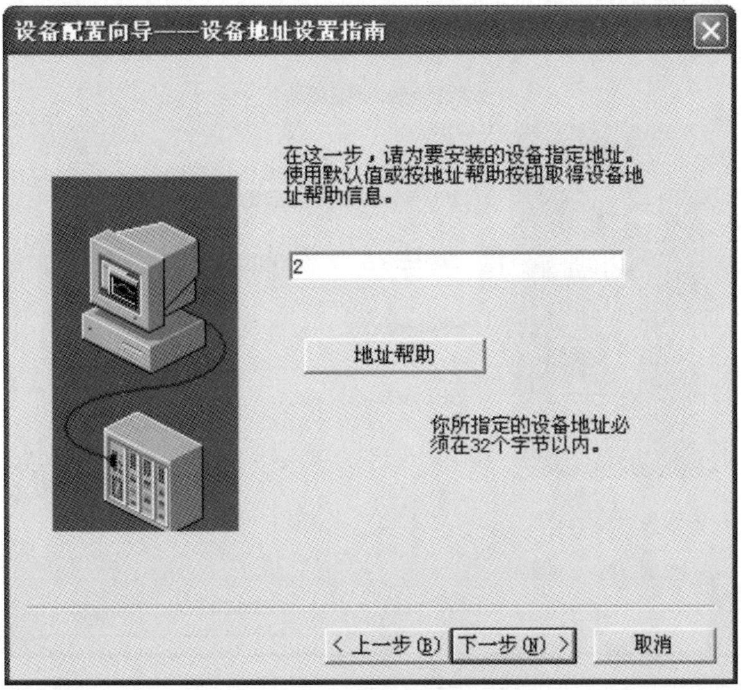
设备配置向导——设备地址设置指南
在这一步，请为要安装的设备指定地址。使用默认值或按地址帮助按钮取得设备地址帮助信息。
2
地址帮助
你所指定的设备地址必须在32个字节以内。
< 上一步(B)
下一步(N) >
取消

(d)

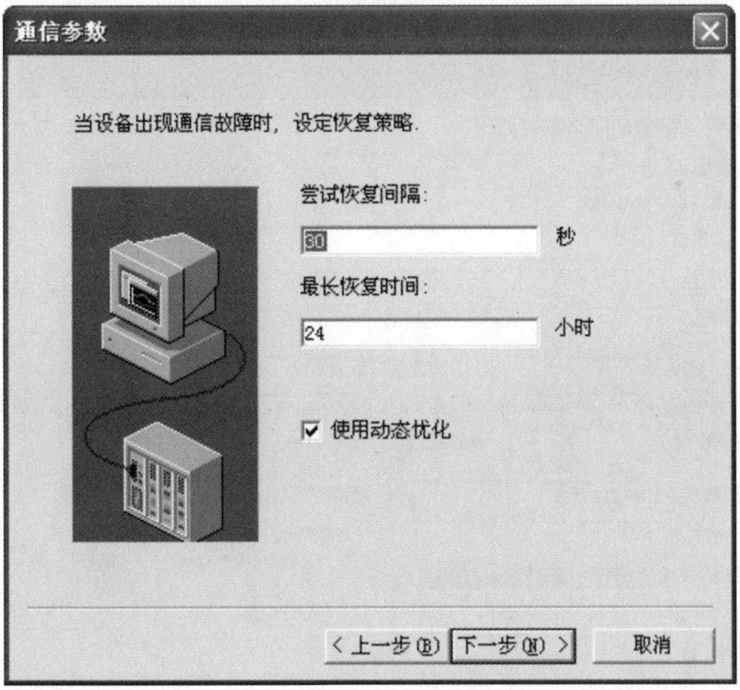
通信参数
当设备出现通信故障时，设定恢复策略.
尝试恢复间隔:
30
秒
最长恢复时间:
24
小时
使用动态优化
< 上一步(B)
下一步(N) >
取消

(e)

续图 2.74

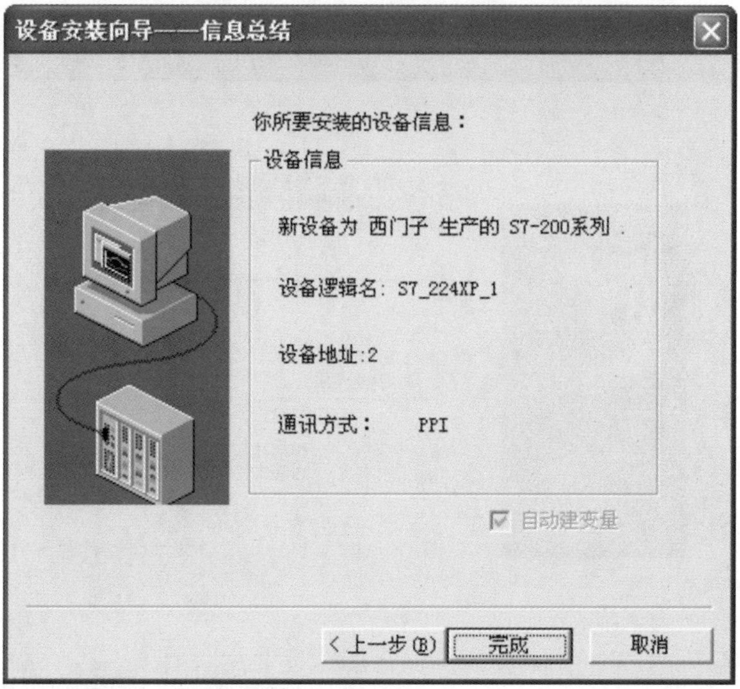
设备安装向导——信息总结
你所要安装的设备信息：
设备信息
新设备为 西门子 生产的 S7-200系列 .
设备逻辑名：S7_224XP_1
设备地址:2
通讯方式：　PPI
自动建变量
< 上一步(B)
完成
取消

(f)

续图 2.74

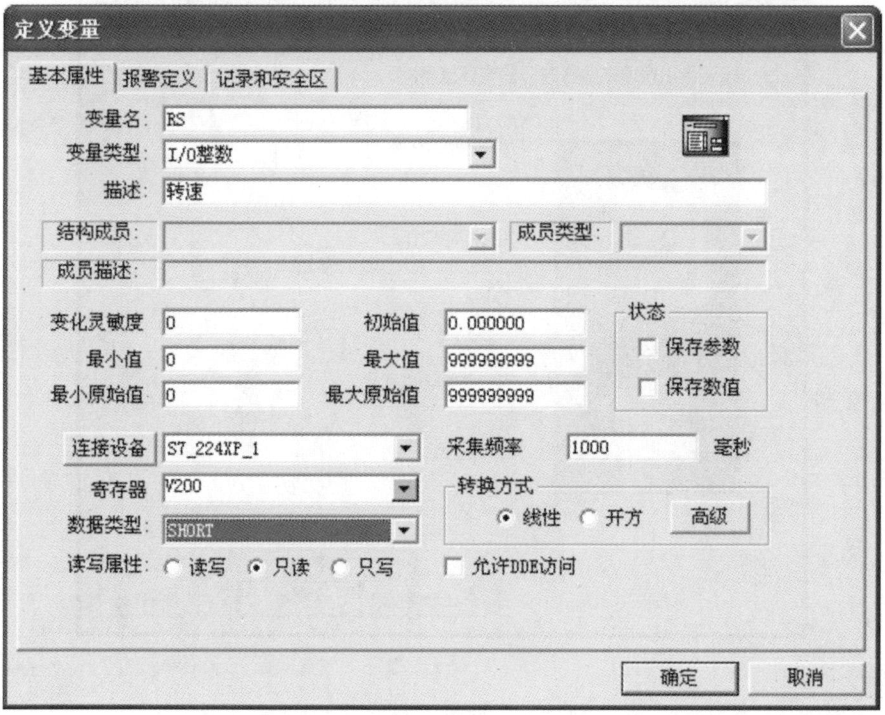
定义变量
基本属性
报警定义
记录和安全区
变量名：RS
变量类型：I/O整数
描述：转速
结构成员：
成员类型：
成员描述：
变化灵敏度 0
初始值 0.000000
状态
保存参数
保存数值
最小值 0
最大值 999999999
最小原始值 0
最大原始值 999999999
连接设备 S7_224XP_1
采集频率 1000 毫秒
寄存器 V200
转换方式
线性
开方
高级
数据类型：SHORT
读写属性：读写 只读 只写
允许DDE访问
确定
取消

图 2.75

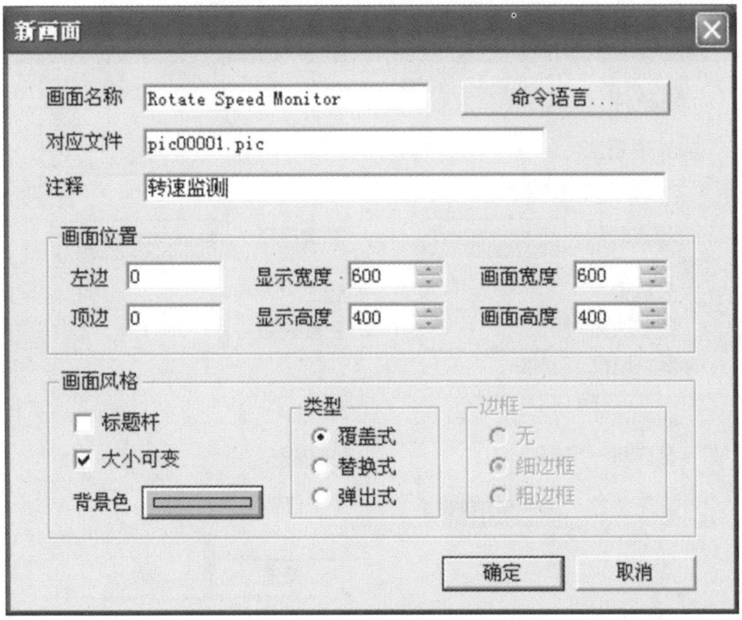

图 2.76

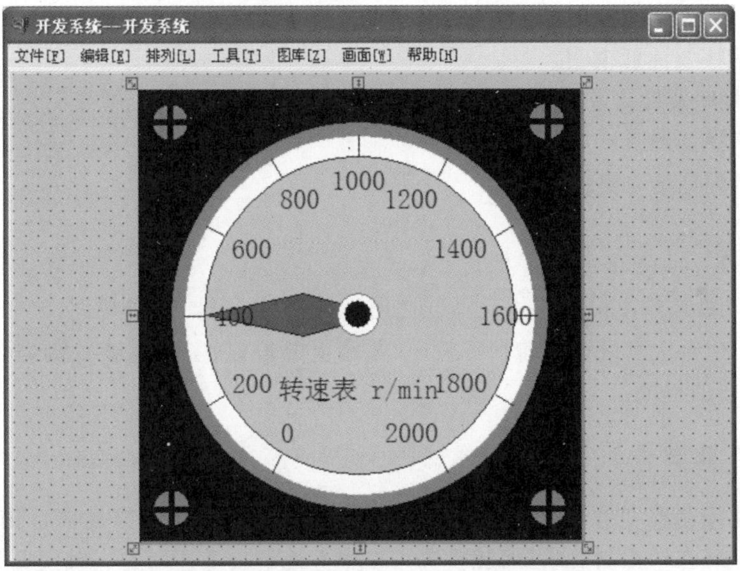

图 2.77

指针位置的变化。如果需要再次测量转速，则按下连接在 I0.2 端上的自复位按钮，使计算器复位清零。

(7) 保存工程文件。

五、实验报告要求

实验报告至少包括以下内容：

(1) 实验目的与要求。

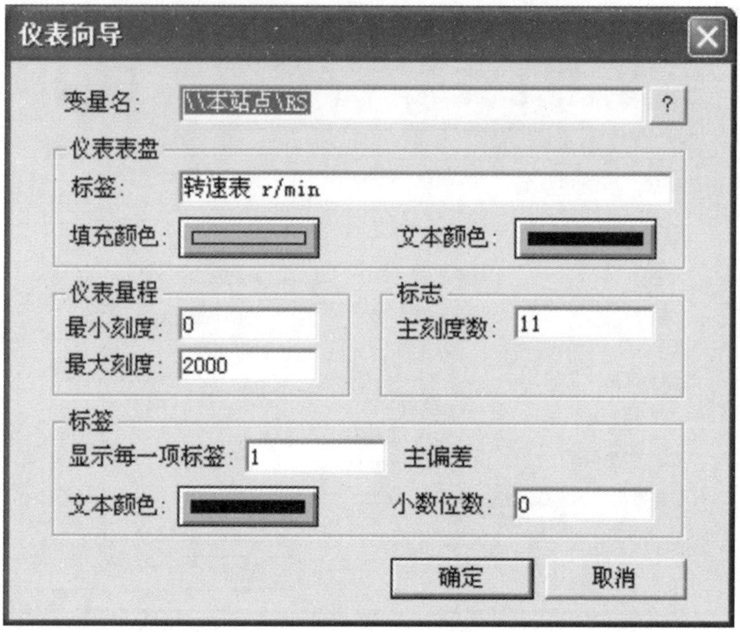

图 2.78

(2) 电气接线图及说明。

(3) PLC 程序及注释说明。

(4) HMI 程序及设计说明。

(5) 实验步骤及说明。

(6) 调试过程总结与实验心得。

六、思考题

(1) 若用 PLC 控制电机的启停和高低速切换,该如何设计,试实现之。

(2) 如果不想每次测量转速前都需按 I0.2 端上的按钮,实现连续监测电机轴的转速,该如何设计 PLC 端的程序?

2.4.4　工业触摸屏实验

随着自动化控制程度越来越智能化,人与系统的交流信息也越来越多。传统的指令按钮与指示无法满足现在的控制要求,而触摸屏可以很好地解决上述问题。触摸屏具有易于使用、坚固耐用、反应速度快、节省空间、工作可靠等优点,是一种能使控制系统更人性化、人机交互更方便快捷的设备。触摸屏极大地简化了控制系统硬件,也简化了操作员的操作,给系统调试人员与用户带来了极大的方便。

HMI 设备上所装载的设备画面使得当前过程更加清楚直观。在工业领域,HMI 设备一般有两大类,即基于 PC 的显示器(如组态王所在的系统)和脱离 PC 的自带系统的触摸屏,其中触摸屏作为一种最新的控制设备,是目前最简单、方便、自然的一种人机交互平台。

触摸屏又称图形操作终端(GOT),目前主要有电阻式(双层)、表面电容式和感应电容式、表面声波式、红外式,以及弯曲波式、有源数字转换器式和光学成像式等类型。

本实验主要采用西门子 Smart 700 IE 型号的触摸屏和 WinCC flexible 组态软件对机械

手进行数据监视与控制。

一、实验目的

(1) 掌握工业触摸屏的设置与连接方法。

(2) 掌握工业触摸屏上 HMI 的开发方法。

(3) 通过设计一个简单的触摸屏控制电机启动和停止的项目，掌握触摸屏监控项目的创建、编辑、调试、备份的过程，包含：

① 熟悉 WinCC flexible 组态软件中的项目及界面；

② 掌握 WinCC flexible 项目的创建、调试、传送和装载方法；

③ 掌握 WinCC flexible 组态软件制作控制界面的方法。

二、实验原理

1. 西门子 Smart 700 IE 触摸屏

Smart 700 IE 触摸屏是一款可进行 64k 色真彩显示的工业级触摸屏，具有以太网接口和自适应切换的 RS422/485 接口。通过以太网可以同时连接 3 台控制器，通过串口可以连接西门子 S7-200 及 S7-200 SMART PLC，通信速率高达 187.5 Kbit/s。

(1) Smart 700 IE 触摸屏的外观。

HMI 设备上的标准输入单元是触摸屏。HMI 设备启动后，操作所需的所有操作员控件都将显示在触摸屏上。

Smart 700 IE 触摸屏的正面没有按键，用手轻轻地在显示屏上触动就可以完成操作，如图 2.79 所示。其中，① 为触摸屏；② 为密封垫，防止面板渗水而造成设备损坏；③ 为卡紧凹槽，卡件插入卡紧凹槽内后用螺钉顶在安装面板上，使触摸屏紧固在面板里；④ 为以太网接口；⑤ 为 RS422/485 接口；⑥ 为 24 V DC 电源连接端子。

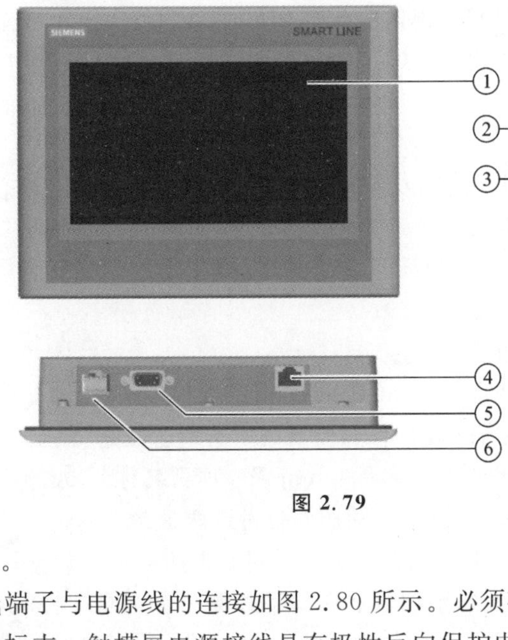

图 2.79

(2) 电源连接。

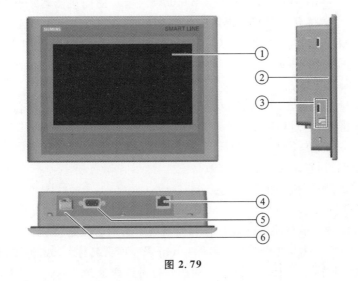

触摸屏的接线端子与电源线的连接如图 2.80 所示。必须确保电源线没有接反，可参见触摸屏背面的引出线标志。触摸屏电源接线具有极性反向保护电路。

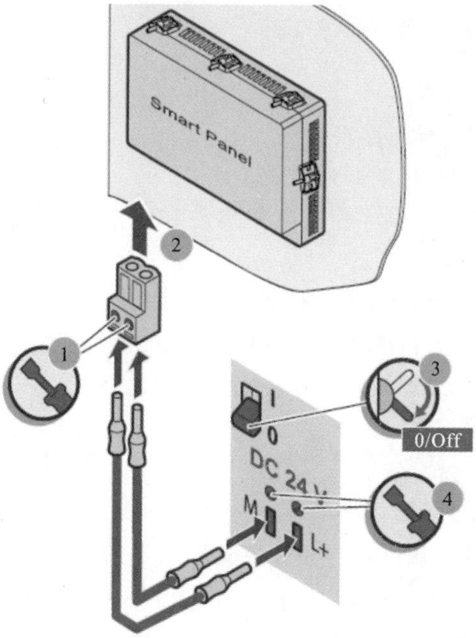

图 2.80

(3) 连接 PC。

通过以太网接口与安装了以太网模块的西门子 S7-200PLC、S7-300PLC 连接,或直接与 Smart200 PLC 上的网口连接。

(4) 连接 PLC。

通过 RS 422/485 接口(IF 1B)的 RS485 与西门子 S7-200PLC 或 S7-300PLC 连接。

2. 西门子触摸屏的组态软件 SIMATIC WinCC flexible

SIMATIC WinCC flexible 是一种基于 Windows 平台、面向机器自动化概念的工业触摸屏 HMI 开发软件,该软件允许对基于视窗的所有 SIMATIC HMI 操作员面板(从最小型的微型面板到 PC)进行集成组态。使用 WinCC flexible 可以创建模块的 HMI 视图,并将其与控制单元组合以形成完整的模块。

(1) WinCC flexible 组态软件中的项目。

WinCC flexible 项目包含用于工厂或 HMI 设备的所有组态数据。组态数据包括:

- 过程画面,用于显示过程。
- 变量,用于运行时在 PLC 和 HMI 设备之间传送数据。
- 报警,用于运行时显示运作状态。
- 记录,用于保存过程值和报警。

与项目相关的所有数据都存储在 WinCC flexible 的数据库中。

WinCC flexible 项目能让系统接收操作和监视的所有组态数据。

如果需要记录项目,只需备份 [项目名称]. hmi 及 [项目名称]_log. ldf 文件。如果有[项目名称]. rt 和[项目名称]_rt_log. ldf 文件,则还要备份这两个文件。

保存项目时,WinCC flexible 会在硬盘上创建项目数据库。项目数据库以扩展名 *. hmi 存储在 Windows 文件管理器中。每个项目数据库都存储一个记录文件 (* _log. ldf)。如果没有该记录文件,则不能保证数据的一致性。

如同其他文件一样，可以在 Windows 资源管理器中将项目数据库与相应的记录文件一起移动、复制和删除。不管怎样，都要确保在复制和移动期间不分开数据库和记录文件。

(2) WinCC flexible 界面。

在 WinCC flexible 中创建新项目或打开现有项目时，WinCC flexible 环境将在编程计算机的屏幕上打开。WinCC flexible 界面及区域划分如图 2.81 所示。

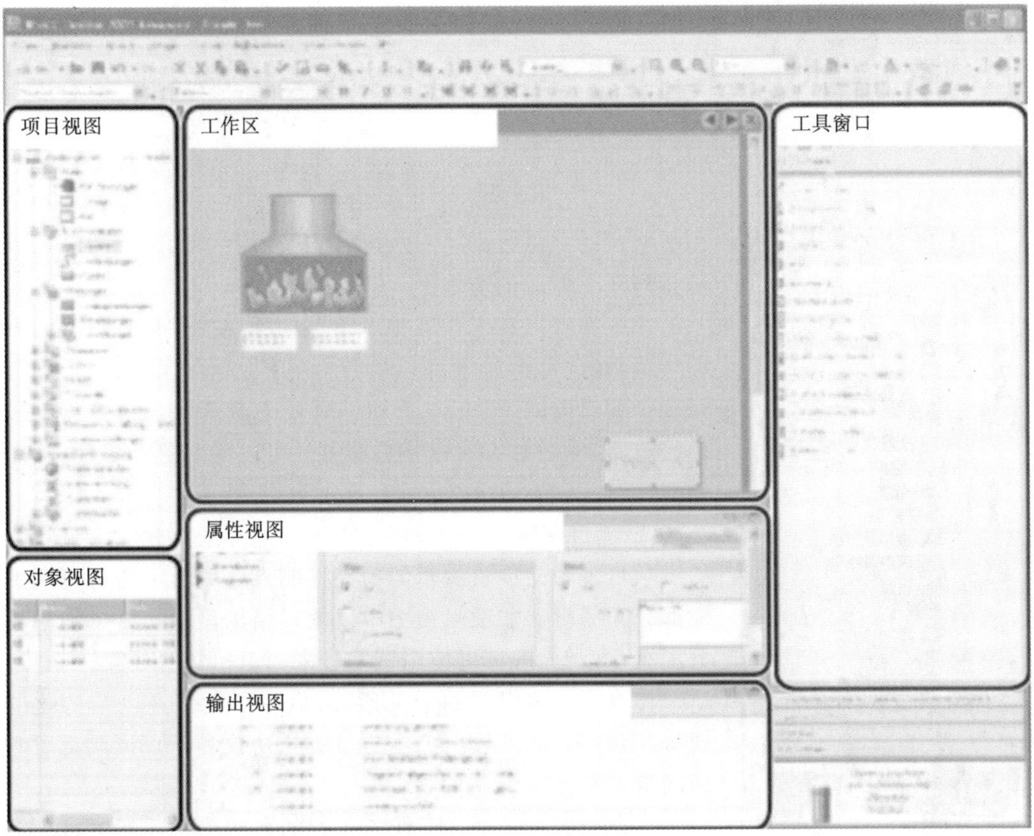

图 2.81

① 菜单和工具栏。

可以通过 WinCC flexible 的菜单和工具栏访问它所提供的全部功能。当鼠标指针移动到一个功能上时，将出现工具提示，如图 2.82 所示。

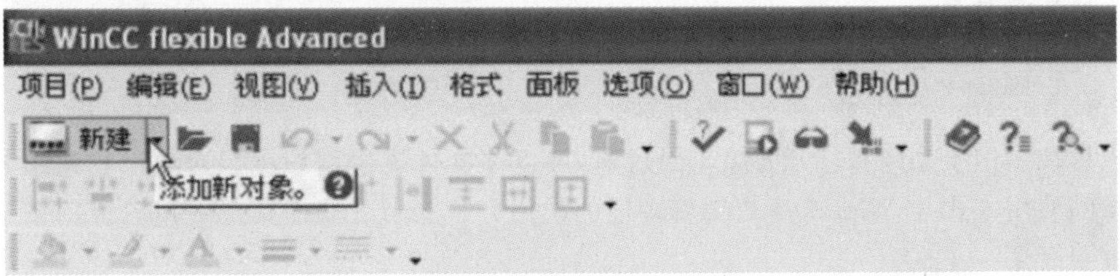

图 2.82

② 工作区。

如图 2.83 所示，可以在工作区中编辑项目对象，即编辑表格格式的项目数据(如变量)或

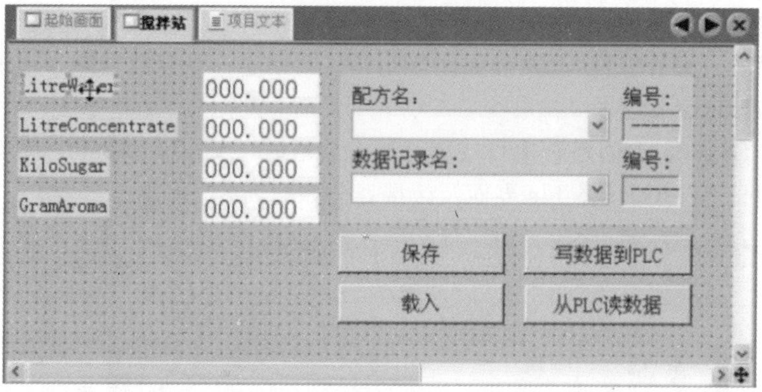

图 2.83

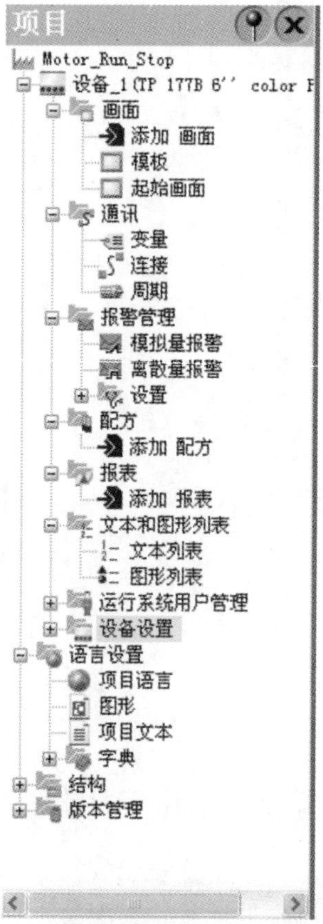

图 2.84

图形格式的项目数据(如过程画面)。所有 WinCC flexible 元素都排列在工作区的边框上。

每个编辑器在工作区中以单独的标签控件形式打开。对于图形编辑器,每个元素都以单独标签控件形式显示。当同时打开多个编辑器时,只有一个标签页处于激活状态。要移动到其他编辑器,单击对应的标签页即可。可以同时打开多达 20 个编辑器。

③ 项目视图。

项目视图是项目编辑的中心控制点。项目中所有可用的组成部分和编辑器在项目视图中以树形结构显示。每个编辑器均分配有一个符号,可以使用该符号来标识相应的对象。

作为每个编辑器的子元素,可以使用文件夹以结构化的方式保存对象。此外,屏幕、配方、脚本、协议和用户词典都可直接访问组态目标。

只有受到所选 HMI 设备支持的那些单元才在项目视图窗口中显示。在项目视图窗口中,用户可以访问 HMI 设备的设置、语言设置和版本管理,如图 2.84 所示。

项目视图分级显示项目结构:

- 项目
- HMI 设备
- 文件夹
- 对象

项目视图用于创建和打开要编辑的对象,可以在文件夹中组织项目对象以创建结构。项目视图的使用方式与 Windows 资源管理器的作用方式相似。快捷菜单中包含可用于所有对象的重要命令。

图形编辑器的元素显示在项目视图和对象视图中。表格式编辑器的元素仅显示在对象视图中。

④ 输出视图。

输出视图窗口显示例如在项目测试运行中所生成的系统报警,如图 2.85 所示。

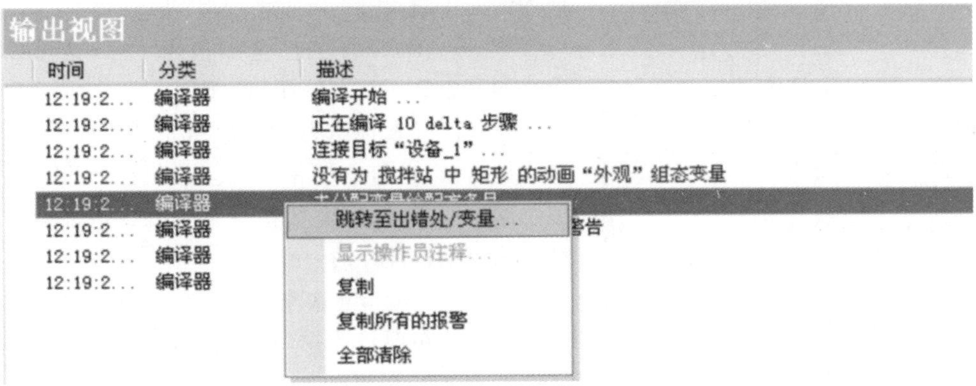

图 2.85

⑤ 工具箱。

工具箱包含选择对象的选项，可将这些对象添加给画面，如图形对象或操作员控制元素。此外，工具箱也提供了许多库，这些库包含许多对象模板和各种不同的面板。

(3) 工具箱中的对象。

对象是用于设计项目过程画面的图形元素。工具箱中包含过程画面中需要经常使用的各种类型的对象。可以使用“查看”菜单中的“工具箱”命令显示和隐藏工具箱视图。可以将工具箱视图移动到画面上的任何位置。

根据当前激活的编辑器，“工具箱”包含不同的对象组。打开“画面”编辑器时，工具箱提供下列对象组中的对象。

① “简单对象”。

简单对象是指诸如“线”或“圆”等图形对象以及诸如“I/O 域”或“按钮”等标准控制元素。

② “增强对象”。

这些对象提供增强的功能范围。它们的用途之一是动态显示过程，例如将棒图或 Active X 控件集成在项目中(如 Sm@rtClient 视图)。

增强对象包括：滚动条、时钟、Sm@rtClient 视图、HTML 浏览器、用户视图、量表、趋势视图、配方视图、报警视图、报警窗口、报警指示器等。

③ “用户特定控件”。

在该对象组中，可以将注册在 PG/PC 的 Windows 操作系统中的 Active X 控件添加到工具箱中，再将它们集成到项目中。

④ “图形”。

图形对象(如机器和设备组件、测量设备、控制元素、标记和建筑)按主题显示在目录树结构中，也可创建图形文件的快捷方式。该文件夹和嵌套文件夹中的外部图形对象显示在工具箱窗口中，并由此集成到项目中。

(4) 工具箱中的“库”。

如图 2.86 所示，“库”是工具箱视图的元素。库是用于存储诸如画面对象和变量等常用对象的中央数据库。只需对库中存储的对象组态一次，便可以任意多次重复使用。使用库可以访问画面对象模板，可以通过多次使用或重复使用对象模板来添加画面对象，从而提高编程效率。

库包含对象模板，如管道、泵或缺省按钮的图形。可以将多个库对象实例集成到项目中，

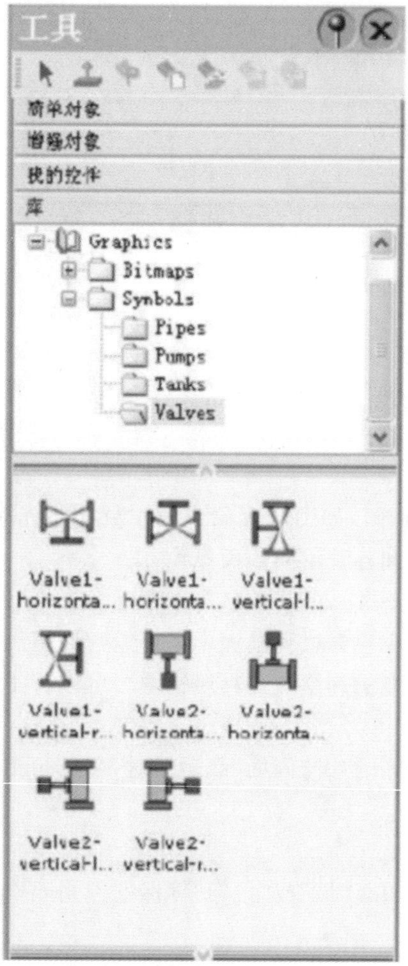

图 2.86

而不需要重新组态。

WinCC flexible 软件包中包含了库，也可以将自定义的对象和面板存储在用户库中。

“面板”代表预组态的对象组。某些属性（不是所有属性）可以在应用的相关位置处组态。可以从中心位置编辑面板，使用面板将减少组态中所涉及的工作量并确保项目设计的一致性。

WinCC flexible 软件区分全局库和项目库。全局库并不存放在项目数据库中，它写在一个文件中。该文件默认存放于 WinCC flexible 的安装目录下。全局库可用于所有项目。项目库随项目数据存储在数据库中，它仅可用于创建该项目库的项目。

（5）功能键。

功能键是 HMI 设备上的实际按键，可以对这些键的功能进行组态。功能列表可组态给键的“按下”和“释放”事件。

可以为功能键分配全局或局部功能。全局功能键始终触发同样的操作，而不管当前显示何种画面。全局功能键在模板中组态一次。全局分配适用于所选 HMI 设备中基于该模板的所有画面。全局功能键可极大地减少设计工作量，因为不需要为各个画面分配这些全局键。

画面中的局部功能键可触发各画面中不同的操作。这种分配只适用于那些已在其中定义了功能键的画面。使用局部功能键，可重写模板中的全局功能键和局部功能键。

可将热键（如按钮）分配给 HMI 设备。所选的 HMI 设备决定了有哪些热键。

当功能键直接置于显示的内容旁时，可为其分配图形，以使功能键的功能更为清晰。

3. 组态系统连接

在实际应用中，可将触摸屏的控制分为组态和过程控制两个阶段，如图 2.87 所示。

包含有设备画面的 HMI 项目是在组态阶段创建的。一旦项目传送给 HMI 设备，且该 HMI 设备已连接到自动化系统的 PLC 上，便可在过程控制阶段运行并监视过程。

计算机可以通过多种适配器与触摸屏连接，Smart 700 IE 触摸屏可使用的适配器有 PC/PPI、以太网线等。

在计算机上编写完程序后可以通过如下方法与 Smart 700 IE 连接：

（1）网络线连接，即计算机的网口通过网线与 Smart 700 IE 的 LAN 口进行连接；

（2）PC/PPI 电缆连接，即计算机的串口通过 PC/PPI 电缆与 Smart 700 IE 的“IF 1B”口连接。

以上两种连接方法中，方法（1）的传输速度快、成本低、调试方便，在以后的实验中，我们采用这种方式连接 PC 和触摸屏。

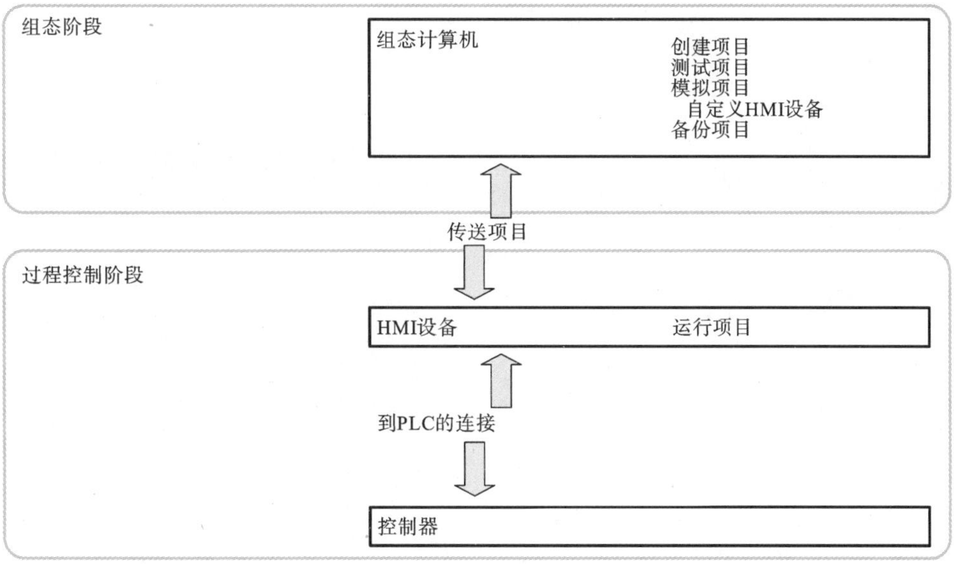

图 2.87

4. 触摸屏的启动

(1) 启动顺序。

接通电源，在电源接通之后显示器亮起。启动期间会显示进度条。一旦操作系统启动，装载程序将打开。

(2) 设定动作环境。

图 2.88 给出了装载程序的画面。

装载程序按钮具有下列功能：

● 使用“Transfer”按钮，设置 HMI 设备的传送模式。

仅当至少启用了一个数据通道用于传送时，才能激活传送模式。

● 按下“Start”按钮，打开存储在 HMI 设备上的项目。

● 按下“Control Panel”按钮，打开 HMI 设备控制面板。控制面板用于配置各种设置，如传送设置。

● 按下“Taskbar”按钮，激活包含了打开的 Windows CE 开始菜单的任务栏。

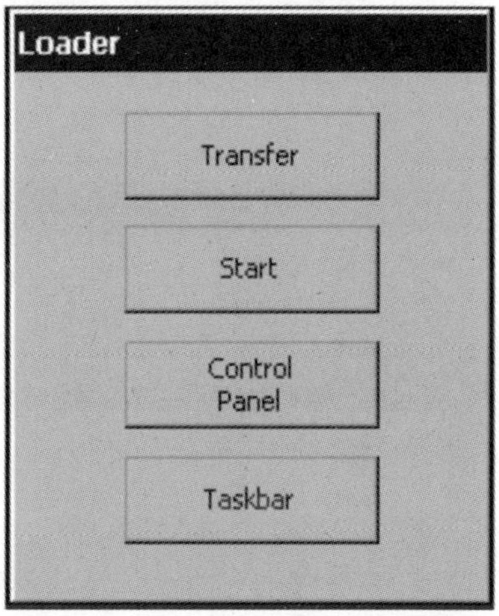

图 2.88

5. 触摸屏与编程 PC 的以太网组态

以前文提到的第一种方法为例，组态 PC 与 Smart 700 IE 触摸屏。

总体思路：将触摸屏与 PC 的 IP 地址设置为相同的网段，不同的 IP。

(1) 触摸屏设置。

通电启动触摸屏，系统出现如图 2.88 所示界面，然后按下“Control Panel”按钮进入设备控制面板，如图 2.89 所示。

点击“Transfer”按钮弹出如图 2.90 所示窗口，在“Channel 2”项中选择“ETHERNET”后点击“Advanced”按钮，进入如图 2.91 所示界面。

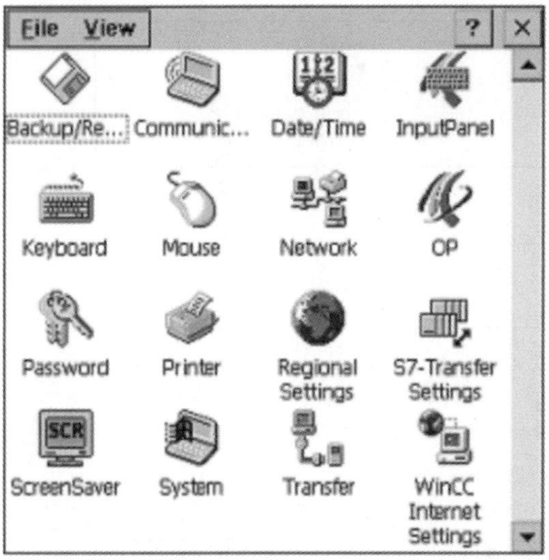

图 2.89

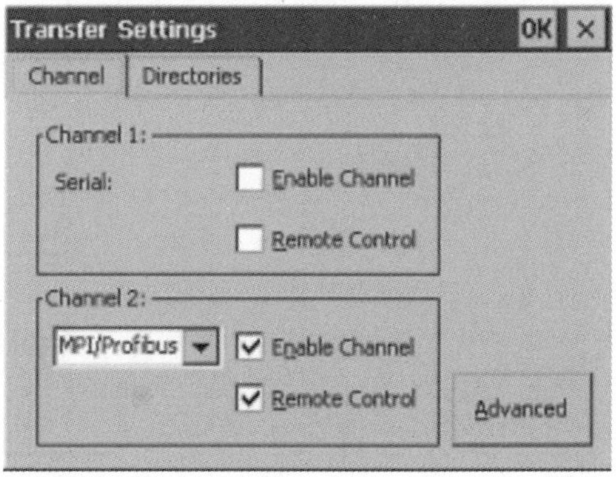

图 2.90

点击“Properties”按钮，弹出图 2.92 所示窗口，选择“Specify an IP address”，输入 IP 地址“192.168.56.198”（也可以是其他 IP 地址）；在“Subnet Mask”对应的框中输入“255.255.255.0”。点击“OK”按钮，退出本对话框，接着点击“OK”按钮一直退到主菜单。

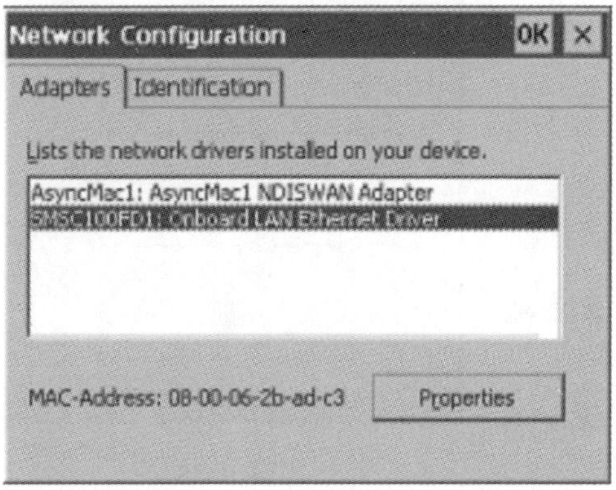

图 2.91

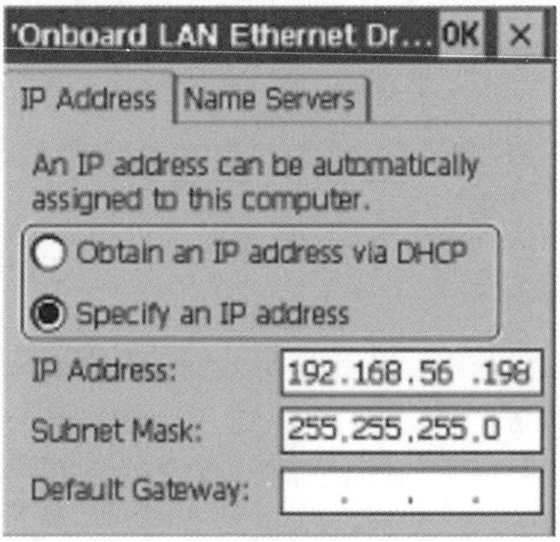

图 2.92

（2）网络线所连接的 PC 的 IP 设置。

从“开始”菜单进入“控制面板”界面，在界面中双击“网络连接”，弹出本地连接窗口，如图 2.93 所示。选中“Internet 协议（TCP/IP）”，点击“属性”，弹出如图 2.94 所示的窗口。

输入 IP 地址“192.168.56.10”或其他 IP 地址，前面 3 段地址必须与触摸屏的设置一致，否则无法通信；输入子网掩码“255.255.255.0”，这个号必须与触摸屏的设置一致，否则无法通信。

（3）SIMATIC WinCC flexible 2007 通信设置。

点击菜单中“项目”→“传送”→“传送设置”，弹出如图 2.95 所示的对话框。模式选择“以太网”；“计算机名或 IP 地址”栏写入在触摸屏中所设的 IP 地址“192.168.56.198”，点击“传送”按钮，把程序传下去。

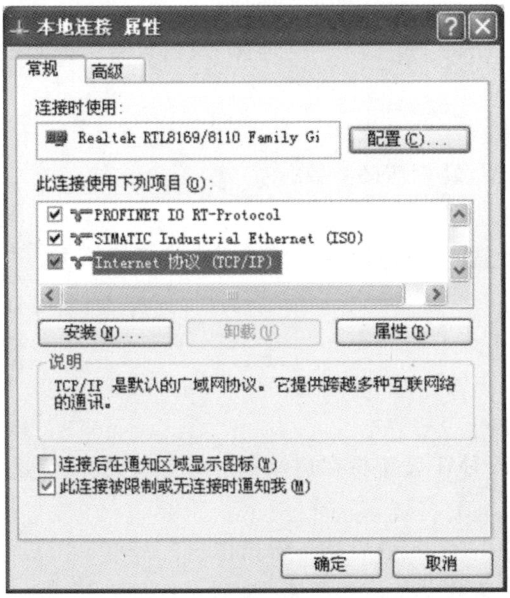

图 2.93

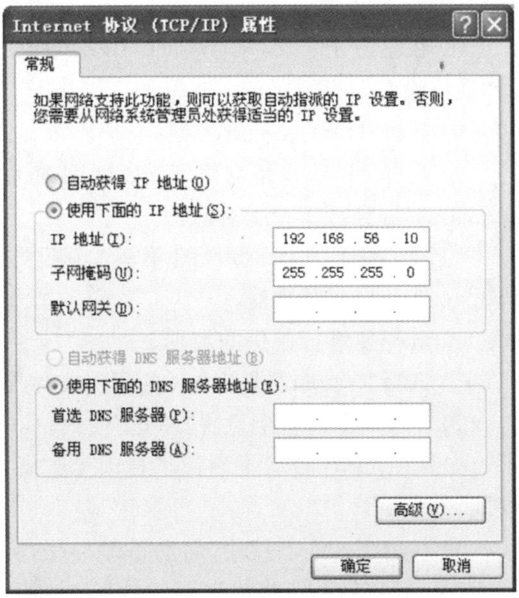

图 2.94

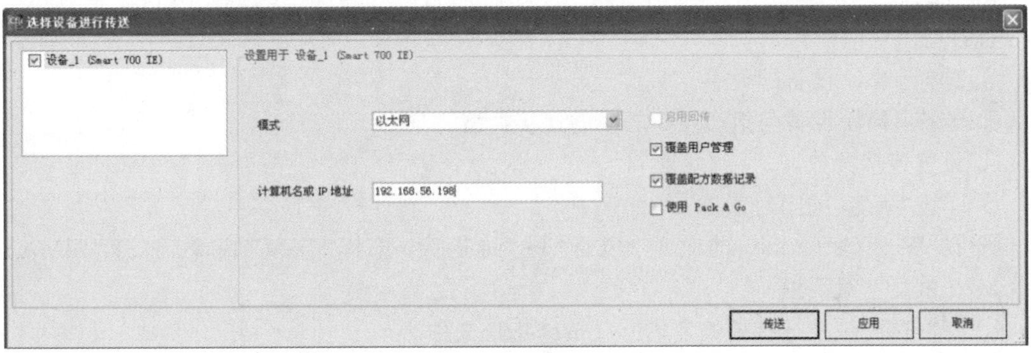

图 2.95

注：如果传送错误，可能是软件版本与触摸屏的硬件版本不一样，点击菜单中"项目"→"传送"→"OS 更新"后再传送；在 OS 更新的过程中不要关断触摸屏电源或计算机电源，否则可能使触摸屏无法使用。

6. 备份与恢复

可以在组态 PC 上使用 WinCC flexible 备份和恢复 HMI 设备内部闪存中的以下数据：

- 项目与 HMI 设备映像。
- 用户管理。
- 配方数据。
- 许可证密钥。

(1) 要求。

- HMI 设备已连接到组态 PC 上。
- WinCC flexible 中没有打开的项目。
- 已在 HMI 设备上组态数据通道。

(2) 备份步骤。

① 在组态 PC 上,从 WinCC flexible 的菜单“项目”→“传送”中选择“通信设置”命令,打开“通信设置”对话框。

② 选择 HMI 设备的类型。

③ 选择 HMI 设备与组态 PC 之间的连接类型,设置连接参数。

④ 单击“确定”关闭对话框。

⑤ 在 WinCC flexible 的菜单“项目”→“传送”中选择“备份”命令,打开“SIMATIC ProSave [备份]”对话框。

⑥ 选择要进行备份的数据。

⑦ 选择“*.psb”备份文件的目标文件夹及文件名。

⑧ 在 HMI 设备上设置“传送”模式。

如果在 HMI 设备上启用了自动传送模式,则 HMI 设备将在启动备份时自动设置“传送”模式。

⑨ 在组态 PC 上使用“启动备份”,在 WinCC flexible 中启动备份操作。

备份完成后系统将输出一条消息,此时已将相关数据备份到组态 PC 上。

(3) 备份与恢复。

① 在组态 PC 上,从 WinCC flexible 的菜单“项目”→“传送”中选择“通信设置”命令,打开“通信设置”对话框。

② 选择 HMI 设备的类型。

③ 选择 HMI 设备与组态 PC 之间的连接类型。

④ 设置连接参数。

⑤ 单击“确定”关闭对话框。

⑥ 在 WinCC flexible 的菜单“项目”→“传送”中选择“恢复”命令,打开“SIMATIC ProSave [恢复]”对话框。

⑦ 在“打开”域中选择要恢复的“*.psb”备份文件。

⑧ 在 HMI 设备上设置“传送”模式。

如果在 HMI 设备上启用了自动传送模式,则该设备会在启动恢复操作时自动设置“传送”模式。

⑨ 在组态 PC 上使用“启动恢复”,在 WinCC flexible 中启动恢复操作。

如果在 HMI 设备和备份中均存在许可证密钥,将显示一个对话框。使用此对话框来确定是覆盖许可证密钥还是中止恢复过程。

成功完成恢复后,组态 PC 上备份的数据此时已在 HMI 设备上。

三、实验仪器和设备

(1) 计算机(安装有 WinCC flexible)。

(2) 西门子 S7-224XP DC/DC/DC PLC(含 PPI 电缆)。

(3) DB9 485 通信电缆。

(4) +24 V DC 电源。

(5) 继电器(24 V 工作电压)。

(6) 按钮开关、导线、接线端子排、网线等若干。

四、实验步骤及内容

1. 设计系统电气接线图

设计、画出系统电气接线图，并按照电气接线图完成硬件接线。

2. 创建 HMI 项目

WinCC flexible 提供了创建 HMI 项目的向导，在此向导的引导下，用户可以很方便地创建自己的 HMI 项目。启动 WinCC flexible 后，选择“新建”命令来创建新的项目，如果要使用已有的项目，选择“项目”菜单中的“打开”命令。

例如，创建一个 Smart 700 IE 触摸屏和一个 S7-200 PLC 组成的项目，用于控制电机的启动和停止，其步骤如图 2.96 所示。

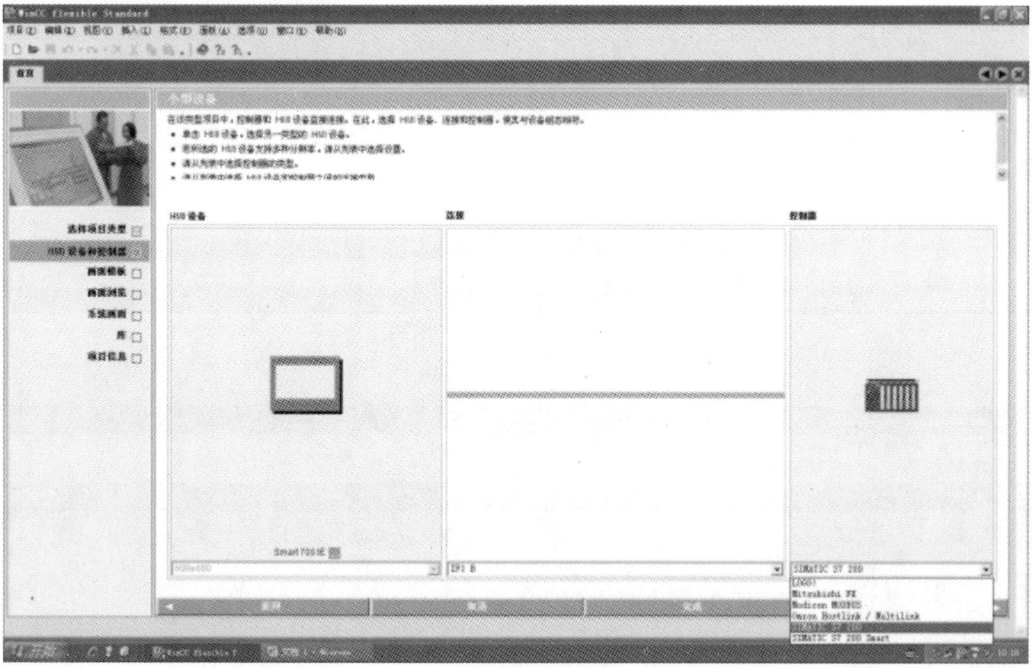

图 2.96

点击“下一步”，出现画面创建模板，只勾选“画面标题”项，其他选项都取消，如图 2.97 所示。

点击“下一步”，出现画面设计窗口，如图 2.98 所示。

直接点击“下一步”，显示系统画面窗口，如图 2.99 所示。

直接点击“下一步”，出现库选择窗口，选取所有的库，如图 2.100 所示。

选择需要集成到 HMI 项目中去的库，点击“下一步”，出现项目信息输入窗口，如图 2.101 所示，在这里输入项目名称、项目作者。

点击“完成”，出现项目窗口，如图 2.102 所示。

双击工作区的文本“起始画面”，在属性窗口将其更改为“按下按钮，电机启动，释放按钮，电机停止”。

点击工具栏的保存按钮，将项目保存为“Motor_Run_Stop. hmi”。

WinCC flexible Advanced
项目(P) 编辑(E) 视图(V) 插入(I) 格式(F) 面板(A) 选项(O) 窗口(W) 帮助(H)
首页
小型设备
为您的画面创建一个自定义模板。在项目中使用此模板来创建 HMI 设备的每一个新画面。
如果需要，可以定制标题、浏览条和报警行或报警窗口。
选择标题中要包括的元素。可以指定一个图形文件作为公司标志。
选择浏览条和报警行/报警窗口的位置和样式。
选择项目类型
HMI 设备和控制器
画面模板
画面浏览
系统画面
库
项目信息
标题
画面标题
日期和时间
公司标志
浏览条
位置：
左边
下面
右边
按钮：
一行
两行
带文本
带图形
报警行/报警窗口
报警行在上
报警行在下
报警窗口
画面标题
返回
取消
完成
下一步
输出

图 2.97

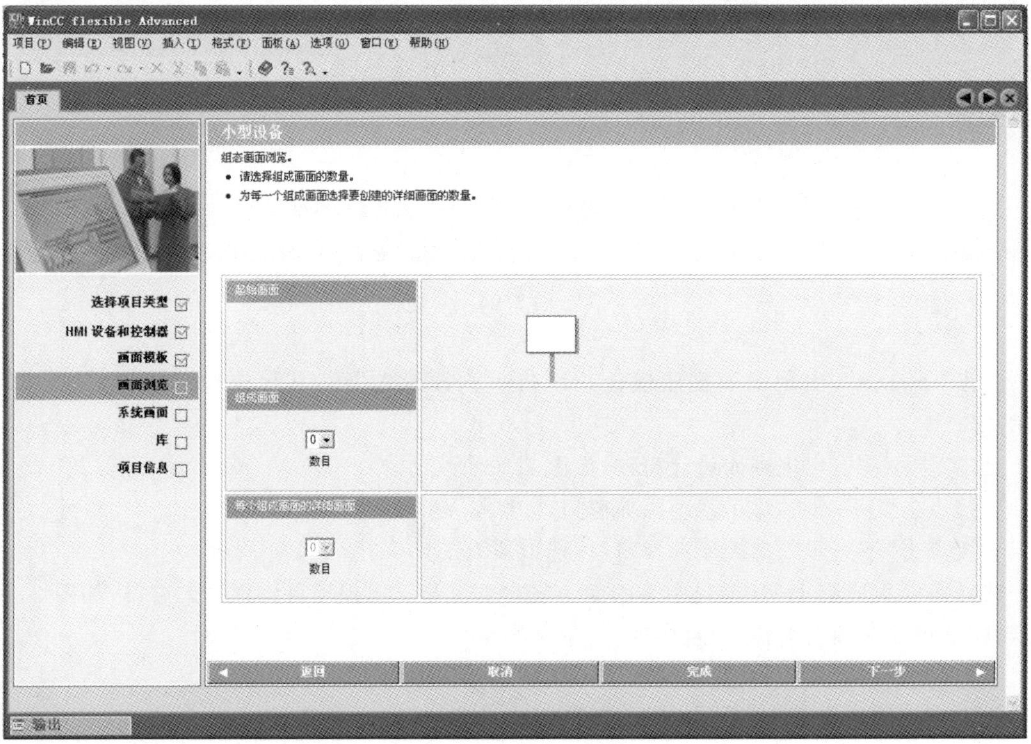
WinCC flexible Advanced
项目(P) 编辑(E) 视图(V) 插入(I) 格式(F) 面板(A) 选项(O) 窗口(W) 帮助(H)
首页
小型设备
组态画面浏览。
请选择组成画面的数量。
为每一个组成画面选择要创建的详细画面的数量。
选择项目类型
HMI 设备和控制器
画面模板
画面浏览
系统画面
库
项目信息
起始画面
组成画面
0
数目
每个组成画面的详细画面
0
数目
返回
取消
完成
下一步
输出

图 2.98

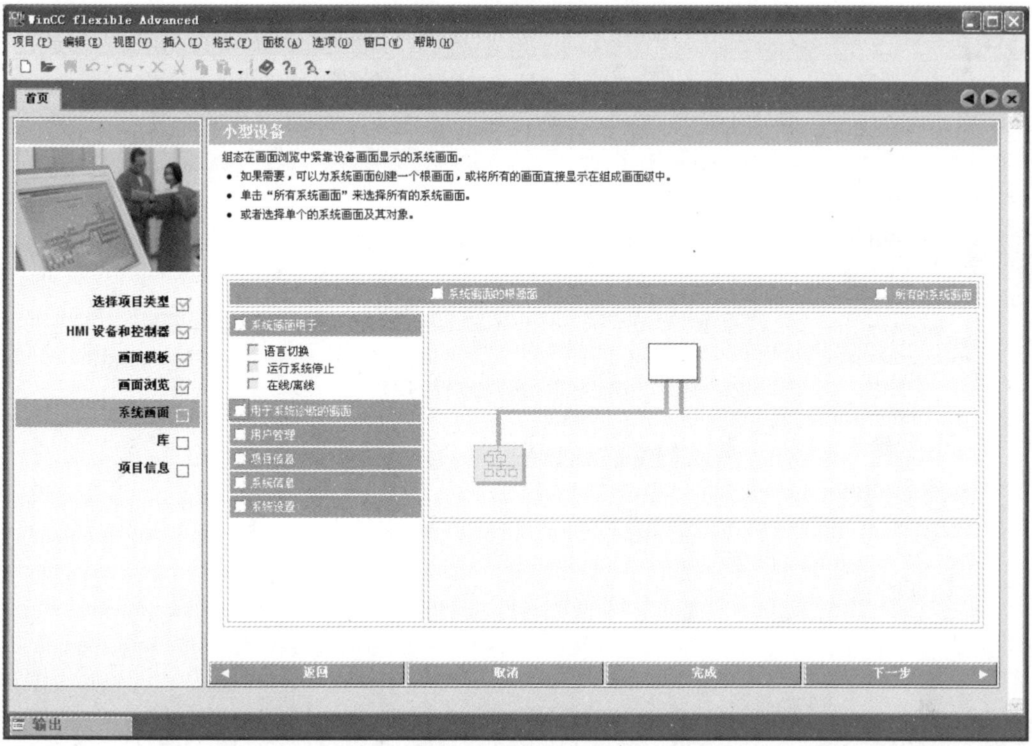
WinCC flexible Advanced
项目(P) 编辑(E) 视图(V) 插入(I) 格式(F) 面板(A) 选项(O) 窗口(W) 帮助(H)
首页
小型设备
组态在画面浏览中紧靠设备画面显示的系统画面。
如果需要，可以为系统画面创建一个根画面，或将所有的画面直接显示在组成画面级中。
单击“所有系统画面”来选择所有的系统画面。
或者选择单个的系统画面及其对象。
选择项目类型
HMI 设备和控制器
画面模板
画面浏览
系统画面
库
项目信息
语言切换
运行系统停止
在线/离线
返回
取消
完成
下一步
输出

图 2.99

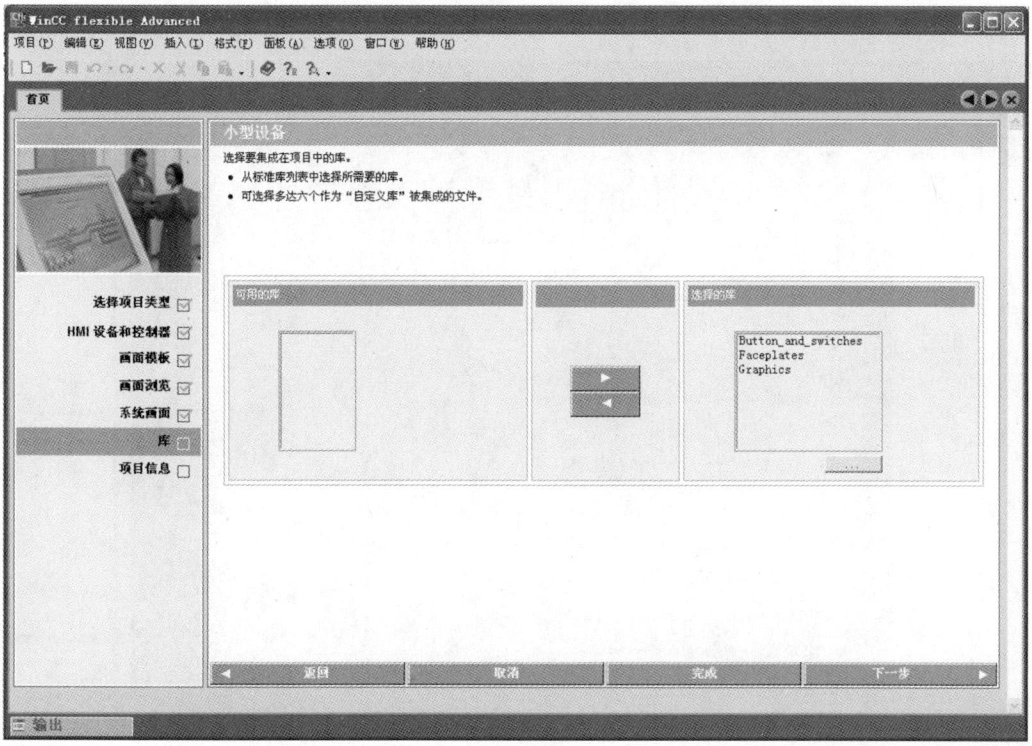
WinCC flexible Advanced
项目(P) 编辑(E) 视图(V) 插入(I) 格式(F) 面板(A) 选项(O) 窗口(W) 帮助(H)
首页
小型设备
选择要集成在项目中的库。
从标准库列表中选择所需要的库。
可选择多达六个作为“自定义库”被集成的文件。
选择项目类型
HMI 设备和控制器
画面模板
画面浏览
系统画面
库
项目信息
可用的库
选择的库
Button_and_switches
Faceplates
Graphics
返回
取消
完成
下一步
输出

图 2.100

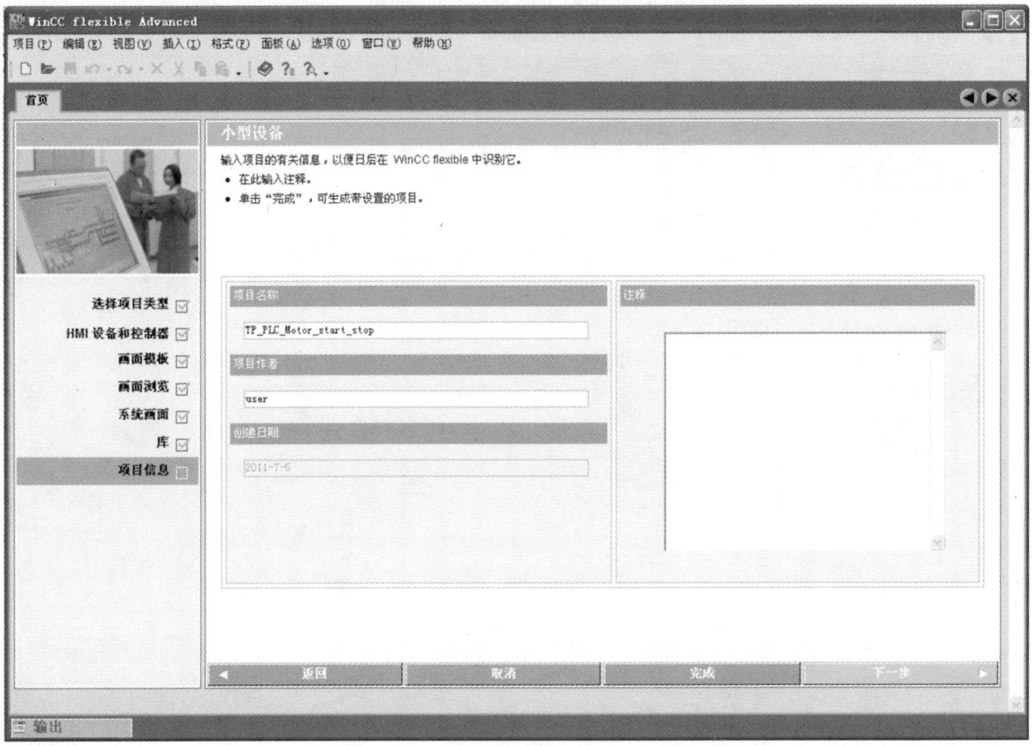
WinCC flexible Advanced
项目(P) 编辑(E) 视图(V) 插入(I) 格式(F) 面板(A) 选项(O) 窗口(W) 帮助(H)
首页
小型设备
输入项目的有关信息，以便日后在 WinCC flexible 中识别它。
在此输入注释。
单击“完成”，可生成带设置的项目。
选择项目类型
HMI 设备和控制器
画面模板
画面浏览
系统画面
库
项目信息
项目名称
TP_PLC_Motor_start_stop
项目作者
user
创建日期
2011-7-5
注释
返回
取消
完成
下一步
输出

图 2.101

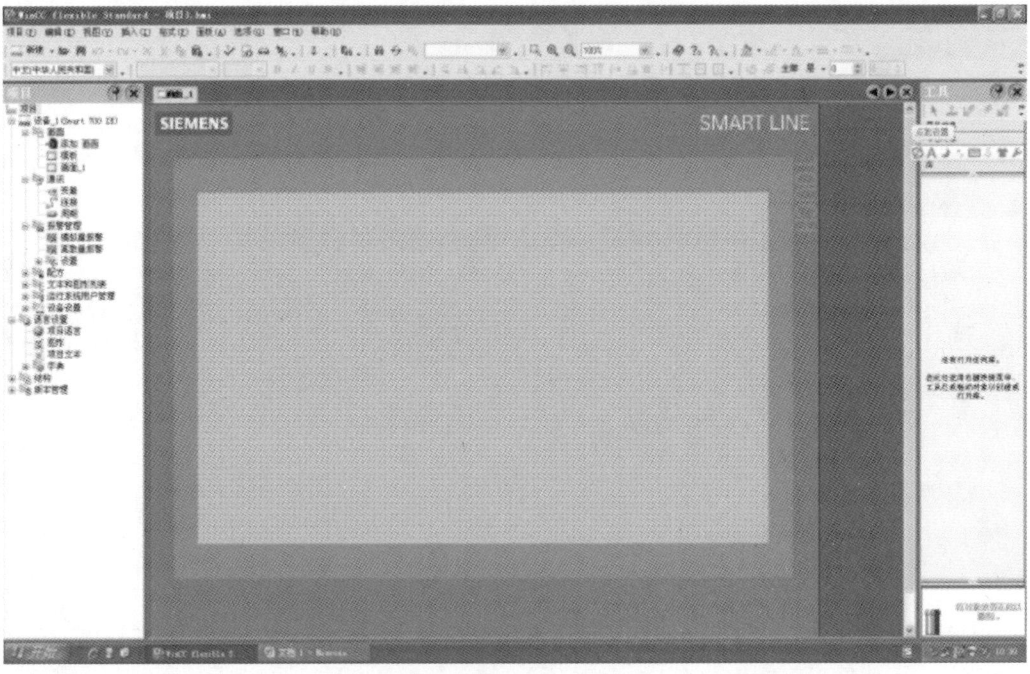
SIEMENS
SMART LINE

图 2.102

在工具箱中的“简单工具对象”中，选中“按钮”，放入工作窗口适当位置，并将其在“OFF 状态的文本”改为“启动”，如图 2.103 所示。

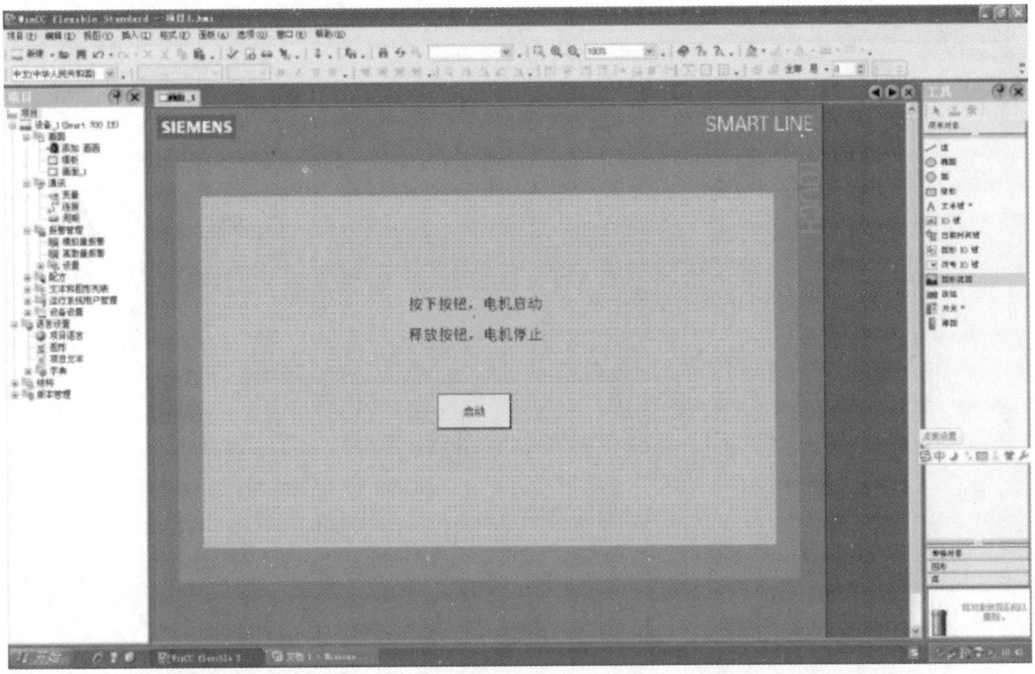

图 2.103

3. 建立与 PLC 的连接

建立 HMI 设备 Smart 700 IE 触摸屏与 S7-224XP PLC 的通信，需要将它们的波特率设置为一致的。在本例中通信的波特率设为 9600 bit/s。

回到 WinCC flexible 界面，双击“项目/设备_1/通讯”下的“连接”，在连接表中，鼠标双击“名称”列的第一行，将连接名称改为“PLC”；在“通讯驱动程序”中选择“SIMATIC S7 200”。最后将界面下方的“参数”区域中“网络”栏的“配置文”改为“PPI”，如图 2.104 所示。

4. 变量的生成与组态

双击项目视图中的“通讯/变量”，出现变量窗口。在变量窗口表的第一行双击鼠标，自动建立一个新变量“变量_1”，双击“变量_1”，将其改为“电机启动输出”，如图 2.105 所示。

切换到“起始画面”，在“正转”按钮的属性窗口中选择“事件”项，在“按下”属性中，将变量“电机启动输出”设为“SetBit”；在“释放”属性中，将变量“电机启动输出”设为“ResetBit”，如图 2.106 所示。

5. 模拟调试项目

WinCC flexible 提供了一个模拟器软件，模拟器软件是一个独立的工具，随 WinCC flexible 一起安装。模拟器软件允许用户通过设置变量和区域指针的值来测试组态的响应。利用该软件，可以在没有 HMI 设备的情况下，用 WinCC flexible 的运行系统模拟 HMI 设备。模拟器软件允许直接在组态计算机上对项目进行模拟，可模拟所有可组态 HMI 设备的项目，用于测试项目，调试已组态的 HMI 设备的功能。模拟调试也是学习 HMI 设备的组态方法和提高动手能力的重要途径。

在模拟过程中，变量值可通过仿真表格进行仿真，或者通过与实际 PLC 的系统通信进行

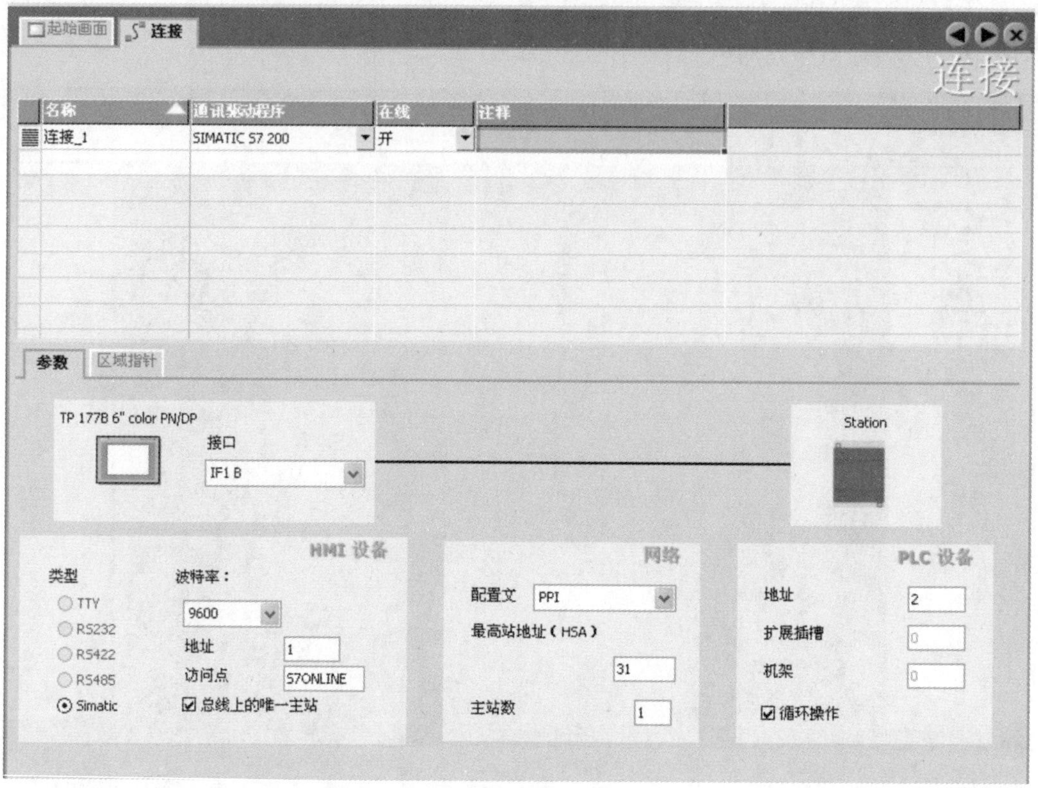
起始画面
连接
名称
通讯驱动程序
在线
注释
连接_1
SIMATIC S7 200
开
参数
区域指针
TP 177B 6" color PN/DP
接口
IF1 B
Station
HMI 设备
类型
TTY
RS232
RS422
RS485
Simatic
波特率：
9600
地址
1
访问点
S7ONLINE
总线上的唯一主站
网络
配置文
PPI
最高站地址（HSA）
31
主站数
1
PLC 设备
地址
2
扩展插槽
0
机架
0
循环操作

图 2.104

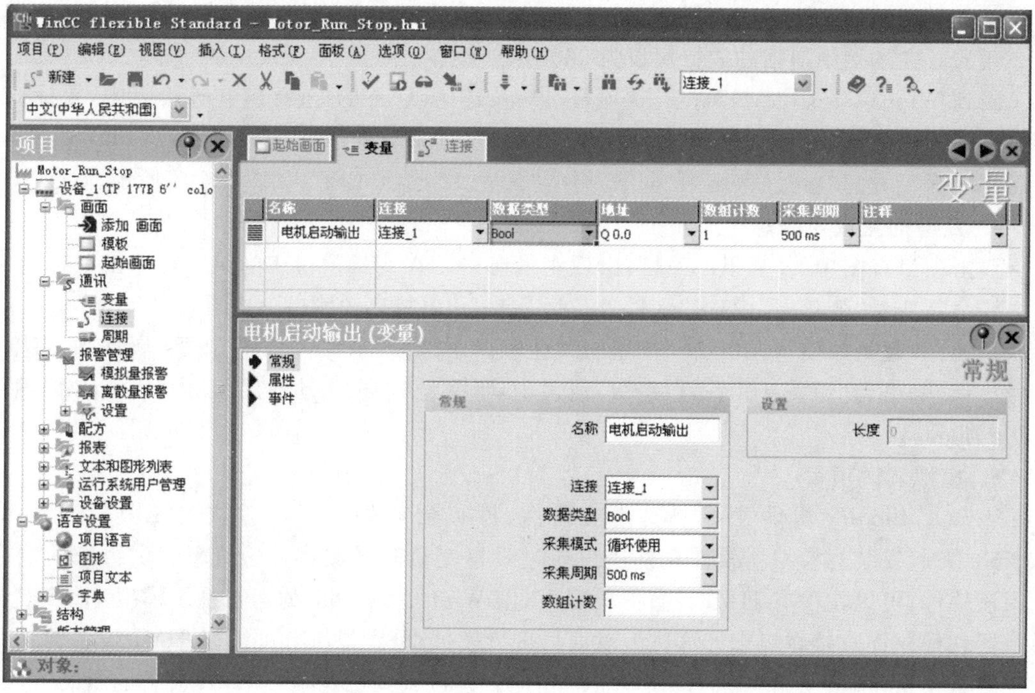
WinCC flexible Standard - Motor_Run_Stop.hmi
项目(P) 编辑(E) 视图(V) 插入(I) 格式(F) 面板(A) 选项(O) 窗口(W) 帮助(H)
新建
连接_1
中文(中华人民共和国)
项目
Motor_Run_Stop
设备_1(TP 177B 6'' colo
画面
添加 画面
模板
起始画面
通讯
变量
连接
周期
报警管理
模拟量报警
离散量报警
设置
配方
报表
文本和图形列表
运行系统用户管理
设备设置
语言设置
项目语言
图形
项目文本
字典
结构
起始画面
变量
连接
名称
连接
数据类型
地址
数组计数
采集周期
注释
电机启动输出
连接_1
Bool
Q 0.0
1
500 ms
电机启动输出 (变量)
常规
属性
事件
常规
名称
电机启动输出
连接
连接_1
数据类型
Bool
采集模式
循环使用
采集周期
500 ms
数组计数
1
设置
长度
0
对象:

图 2.105

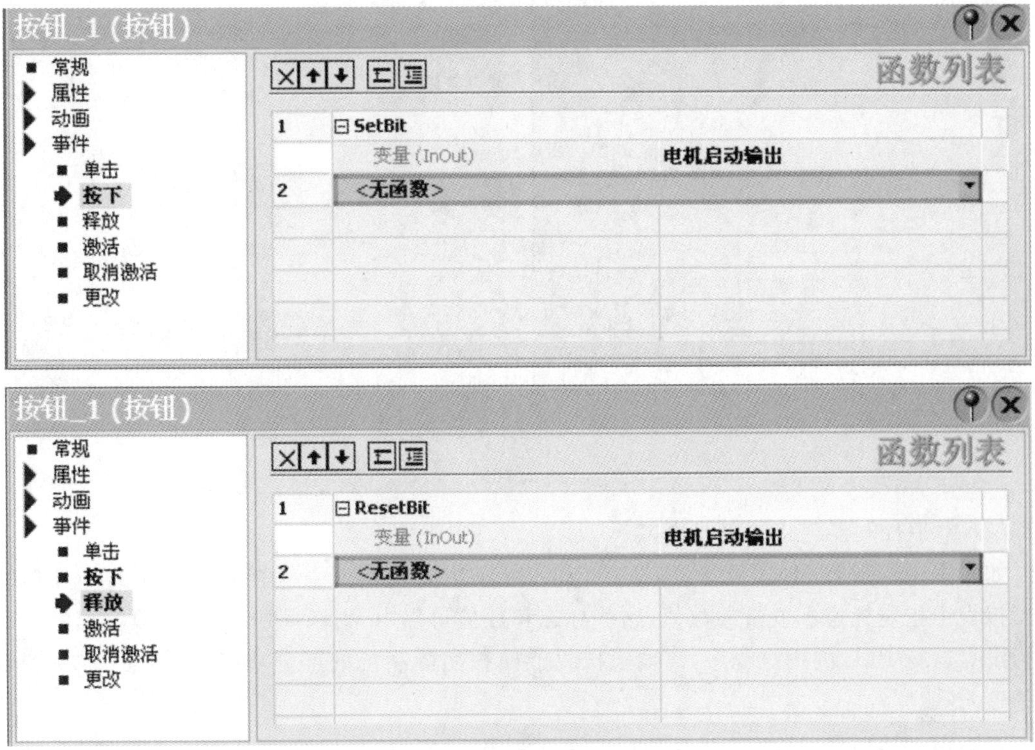

图 2.106

仿真。

使用模拟器软件测试项目有以下三种方式。

(1)“直接启动运行”方式。

点击工具栏中的“启动运行”按钮(见图 2.107),系统开始编译输出(见图 2.108)。如果在编译过程中有报错信息,需要返回项目编辑、组态装调,修改错误。

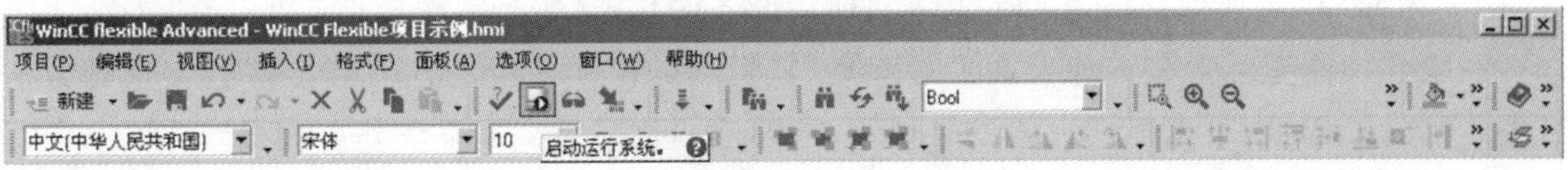

图 2.107

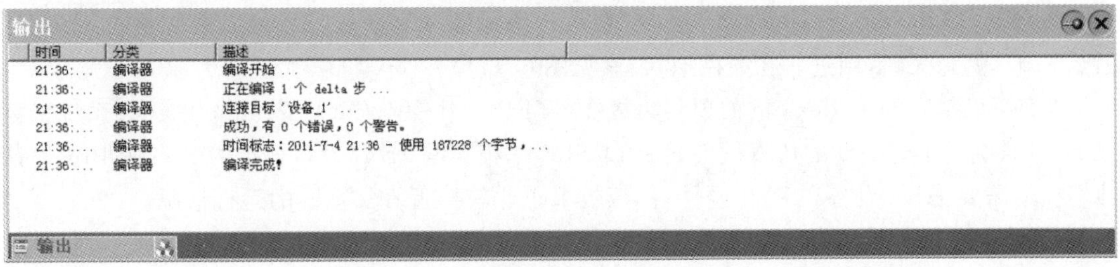

图 2.108

项目编译完成后出现可执行的界面窗口,如图 2.109 所示,点击开关拨动钮,可以改变指示灯的颜色。

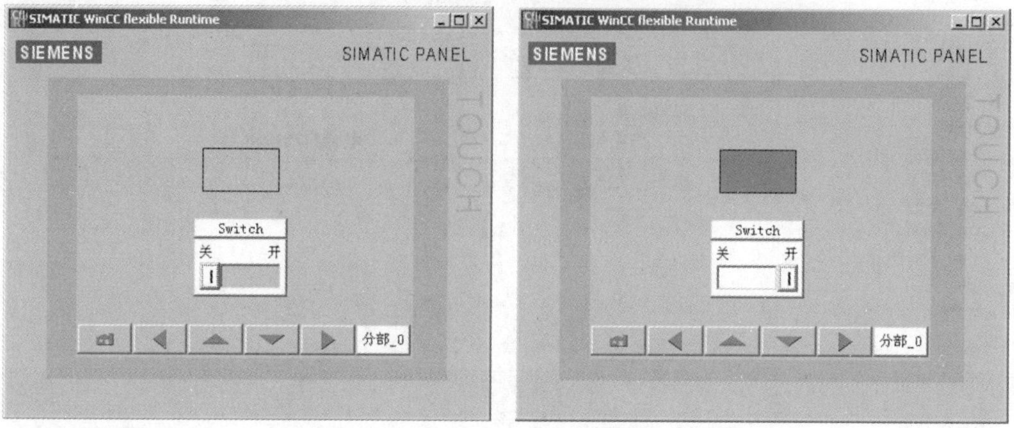

图 2.109

(2) 不带控制器连接的离线模拟。

如果手中既没有 HMI 设备,也没有 PLC,可以用离线模拟来检查人机界面的部分功能。在模拟表中指定标志和变量的数值,这些标志和数值可以由 WinCC flexible 的模拟程序读取。因为没有运行 PLC 的用户程序,离线模拟只能模拟实际系统的部分功能,如画面的切换和数据的输入等。

在采用离线模拟时,需要先编译项目。单击 WinCC flexible 的工具栏中的按钮,或执行菜单命令“项目→编译器→使用仿真器启动运行系统”,启动模拟器。编译成功,即显示 HMI 上的模拟画面。

需要注意的是,只有编译成功后才能模拟运行,如果在编译过程中出现错误(输出视图中的红色字体提醒部分),应改正错误,再重新编译,直至成功为止。

(3) 带控制器连接的在线模拟。

在 PC 上设计好 HMI 的项目,如果没有 HMI 设备,但是有 PLC,这时就可以用 PPI 电缆连接 PC 和 PLC 的通信接口,用 PC 模拟 HMI 设备的功能,进行在线模拟。

在线模拟的实际上是一种半真实的系统,与实际的控制系统的性能非常接近。这种方法方便了项目的调试,可大幅减少调试的时间,且模拟的效果与实际系统基本上相同。

用 PPI 电缆连接 PLC 和编程计算机,首先用 STEP 7 将 PLC 的用户程序下载到 PLC。然后将 PLC 切换到 RUN(运行)状态。

在 WinCC flexible 中,执行菜单命令“项目→编译器→启动运行系统”,系统进行编译(见图 2.110),编译无错,则进入在线模拟状态(见图 2.111)。

此外,可将 WinCC flexible 的项目集成在 STEP 7 中,用 WinCC flexible 的运行系统来模拟 HMI 设备,用 S7-200 的仿真软件 S7-PLCSIM 来模拟与 HMI 设备连接的 S7-200 PLC。这种模拟不需要 HIM 设备和 PLC 硬件,模拟效果也比较接近真实系统的运行情况。

6. 传送项目

传送操作是指将完整的项目文件传送到要运行该项目的 HMI 设备上。

完成组态后,在将项目发布到生产过程前,执行“全部重建”命令来重新编译整个项目。选择菜单命令“项目→编译器→编译”或“项目→编译器→全部重建”来检查项目的一致性。

如果已经组态了多个 HMI 设备,那么在调用“全部重建”命令后,会打开“选择要生成的

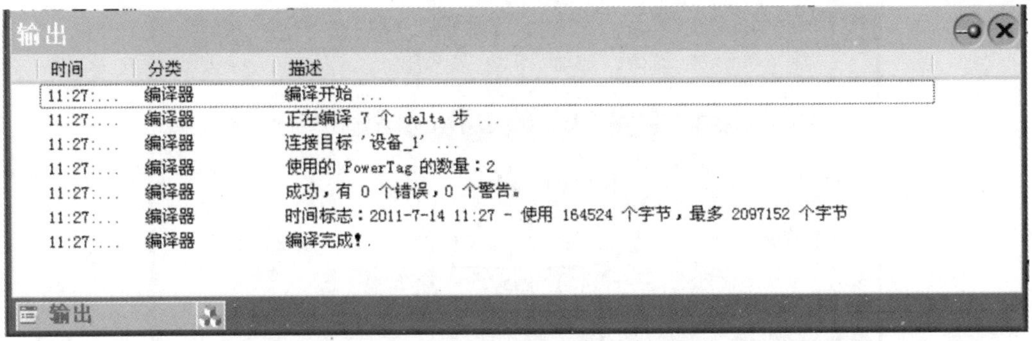

图 2.110

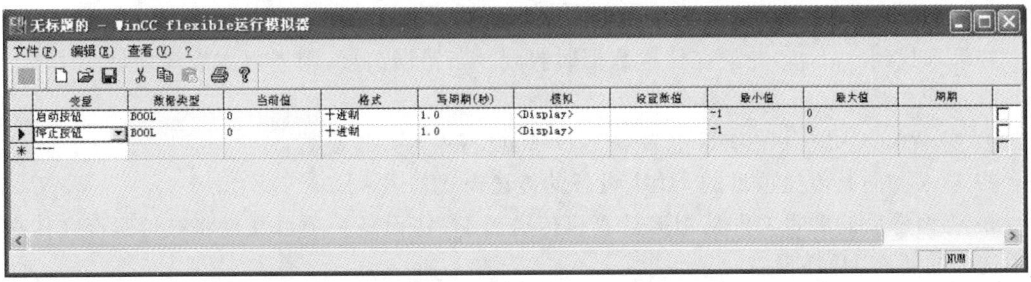

图 2.111

HMI 设备"对话框。在此对话框中选择要生成的 HMI 设备(可以进行多项选择)。

在完成一致性检查后,系统将生成编译好的项目文件。该项目文件分配有与项目相同的文件名,但是扩展名为"＊.fwx"。将编译好的项目文件传送至组态的 HMI 设备。

点击工具栏中的项目传送图标 ,出现 HMI 设备及传送模式设置窗口,为方便调试,选择以太网传送模式,填入计算机名或 IP 地址,如图 2.112 所示。(注:选择以太网的传送模式,需要用一根网线将 PC 与 HMI 设备(TP177B)连接起来。)

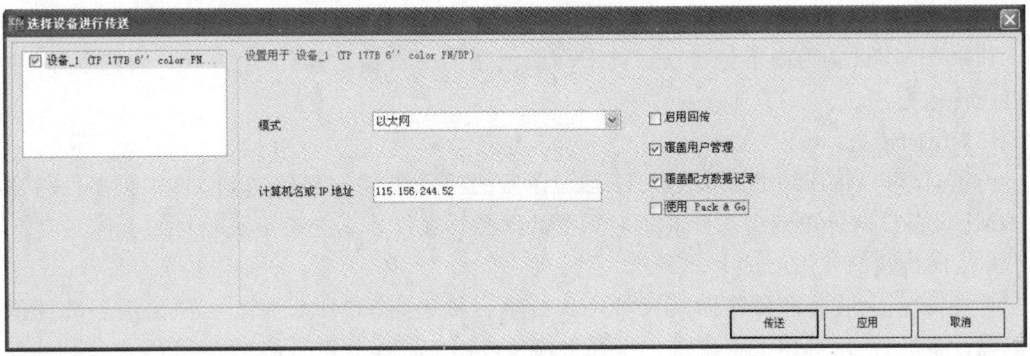

图 2.112

点击"传送"按钮,即开始传送项目,如图 2.113 所示。

提示:

HMI 设备必须连接至组态计算机才能传送项目数据。

由于诊断信息的原因,fwx 文件会非常大。如果由于 fwx 文件大小的缘故而无法将文件

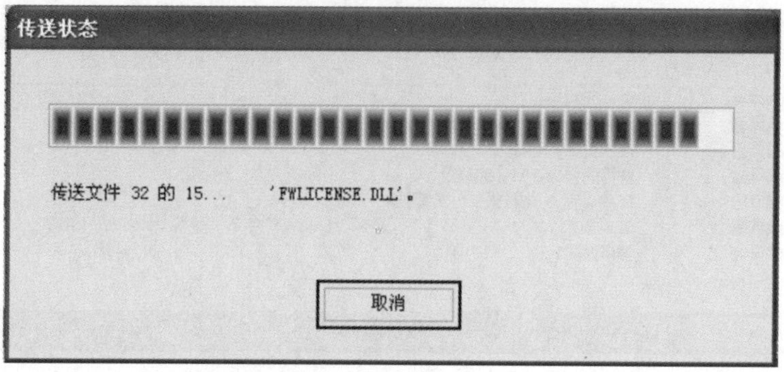

图 2.113

传送到 HMI 设备,则应在报警设置中禁用诊断消息。

如果未找到 *.fwx,并且在传送数据时收到一条错误消息,则需再次编译项目。

(1) 传送步骤。

① 在 WinCC flexible 项目中为每个 HMI 设备输入传送设置。

② 输入要向其传送项目的 HMI 设备的传送模式。

③ 将编译后的项目文件从组态计算机传送到 HMI 设备。项目文件将被传送至在传送设置中选中的所有 HMI 设备。

(2) 传送模式。

HMI 设备必须处于"传送模式"才能进行传送操作。根据 HMI 设备类型的不同,传送模式的启用方式如下:

● Windows CE 系统

HMI 设备在进行首次调试时自动以传送模式启动。

如果在 HMI 设备的组态菜单中启用了此传送选项,HMI 设备在其他传送操作开始时自动切换至传送模式。否则,重启 HMI 设备并在开始菜单上调用传送小程序,或者在项目中组态"改变操作模式"系统函数。

● PC

如果 HMI 设备为尚未包含项目的 PC,必须在第一次传送操作前在"RT 装载程序"中手动启用传送模式。

(3) 反向传送。

传送时,可以将压缩的源数据文件与编译后的项目文件一起传送到 HMI 设备。将项目从 HMI 设备反向传送到组态计算机时需要此源数据文件。不支持集成项目的上传。

● 反向传送的使用

常规情况下,在传送操作期间只将可执行项目传送到 HMI 设备上。原始项目数据保留在组态设备上,从而可用于将来进一步开发项目或用于错误分析。但是,在 PC 或具有外部存储介质的 Windows CE 设备上,用户不仅可以存储编译后的项目文件,也可以存储项目的压缩源数据文件。以后,通过将源数据文件反向传送给组态计算机,该数据文件可用于恢复 HMI 设备或其他设备上的项目。

● 反向传送的作用

即使在组态设备的原组态设备不可用或该组态设备上项目源文件(*.hmi)不可用的情况下,反向传送操作仍可使用户在以后对现有项目进行分析和更改。

● 反向传送的要求

① 源数据文件只能作为编译后项目文件的传送操作的一部分传送到 HMI 设备。如果在对应 HMI 设备的传送设置中选取了“启用反向传送”复选框，源数据文件将与编译后的项目文件一起传送到 HMI 设备。

② HMI 设备上必须存在足够的存储空间才能存储压缩的源数据文件。如果由 Windows CE 设备提供用于反向传送操作的源数据文件，则该设备必须具有外部存储卡。如果 HMI 设备没有存储卡或没有足够的存储空间，传送被终止。但是，编译后的项目文件已预先完全传送，因此可以使用传送的项目数据启动运行系统。

如果要存储大项目的源数据用于反向传送并且操作设备可以进行以太网连接，则可以选择网络驱动器作为存储位置，而不用选择操作设备的存储卡。这避免了因存储位置而产生的问题。

③ 如果在 WinCC flexible 中没有打开任何项目，则在执行反向传送操作之前，必须选择用于反向传送操作的源数据文件所在的 HMI 设备，并且还必须在“通讯设置”对话框中选择装载方法。

如果在 WinCC flexible 中打开了一个项目，从各个所选 HMI 设备进行反向传送操作，则在 WinCC flexible“传送设置”对话框中为该 HMI 设备所选择的传送模式将被应用。

(4) 传送和反向传送的文件格式。

当传送操作中包含源文件时，项目将从源格式（*.hmi）压缩，然后以 *.pdz 文件格式传送到 HMI 设备的外部存储介质中或直接传送到 PC。

对反向传送操作而言，*.pdz 文件被保存在组态计算机上。如果在反向传送期间 WinCC flexible 中有打开的项目，将提示保存并关闭该项目。然后，反向传送的项目被解压缩并在 WinCC flexible 中打开。保存项目时，必须为反向传送的项目指定一个名称。

(5) 传送方法。

单击 WinCC flexible 的工具栏中的按钮 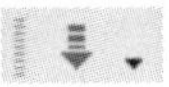，将项目传送到 Smart 700 IE 触摸屏中，传送完毕，触摸屏将自动运行程序。

按照上面的方法，调试项目，调试无错误，下载到触摸屏。下载完毕，触摸屏运行所下载的程序。如图 2.114 所示，按下画面中的“启动”按钮，PLC 的 Q0.0（正转按钮）变为“1”状态，控制电机正转；释放画面中的“启动”按钮，PLC 的 Q0.0 复位，电机停止转动。

由于是触摸屏程序直接控制 PLC 的输出端口 Q0.0 的“置位”与“复位”，故 PLC 中的程序需要事先清空。

五、实验报告要求

实验报告至少包括以下内容：

(1) 实验目的与要求。

(2) 电气接线图及说明。

(3) PLC 程序及注释说明。

(4) HMI 程序及设计说明。

(5) 实验步骤及说明。

(6) 调试过程总结与实验心得。

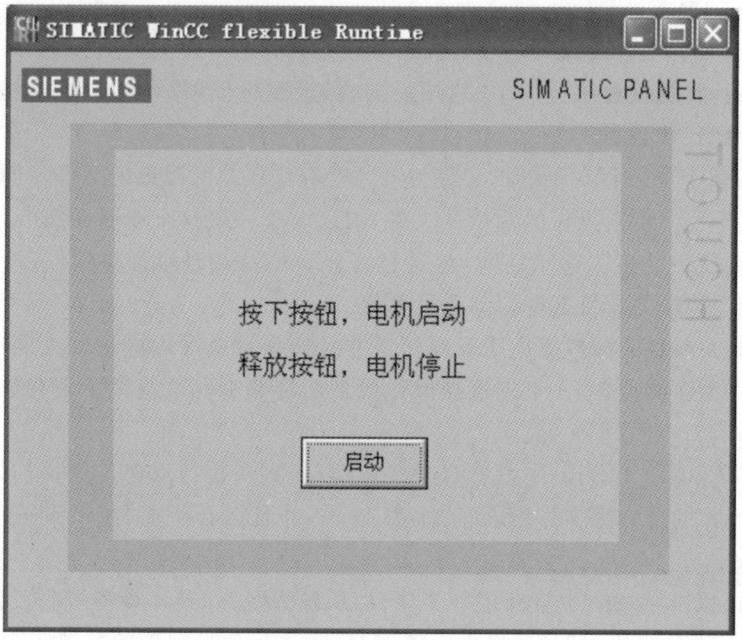

图 2.114

六、思考题

(1) 用 WinCC flexible 设计 HMI 时,通过以太网传送项目,如何设置以太网的 IP 地址?

(2) 在你的实验项目中,你所设计的 HMI 与 PLC 是如何通信的?

(3) 用 WinCC flexible 设计的 HMI 与 PLC 连接时,变量的数据类型有哪些? 逐个说明其用途。

第3章　PLC测控综合实验

3.1　水位监控组态实验

随着国民经济的发展，各行各业对水位的精确测量与控制的需求越来越多，本项实验就是结合这种需求，以双容水箱实验台为对象，进行水位的监测与控制。

一、实验目的

（1）掌握成熟PID控制器的使用方法，采用PLC内置的PID算法，控制上水箱的水位，使之稳定在一个指定高度。

（2）掌握PID算法的计算机实现方法，根据PID原理公式，自编PID控制算法，控制上水箱的水位，使之稳定在一个指定高度。

（3）掌握PC端HMI的设计方法，用PC端组态软件（如组态王、WinCC flexible等）和所用PLC的程序开放软件（STEP7-Micro/WIN），以及其他辅件，设计、组合一个水位监控系统，用于对水箱水位的监控，使水位稳定在一个指定高度，且目标水位可以通过组态系统画面设定。

二、实验原理

1. 水箱水位控制实验台

水箱水位的控制实验是在双容水箱实验台上完成的，如图3.1(a)所示，实验装置的底部是一个方形的水槽，上、下水箱各有一个三线制扩散硅压力传感器（见图3.1(b)），用来测量水位的高度。

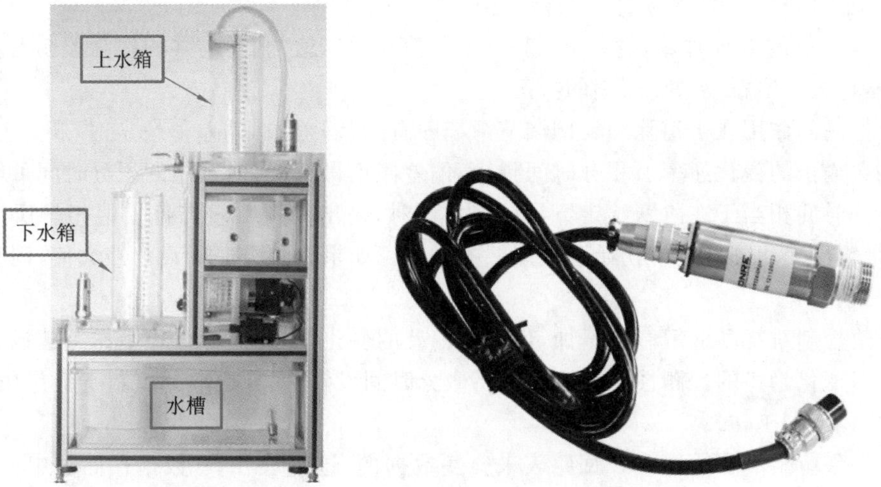

（a）实验水箱　　（b）水位传感器

图3.1

（1）传感器参数。

- 测量范围：0～250 MPa
- 输出信号：0～5 V DC
- 供电电压：(24±5) V DC(三线制)
- 温度漂移：±0.05%FS/℃(温度范围为－20～85 ℃，包括零点和量程的温度影响)
- 温度补偿范围：0～70 ℃
- 稳定性：典型 ±0.1%FS/年；最大 ±0.2%FS/年

（2）水泵电机。

上水箱水泵的出口接有一根塑料水管，用于向上水箱注水，水泵由一个直流电机驱动。下水箱水泵用于下水箱的排水，改变下水箱水泵驱动电机的转速，可以控制下水箱的排水速度。

上、下水箱水泵电机的主要参数如下：

- 电机类型：直流电机
- 工作电压：12 V DC
- 工作电流：上水泵电机 6 A；下水泵电机 0.45 A
- 流量与压力：上水泵电机 最大流量 5 L/min，最大压力 0.42 MPa
  下水泵电机 最大流量 5 L/min，最大压力 0.1 MPa

2. PLC 内置 PID 控制器

S7-200 系列 PLC 能够使用内置的 PID 控制器进行 PID 控制。S7-200 CPU 最多可以支持 8 个 PID 控制回路(即 8 个 PID 指令功能块)。

在 S7-200 系列 PLC 中 PID 功能是通过 PID 指令功能块实现的。通过定时(按照采样时间)执行 PID 功能块，按照 PID 运算规律，根据当时的给定数据、反馈数据、比例-积分-微分数据，计算出控制量。

S7-200 系列 PLC 的 PID 控制算法的关键参数有 K_p(增益)、T_i(积分时间常数)、T_d(微分时间常数)、T_s(采样时间)。编程时指定的 PID 控制器采样时间必须与实际的采样时间一致。S7-200 系列 PLC 中 PID 的采样时间精度用定时中断来保证。

在调整 PID 的参数时，增益 K_p 与偏差(给定值与反馈值的差)的乘积作为控制器输出中的比例部分，过大的增益会造成反馈的振荡。

积分控制的作用在于消除纯比例调节系统固有的"静差"。偏差值恒定时，积分时间 T_i 决定了控制器输出的变化速率。积分时间越短，偏差修正得越快，但过短的积分时间可能造成不稳定。积分时间相当于在阶跃给定下，增益为"1"时，输出的变化量与偏差值相等所需要的时间，也就是输出变化到二倍于初始阶跃偏差的时间。如果将积分时间设为最大值，则相当于没有积分作用。

微分使控制对扰动的敏感度增加，也就是偏差的变化率越大，微分控制作用越强。微分相当于对反馈变化趋势的预测性调整。如果将微分时间设置为 0，则微分控制不起作用，控制器将作为 PI 调节器工作。

PID 指令功能块是通过 PID 回路表来交换数据的，这个表在 V 数据存储区中开辟，长度为 36 字节。每个 PID 指令功能块在调用时需要指定两个要素，分别为 PID 控制回路号和控制回路表的起始地址(以 VB 表示)。

由于 PID 控制器可以控制温度、压力等许多对象，它们各自都由工程量表示，因此在调用

PID指令功能块时，S7-200系列PLC用了一种通用、归一化的数据表示方法。S7-200系列PLC中的PID功能使用占调节范围的百分比抽象地表示被控对象的数值大小。在实际工程中，这个调节范围往往被认为与被控对象(反馈)的测量范围(量程)一致。这意味着PID指令功能块只接受0.0到1.0之间的实数(实际上就是百分比)作为反馈、给定与控制输出的有效数值。如果直接使用PID指令功能块编程，则必须保证数据在这个范围之内，否则会出错。其他的如增益、采样时间、积分时间、微分时间都是实数。因此，使用PID控制器时，必须对外围实际的物理量与PID指令功能块需要的(或者输出的)数据进行转换。这就是所谓的输入/输出的转换与标准化处理。

S7-200系列PLC的编程软件STEP7 - Micro/WIN内置了一个PID调试控制面板工具，具有图形化的给定、反馈、调节器输出波形显示功能，可以用于手动调试PID参数。该软件也提供了PID指令功能块调用的向导，以便完成这些转换/标准化处理。

3. PLC内置PID使用向导

STEP7-Micro/WIN提供了PID Wizard(PID指令向导)，可以帮助用户方便地生成一个闭环控制过程的PID算法。此向导可以完成绝大多数PID运算的自动编程，用户只需在主程序中调用PID向导生成的子程序，就可以完成PID控制任务。

PID向导既可以生成模拟量输出的PID控制算法，也支持开关量输出；既支持连续自动调节，也支持手动参与控制。使用此向导对PID编程，可以避免不必要的错误。

PID向导编程步骤如下。

(1) 选择PID向导。

在STEP7-Micro/WIN中的命令菜单中选择Tools→Instruction Wizard，然后在指令向导窗口中选择PID指令，如图3.2所示。

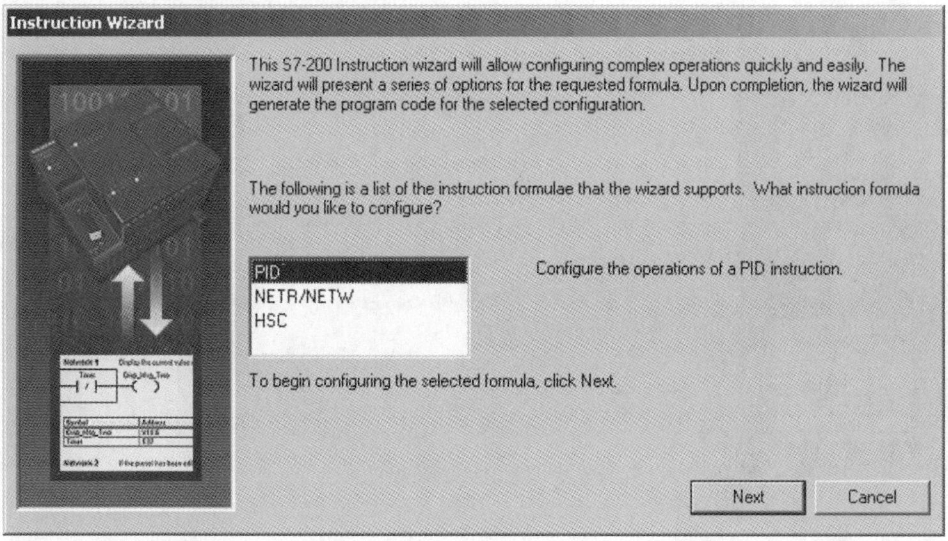

图3.2

在使用向导时必须先对项目进行编译，在随后弹出的对话框中选择“Yes”，确认编译。如果已有的程序中存在错误，或者有没有编完的指令，则编译无法通过。

(2) 选择PID回路。

如果项目中已经配置了一个PID回路，则向导会指出已经存在的PID回路，并让用户选择是配置已有的回路，还是配置一个新的回路，如图 3.3 所示。

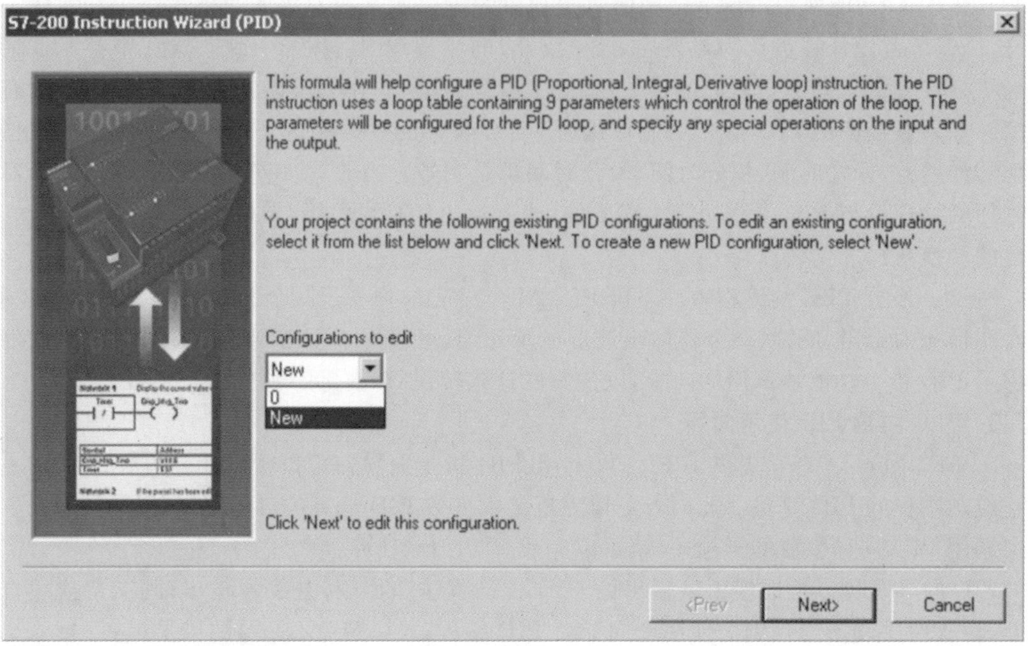

图 3.3

点击“Next”，定义需要配置的 PID 回路号，如图 3.4 所示。

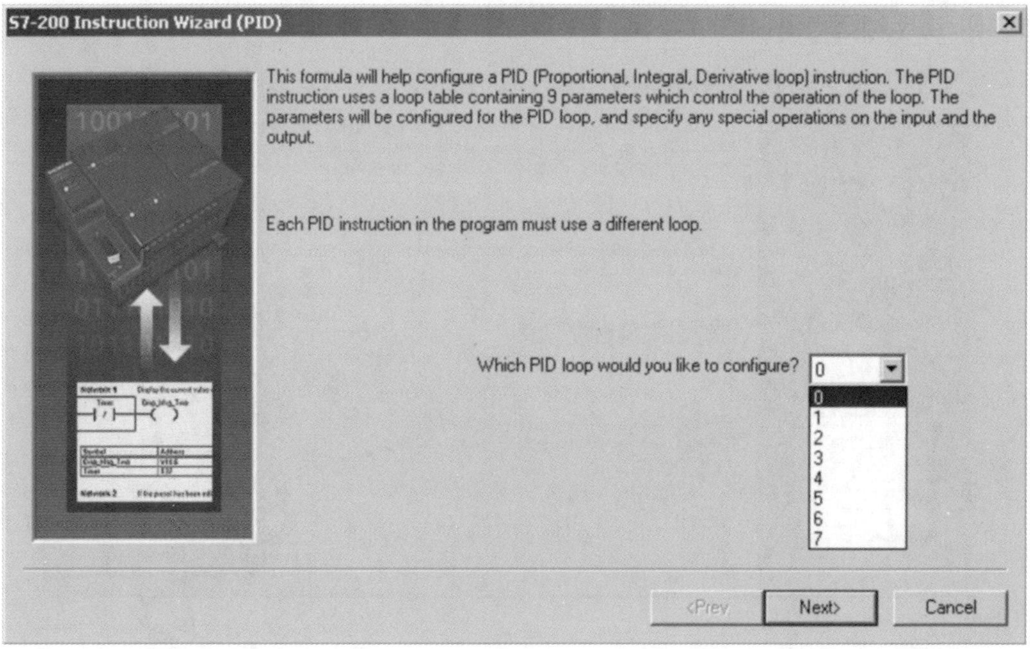

图 3.4

(3) 设定 PID 回路参数。

在图 3.5 所示界面中设定 PID 回路参数。

① 定义回路设定值(SP，即给定)的范围：

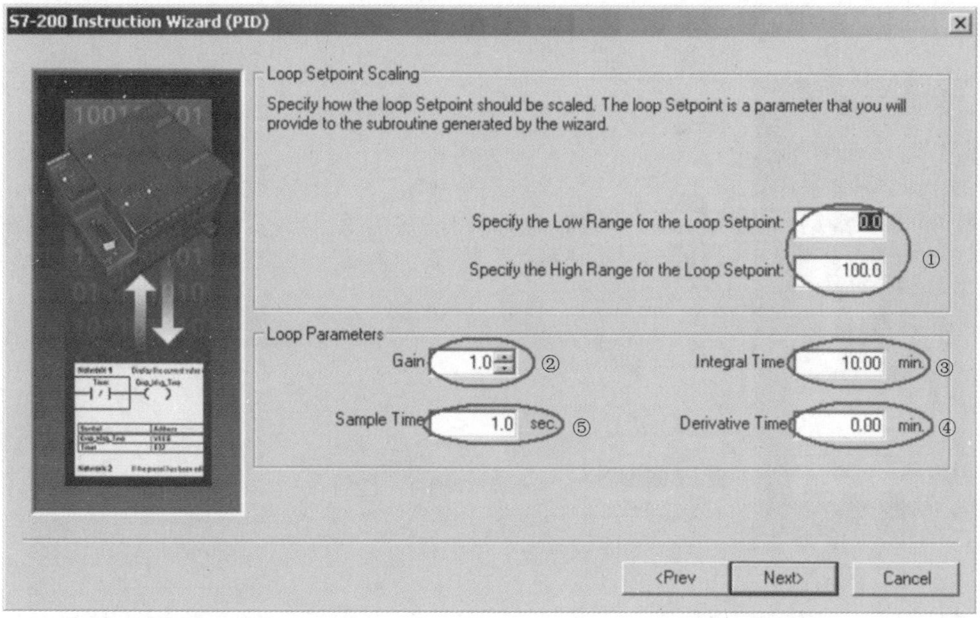

图 3.5

在低限(Low Range)和高限(High Range)输入框中输入实数,缺省值为 0.0 和 100.0,表示给定值的取值范围占过程反馈量程的百分比。

这个范围是给定值的取值范围,它也可以用实际的工程单位数值表示。

② Gain(增益):PID 算法中的比例常数 K_p。

③ Integral Time(积分时间):如果不想要积分作用,可以把积分时间设为无穷大,如 9999.99,注意不能设置为 0。

④ Derivative Time(微分时间):如果不想要微分回路,可以把微分时间设为 0 。

⑤ Sample Time(采样时间):是 PID 控制回路中反馈采样和重新计算输出值的时间间隔。

在向导完成后,若想要修改参数,一般须返回向导中修改,不可在程序中或状态表中修改。如果有组态的人机界面 HMI,则可通过在 HMI 中设计 PID 参数修改框,结合 PID 回路表中参数存放内存地址,进行修改。

(4) 设定回路输入输出值。

在图 3.6 所示界面中,首先设置 PID 回路输入变量的类型与范围,然后设置输出变量的类型与范围。

① 指定输入类型。

- Unipolar:单极性,即输入的信号为正,如 0～10 V 或 0～20 mA 的传感器信号输入等。
- Bipolar:双极性,输入信号在从负到正的范围内变化,如输入信号为±10 V、±5 V 等时选用。
- 20% Offset:选用 20%偏移。如果输入为 4～20 mA,则选单极性及此项;4 mA 是 0～20 mA 信号的 20%,所以选 20% 偏移,即 4 mA 对应 6400,20 mA 对应 32000。

② 反馈输入取值范围。

- 在输入类型设置为 Unipolar 时,缺省值为 0～32000,对应输入量程范围为 0～10 V 或 0～20 mA 等,输入信号为正。

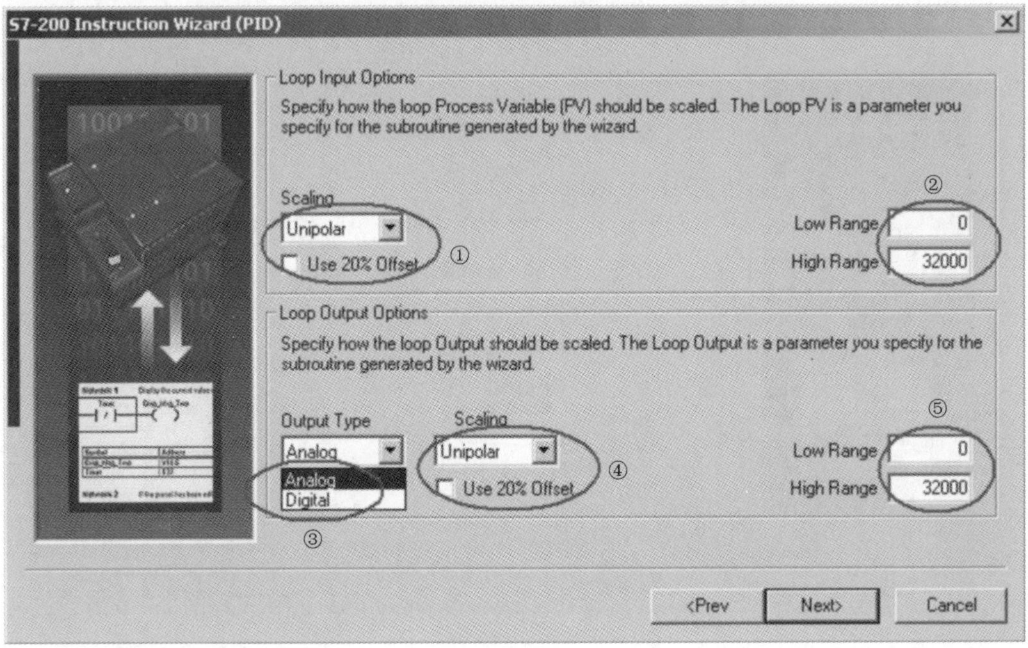

图 3.6

● 在输入类型设置为 Bipolar 时，缺省值为－32000～32000，对应的输入范围根据量程不同可以是±10 V、±5 V 等。

● 在选中 20% Offset 时，取值范围为 6400～32000，不可改变。

此反馈输入也可以是工程单位数值。

③ Output Type(输出类型)。

可以选择模拟量输出或数字量输出。模拟量输出用来控制一些需要模拟量给定的设备，如比例阀、变频器、模拟量控制的电机驱动器等；数字量输出实际上是控制输出点的通、断状态按照一定的占空比变化，如控制固态继电器(加热棒等)。

④ 选择模拟量则需设定回路输出变量值的范围，选择项有：

● Unipolar：单极性输出，可为 0～10 V 或 0～20 mA 等。

● Bipolar：双极性输出，可为±10 V 或±5 V 等。

● 20% Offset：20%偏移，如果选中则使输出为 4～20 mA。

⑤ 取值范围。

● 当④中选为 Unipolar 时，缺省值为 0～32000。

● 当④中选为 Bipolar 时，取值为－32000～32000。

● 当④中选为 20% Offset 时，取值为 6400～32000，不可改变。

如果选择了开关量输出，则需要设定占空比的周期。

(5) 设定回路报警选项。

如图 3.7 所示，向导提供了三个输出来反映过程值(PV)的低值报警、高值报警及过程值模拟量模块错误状态。当报警条件满足时，输出置位为 1。这些功能在勾选相应的选择框之后起作用。

① 使能低值报警并设定过程值(PV)报警的低值，此值为过程值的百分数，缺省值为

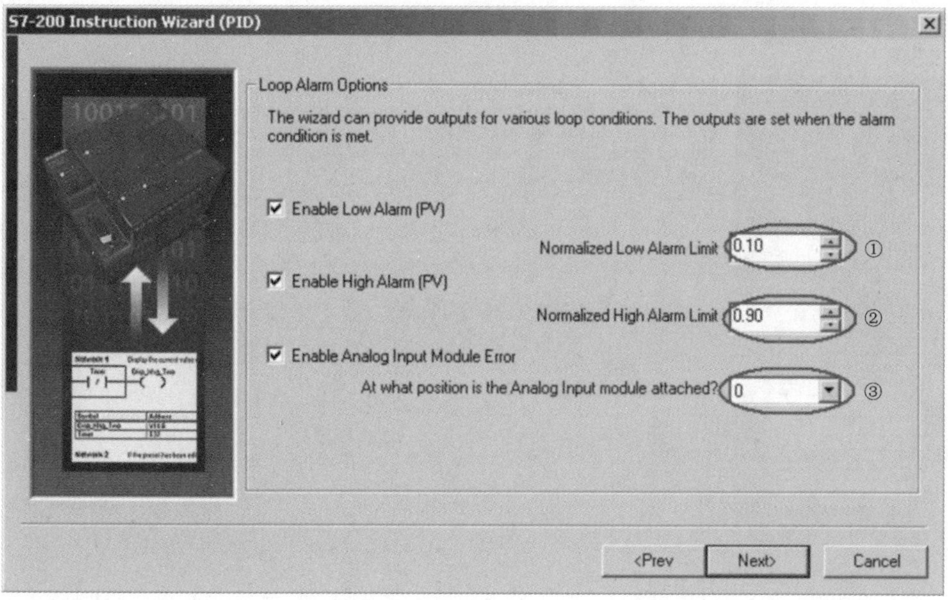

图 3.7

0.10，即报警的低值为过程值的 10%。此值最低可设为 0.01，即满量程的 1%。

② 使能高值报警并设定过程值(PV)报警的高值，此值为过程值的百分数，缺省值为 0.90，即报警的高值为过程值的 90%。此值最高可设为 1.00，即满量程的 100%。

③ 使能过程值(PV)模拟量模块错误报警并设定扩展的模拟量模块于 CPU 连接时所处的模块位置。“0”就是第一个扩展模块的位置。

(6) 指定 PID 运算数据存储区。

PID 指令(功能块)使用了一个 120 个字节的 V 区参数表来进行控制回路的运算工作；除此之外，PID 向导生成的输入/输出量的标准化程序也需要运算数据存储区。需要为它们定义一个起始地址，并保证该地址起始的若干字节在程序的其他地方没有被重复使用。如图 3.8 所示，如果点击“Suggest Address”，则向导将自动设定当前程序中没有用过的 V 区地址。

自动分配的地址只是在执行 PID 向导时编译检测到的空闲地址。向导将自动为该参数表分配符号名，此时用户不能再自己为这些参数分配符号名，否则将导致 PID 控制不执行。

(7) 定义向导所生成的 PID 初始化子程序和中断子程序名及手/自动模式。

向导已经为初始化子程序和中断子程序定义了缺省名，用户也可以修改成自己起的名字。在图 3.9 所示界面中：

① 指定 PID 初始化子程序的名字。

② 指定 PID 中断子程序的名字。

③ 可以选择添加 PID 手动控制模式。在 PID 手动控制模式下，回路输出由手动输出设定控制，此时需要写入手动控制输出参数，即一个 0.0～1.0 的实数，代表输出的 0%～100%，而不是直接去改变输出值。此功能可实现 PID 控制的手动和自动之间的切换。

PID 向导中断用的是 SMB34 定时中断，用户使用了 PID 向导后，注意在编程的其他地方不要再用此中断，也不要向 SMB34 中写入新的数值，否则 PID 将停止工作。

(8) 生成 PID 子程序、中断程序及符号表等。

点击 PID 向导中的完成按钮，将在项目中生成上述 PID 子程序、中断程序及符号表等，如

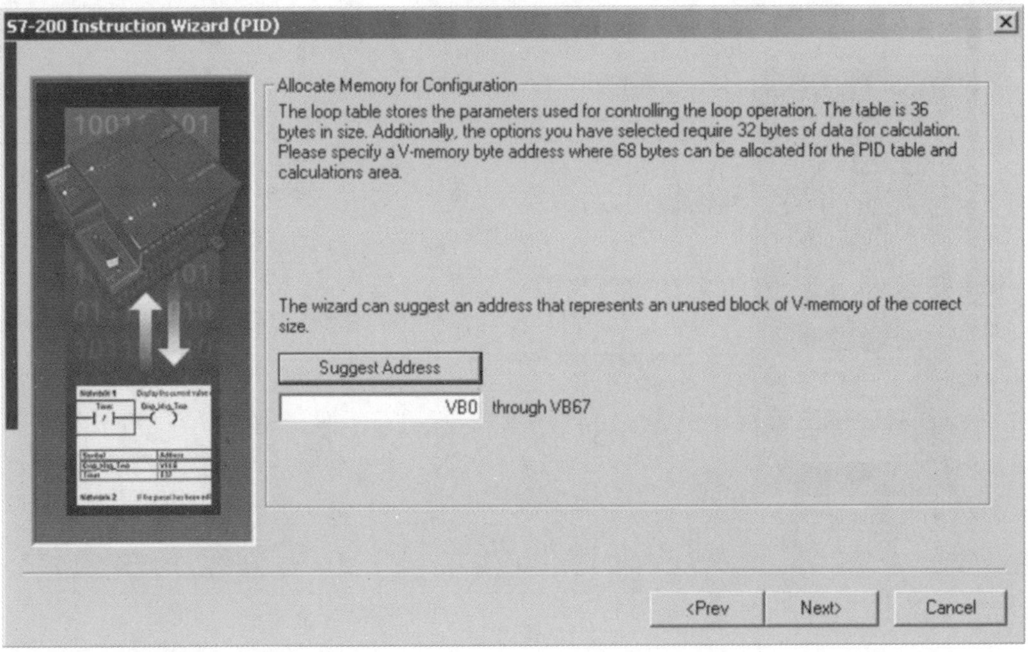

图 3.8

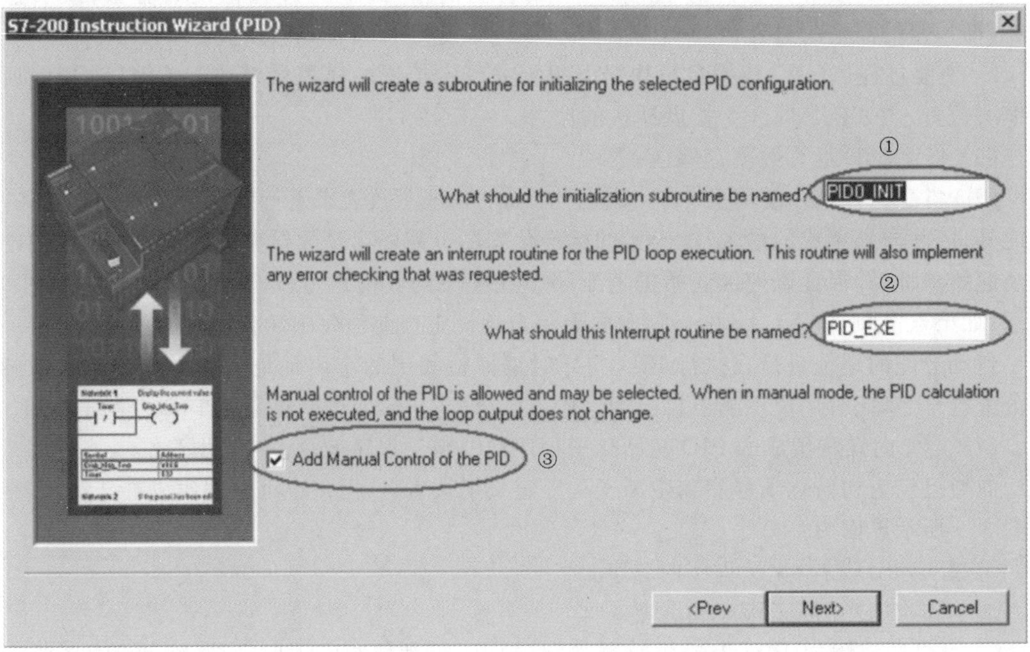

图 3.9

图 3.10 所示。

(9) 配置完 PID 向导，会生成一个文件名为 PID0_INIT(此文件名在步骤(7)中设置)的 PID 子程序，如图 3.11 所示。可以在程序中调用向导生成的这个 PID 子程序，如图 3.12 所示。

调用 PID 子程序时各参数的说明如下：

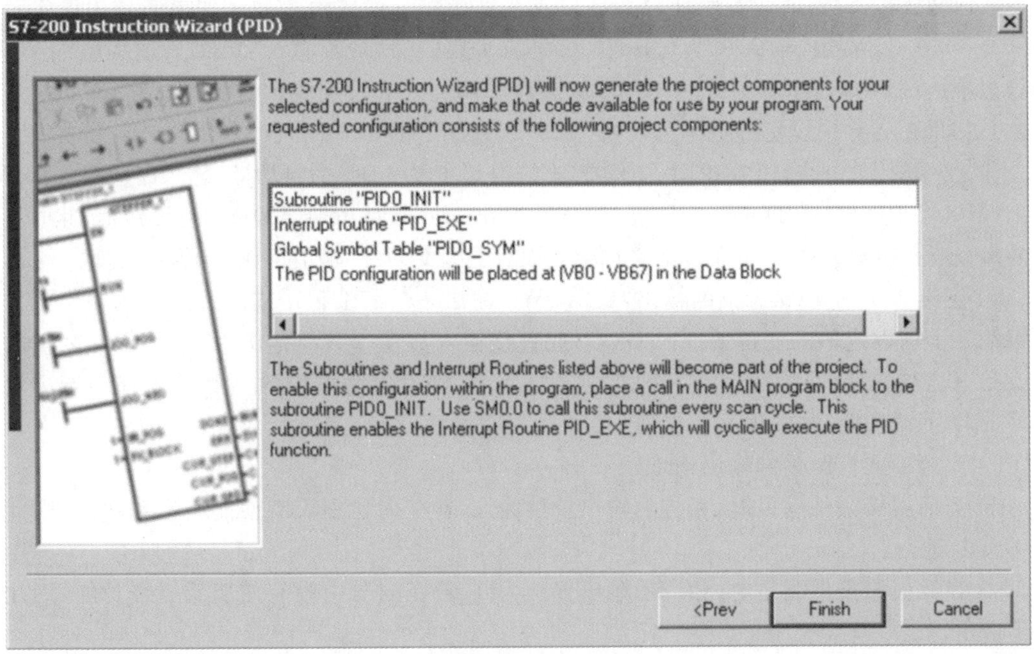

图 3.10

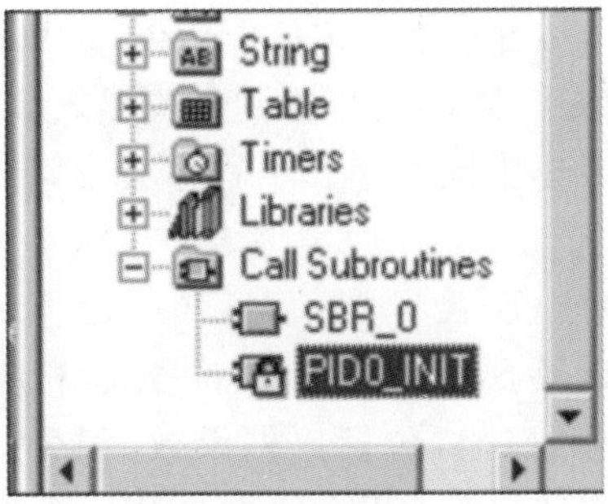

图 3.11

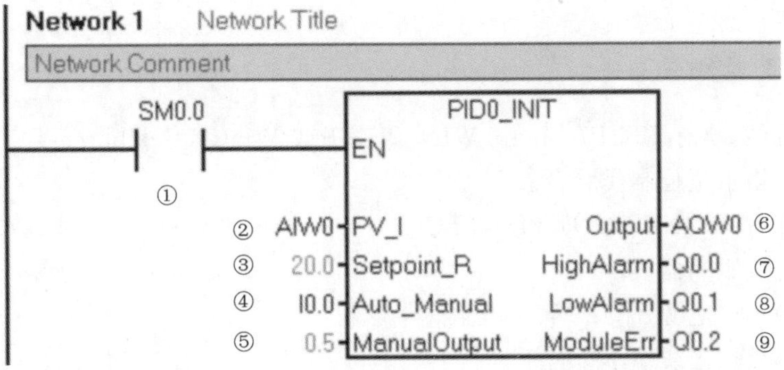

图 3.12

① 必须用 SM0.0 来使能 PID,以保证它的正常运行。

② 此处输入过程值(反馈)的模拟量输入地址。

③ 此处输入设定值变量地址（VDxx），或者直接输入设定值常数。如果向导中设定范围为 0.0～100.0，此处应输入一个 0.0～100.0 的实数。例如：若输入 20，即为过程值的 20%，假设过程值 AIW0 是量程为 0～200 ℃的温度值，则此处的设定值 20 代表 40 ℃（即 200 ℃的 20%）；如果在向导中设定的范围为 0.0～200.0，则此处的 20 相当于 20 ℃。

④ 此处用 I0.0 控制 PID 的手/自动方式。当 I0.0 为 1 时，为自动，经过 PID 运算从 AQW0 输出；当 I0.0 为 0 时，PID 将停止计算，AQW0 输出 ManualOutput（VD4）中的设定值，此时不要另外编程或直接给 AQW0 赋值。若在向导中没有选择 PID 手动功能，则此项不会出现。

⑤ 定义 PID 手动状态下的输出，从 AQW0 输出一个满值范围内对应此值的输出量。此处可输入手动设定值的变量地址（VDxx），或直接输入数值。数值范围为 0.0～1.0 之间的一个实数，代表输出范围的百分比。例如：若输入 0.5，则设定为输出的 50%。若在向导中没有选择 PID 手动功能，则此项不会出现。

⑥ 此处键入控制量的输出地址。

⑦ 当高报警条件满足时，相应的输出置位为 1，若在向导中没有使能高报警功能，则此项将不会出现。

⑧ 当低报警条件满足时，相应的输出置位为 1，若在向导中没有使能低报警功能，则此项将不会出现。

⑨ 当模块出错时，相应的输出置位为 1，若在向导中没有使能模块错误报警功能，则此项将不会出现。

在程序中调用 PID 子程序时，可在指令树的 Program Block（程序块）中用鼠标双击由向导生成的 PID 子程序。在局部变量表中，可以看到有关形式参数的解释和取值范围。

调用 PID 子程序时，不用考虑中断程序。子程序会自动初始化相关的定时中断处理事项，然后中断程序会自动执行。

(10) 实际运行并调试 PID 参数。

查看 Data Block（数据块）以及 Symbol Table（符号表）相应的 PID 符号标签的内容，可以找到 PID 核心指令所用的控制回路表，包括比例系数、积分时间等。将此表的地址复制到 Status Chart（状态表）中，可以在监控模式下在线修改 PID 参数，而不必停机再次做组态。

参数调试合适后，用户可以在数据块中写入，也可以再次通过向导设定，或者编程向相应的数据区传送参数。

三、实验仪器和设备

(1) 计算机（安装有 STEP7-Micro/WIN、组态王或 WinCC flexible）。

(2) 双容水箱水位控制实验台。

(3) 西门子 S7-224XP DC/DC/DC PLC。

(4) 水泵电机驱动器。

(5) +24 V DC 电源、+12 V DC 电源。

(6) 开关、导线、接线端子排若干。

四、实验步骤及内容

1. 实验方案

参考 2.4 节的内容，在上位机（PC）中，用组态王设计一个监控水位的监控软件系统，组态画面与 PLC 通过 PPI 方式通信。在 PLC 的程序中,将水位传感器测得的数据存放于 PLC 的 VD200 地址,供组态软件系统读取。PLC 的 VD300 地址存放水位的目标值,用于接收上位机组态画面设定的目标水位。

2. 实验步骤

(1) 根据水箱实验台上的测控模块和给定的实验器材,设计控制系统电气接线图,建立水箱水位控制系统硬件环境。

(2) 水箱下部的水槽加水至约 1/2 高度。

(3) 设计 PLC 程序,控制水泵启、停运行。

(4) 设计 PLC 程序,根据水位传感器输出信号与 PLC 的接线端口,设计 PLC 程序,要求能够读出 PLC 模拟量端口的水位传感器的输入值。

(5) 对上水箱的水位传感器进行标定,并画出标定图,标定过程中至少取 3 个高度的水位值。

(6) 结合水位传感器,设计 PLC 程序,控制上水箱水位:当上水箱水位低于指定高度时,水泵启动运行,当上水箱水位到达指定高度时,水泵停止运行。

(7) 设计 PLC 程序,通过调用 PLC 提供的 PID 算法,精确控制上水箱水位的高度,使其恒定在指定位置。

(8) 设计 PLC 程序,设定水位目标值,并将水位目标值存放于 VD300 地址;检测水位高度,并将水位值存放于 VD200 地址;用组态王设计 PC 端监控程序,程序至少包含水泵电机启/停控制、PID 参数调整、水箱水位显示等基本功能,能在组态王的人机界面中调整 PID 的参数。

(9) 设计 PLC 程序,设定水位目标值,并将水位目标值存放于 VD300 地址;检测水位高度,并将水位值存放于 VD200 地址;用 WinCC flexible 设计西门子触摸屏监控程序,程序至少包含水泵电机启/停控制、PID 参数调整、水箱水位显示等基本功能,能在触摸屏人机界面中调整 PID 的参数。

五、实验报告要求

在完成以上实验内容之后,应及时记录数据、保存界面截屏图等资料,撰写实验报告。实验报告应包含以下内容。

(1) 实验方案:① 总体方案;② 传感器标定;③ 人机交互界面方案。

(2) 控制系统框图。

(3) 控制系统接线图。

(4) 传感器标定过程及标定曲线。

(5) 控制程序流程图。

(6) 调用 PLC 自带 PID 控制器算法功能块的程序代码(含注释)。

(7) 采用自行编制 PID 控制算法控制水位的 PLC 程序代码(含注释)。

(8) HMI 界面(含设计过程)及 HMI 程序。

(9) 两种 PID 算法应用的结果比较与总结。

(10) 调试过程总结与实验心得。

六、思考题

本实验中采用 PLC 内置 PID 控制,在选择 PID 控制器输出类型(Output Type)时,为什么选择 Analog 类型?

3.2　温度监控组态实验

温度控制在国民经济的各行各业都有着广泛的需求,如冶金行业的炉温控制、热处理过程的油温控制、农业生产中的大棚温度控制、生活中的水温控制、酿造行业的室温控制等。

对有加热装置的系统进行温度控制,一般有三种方法:① 控制加热装置的发热量;② 控制散热的速度;③ 同时控制加热装置的发热量和散热的速度。

一、实验目的

(1) 掌握成熟 PID 控制器的使用方法,采用 PLC 内置的 PID 算法,通过控制排风扇的转速来控制温箱内的温度,使之稳定在一个指定温度值。

(2) 掌握 PID 算法的计算机实现方法,根据 PID 原理公式,自编 PID 控制算法,通过控制排风扇的转速来控制温箱内的温度,使之稳定在一个指定温度值。

(3) 掌握基于组态软件的 HMI 设计方法,用组态软件(如组态王、WinCC flexible 等)和所用 PLC 的程序开发软件(STEP7-Micro/WIN),以及其他辅件,设计、组合一个温箱的温度监控系统,用于对温箱内的温度进行控制与监测,使温度稳定在一个指定的温度值,且目标温度可以通过组态系统画面设定。

二、实验原理

1. 热温箱

热温箱内壁有隔热层,底部安装有发热元件,上部有排风风扇,排风风扇由无刷直流电机驱动,如图 3.13 所示。

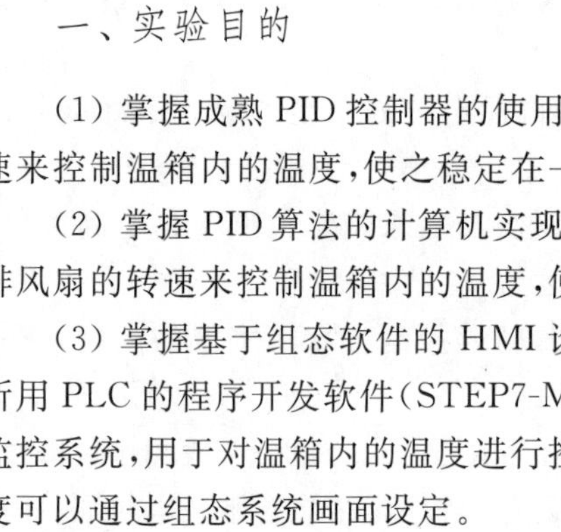

图 3.13

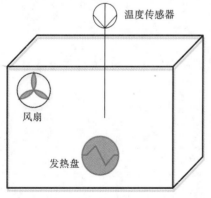

控制排风风扇电机的转速,可以控制温箱内的热空气的排出量,从而达到控制温箱内温度的目的。在热温箱的上部装有一个一体化温度传感器,用来测量热温箱内部的温度。本实验所采用的一体化温度传感器由 PT100 热敏电阻、温度变送器、带安装螺纹的壳体组成,温度变送器安装在一体化温度传感器上部的暗盒内,打开上盖,可以进行传感器的接线,如图 3.14 所示。

2. 温箱加热

给发热盘提供 220 V 交流电,发热盘开始发热,如果需要控制发热量,可以用晶闸管(可控硅)控制发热的功率来实现。

晶闸管的全称是晶体闸流管(thyristor),是一种像闸门一样控制电流的半导体器件,也被称为可控硅(SCR)器件。1956 年美国贝尔实验室发明了晶闸管,1957 年美国通用电气公司开发出了第一个晶闸管产品,并于 1958 年商业化。以晶闸管为代表的大功率半导体器件的广泛应用,被称为继晶体管发明和应用之后的又一次电子技术革命。

晶闸管有单向晶闸管和双向晶闸管两种,其电气符号如图 3.15 所示。

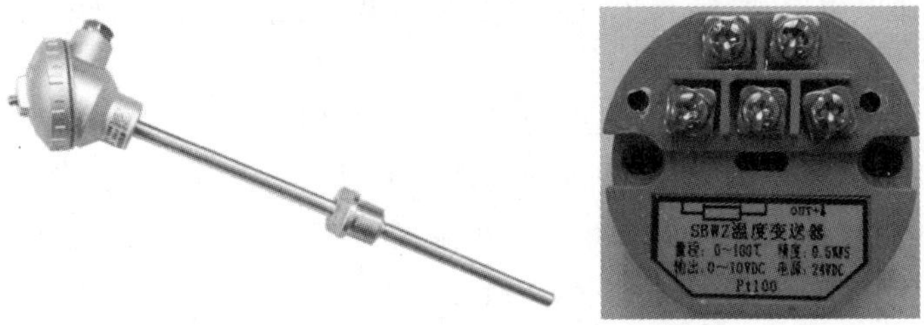

图 3.14

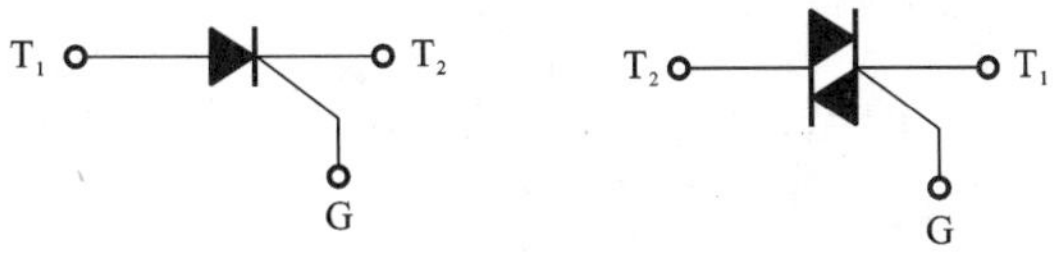

（a）单向晶闸管　　（b）双向晶闸管

图 3.15

图 3.15 所示的晶闸管，T_1 为阳极，T_2 为阴极，G 为门极。单向晶闸管导通需要满足两个条件：① 在晶闸管的阳极与阴极之间施加正向电压；② 在门极 G 与阴极之间输入一个正向触发电压。单向晶闸管一旦导通，门极 G 就失去了控制作用，即导通后的晶闸管即使去掉触发电压，晶闸管仍继续导通。若要使晶闸管关断，则需要使阳极电压降低到零，或给阳极施加反向电压。根据这一特性，门极的触发电压只需是有一定宽度的正向脉冲电压即可。

从封装外形看，晶闸管有塑封式、螺栓式和平板式等多种封装形式，考虑到实际使用过程中晶闸管散热及使用方便性，有厂家将晶闸管封装成模块的形式，如图 3.16 所示。

图 3.16

塑封式晶闸管多用于小功率电器，额定电流一般在 10 A 以下；螺栓式晶闸管的额定电流一般为 10～200 A，螺栓一端为阳极，另一端粗引线为阴极，细引线为门极 G；平板式晶闸管的额定电流一般在 200 A 以上，器件的两面分别为阳极和阴极，中间的细长引线为门极 G。晶闸管模块有多种形式，使用时需按照模块说明书接线。

3. 温度传感器

热敏电阻是一种常用的温度测量元件，它是用对温度敏感的金属材料和半导体材料（如 Pt、Cu、MiO、MnO_2、CuO、TiO_2 等）制成的，目前应用最广泛的热敏电阻材料是铂和铜。铂电阻精度高，适用于中性和氧化性介质，稳定性好，具有一定的非线性，温度越高电阻变化率越小；铜电阻在测温范围内电阻值和温度呈线性关系，温度线数大，适用于无腐蚀介质，超过 150 ℃易被氧化。铂电阻最常用的有 $R_0=10\ \Omega$、$R_0=100\ \Omega$ 和 $R_0=1000\ \Omega$ 等几种，它们的分度号分别为 Pt10、Pt100、Pt1000；铜电阻有 $R_0=50\ \Omega$ 和 $R_0=100\ \Omega$ 两种，它们的分度号为 Cu50 和 Cu100。其中 Pt100 和 Cu50 的应用最为广泛。铂电阻的测量精确度很高，不仅广泛应用于工业测温，而且被制成标准的基准仪。热敏电阻的电阻值随温度的变化有比较明显的改变。热敏电阻分为正温度系数和负温度系数两种类型，温度升高电阻值增大，属于正温度系数类型；温度升高而电阻值减小，属于负温度系数类型。这两种类型的热敏电阻各有不同的应用场合。

严格地说，热敏电阻是一种非线性电阻，这种非线性体现在两个方面：一方面表现为通过电阻的电压与电流不是线性关系；另一方面表现为电阻值与温度不是线性关系。

实验中使用的温度传感器是Pt100一体化温度传感器，它的阻值会随着温度上升而呈近似匀速的增长，但它们之间的关系并不是线性关系。Pt100热敏电阻的阻值在0 ℃时为100 Ω。Pt100温度传感器是一种用铂制成的电阻式温度传感器，具有正温度系数，在0＜T＜850 ℃的测量范围内，其电阻和温度之间的关系式近似为

$$R=R_0(1+\alpha T+\beta T^2)$$

式中：R_0为热敏电阻在0 ℃时的电阻值；α、β为热敏电阻的温度系数（α可取0.00392，β可取5.802×10^{-7}）；T为摄氏温度。由于β系数的取值很小，一般可以忽略上式中的二次项，这时可以将其看作一个线性的温度-阻值关系。

实验所用的Pt100一体化温度传感器，是一种将温度变量转换为有一定抗干扰能力、可传输的标准化输出电信号的仪表，主要用于工业过程温度参数的测量和控制。一体化传感器通常由传感器和信号变送器两部分组成。Pt100一体化温度传感器中的传感器为Pt100热电阻，内置的温度变送器采用三线制接线方式，如图3.17所示。

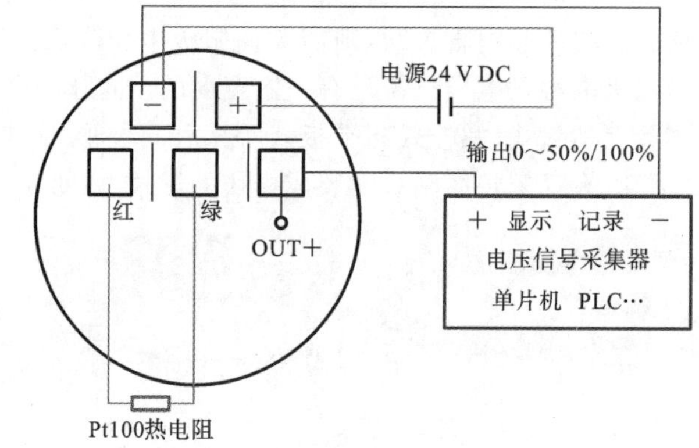

图 3.17

标准化输出信号通常为0～10 mA、4～20 mA、0～5 V、0～10 V的直流电信号，为适应PLC模拟量输入模块的量程，实验所采用的Pt100一体化温度传感器的输出信号为0～10 V直流信号。

Pt100元件本身非常脆弱，不能直接用于现场测温。Pt100一体化温度传感器的测温精度与封装形式和制造水平密切相关，在实际使用中，如果所使用的一体化温度传感器没有出厂标定，就需要用户在使用前进行标定。此外，Pt100元件的测温范围虽然很宽，但考虑到使用寿命，其实际测量范围要比极限范围小。

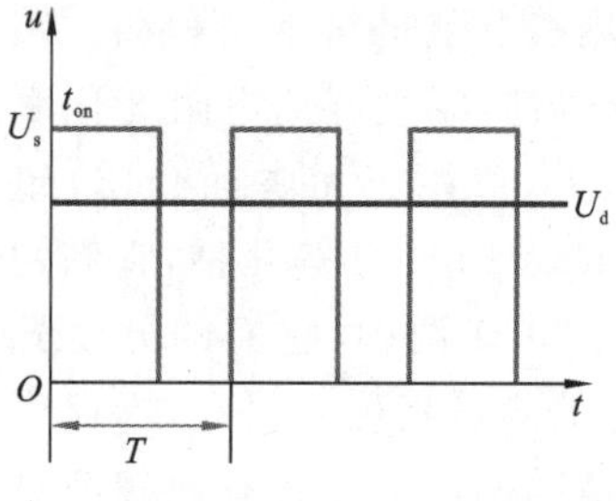

图 3.18

4. 排风扇电机的PWM控制

采用PWM（脉冲宽度调制）控制直流电机的转速，本质上是通过直流斩波调压的方式控制直流电机。直流斩波调压实际上是利用斩波改变平均电压，即将一个量值的直流电变为另一个量值的直流电，也称DC/DC变换，如图3.18所

示。图中:平均电压

$$U_d = \frac{1}{T}\int_0^{t_{on}} U_s \mathrm{d}t = \frac{t_{on}}{T}U_s = \rho U_s$$

三、实验仪器和设备

(1) 西门子 S7-224XP DC/DC/DC PLC。

(2) 温度控制模块。

(3) Pt100 一体化温度传感器。

(4) 24 V DC 电源、+12 V DC 电源。

(5) 直流电机驱动器。

(6) 可移动式传感器夹座,开关、导线、接线端子排若干。

四、实验步骤及内容

1. 实验方案

参考实验 3.1,在上位机(PC)中用组态王设计一个监控水温的软件系统,组态画面与 PLC 通过 PPI 方式通信。在 PLC 程序中,将温度传感器测得的数据存放于 PLC 的 VD200 地址,供组态软件系统读取。PLC 的 VD300 地址存放水温的目标值,用于接收上位机组态画面设定的目标水温。

2. 实验步骤

(1) 建立水槽水温控制系统硬件环境。

(2) 将水槽加水至 2/3 高度。

(3) 设计 PLC 程序,控制水泵运行。

(4) 设计 PLC 程序,设定水温目标值,并将水温目标值存放于 VD300 地址;检测水温,并将检测到的水温值存放于 VD200 地址。

五、实验报告要求

在完成以上实验内容之后,应及时记录数据、保存界面截屏图等资料,撰写实验报告,实验报告的正文应包含以下内容:

(1) 实验方案:① 总体方案;② 传感器标定;③ 人机交互界面方案。

(2) 控制系统框图。

(3) 控制系统接线图。

(4) 温度传感器标定过程及标定曲线。

(5) 控制程序流程图。

(6) 调用 PLC 自带 PID 控制器算法功能模块的程序代码(含注释)。

(7) 采用自行编制的 PID 控制算法控制温箱温度的 PLC 程序代码(含注释)。

(8) HMI 界面(含设计过程)及 HMI 程序。

(9) 两种 PID 控制算法控制温箱温度的结果比较及总结。

(10) 调试过程总结与实验心得。

六、思考题

晶闸管的门极输入即使是毫安级别的小电流就可以控制阳极几十或几百安的大电流的导通，它与三极管用较小的基极电流控制较大的集电极电流有什么不同?

3.3 双旋翼平衡控制实验

一、实验目的

(1) 了解旋翼电机的驱动方法和旋翼飞控的原理。

(2) 掌握 PLC 输出双路 PWM 波的方法。

(3) 掌握 PID 算法在旋翼平衡中的应用。

(4) 掌握控制信号电平转换的方法。

(5) 用 PLC 和 PC 端组态软件(如组态王)或触摸屏组态软件，以及其他辅件，设计、组合一个双旋翼平衡控制的监控系统，用于对双旋翼在未起飞状态和起飞状态的左右平衡进行控制与监测，且控制参数和起飞高度(或角度)可以通过组态系统画面设定。

二、实验原理

1. 硬件组成部分

旋翼控制实验台由两个无刷直流电机各带动一个螺旋桨旋转，通过控制螺旋桨电机的转速，来控制旋翼系统的左右平衡和飞起的高度。由于螺旋桨电机运行时转速比较高，因此为了安全，将旋翼系统放入一个铝型材制成的框架中，周边用透明有机玻璃保护起来。旋翼的底部支承座有两个固定装置，此固定装置将旋翼的左右平衡角度控制在±30°以内，上升角度控制在 0～60°之间，这样可避免高速运行的电机和螺旋桨在失控的情况下损坏整个系统。旋翼控制实验台的整体样式如图 3.19 所示。

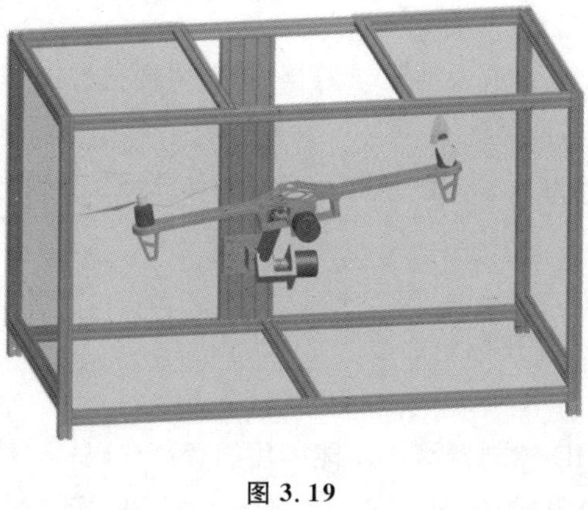

图 3.19

旋翼系统工作时，用一个角位移电位器测量旋翼的左右平衡角度，用一个旋转编码器测量旋翼的上升角度，如图 3.20 所示。

驱动两个固定翼螺旋桨的是左右带螺纹杆的无刷电机，型号为 KV980，如图 3.21 所示。

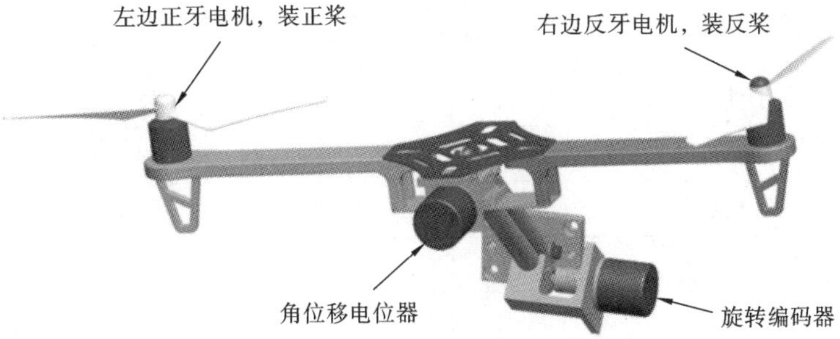

图 3.20

一个电机是正牙螺纹，一个电机是反牙螺纹，分别配相应的正桨和反桨，左边安装的是正牙电机和正桨（上面有银白色标记），右边安装的是反牙电机和反桨（上面有黑色标记）。运行时，正牙电机（从上往下看）逆时针转动，反牙电机（从上往下看）顺时针转动。由于桨的受力方向和桨的螺纹锁紧方向一致，因此可保证运行时桨不会脱落。

（a）外形

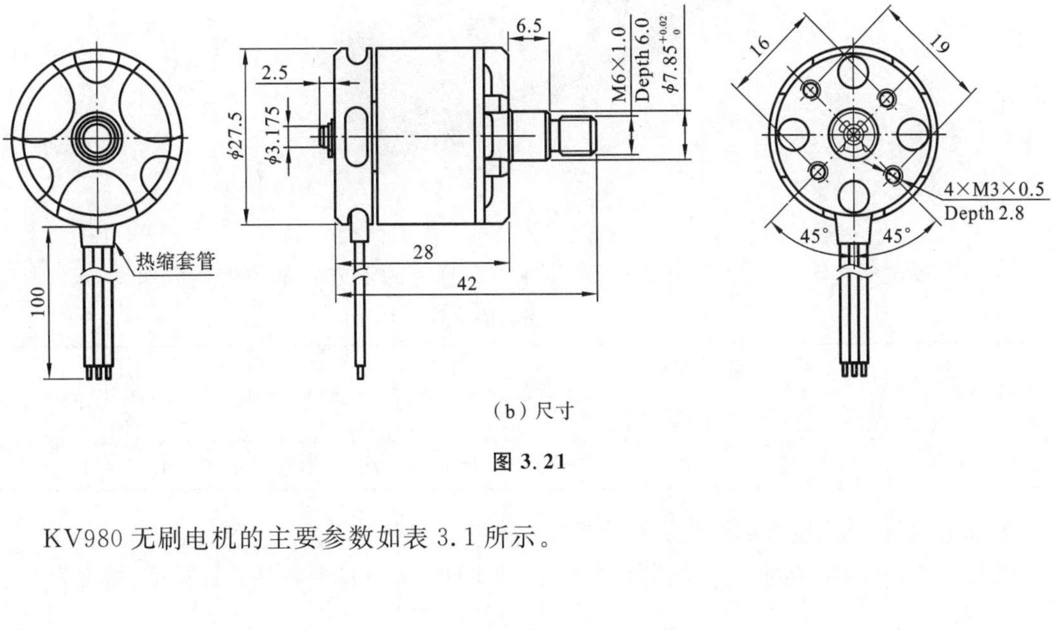

（b）尺寸

图 3.21

KV980 无刷电机的主要参数如表 3.1 所示。

表 3.1　KV980 无刷电机的主要参数

X2212　KV980	
定子外径	22 mm
定子厚度	12 mm
定子槽数	12
转子极数	14
电机 KV 值	980
空载电流	0.7 A
电机电阻	100 mΩ
最大连续电流	25 A/30 s
最大连续功率	412 W
重量(含长线)	56 g
转子直径	27.5 mm
电机长度	42 mm
最大电池节数	3～4 S
建议使用电调	20 A
推荐螺旋桨规格	9450

KV980 电机的转动是通过一个 20 A 无刷电调驱动的。电调的作用是将控制单元发出的 PWM 信号转换成大功率的 PWM 波以驱动旋翼电机的转动。旋翼电调如图 3.22 所示。

图 3.22

左右旋翼电机各配有一个电调，分别安装在左右悬臂的下方。电调的参数如表 3.2 所示。

表 3.2　电调的参数

型号	持续输出电流	瞬时电流(10 秒)	电池节数	重量	尺寸/mm
XRotor-20A	20 A	30 A	3～4 S	14 g(不含线，含线约 18 g)	52.4×21.5×7

旋翼电调与电机、电池和控制端的连接方式如图 3.23 所示。

实验采用的 5 kΩ 的角位移电位器的型号为 WDD35D，其主要特性指标如下：精度为 1‰，

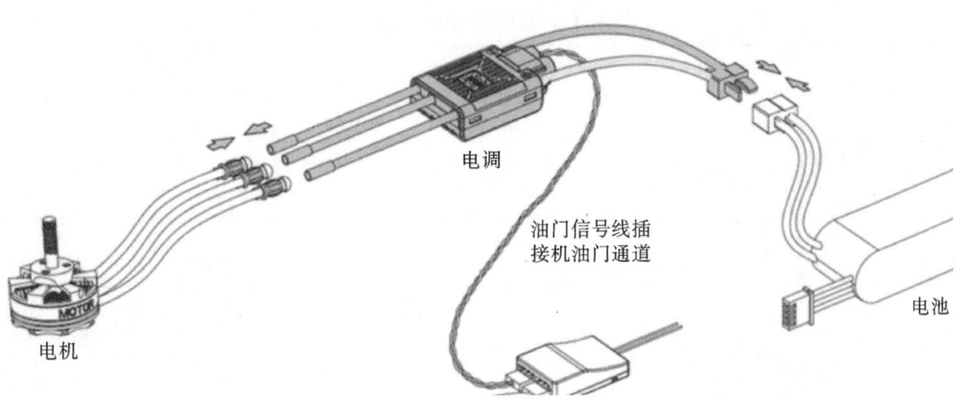

图 3.23

电气转角为 345°±2°，机械寿命为 50×10^6 周，最大旋转速度为 600 r/min，振动 15G/2000 Hz。角位移电位器的外形尺寸如图 3.24 所示。

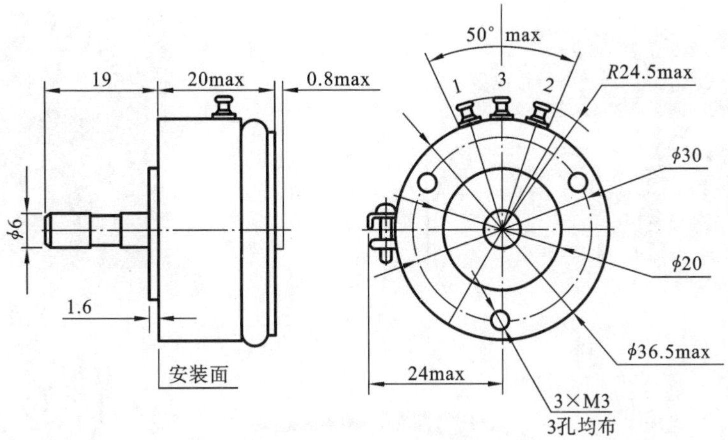

图 3.24

旋翼飞起的高度是通过一个旋转编码器来测量的。旋转编码器(见图 3.25)的型号为 SY-ES40RA1000，分辨率为 1000 线，详细技术参数如表 3.3 所示。

图 3.25

2. 旋翼系统电控部分

旋翼系统运行的电控部分包含供电单元和控制单元两个部分。在该系统中，用航模高倍率电池给电调供电，它就是电机的动力电源，如图 3.26 所示。

旋翼实验系统自带了一个基于 ARM STM32F103 实验板的控制单元，可以通过对其编程，产生两路 PWM 信号来驱动电调，从而控制电机的运转。ARM STM32F103 实验板如图 3.27 所示。

实验中也可以用其他控制器，如 PLC、51 单片机、Arduino 单片机等，通过编程来输出 PWM 信号进行控制，为此，旋翼实验台专门为其他控制器预留了控制线缆。

电调接线说明如图 3.28 所示。

表 3.3　旋转偏码器的技术参数

参数	取值	参数	取值
电源电压	5 V DC±5%/12～24 V DC±5%	最大转速	6000 r/min
输出电压	高电平≥85%Vcc;低电平≤0.3 V	抗震动	50 m/s^2　10～200 Hz　X、Y、Z 方向各 2 h
消耗电流	≤120 mA	抗冲击	980 m/s^2　6 ms　X、Y、Z 方向各 2 次
响应频率	0～100 kHz	防护等级	IP54 防水 防油 防尘
输出波形	方波	工作寿命	MTBF≥10000 h
占空比	0.5T±0.1T	工作温度	−10～70 ℃
启动力矩	1.5×10^{-3} N·m	储存温度	−30～85 ℃
转动惯量	3.5×10^{-6} $kg\cdot m^2$	工作湿度	30～85%RH(无结露)
最大负荷	径向:≤20 N;轴向:≤10 N	产品重量	100 g 左右

图 3.26

图 3.27

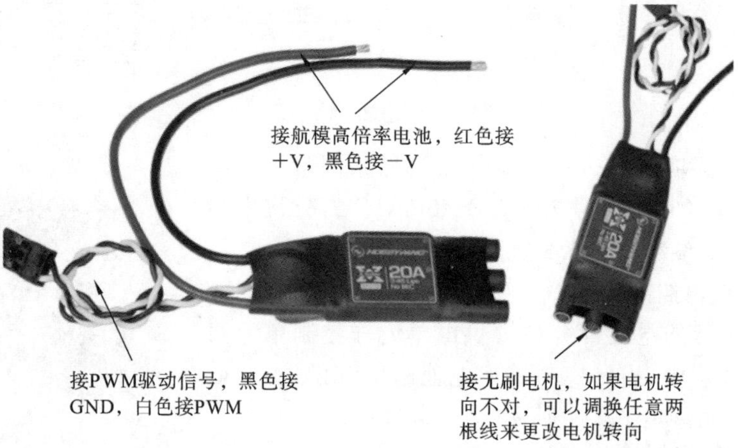

图 3.28

1）驱动信号说明

电调驱动信号是一个周期为 20 ms 的 PWM 信号，是脉冲宽度在 1～2 ms 之间的持续脉冲信号，信号高电平为+5 V，低电平为 0 V。当系统接好线后，电调每次重新供电都需要进行电机运行最大转速和最小转速的信号标定，否则，电调对所给的脉冲信号不予响应。并且，标定时最大转速和最小转速的信号变化不能过小，过小的标定行程电调也不会响应。

根据以上的要求，在给电调上电的 3 s 之内，给电调提供一个脉冲宽度为 2 ms、周期为 20 ms、幅值为＋5 V 的脉冲，电调会发出“滴滴”两声响，然后再提供一个脉冲宽度为 1 ms、周期为 20 ms、幅值为＋5 V的脉冲，电调会发出“滴”一声长响，这样就表示标定成功。此后提供 1～2 ms 之间的 PWM 脉冲就可以控制电机在最大转速和最小转速之间运行。

2）驱动控制模块操作

为了使用安全、方便，将电池、ARM STM32F103 实验板集成于一个铝合金盒内，形成一个驱动控制器，如图 3.29 所示。

图 3.29

在控制模块上增加两个电位器来手动调节左、右两个旋翼电机的转速，在控制模块的一侧设置开关和接口，具体如图 3.30 和图 3.31 所示。

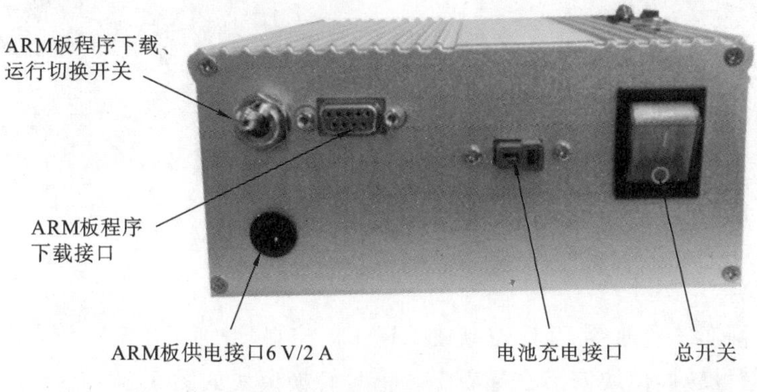

图 3.30

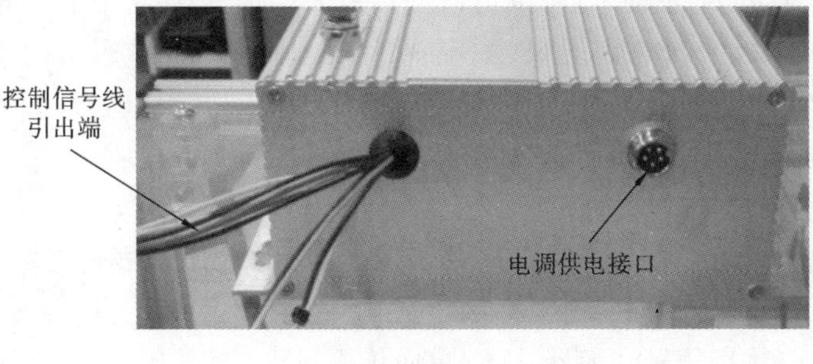

图 3.31

在上面的控制模块中，已编写、编译并下载了一个手动控制运行的示例程序，按对应的线号管标志接好线，插上给 ARM 板供电的 6 V/2 A 电源适配器，同时将两个电位器顺时针方向旋转到底，然后打开“总开关”，电调就可以自动标定成功，再旋转调节两个电位器就可以操作左、右两个电机运转。

3) 控制、驱动接线

(1) 接线方式。

为了方便操作，将电调的控制、驱动信号线以及编码器和角位移电位器线引出到旋翼保护罩外面，用 SM 对接插头与控制模块相连。电机供电线用比较粗的电源线，通过航空五芯插头接到控制模块内的航模电池。

为了方便采用 PLC 来控制，用彩排线制作了一条转换线，将 SM 插头转换为圆形针孔端子接头，以便与通用的接线端子对接，如图 3.32 所示。转换线的另一端可以通过接线端子排接入后续的模块或 PLC 中，如图 3.33 所示。

图 3.32

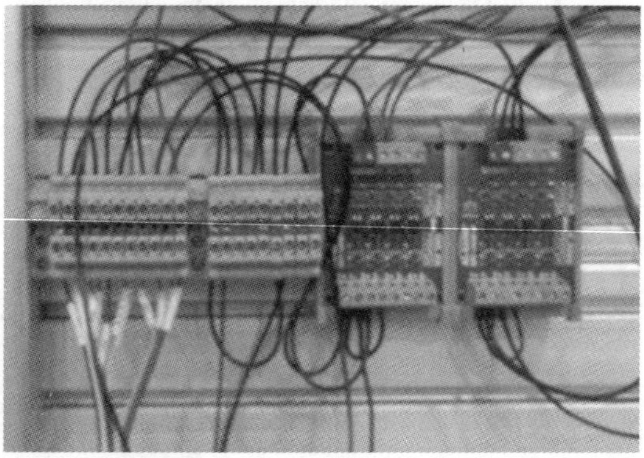

图 3.33

(2) 信号转换。

为使旋翼平衡实验台兼容 PLC 控制或 ARM 板控制，增加了＋5 V 信号和＋24 V 信号之间的转换模块，信号转换模块安装在导轨上。信号转换模块如图 3.34 所示。

以采用西门子 S7-224XP PLC 作为旋翼控制单元为例，旋转编码器输出的信号是＋5 V，PLC 接收的输入信号电平是 24 V，所以可以使用＋5 V 转＋24 V 信号转换模块将信号转为＋24 V，再输入 PLC 相应的输入端口，如图 3.34(a)所示。PLC 产生的 PWM 控制信号为＋24 V 信号，电调控制信号的电平是＋5 V，所以可以使用＋24 V 转＋5 V 信号转换模块将信号转为＋5 V，再输入电调控制信号输入端口，如图 3.34(b)所示。

4) 信号转换模块的选择与使用

信号转换模块根据信号输出方式，有 NPN 输出和 PNP 输出两种方式。

(1) DST-1R4P-N(5 V 输入转 24 V 输出)。

型号解析：DST(数字信号转换器)-1R(单向传输)4P(4 通道)-N(NPN 输出)，最高转换频率为 20 kHz。

① DST-1R4P-N 信号转换模块接线端子定义见表 3.4。

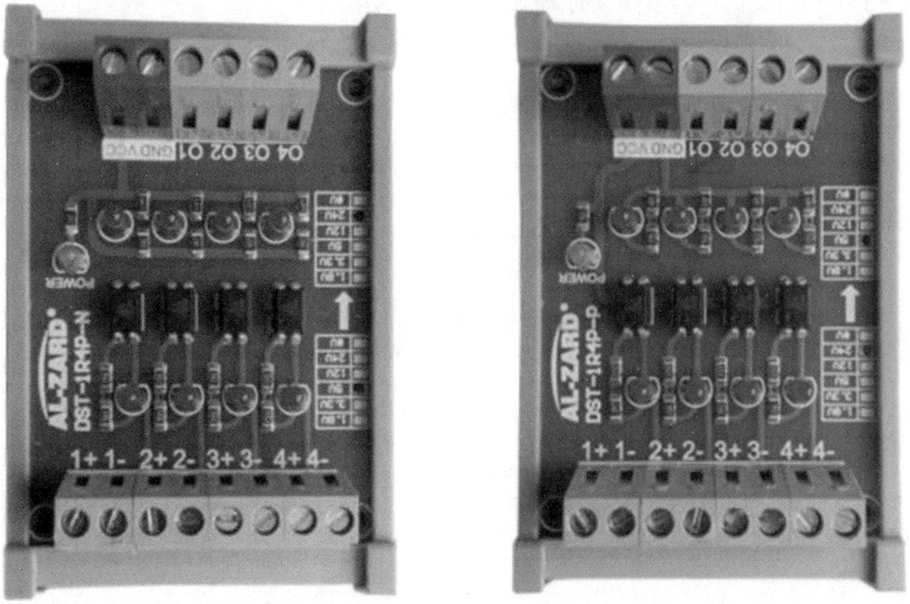

（a）+5 V转+24 V信号转换模块　　（b）+24 V转+5 V信号转换模块

图 3.34

表 3.4　DST-1R4P-N 信号转换模块接线端子定义

功　能	标　号	说　明
信号输入	1+	第一路信号输入正极
	1−	第一路信号输入负极
	2+	第二路信号输入正极
	2−	第二路信号输入负极
	3+	第三路信号输入正极
	3−	第三路信号输入负极
	4+	第四路信号输入正极
	4−	第四路信号输入负极
电源输入	VCC	直流电源正（＊）
	GND	直流电源负
信号输出	O1	第一路信号输出(Output)
	O2	第二路信号输出(Output)
	O3	第三路信号输出(Output)
	O4	第四路信号输出(Output)

② DST-1R4P-N 信号转换模块原理如图 3.35 所示。

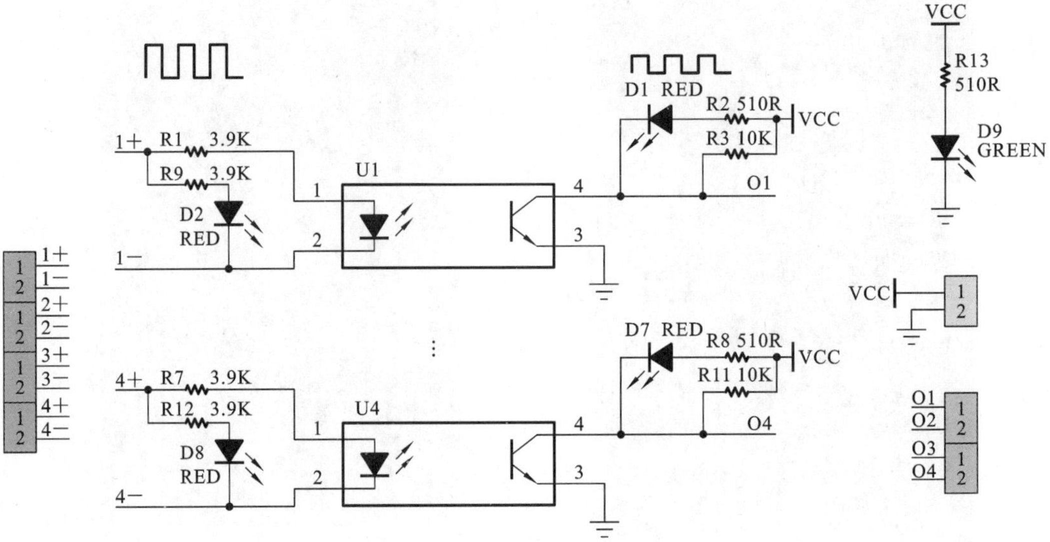

图 3.35

③ DST-1R4P-N 信号转换模块共阳极信号输入方式的连线如图 3.36 所示，相应的输入输出真值见表 3.5。

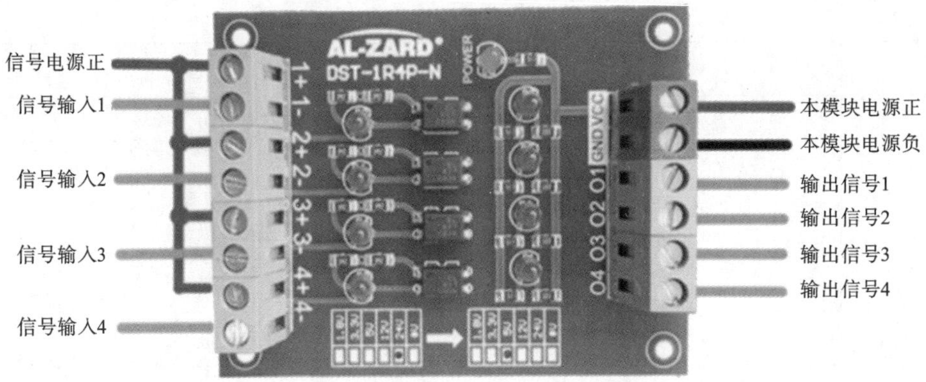

图 3.36

表 3.5　输入输出真值(共阳极输入)

信 号 输 入	信 号 输 出
H(高电平)(24 V)	H(高电平)(5 V)
L(低电平)(0 V)	L(低电平)(0 V)
备注:本例信号电源为直流+24 V,模块电源为直流+5 V	

④ DST-1R4P-N 信号转换模块共阴极信号输入方式按图 3.37 连线，相应的输入输出真值见表 3.6。

图 3.37

表 3.6　输入输出真值(共阴极输入)

信 号 输 入	信 号 输 出
H(高电平)(24 V)	L(低电平)(0 V)
L(低电平)(0 V)	H(高电平)(5 V)
备注:本例模块电源为直流+5 V	

⑤ DST-1R4P-N 信号转换模块差分信号输入方式按图 3.38 连线,相应的输入输出真值见表 3.7。

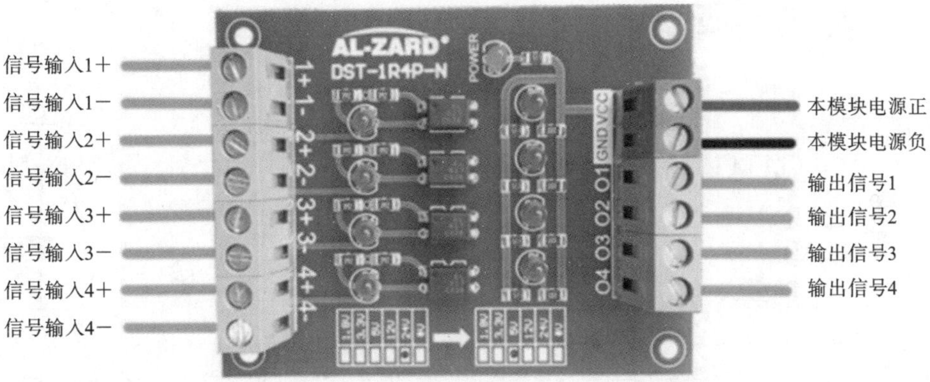

图 3.38

表 3.7　输入输出真值(差分信号输入)

信 号 输 入	信 号 输 出
H(高电平)	L(低电平)(0 V)
L(低电平)	H(高电平)(5 V)
备注:本例模块电源为直流+5 V	

(2) DST-1R4P-P(24 V 输入转 5 V 输出)。

型号解析:DST(数字信号转换器)-1R(单向传输)4P(4 通道)-P(PNP 输出),最高转换频率为 20 kHz。

① DST-1R4P-P 信号转换模块接线端子定义见表 3.8。

表 3.8 DST-1R4P-P 信号转换模块接线端子定义

功　能	标　号	说　明
信号输入	1+	第一路信号输入正极
	1−	第一路信号输入负极
	2+	第二路信号输入正极
	2−	第二路信号输入负极
	3+	第三路信号输入正极
	3−	第三路信号输入负极
	4+	第四路信号输入正极
	4−	第四路信号输入负极
电源输入	VCC	直流电源正(*)
	GND	直流电源负
信号输出	O1	第一路信号输出(Output)
	O2	第二路信号输出(Output)
	O3	第三路信号输出(Output)
	O4	第四路信号输出(Output)

② DST-1R4P-P 信号转换模块原理如图 3.39 所示。

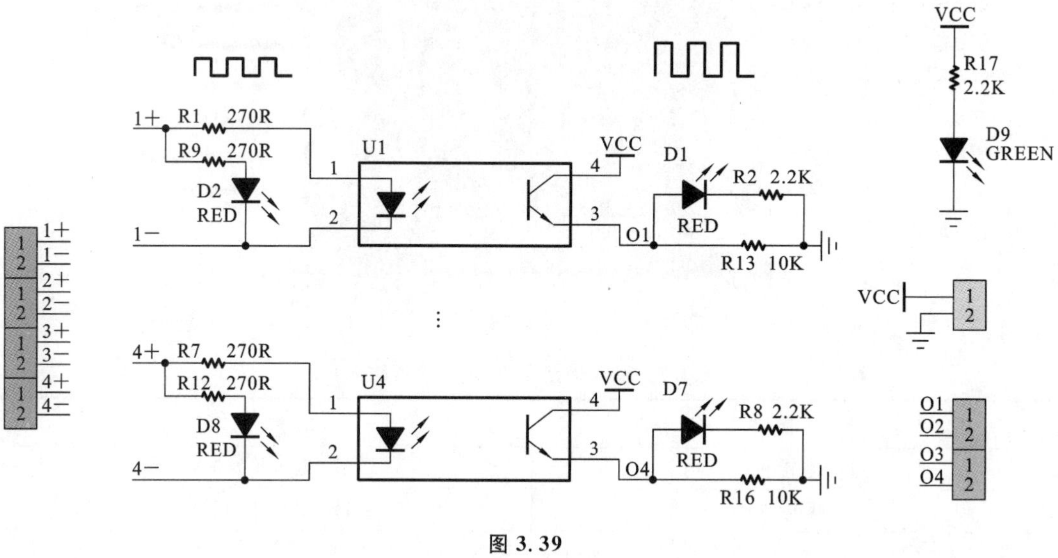

图 3.39

③ DST-1R4P-P 信号转换模块共阳极信号输入方式连线如图 3.40 所示，相应的输入输出真值见表 3.9。

图 3.40

表 3.9　输入输出真值(共阳极输入)

信 号 输 入	信 号 输 出
H(高电平)(5 V)	L(低电平)(0 V)
L(低电平)(0 V)	H(高电平)(5 V)
备注:本例信号电源为直流+5 V,模块电源为直流+24 V	

④ DST-1R4P-P 信号转换模块共阴极信号输入方式连线如图 3.41 所示,相应的输入输出真值见表 3.10。

图 3.41

表 3.10　输入输出真值(共阴极输入)

信 号 输 入	信 号 输 出
H(高电平)(5 V)	H(高电平)(24 V)
L(低电平)(0 V)	L(低电平)(0 V)
备注:本例信号电源为直流+24 V	

⑤ DST-1R4P-P 信号转换模块差分信号输入方式连线如图 3.42 所示,相应的输入输出真值见表 3.11。

图 3.42

表 3.11 输入输出真值(差分信号输入)

信 号 输 入	信 号 输 出
H(高电平)	H(高电平)(24 V)
L(低电平)	L(低电平)(0 V)
备注:本例信号电源为直流+24 V	

5) 注意事项

采用 ARM 实验板作为控制单元时,需注意以下事项。

(1) ARM 主板供电:为了减少干扰,电机电调供电和 ARM 板供电是分开的,采用一个 6 V/2 A 的电源适配器为控制单元供电。

(2) 在打开“总开关”之前,必须经过“标定”,即将两个电位器顺时针方向旋转到底,否则 ARM 板不会运行标定程序,也就不能进入正常运行状态。

(3) 电池充电:由于电机运行时电流很大,旋翼实验系统采用了航模高倍率电池供电。航模高倍率电池可持续运行时间约为 30 min,过度使用会使航模高倍率电池过放电而不能充电,不能充电的电池必须报废,强行大电流充电可能会导致电池起火、爆炸。在使用之前先用万用表测“航模电池充电接口”位置的电压,如果电压低于 11.1 V 就必须先充电再使用。

(4) 充电器的使用:航模高倍率电池充电必须使用专用的平衡充电器,如图 3.43 所示。

图 3.43

使用平衡充电器充电时，电池型号选“LiPo CHARGE”，电流选“2.0 A　11.1 V(3S)”，也可以选“2.0 A　AUTO”模式。如果因电池电压过低而导致充电没有响应，就必须报废电池并进行更换。

三、实验仪器和设备

(1) 计算机(安装有组态王软件、WinCC flexible)。

(2) 双旋翼实验箱(含电源)。

(3) 西门子 S7-224XP DC/DC/DC PLC。

(4) 西门子触摸屏。

(5) DST-1R4P-P 信号转换模块。

(6) DST-1R4P-N 信号转换模块。

(7) 24 V 直流电源。

(8) 12 V 直流电源。

(9) 开关、导线、接线端子排若干。

四、实验步骤及内容

1. 实验方案

采用PID控制算法，用组态王或西门子工业触摸屏设计一个双旋翼左右平衡的控制与监测系统，组态画面与PLC通过PPI方式通信。在PLC程序中，将左右平衡角度传感器测得的数据存放于PLC的VD200地址，旋翼起飞的高度(或角度)目标值存放于VD500地址，监测值存放于VD600地址，供HMI读取并显示。PLC的VD300地址存放平衡目标值，用于接收上位机组态画面设定的目标平衡角度。

2. 实验步骤

(1) 用万用表测量旋翼电池的电压，如果电压小于11 V，应充电后再使用。

(2) 画出旋翼平衡控制系统框图，再画出电气接线图，按照接线图建立双旋翼控制系统硬件环境。

(3) 确定旋翼平衡控制策略，设计PLC程序，控制双旋翼在底部有支承的未起飞状态下运行，并达到左右平衡，将平衡目标值存放于VD300地址；检测到的平衡角度值存放于VD200地址。

(4) 在步骤(3)的基础上，设计PLC程序，控制双旋翼在脱离底部支承起飞的状态下运行，并达到左右平衡，将起飞高度(或角度)的目标值存放于VD500地址；平衡目标值存放于VD300地址；检测平衡角度，并将检测到的平衡角度值存放于VD200地址。

五、实验报告要求

在完成以上实验内容之后，应及时记录数据、保存界面截屏图等资料，撰写实验报告。实验报告的正文应包含以下内容：

(1) 实验目的。

(2) 实验方案：① 总体方案；② 传感器标定；③ 人机交互界面方案。

(3) 控制系统框图。

(4) 控制系统接线图。

(5) 旋翼平衡传感器标定过程。
(6) 旋翼飞起高度传感器表达与计算。
(7) 控制程序流程图。
(8) 调用 PLC 自带 PID 控制器算法功能模块控制旋翼平衡的程序代码(含注释)。
(9) 调用 PLC 自带 PID 控制算法控制旋翼飞起高度的 PLC 程序代码(含注释)。
(10) 采用自行编制 PID 控制算法控制旋翼飞起高度的 PLC 程序代码(含注释)。
(11) 采用自行编制 PID 控制算法控制旋翼平衡的 PLC 程序代码(含注释)。
(12) HMI 界面(含设计过程)及 HMI 程序。
(13) 两种 PID 控制算法控制旋翼平衡的结果比较及总结。
(14) 调试过程总结与实验心得。

六、思考题

请对旋翼平衡系统进行数学建模,并说明如何通过数学模型控制旋翼平衡,实验验证之。

3.4　伺服电机的 JOG 控制实验

伺服电机已是现在工业领域应用最广泛的精密运动驱动部件了。德国 MANNESMANN 的 Rexroth 公司在 1978 年汉诺威贸易博览会上正式推出了 MAC 永磁交流伺服电机和驱动系统,这标志着此种新一代交流伺服技术已进入实用化阶段。到 20 世纪 80 年代中后期,很多公司都有了自己完整的系列伺服运动产品。交流伺服技术发展至今,技术日臻成熟,性能不断提高,现已广泛应用于数控机床、印刷包装机械、纺织机械、自动化生产线等自动化领域。目前,几乎整个伺服装置市场都转向了交流系统。

高性能的电伺服系统大多采用永磁同步交流伺服电机,控制驱动器多采用快速、准确定位的全数字位置伺服系统。国外的生产商有德国西门子、美国科尔摩根和日本松下及安川等公司,国内的伺服驱动系统在近年也有长足的发展,如迈信、雷赛、英威腾、固高等公司均有自己的成熟产品。

一、实验目的

(1) 掌握伺服电机与伺服驱动器的连接方法。
(2) 掌握正确设置伺服电机驱动器参数的方法。
(3) 掌握通过面板配置与控制的方法,手动操作(JOG)伺服电机的运动。

二、实验原理

本项实验以国内用量较大的雷赛伺服电机作为驱动电机,进行伺服电机的运动控制实验。与步进电机相比,交流伺服电机具有以下优点:

(1) 可避免出现失步现象。伺服电机自带编码器,位置信号反馈至伺服驱动器,与开环位置控制器一起构成半闭环控制系统。

(2) 宽速比、恒转矩。调速比为 1∶5000,从低速到高速都具有稳定的转矩特性。而步进电机的转矩不恒定,并且随着转速的增加,输出转矩下降很快。

(3) 高速度、高精度。常用的伺服电机最高转速可达 3000 r/min(不同型号伺服电机的最高转速不同)，回转定位精度 1/10000 r。

(4) 控制简单、灵活。通过修改参数可对伺服系统的工作方式、运行特性做适当的设置，以适应不同的要求。

三、实验仪器和设备

(1) 伺服电机。

(2) 伺服电机驱动器。

(3) 220 V AC 三眼插头的电源线。

(4) 伺服电机与伺服驱动器连接的动力线(含接头)。

(5) 伺服电机与伺服驱动器连接的信号线(含接头)。

四、实验步骤及内容

1. 实验方案

在读懂伺服电机驱动器用户手册的基础上，设计实验系统的电气图，连接伺服电机与驱动器，设置伺服电机驱动器的参数；在能够使用 JOG 方式点动控制伺服电机的基础上，连接 PLC 与伺服电机驱动器的各控制信号线，编制 PLC 程序，通过 PLC 控制伺服电机按实验的要求动作。

2. 实验步骤

(1) 根据伺服电机驱动器手册，设计并画出实验系统的电气图。

(2) 根据所设计的电气图，连接伺服电机与驱动器。

(3) 设置伺服电机驱动器的参数，在伺服电机驱动器上采用 JOG 方式，点动控制伺服电机。

在用 JOG 试运行方式前，需检查并确保配线完好，其主要内容包括：

① 电源输入功率端子、电机输出功率端子、编码器输入端子 CN2、控制信号端子 CN1(JOG 试运行时可不接)、通信端子 CN4(JOG 试运行时可不接)等必须正确接线，接线必须牢固；

② 电源输入线之间、电机输出线之间必须无短路，而且与 PG 地无短路。

另外，电机轴必须保证未带机械负载。

(4) JOG 控制的面板操作方法。

面板操作按键与显示布局如图 3.44 所示，相关说明见表 3.12。

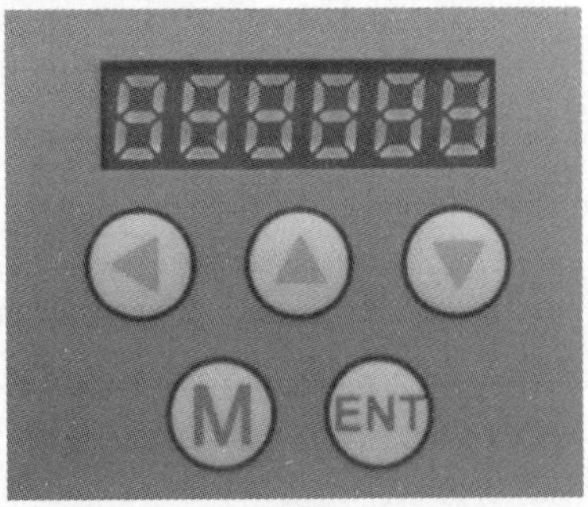

图 3.44

表 3.12　面板操作按键与显示说明

名　称	符　号	功　能
显示	—	6 个 LED 数码管用于显示监视值、参数值和设定值
模式切换键	M	可在 4 种模式间切换： ① 数据监视模式； ② 参数设定模式； ③ 辅助功能模式； ④ EEPROM 写入模式

续表

名　称	符　号	功　能
确定键	ENT	进入子菜单、确定输入
向上键	▲	切换子菜单、增大数值
向下键	▼	切换子菜单、减小数值
向左键	◀	输入位(闪烁标识)左移

实验使用的雷赛伺服电机驱动器的面板操作方法(参见图 3.45)如下。

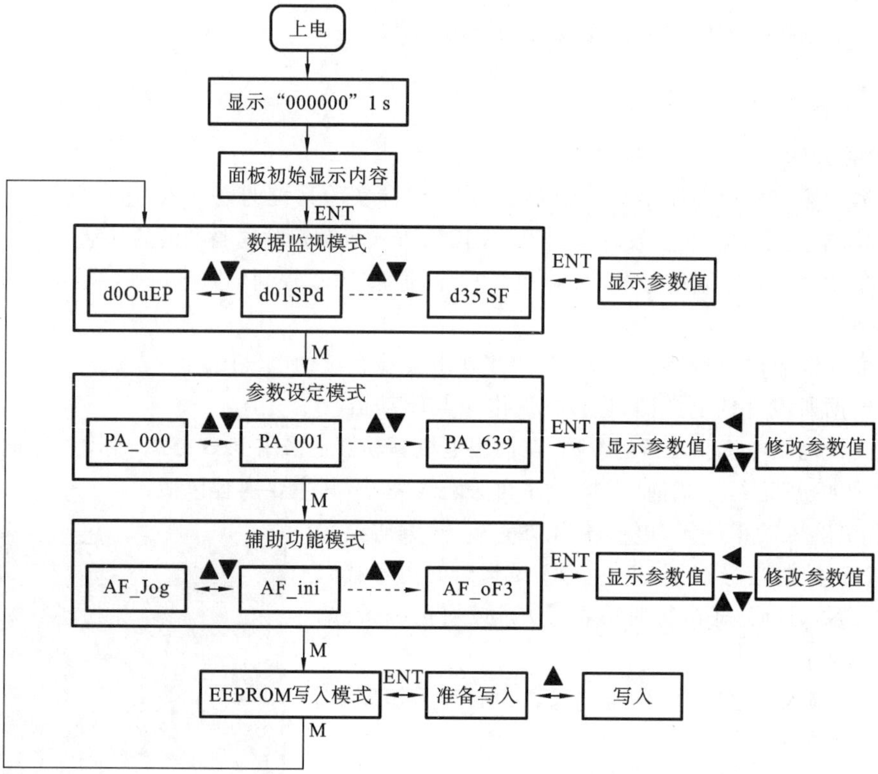

图 3.45

① 驱动器电源接通时,显示器先显示符号 888888 约一秒钟。若驱动器无异常报警,则进入数据监控模式,显示初始的监控参数值;否则,显示相应的异常报警代码。

② 按 M 键可切换数据监视模式→参数设定模式→辅助功能模式→EEPROM 写入模式。

③ 当有新的异常报警发生时,无论在任何模式都会马上切换到异常报警显示模式,按下 M 键可切换到其他模式。

④ 在数据监视模式下,通过▲或▼键选择被监视参数类型;按 ENT 键进入后,部分参数类型可通过◀键选择显示参数值的高 4 位“H”或者低 4 位“L”。

⑤ 在参数设定模式下,通过◀键选择参数序号的当前编辑位,通过▲或▼键改变参数序号的当前编辑位的数值大小。按 ENT 键进入对应参数序号的参数值设定模式。编辑参数值时,通过◀键选择参数值的当前编辑位,通过▲或▼键改变参数值的当前编辑位的数值大小。参数值修改完成后,按 ENT 键,参数值将被保存,并返回到参数序号的选择界面。

为方便操作，现将常用的显示符号及其含义列入表 3.13 中。

表 3.13　常用的显示符号及其含义

显示符号	含义	显示符号	含义
	PA_001		d01SPd
	AF_JOG		Finish
	EE_SET		Start
	Srv_on		Error
	P--JOG		n--JOG

（5）位置 JOG 运行。

进行位置 JOG 运行时，按照前述的面板操作方法设置表 3.14 所示的参数。

表 3.14　位置 JOG 运行参数

序号	参　数	名　称	设 置 值	单　位
1	PA_ 001	控制模式设定	0	—
2	PA_ 312	加速时间设置	100	毫秒
3	PA_ 313	减速时间设置	100	毫秒
4	PA_ 314	S 字加减速设置	0	毫秒
5	PA_ 604	JOG 试机转速	300	转/分
6	PA_ 620	位置运行行程	50	0.1 转
7	PA_ 621	位置运行间歇时间	100	毫秒
8	PA_ 622	位置运行重复次数	3	次

设置完参数，通过 M 键选择 EEPROM 写入模式，此时显示“EE_SET”，按 ENT 键显示“EEP－”，再长按▲键，直至显示“Start”，表明已经进入写入模式操作，稍过片刻，显示“Finish”，说明设置写入完成，在伺服驱动器中已保存了上面设置的参数。关断伺服驱动器的电源，静候 10 s，再接通电源，就可以进行 JOG 点动控制了。

完成参数设置后(重启伺服驱动器)，通过 M 键选择 JOG 点动模式，此时伺服驱动器面板显示“AF_JOG”，按下 ENT 键，显示“JOG－”，按下◀键可以观察到电机正反转动 3 次，此时伺服驱动器面板显示“Srv_on”。再次按下◀键后，伺服驱动器面板会显示“Error”，此时再次按下◀键，伺服驱动器面板显示“Srv_on”，并且可以观察到电机正反转动 3 次。

（6）速度 JOG 运行。

速度 JOG 运行时，其参数设置如表 3.15 所示。

表 3.15　速度 JOG 运行参数

序　号	参　数	名　称	设 置 值	单　位
1	PA_ 001	控制模式设定	1	—
2	PA_ 312	加速时间设置	2000	毫秒
3	PA_ 313	减速时间设置	100	毫秒
4	PA_ 314	S 字加减速设置	0	毫秒
5	PA_ 604	JOG 试机转速	3000	转/分

完成参数设置后，通过 M 键选择 EEPROM 写入模式，此时显示“EE_SET”，按 ENT 键显示“EEP－”，再长按▲键，直至显示“Start”，表明已经进入写入模式操作，稍过片刻，显示“Finish”，说明设置写入完成，在伺服驱动器中已保存了以上操作所设置的参数。关断伺服驱动器电源，静候 10 s 以上，再接通电源，重启伺服驱动器，通过 M 键选择 JOG 点动模式，此时伺服驱动器面板显示“AF_JOG”，按下 ENT 键，显示“JOG－”，按下◀键，显示“Srv_on”，再按下▲键，电机正转，直至松开按键，电机停止转动；按下▼键，电机反转，直至松开按键，电机停止转动。注意观察启动加速和停止时的减速所需的时间长短。

五、实验报告要求

实验报告至少包含以下内容：

(1) 实验目的。

(2) 实验所用仪器、设备、器材。

(3) 实验框图。

(4) 伺服电机及伺服驱动器接线图。

(5) 位置控制模式下的实验步骤。

六、思考题

伺服电机在 JOG 模式下的位置控制和速度控制实验有什么不同？验证之。

3.5　一维工作台的位移伺服控制实验

一、实验目的

(1) 掌握 PLC 控制伺服电机运动的接线方法。

(2) 掌握 PLC 控制伺服电机运动过程中信号电平转换的方法。

(3) 掌握 PLC 高速脉冲输出的编程方法。

(4) 掌握 PLC 高速脉冲输入计数的编程方法。

(5) 掌握伺服电机位置控制模式下的 PLC 控制方法。

(6) 掌握由伺服电机驱动、丝杠螺母传动的一维直线工作台运动位移的计算方法。

(7) 编写 PLC 程序，配置伺服驱动器的相关参数，实现对由交流伺服电机驱动的一维直线滑台的位置伺服控制，并用直线光栅尺、旋转编码器进行验证。

(8) 掌握测量一维直线工作台丝杠螺母正反向间隙的方法。

(9) 能够在一维直线工作台上进行直线电阻尺位移精度的测量。

二、实验原理

西门子 S7-224XP DC/DC/DC PLC 能够输出频率高达 100 kHz 的高速脉冲，本实验利用 PLC 的高速脉冲输出功能，通过程序自动控制伺服电机的正/反转和加/减速。实验所用的一维直线工作台由伺服电机驱动，因此通过控制伺服电机的转动角度和转速，结合多功能一维直线工作台(见图 3.46)丝杠的导程(4 mm)，就可以精确控制一维直线工作台上滑台的移动距离和速度。

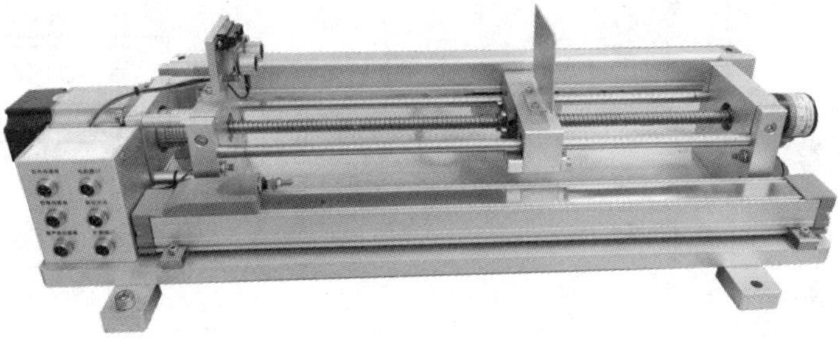

图 3.46

1. 一维直线工作台的功能部件

(1) 直线模组。

直线模组相关组件及说明如下：

- 驱动机构：滚珠丝杠进给导程 4 mm；
- 导向机构：微型滚珠线性滑轨；
- 最大有效行程：360 mm；
- 伺服电机：200 W 交流(220 V)伺服电机，自带绝对值编码器。

(2) 限位开关。

直线模组的两端各设置了 1 个按钮开关即限位开关(见图 3.47)。

(3) 旋转编码器。

光电式旋转编码器(见图 3.48)安装在直线模组与伺服电机相对的另一端，直线模组的丝杠与旋转编码器的读数头直接通过联轴器连接在一起，因此编码器可以直接实时测量工作台的位移(反馈其实时位置)。

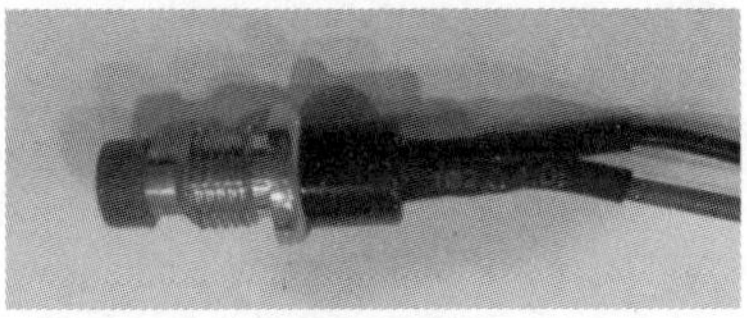

图 3.47

图 3.48

光电式旋转编码器的参数如下：

- 工作电压：DC 7～30 V；
- 分辨率：100 pulse/r；
- 信号输出：A 相、B 相、Z 相；
- 支持最大转速：6000 r/min。

(4) 直线光栅尺。

直线模组的移动工作台直接与直线光栅尺(见图 3.49)的读数头固定在一起，因此光栅尺可以直接实时测量工作台的位移(反馈其实时位置)。

直线光栅尺的工作参数如下：

- 工作电压：+5 V；
- 栅距：0.02 mm (50 线/mm)；
- 精度：±10 μm；

图 3.49

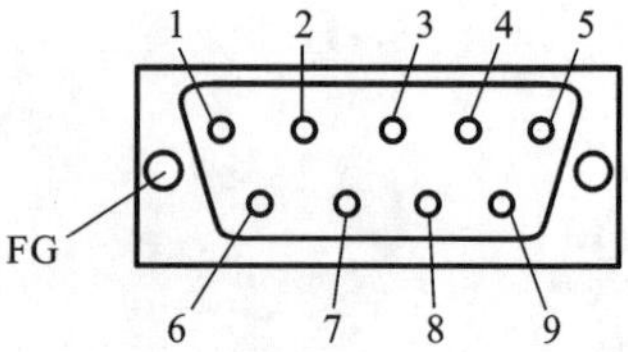

图 3.50

- 量程：420 mm；
- 允许最大位移速度：60 m/min。

直线光栅尺的接口是 DB9 公头，如图 3.50 所示。

图 3.50 中 FG 为屏蔽端子，接金属外壳，接口引脚定义如下：

脚位	1	2	3	4	5	6	7	8	9
信号	空	0V	空	空	空	A	+5 V	B	Z

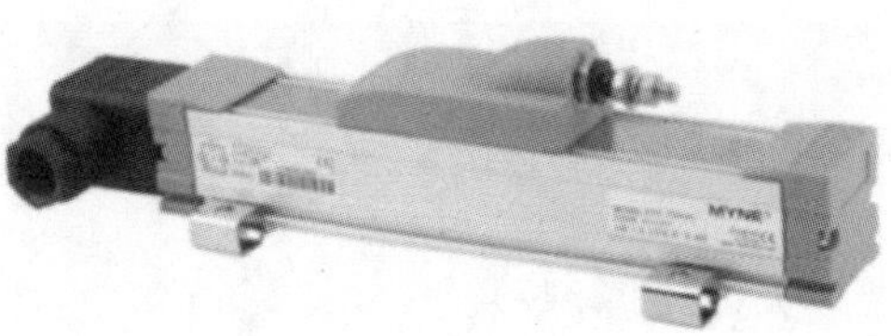

图 3.51

（5）直线电阻尺。

直线模组的移动工作台通过一个可拆装的连接板与直线电阻尺的读数头固定在一起，此时直线电阻尺可以用来直接实时测量工作台的位移（反馈其实时位置）。如果直线模组的工作台不连接直线电阻尺的读数头，可以手动移动直线电阻尺的读数头，控制伺服电机使直线模组的移动工作台追随电阻尺读数头移动。直线电阻尺如图 3.51 所示。

直线电阻尺的主要技术指标如下：

- 公称行程：400 mm；
- 相对线性精度(FS)：±0.05%；
- 电阻值：(1±10%)×5 kΩ；
- 重复精度：0.01 mm；
- 最大工作速度：10 m/s；
- 输出信号类型：Vdc（随位移变化而成比例变化）。

直线电阻尺与模组插座的引脚对应关系见表 3.16。

表 3.16　直线电阻尺与模组插座的引脚对应关系

直线模组插座（针）引脚	直线电阻尺引脚
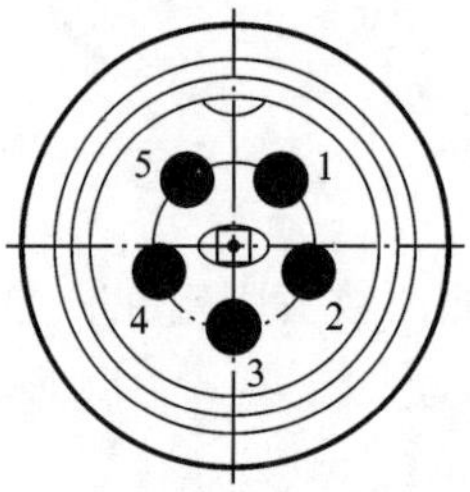	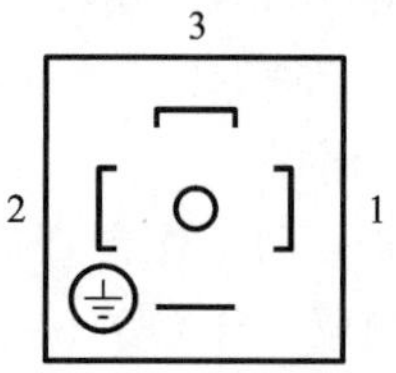
1 脚：信号	2 脚
2 脚：GND	3 脚
3 脚：VCC	1 脚

(6) 红外测距传感器。

红外测距传感器(见图 3.52)用于非接触式测量滑块移动距离。

图 3.52

红外测距传感器的主要工作参数如下：

- 工作电压：4.5～5.5 V；
- 测量距离：10～80 cm；
- 模拟输出电压：通常为 0.4～2.3 V；
- LED 脉冲周期：32 ms；
- 响应时间：39 ms；
- 启动延时：44 ms；
- 平均消耗电流：30 mA；
- 外形尺寸：44.5 mm×18.9 mm×13.5 mm；
- 安装孔间距：37 mm。

红外测距传感器的输出特性曲线如图 3.53 所示。

(7) 超声波传感器。超声波传感器用于非接触式测量滑块移动距离。其工作参数指标：

- 工作电压：DC 5 V；
- 工作电流：30 mA(典型)，35 mA(最大)；
- 通信：正向 TTL 脉冲；
- 连接封装：3-PIN 排针接口；
- 触发脉冲：正向 TTL 电平，最小值为 2 μs，典型值为 5 μs；
- 回波脉冲：正向 TTL 高电平，脉冲宽度为 115 μs～18.5 ms；
- 回波延迟：750 μs 从触发脉冲的下降沿；
- 工作频率：40 kHz。

超声波传感器硬件接线示意图如图 3.54 所示。

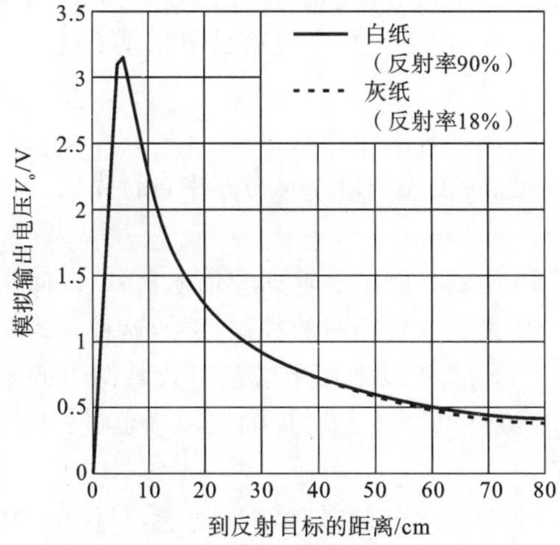

图 3.53

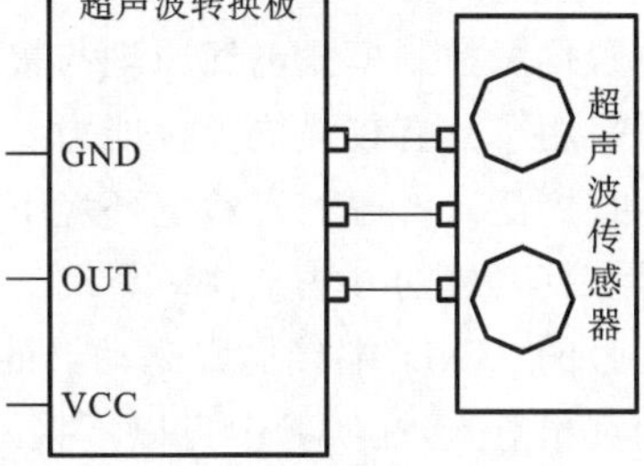

图 3.54

2. 伺服电机及其驱动器

一维伺服直线工作台的滑块由伺服电机通过丝杠驱动。伺服电机的运动则是由伺服电机驱动器控制与驱动的。所以控制伺服电机的转动，本质上就是控制伺服电机驱动器。

伺服电机驱动器接收来自控制器的控制信号，对控制信号进行转换后，结合编码器信号和功率单元，驱动伺服电机按照控制要求转动。本实验采用的是雷赛伺服电机及其驱动器，如图3.55所示。

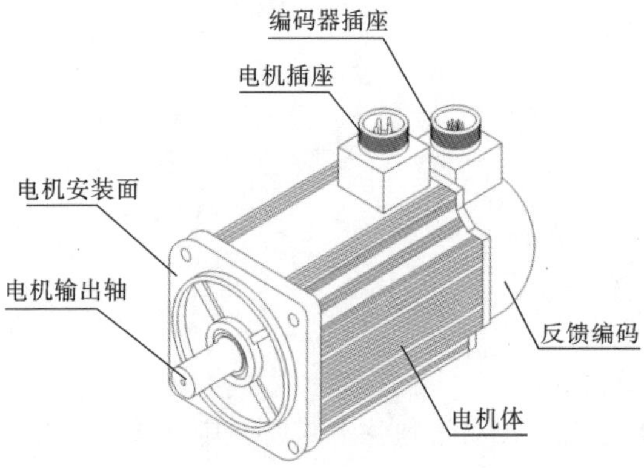

（a）伺服电机

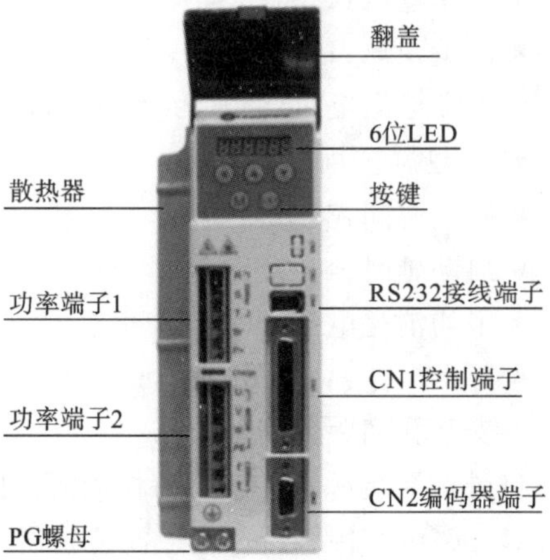

（b）驱动器

图 3.55

实验所用的雷赛伺服电机，尾端采用了2000目的编码器，电机壳体外有两个接线插座：

（1）“电机插座”用于连接伺服电机驱动器上的“功率端子 2”；

（2）“编码器插座”用于连接伺服电机驱动器上的“CN2 编码器端子”。

本实验所用的小型交流伺服电机驱动器的工作电源为 220 V 单相交流电，接到伺服电机驱动器的“功率端子 1”上。当伺服电机上的“电机插座”和“编码器插座”分别通过电缆连接到伺服电机驱动器的“功率端子 2”和“CN2 编码器端子”后，伺服电机驱动器接上 220 V 的交流电源，就可以通过伺服电机驱动器上的按键控制伺服电机的转动了。这种方法称为 JOG 控制法，常用于伺服电机和驱动器的检验与调试，我们已经在上一个实验项目中完成了这个实验。

3. 伺服电机的控制模式

一般伺服电机有位置控制、速度控制和转矩控制三种工作模式。

本项实验的重点是伺服电机的位置控制，速度、转矩控制留在思考题中自行完成。

（1）位置控制模式。

位置伺服控制模式电气原理与接线如图 3.56 所示。图中脉冲指令输入信号、方向指令输入信号采用了具有较强抗干扰能力的差分信号，作为长线传输时的控制信号，这种方式在工程上应用很广泛。考虑到实验室环境下的干扰并不严重，所以常用单端信号代替图中的差分输入信号。其具体的方法是：将单端信号的“＋”端经过电平适配后接伺服驱动器的“PUL＋”，单端信号的“GND”端接伺服驱动器的“PUL－”。

为突出重点，在实验中可以不接除使电机正常转动之外的其他辅助功能，只保留“脉冲指令”“方向指令”和“伺服使能指令”即可。但应注意到，在实际的工程应用时，需要根据实际接入其他全部或若干辅助功能。

（2）速度/转矩控制模式。

伺服电机的速度/转矩控制模式与位置控制模式的脉冲控制信号不同，速度/转矩模式的

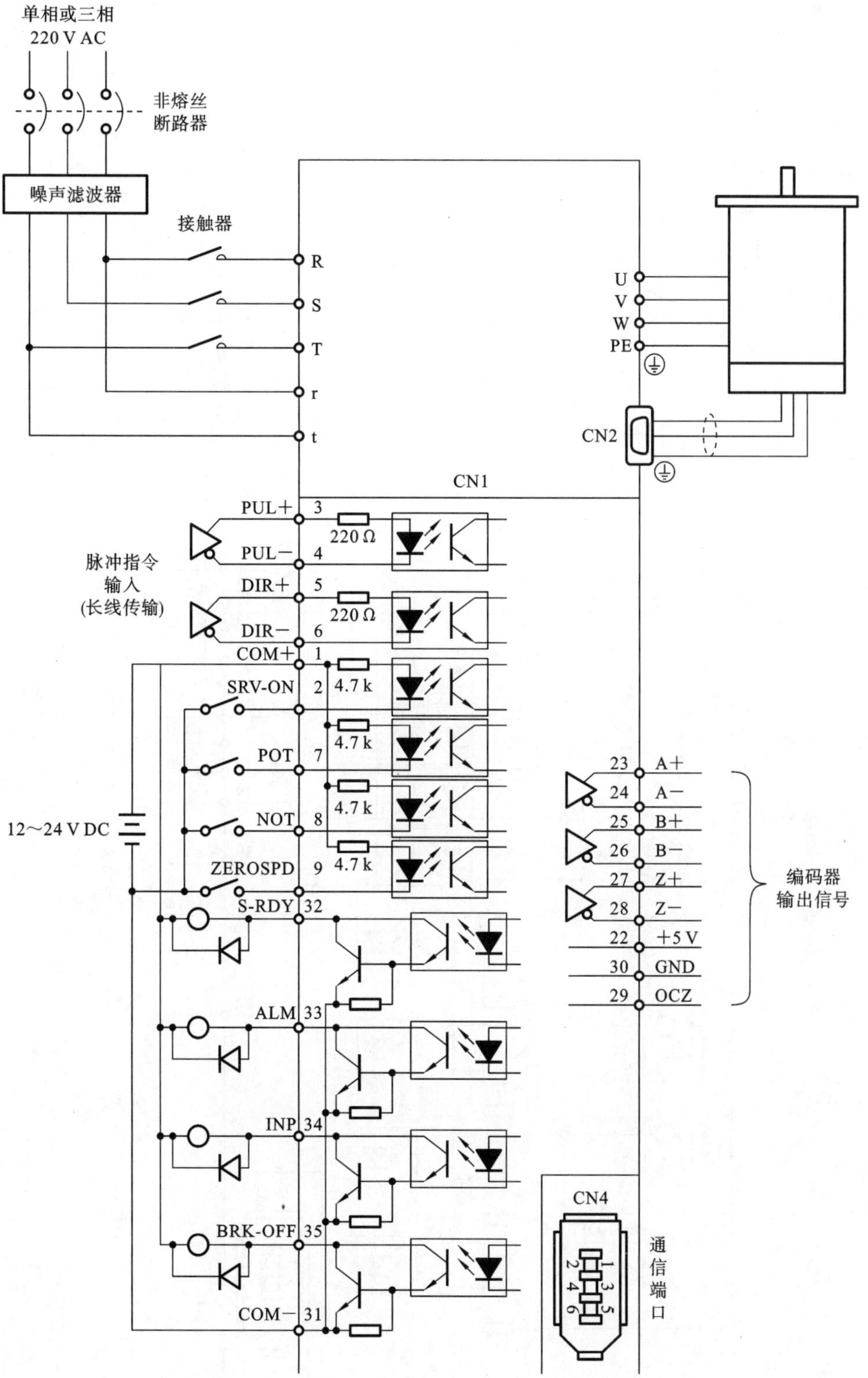

图 3.56

控制信号为－10～10 V 的模拟量信号，单端的模拟量信号接入伺服驱动器的第 39、41 号端子，差分的模拟量信号接入伺服驱动器的第 43、44 号端子，如图 3.57 所示。

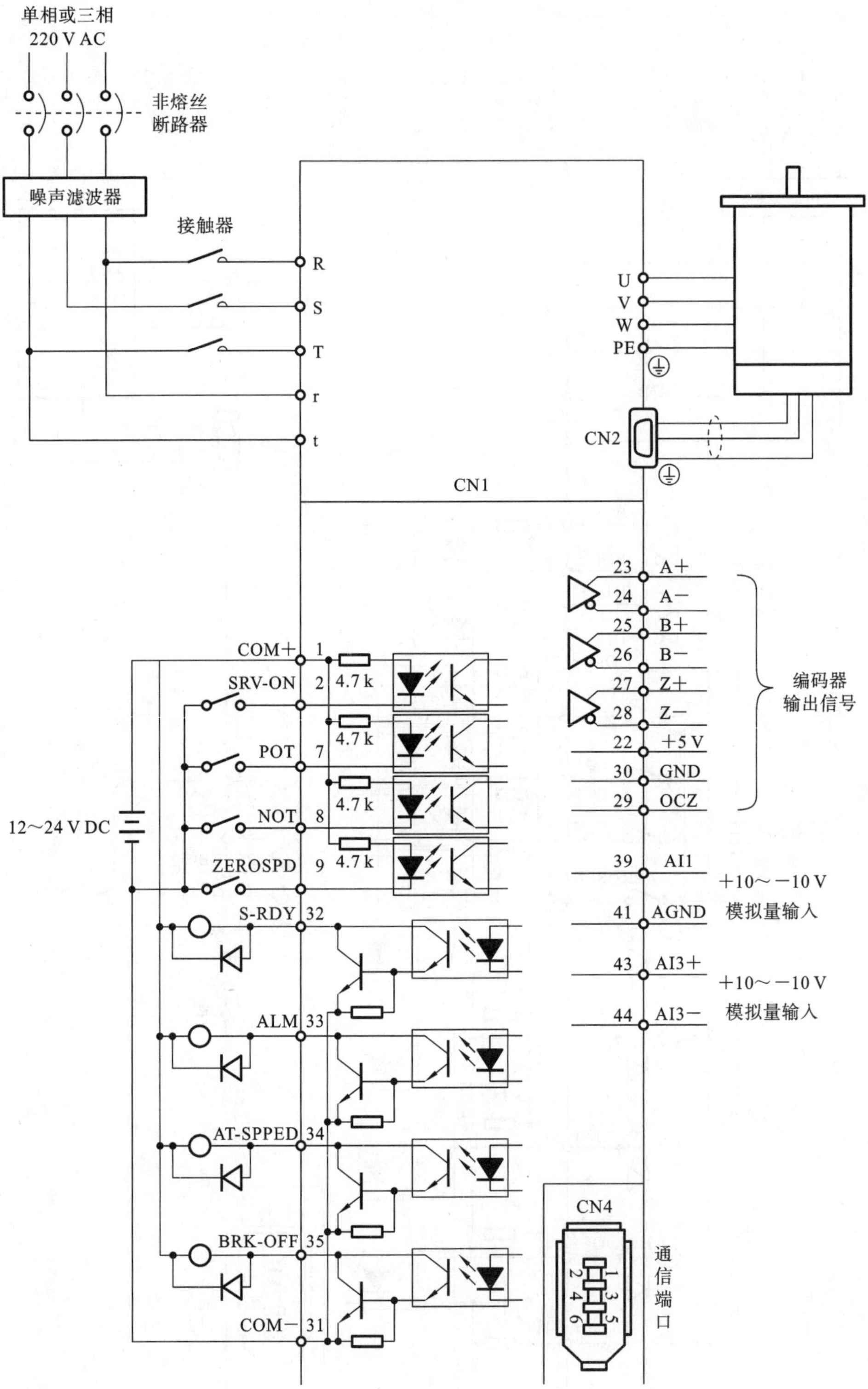

图 3.57

(3) 雷赛伺服驱动器的出厂初始设置。

雷赛伺服驱动器的出厂设置参见表 3.17。

表 3.17　雷赛伺服驱动器的出厂设置

代号及说明		取值及说明	
PA715	电机型号输入	查电机代号表，手动输入	据电机代号表，填入电机代号
PA001	控制模式设定	1	速度模式
PA002	设定实时自动调整	2	定位动作模式
PA003	实时自动调整刚性设定	13	具体设置
PA004	惯量比	250	由惯量自动识别测出或计算获得
PA006	指令脉冲极性设置	0 或 1	改变电机初始转向
PA007	指令脉冲输入模式设置	1 或 3	1 脉冲＋脉冲，3 脉冲＋方向
PA009	第一指令倍频分子	1	默认情况为 1000 pulse/r
PA010	指令分倍频分母	1	
PA011	编码器脉冲输出分频分子	2500	编码器转一圈反馈脉冲 2500 脉冲
PA013	第一转矩限制	300	限制电机转矩输出百分比
PA_400	SI1 输入选择	8300	内部使能(通过外部接线后就不要设置此参数)
PA_315	零速钳位机能选择	1	通过驱动器面板改值零速钳位功能开启
PA_303	速度指令输入反转	0 或 1	改变电机初始转动方向
PA_301	速度指令方向指定选择	1	模拟速度指令(通过外部接线)

4. 电平转换模块

伺服电机驱动器控制端子信号电平：除脉冲指令信号 PUL 和方向指令信号 DIR 为 TTL 电平，编码器的输出信号为 5 V 电平外，其他的信号都可以使用 24 V 电平。

由于西门子 S7-200 系列 PLC 输出脉冲的电平为 24 V，因此需要使用一个 24 V→5 V 的电平转换模块(见图 3.58)，将 PLC 输出的 24 V 脉冲信号转换为 5 V 脉冲信号，接入伺服驱动器的脉冲指令输入端子 3，将 PLC 输出的 24 V 方向信号转换为 5 V 方向信号，接入伺服驱动器的方向指令输入端子 5。

图 3.58

信号电平转换模块采用导轨安装方式，可以安装在 DN35 型标准导轨上。其单通道信号电平转换原理如图 3.59 所示。

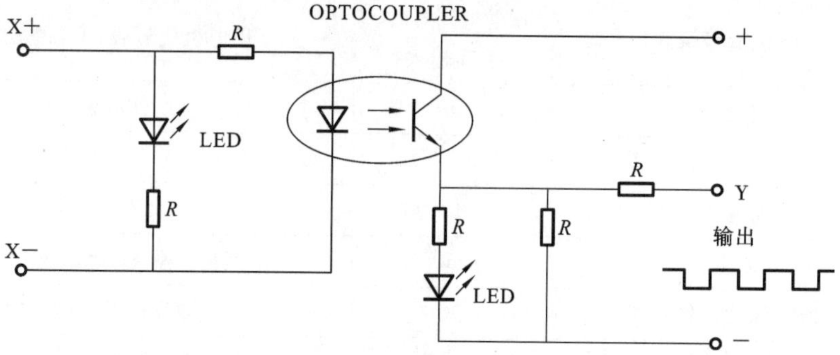

图 3.59

电平转换模块使用注意事项：

(1) 型号 ZKT-00XN4：输入 NPN 和 PNP 兼容，输出 NPN，4 路，信号频率范围 0～5 kHz。

(2) 型号 ZKT-00XP4：输入 NPN 和 PNP 兼容，输出 PNP，4 路，信号频率范围 0～5 kHz，实验中使用的是这一型号的电平转换模块。

(3) 所有型号输出电压规格均为 3～30 V 自适应(无须用户选取)，输入信号电压则需要用户根据自己输入的信号电压选取较为接近的。

(4) 输出端 V+/V−供电多少伏电压(3～30 V 均可)，则输出端 Y 信号的电压规格就是多少伏。

(5) 输入输出通道均带有 LED 指示灯及供电电源指示灯，信号工作情况一目了然。

(6) ZKT-00 系列的模块的输出带负载能力为 0～10 mA，只能用来传输 I/O 逻辑信号或者脉冲信号，不能用来直接驱动继电器、电磁阀、报警灯等设备。

三、实验仪器和设备

(1) 计算机。

(2) 西门子 S7-224XP DC/DC/DC PLC 及 PPI 通信电缆。

(3) 伺服电机及其驱动器一套。

(4) 一维直线运动台一个(含直线光栅及其数显表、直线电阻尺、超声测距传感器，传动丝杠导程为 4 mm)。

(5) 24 V DC 电源、+5 V DC 电源。

(6) 开关、导线、接线端子排若干。

四、实验步骤及内容

1. 实验方案

在读懂伺服电机驱动器用户手册的基础上，设计实验系统的电气图，连接伺服电机与驱动器，设置伺服电机驱动器的参数；在能够使用 JOG 方法点动控制伺服电机的基础上，连接 PLC 与伺服电机驱动器的各控制信号线，编制 PLC 程序，通过 PLC 控制伺服电机按实验的要求动作。

以西门子 S7-224XP 型号 PLC 作为控制器，结合 24 V 至 5 V 电平转换模块、雷赛 L5-400

伺服电机驱动的一维直线台(丝杠导程为4 mm),设计并组建一个一维直线台上滑块的位置伺服控制系统,控制滑块移动20 mm。

2. 实验步骤

(1) 根据伺服电机驱动器手册,设计并画出实验系统的电气图。

(2) 根据所设计的电气图,连接伺服电机与驱动器。

(3) 设置伺服电机驱动器的参数,在伺服电机驱动器上采用JOG方式,手动JOG点动控制伺服电机转动,以确保伺服电机单元可以正常工作。

(4) 连接PLC与伺服电机驱动器的各控制信号线。

(5) 在西门子S7-200系列PLC的STEP7 Micro/WIN软件环境中,设计PLC程序,编写通过Q0.0发出50000个脉冲的程序,并将设计好的PLC程序下载到PLC中。运行PLC,通过PLC控制伺服电机带动一维伺服直线台上的滑块做正向、反向移动20 mm。

(6) 在上面实验的基础上,结合工作台上的直线光栅尺和与之配套的数显表,测出一维伺服直线台传动丝杠与丝杠螺母的间隙(提示:在实验3.4的基础上,用PLC控制伺服驱动器的"方向(DIR)",观察直线光栅尺数显表上的读数,进行记录,分析丝杠螺母副的传动间隙)。

(7) 在上面实验的基础上,结合一维直线台上的直线光栅尺及其数显表,设计并组建一套测控系统,用于检测一维直线台上电阻尺测量位移的精度。

五、实验报告要求

在完成以上实验内容之后,应及时记录数据、界面截屏图等资料,撰写实验报告。实验报告正文应包含以下内容。

(1) 实验目的及实验方案。

(2) 控制系统框图。

(3) 控制系统接线图。

(4) 控制程序流程图(含注释)及说明。

(5) HMI界面(含设计过程说明)及HMI程序。

(6) 传感器标定过程及标定曲线。

(7) 调试过程总结与实验心得。

六、思考题

(1) 如何测试一维伺服工作台的反向间隙、运动精度?请用实验验证。

(2) 如何测试一维伺服工作台上的超声测距传感器的精度?请用实验验证。

(3) 伺服电机的速度模式下的PLC控制,应怎样设计?编写PLC程序,配置伺服驱动器的相关参数,实现对由交流伺服电机驱动的一维直线滑台的速度/转矩伺服控制。

(4) 如果要测量一维直线台上的超声测距传感器的测量精度,应如何设计实验,请给出实验方案。

(5) 设计一个模拟飞剪的控制系统,实现下面的动作:手动移动一维直线台上的电阻尺滑块,采用速度伺服控制方式,控制一维直线台上的滑块随着电阻尺上的滑块一同运动。

(6) 设计一套测控系统,能够完成一维伺服工作台的时间特性测试。

(7) 设计一套测控系统,能够完成一维伺服工作台的频率特性测试(提示:采用速度伺服控制模式,实现一维直线台上的滑块往复运动,并且滑块运动的位移曲线呈正弦波)。

3.6 物料输送分拣线运行控制

1. 输送线实验台简介

输送线实验台可以模拟工厂生产中的零件物流传输与入库过程，实验台包含了三个工位。如图 3.60 所示，从左至右分别为 1 号工位、2 号工位和 3 号工位。其中 1 号工位为分拣输送工位，2 号工位为转运工位，3 号工位为入库码放工位。

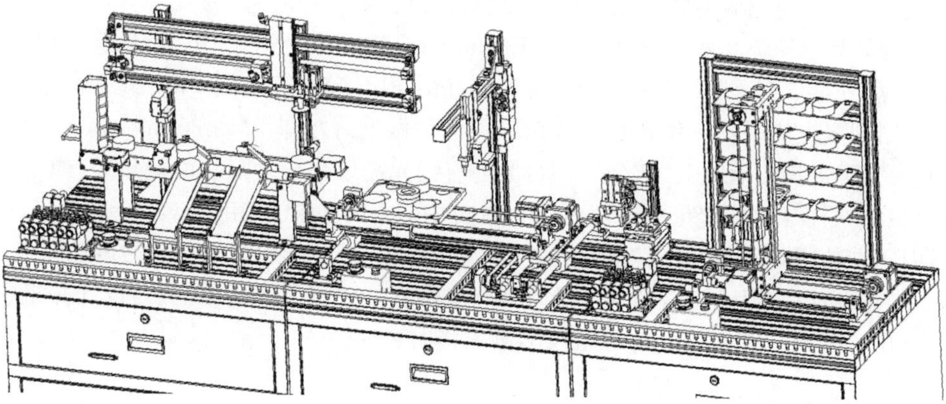

图 3.60

2. 工位 I/O 接口单元

每个工位平台下方的抽屉里，都有一个工位 I/O 接口板（见图 3.61）和若干个步进电机驱动器。

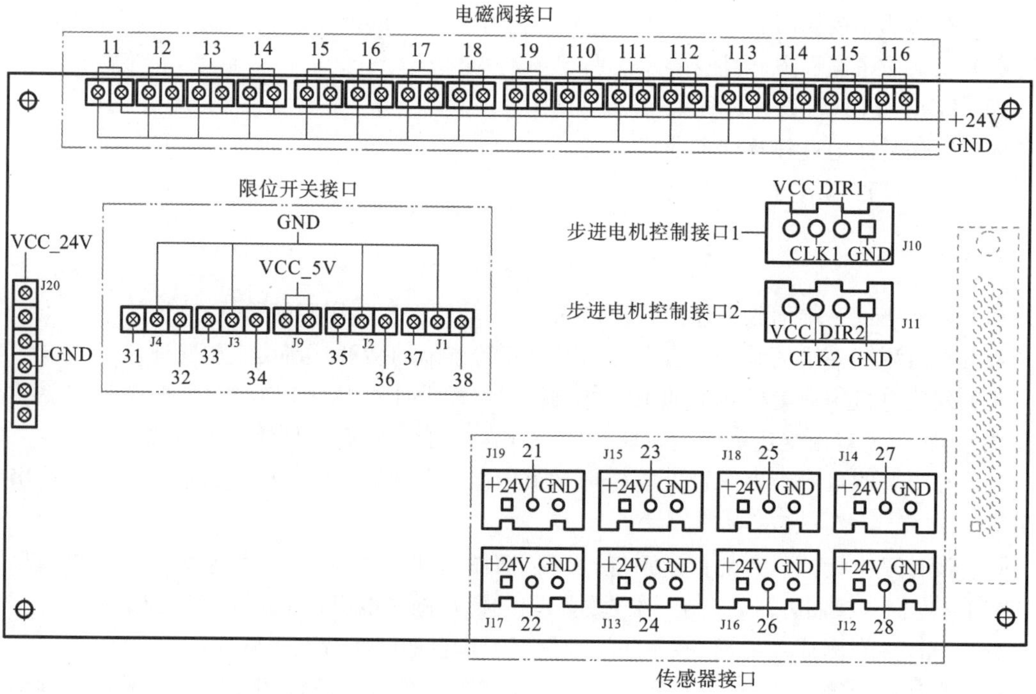

图 3.61

I/O 接口板汇集了相应工位上的所有电气信号，并向工位上的所有电器元件提供电源。每个接口板的 DC 24 V 供电由本工位所带的 24 V 直流电源通过电线从 J20 输入，J9 上的"VCC_5V"通过 DB62 接口电缆从外围的 I/O 板上引入，经过本接口板上的印刷电路，直接接到了"VCC_5V"接插件端子的针脚，给限位开关供电。31～38 是需要 5 V DC 供电的限位开关信号输出接口。J10 和 J11 是步进电机控制器接口，接步进电机驱动器。21～28 是需要 24 V DC 供电的传感器信号(如电容式接近开关、电涡流传感器、光电漫反射传感器等)输出接口，I1～I16 是气动电磁阀接口。

另外，通过左侧的一个 DB62 插座，以及与其相适配的电缆，将工位上的信号、电源与外围的控制单元 I/O 接口板建立联系。

气缸限位开关作为传感器，用于检测气缸活塞的位置，控制器控制气缸的气阀动作，来控制气缸活塞的起始位置。常用的气缸限位开关有二线制的磁性限位开关和三线制的光电限位开关，其在工位 I/O 接口板上的接线如图 3.62 所示。

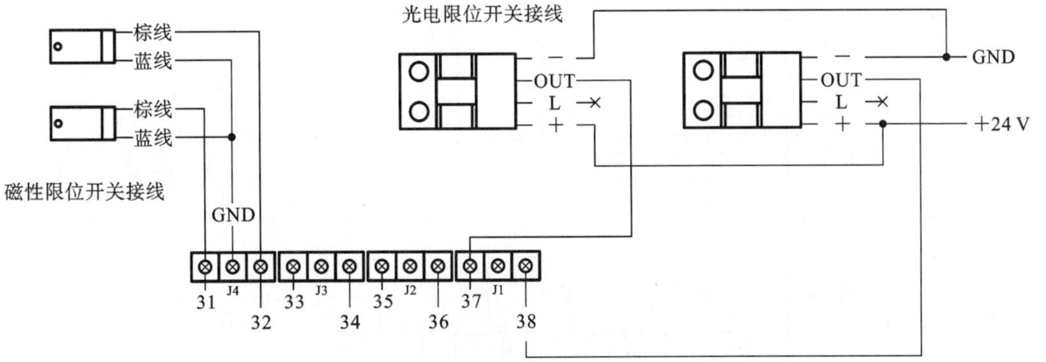

图 3.62

步进电机及步进电机驱动器的接线如图 3.63 所示，控制端接到工位 I/O 接口板的 J10 和 J11 端子。

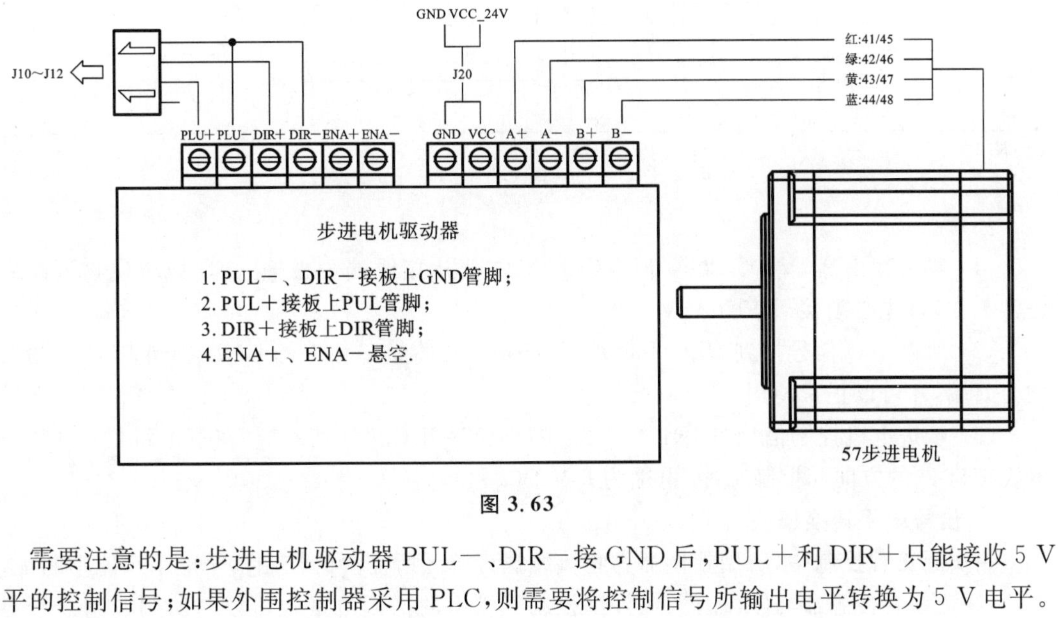

图 3.63

需要注意的是：步进电机驱动器 PUL−、DIR−接 GND 后，PUL+和 DIR+只能接收 5 V 电平的控制信号；如果外围控制器采用 PLC，则需要将控制信号所输出电平转换为 5 V 电平。

3. 外围控制器 I/O 接口板

为便于采用不同品牌及型号的控制器控制物料流水线,可以通过一个外围控制器 I/O 接口板(见图 3.64)与物料流水线的 I/O 接口板进行连接。这个连接是通过一根 DB64 电缆完成的,I/O 接口板上的接线端子编号与 DB64 电缆连接器的针脚编号一一对应。

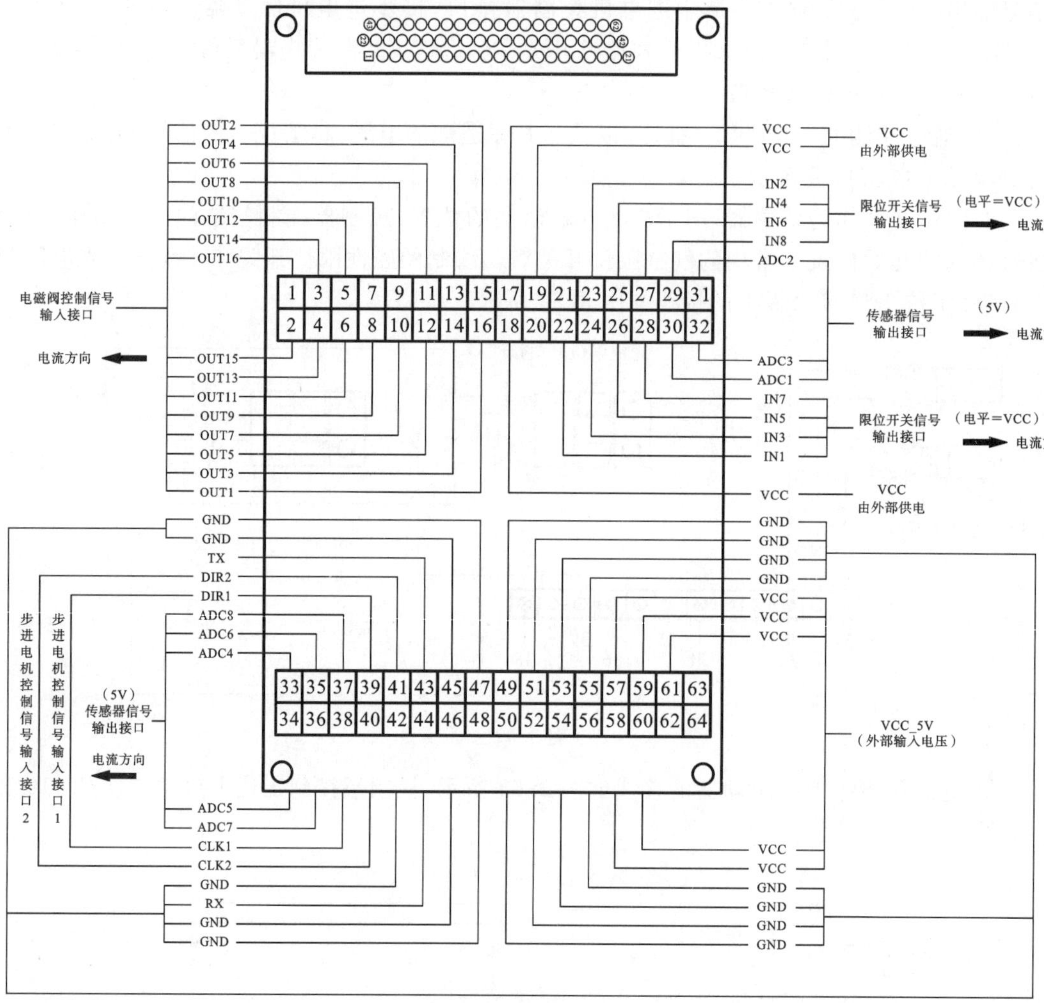

图 3.64

注意:

(1) 物流线由 24 V DC 供电,但 VCC_5V 需要从接线端子板输入,所以要使物流线平台正常工作,首先必须接入 VCC_5V。

(2) 所有 I/O 信号接到 PLC 上使用时,必须首先将接口板上的 GND 接到 PLC 上相对应的公共端,才可以正常使用。

(3) 步进电机控制信号"DIR1""CLK1""DIR2""CLK2"分别对应"步进电机接口 1""步进电机接口 2"的方向和控制脉冲,电平为 5 V DC。

4. 信号电平转换模块

在实际工程控制中,所用控制器与物流线执行单元所需要的控制信号电平可能不匹配,同样地,物流线各传感器与限位开关向外围控制器发出的信号电平也可能与所用控制器所要求的电平不匹配，这时就需要用到信号电平转换模块(见图 3.58)。如采用西门子 S7-200 系列 PLC 作为物流线的控制器，该 PLC 常规用到的输入、输出信号的电平为 24 V DC，而物流线上有些控制信号和限位开关信号的电平为 5 V DC，这样就经常会用到 24 V DC→5 V DC 转换模块和 5 V DC →24 V DC 转换模块。模块采用导轨安装方式，可以安装在 DN35 型标准导轨上。单通道信号电平转换原理见图 3.59。电平转换模块使用注意事项前文已作说明，此处不再赘述。

3.6.1　1 号工位物料分拣实验

一、实验目的

将料仓里的工件推送到皮带机上，将钢制的工件分拣到滑道 1，将铝制的工件推送到滑道 2，将非金属材料制作的工件输送到 2 号工位的托盘指定位置，并在工件到位时发出“可抓取”信号。

二、实验原理

1. 1 号工位

1 号工位(见图 3.65)为物件分拣工位，由料仓、传输带、抓取、传感等单元组成。上面安装有颜色传感器、涡流传感器、光电传感器和视觉传感器等多种传感器，可以识别物件的颜色、材料类别和形状。

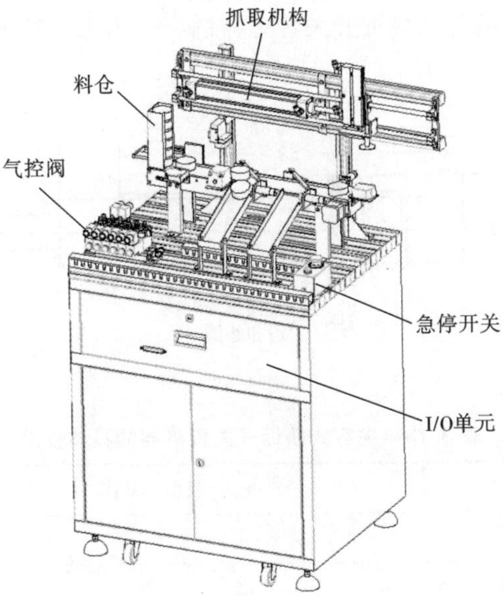

图 3.65

1) 输送线

相同外观形状、不同颜色及材料的物料放置在输送线最左端的料仓中，由料仓底部的气动推杆将物料推送到输送带上，输送带由步进电机驱动。当物料在输送带上移动时，安装在输送带旁的传感器可以对经过的物料进行检测。输送带旁有两个分拣滑道，每个分拣滑道配有一个由摆动气缸驱动的挡杆，当挡杆转动至输送带上方时，将物料推送到相应的分拣滑道中。输送线上方是由气缸推动的机械手，机械手采用真空吸盘吸取和释放物件。该机械手可以将到达输送带右侧的物料吸取起来，放置到2号工位的料盘上，结合控制程序，可以完成对物料的分拣、抓取和放料。

1号工位输送单元的俯视图及传感、执行器件的布置如图3.66所示。

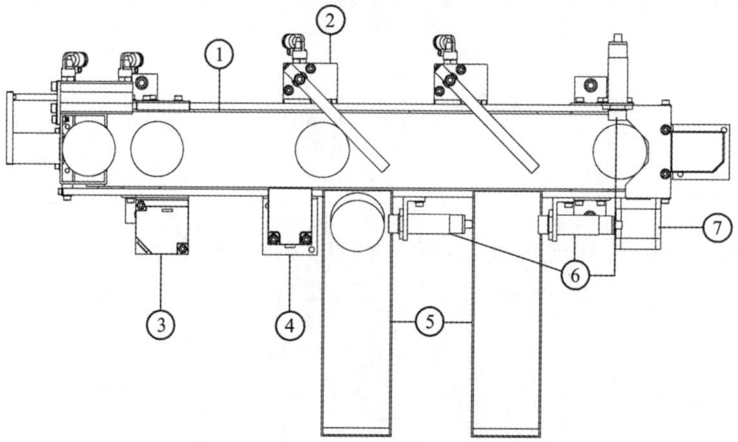

1—输送带；2—摆动气缸；3—光电漫反射传感器；
4—电涡流传感器；5—选料滑道；6—电容式接近开关；7—步进电机

图3.66

2）输送线传感器及I/O配置

输送线1号工位所用电容式接近开关传感器的型号为LJC18A3-B，其外形及安装尺寸如图3.67所示，具体参数见表3.18。

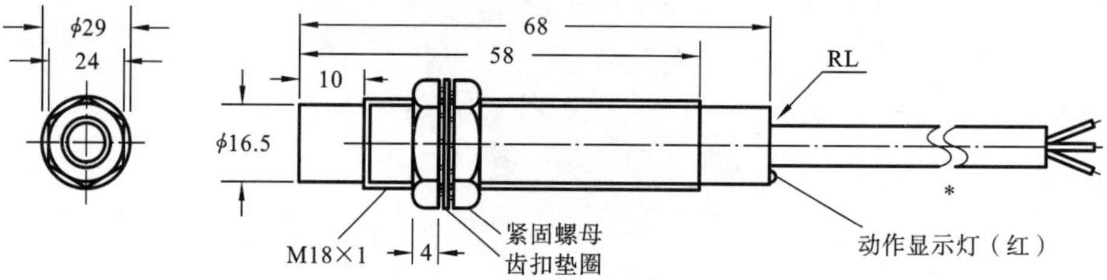

图3.67

表3.18　电容式接近开关传感器的具体参数

参　　数	取值/配置
安装方式	非屏蔽式
检测距离	(1±10%)×10 mm
设定距离	0～8 mm
滞后距离	检测距离的10%以下
检测物体	任何介电物质
标准检测物体	铁SPCC 50 mm×50 mm×1 mm
响应频率	DC：0.5 kHz

续表

参　　数	取值/配置
电源电压	直流型:DC 12～24 V(6～36 V)　脉动(P-P)10%以下
耐电压	AC 1000 V　50/60 Hz　1 min　充电部分与外壳间
电压的影响	额定电源电压范围±15%以内、额定电源电压值时±10%检测距离以内
消耗电流	N、P 型:13 mA 以下;D 型:0.8 mA 以下;A 型:1.7 mA 以下
控制输出	N、P 型:300 mA 以下;D 型:200 mA 以下;A 型:400 mA 以下
回路保护	N、P、D 型:逆连接保护、浪涌吸收、负载短路保护;A 型:浪涌吸收
环境温、湿度	动作时、保存时各－30～＋65 ℃(不结冰、不结霜),动作时、保存时各 35%～95%RH
温度的影响	温度范围－30～＋65 ℃,＋23 ℃时±15%检测距离以内;温度范围－25～＋60 ℃,＋23 ℃时±10%检测距离以内
绝缘阻抗	50 MΩ 以上(DC500 兆欧表)　充电部分与外壳间
材质	外壳:黄铜镀镍;检测面:ABS
保护构造	IP67(IEC 规格)

输送线 1 号工位所用电涡流传感器的型号为 TL-N20M,其外形及安装尺寸如图 3.68 所示,具体参数见表 3.19。

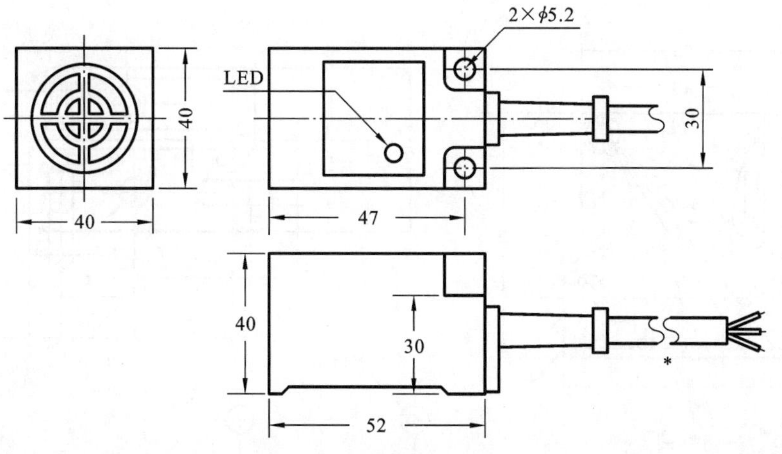

图 3.68

表 3.19　电涡流传感器参数

参　　数	取值/配置
安装方式	非屏蔽式
检测距离	(1±10%)×20 mm
设定距离	0～17 mm
滞后距离	检测距离的 10%以下
检测物体	磁性金属(非磁性金属时检测距离减小)
标准检测物体	铁 50 mm×50 mm×1 mm

续表

参　　数	取值/配置
响应频率	DC:0.5 kHz AC:25 Hz
电源电压	直流型:DC12～24 V(6～36 V)　脉动(P-P)10%以下
耐电压	AC 1000 V　50/60 Hz　1 min　充电部分与外壳间
电压的影响	额定电源电压范围±15%以内、额定电源电压值时±10%检测距离以内
消耗电流	N、P 型:13 mA 以下;D 型:0.8 mA 以下;A 型:1.7 mA 以下
控制输出	N、P 型:300 mA 以下;D 型:200 mA 以下;A 型:400 mA 以下
回路保护	N、P、D 型:逆连接保护、浪涌吸收、负载短路保护;A 型:浪涌吸收
环境温、湿度	动作时、保存时各－30～＋65 ℃(不结冰、不结霜),动作时、保存时各 35%～95%RH
温度的影响	温度范围－30～＋65 ℃,＋23 ℃时±15%检测距离以内,温度范围－25～＋60 ℃,＋23 ℃时±10%检测距离以内
绝缘阻抗	50 MΩ 以上(DC500 兆欧表)　充电部分与外壳间
材质	外壳:ABS;检测面:ABS
保护构造	IP67(IEC 规格)

输送线 1 号工位所用光电漫反射传感器的型号为 E3JK-R4,其外形及安装尺寸如图 3.69 所示,具体参数见表 3.20。

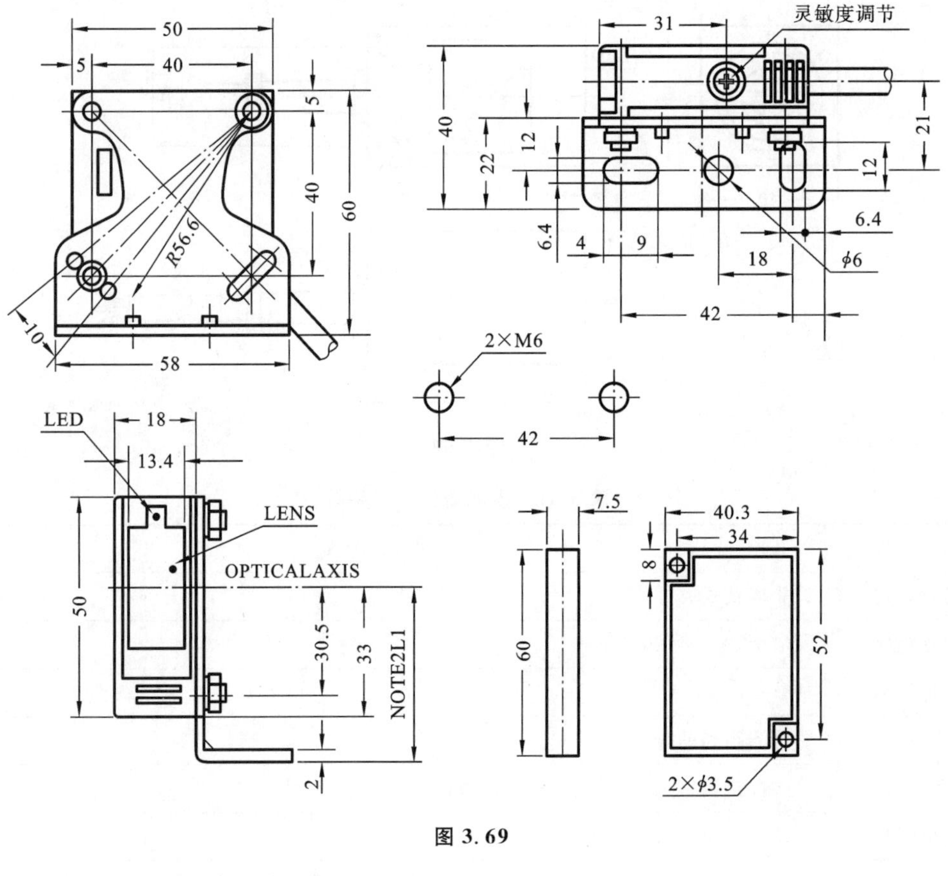

图 3.69

表 3.20　光电漫反射传感器具体参数

参　　数	取值/配置
检测方式	反馈反射式
检测范围	(1±10%)×4 m
检测目标	不透明物体
检测范围调节	灵敏度调节器
响应时间	30 ms
接通延时	1.5 ms
光源	红外光 660 nm
电源电压	直流型:DC 12～24 V(6～36 V)　脉动(P-P)10%以下
耐电压	AC 1000 V　50/60 Hz　1 min　充电部分与外壳间
电压的影响	额定电源电压范围±15%以内、额定电源电压值时±10%检测距离以内
功率电流	3 VA 以下
控制输出	2 A 以下(触点寿命:10 万次)
允许冲动和震动	$B\leqslant30$ g,$T\leqslant11$ ms,$F\leqslant55$ Hz,$A\leqslant1$ mm
环境温、湿度	动作时、保存时各 −30～+65 ℃(不结冰、不结霜),动作时、保存时各 35%～95%RH
温度的影响	温度范围 −30～+65 ℃,+23 ℃时±15%检测距离以内;温度范围 −25～+60 ℃,+23 ℃时±10%检测距离以内
绝缘阻抗	50 MΩ 以上(DC500 兆欧表)　充电部分与外壳间
材质	外壳:铝压铸 ABS;检测面(透镜):PMMA
保护构造	IP67(IEC 规格)

输送线 1 号工位所用的颜色传感器模块采用的是 TAOS(Texas Advanced Optoelectronic Solutions)公司推出的可编程彩色光到频率的传感器 TCS230,它在单一芯片上集成了红绿蓝(RGB)三种滤光器,是业界第一个有数字兼容接口的 RGB 彩色传感器。

该模块的工作原理是将 TCS230 输出的频率信号(数字量)进行处理,得出颜色的 RGB 值,之后经过串口传送至上位机(PC)。

因主机 PC 与该传感器模块通信需要用到串口,所以将两者以串口相连,并设置波特率为 9600 bit/s。

颜色传感器采用半双工通信,通信过程采取一问一答形式。

(1) 单次采样 RGB 命令:字符串“TA”加回车符“\r”——TA\r。

首先,向模块写命令符“TA\r”;

其次,模块接收到信号后,返回应答信号“ACK\n”;

最后,模块输出 RGB 值,通信结束。

(2) 连续采样 RGB 命令:字符串“TD”加回车符“\r”——TD\r。

操作过程与单次采样命令相同,最后返回输出多次采样结果。

(3) 关闭采样命令:字符串“TS”加回车符“\r”——TS\r。

(4) 采样 R 值命令:字符串“TR”加回车符“\r”——TR\r。

(5) 采样 G 值命令:字符串“TG”加回车符“\r”——TG\r。

(6) 采样 B 值命令:字符串“TB”加回车符“\r”——TB\r。

(7) 打开模块 LED 命令:字符串“TO”加回车符“\r”——TO\r。

(8) 关闭模块 LED 命令:字符串“TC”加回车符“\r”——TC\r。

当模块成功接收到上述指令后，总是先返回应答信号，再做相应处理。

3）抓取机构

1 号工位捡取物料机构如图 3.70 所示，其中①②是两个双向气缸，③为真空吸盘。气缸①可以驱动气缸末端连接的机构横向运动，而气缸②则可以驱动气缸末端连接的真空吸盘③上下运动。当真空吸盘所连接的真空发生器工作时，产生的吸力将物体与吸盘紧紧吸住。

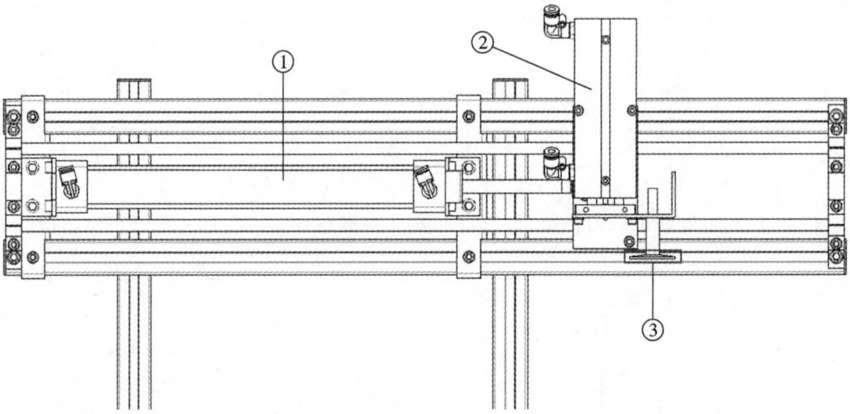

图 3.70

4）输送线电机

1 号工位输送带的运转是由一个 42 步进电机驱动的，该电机配有一个步进电机驱动器，安装在 I/O 单元的抽屉里。

5）程序流程图

以实现颜色物料分拣动作为例，如需将蓝色物料分拣到料槽滑道 1，其他颜色的物料分拣至料槽滑道 2，程序流程图如图 3.71 所示。

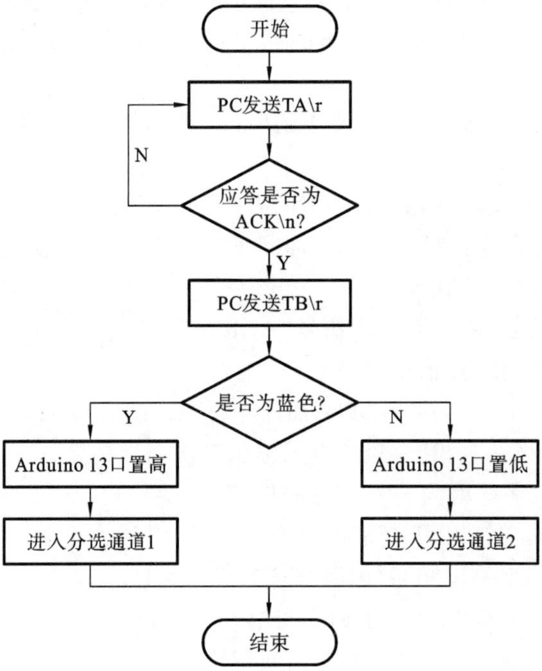

图 3.71

2. 1 号工位接口

1）步进电机接口

对于 1 号工位，外围控制器发出的步进电机控制信号与外围 I/O 接口板接线端子编号的对应关系见表 3.21。

表 3.21　步进电机控制信号与外围 I/O 接口板接线端子编号的对应关系

步进电机控制信号	外围 I/O 接口板接线端子编号
传送带驱动步进电机驱动控制信号 CLK	40(CLK1)
传送带驱动步进电机方向控制信号	41(DIR1)

2）传感器接口

传感器信号输出脚“ADC1～ADC8”与 DB62 连接器的 Pin30～Pin37 针脚相连，对应传感器（如光反射传感器、电涡流传感器、电容式接近传感器等）的信号输出端直接连接传感器信号输出脚。当检测到物体时，输出高电平＋24 V。

对于 1 号工位，外围 I/O 接口板接线端子编号、工位 I/O 板接线号与传感器的对应关系见表 3.22。

表 3.22　外围 I/O 接口板接线端子编号、工位 I/O 板接线号与传感器的对应关系

传感器	外围 I/O 接口板接线端子编号	1 号工位 I/O 板接线号
光反射传感器	31(ADC2)	26
电涡流传感器	32(ADC3)	22
电容式接近传感器 1	33(ADC4)	23
电容式接近传感器 2	34(ADC5)	24
电容式接近传感器 3	35(ADC6)	25

3）限位开关接口

限位开关信号输出脚“IN1～IN8”与 DB62 电缆连接器的 Pin22～Pin29 针脚相连，分别对应气缸限位开关“M1_LEFT ～ M4_RIGHT”的输出信号。当限位开关指示灯点亮时，输出的是低电平信号 0 V；当限位开关指示灯不亮时，输出的是高电平信号＋24 V。需要注意的是：气缸限位开关的输出信号传送到 DB62 电缆连接器之前进行了光电隔离转换，即磁性开关和光电限位开关的输出信号是经过了光耦器件的隔离以后再输出的，因此，最终输出的电平状态与限位开关前端的电平状态不同，与光耦器件的工作电源的电平相同，为 VCC。

对于 1 号工位，外围 I/O 接口板接线端子编号与限位开关的对应关系见表 3.23。

表 3.23　外围 I/O 接口板接线端子编号与限位开关的对应关系

气缸限位开关	外围 I/O 接口板接线端子编号	1 号工位 I/O 板接线号
M1_RIGHT	22(IN1)	31
M1_LEFT	23(IN2)	32
M2_DOWN	24(IN3)	33
M2_UP	25(IN4)	34

4）控制器输出信号接口

控制器输出信号 OUT1～OUT16，分别与 DB62 电缆连接器的 Pin1～Pin16 相连。物流线上的气缸电磁换向阀的控制信号就是从 OUT 端口输出的。

1 号工位有 5 个气缸和 1 个真空吸盘共 6 个气动执行器件，为控制这些气缸动作，采用了 2 个三位五通电磁阀和 4 个二位三通电磁阀。

为了方便描述接线，对电磁阀组件的线圈进行编号，如图 3.72 所示。

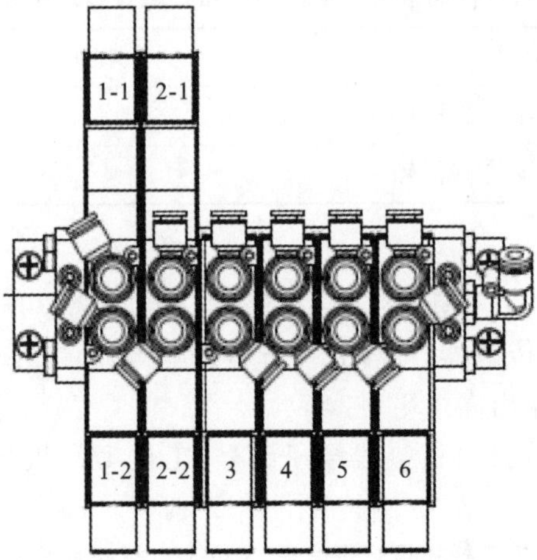

图 3.72

三位五通电磁阀(4V230C-08F DC24V)：每个电磁阀有 2 个线圈，其编号分别为 1-1、1-2 和 2-1、2-2；

二位三通电磁阀(4V210C-08F DC24V)：只有一个线圈，其编号分别为 3、4、5、6。

每个气缸的用途和相应的电磁阀如表 3.24 所示。

表 3.24　气缸的用途和相应的电磁阀

气缸名称	气缸作用	对应电磁阀	电磁阀类型	外围 I/O 接口板接线端子编号
水平气缸	气缸向右伸出	1-1	三位五通	16(OUT10)
	气缸向左收回	1-2		15(OUT10)
垂直气缸	气缸向下伸出吸取	2-1	三位五通	14(OUT10)
	气缸向上收回	2-2		13(OUT10)
真空吸盘	吸取或释放物件	3	二位五通	12(OUT10)
物料推出气缸	推出料仓中的物件	4	二位五通	11(OUT10)
旋转分选气缸 1	分选物料 1	5	二位五通	10(OUT9)
旋转分选气缸 2	分选物料 2	6	二位五通	9(OUT8)

注：外围 I/O 接口板接线端子编号与板上 DB62 插座的针脚编号一一对应。

三、实验仪器和设备

(1) 物流输送线 1 号工位单元。

(2) 计算机(含 STEP7-Micro/WIN、WinCC flexible 或组态王软件)。

(3) S7-224XP PLC。

(4) 接口板及信号电缆。

(5) 24 V 转 5 V 信号转换模块。

(6) 5 V 转 24 V 信号转换模块。

四、实验步骤及内容

(1) 设计实验方案框图。

(2) 参照表 3.25 的格式设计控制器(PLC)的 I/O 分配表(如果 PLC 上的 I/O 端口的数量不够,可增加 I/O 扩展模块)。

表 3.25　1 号工位 I/O 分配表

输入(I)		输出(O)	
	I0.0		Q0.0
	I0.1		Q0.1
	I0.2		Q0.2
	I0.3		Q0.3
	…		…

(3) 设计实验电气接线图,经检测无误后按图接线。

(4) 设计控制器(PLC)程序,下载并结合电气硬件接线进行调试(提示:调试时可使用各种按钮开关,增加调试的方便性)。

(5) 设计人机界面:

① 手绘 HMI 界面;

②HMI 设备参数配置;

③ HMI 程序设计,将手绘的 HMI 界面转变为触摸屏的 HMI 界面程序。

(6) 系统联调。检查接线,特别是检查电源线,确认无误,方可通电试运行。逐个试运行实验程序的各功能,如检查各传感器信号是否能正确读取、气缸控制是否正确、气缸上的位置开关信号是否能正确读取、皮带输送机能否按要求正确控制运动。如果试运行过程中出现问题,要从软、硬件两个方面进行分析,找出问题,并予以解决。

五、实验报告要求

(1) 简述实验目的。

(2) 实验方案说明、控制系统框图及其说明。

(3) 画出控制系统电气接线图,并给予说明。

(4) PLC 程序代码(含注释)及其说明。

(5) HMI 界面及其设计过程说明。

(6) 实验调试记录及结果(包括照片、视频、文字)。

(7) 实验总结。

(8) 实验心得体会。

3.6.2　2 号工位物件输送实验

一、实验目的

(1) 移动工件托盘到合适位置,把 1 号工位皮带机上到位的工件抓取到工件托盘,移动工件托盘，将工件送至3号工位机械手可抓取的位置，并发出“可抓取”信号。

(2) 利用2号工位上的摄像头，编制图像识别程序，识别托盘上的工件形状，并将识别结果发给3号工位PLC。

二、实验原理

1. 2号工位

2号工位的台面布局如图3.73所示。

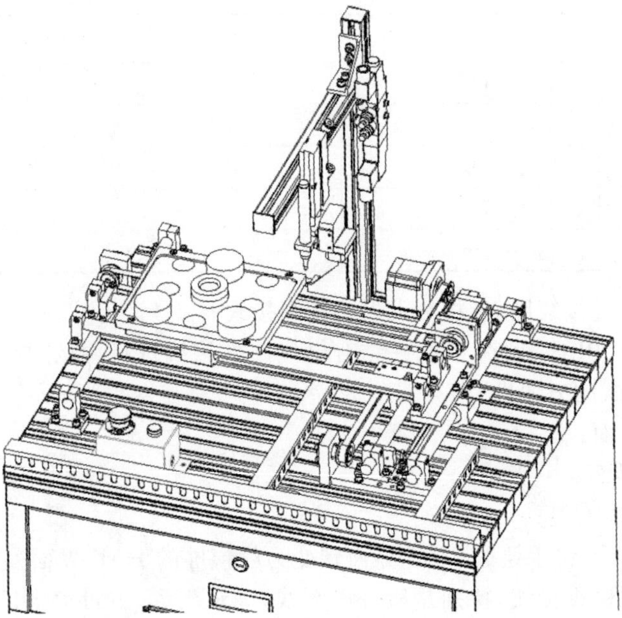

图 3.73

2号工位采用两个一维直线滑台组成了一个二维运动平台，用于物料的转运，每个一维直线滑台模组两端各有一个限位开关，如图3.74所示。其中运动是由两个42步进电机通过同

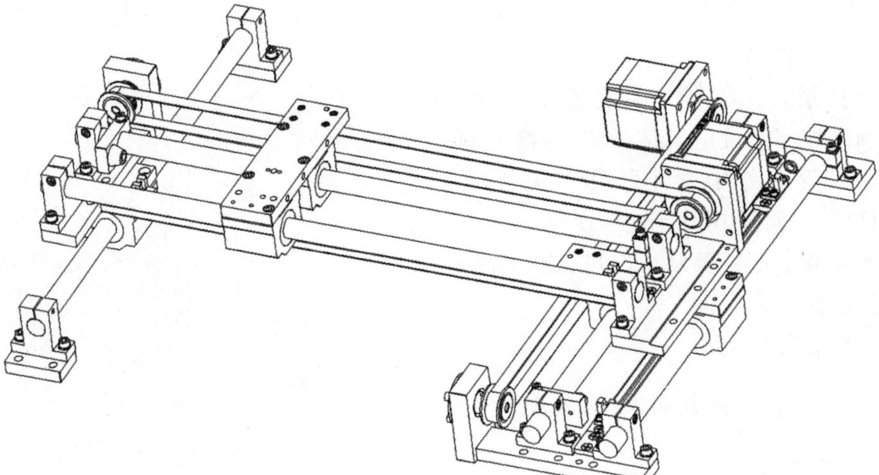

图 3.74

步带驱动的。二维运动平台的上层滑块上安装了物料托盘，该托盘接收 1 号工位物料抓取机构释放的物料，并把其送到指定位置。2 号工位上有一个上下运动的气缸，气缸下面可以安装其他配件(如用于图像识别的摄像头)。

2. 2 号工位接口

对于 2 号工位，需要控制的执行器件是两个步进电机和一个上下运动的气缸。两个步进电机驱动的直线运动模组组成一个 X-Y 二维平面运动台。从 2 号工位的正前方看，横向移动的直线模组为 X 轴，前后运动的直线模组为 Y 轴，每个轴均装有两个限位开关，并给出了 X、Y 轴步进电机驱动器的细分设置，如图 3.75 所示。

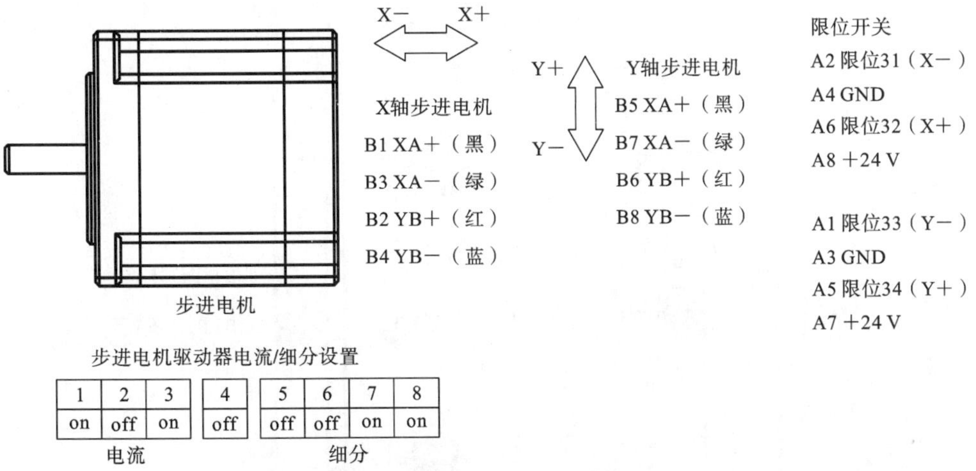

图 3.75

步进电机的接口参照图 3.63。对于 2 号工位，用到了两个步进电机驱动器，其接口功能如下：

PUL0——X 轴步进电机驱动脉冲信号接口；

DIR0——X 轴步进电机方向信号接口；

PUL1——Y 轴步进电机驱动脉冲信号接口；

DIR1——Y 轴步进电机方向信号接口。

X、Y 轴直线模组的两端各装有一个直线模组滑台限位开关，用于控制滑台的启、停位置。

C1——限位 31 信号，X−方向限位，限位开关灯亮时为低电平 0 V，灯不亮时为高电平 +24 V；

C2——限位 32 信号，X+方向限位，限位开关灯亮时为低电平 0 V，灯不亮时为高电平 +24 V；

C3——限位 33 信号，Y−方向限位，限位开关灯亮时为低电平 0 V，灯不亮时为高电平 +24 V；

C4——限位 34 信号，Y+方向限位，限位开关灯亮时为低电平 0 V，灯不亮时为高电平 +24 V。

这两个限位开关的信号输出接线端子为 J2 中的 31～34 脚，限位开关与 DB62 插座针脚的对应关系见表 3.26。

限位开关的输出信号是经过了光耦器件的电平转换以后再通过 DB62 接线插座输出的，最终输出的电平状态与光耦器件的供电电源电压相同，为 VCC。因此，该组限位开关的信号在接入 PLC 的输入端口之前，需要做 VCC→24 V DC 的电平转换。

表 3.26　限位开关与 DB62 插座针脚的对应关系

直线运动模组限位开关	外围 I/O 接口板接线端子编号	2 号工位 I/O 板接线号
X－方向限位	22(IN1)	31
X＋方向限位	23(IN2)	32
Y－方向限位	24(IN3)	33
Y＋方向限位	25(IN4)	34

2 号工位上的气缸为一个双导杆直线气缸，通过一个三位五通换向阀控制，如图 3.76 所示。

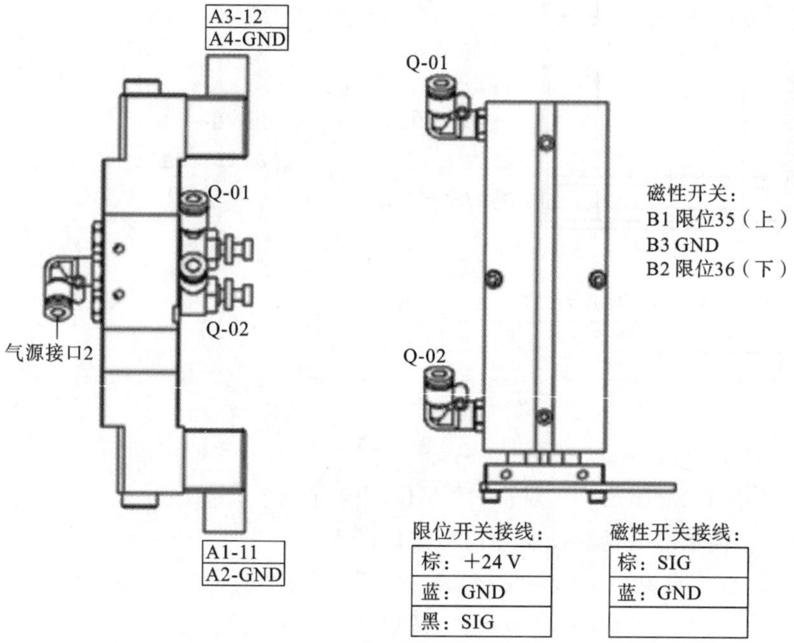

图 3.76

控制电磁阀上方的 A1-11 动作，启动气缸向上运动；控制电磁阀下方的 A3-12 动作，启动气缸向下运动。气缸推杆伸出端固定了一个托板，托板上安装了摄像头，用于进行图像识别；也可以安装其他需要调节至工位表面距离的附件。

2 号工位的气缸壳体上安装了两个磁性限位开关，用于气缸推杆起始位置的控制。这两个磁性限位开关的信号输出接线端子为 J2 中的 35 和 36 脚，限位开关与 DB62 插座针脚的对应关系见表 3.27。

表 3.27　限位开关与 DB62 插座针脚的对应关系

气缸限位开关名称	外围 I/O 接口板接线端子编号	2 号工位 I/O 板接线号
B1(上限位)	26(IN5)	35
B2(下限位)	27(IN6)	36

以上磁性限位开关的输出信号，是经过了光耦器件的电平转换以后再通过 DB62 接线插座输出的，最终输出的电平状态与光耦器件的供电电源电压相同，为 VCC。

三、实验仪器和设备

(1) 物流输送线 2 号工位单元。

(2) 计算机(含 STEP7-Micro/WIN、WinCC flexible 或组态王软件)。

(3) S7-224XP PLC。

(4) 接口板及信号电缆。

(5) 24 V 转 5 V 信号转换模块。

(6) 5 V 转 24 V 信号转换模块。

四、实验步骤及内容

(1) 设计实验方案框图。

(2) 参照表 3.28 的格式设计控制器(PLC)的 I/O 分配表。

表 3.28　2 号工位 I/O 分配表

输入(I)		输出(O)	
	I0.0		Q0.0
	I0.1		Q0.1
	I0.2		Q0.2
	I0.3		Q0.3
	…		…

(3) 设计实验电气接线图。

(4) 设计控制器(PLC)程序。

(5) 设计人机界面。

① 手绘 HMI 界面;

② HMI 设备参数配置;

③ HMI 程序设计,将手绘的 HMI 界面转变为触摸屏的 HMI 界面程序。

(6) 调试运行。检查接线,特别是检查电源线,确认无误,方可通电试运行。逐个试运行实验程序的各功能,如检查各传感器信号是否能正确读取、气缸控制是否正确、二维滑台能否正确控制运动。如果试运行过程中出现问题,要从软、硬件两个方面进行分析,找出问题,并予以解决。

五、实验报告要求

(1) 简述实验目的。

(2) 实验方案说明、控制系统框图及其说明。

(3) 画出控制系统电气接线图,并给予说明。

(4) PLC 程序代码(含注释)及其说明。

(5) HMI 界面及其设计过程说明。

(6) 实验调试记录及结果(包括照片、视频、文字)。

(7) 实验总结。

(8) 实验心得体会。

3.6.3 3号工位工件入库与出库实验

一、实验目的

(1) 掌握PLC控制步进电机运动的方法。

(2) 掌握PLC控制转动气缸运动的方法。

(3) 按照事先设定的入库零件位置要求，根据入库零件的材料、颜色属性，准确地将零件放到立体仓库的指定位置。

(4) 掌握工位看板HMI界面的设计方法。

二、实验原理

1. 3号工位

如图3.77所示，3号工位主要包含了如下几个功能部件：取料机械手、立体仓库物件存取小车、立体仓库、急停开关、相关的气动控制元件。左部的机械手可以从2号工位的物料托盘中将物体夹取出，并放置到3号工位的立体仓库物件存取小车上，从而完成两个平台之间的物料运送工作。3号工位后部的机构是立体仓库机构，用户根据要求设定放置物料的位置，设计相应的程序控制立体仓库物件存取小车运动到相应的位置，完成立体仓库的物料存放。

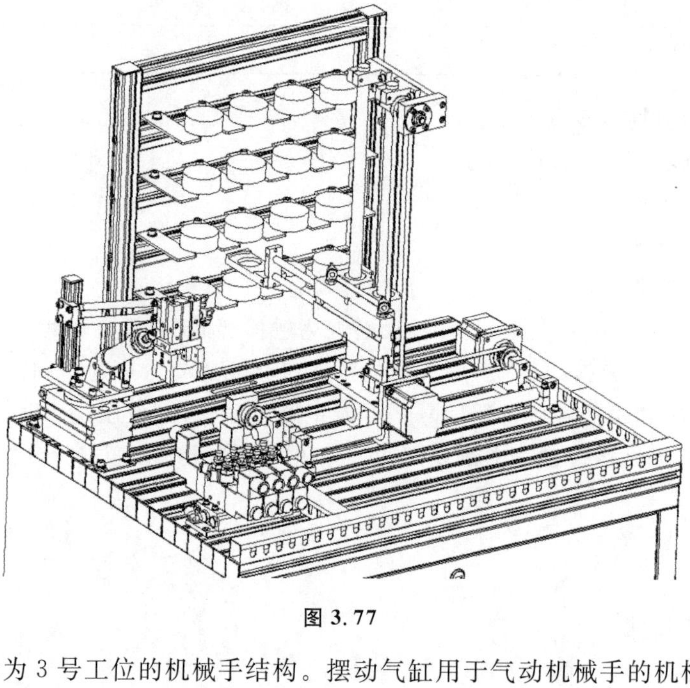

图3.77

图3.78所示为3号工位的机械手结构。摆动气缸用于气动机械手的机构整体旋转；直线气缸通过一个连杆机构将该气缸推杆的直线运动转化为机械手的上下运动；气动夹爪完成机械手抓取物料的动作。

图3.79所示为3号工位上的立体仓库物件存取小车。在双杆气缸的气缸推杆的末端安装了一个物料托槽，实现向前方立体仓库推送物料的动作。步进电机驱动两个一维直线模组，控制物料托槽的二维运动。

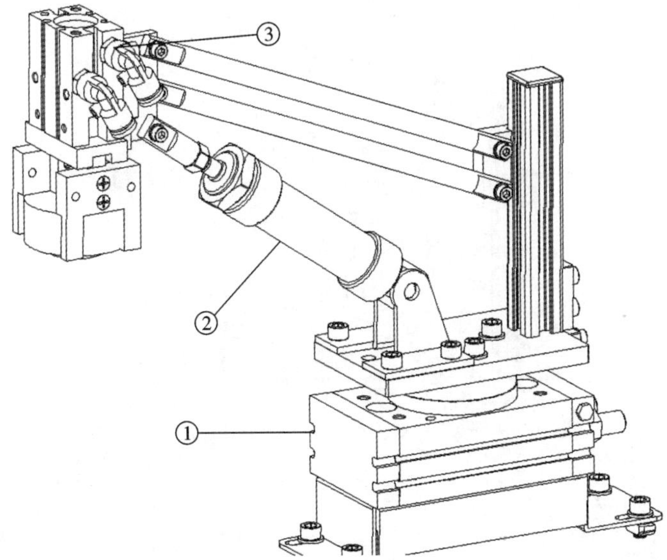

1—摆动气缸；2—直线气缸；3—气动夹爪

图 3.78

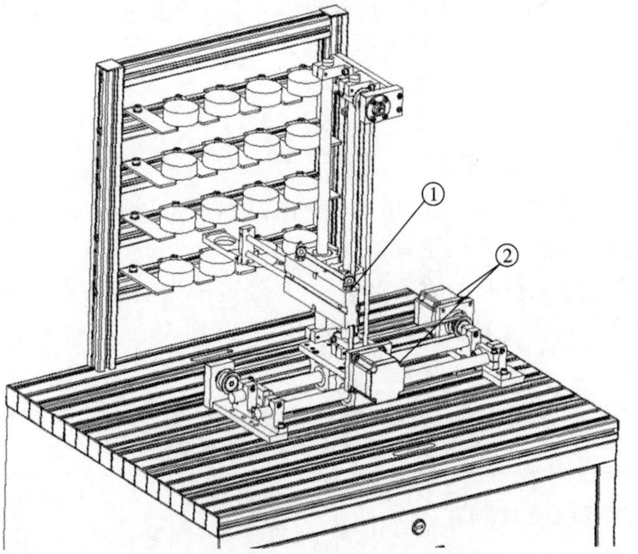

1—双杆气缸；2—步进电机

图 3.79

2. 3 号工位接口

如图 3.80 所示，3 号工位上的取料机械手的执行器件有摆动气缸、直线气缸和气动夹爪。立体仓库物件存取小车由两个直线模组组成，每个直线模组由一个步进电机驱动。垂直模组上有一个用于安装物料托盘的双杆气缸。

注意：X－、X＋、Z－、Z＋以图 3.80 中所标示的位置为准，面向工作平台看，送料气缸整体向左运动为 X－、向右运动为 X＋，送料气缸整体向上运动为 Z＋、向下运动为 Z－。

不论采用什么类型的外围控制器，均需要通过外围 I/O 接口板与物流线的 3 个工位的执行器件和传感器件建立电气联系，在设计电气图和实际接线时需要注意如下两点：

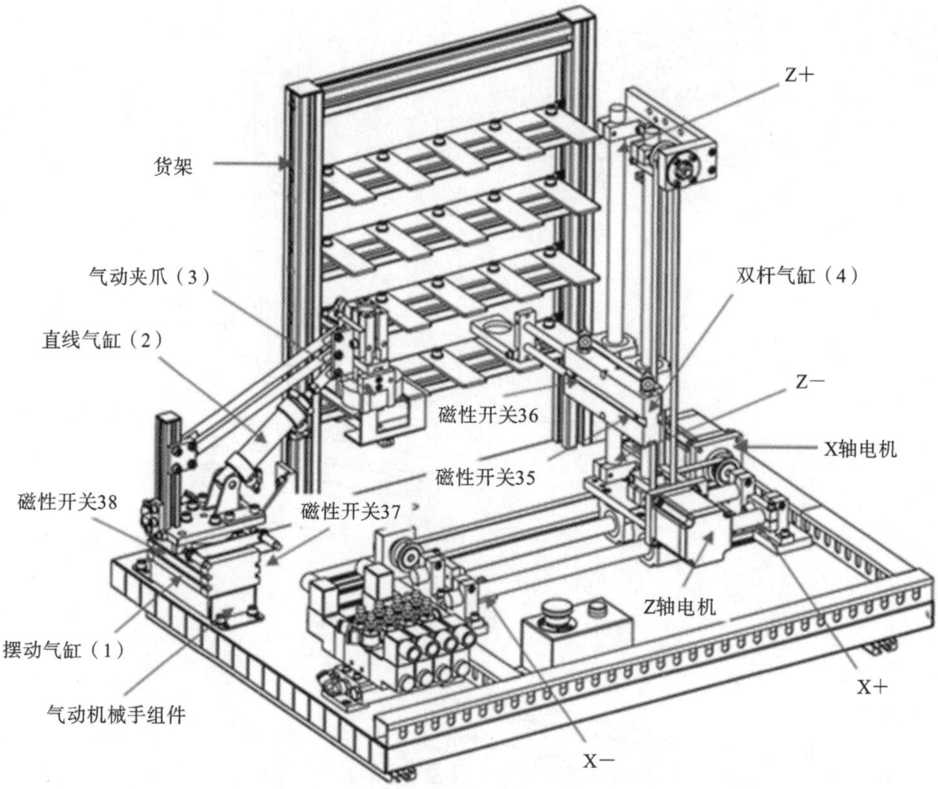

图 3.80

(1) 所有 I/O 信号接到 PLC 上使用时，首先必须将接口板上的 GND 或 VCC(5 V DC)接到 PLC 上相对应的公共端，才可以正常使用。

(2) 磁性开关和光电限位开关的输出信号，是经过了光耦器件的电平转换以后再输出的，最终输出的电平状态与所用光耦器件的工作电压一致(即 VCC)。

1) 步进电机接口

3 号工位使用了两个步进电机，步进电机控制信号及接口见表 3.29。

表 3.29　步进电机控制信号及接口

步进电机名称	步进电机作用	对应步进电机驱动器	外围 I/O 接口板接线端子（即 DB62 针脚）
X 轴步进电机	电机驱动脉冲(X 轴) PUL＋	X 轴步进电机驱动器	38(CLK1)
	电机方向信号(X 轴) DIR＋		39(DIR1)
	电机驱动脉冲 PUL－		42(GND)
	电机方向信号 DIR－		42(GND)
Z 轴步进电机	电机驱动脉冲(Z 轴) PUL＋	Z 轴步进电机驱动器	40(CLK2)
	电机方向信号(Z 轴) DIR＋		41(DIR2)
	电机驱动脉冲 PUL－		46(GND)
	电机方向信号 DIR－		46(GND)

2）气缸控制信号接口

3 号工位上的 4 个气缸采用了 2 个三位五通电磁阀（4V230C-08F DC24V）和 2 个二位五通电磁阀（4V210C-08F 24VDC），如图 3.81 所示（图中 1～6 为线圈序号）。

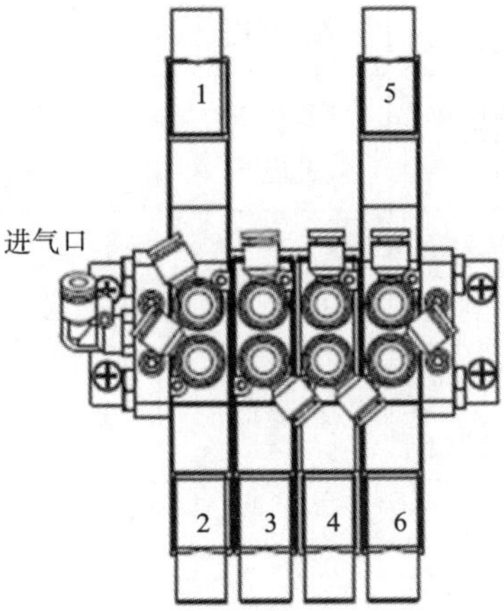

图 3.81

每个气缸的用途和相应的电磁阀如表 3.30 所示。

表 3.30　气缸的用途和相应的电磁阀

气缸名称	气缸作用	对应电磁阀线圈	电磁阀类型	外围 I/O 接口板接线端子（即 DB62 针脚）
摆动气缸	气缸向左旋转	1	三位五通	16(OUT1)
	气缸向右旋转	2		15(OUT2)
直线气缸	启动：机械手气缸放下； 停止：机械手气缸抬起	3	二位三通	14(OUT3)
气动夹爪	启动：夹爪抓紧； 停止：夹爪松开	4	二位三通	13(OUT4)
立体仓库物件存取小车上的双杆气缸	启动：送料气缸伸出	5	三位五通	12(OUT5)
	启动：送料气缸收回	6		11(OUT6)

3）限位开关接口

摆动气缸、双杆气缸各采用了 2 个磁性限位开关来确定气缸运动的起始位置；立体仓库物件存取小车的 2 个直线模组各采用了 2 个（共 4 个）电子限位开关来确定 X 轴和 Z 轴滑块运动的起始极限位置。

直线模组所用的限位开关采用 24 V DC 供电，限位触发时灯亮，输出为低电平（0 V）；限位未触发时灯不亮，输出为高电平（24 V）。信号经过隔离光耦器件转换为 VCC 电平，输出到外围 I/O 接口板。限位开关的作用及相应的接口见表 3.31。

表 3.31　限位开关的作用及相应的接口

开关所在部件位置	开关作用	对应的执行器件	输出信号电平	外围 I/O 接口板接线端子（即 DB62 针脚）
X 轴模组“－”向开关	X－ 方向限位	X 轴步进电机	VCC	22(IN1)
X 轴模组“＋”向开关	X＋ 方向限位		VCC	23(IN2)
Z 轴模组“－”向开关	Z－ 方向限位	Z 轴步进电机	VCC	24(IN3)
Z 轴模组“＋”向开关	Z＋ 方向限位		VCC	25(IN4)
双杆气缸体尾部	气缸收回复位	双杆气缸	VCC	26(IN5)
双杆气缸体前部	气缸伸出到位		VCC	27(IN6)
摆动气缸右转到位点	气缸右转到位	摆动气缸	VCC	28(IN7)
摆动气缸左转到位点	气缸左转到位		VCC	29(IN8)

三、实验仪器和设备

（1）物流输送线 3 号工位单元。
（2）计算机（含 STEP7-Micro/WIN、WinCC flexible 或组态王软件）。
（3）S7-224XP PLC。
（4）西门子工业触摸屏。
（5）接口板及信号电缆。
（6）24 V 转 5 V 信号转换模块。
（7）5 V 转 24 V 信号转换模块。

四、实验步骤及内容

（1）设计实验方案框图。
（2）参照表 3.32 的格式设计控制器（PLC）的 I/O 分配表。

表 3.32　3 号工位 I/O 分配表

输入(I)		输出(O)	
	I0.0		Q0.0
	I0.1		Q0.1
	I0.2		Q0.2
	I0.3		Q0.3
	…		…

（3）设计实验电气接线图。
（4）设计控制器（PLC）程序。
（5）设计人机界面：
① 手绘 HMI 界面；
② HMI 设备参数配置；
③ HMI 程序设计，将手绘的 HMI 界面转变为触摸屏的 HMI 界面程序。

(6) 调试运行。检查接线,特别是检查电源线,确认无误,方可通电试运行。逐个试运行实验程序各功能,如检查各传感器信号是否能正确读取、气缸控制是否正确、机械手和立体仓库小车能否正确取放物件。如果试运行过程中出现问题,要从软、硬件两个方面进行分析,找出问题,并予以解决。

五、实验报告要求

(1) 简述实验目的。
(2) 实验方案说明、控制系统框图及其说明。
(3) 画出控制系统电气接线图,并给予说明。
(4) PLC 程序代码(含注释)及其说明。
(5) HMI 界面及其设计过程说明。
(6) 实验调试记录及结果(包括照片、视频、文字)。
(7) 实验总结。
(8) 实验心得体会。

3.6.4　物料线全线联动实验

一、实验目的

(1) 在前面三个实验的基础上,将 1 号工位料仓里的工件进行分拣后,传送到 2 号工位进行转运,3 号工位的机械手抓取 2 号工位的工件后,放到码垛机上,再送入立体仓库的相应位置。注意协调各工位的工作节拍。
(2) 掌握多单元设备组成的产线的控制与监测方法。
(3) 掌握工业生产中单元看板的设计方法。

二、实验原理

参见实验 3.6.1、实验 3.6.2 和实验 3.6.3 的实验原理部分。

三、实验仪器和设备

(1) 由 1 号、2 号、3 号工位单元连成的物流输送线。
(2) 计算机(含 STEP7-Micro/WIN、WinCC flexible 或组态王软件)。
(3) S7-224XP PLC。
(4) 西门子工业触摸屏。
(5) 接口板及信号电缆。
(6) 24 V 转 5 V 信号转换模块。
(7) 5 V 转 24 V 信号转换模块。

四、实验步骤及内容

(1) 设计实验方案框图。
(2) 设计控制器(PLC)的 I/O 分配表。
(3) 设计实验电气接线图。

(4) 设计控制器(PLC)程序。

(5) 设计人机界面：

① HMI 设备参数配置；

② HMI 程序设计。

(6) 全线调试运行。

五、实验报告要求

(1) 简述实验目的。

(2) 实验方案说明、控制系统框图及其说明。

(3) 画出控制系统电气接线图，并给予说明。

(4) PLC 程序代码(含注释)及其说明。

(5) HMI 界面及其设计过程说明。

(6) 实验调试记录及结果(包括照片、视频、文字)。

(7) 实验总结。

(8) 实验心得体会。

六、思考题

全线控制时，采用一个主控制器和多个控制器协调控制有什么特点？

第4章　基于实时工业以太网 EtherCAT 总线的测控实验

在上一章的伺服控制实验中，我们知道了要控制传统的伺服电机的运动，控制端要接很多条信号线，这给实际应用带来了很大的不便。特别是当控制器与伺服系统距离比较远时，这种不便更是突出，接线会是一个工作量相当大的任务，且抗干扰性也不好。在这种情况下，工业现场总线应运而生。随着计算机网络技术的发展，先后出现了若干种基于网络总线的伺服驱动器控制技术，如 PowerLink、EtherCAT 等。

现场总线技术经过二十多年的发展，现在已进入稳定发展期。近几年，工业以太网技术的研究与应用得到了迅速的发展，工业以太网已经成为重要的工业控制网络。工业以太网是目前主流的现场总线标准，在机器人、人工智能、自动化、汽车等行业均得到广泛应用。EtherCAT 是一种应用于工厂自动化和流程自动化领域的实时工业以太网现场总线协议，已经成为工业通信网络国际标准 IEC61158 和 IEC61784 的组成部分。

4.1　工业以太网 EtherCAT

1. 工业现场总线

随着微处理器的快速发展和广泛应用，数字通信网络延伸到工业过程现场成为可能，产生了以微处理器为核心，使用集成电路代替常规电子线路，实现信息采集、显示、处理、传输以及优化控制等功能的智能设备。设备之间彼此通信、控制，对精度、可操作性以及可靠性、可维护性等都有更高的要求。由此产生了现场总线。

1984 年，现场总线的概念被正式提出。国际电工委员会(International Electrotechnical Commission，IEC)对现场总线(Fieldbus)的定义为：现场总线是一种应用于生产现场，在现场设备之间、现场设备和控制装置之间实行双向、串行、多节点数字通信的技术。

世界上很多工控领域的通信协议组织和大公司相继推出了针对自家产品的工业现场总线标准，如 CANopen、Modbus、PROFINET、EtherNet/IP、CC-Link、EtherCAT 等，而每一个标准都互不兼容。

由于各个国家各个公司的利益之争，虽然早在 1984 年国际电工委员会/国际标准协会(IEC/ISA)就着手开始制定现场总线的标准，但至今统一的标准仍未形成。很多公司也推出了其各自的现场总线技术，但彼此的开放性和互操作性仍难以统一，目前多种现场总线并存。工业自动化技术应用于各行各业，要求也千变万化，仅使用一种现场总线技术也很难满足所有行业的技术要求。此外，现场总线不同于计算机网络，人们将会面对一个多种总线技术标准共存的现实世界。

2. IEC61131 标准

国际电工委员会于 1993 年 3 月颁布了可编程控制器的国际标准 IEC61131。IEC61131 标准将信息技术领域的先进思想和技术，如软件工程、结构化编程、模块化编程、面向对象的思想及网络通信技术等，引入工业控制领域，弥补和克服了传统 PLC、DCS 等控制系统的弱点

(如开放性差、兼容性不好、可维护性差、可重用性差等)。我国的国家标准 GB/T 15969 采用了 IEC63131 标准的内容。IEC61131 标准的影响已经超越了传统可编程控制器的界限,已成为 DCS、PC 控制、运动控制以及 SCADA 等编程系统的事实标准。

IEC61131 标准由八个部分组成,它们分别是:

(1) IEC61131-1 通用信息:定义了可编程控制器及外围设备,如人机界面(HMI)等。

(2) IEC61131-2 设备特性:规定了适用于可编程控制器及其相关外围设备的工作环境及条件,如结构特性、安全性及试验的一般要求、试验方法和步骤等。

(3) IEC61131-3 编程语言:规定了可编程控制器编程语言的语法和语义,规定了五种编程语言。

(4) IEC61131-4 用户导则:规定了系统分析、装置选择、系统维护等方面的参考。

(5) IEC61131-5 通信服务规范:规定了可编程控制器的通信规范,包括不同制造商的 PLC 之间,以及 PLC 与其他设备之间的通信。

(6) IEC61131-6 功能安全:规定了用于电气/电子/可编程电子(E/E/PE)安全相关系统的可编程控制器和相关外围部件的要求。

(7) IEC61131-7 模糊控制编程:制定了编程语言与模糊控制相结合的应用规范。

(8) IEC61131-8 编程语言应用和实现导则:制定了可编程控制器系统应用的编程、组态、安装和维护等方面的指南。

IEC61131 标准的第三部分 IEC61131-3 是编程语言标准。IEC61131-3 编程语言标准打破了不同厂商的 PLC 产品在编程语言上的差异。符合该标准的控制器产品,即使由不同制造商生产,其编程语言也是相同的,其使用的方法也是类似的,提高了程序代码的可重用性。采用该标准的产品,可以大幅减少人员培训、技术咨询、系统调试、系统维护和系统升级等方面的费用。

IEC61131-3 标准支持五种语言(IL、ST、LD、FBD 和 SFC)作为可编程控制器的开发语言,各语言之间可以相互转换。除了支持多种常规的控制算法,如 PID、神经网络算法等,该标准还允许用户嵌入自己的控制算法,并支持通过基于 TCP/IP 网络,实现 PLC 系统的远程监控和远程程序修改等。

IEC61131-3 是第一个为工业自动化控制系统的软件设计提供标准化编程语言的国际标准,它不是强制的规则,只作为 PLC 的编程指导。全球很多知名的自动化企业的产品支持 IEC61131-3 标准,如 ABB、西门子、施耐德等企业。

CODESYS 作为遵循 IEC61131-3 国际编程标准、面向工业 4.0 应用的软件开发平台,提供了一整套功能强大的工业自动化解决方案。支持市面上大部分的工业现场总线,如 Profibus DP、CANopen、PROFINET、PowerLink、EtherNet/IP、EtherCAT 等。

PLCopen 是一个国际组织,成立于 1992 年,总部设在荷兰。该组织独立于生产商和产品,致力于提供控制软件编程方法、规范和提高效率,从而支持推广使用该领域的国际标准,如 IEC61131 标准等。2005 年 9 月,PLCopen 国际组织与中国机电一体化协会合作成立 PLCopen 国际组织中国分支机构——PLCopen China,PLCopen China 秘书处设在中国机电一体化协会。

3. EtherCAT 技术

EtherCAT 是 Ethernet for Control Automation Technology 的缩写,是德国倍福

(BECKHOFF)公司于 2003 年提出的实时工业以太网技术。它采用了德国倍福公司提出的实时以太网(Real-Time Ethernet)主从机之间的通信方式,主站使用标准的以太网控制器,从站节点使用专用的控制芯片,在单独使用普通以太网交换机的情况下,可与使用 TCP/IP 协议的网络设备通信。EtherCAT 使用的是 IEEE802.3 标准的 EtherNet 框架,扩展了 IEEE802.3 以太网标准,满足了运动控制对数据传输的同步实时要求。它充分利用了以太网的全双工特性,并通过"On Fly"模式提高了数据传送的效率。它具有速度快、数据量大、效率高的特点,支持多种设备以拓扑结构形式连接。EtherCAT 是一项高性能、低成本、应用简易、拓扑灵活的工业以太网技术,是用于工业自动化的以太网解决方案,并于 2007 年成为国际标准。EtherCAT 技术协会(EtherCAT Technology Group,ETG)负责管理和推广 EtherCAT 技术,并对该技术开展持续的研发。

EtherCAT 操作简便,性能优越,可以用简单的线形拓扑结构来代替以太网星形结构,也可以采用"传统"方式,即采用交换机对 EtherCAT 进行布线,以便集成其他以太网设备。主站不需要专用插卡,只需使用一个非常简单的接口即可实现与任何一台现有以太网控制器的连接。因此 EtherCAT 也非常适合小型和中型控制应用场景,从而也为分布式 I/O 开辟了新的应用领域。

EtherCAT 这种实时以太网通信方式,在全球多个领域得到广泛应用,如机器控制、测量设备、医疗设备、汽车和移动设备以及无数的嵌入式系统等领域。

为了便于用户开发基于 EtherCAT 的控制系统,倍福公司(在 CODESYS 的基础上进行了二次开发)推出了在 PC 上 Windows 环境下运行的 TwinCAT 软件,目前的最新版本是 TwinCAT3,该软件可以在倍福公司官网(https://www.beckhoff.com/)下载。

EtherCAT 作为一种国际标准,应用广泛。除德国倍福公司外,还有其他的厂商提供符合该标准的产品。

4.2 基于 IEC61131-3 的 TwinCAT 编程规范

1. IEC61131-3 标准中的变量声明、关键字和注释

IEC61131-3 的变量声明首字符可以是字母或下划线,后面跟数字、字母、下划线,不区分字母的大小写,不可以使用特殊字符、空格、连续的下划线。

IEC61131-3 的关键字在 TwinCAT3 中以蓝色、大写显示。例如:

标准的逻辑运算操作关键字:AND,OR,NOT;

标准的数据类型关键字:BOOL,INT,REAL;

程序和功能块的关键字:FUNCTION,FUNCTION_BLOCK,PROGRAM;

结构体数据相关的关键字:TYPE,STRUCT。

关键字是不可以声明做变量名的。

IEC61131-3 的注释在 TwinCAT3 中以斜体、绿色的字体显示。

注释是以"(*"开始,以"*)"结束。可以放在行首或行尾,也可以放在程序语句中间,但是不能放在字符串中间。用于单行并且放在行尾的注释内容,可以使用"//"来标识。

2. IEC61131-3 标准中的数据类型

IEC61131-3 标准中 PLC 的基本数据类型见表 4.1。

表 4.1　IEC61131-3 标准中 PLC 的基本数据类型

数据类型	最小值	最大值	数据大小
BOOL	False	True	1 bit
BYTE	0	255	8 bit
WORD	0	65535	16 bit
DWORD	0	4294967295	32 bit
SINT	－127	127	8 bit
USINT	0	255	8 bit
INT	－32768	32768	16 bit
UINT	0	65535	16 bit
DINT	－2147483648	2147483648	32 bit
UDINT	0	4294967295	32 bit
LINT	-2^{63}	$2^{63}-1$	64 bit
ULINT	0	$2^{64}-1$	64 bit
TIME_OF_DAY	TOD＃00:00:00	TOD＃23:59:59	32 bit
DATE	D＃1970-01-01	D＃2106-02-07	32 bit
DATE_AND_TIME	DT＃1970-01-01-00:00:00	DT＃2106-02-07-06:28:15	32 bit
TIME	T＃0s	T＃49D17H2M47S295MS	32 bit
REAL	-3.4×10^{38}	3.4×10^{38}	32 bit
LREAL	-1.7×10^{308}	1.7×10^{308}	64 bit
STRING	ASCII 码的字符串数据类型，一个字符占一个 BYTE 位，最多可以有 255 个字符		
WSTRING	Unicode 编码的字符串，一般情况下一个字符占两个 BYTE 位，它本身对字符串长度没有限制		

3. 基本数据类型的变量声明

在 TwinCAT3 中基本数据类型的变量声明方式如下：

```
VAR
    a   :   BOOL;
    b   :   INT
    c   :   DWORD;
    d   :   DATE;
    e   :   REAL;
END_VAR
```

在 TwinCAT3 中通过关键字 ARRAY[0..N] OF“TYPE”对数组进行变量声明。对数组中元素数据类型通过 OF 后的“TYPE”(基本的数据类型)定义，例如：

```
VAR
    a   :   ARRAY[0..10] OF BOOL;
    b   :   ARRAY[0..90] OF INT;
```

```
    c    :    ARRAY[0..100] OF DWORD;
    d    :    ARRAY[0..1] OF DATE;
    e    :    ARRAY[0..17] OF REAL;
END_VAR
```

访问数组中的元素采用索引的方式,例如:a[1]:=1;b[2]:=100;等等。

基本的变量名和类型都声明好了,实际工作中程序要求由输入输出变量来获取或输出信息。这种变量可以通过"AT%I(Q) *"来进行声明,AT%是关键字,I 表示输入,Q 表示输出,* 表示自动分配一个内存地址给这个变量。也可以指定一个内存地址给这个变量,例如:

```
VAR
K12531Velocity    AT% QX3.2   :  BOOL;
K12531Status      AT% IB4     :  BYTE;
END_VAR
```

在%I(Q)后接地址存储数据的类型,X 表示 BOOL,B 表示 BYTE,W 表示 WORD,D 表示 DWORD。最后加上数据类型 TYPE。

在变量声明区域 VAR 中声明的变量是局部变量,只能在当前程序中使用。对于功能块和函数,还有输入输出变量声明区,关键字为 VAR_INPUT,VAR_OUTPUT。在 VAR_IN_OUT 中声明输入输出型变量,这里的变量既是输入也是输出。变量要声明在相应的区域中,局部变量在相应功能块或程序中的关键字区域中声明即可,全局变量在 TwinCAT3 中的声明方式如下:

右击 GVLs,然后点击 Add,选择 Global Variable List,在这个文件的 VAR_GLOBAL 中声明对应的全局变量,如图 4.1 和图 4.2 所示。

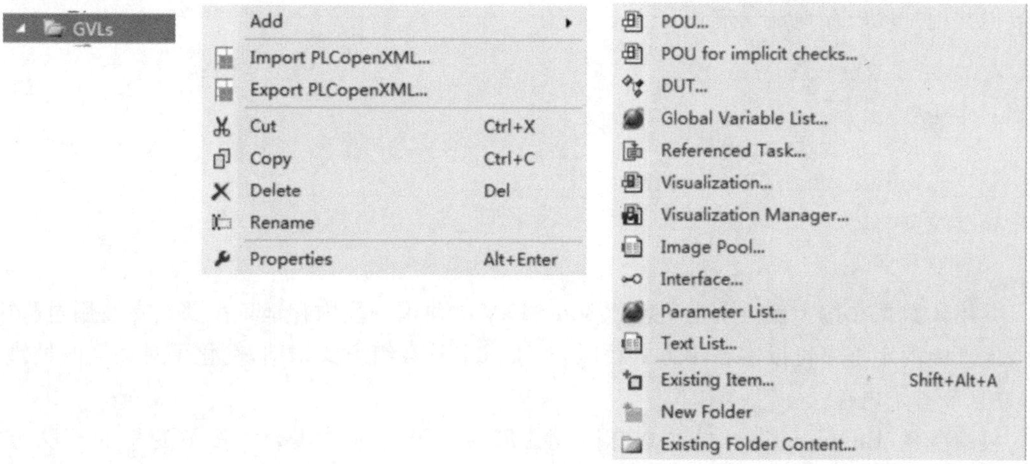

图 4.1

全局变量的创建都会自动加上属性编译:{attribute 'qualified_only'}。这是为了区分全局变量与各局部变量,避免重名的问题,因此现在调用全局变量都需要在变量名前加上全局变量的命名空间,例如:GVL.a,GVL.b,GVL.c。但如果不习惯这种方式或者感觉麻烦,也可以把属性编译行删除,这样就可以回到以前的直接调用的方式了。

在 TwinCAT3 中常量和断电保持型数据的声明方式是,在变量声明区域关键字后加相应的关键字,常量是 CONSTANT,断电保持型数据是 PERSISTENT。例如:

```
VAR
    I AT%I* : BYTE;
END_VAR
VAR_INPUT
    a : BOOL;
END_VAR
VAR_OUTPUT
    b : INT;
END_VAR
VAR_IN_OUT
    c : BYTE;
END_VAR
```

```
GVL
{attribute 'qualified_only'}
VAR_GLOBAL
    a   :   BOOL;
    b   :   INT;
    c   :   BYTE;
END_VAR
```

图 4.2

```
VAR CONSTANT
    PI    :    REAL:= 3.141592653;
END_VAR
```

常量在系统初始化完成后便只能进行读操作，不能进行赋值。

断电保持型变量在 TwinCAT3 中的工作方式是，将变量值保存到本地硬盘中，设备重新上电后自动读取，所以在断电前需要调用断电保持型变量的写入功能块进行操作。注意在调用断电保持型变量的写入功能块的时候，不要更改变量的值。

需要注意的是，PERSISTENT 类型的变量需要配合 UPS 才可以保存变量，因为此类变量只有在 PLC 停止的时候才会进行保存，否则断电重启后还是会丢失。

在 TwinCAT3 中支持共用体（Union）类型的数据。共用体类型的数据表示共用体中的多个数据共用一段内存地址。例如：

```
TYPE unionStringArray;
UNION
    sVar : STRING;
    aVar : ARRAY[0..80] OF BYTE;
END_UNION
END TYPE
```

共用体数据在按上例声明后，变量 sVar 和 aVar 共用一段内存地址。那么在使用过程中，这段地址中的字符串可以字符串方式访问，也可以字符数组方式访问，简化了对数据的处理方式，并且节省了内存。

枚举变量（Enumeration）是多个有固定数值的一类变量的集合。枚举变量的声明方式如下：

```
TYPE Color :
(
    Yellow :=0,
    Red :=3,
    Green :=5
);
END_TYPE
```

有了枚举变量，在程序中特定的地方使用，就会使程序变得清晰易读。

4. IEC61131-3 标准 ST 语言中的条件、选择、循环语句

(1) IF 条件语句：

```
IF(布尔表达式)THEN
  (执行语句)
ELSEIF(布尔表达式)THEN
  (执行语句)
ELSE
  (执行语句)
END_IF
```

IF 条件语句在布尔表达式的值为 TRUE 时执行(执行语句)。布尔表达式可以是布尔类型的变量(bVar)，可以是比较判断的值(a>b)，也可以是功能块的值的判断(LEFT(STR:=strVar, SIZE:=7)='TwinCAT')，等等。

(2) CASE 选择语句：

```
CASE 选择条件 OF
  1:执行语句 1
  2, 4, 6:执行语句 2
  7, …, 10:执行语句 3
  ⋮
  ELSE
  Default
  执行语句 4
END_CASE;
```

根据选择条件中的值，执行相应的执行语句。

(3) FOR 循环语句：

```
FOR  i:= 1 TO 12 BY 2 DO
Feld:= i* 2
END_FOR
```

FOR 循环的工作流程如下：

① 赋值给 i；

② 执行后判断 i 是否达到关键字 TO 后的状态，达到则退出；

③ 未达到则执行循环内的语句；

④ i 增加关键字 BY 后的数值并再次执行②～④步。

(4) WHILE 循环语句：

```
i:=0;
WHILE i<100 DO
  Feld:=i*2;
  i:=i+1;
END_WHILE
```

WHILE 循环的工作流程为：

若关键字 WHILE 后面的布尔表达式的值为 TRUE，则一直执行循环。

(5) REPEAT 循环语句：

```
i:=0;
REPEAT
  Feld:=i*2;
  i:=i+1;
  UNTIL i>100
END_REPEAT
```

对于 REPEAT 循环，在布尔表达式的值是 FALSE 时一直执行循环，在布尔表达式的值变为 TRUE 时退出循环。程序至少被执行一次。

以上是对 IEC61131-3 标准中基础内容的介绍，对于不理解的和更深入的用法可以参照 TwinCAT3 的 information system 手册。

5. 定时器

TwinCAT3 的标准库 Standard. lib 中，提供了两种定时器，即延时接通定时器 TON 和延时断开定时器 TOF。既可以在梯形图编程中使用这两种定时器，也可以在 ST 语言编程中使用。

(1) 定时器 TON：

名称	类型	继承自	地址	初始化	注释
IN	BOOL				starts timer with rising edge, resets timer with falling edge
PT	TIME				time to pass, before Q is set
Q	BOOL				gets TRUE, delay time (PT) after a rising edge at IN
ET	TIME				elapsed time

平时延时接通定时器 TON 的输出 Q 为 FALSE，当到达设定时间 PT 时，延时接通定时器 TON 的输出 Q 为 TRUE。

(2) 定时器 TOF：

名称	类型	继承自	地址	初始化	注释
IN	BOOL				starts timer with falling edge, resets timer with rising edge
PT	TIME				time to pass, before Q is set
Q	BOOL				is FALSE, PT seconds after IN had a falling edge
ET	TIME				elapsed time

平时延时断开定时器 TOF 的输出 Q 为 TRUE，当到达设定时间 PT 时，延时断开定时器 TOF 的输出 Q 为 FALSE。

6. TwinCAT 安装

购买倍福的 CPU 模块，该模块出厂时已经预装了 TwinCAT。如果用 PC 作为 EtherCAT 控制系统的主站，来代替倍福公司的 CPU 模块，则需在 PC 上安装 TwinCAT。安装前,需要卸载杀毒软件。安装 TwinCAT3 Full 版本,安装包可以从倍福公司官方网站(http://www.beckhoff.com/)下载。

安装完毕,在屏幕右下角的隐藏图标"∧"里含有图标,如图 4.3(a)所示。点击该图标,选择 TwinCAT XAE(TcXaeShell),如图 4.3(b)所示,就可以启动 TwinCAT3 的开发编程环境了。此外,也可以点击 Windows 左下方的"开始"按钮,在 Beckhoff 下点击 TwinCAT XAE Shell,启动 TwinCAT3,如图 4.3(c)所示。

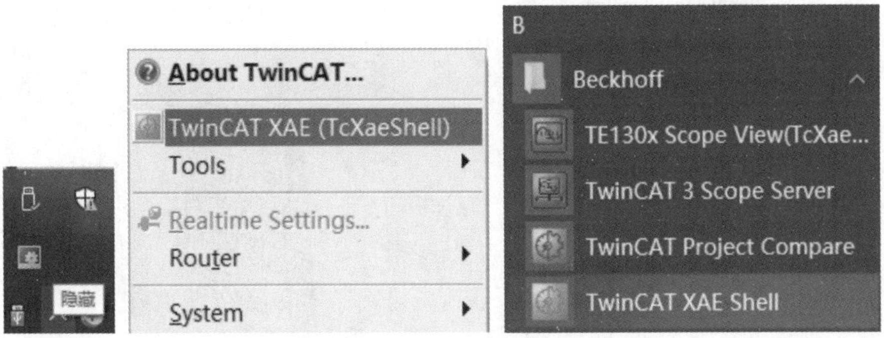

(a)　(b)　(c)

图 4.3

TwinCAT3 Full 版本分 XAR 和 XAE 两部分。

XAE:eXtended Automation Engineering,是基于 Visual Studio 的开发环境,可进行多种语言的编程和硬件组态。

XAR:eXtended Automation Runtime,是实时运行环境,可对 TwinCAT 进行模块加载、执行、管理、实时运行与调用。

4.3　常用 EtherCAT 模块

1. 数字量输入模块 EL1008

EL1008 是倍福公司 EL100x 系列数字量输入模块中的一个型号,有 8 个数字量输入端口,从数字量 I/O 端口采集二进制控制信号,并以电隔离的形式将这些信号传输到上层的自动化单元,该端子模块有一个 3 ms 输入滤波器。EL1008 采用 35 mm 导轨安装的方式,如图 4.4 所示。

主要技术参数如下。

输入的额定电压:24 V DC

"0"信号电压:−3～5 V

"1"信号电压:15～30 V

输入滤波时间:3 ms

输入电流:3 mA

EL1008 数字量输入模块在使用时不需要专门接电源,其通过内部 E-bus 回路(图 4.4 中的 Power/contacts)上的电源供电。

2. 数字量输出模块 EL2008

EL2008 是倍福公司 EL200x 系列数字量输出模块中的一个型号,有 8 个数字量输出端

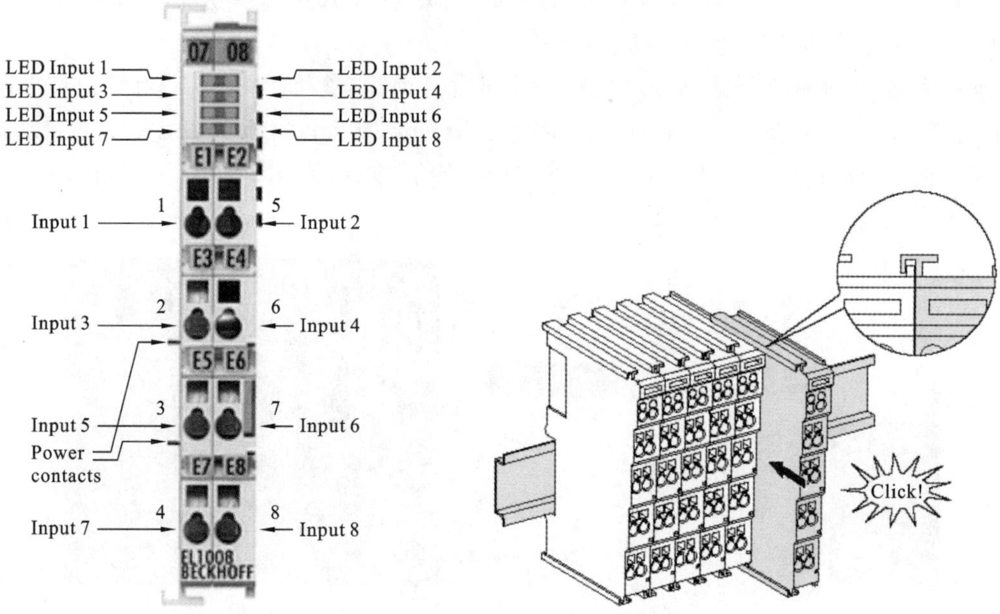

图 4.4

口，以电隔离的形式将自动化单元传输过来的二进制控制信号传到处理层的执行器上。每个通道通过一个 LED 来显示其信号状态，如图 4.5 所示。

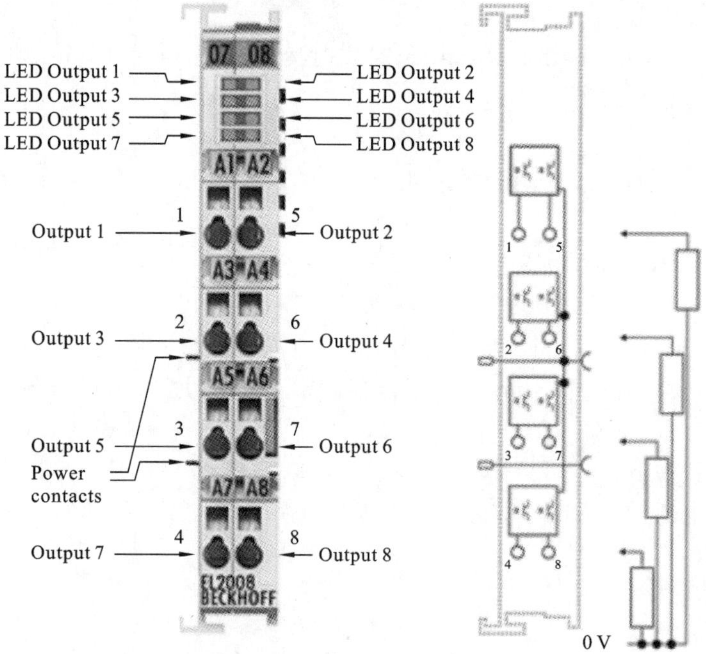

图 4.5

主要技术参数如下。

负载类型：阻性，感性，照明负载

额定负载电压：24 V DC（－15％/＋20％）

单通道最大输出电流：0.5 A

开关时间：TON 40 μs；TOFF 200 μs

供电方式：E-bus

防护等级：IP20

安装方式：EN 60715 标准的 35 mm 导轨安装

3. 模拟量输入模块 EL3004

EL3004 是倍福公司 EL300x 系列模拟量输入模块中的一个型号，有 4 个模拟量输入端口，用于处理－10～＋10 V 范围内的模拟信号。电压被数字化后的分辨率为 12 位，并在电隔离的状态下被传送到上一级自动化设备。EL3004 总线端子模块的输入通道有 4 个差分输入，并具有一个公共的内部接地电位端，如图 4.6 所示。

从图 4.6 可以看出，虽然 EL3004 中 E-bus 的簧片可以从前端的模块(如 EK1100 总线耦合模块)取得＋24 V 电源，但这组电源的"0V"并不与 EL3004 上的 GND 相连，所以需要用导线将该模块的 GND 端与供电电源的负端相连。

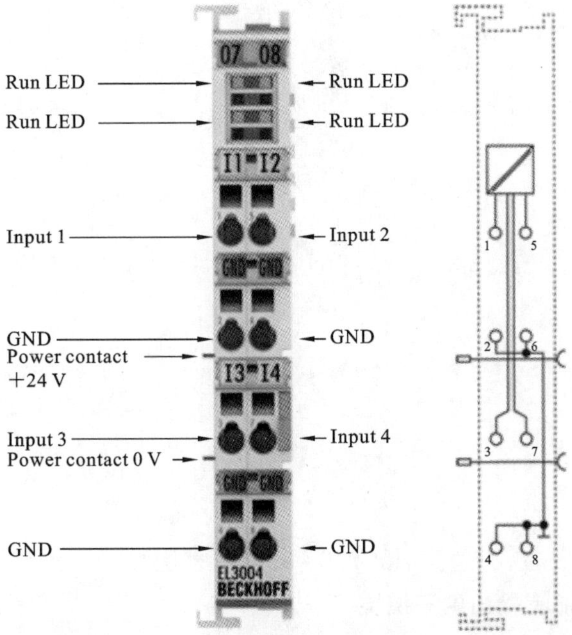

图 4.6

主要技术参数如下。

输入通道数：4

输入模拟量电压范围：－10～＋10 V

分辨率：12 位(显示分辨率 16 位)

转换时间(默认设置：50 Hz 滤波)：0.625 ms

测量误差：不超过±0.3％(满刻度值)

分布式时钟：不支持

过电压能力：最大 30 V

4. 模拟量输出模块 EL4034

EL4034 是倍福公司 EL400x 系列模拟量输出模块中的一个型号，有 4 个模拟量输出端口，输出电压范围为－10～10 V，如图 4.7 所示。

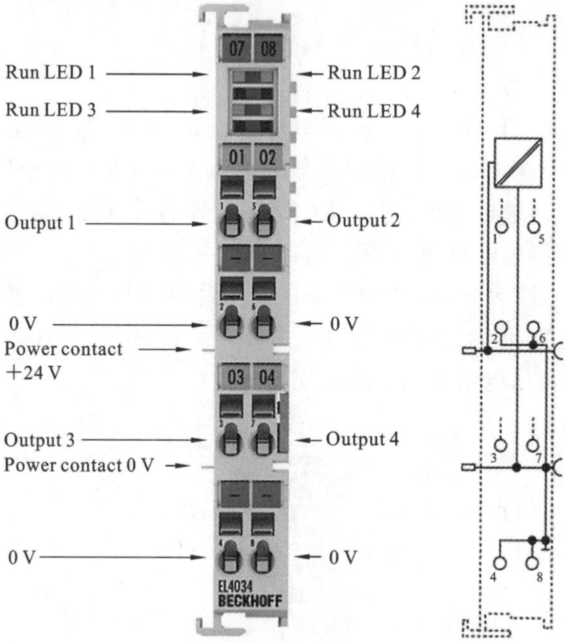

图 4.7

主要技术参数如下。

输出通道数：4

输出电压范围：－10～10 V

分辨率：12 位

转换时间：250 μs

分布式时钟：支持

配置方式：无地址设置，通过 TwinCAT 系统管理器配置

5. 二通道 PWM **脉宽输出端子模块** EL2502

EL2502 输出端子模块用于调制二进制信号的脉宽，并以电气隔离的形式输出。信号的占空比由一个来自自动化单元的 16 位数值预设。输出端可承受过载和短路。每个总线端子模块含有 2 个通道，每个通道都有一个 LED，用来指示其信号状态。LED 在数据输出时闪烁，其亮度可指示占空比，如图 4.8 所示。

两个通道的输出可通过现场总线分别设定，在基本模式下，PWM 调制频率可以在 1～125 kHz 范围内调节，分辨率为 1 μs，出厂设置值为 250 Hz，最大输出电流为 0.5 A。

基本设置是通过 Process Data 选项卡中的 PDO 选项实现的，“脉宽(Pulse width)”设置为 PDO 0x1600 and 0x1601；“脉宽及频率(Pulse width and frequency (16 bit))”设置为 PDO 0x1602 and 0x1603，如图 4.9 所示。

如果需要在程序运行过程中改变 EL2502 两个输出通道 PWM 信号的脉宽和频率，则需要在“PDO Assignment”中勾选 0x1602 和 0x1603，如图 4.10 所示。

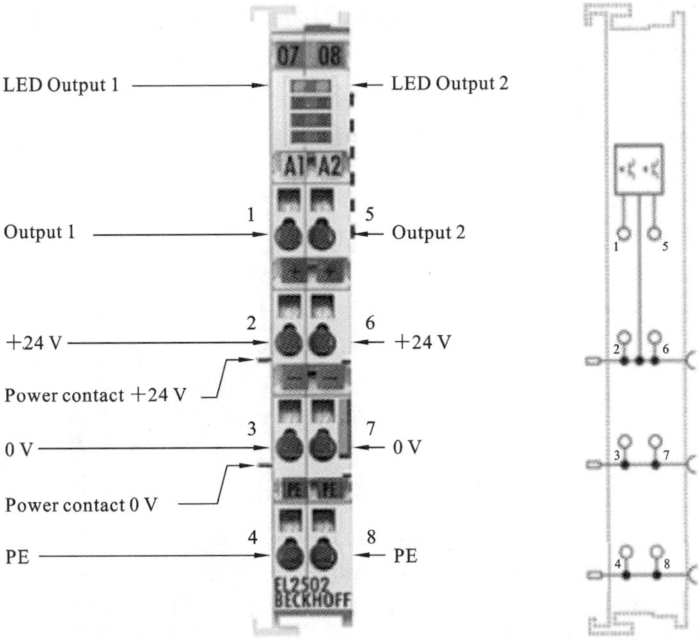

图 4.8

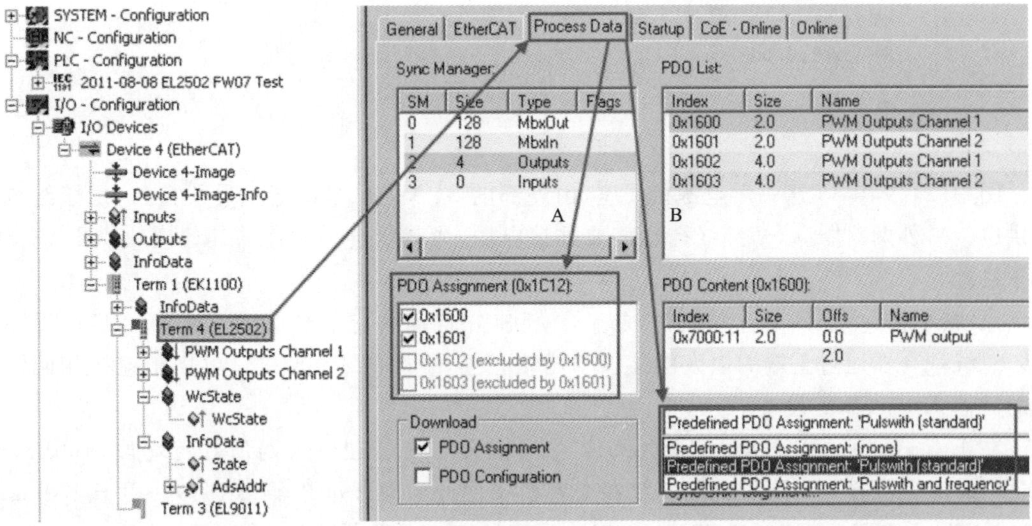

图 4.9

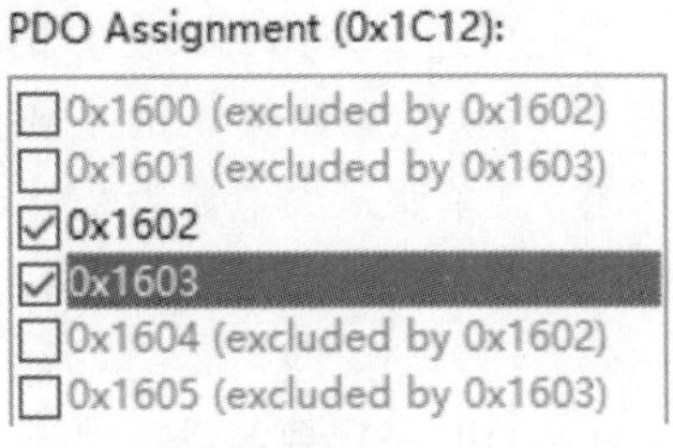

图 4.10

在接线正确无误且通电的情况下，可以扫描到 EL2502 模块，以及该模块每个 PWM 输出通道的变量名 PWM output 和 PWM period，如图 4.11 所示。如果要控制 EL2502 模块的 PWM 输出，则通过程序控制这两个通道对应的两个变量即可。

6. EtherCAT 总线耦合模块 EK1100

很多场合，我们可以不用倍福的工业 PC(IPC)或嵌入式 PC 作为控制器，而是直接使用装有 TwinCAT 的个人计算机，如台式计算机、便携式计算机或其他 mini 工控机等作为控制器。此时，因为倍福的输入输出等模块本身不带网口，所以会用到 EtherCAT 总线耦合模块 EK1100。EK1100 EtherCAT 总线耦合器可将模块化、可扩展的电子端子排连接到 EtherCAT 实时以太网系统。一个节点由一个总线耦合器、任意多个(1～64 个)端子模块(通过 K-bus 扩展时最多为 255 个)和一个末端端子模块组成，如图 4.12 所示。

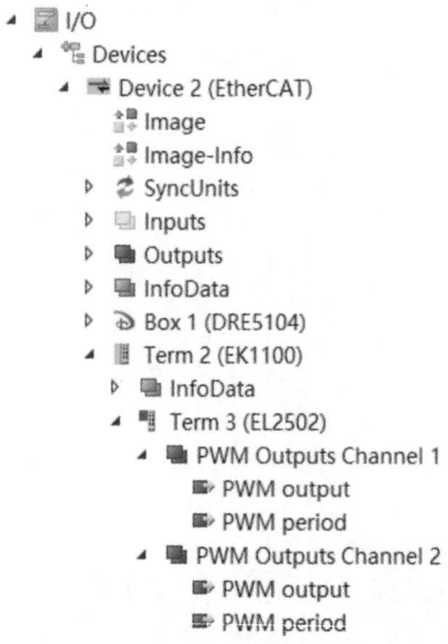

图 4.11

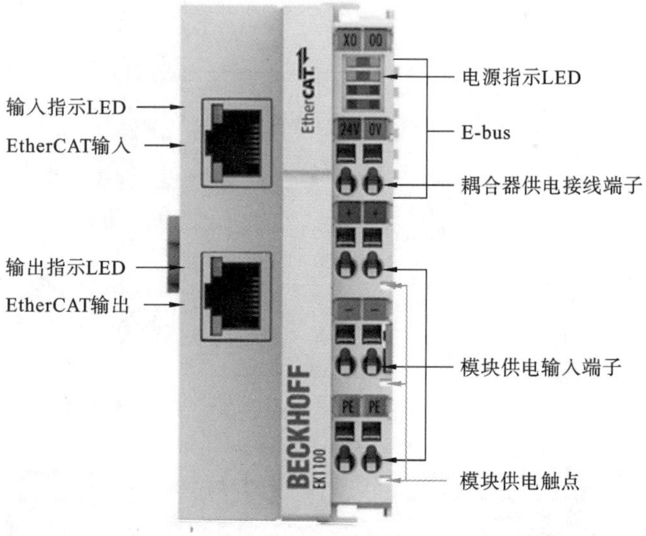

图 4.12

图中“24 V,0 V”这一对电源接线座，由外部的 24 V DC 电源通过导线接入，用于给耦合器供电。另外两对“＋，－”接线孔也需要外接电源，为与耦合器相连的其他模块供电。“PE”用于接地。

总线耦合器可识别所连接的总线端子模块，并自动将它们分配到 EtherCAT 过程映像中。总线耦合器通过上端的以太网接口与网络相连，下端的 RJ45 接口可用于连接相同链路上的其他 EtherCAT 设备。

在 EtherCAT 网络中，可将 EK1100 总线耦合器安装在以太网信号传输段(100BASE-TX)中的任意位置——除了直接安装在交换机上之外。总线耦合器 BK9000(用于 K-bus 组件)或 EK1000(用于 EtherCAT 端子模块)可直接安装在交换机上。

7. 第三方 I/O 模块——德普施 DRE1048

实验中还会使用到第三方的 EtherCAT I/O 模块，如德普施科技公司生产的 DRE1048，如图 4.13 所示。该模块的主要参数：供电电压为 24 V DC，4 路 NPN(出厂默认设置)或 PNP 输入(单路最大电流为 20 mA)，8 路 NPN 漏型输出，可直接驱动 8 路气动电磁阀(单路最大电流为 500 mA)。输入输出均有指示灯显示状态。DRE1048 的端子排列如图 4.14 所示。

注意：PE 一定要与设备外壳连接。

为了使 DRE1048 I/O 模块在 EtherCAT 模式下能够正常工作，需要将该模块生产厂商——德普施科技提供的“I/O 模块 xml 描述文件：DEPUSH-DRE1048. xml”拷贝到

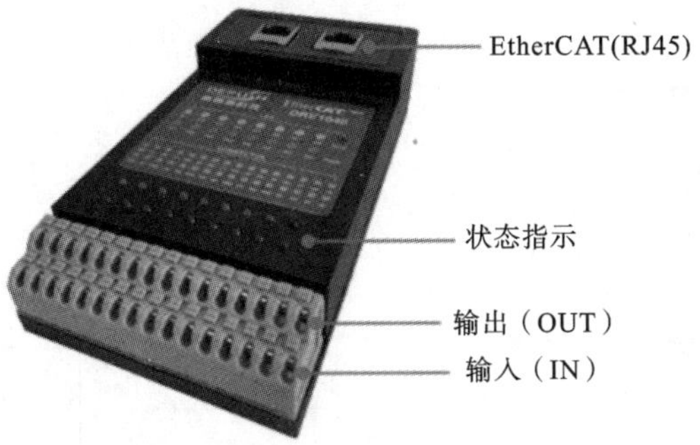

图 4.13

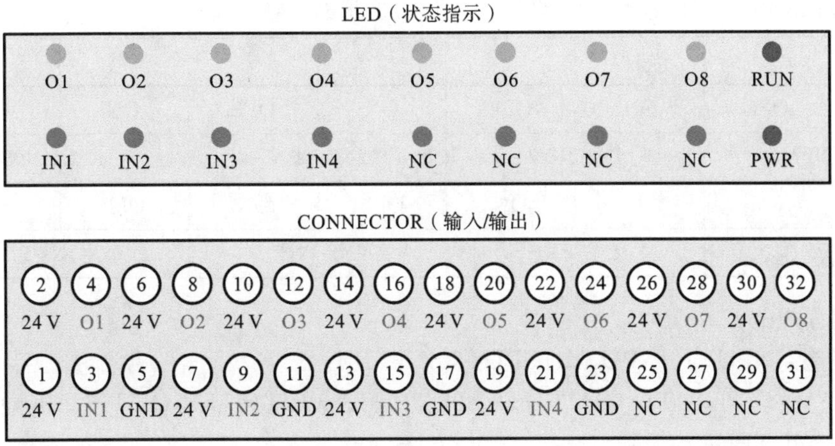

图 4.14

TwinCAT/3.1/Config/Io/EtherCAT/路径下。

(1) 模块接线。

图 4.14 中的 GND 内部是联通的。

输入端口接传感器，如图 4.15 所示。

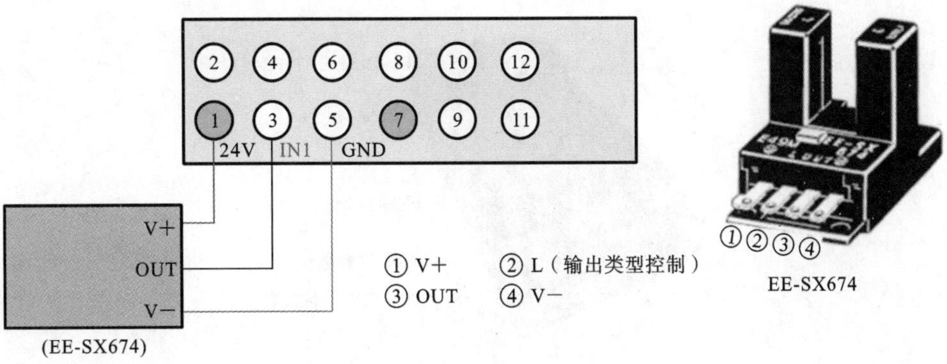

图 4.15

输出端口接电磁阀或者继电器，如图 4.16 所示为继电器与 DRE1048 模块的接线。

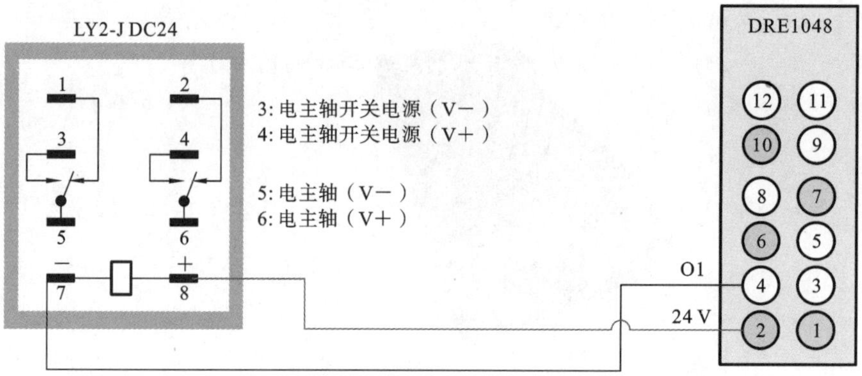

图 4.16

可以通过模块内部的拨码开关设置输入信号的形式：

1	2	3	4	5	6	7	8
ON	OFF	ON	OFF	ON	OFF	ON	OFF
IN4-NPN		IN3-NPN		IN2-NPN		IN1-NPN	
OFF	ON	OFF	ON	OFF	ON	OFF	ON
IN4-PNP		IN3-PNP		IN2-PNP		IN1-PNP	

（2）编程规范。

输入变量：INPUT1、INPUT2、INPUT3、INPUT4。

输出变量：OUTPUT1、OUTPUT2、OUTPUT3、OUTPUT4、OUTPUT5、OUTPUT6、OUTPUT7、OUTPUT8。

这些变量分别对应着 DRE1048 模块的输入输出物理端子，是由该模块的 xml 文件定义的。

8. 第三方高速脉冲输入输出模块 DRE5104

1）接口说明

DRE5104（见图 4.17）可以作为二路步进电机驱动器使用，可以驱动二路 57 系列两相四线制步进电机，同时支持 4 路限位开关（NPN）和 2 路编码器输入。

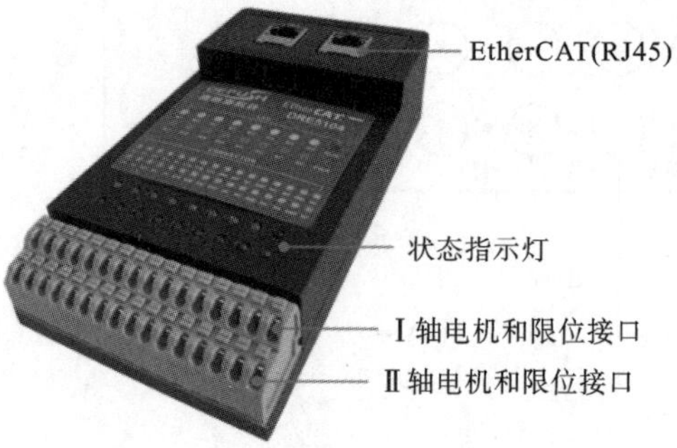

图 4.17

DRE5104 接线端子分布与状态指示灯如图 4.18 所示，其中：M1 和 M2 为电机状态指示灯；IN1～IN4 为限位传感器状态指示灯；RUN 为运行指示灯；PWR 为电源指示灯；其他为未定义的预留指示灯。

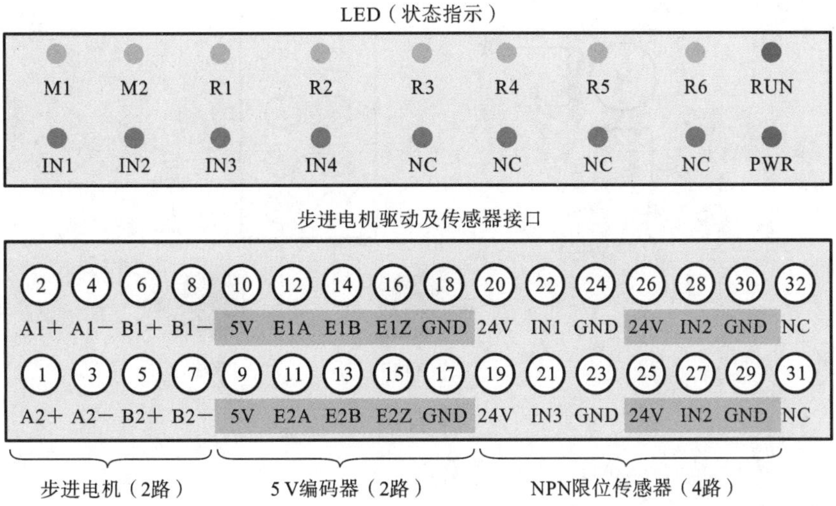

图 4.18

2）接线示例

例 4-1　DRE5104 接 4 路数字量限位开关传感器(EE-SX674 NPN)，如图 4.19 所示。

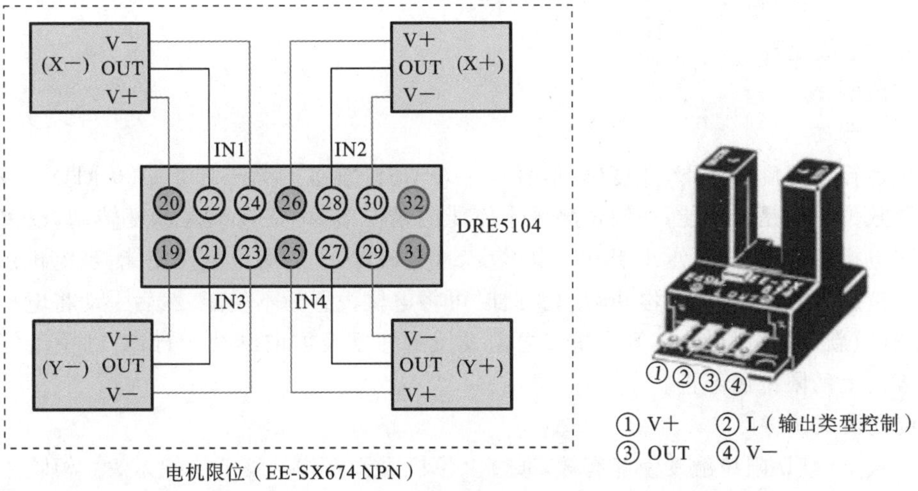

图 4.19

例 4-2　DRE5104 接二路两相四线制 57 步进电机，如图 4.20 所示。

3）模式设置

变量类型：int8_t

变量定义：Mode_of_Operation_M1、Mode_of_Operation_M2

变量赋值：1～3

变量说明：

Mode_of_Operation_M1：X 轴(1 轴)运动模式设置。

(1) Mode_of_Operation_M1＝1：速度模式；

(2) Mode_of_Operation_M1＝2：位置模式；

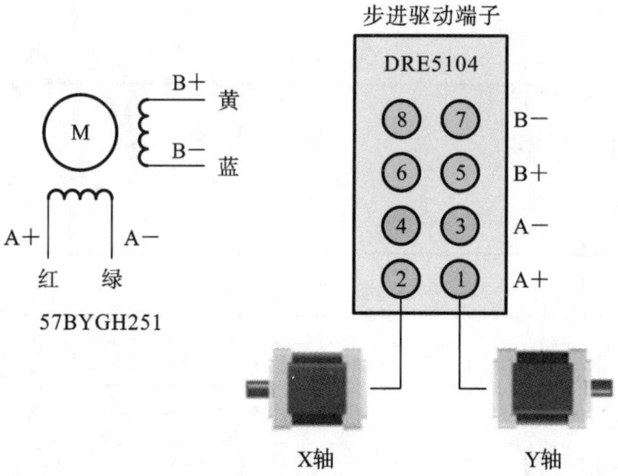

图 4.20

(3) Mode_of_Operation_M1=3:归零模式;

(4) 其他值无效。

Mode_of_Operation_M2:Y 轴(2 轴)运动模式设置。

(1) Mode_of_Operation_M2=1:速度模式;

(2) Mode_of_Operation_M2=2:位置模式;

(3) Mode_of_Operation_M2=3:归零模式;

(4) 其他值无效。

模式说明:

◆ 速度模式

电机运行在速度模式下,速度(以信号频率表示)设置范围为−100~100 kHz。该模式下可以配置限位触发是否使能,在限位触发不使能的情况下,电机以设置速度转动,设置速度值大于 0 则电机正传(顺时针),小于 0 则电机反转(逆时针)。若限位触发使能,当电机运行方向上的限位被触发时,电机立即停止转动。此时可将电机设置为不使能,然后手动将电机推动到其他位置,重新设置电机使能,则电机以之前设置的速度及方向继续运行,直到手动停止或撞到运行方向上的限位后停止。

◆ 位置模式

该模式下,默认限位触发使能有效,通过上位机设置限位触发不使能无效。模块上电后若没有进入过归零模式而直接进入位置模式,则电机当前位置为零点,所有设置的位置值都以当前零点为参考点。当设定位置值大于当前值时,电机顺时针旋转,反之则逆时针旋转。电机运行速度为设置速度的绝对值,不管设置速度值大于 0 还是小于 0 都以大于 0 处理。若设定位置值超过有效行程,即当前运行方向上的限位被触发,则电机立即停止转动。该模式下的位置反馈是以运行脉冲数量来计算的,与编码器接口返回的数据没有关联,所以在模块不接电机运行或在不使能电机的情况下手动推动电机,位置反馈不会实时更新。

◆ 归零模式

该模式下,电机逆时针转动寻找零点,即负限位被触发。X 轴(1 轴)负限位为限位 1,正限位为限位 2;Y 轴(2 轴)负限位为限位 3,正限位为限位 4。当两个轴全部运行到零点时,以当前位置为零点进入位置模式。

注意:运行过程中可以随时切换运行模式;电机运行需要设置电机使能、细分以及电流等参数。

4）电机使能设置

变量类型：BOOL

变量定义：Enable_M1、Enable_M2

变量赋值：0 或 1

变量说明：

Enable_M1：X 轴（1 轴）电机使能设置。

（1）Enable_M1＝1：电机使能；

（2）Enable_M1＝0：电机不使能。

Enable_M2：Y 轴（2 轴）电机使能设置。

（1）Enable_M2＝1：电机使能；

（2）Enable_M2＝0：电机不使能。

注意：若在电机运行过程中设置不使能，则电机立即停止转动；重新由不使能设置使能时，程序会自动判断之前电机运行是否结束，若没有结束，则电机会以之前的设置自动开始运行。

5）电流设置

变量类型：int8_t

变量定义：Current_Set_M1、Current_Set_M2

变量赋值：1～8

变量说明：

Current_Set_M1：X 轴（1 轴）电机运行电流设置。

（1）Current_Set_M1＝1：电机运行电流为 0.5 A；

（2）Current_Set_M1＝2：电机运行电流为 1.0 A；

（3）Current_Set_M1＝3：电机运行电流为 1.5 A；

（4）Current_Set_M1＝4：电机运行电流为 2.0 A；

（5）Current_Set_M1＝5：电机运行电流为 2.5 A；

（6）Current_Set_M1＝6：电机运行电流为 3.0 A；

（7）Current_Set_M1＝7：电机运行电流为 3.5 A；

（8）Current_Set_M1＝8：电机运行电流为 4.0 A；

（9）其他值：电机运行电流设置为 0.5 A。

Current_Set_M2：Y 轴（2 轴）电机运行电流设置。

（1）Current_Set_M2＝1：电机运行电流为 0.5 A；

（2）Current_Set_M2＝2：电机运行电流为 1.0 A；

（3）Current_Set_M2＝3：电机运行电流为 1.5 A；

（4）Current_Set_M2＝4：电机运行电流为 2.0 A；

（5）Current_Set_M2＝5：电机运行电流为 2.5 A；

（6）Current_Set_M2＝6：电机运行电流为 3.0 A；

（7）Current_Set_M2＝7：电机运行电流为 3.5 A；

（8）Current_Set_M2＝8：电机运行电流为 4.0 A；

（9）其他值：电机运行电流设置为 0.5 A。

注意：请根据电机功率及运行负载合理设置运行电流，以免电机运行过程中发烫，使用寿命缩短。

6）细分设置

变量类型:int8_t

变量定义:Step_Resolution_Set_M1、Step_Resolution_Set_M2

变量赋值:1～8

变量说明:

Step_Resolution_Set_M1：X 轴(1 轴)电机运行细分设置。

(1) Step_Resolution_Set_M1=1:待机模式;

(2) Step_Resolution_Set_M1=2:全步分辨率;

(3) Step_Resolution_Set_M1=3:半步分辨率(类型 A);

(4) Step_Resolution_Set_M1=4:1/4 步分辨率;

(5) Step_Resolution_Set_M1=5:半步分辨率(类型 B);

(6) Step_Resolution_Set_M1=6：1/8 步分辨率;

(7) Step_Resolution_Set_M1=7：1/16 步分辨率;

(8) Step_Resolution_Set_M1=8：1/32 步分辨率;

(9) 其他值：待机模式。

Step_Resolution_Set_M2：Y 轴(2 轴)电机运行细分设置。

(1) Step_Resolution_Set_M2=1:待机模式;

(2) Step_Resolution_Set_M2=2:全步分辨率;

(3) Step_Resolution_Set_M2=3:半步分辨率(类型 A);

(4) Step_Resolution_Set_M2=4:1/4 步分辨率;

(5) Step_Resolution_Set_M2=5:半步分辨率(类型 B);

(6) Step_Resolution_Set_M2=6：1/8 步分辨率;

(7) Step_Resolution_Set_M2=7：1/16 步分辨率;

(8) Step_Resolution_Set_M2=8：1/32 步分辨率;

(9) 其他值：待机模式。

7）限位读取

变量类型:BOOL

变量定义:Digital_Input_1_M1、Digital_Input_1_M2、Digital_Input_1_M3、Digital_Input_1_M4

变量返回:0 或 1

变量说明:

Digital_Input_1_M1：限位 1 状态返回

Digital_Input_1_M2：限位 2 状态返回

Digital_Input_1_M3：限位 3 状态返回

Digital_Input_1_M4：限位 4 状态返回

注意:限位传感器只能接 NPN 型或 PNP 型,不支持两种类型传感器同时接入。

8）限位触发使能设置

变量类型:BOOL

变量定义:Limit_Stop_Enable_M1、Limit_Stop_Enable_M2

变量赋值：0 或 1

变量说明：

Limit_Stop_Enable_M1：X 轴(1 轴)限位触发电机停车使能。

(1) Limit_Stop_Enable_M1=0：限位触发电机停车不使能；

(2) Limit_Stop_Enable_M1=1：限位触发电机停车使能。

Limit_Stop_Enable_M2：Y 轴(2 轴)限位触发电机停车使能。

(1) Limit_Stop_Enable_M2=0：限位触发电机停车不使能；

(2) Limit_Stop_Enable_M2=1：限位触发电机停车使能。

注意：限位触发电机停车使能设置只在速度模式下有效，位置模式与归零模式下默认限位触发电机停车使能，且不支持上位机更改设置。

9) 读取电机编码器数据

变量类型：int32_t

变量定义：ENC_Counter_M1、ENC_Counter_M2

变量返回：编码器计数值

变量说明：

ENC_Counter_M1：X 轴(1 轴)电机运行编码器计数值；

ENC_Counter_M2：Y 轴(2 轴)电机运行编码器计数值。

注意：编码器计数方式为 AB 相增量式计数，板卡重新上电后都会清零计数值。

10) 电机编码器数据清零

变量类型：BOOL

变量定义：ENC_Clear_M1、ENC_Clear_M2

变量赋值：0 或 1

变量说明：

ENC_Clear_M1：X 轴(1 轴)电机运行编码器计数值清零设置。

(1) ENC_Clear_M1=0：电机运行编码器计数值累加；

(2) ENC_Clear_M1=1：电机运行编码器计数值清零。

ENC_Clear_M2：Y 轴(2 轴)电机运行编码器计数值清零设置。

(1) ENC_Clear_M2=0：电机运行编码器计数值累加；

(2) ENC_Clear_M2=1：电机运行编码器计数值清零。

4.4 基于 EtherCAT 的 I/O 控制

4.4.1 EL1008 数字量输入和 EL2008 数字量输出实验

一、实验目的

(1) 掌握 EtherCAT 总线的数字量输入模块 EL1008 和数字量输出模块 EL2008 的使用方法。

(2) 实现功能：当 EL1008 的输入端 INPUT1 有信号时，EL2008 的输出端 OUTPUT1 输出信号。

二、实验原理

EtherCAT 总线的 EL1008 数字量输入模块从外界采集二进制控制信号，并以电隔离的形式将这些信号传输到上层的自动化单元。EL1008 有 8 个数字量通道，且该端子模块有一个 3 ms 输入滤波器。输入信号逻辑“0”的电压为－3～5 V，逻辑“1”的电压为 15～30 V，其工作状态通过一个 LED 来显示。

EL2008 数字量输出模块以电隔离的形式将自动化单元传输过来的二进制控制信号传到处理层的执行器上。该端子模块可通过一个 LED 来显示其信号状态，逻辑“0”的电压为 0 V，逻辑“1”的电压为 24 V，其工作状态通过一个 LED 来显示。

EL1008 数字量输入模块和 EL2008 数字量输出模块没有专门的电源接线端子，其通过内部 E-bus 回路上的电源供电，见图 4.4 中的 Power contacts。EL2008 数字量输出模块的最大输出电流为 0.5 A。EL1008 数字量输入模块和 EL2008 数字量输出模块均没有网络接口，所以单独的 EL1008 模块和 EL2008 模块是不能使用的，需要同时使用总线耦合模块（如 EK1100）或使用 CPU 模块。

三、实验仪器和设备

（1）计算机（安装有 TwinCAT）。

（2）EtherCAT 总线耦合模块 EK1100。

（3）EL1008 数字量输入模块。

（4）EL2008 数字量输出模块。

（5）24 V 直流电源。

（6）导线若干、网线一根。

四、实验步骤及内容

EL1008 数字量输入模块和 EL2008 数字量输出模块自身不带网络接口，欲通过 EtherCAT 网线连接 EL1008 数字量输入模块和 EL2008 数字量输出模块，需要用到一个被称为耦合器的 EK1100 模块。EK1100 模块一般会带一个电源模块 EL9011。这些模块拼装在一起后，接上电源，模组就可以正常工作了。

（1）参照图 4.4，组合 EK1100 总线耦合模块、EL1008 数字量输入模块和 EL2008 数字量输出模块，并按照图 4.12 进行电源线的连接。

（2）新建项目，命名为 Beckhoff_IO。

（3）扫描并添加 EtherCAT 模块作为从站。

在项目浏览窗口，选中 Beckoff_IO → I/O →Devices，点击右键，再点击 Scan，TwinCAT 开始扫描并自动添加所连接的硬件模块。本次实验所用的 EL1008 输入模块和 EL2008 输出模块被添加在 Term1（EK1100）里面，如图 4.21 所示。

（4）添加 PLC。在 TwinCAT 解决方案中添加 PLC 新项，如图 4.22 所示。

（5）配置工程项目。

选择 Standard PLC Project，命名为 Beckhoff_IO_Test，如图 4.23 所示。

（6）设置变量及编程。

在项目浏览窗口，选择 Beckhoff_IO → PLC→ Beckhoff_IO_Test→Beckhoff_IO_Test

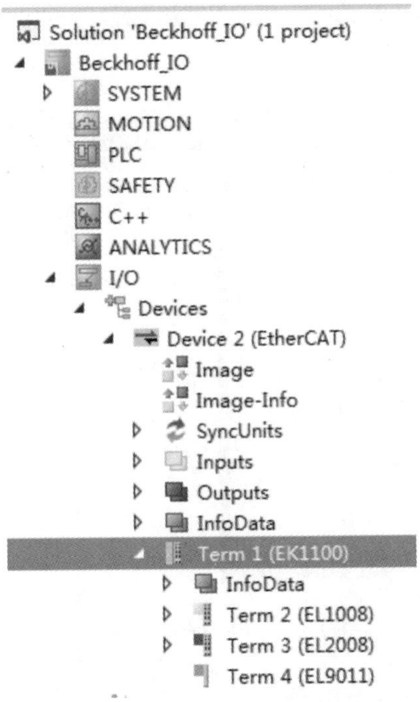

图 4.21

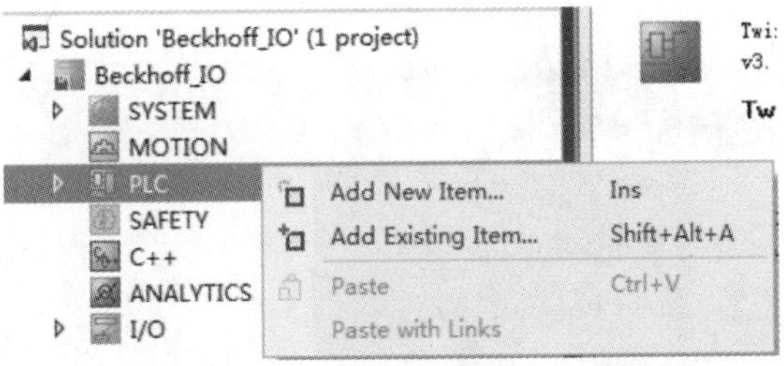

图 4.22

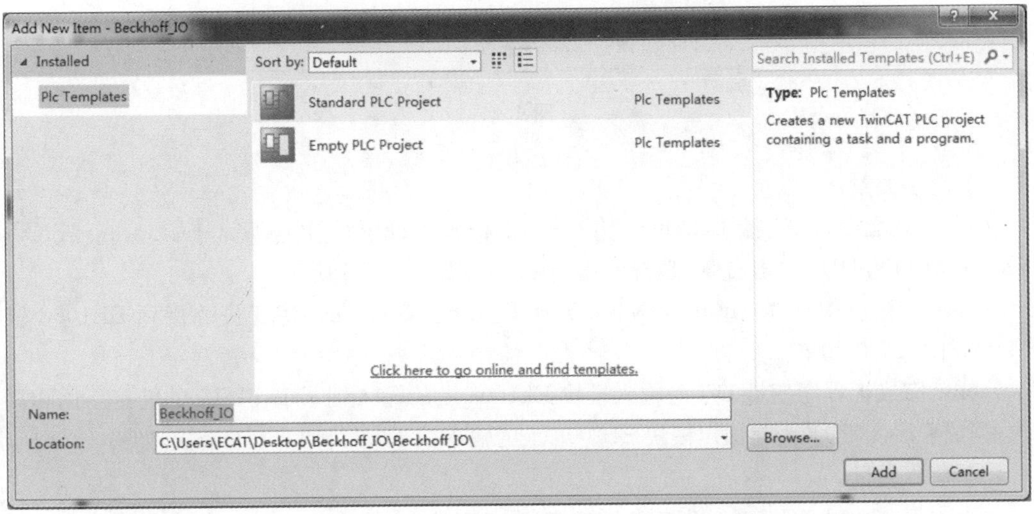

图 4.23

Project → POUs→ MAIN(PRG)，在 TwinCAT 中部的变量设置窗口设置变量，在编程窗口编写程序，如图 4.24 所示。

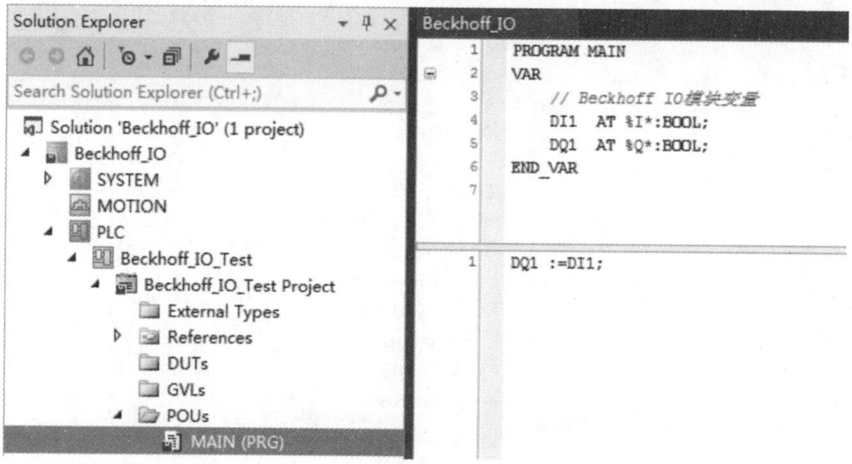

图 4.24

(7) 生成解决方案。

通过菜单 BUILD → Build Solution 生成解决方案，如图 4.25 所示。

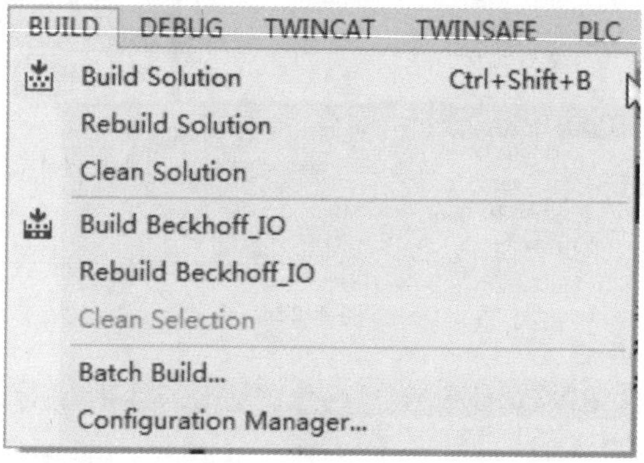

图 4.25

(8) 链接变量。

在项目浏览窗口，选择 Beckhoff_IO → PLC→ Beckhoff_IO_Test Instance→ PlcTask Inputs→ MAIN.DI1，点击右键，选择 Change Link，如图 4.26 所示。

在弹出的窗口中选择 Input 〉IX 39.0，BIT[0.1]，点击 OK，将变量链接到 EL1008 模块端口，如图 4.27 所示。

这样就完成了程序变量 DI1 与输入模块 EL1008 上的输入端子 INPUT1 的链接。用相同的方法，完成程序变量 DQ1 与输出模块 EL2008 上的输出端子 OUTPUT1 的链接，如图 4.28 所示。

(9) 激活项目。

点击工具栏中的图标，出现图 4.29 所示对话框。

点击确定按钮，出现图 4.30 所示对话框，点击确定按钮，执行激活的项目。

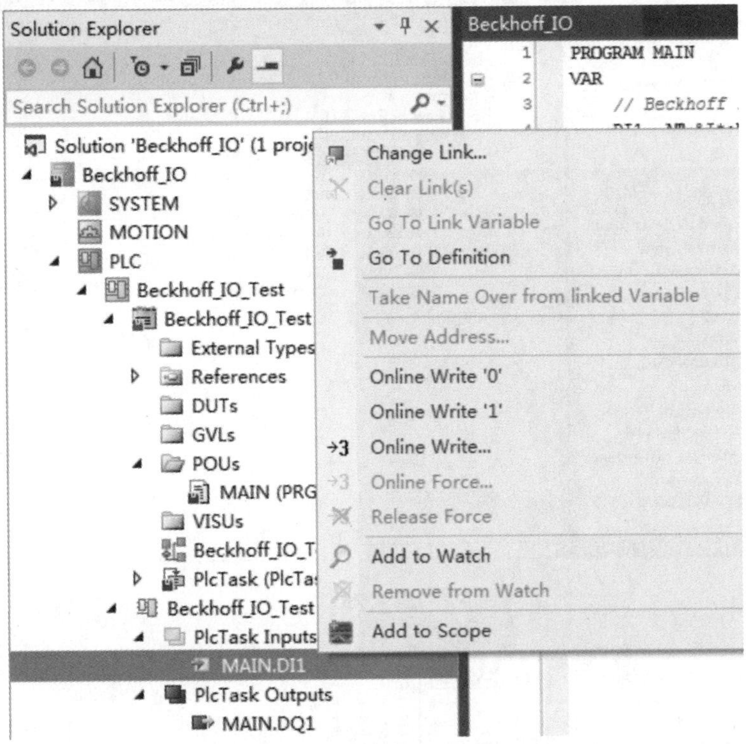
Solution Explorer
Search Solution Explorer (Ctrl+;)
Solution 'Beckhoff_IO' (1 proj
Beckhoff_IO
SYSTEM
MOTION
PLC
Beckhoff_IO_Test
Beckhoff_IO_Test
External Types
References
DUTs
GVLs
POUs
MAIN (PRG
VISUs
Beckhoff_IO_T
PlcTask (PlcTa
Beckhoff_IO_Test
PlcTask Inputs
MAIN.DI1
PlcTask Outputs
MAIN.DQ1
Beckhoff_IO
PROGRAM MAIN
VAR
// Beckhoff
Change Link...
Clear Link(s)
Go To Link Variable
Go To Definition
Take Name Over from linked Variable
Move Address...
Online Write '0'
Online Write '1'
Online Write...
Online Force...
Release Force
Add to Watch
Remove from Watch
Add to Scope

图 4.26

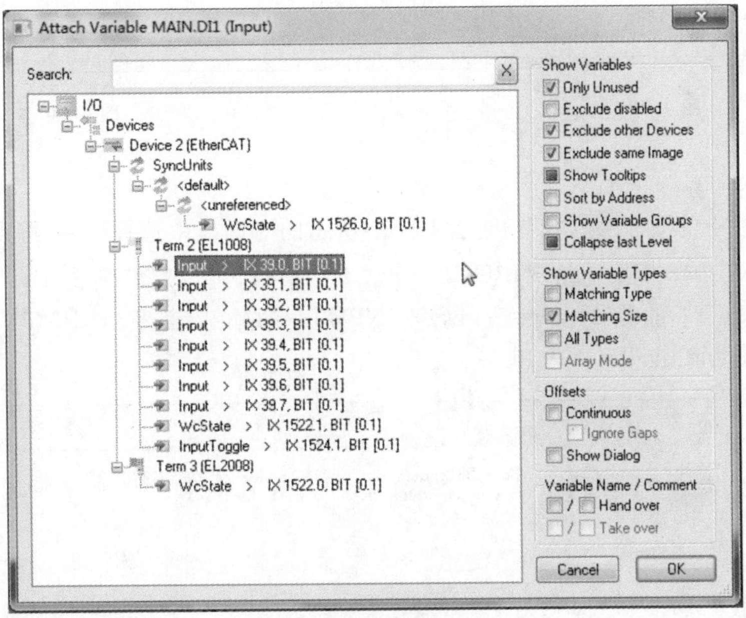
Attach Variable MAIN.DI1 (Input)
Search:
I/O
Devices
Device 2 (EtherCAT)
SyncUnits
<default>
<unreferenced>
WcState > IX 1526.0, BIT [0.1]
Term 2 (EL1008)
Input > IX 39.0, BIT [0.1]
Input > IX 39.1, BIT [0.1]
Input > IX 39.2, BIT [0.1]
Input > IX 39.3, BIT [0.1]
Input > IX 39.4, BIT [0.1]
Input > IX 39.5, BIT [0.1]
Input > IX 39.6, BIT [0.1]
Input > IX 39.7, BIT [0.1]
WcState > IX 1522.1, BIT [0.1]
InputToggle > IX 1524.1, BIT [0.1]
Term 3 (EL2008)
WcState > IX 1522.0, BIT [0.1]
Show Variables
Only Unused
Exclude disabled
Exclude other Devices
Exclude same Image
Show Tooltips
Sort by Address
Show Variable Groups
Collapse last Level
Show Variable Types
Matching Type
Matching Size
All Types
Array Mode
Offsets
Continuous
Ignore Gaps
Show Dialog
Variable Name / Comment
Hand over
Take over
Cancel
OK

图 4.27

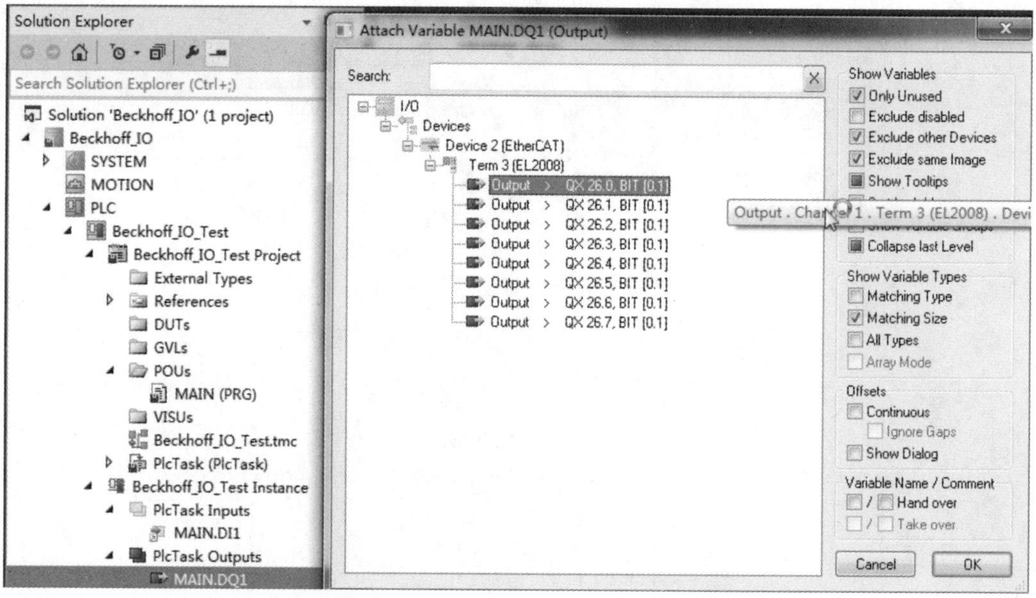

图 4.28

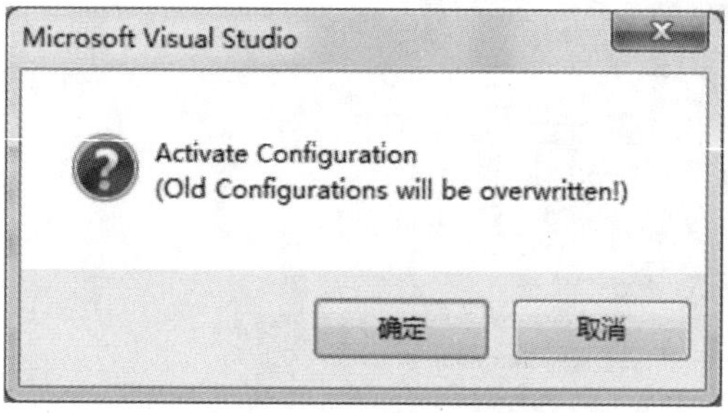

图 4.29

图 4.30

(10) 登入运行。

点击工具栏中的图标，在弹出的图 4.31 所示的对话框中选择 Yes，再点击图标，运行项目。在 DRE1048 模块上给 INPUT1 一个 24 V 信号，可以观察到 INPUT1 的指示灯点亮，同时 OUTPUT1 的指示灯点亮；断开 INPUT1 的输入信号，INPUT1 的指示灯灭，OUTPUT1 的指示灯也灭。

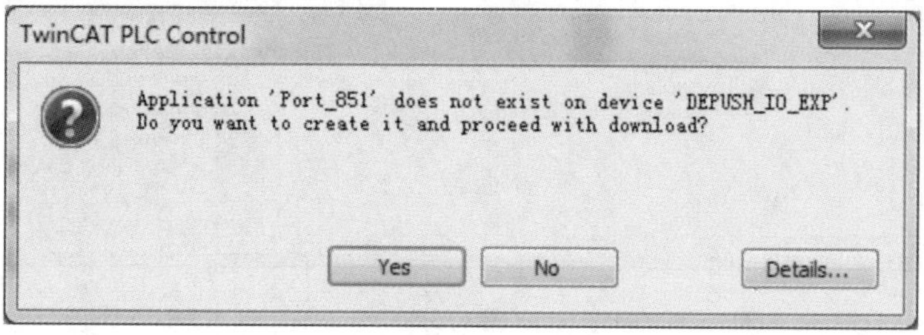

图 4.31

五、实验报告要求

实验报告至少包含以下内容：

(1) 实验目的。

(2) 控制系统接线图及说明。

(3) PLC 程序变量、代码及说明。

(4) 变量配置过程。

(5) 模块硬件配置过程。

(6) 实验总结及心得。

六、思考题

(1) 数字量输入模块 EL1008 和数字量输出模块 EL2008 需要专门外接供电电源吗？为什么？

(2) 数字量输出模块 EL2008 每个输出端口的最大输出电流是多少？

4.4.2　模拟量输入模块 EL3004 和模拟量输出模块 EL4034 实验

一、实验目的

(1) 掌握 EtherCAT 总线通信的模拟量输入输出模块的使用方法。

(2) 实现功能：当模拟量输入模块的输入端 INPUT1 有电压信号输入时，模拟量输出模块 EL4034 的输出端 OUTPUT1 输出同样幅值的电压，在输出端 OUTPUT2 输出 0.5 倍的输入端的电压。

二、实验原理

模拟量输入模块 EL3004 和模拟量输出模块 EL4034，本质上分别是一种 A/D 和 D/A 转换模块。

A/D 转换也称模数转换，即把时间连续和幅值连续的模拟量信号转换为时间离散、幅值也离散的数字量信号，A/D 转换有四个步骤，即采样、保持、量化和编码。完成 A/D 转换的器件称为 ADC。

D/A 转换也称数模转换，即把时间离散和幅值离散的数字量信号转换为时间连续、幅值也连续的模拟量信号，一般是通过电流开关型的电阻网络（如 T 型电阻网络）实现的。完成 D/A 转换的器件称为 DAC。

EL3004 和 EL4034 分别是基于 EtherCAT 总线的 4 路模拟量输入模块和 4 路模拟量输出模块。模拟量输入模块 EL3004 通过内部的 ADC，将输入端的模拟量信号转换为计算机能读取的数字量信号，其输入模拟量信号的范围为－10～＋10 V，内部的 A/D 转换分辨率为 12 位。当输入的模拟量 A 的电压分别为－10 V 和＋10 V 时，对应的 A/D 转换后的数字量分别为－32767和 32767。

模拟量输出模块 EL4034 通过内部的 DAC，将 PC 端的数字量信号转换成模拟量信号输出，输出的模拟量信号的范围为－10～＋10 V，内部的 D/A 转换分辨率为 12 位，D/A 转换时间为 250 μs。当数字量 D 分别为－32767 和 32767 时，对应的输出模拟量分别为－10 V 和＋10 V。

这两个模块均通过电源触点从耦合器或 CPU 模块取电，见图 4.6 和图 4.7 中的 Power contact，不需要单独接电源线。

三、实验仪器和设备

(1) 计算机(安装有 TwinCAT)。
(2) EtherCAT 总线耦合模块 EK1100。
(3) EL3004 模拟量输入模块。
(4) EL4034 模拟量输出模块。
(5) 24 V 直流电源。
(6) 导线若干、网线一根。

四、实验步骤及内容

1. 实验方案

采用 EK1100、EL3004、EL4034 模块，结合 PC 上的 TwinCAT，正确接线，编写 PLC 程序，实现实验要求的功能。

2. 实验步骤

参照前面的实验，完成如下步骤。

(1) 接线。

根据前述关于模拟量输入模块 EL3004、模拟量输出模块 EL4034 和总线耦合模块 EK1100 的内容，自行设计接线图，经检查无误，按接线图接线。

(2) 新建项目，命名为 Beckhoff_Analog_IO。

(3) 添加 PLC。添加一个 Standard PLC Project，命名为 Analog_IO，如图 4.32 所示。

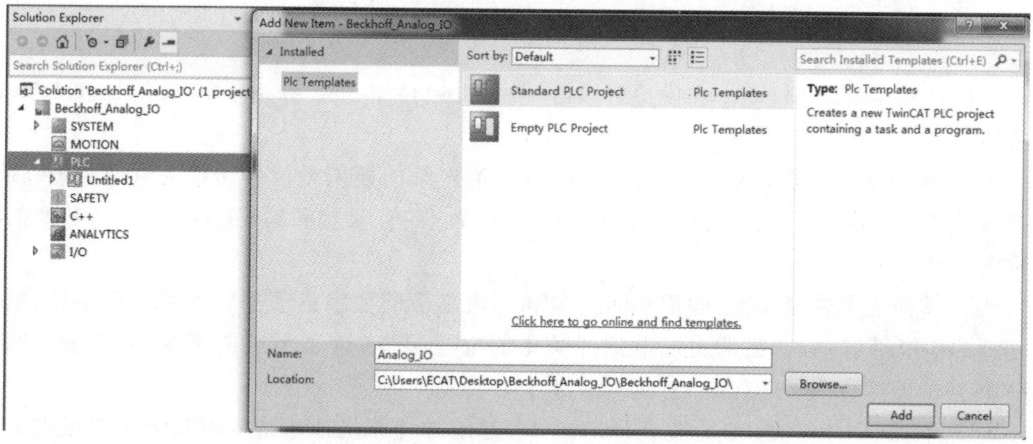

图 4.32

添加后，项目浏览窗口显示如图 4.33 所示。

(4) 扫描并添加 EtherCAT 模块。

接通 EtherCAT 耦合模块电源，在项目浏览窗口选择 I/O→Devices，点击右键，选择 Scan，找到输入输出模块，系统自动分配为 Device3。TwinCAT 扫描添加的硬件模块如图 4.34 所示。

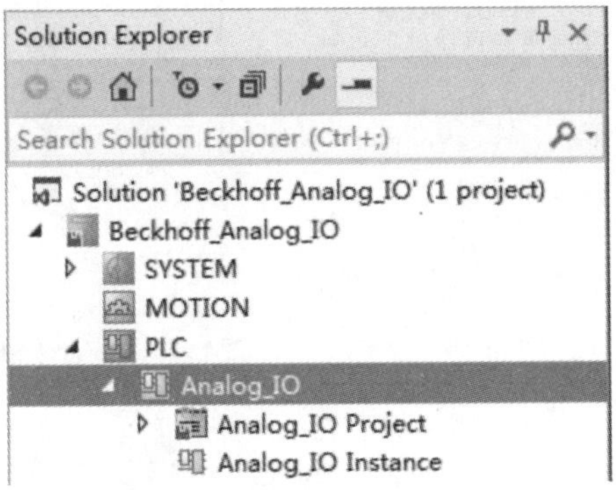

图 4.33

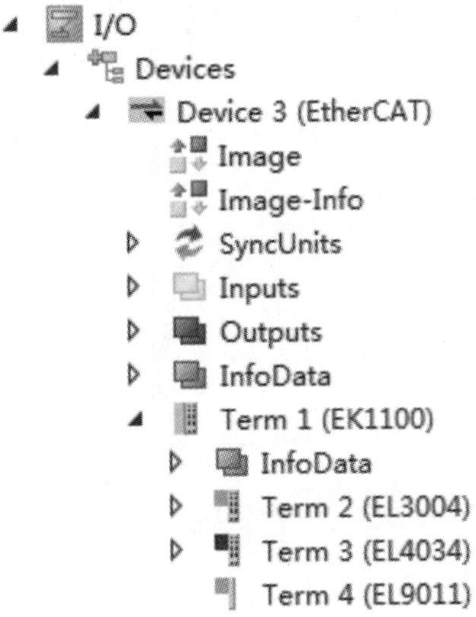

图 4.34

(5) 设置变量并编程。

在项目浏览窗口，选择 Beckhoff_Analog_IO → PLC→ Analog_IO→Analog_IO Project → POUs→ MAIN(PRG)，在 TwinCAT 中部的变量设置窗口设置变量：

```
PROGRAM MAIN
VAR
    AI1 AT % I* :INT;     //模拟量输入变量
    AQ1 AT % Q* :INT;     //模拟量输出变量
END_VAR
```

在编程窗口编写程序：

```
AQ1 :=AI1;
```

(6) 生成解决方案。

通过菜单 BUILD → Build Solution，生成解决方案。

(7) 链接变量。

在项目浏览窗口，选择 Beckhoff_Analog_IO → PLC→ Analog_IO Instance→ PlcTask Inputs→ MAIN. AI1，点击右键，选择 Change Link，将程序变量 MAIN. AI1 链接到 Device3 下的 Term2(EL3004)输入端 INPUT1，如图 4.35 所示。

用同样的方法，将程序变量 MAIN. AQ1 链接到模块 Device3 下的 Term3(EL4034)的输出端 OUTPUT1，如图 4.36 所示。

(8) 激活项目。

点击工具栏里的图标，根据提示激活项目。

(9) 登入运行。

点击工具栏中的图标进行登入。完成登入后，点击工具栏上的图标，运行项目。在模拟量输入模块 EL3004 的 INPUT1 端口输入一个小于 10 V 的电压信号，可以在程序栏观察

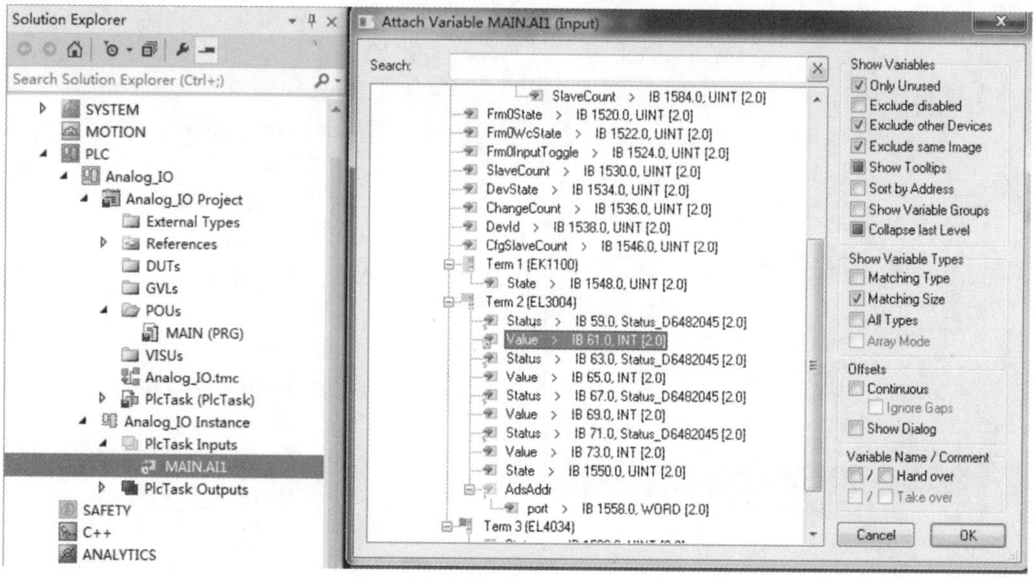

图 4.35

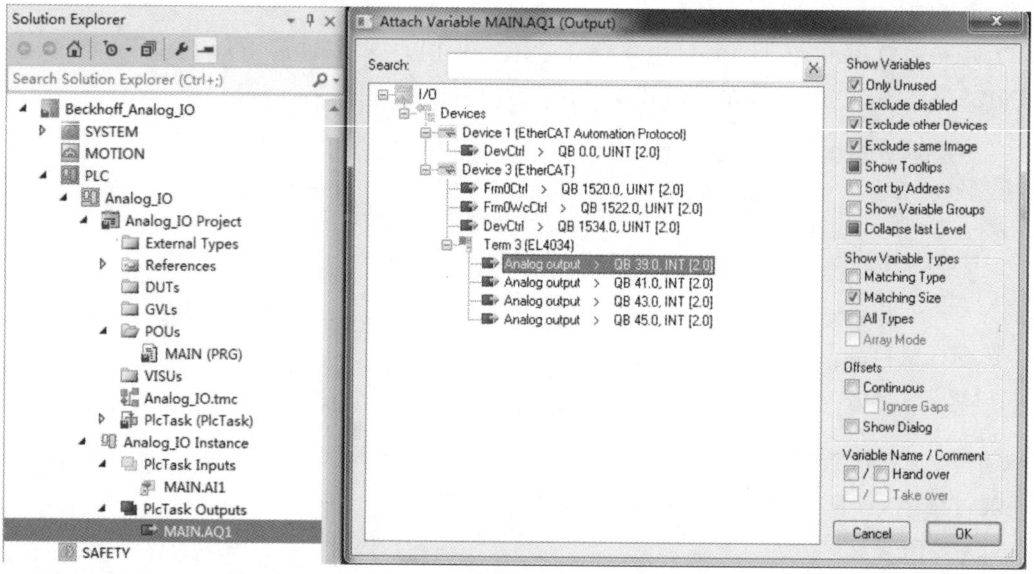

图 4.36

到输入输出变量的值：

AQ1 10518 :=AI1 10518;

用万用表的直流电压挡测量模拟量输出模块 EL4034 的 OUTPUT1 端口的电压，看是否与程序值相匹配。

如果需要编辑调试程序，则先点击工具栏上的停止键，再点击登出键，就可以编辑项目了。

五、实验报告要求

实验报告至少包含以下内容：

（1）实验目的。
（2）实验硬件系统接线图及说明。
（3）PLC 程序变量、代码及说明。
（4）变量配置过程。
（5）模块硬件配置过程。
（6）实验调试过程与结果。
（7）实验总结及心得。

六、思考题

模拟量输入模块 EL3004 和模拟量输出模块 EL4034 的模拟电压输入、输出范围分别是多少？其 A/D 和 D/A 转换器的分辨率是多少？

4.4.3　EL2502 PWM 输出实验

PWM 信号常用于直流电机的转速控制、发热器件的功率控制等场合，在国民经济中有着广泛的应用。

一、实验目的

（1）掌握 EL2502 PWM 输出模块的使用方法。
（2）进一步熟悉 EtherCAT 总线控制系统开发软件 TwinCAT 的使用方法。
（3）能够正确地完成接线，并编制相应的程序代码，从 EL2502 PWM 输出模块的两个输出端口 OUTPUT1、OUTPUT2 输出周期为 20 ms、高电平宽度为 2 ms 的 PWM 波形。

二、实验原理

EL2502 PWM 输出模块用于调制二进制信号的脉宽，并以电气隔离的形式输出。信号的占空比由一个来自自动化单元的 16 位数值预设。输出端可承受过载和短路。每个总线端子模块含有 2 个通道，每个通道都有一个 LED，用来指示其信号状态。LED 在数据输出时闪烁，其亮度定性地反映了占空比的大小，用示波器可以定量地观察与测量 EL2502 输出的 PWM 波形。

EL2502 输出的 PWM 波形的频率可在 1 Hz～125 kHz 范围内调整，出厂时的设置为 250 Hz。占空比从 0%～100%可调，每通道最大输出电流为 0.5 A，工作温度范围为 0～55 ℃，存储温度范围为－25～85 ℃。

EL2502 PWM 输出模块通过电源触点从耦合器或 CPU 模块取电，不需要为它单独接电源线。

三、实验仪器和设备

（1）计算机（安装有 TwinCAT）。
（2）EtherCAT 总线耦合模块 EK1100。
（3）EL2502 PWM 输出模块。
（4）24 V 直流电源。
（5）示波器。

（6）导线若干、网线一根。

四、实验步骤及内容

1. 实验方案

采用 EK1100、EL2502 模块，结合 PC 上的 TwinCAT，正确接线，编写 PLC 程序，实现实验所要求的功能。

2. 实验步骤

参照前面的实验，完成如下步骤。

（1）接线。

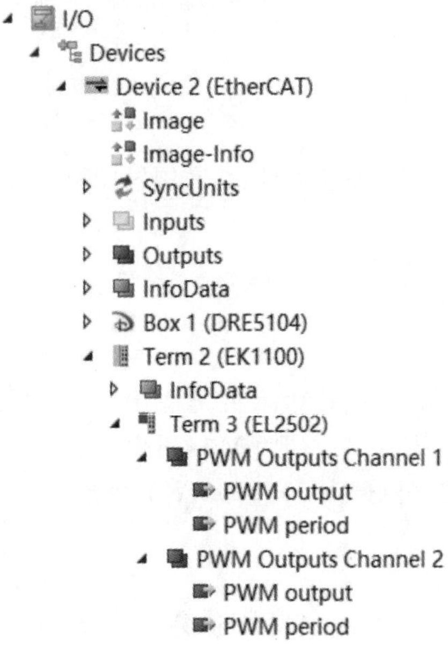

图 4.37

根据前述关于 PWM 输出模块 EL2502 和总线耦合模块 EK1100 的内容，画出接线图，经检查无误，按接线图接线。

（2）新建项目，命名为 EL2502_Output。

（3）添加 PLC，添加一个 Standard PLC Project，命名为 EL2502_Output。

（4）扫描并添加 EtherCAT 模块。

按照前一个实验的方法，扫描 EtherCAT 模块，可以找到 EL2502，并自动分配编号与变量，如图 4.37 所示。

（5）配置 EL2502 模块。

EL2502 的输出默认设置值为 250 Hz，此默认设置是通过 Process Data 选项卡中的 PDO Assignment 中的 0x1600 与 0x1601 选项实现的，即“Pulswith {standard}”。在这个选项下，只能改变 PWM 输出的占宽比，不能改变频率，这里 0x1600 对应通道 1，0x1601 对应通道 2，如图 4.38 所示。

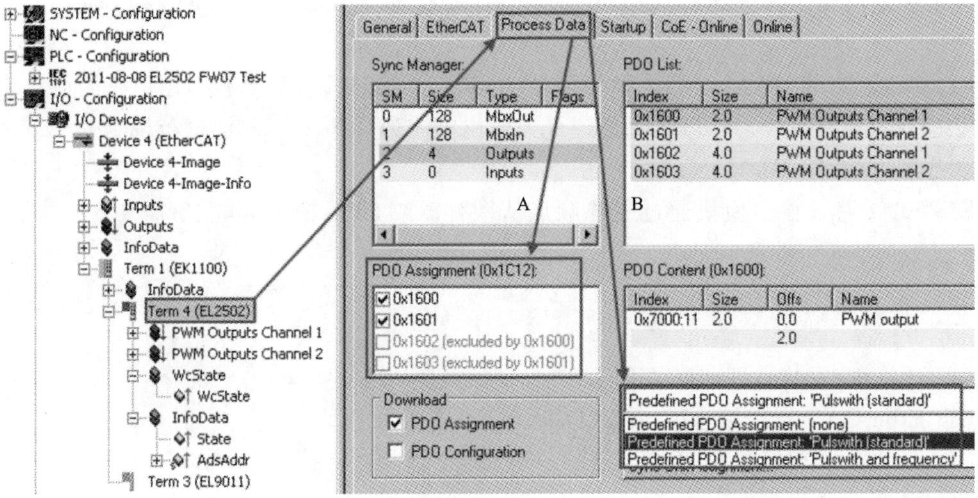

图 4.38

如果需要改变 EL2502 两个输出通道 PWM 信号的脉宽和频率，则要勾选 0x1602 和 0x1603（即“Pulswith and frequency”），如图 4.39 所示。这里 0x1602 对应通道 1，0x1603 对应通道 2。

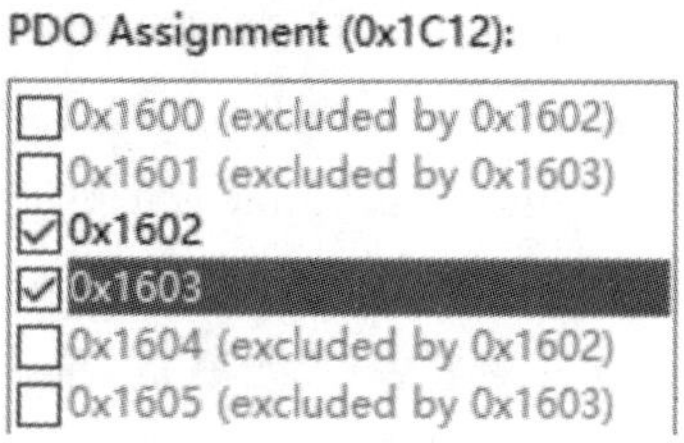

图 4.39

在接线正确无误且通电的情况下，可以扫描到 EL2502 模块，以及该模块每个 PWM 输出通道的变量名 PWM output 和 PWM period。如果要控制 EL2502 模块的 PWM 输出，则通过程序控制两个通道所对应的这两个变量即可。需要注意的是，编程所用的周期单位是 μs。

（6）程序设计。

定义程序变量：

```
PROGRAM MAIN
VAR
    outPulse2502_PWML AT %Q* : UINT;      //4 个输出 PWM 参数
    outPulse2502_periodL AT %Q* : UINT;
    outPulse2502_PWMR AT %Q* : UINT;
    outPulse2502_periodR AT %Q* : UINT;
    idutY:REAL;
    ifrequency:REAL;
END_VAR
```

在代码区编写程序代码：

```
iduty:=10;
ifrequency:=50;
outPulse2502_periodR:=REAL_TO_UINT(1000000.0/iFrequency);
outPulse2502_periodL:=REAL_TO_UINT(1000000.0/iFrequency);
outPulse2502_PWMR:=REAL_TO_UINT(iDuty* 32767.0/100.0);
outPulse2502_PWMR:=REAL_TO_UINT(iDuty* 32767.0/100.0);
```

（7）链接变量。

按照前一个实验的方法，链接 EL2502 模块的输出变量与程序变量并激活项目，如图 4.40 所示。

项目激活后，在 EL2502_pwmout Instance 下的 PlcTask_Outputs 中，出现了 4 个变量，如图 4.41 所示。

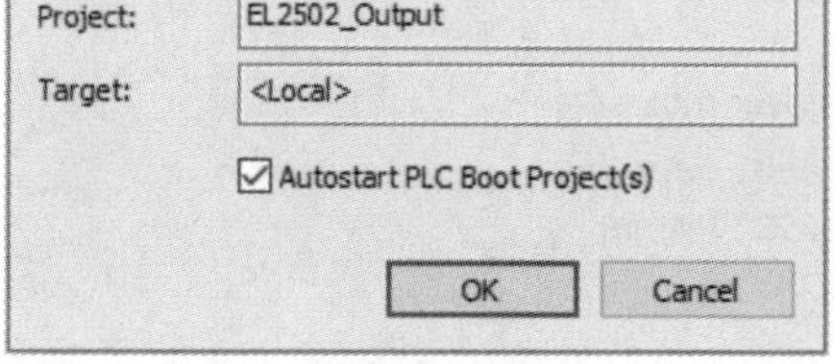

图 4.40

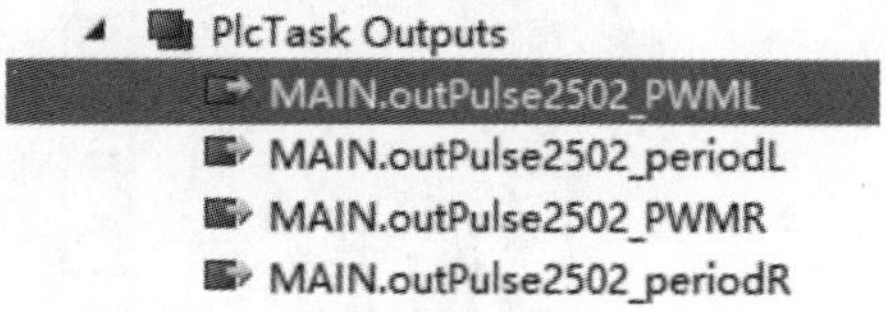

图 4.41

将 EL2502 模块的 PWM Outputs Channel1 的变量 PWM output 和 PWM period 分别与 MAIN. outPulse2502 _ PWML 和 MAIN. outPulse2502 _ periodL 链接，将 EL2502 模块的 PWM Outputs Channel2 的变量 PWM outputs 和 PWM period 分别与 MAIN. outPulse2502_PWMR 和 MAIN. outPulse2502_periodR 链接。方法如下：

选中变量名，点击右键，选择 Change Link，如图 4.42 所示。

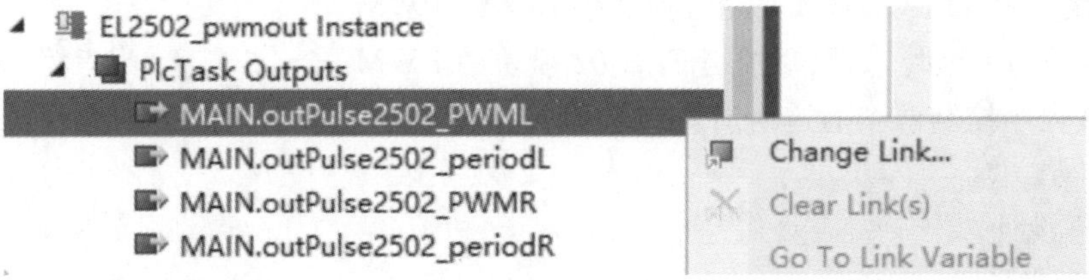

图 4.42

将鼠标放在变量名上，会显示该变量的说明，如放在 PWM output 上，会显示该变量表示 Term3(EL2502)的 PWM Outputs Channel1 通道，如图 4.43 所示。

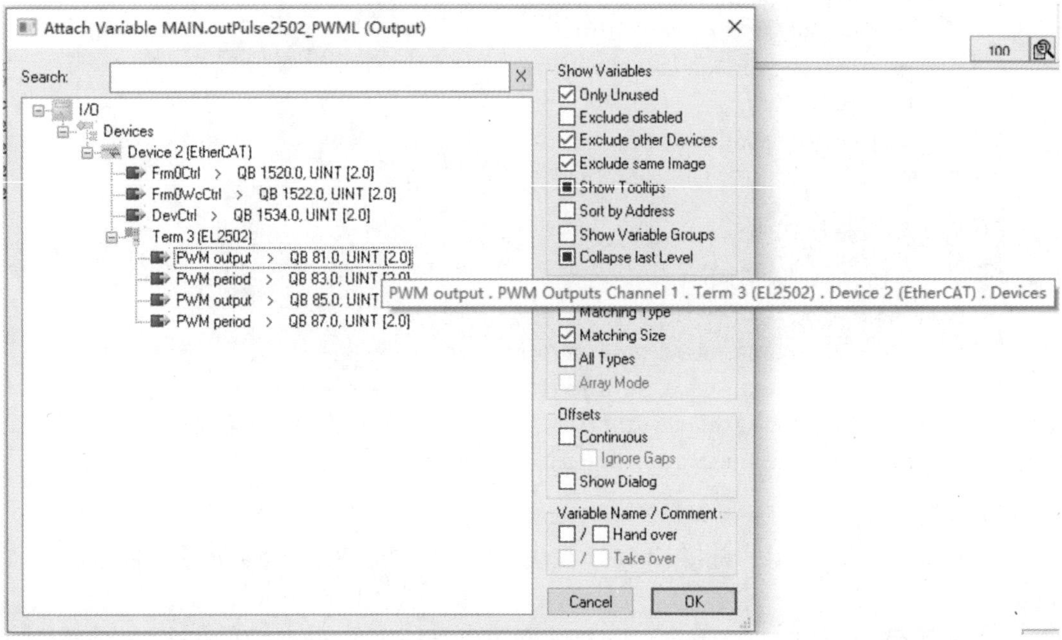

图 4.43

点击 OK，完成变量的链接。链接完成后，将会显示链接成功标识，如图 4.44 所示。

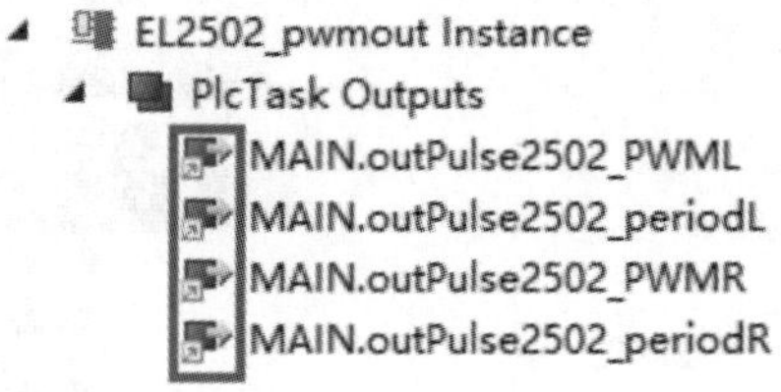

图 4.44

（8）运行程序，观察 PWM 输出。

依次点击“激活”“登录”“运行”快捷键，观察 EL2502 模块的输出指示灯，可以看到 Channel1 和 Channel2 的指示灯亮，说明 EL2502 的两个 PWM 输出通道都在正常工作。

用示波器观察 PWM 输出信号，如图 4.45 所示。

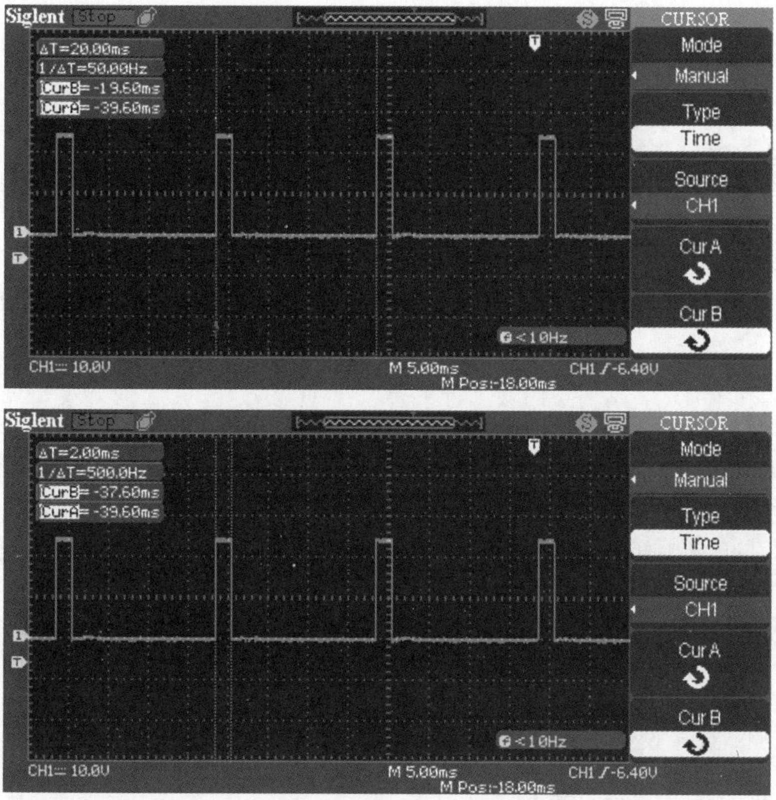

图 4.45

从示波器的显示图中可以看出，PWM 波的电平为 24 V。用示波器的光标对 PWM 波进行测量，可以看出 PWM 波的周期为 20 ms，频率为 50 Hz，PWM 波的高电平宽度为 2 ms。

五、实验报告要求

实验报告至少包含以下内容：

（1）实验目的。

（2）控制系统接线图及说明。

（3）PLC 程序变量、代码及说明。

（4）变量配置过程。

（5）模块硬件配置过程。

（6）实验调试过程与结果。

（7）实验总结及心得。

六、思考题

（1）EL2502 模块的 PWM 调制频率范围、分辨率是多少？供电方式是怎样的？最大输出电流是多少？

(2) EL2502 模块的“脉宽(Pulse width)设置”和“脉宽及频率(Pulse width and frequency (16 bit))设置”是怎么实现的？

4.4.4　第三方 EtherCAT I/O 模块输入输出实验

在一些成本敏感的场合，往往会使用非倍福公司的第三方 EtherCAT 模块来完成应用项目。

一、实验目的

(1) 熟悉第三方 EtherCAT 总线 I/O 模块的使用方法。

(2) 进一步熟悉 EtherCAT 总线 I/O 模块的开发使用。

(3) 以德普施 DRE1048 I/O 模块为例，完成普通逻辑控制：当输入端口有输入时，对应输出端口有输出。

二、实验原理

该模块的主要参数有：供电电压为 24 V DC，4 路 NPN(出厂默认设置)或 PNP 输入(单路最大电流为 20 mA)，8 路 NPN 漏型输出，单路输出的最大电流为 500 mA。

对于 PLC 的输出端的形式，PNP 型输出也称为源型输出，即输出的信号电平为逻辑 1；NPN 型输出也称为漏型输出，即输出的信号电平为逻辑 0。一般德系 PLC 的数字量输入端口为漏型输入，此时需要外接 PNP 型输出的传感器，其输出端口为源型输出，即输出电平为 24 V。日系 PLC 的数字量输入输出的形式与德系 PLC 相反。

三、实验仪器和设备

(1) 计算机(安装有 TwinCAT)。

(2) DRE1048 I/O 模块。

(3) 24 V 直流电源。

(4) 导线若干、网线一根。

四、实验步骤及内容

1. 实验方案

在正确接线的情况下，编制程序，实现实验目的所要求的功能，并通过模块上的状态指示灯观察程序执行的效果。

2. 实验步骤

(1) 接线。

将装有 TwinCAT3 的计算机的网口用网线与德普施 DRE1048 I/O 模块的 RJ45 IN 口相连，模块 DRE1048 电源端子接 24 V DC。

(2) 建立新的工程项目。

启动 TwinCAT3，新建工程，命名为 DEPUSH_IO_EXP，如图 4.46 所示。

鼠标右键选中 Device，在出现的选项框里点击 Scan，然后在弹出的提示窗口里点击确定按钮，扫描 EtherCAT 上的硬件模块，如图 4.47 所示。

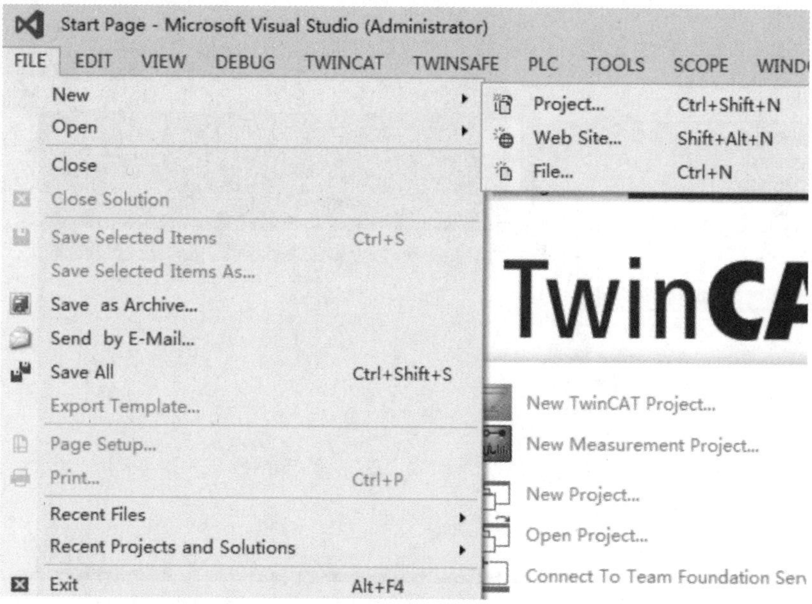

图 4.46

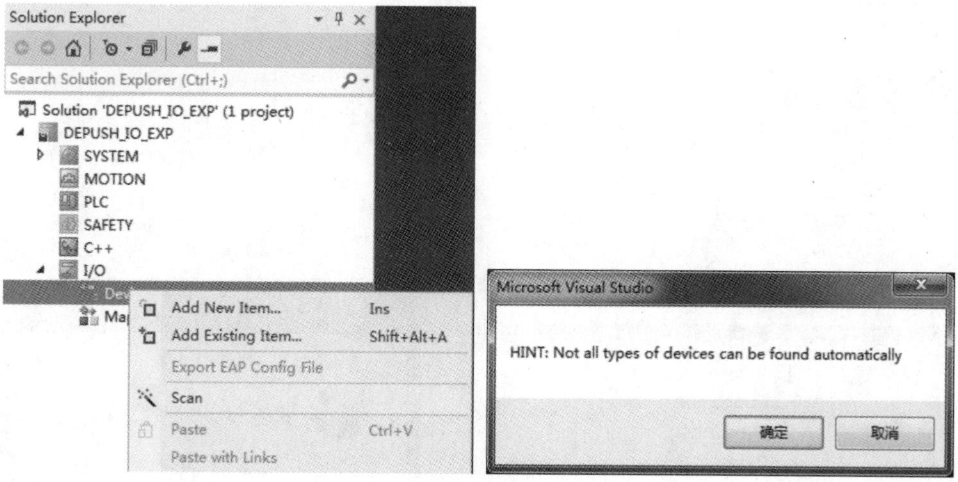

图 4.47

接下来按照图 4.48 中画面出现的顺序，依次点击“OK”“是(Y)”。

操作完后桌面上会生成一个名字为 DEPUSH_IO_EXP 的文件夹，如图 4.49 所示。

(3) 工程目录。

刚刚建立的工程目录里，解决方案 DEPUSH_IO_EXP 下面包含一个同名的项目，如果后面添加了其他类型的项目，比如 TwinCAT Scope、TwinCAT HMI 等，也会在解决方案列表里出现。

目前解决方案只有一个项目，包含以下几个要素：

◆ 1-SYSTEM

系统配置。主要包含 licence 授权管理、实时配置、PLC 任务运行周期设置等。TwinCAT 的授权根据功能模块细分为很多 licence，我们目前使用的基本是 7 天试用版，如果在激活运行

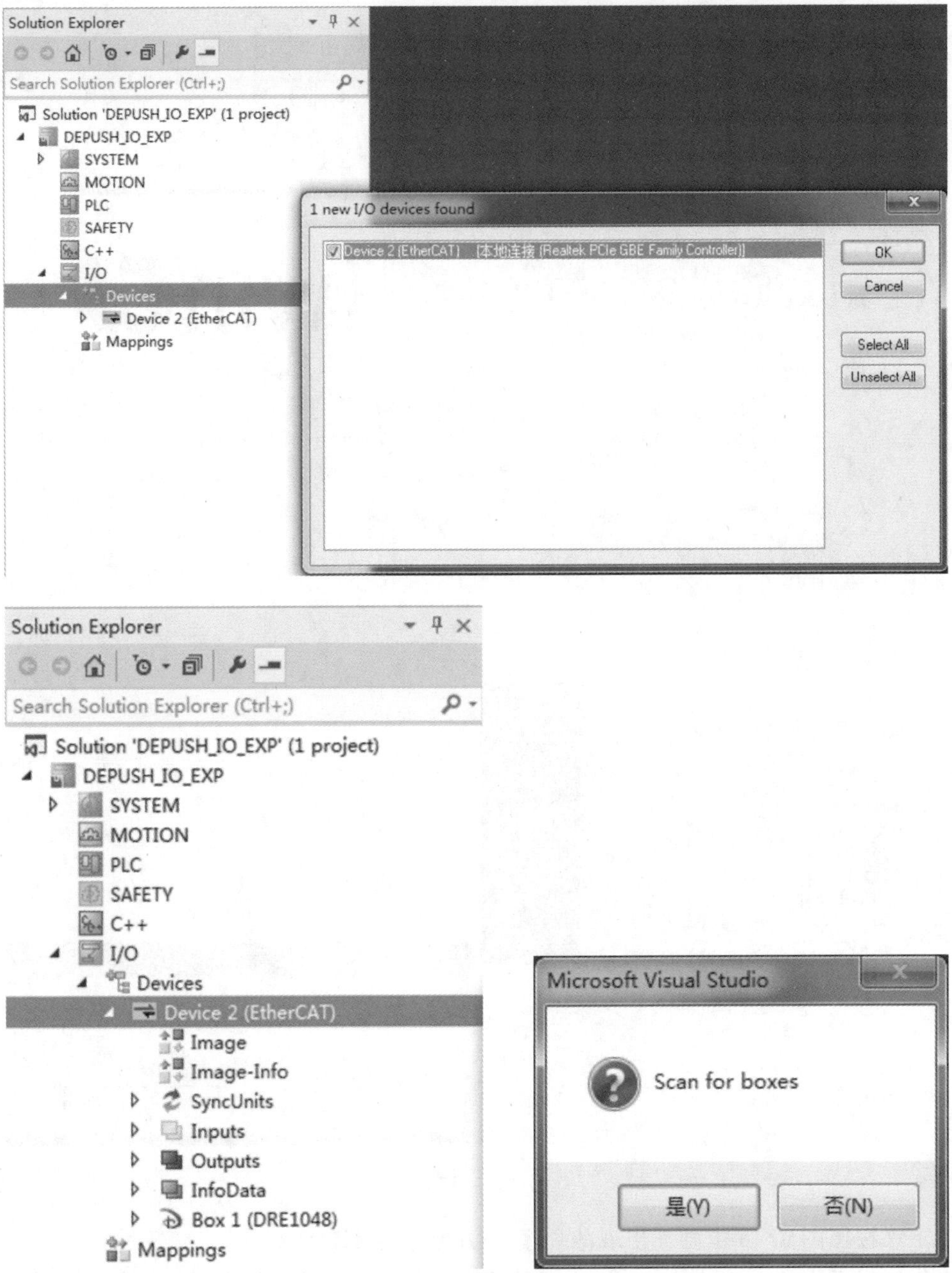
Solution Explorer
Search Solution Explorer (Ctrl+;)
Solution 'DEPUSH_IO_EXP' (1 project)
DEPUSH_IO_EXP
SYSTEM
MOTION
PLC
SAFETY
C++
I/O
Devices
Device 2 (EtherCAT)
Mappings
1 new I/O devices found
Device 2 (EtherCAT) [本地连接 (Realtek PCIe GBE Family Controller)]
OK
Cancel
Select All
Unselect All
Solution Explorer
Search Solution Explorer (Ctrl+;)
Solution 'DEPUSH_IO_EXP' (1 project)
DEPUSH_IO_EXP
SYSTEM
MOTION
PLC
SAFETY
C++
I/O
Devices
Device 2 (EtherCAT)
Image
Image-Info
SyncUnits
Inputs
Outputs
InfoData
Box 1 (DRE1048)
Mappings
Microsoft Visual Studio
Scan for boxes
是(Y)
否(N)

图 4.48

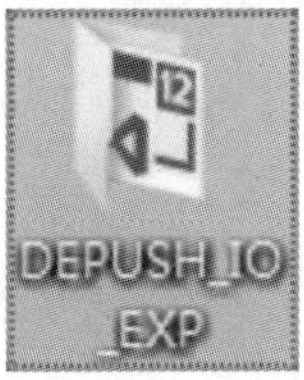
DEPUSH_IO
_EXP

图 4.49

时有相关提示，按照说明输入正确的验证码即可。

◆ 2-MOTION

运动控制相关设置。NC 轴的参数设置、NC I 插补轴的添加配置等与运动控制相关的功能都在这个菜单下。

◆ 3-PLC

PLC 功能实现。最常用、最重要的就是 PLC。在这里可以添加软 PLC 项目，使用 PLCopen 规范语言编写 PLC 控制程序，实现 PLC 变量与从站通道的链接等。

◆ 4-I/O-Device

这里主要实现从站设备的扫描、变量的链接等组态功能。

◆ 其他-(SAFETY/C++/ANALYTICS)

这些是几个不常用的功能，有兴趣可以查阅相关教程。

点击 Box1(DRE1048)，再点开 INPUT 和 OUTPUT，可以看到输入端口的变量 INPUT1～INPUT4 和输出端口的变量 OUTPUT1～OUTPUT8，如图 4.50 所示。这些变量分别对应着 DRE1048 模块的输入输出物理端子，是由该模块的 xml 文件定义的。

(4) 添加 PLC，如图 4.51 所示。

(5) 配置工程项目。

选择 Standard PLC Project，命名为 IO_TEST，如图 4.52 所示。

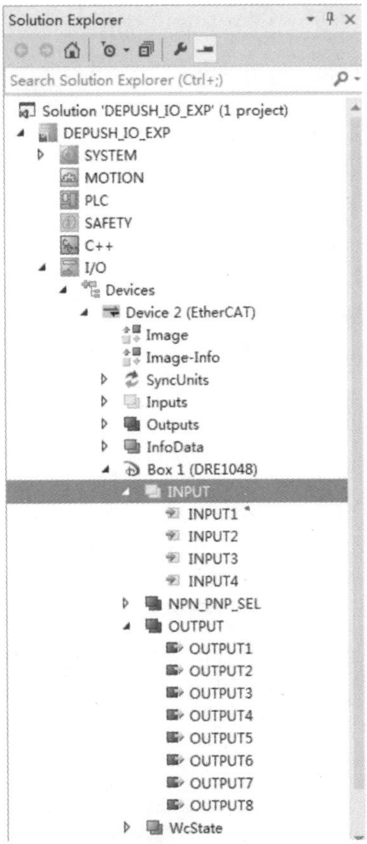

图 4.50

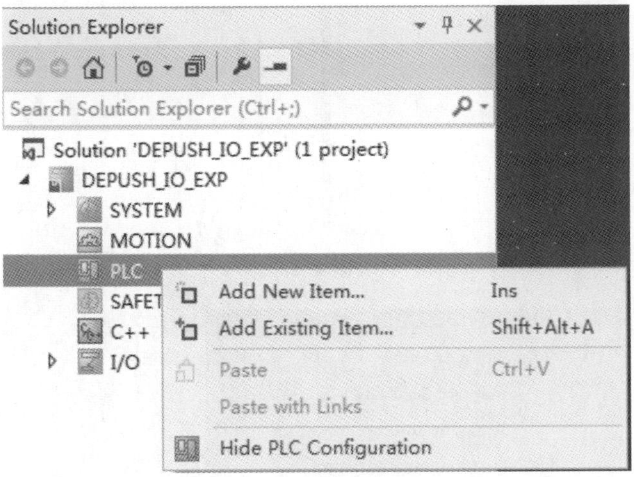

图 4.51

(6) 设置变量及编程。

点开 IO_TEST Project/POUs/MAIN(PRG)，在编程窗口的变量栏里设置变量，并在编程窗口里写入代码，如图 4.53 所示。

(7) 生成解决方案，如图 4.54 所示。

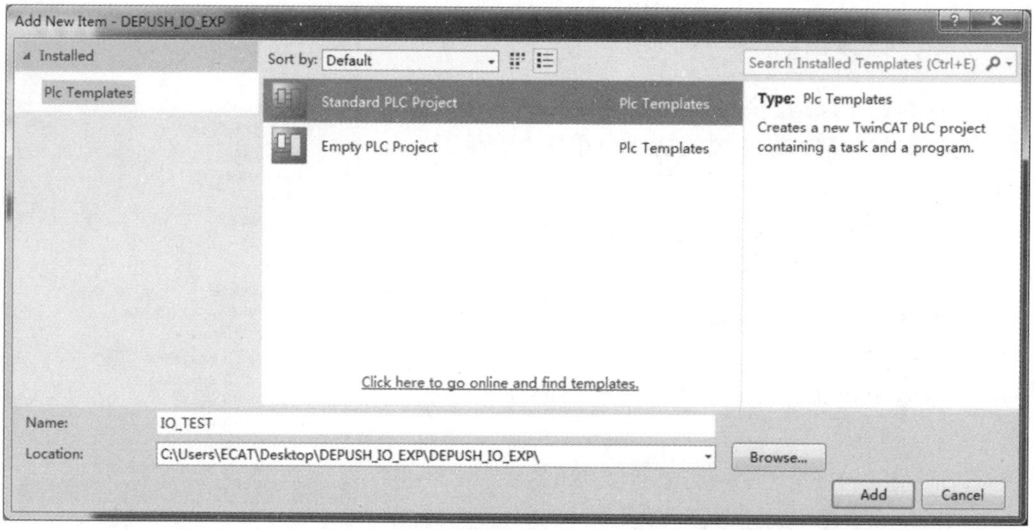

图 4.52

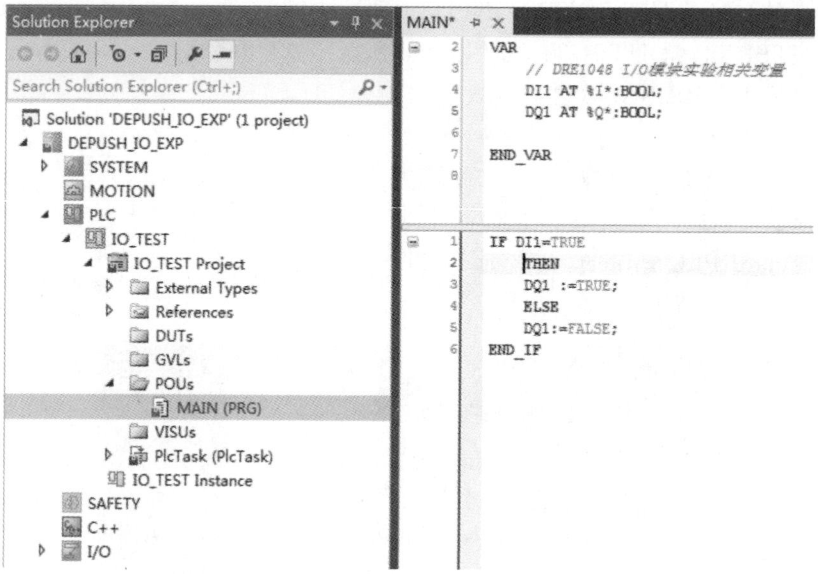

图 4.53

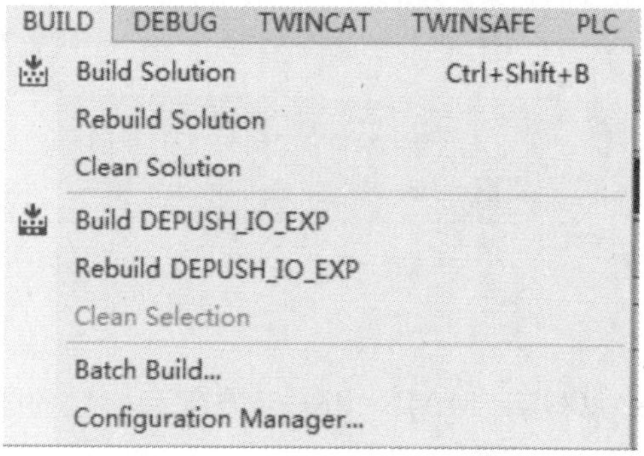

图 4.54

(8) 链接变量。

链接输入变量,如图 4.55 所示。链接输出变量,如图 4.56 所示。

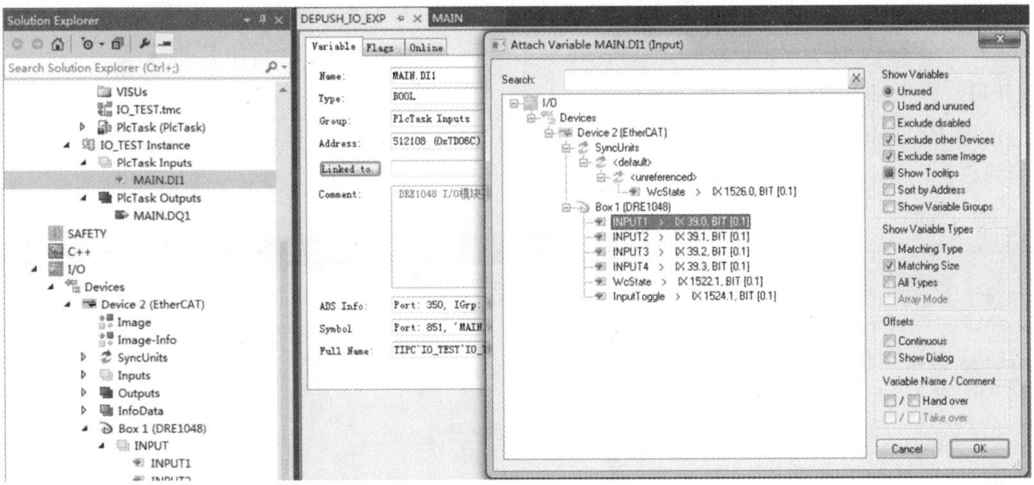

图 4.55

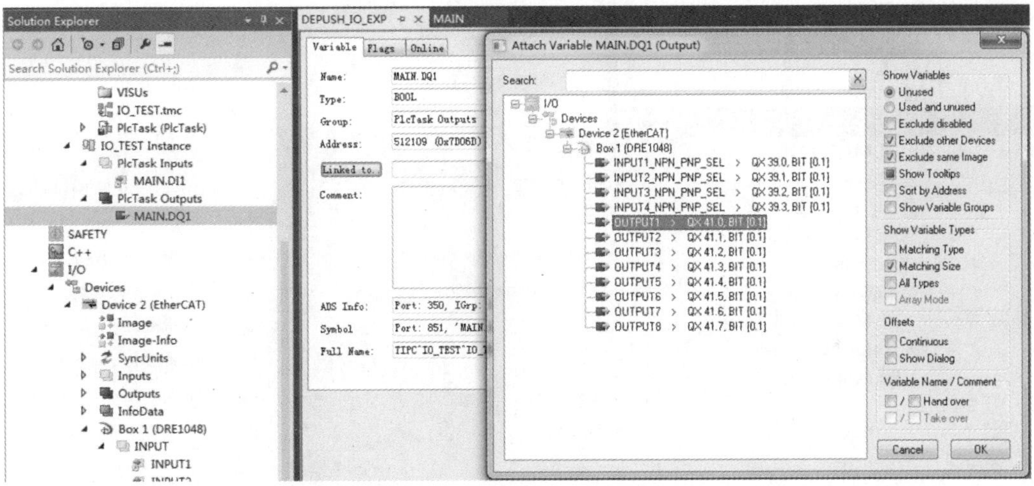

图 4.56

(9) 激活项目。

点击工具栏中的图标,出现图 4.57 所示对话框,点击确定,出现图 4.58 所示对话框,点击确定即可。

图 4.57

图 4.58

（10）登入运行。

点击工具栏中的图标进行登入，再点击图标，运行项目。在 DRE1048 模块上给 INPUT1 一个 24 V 信号，可以观察到 INPUT1 的指示灯点亮，同时 OUTPUT1 的指示灯点亮；断开 INPUT1 的输入信号，INPUT1 的指示灯灭，OUTPUT1 的指示灯也灭。

（11）梯形图编程方法。

选择 PLC/IO_TEST/IO_TEST Project/POUs，右键添加一个 POU，如图 4.59 和图 4.60 所示。

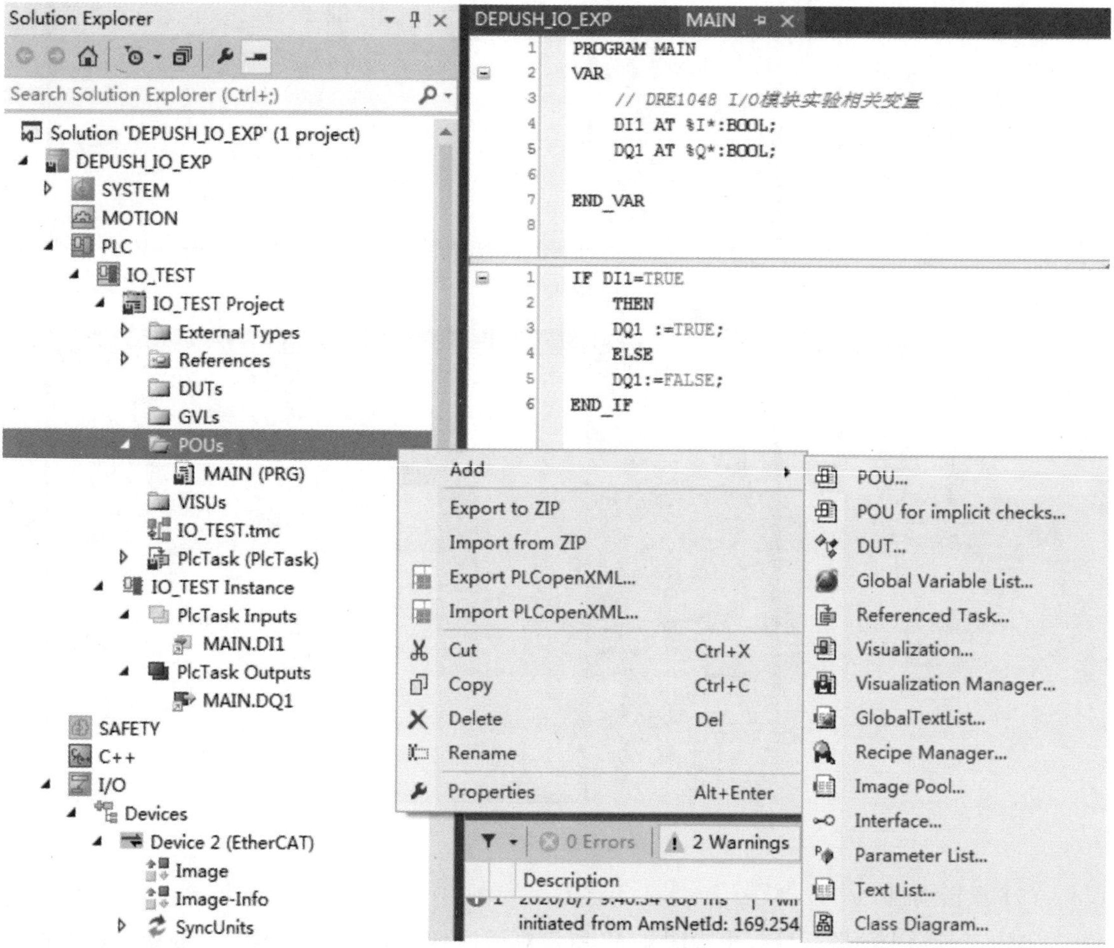

图 4.59

选择 Toolbox 窗口，调出梯形图的元器件库，进行梯形图编程，如图 4.61 所示。

用鼠标将 POU(PRG)拖动到 PlcTask 中，如图 4.62 所示。

按前面的方法，在 IO_TEST Instance 中链接输入、输出变量，如图 4.63 和图 4.64 所示。

按前面的步骤，激活、登入、运行，在 DRE1048 模块上给 INPUT2 一个 24 V 信号，可以观察到 INPUT2 的指示灯点亮，同时 OUTPUT2 的指示灯点亮；断开 INPUT2 的输入信号，INPUT2 的指示灯灭，OUTPUT2 的指示灯也灭。

这时如果把一个工作电压为 24 V 的电磁阀（或指示灯）线圈两端分别接到 DRE1048 模块

图 4.60

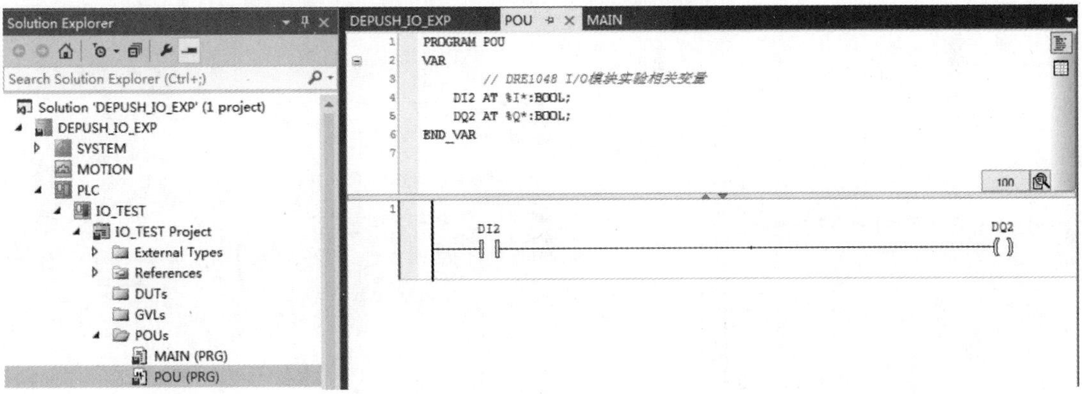

图 4.61

的 2＃端子和 4＃端子，运行上面的程序，在 DRE1048 模块 INPUT2 上施加一个 24 V 信号，可以观察到 INPUT2 的指示灯点亮，同时 OUTPUT2 的指示灯点亮，电磁阀动作（听到电磁阀继电器吸合的咔嗒声）；断开 INPUT2 的输入信号，INPUT2 的指示灯灭，OUTPUT2 的指示灯也灭，电磁阀动作（听到电磁阀继电器断开的咔嗒声）。

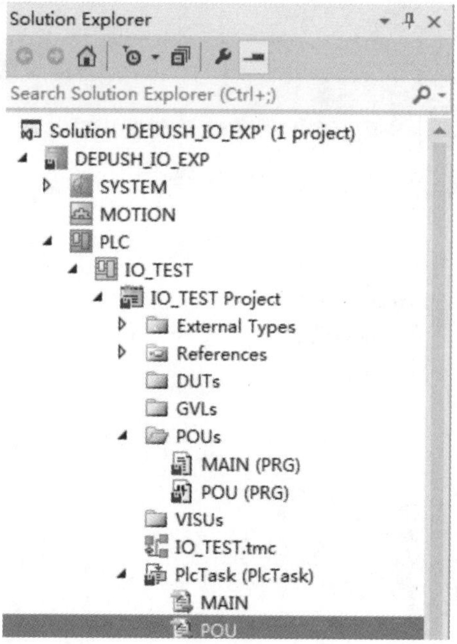
Solution Explorer
Search Solution Explorer (Ctrl+;)
Solution 'DEPUSH_IO_EXP' (1 project)
DEPUSH_IO_EXP
SYSTEM
MOTION
PLC
IO_TEST
IO_TEST Project
External Types
References
DUTs
GVLs
POUs
MAIN (PRG)
POU (PRG)
VISUs
IO_TEST.tmc
PlcTask (PlcTask)
MAIN
POU

图 4.62

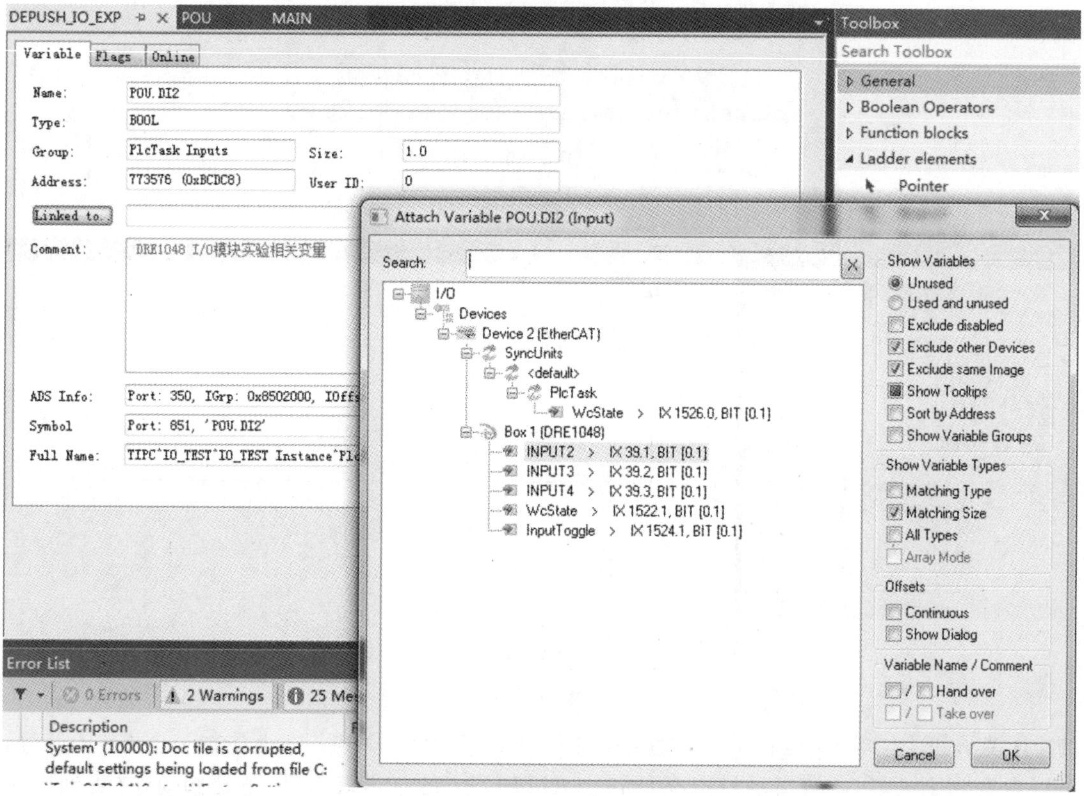
DEPUSH_IO_EXP
POU
MAIN
Variable
Flags
Online
Name: POU.DI2
Type: BOOL
Group: PlcTask Inputs
Size: 1.0
Address: 773576 (0xBCDC8)
User ID: 0
Linked to..
Comment: DRE1048 I/O模块实验相关变量
ADS Info: Port: 350, IGrp: 0x8502000, IOffs
Symbol Port: 851, 'POU.DI2'
Full Name: TIPC^IO_TEST^IO_TEST Instance^Pl
Toolbox
Search Toolbox
General
Boolean Operators
Function blocks
Ladder elements
Pointer
Attach Variable POU.DI2 (Input)
Search:
I/O
Devices
Device 2 (EtherCAT)
SyncUnits
<default>
PlcTask
WcState > IX 1526.0, BIT [0.1]
Box 1 (DRE1048)
INPUT2 > IX 39.1, BIT [0.1]
INPUT3 > IX 39.2, BIT [0.1]
INPUT4 > IX 39.3, BIT [0.1]
WcState > IX 1522.1, BIT [0.1]
InputToggle > IX 1524.1, BIT [0.1]
Show Variables
Unused
Used and unused
Exclude disabled
Exclude other Devices
Exclude same Image
Show Tooltips
Sort by Address
Show Variable Groups
Show Variable Types
Matching Type
Matching Size
All Types
Array Mode
Offsets
Continuous
Show Dialog
Variable Name / Comment
Hand over
Take over
Cancel
OK
Error List
0 Errors
2 Warnings
25 Me
Description
System' (10000): Doc file is corrupted,
default settings being loaded from file C:

图 4.63

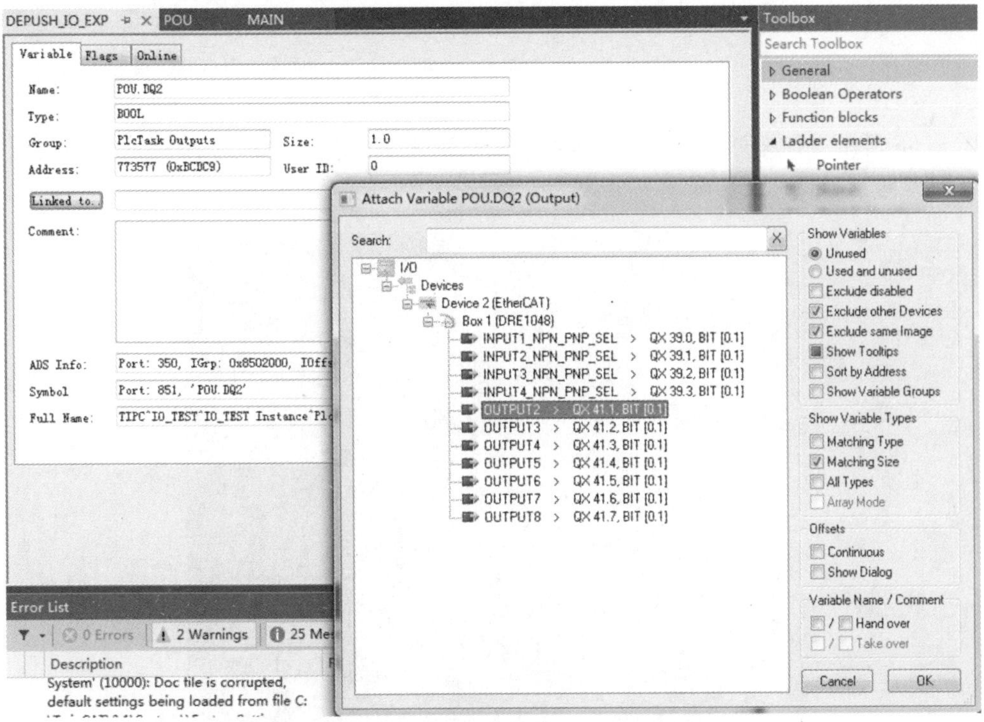

图 4.64

五、实验报告要求

实验报告至少包含以下内容：

(1) 实验目的。

(2) 实验硬件系统接线图及说明。

(3) PLC 程序变量、代码及说明。

(4) 变量配置过程。

(5) 模块硬件配置过程。

(6) 实验调试过程和结果。

(7) 实验总结及心得。

六、思考题

什么是 NPN 型输入？什么是 PNP 型输出？请画图说明。

4.4.5　十字路口红绿灯控制实验

路口交通灯的应用非常广泛，模拟十字路口红绿灯的控制，是练习 PLC 数字 I/O 口控制的经典实验。

一、实验目的

使用基于 EtherCAT 总线的 PLC，完成对十字路口红绿灯的控制。实现功能：南北红灯亮并保持 10 s，同时东西绿灯亮 5 s 后闪烁 3 次，周期为 1 s，共 3 s 后熄灭，接着黄灯亮 2 s，到

2 s 时熄灭，东西红灯亮，同时南北红灯熄灭，绿灯亮；如此循环。

二、实验原理

图 4.65 所示为红绿灯实验模块的面板，图 4.66 是其内部接线示意图(略去了限流电阻等元件)，同方向相同颜色的灯受同一个信号控制。

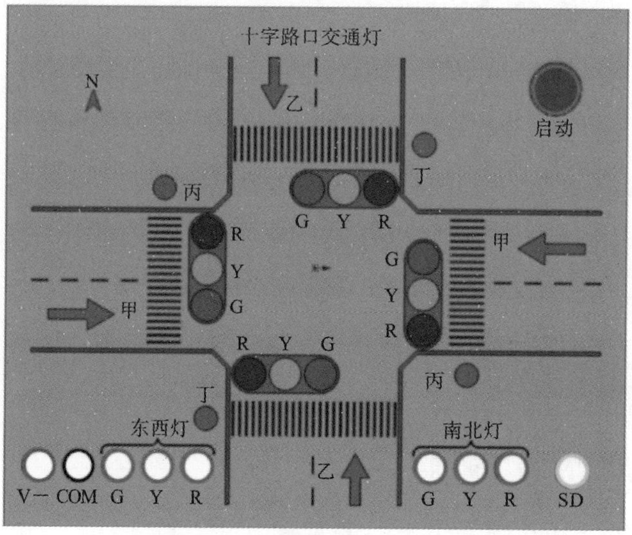

图 4.65

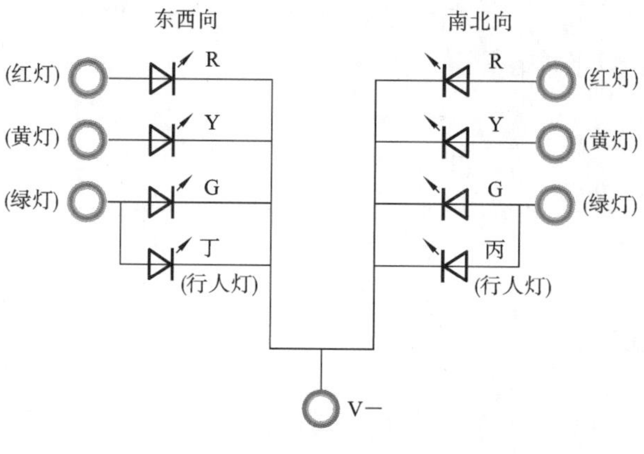

图 4.66

从图 4.66 所示的红绿灯内部接线可以看出，这是一个共阴极电路(内部有限流电阻，但未画出)，设计相应的 PLC 程序，就可以用 PLC 的数字量输出端口控制红绿灯的状态，实现实验目的要求的功能。

三、实验仪器和设备

(1) 计算机(安装有 TwinCAT)。

(2) EtherCAT 总线耦合模块 EK1100。

(3) EL2008 数字量输出模块。

(4) 红绿灯实验模块。

（5）24 V 直流电源。

（6）网线一根，4 mm 香蕉插头导线若干，导线若干，接线端子若干。

四、实验步骤及内容

1. 实验方案

采用安装了 TwinCAT3 的计算机，用 TwinCAT3 将计算机配置成软 PLC，结合 EtherCAT 总线耦合模块、数字量输出模块，对红绿灯实验模块上的红绿灯进行控制，完成实验要求。

2. 实验步骤

（1）模块安装：将 EtherCAT 总线耦合模块 EK1100 和数字量输出模块 EL2008 安装到 35 mm 标准导轨上，接线端子按电源＋、电源－、信号端子进行分组，并安装到导轨上，红绿灯实验模块固定安装在实验台上。

（2）接线。

① 用网线连接计算机与 EtherCAT 总线耦合模块 EK1100；

② 用导线连接 24 V DC 电源，为 EtherCAT 总线耦合模块 EK1100 供电；

③ 用一端带 4 mm 香蕉插头的导线，连接红绿灯模块与 EL2008 数字量输出模块，EL2008 上的 1、2、3 端口分别连接到红绿灯模块东西向的 G、Y、R，5、6、7 端口分别连接到红绿灯模块南北向的 G、Y、R；

④ V－端子接 24 V DC 电源的负端。

检查接线无误后，打开 24 V DC 电源，给 EtherCAT 模块供电。

（3）编程。

打开 PC 端 TwinCAT3，建立新项目，项目命名为 Traffic_light，扫描找到 EtherCAT 总线耦合模块 EK1100 和 EL2008 数字量输出模块。

在 POU 中编程，依次实现以下功能：

① 按下启动按钮后，延时 3 s，东西向红灯亮，以此检验接线方式是否正确，并熟悉定时器的使用方法。图 4.67 所示为梯形图程序及相应的变量定义。

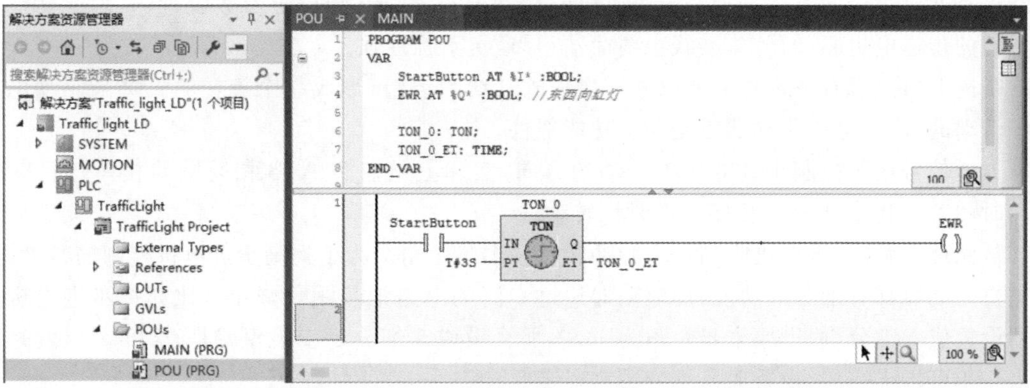

图 4.67

② 东西向红灯亮 3 s 后熄灭，黄灯亮，黄灯亮 3 s 后熄灭，绿灯亮，绿灯亮 3 s 后熄灭，以此掌握定时器的使用方法及灯亮、灯灭的线圈置位与复位方法。

③ 南北红灯亮并保持 10 s，同时东西绿灯亮 5 s 后闪烁 3 次，周期为 1 s，共 3 s 后熄灭，接着黄灯亮 2 s，到 2 s 时熄灭，东西红灯亮，同时南北红灯熄灭，绿灯亮；如此循环。这一段程序请读者在前面两个程序的基础上，自行编写。

五、实验报告要求

实验报告至少包含以下内容：

(1) 实验目的。

(2) 实验硬件系统接线图及说明。

(3) PLC 程序变量、代码及说明。

(4) 变量配置过程。

(5) 模块硬件配置过程。

(6) 实验调试过程及结果记录。

(7) 实验总结及心得。

六、思考题

请说明程序中所用的定时器功能块 TON_0 的工作过程。

4.4.6 基于 EtherCAT 总线方式的步进电机控制实验

一、实验目的

(1) 掌握 EtherCAT 总线上驱动传统步进电机的方法。

(2) 掌握基于 EtherCAT 总线的德普施 DRE5104 步进电机驱动器的使用方法。

二、实验原理

传统的步进电机驱动器是在接收到控制器(如 PLC)发来的使能信号、方向信号和脉冲信号，并对脉冲信号进行功率放大后驱动步进电机转动的。而基于 EtherCAT 总线的步进电机驱动器是通过指令的方式来控制步进电机的运动模式、使能、细分等参数设置的，因此功能要比传统的步进电机驱动器多，接线也要简洁得多，抗干扰性强。

步进电机是靠有一定功率的脉冲依次输入其线圈绕组，形成一个旋转的磁场来驱动电机转子转动的，步进电机驱动器就是这个功能部件。

方向信号用于控制步进电机轴转动的方向，实际上是控制 A、B 相通电的相序，如 A—B 相序时顺时针转动，B—A 相序时逆时针转动。

从原理上看，步进电机收到一个脉冲转动一个步距角。为了提高步进电机控制的精度，步进电机驱动器都有细分的功能，即驱动器通过专门的电路把步距角减小。比如把步进电机驱动器设置成 5 细分，假设原来步距角为 1.8°，那么设成 5 细分后步距角就是 0.36°。也就是说原来一步可以走完的，设置成 5 细分后需要走 5 步。

设置细分时要注意：

(1) 一般情况下，细分数不能设置得过大，因为在控制脉冲频率不变的情况下，细分越大，电机的转速越慢，而且电机的输出力矩越小。

(2) 驱动步进电机的脉冲频率不能太高，一般不超过 2 kHz，否则电机的输出力矩迅速减小。

基于 EtherCAT 总线的步进电机驱动器 DRE5104 的使用说明，参见 4.3 节的内容。

三、实验仪器和设备

(1) 计算机(安装有 TwinCAT)。

(2) DRE5104 步进电机驱动器。

(3) 57 型或 42 型步进电机。

(4) 24 V 直流电源。

(5) 网线一根，4 mm 香蕉插头导线若干，导线若干，接线端子若干。

四、实验步骤及内容

(1) 复制步进电机驱动器的 xml 文件。

把步进电机驱动器厂家提供的 DEPUSH-DRE5104. xml 文件复制到路径 C:\TwinCAT\3.1\Config\Io\EtherCAT 下，用于 TwinCAT3 识别 DRE5104 步进电机驱动器。

(2) 模块接线。

在关闭电源的情况下，连接步进电机驱动器 DRE5104 的电源线，两相步进电机的两组线分别接到 A1＋、A1－和 B1＋、B1－上；用网线将安装了 TwinCAT 的计算机的网口与 DRE5104 模块的两个网口中的 IN 口连接起来。再次检查接线无误后，打开步进电机驱动器 DRE5104 的供电电源，该模块上的电源指示灯亮，显示工作正常。

(3) 新建项目。

参照前面的实验中的方法，设计步进电机的驱动控制项目。

新建一个工程项目，项目名设为 Step_Motor_DRE5104。在项目浏览窗口，选择 I/O 下的 Devices，右键选择 Scan，接下来的一路提示，均点击“确认”，直到项目浏览窗口如图 4.68 所示，并出现图 4.69 所示的提示框。

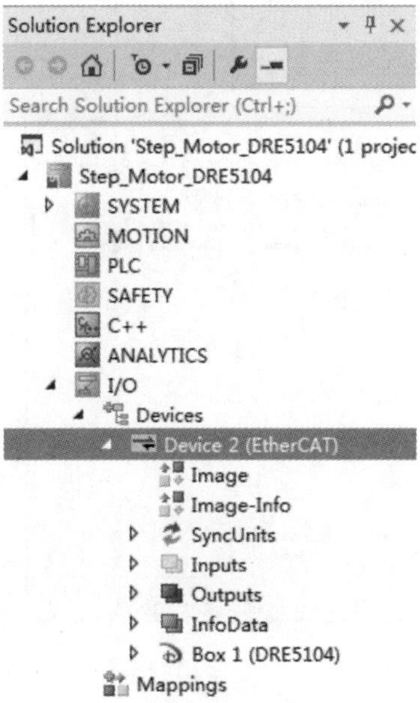

图 4.68

图 4.69

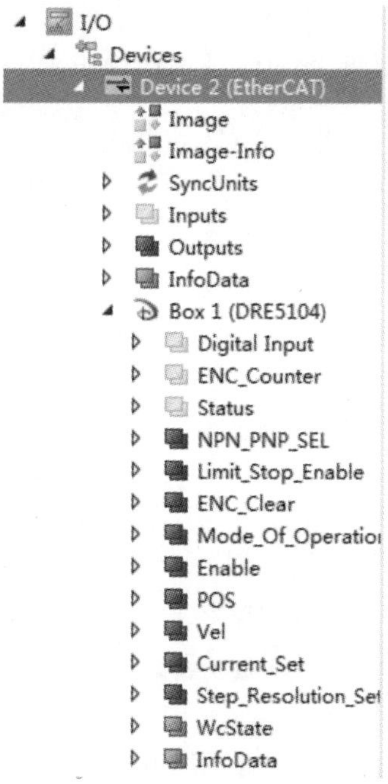

图 4.70

在图 4.69 所示提示框中点击“是(Y)”按钮，可以看到在 Box 1(DRE5104)下出现了很多组变量，如图 4.70 所示。

本项实验的目的是让步进电机转动起来，所以只需要用到其中的几个变量：电机使能变量 Enable_M1、电流设置变量 Current_Set_M1、细分设置变量 Step_Resolution_Set_M1、运动模式设置变量 Mode_Of_Operation_M1 和电机转速设置变量 Vel_M1。

(4) 添加 PLC 并编写程序。

为项目添加 PLC，并命名为 Step_Motor_DRE5104，如图 4.71 所示。

完成后，TwinCAT 开发环境窗口的左侧的项目浏览窗口显示如图 4.72 所示。

在项目浏览窗口 PLC → Step_Motor_DRE5104→Step_Motor_DRE5104 Project→POUs→MAIN(PRG)的变量区里设置变量，并在程序代码区编写程序，如图 4.73 所示。

(5) 生成解决方案，如图 4.74 所示。

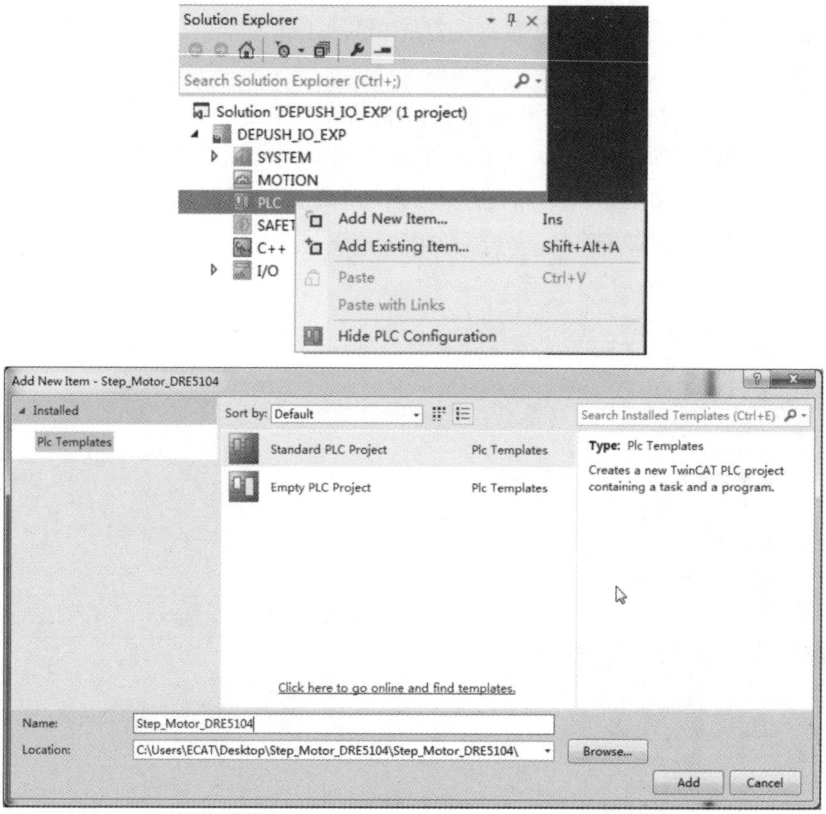

图 4.71

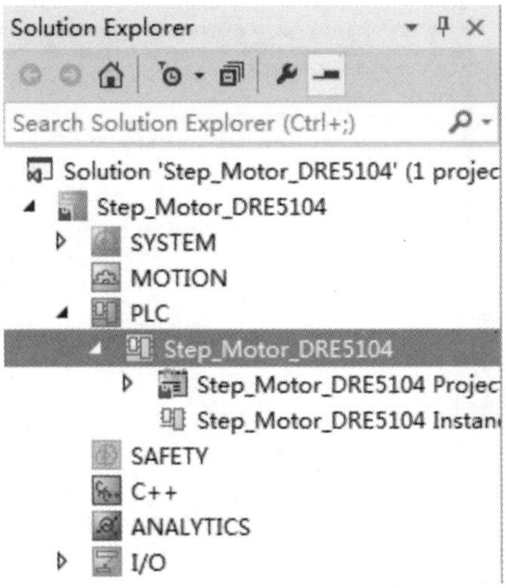

图 4.72

```
PROGRAM MAIN
VAR
        Enable_M1                  AT %Q*: BOOL;      //电机1使能设置
        Mode_of_Operation_M1       AT %Q*: SINT;      //电机1模式设置
        Current_Set_M1             AT %Q*: SINT;      //电机1电流设置
        Step_Resolution_Set_M1     AT %Q*: SINT;      //电机1细分设置
        Vel_M1                     AT %Q*: DINT;      //电机1运行速度
        POS_M1                     AT %Q*: DINT;      //电机1目标位置

Enable_M1 :=1;
Mode_of_Operation_M1 :=2;  //位置模式
Current_Set_M1 :=2;        //1A电流
Step_Resolution_Set_M1 :=4;  // 1/4细分

Vel_M1 :=1;          //脉冲频率，单位Khz
POS_M1 :=5000;       //脉冲数
```

图 4.73

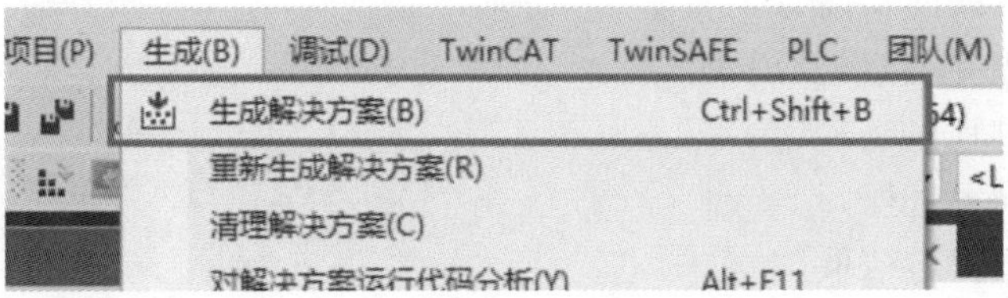

图 4.74

(6) 链接变量。

将编程变量区里的变量与 DRE5104 模块里的变量链接起来。方法是在 PLC→Step_Motor_DRE5104 Instance→PlcTask Outputs 下选中欲链接的变量，点击鼠标右键，选中“Change Link”，在弹出的 DRE5104 模块的变量窗口里选择相对应的变量，点击“OK”，如图 4.75所示。如此操作直至链接完所有变量。

(7) 登入运行。

点击工具栏中的图标，激活项目，点击工具栏中的图标，进行登入，再点击图标，

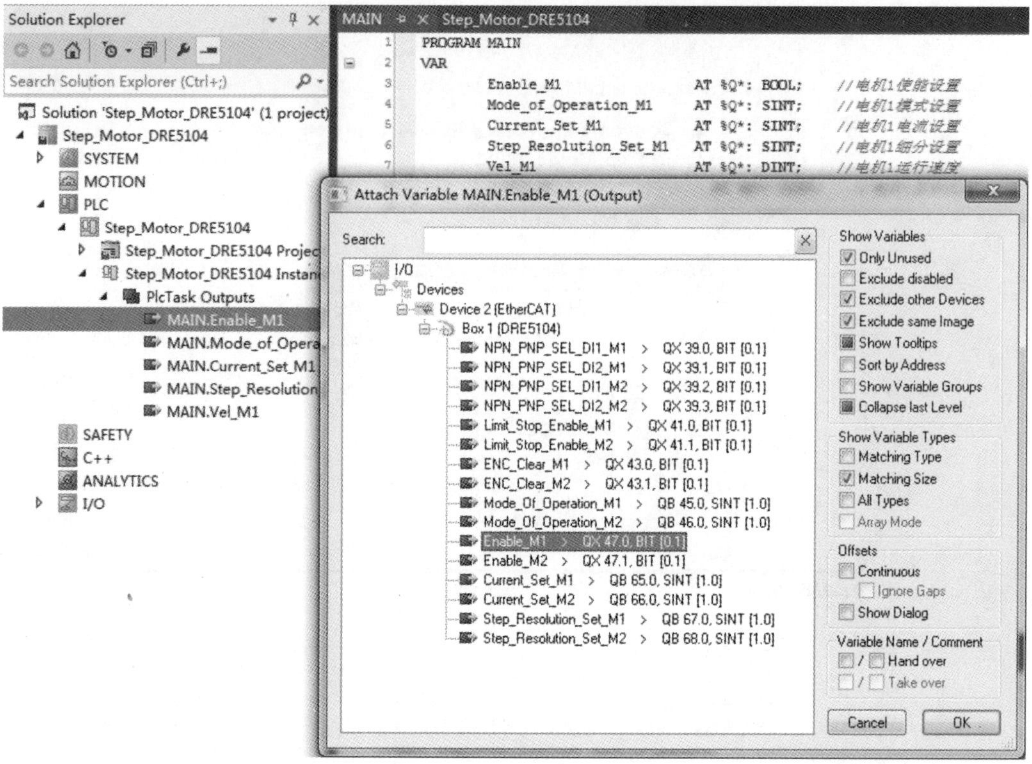

图 4.75

运行项目，观察电机转动情况。尝试改变细分参数和脉冲频率参数，观察在不同参数下，步进电机的运行情况。

五、实验报告要求

实验报告至少包含以下内容：

（1）实验目的。

（2）控制系统接线图及说明。

（3）PLC 程序变量、代码及说明。

（4）变量配置过程。

（5）模块硬件配置过程。

（6）实验调试过程与结果。

（7）实验总结及心得。

六、思考题

请读者自行编程，将位置模式改为速度模式，运行步进电机，观察运行情况。

4.5 人机界面 HMI 实验

人机界面 HMI 是系统和用户之间进行交互和信息交换的媒介，用于实现信息的内部形式与人类可以接受形式之间的转换。人机界面的应用非常广泛，凡参与人机信息交流的领域都存在着人机界面的应用。

在工业领域，设计人机界面的方法很多，常通过各种组态软件结合工业触摸屏或 PC 设计工业 HMI。本实验采用 TwinCAT 自带的 HMI 工具设计基于 PC 的人机界面 HMI。

一、实验目的

(1) 掌握 TwinCAT 环境下，设计人机界面 HMI 的方法。建立一个简单的通过输入、输入信号指示和执行按钮控制输出的 HMI，由此初步了解设计监控画面的方法，为复杂的 HMI 设计打下基础。

(2) 设计一个 HMI，当 PLC 的 INPUT1 端口有输入信号时，HMI 上的指示灯亮起，点击 HMI 中的按钮，OUTPUT1 输出信号。

二、实验原理

TwinCAT 提供了开发 HMI 的工具——TwinCAT PLC HMI，用这个工具开发的 HMI 画面与 PLC 程序同属一个项目，不可分割。这种用法的 TwinCAT PLC HMI 是完全免费的，画面在 TwinCAT 编程 PC 上显示。此时，在 TwinCAT 控制器上接一个显示器，就可以显示 HMI 画面了。TwinCAT PLC HMI 可以全屏运行，作为现场操作的软件界面，相当于与 PLC 运行在同一个硬件上的组态软件。

限于篇幅，本实验的目的是引导读者快速地开始 HMI 设计，对 TwinCAT PLC HMI 的详细介绍请参考专门的书籍。

1. HMI 设计所用的可视化控件

TwinCAT PLC HMI 提供了很多个常用的控件，包括按钮、开关、指示灯等。在 PLC Project 的右键菜单中选择 VISUs，再右键选择 Add→Visualization，就可以新建一个画面，如图 4.76 所示。

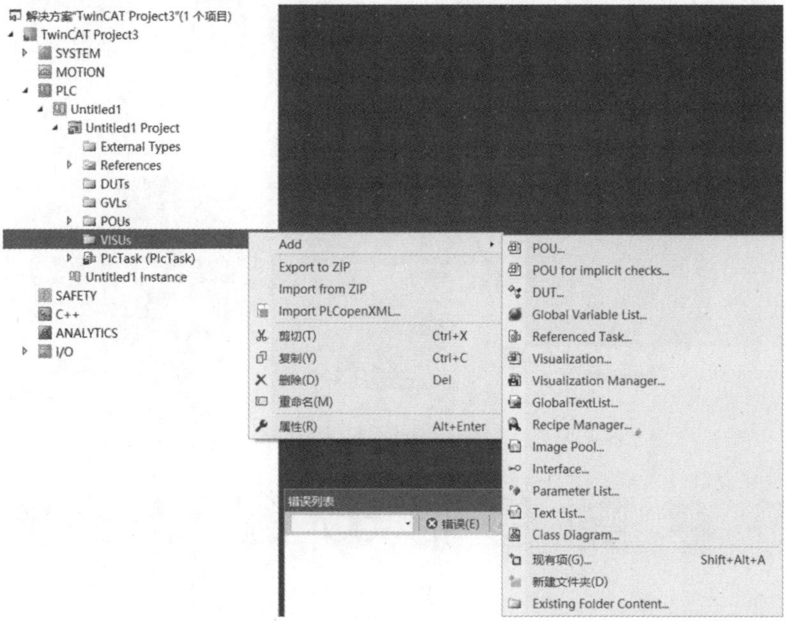

图 4.76

在显示新建的画面前，会出现打开符号库的窗口，如图 4.77(a)所示，点击 Open 按钮，就可新建一个空白的 HMI 编辑界面，其右侧则出现控件工具箱，工具箱按功能进行了分类，如图 4.77(b)所示。打开相应的控件类别组，就会显示各种控件图元的符号库，选中想用的控件符号，用鼠标拖到 HMI 画面，放到指定位置，然后对其进行配置，即可完成对一个可视化控件的使用。如在 Lamps/Switches/Bitmaps 组里，提供了各种开关控件(见图 4.78)、各种仪表盘控件(见图 4.79)，以及各种符号控件(见图 4.80)。

(a)

(b)

图 4.77

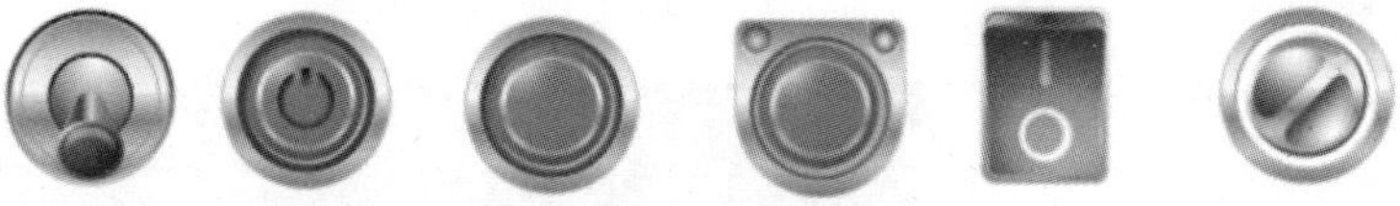

图 4.78

图 4.79

图 4.80

2. 基本可视化控件的属性设置

基本控件是指在“基本的”和“Common Controls”里的控件，这类控件线条简单，属性选项完全开放。下面以显示与输入功能的文本框控件 Textfield 为例说明基本控件的属性设置。

(1) 文本的显示。

向 HMI 编辑界面里拖入一个文本框控件 Textfield，点击右侧工具箱(Toolbox)窗口下方的标签“属性(Properties)”，显示 Textfield 控件的属性标签页，如图 4.81 所示。

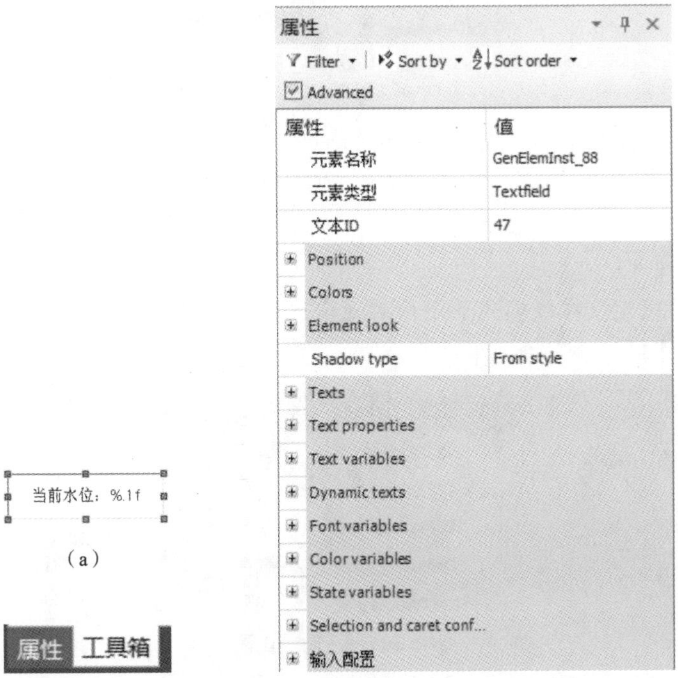

(a)　(b)　(c)

图 4.81

- 颜色变量

颜色变量用于通过 DWORD 类型的项目变量动态定义控件颜色。颜色是基于由红、绿、蓝(RGB)组成的十六进制数定义的。另外，这些变量被用来指定颜色的透明度(FF:完全不透明;00:完全透明)。

- 外观属性(Element look)

外观属性用于设置控件的线宽(Line width)、线型(Line style)等外观和填充方式(Fill style)，这个属性是静态的。

- 文本(Texts)和文本属性(Text properties)

“Texts”用于控件标签的静态定义，每个都可以包含一个格式化序列，例如%s。在联机工作模式下，该序列可以被“文本变量”中定义的变量的内容所取代。“Text properties”用于设置“文本”的水平位置、垂直位置、字体、字号、字体颜色等属性。

- 文本变量(Text variables)

文本变量可以显示存储在变量中的文本。要做到这一点，首先在“Texts”属性下定义的文本中添加一个格式化占位符，然后赋值给一个变量，在联机工作模式下，格式化占位符就被变量的内容所取代。

(2) 文本输入配置(Input configuration)。

属性标签页的最后一项是“输入配置(Input configuration)”,在这里可以设置文本输入功能,可视化控件的属性——除了对齐和顺序——都可以在属性编辑器中配置。

在图 4.81(a)中,%.1f 是占位符,表示控件运行时将用一个变量的值来替换,这个变量是在“Text variable”中指定的变量 MAIN.water_level,其值就是要显示的值,如图 4.82 所示。

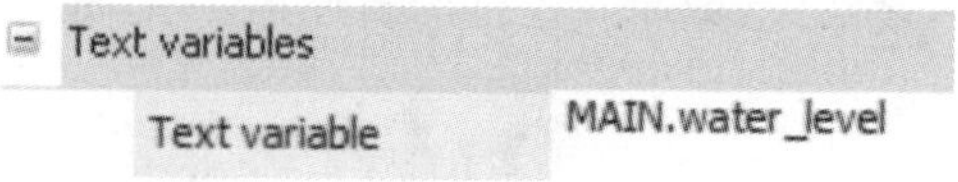

图 4.82

不同的变量使用不同的占位符,在上面的例子中,“%.1f”表示变量类型为浮点数,显示时保留小数点后一位数据,如果是整数和字符串,则要分别使用“%d”和“%s”占位符。

可以通过编辑属性标签页属性表格右侧一列的字段“值”(Value)来修改属性,如图 4.81(c)所示。

“输入配置”可以定义在线模式下用户对元素进行输入时应该执行的相应操作。如图4.83所示,以下 7 个动作可以触发输入事件。

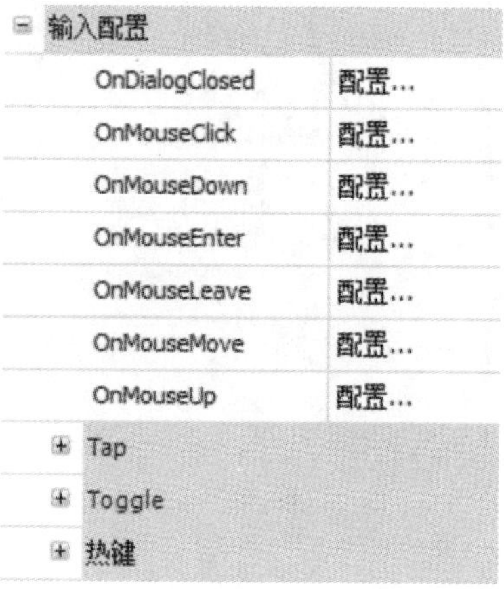

图 4.83

- “OnDialogClosed”,如果在可视化中关闭了为用户输入而打开的对话框,则会触发输入配置事件。
- “OnMouseClick”,当鼠标指针在控件上时执行一次完整的鼠标点击(按下并释放鼠标按钮),将触发输入配置事件。
- “OnMouseDown”,当鼠标指针在控件上时按下鼠标按钮,将触发输入配置事件,即使之后释放鼠标按钮也不会影响事件的触发。
- “OnMouseEnter”,当鼠标指针触碰到控件时,将触发输入配置事件,鼠标按钮是被按下还是被释放无关紧要,都不影响输入事件的触发。
- “OnMouseLeave”,当鼠标指针离开控件时,将触发输入配置事件,鼠标按钮是被按下还是被释放无关紧要,都不影响输入事件的触发。
- “OnMouseMove”,当鼠标指针在控件上移动时,将触发输入配置事件,此时鼠标按钮是被按下还是被释放无关紧要。

● “OnMouseUp”，当鼠标指针在控件上时释放鼠标按钮，将触发输入配置事件，这种情况出现在当在控件外部按下鼠标按钮，然后移动到控件上再释放鼠标按钮时。

以上鼠标动作均可触发输入配置事件，如选择触发方式为“OnMouseDown”，点击“OnMouseDown”后面的“配置…”，会弹出输入配置窗口，如图 4.84 所示。在这个窗口里可以配置多种动作属性，如“关闭对话框”“打开对话框”“写变量”“执行 ST 代码”等。

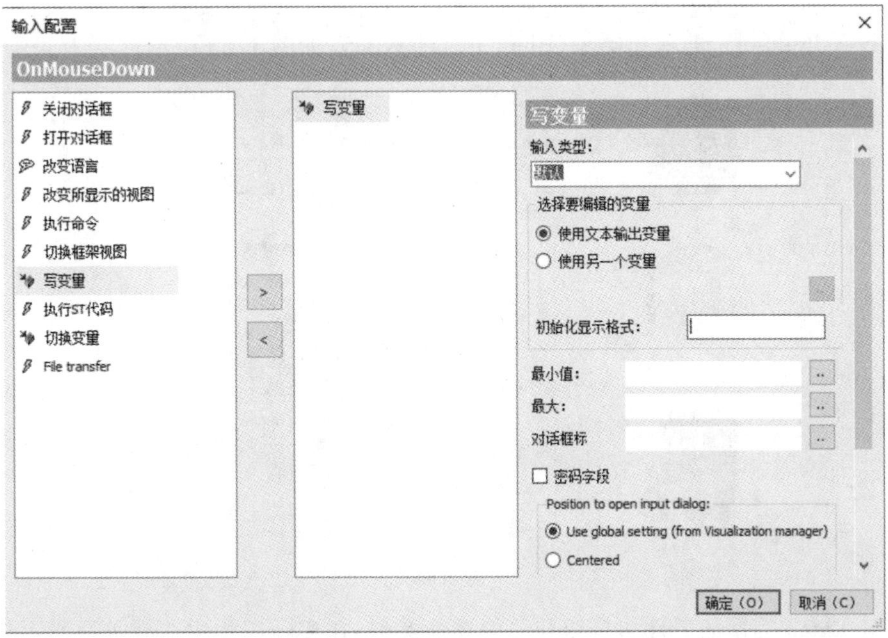

图 4.84

可以使用控件——按钮或按钮形状的图形来切换 BOOL 变量的值，此时需要在“输入配置”属性中设置 Tap 或 Toggle 选项，如图 4.85 所示。

图 4.85

图 4.85 中的设置表示保持按钮按下时，变量 MAIN. alarm 的值为 TRUE，松开时为 FALSE。如果勾选了 Tap FALSE，则结果相反，即按下按钮时为 FALSE，松开时为 TRUE。

如果把变量 MAIN. alarm 填在 Toggle 选项下，则表示这是保持型按钮，按一次为 TRUE，再按一次变为 FALSE。

（3）按钮、开关、指示灯属性设置。

TwinCAT HMI 除了提供基本图元控件外，还提供了一些仿真控件，如工具箱中“Lamp/Switch/Bitmap”下的按钮、开关、指示灯，“Measurement control”下的各种仪表盘。

按钮、开关等控件用于关联开关状态的 BOOL 型变量、关联变量 Variable、设置 Image 颜色属性和设置开关保持/非保持类型（Element behavior），如图 4.86 所示。

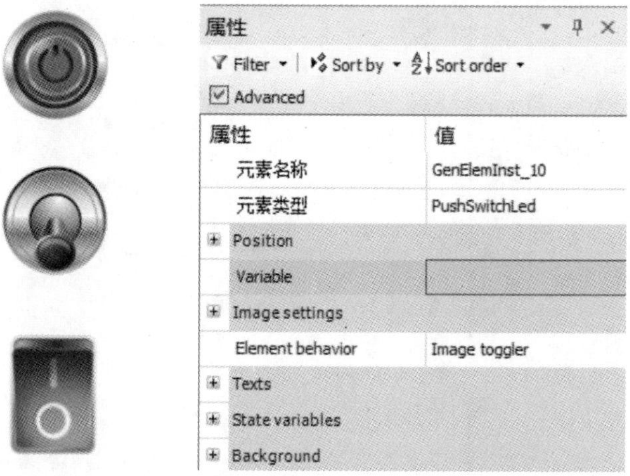

图 4.86

指示灯 Lamp 控件的属性与按钮开关的属性类似，在实际应用中主要关联指示灯的颜色变量。

（4）仪表类控件属性设置。

工具箱中“Measurement control”下的各种仪表盘控件，在实际应用中主要用来关联模拟量，将从传感器得到的模拟量的大小用仪表的形式显示出来。主要设置的属性包括 PLC 变量、显示的小数点位数以及和变量实际值范围相当的表盘刻度，还可以设置仪表盘的位置、颜色、尺寸等参数，如图 4.87 所示。

图 4.87 中的仪表属性表里，设置了仪表盘的下限值为“0”、上限值为“100”、主刻度间隔为“20”、子刻度间隔为“5”，仪表盘显示的数值为变量 MAIN. wLevel 的值，单位为 mm。其他仪表盘的属性设置与之类似。

三、实验仪器和设备

（1）计算机（安装有 TwinCAT）。

（2）EL1008 数字量输入模块。

（3）EL2008 数字量输出模块。

（4）24 V 直流电源。

（5）网线一根，4 mm 香蕉插头导线若干，导线若干，接线端子若干。

四、实验步骤及内容

（1）打开 TwinCAT，新建一个项目 Project，命名为 HMI_Beginner。

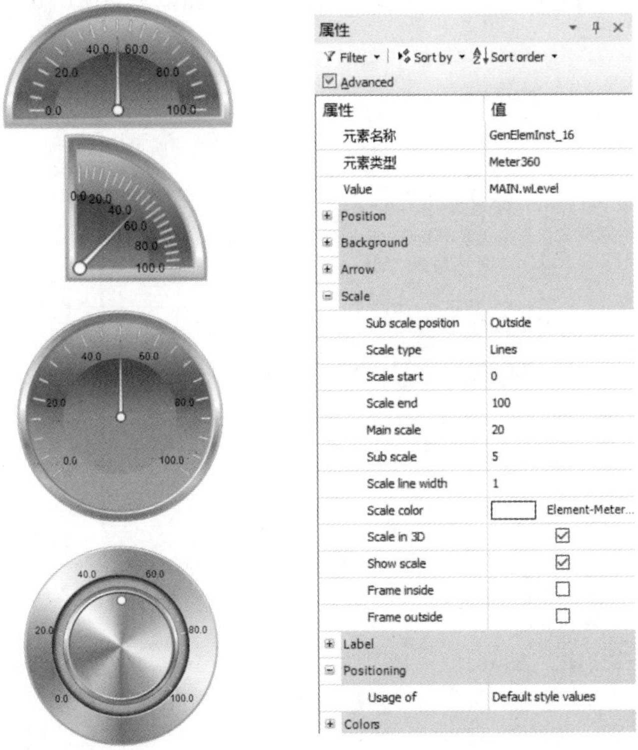

图 4.87

(2) 扫描添加 I/O 模块。

选择 HMI_Beginner→Devices，右键选择 Scan，系统扫描并自动添加 Box1(DRE1048)。

(3) 在 PLC 中添加新的 item，命名为 HMI_IO。

选择 HMI_Beginner→PLC，右键，点击 Add new item…，选择 Standard PLC Project，命名为 HMI_IO，点击 Add，如图 4.88 所示。

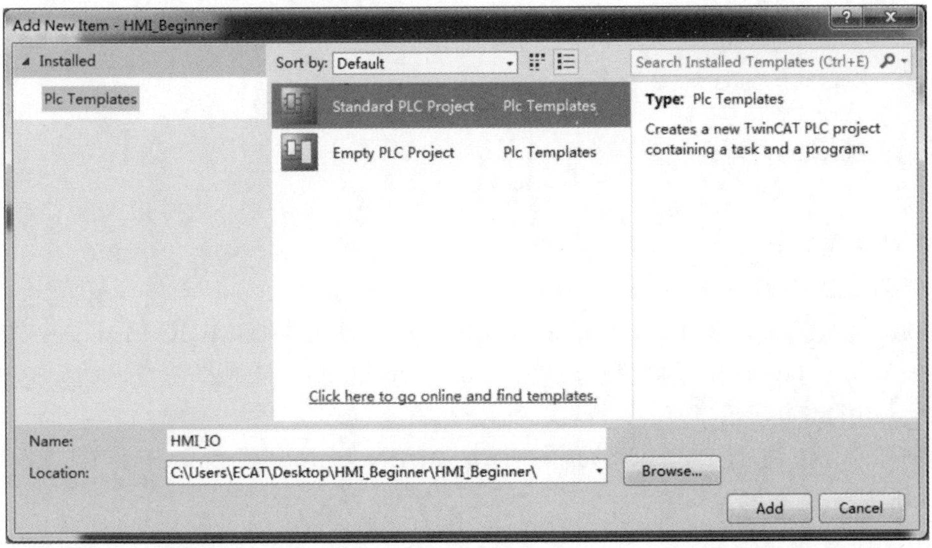

图 4.88

操作完成后，在 Solution Explorer 窗口的 PLC 里，出现 HMI_IO Project 和 HMI_IO Instance，如图 4.89 所示。

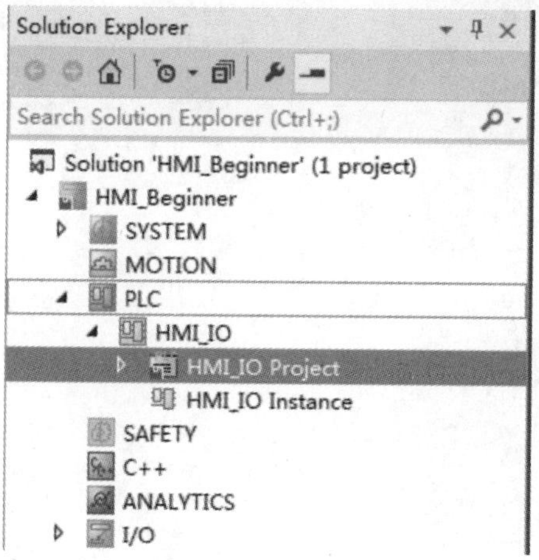

图 4.89

(4) 设置变量、编写代码。

选择 PLC → HMI_IO Project → POUs → MAIN(PRG)，在变量区设置变量：

```
PROGRAM MAIN
VAR
    Input AT % I*  : BOOL;
    Output AT % Q*  : BOOL;
    Light : BOOL;
    Button : BOOL;
END_VAR
```

在代码区编写代码：

```
Light :=INPUT;
    IF Light=TRUE THEN
    Output :=Button;
    ELSE
    Output :=FALSE;
END_IF
```

(5) 链接变量。

选择菜单 BUILD → Build Solution。

在项目浏览窗口，选择 HMI_Begineer→ PLC→ HMI_IO→ HMI_IO Instance→ PlcTask Inputs→ MAIN. Input；在链接窗口，点击 Linked to，出现变量选择窗口，选择 Box1 下的 INPUT1，如图 4.90 所示。

用同样的方法，链接 PlcTask Outputs 下的 MAIN. Output 到 Box1 下的 OUTPUT1，如图 4.91 所示。

(6) 设计 HMI。

如图 4.92 所示，选择 PLC → Untitled1 → Untitled1 Project → VISUs，右键单击 Add→

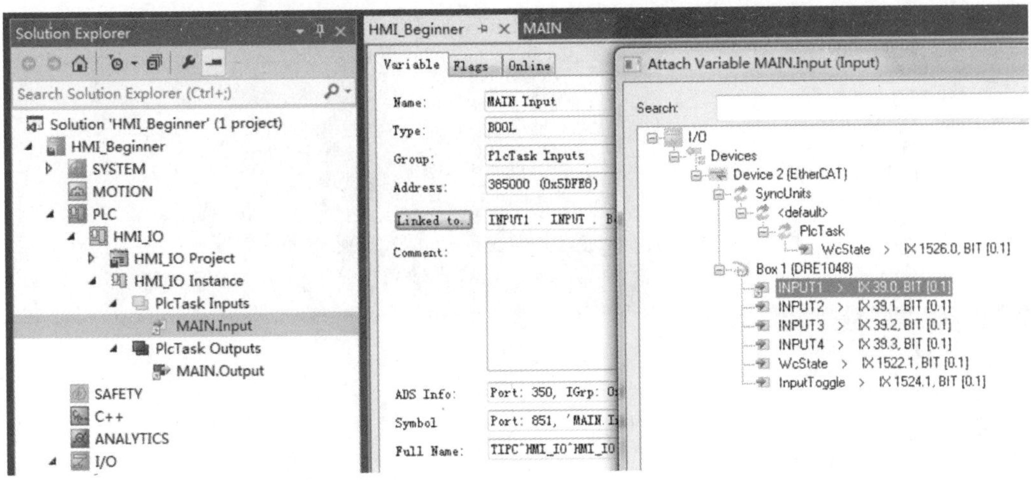

图 4.90

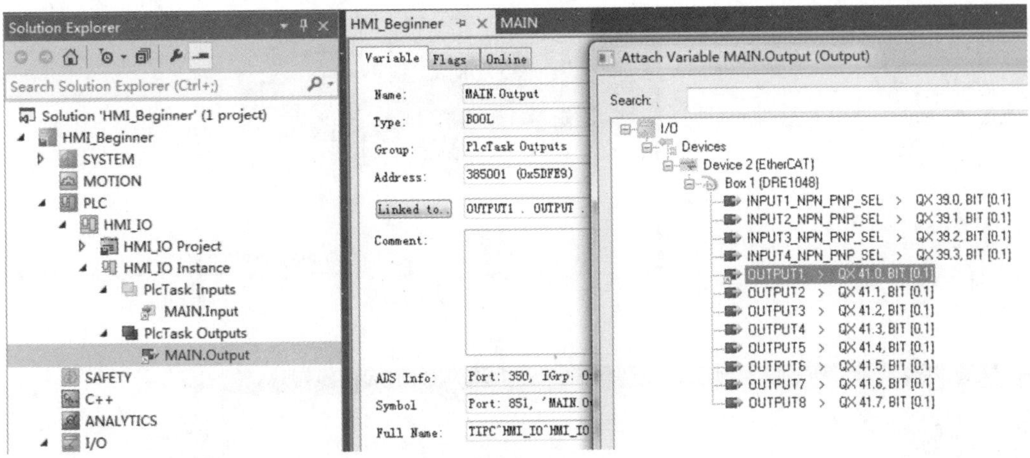

图 4.91

Visualization，出现如图 4.93 所示界面。从右侧的 Toolbox 中，选择 Lamp，拖到 HMI 设计窗口；再用同样的方法，拖动 Dip switch 到 HMI 设计窗口。

(7) 关联 HMI 里的控件与变量。

在 HMI 设计的 Visualization 中用鼠标选中 Lamp，点击右侧 Toolbox 下方的标签“属性(Properties)”，选择“Variable”，双击 Variable 右列，点击 [..]，出现图 4.94 所示窗口。

选择变量 Light，点击 OK 按钮。采用同样的方法，关联 HMI 设计窗口中的 Dip switch 与程序设计窗口中的变量 Button，如图 4.95 所示。

(8) 编译运行。

编译运行后，在 DRE1048 模块的 INPUT1 端口输入一个 24 V DC 信号，可以观察到 DRE1048 模块上的 INPUT1 指示灯点亮，同时计算机上 TwinCAT 的 HMI 窗口里的指示灯也点亮，如图 4.96 所示，此时 DRE1048 模块 OUTPUT1 的指示灯不亮。

点击 HMI 窗口里的拨位开关 Dip switch，再在 DRE1048 模块的 INPUT1 端口输入一个 24 V DC 信号，可以观察到 DRE1048 模块上的 INPUT1 指示灯点亮，同时计算机上 TwinCAT 的 HMI 窗口里的指示灯也点亮，如图 4.97 所示，此时 DRE1048 模块 OUTPUT1

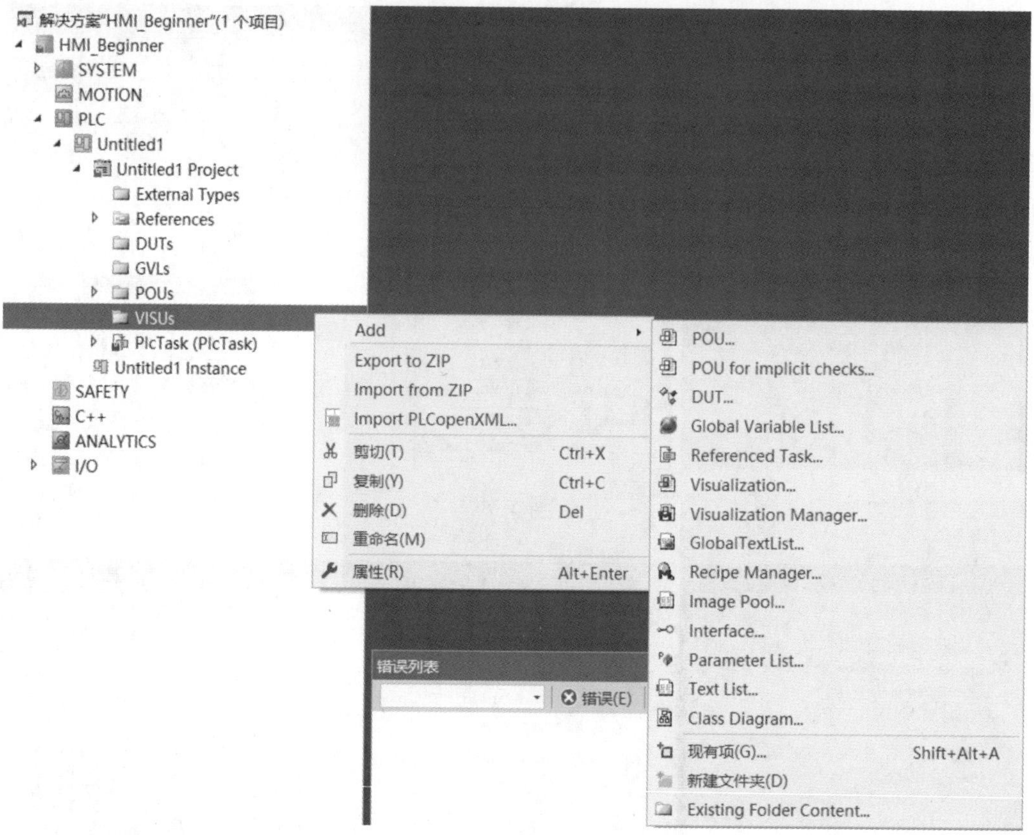

图 4.92

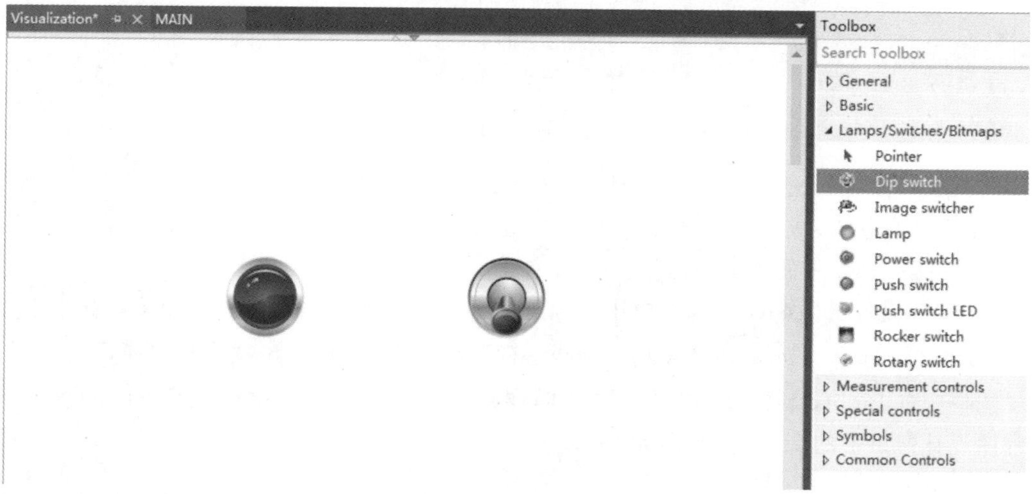

图 4.93

的指示灯也点亮。

五、实验报告要求

实验报告至少包含以下内容：

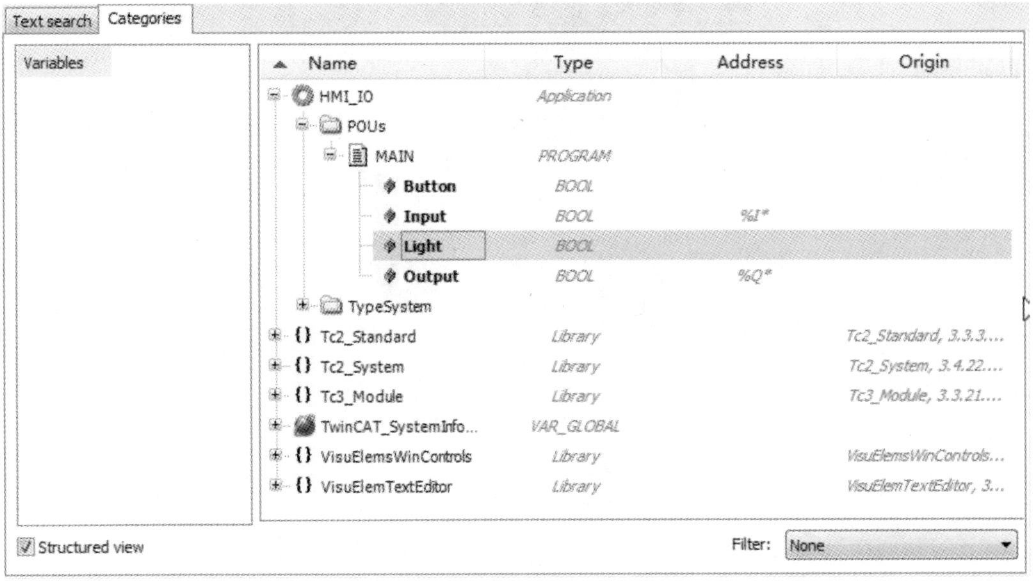

图 4.94

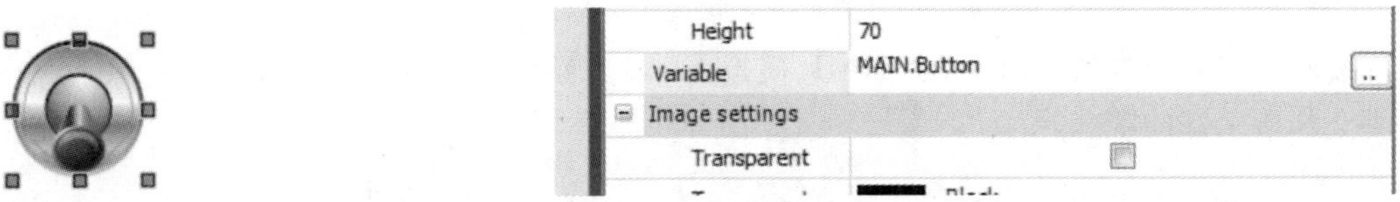

图 4.95

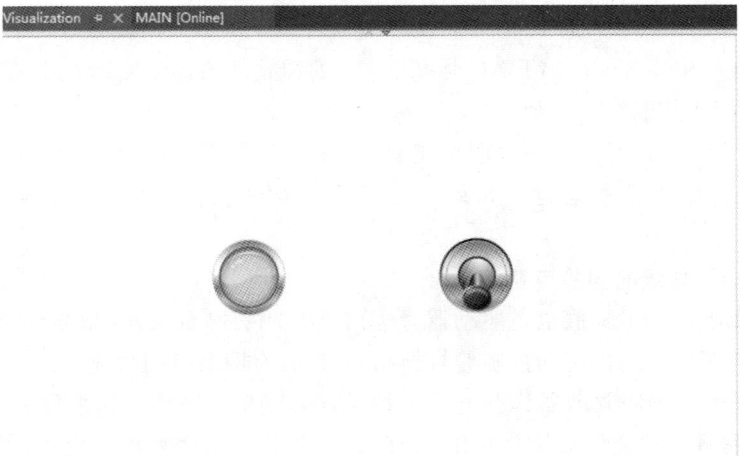

图 4.96

(1) 实验目的。
(2) 控制系统接线图及说明。
(3) PLC 程序变量、代码及说明。
(4) 变量配置过程。
(5) HMI 设计过程及说明。

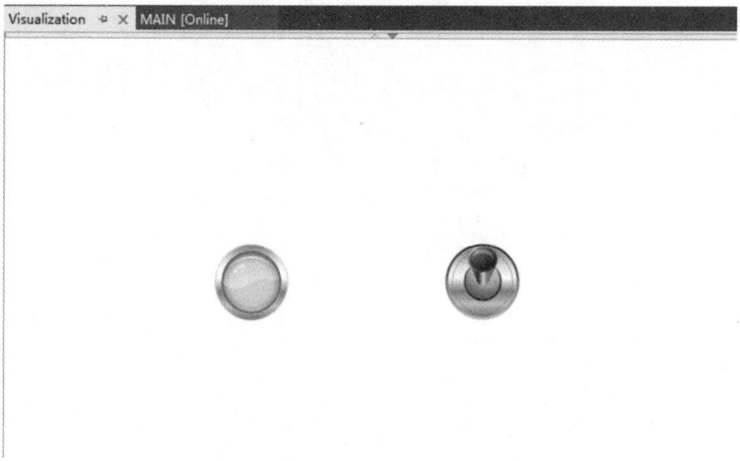

图 4.97

(6) 实验调试过程与结果。

(7) 实验总结及心得。

六、思考题

按照本实验的方法，设计一个 HMI，模拟 EL1008 数字量输入模块和 EL2008 数字量输出模块全部指示灯的状态。

4.6 基于 EtherCAT 总线方式的运动控制

倍福公司的 EtherCAT 总线应用开发环境软件 TwinCAT 内集成了专门的运动控制模块——TwinCAT NC。TwinCAT NC 是基于 PC 的纯软件的运动控制方式，其功能与传统的运动控制模块、运动控制卡的类似。

TwinCAT NC 内嵌了运动轴的调试工具，不用编制程序就可以用这个调试工具进行轴的调试，包括设置轴参数和运行。如果需要完成复杂的动作，则需要编制程序，控制轴的运动。

1. EtherCAT 总线的伺服电机

实验所用 EtherCAT 伺服电机驱动器为迈信 EP3E 系列 GL1A8 型驱动器。该型号的迈信伺服驱动器除了可以用传统的控制信号控制外，还具有网络控制功能。

迈信 EP3E 系列伺服驱动器具有若干个型号，GL1A8 型号是一款小型的伺服驱动器(见图 4.98)，具有常规的开关量信号控制和 EtherCAT 网络控制两种控制模式，供电电源为单相 220 V AC，功率为 200 W，非常适合应用于小型精密机电设备的驱动。本书实验所用的多功能一维直线台可以直接换装该型号伺服驱动器及其对应的 200 W 交流伺服电机。

EtherCAT 网络输入、输出接口如图 4.99 所示，其中 X5 为 EtherCAT 输入口，X6 为 EtherCAT 输出口。

EtherCAT 站点的使用取决于 EtherCAT 主站，使用顺序寻址时，从站的站点号由 EtherCAT 主站按顺序分配。EtherCAT 模式的开关通过参数 P304 设置：P304 的值为 1 时，是 EtherCAT 模式；P304 的值为 0 时，是普通模式。使用常规普通控制模式时，控制器通过

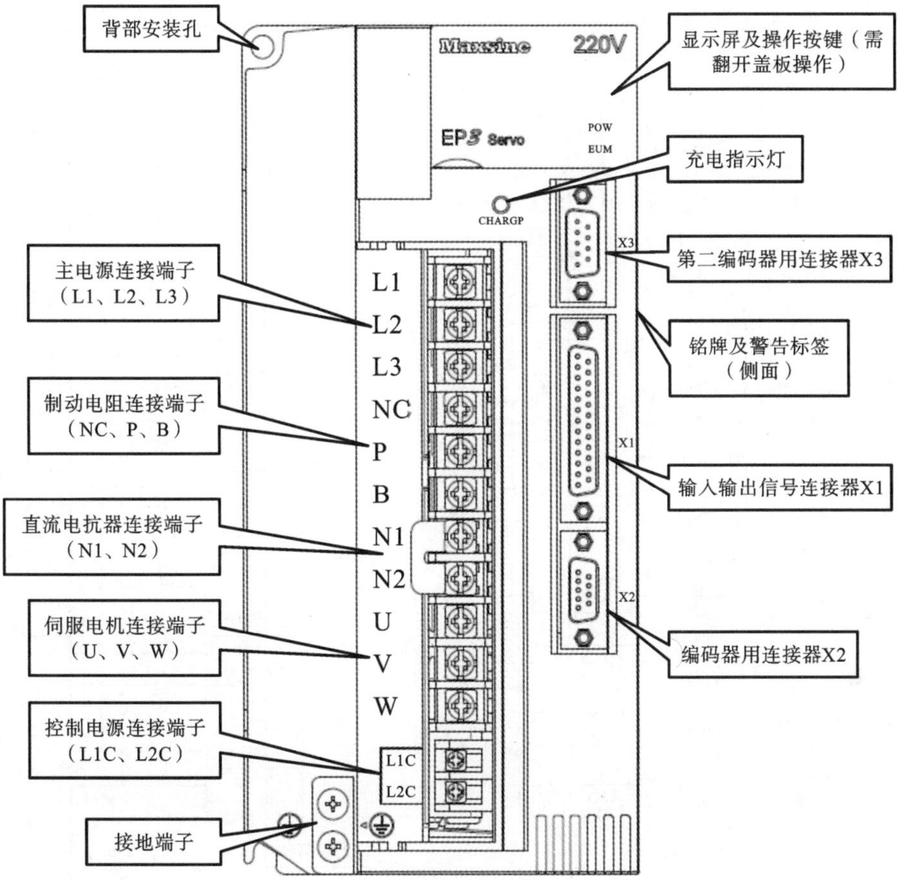
背部安装孔
显示屏及操作按键（需翻开盖板操作）
充电指示灯
第二编码器用连接器X3
铭牌及警告标签（侧面）
输入输出信号连接器X1
编码器用连接器X2
主电源连接端子（L1、L2、L3）
制动电阻连接端子（NC、P、B）
直流电抗器连接端子（N1、N2）
伺服电机连接端子（U、V、W）
控制电源连接端子（L1C、L2C）
接地端子
Maxsine
220V
EP3 Servo
POW
EUM
CHARGP
X3
X1
X2
L1
L2
L3
NC
P
B
N1
N2
U
V
W
L1C
L2C

图 4.98

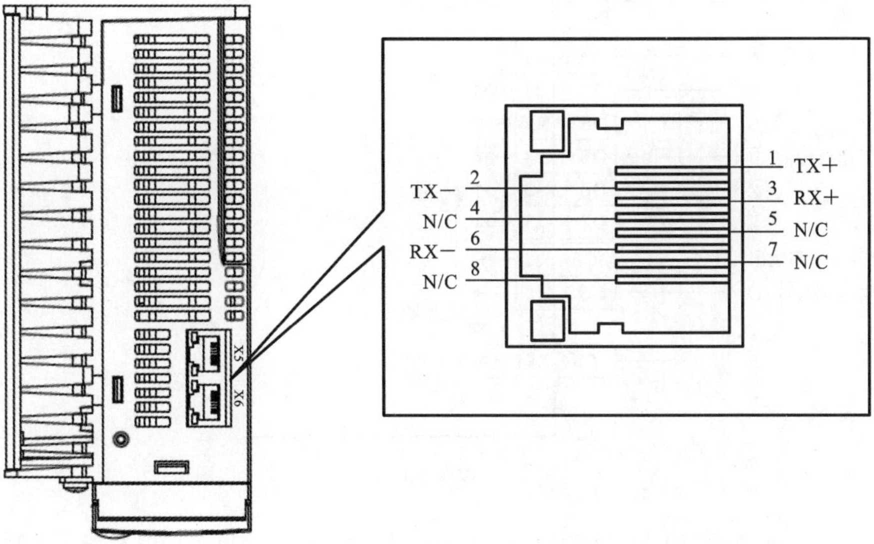
X5
X6
1 TX+
2 TX−
3 RX+
4 N/C
5 N/C
6 RX−
7 N/C
8 N/C

图 4.99

X1 端子向伺服驱动器发送控制指令(见图 4.100),X1 端子的针脚定义如图 4.101 及表 4.2 所示。

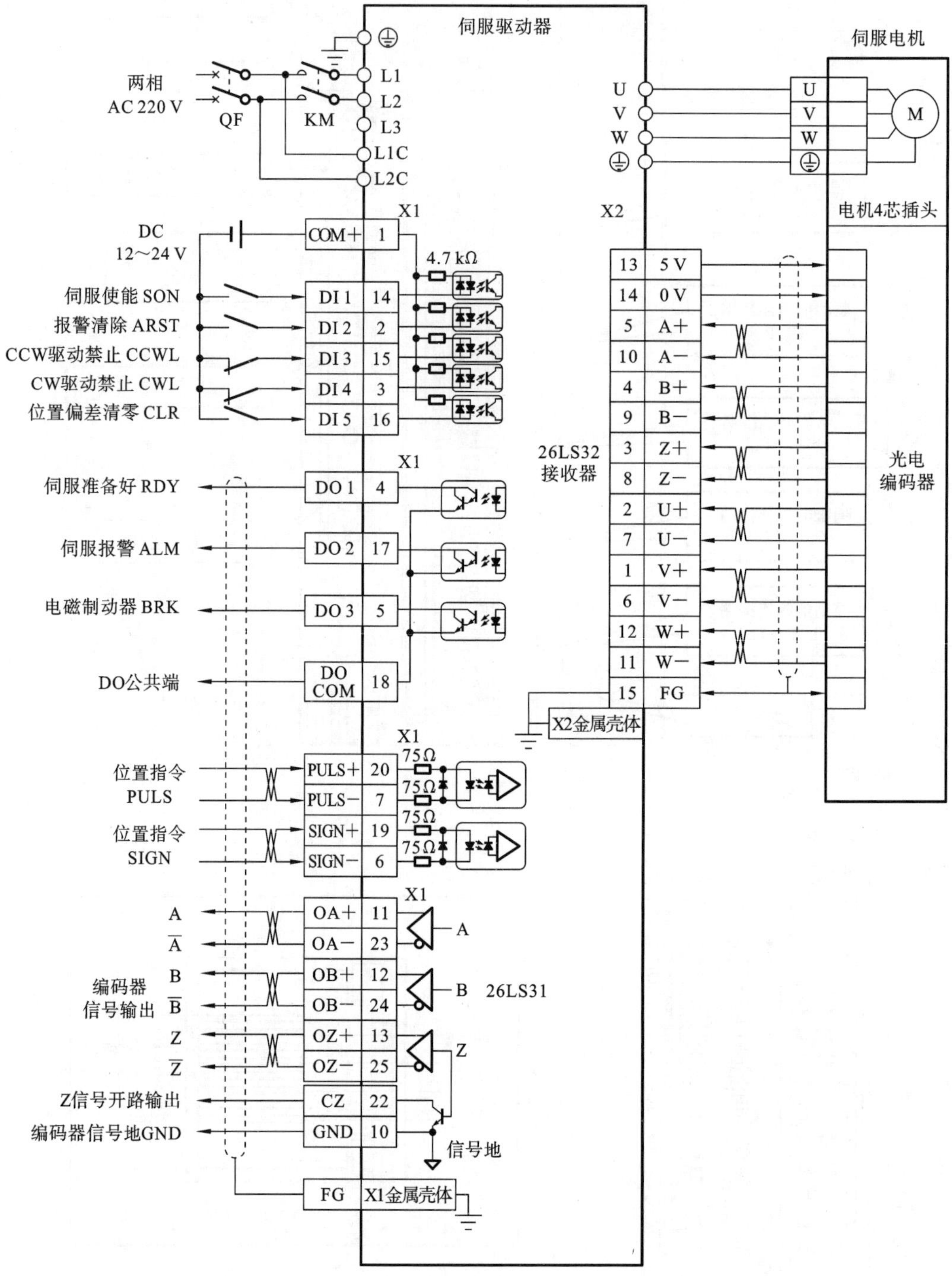

图 4.100

伺服电机驱动器的供电动力线按照图 4.100 连接牢靠。控制信号电缆通过 DB25 插头连接到伺服驱动器的 X1 端子上。

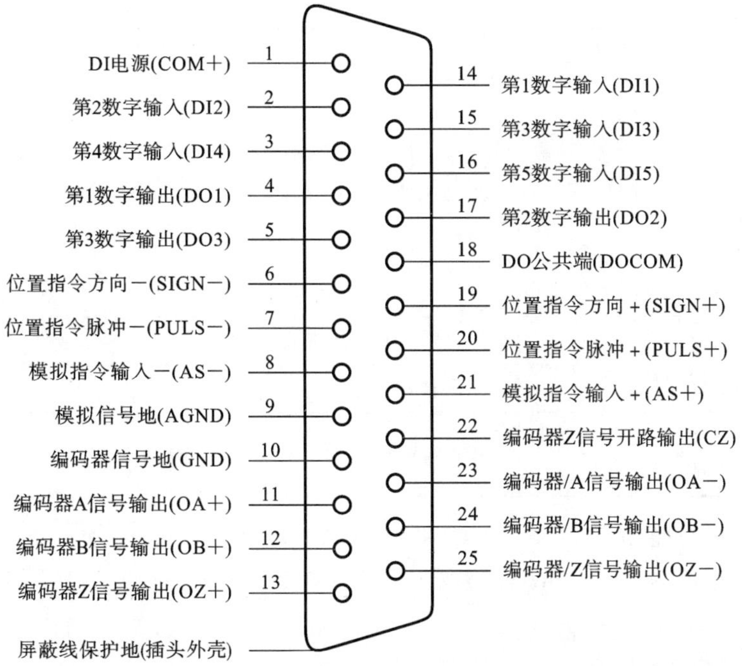

图 4.101

表 4.2　X1 端子针脚定义

信号名称		针脚号	功能	接口
数字输入	DI1 DI2 DI3 DI4 DI5	14 2 15 3 16	光电隔离输入，功能可编程，由参数 P100～P104 定义	C1
	COM＋	1	DI 电源(DC 12～24 V)	
数字输出	DO1 DO2 DO3	4 17 5	光电隔离输出，最大输出能力为 50 mA/25 V，功能可编程，由参数 P130～P132 定义	C2
	DOCOM	18	DO 公共端	
位置脉冲指令	PULS＋ PULS－ SIGN＋ SIGN－	20 7 19 6	高速光电隔离输入，由参数 P035 设置工作方式： ● 脉冲＋符号 ● 正转/反转脉冲 ● 正交脉冲	C3
模拟指令输入	AS＋ AS－	21 8	速度/转矩的模拟量输入，范围为－10～10 V	C4
	AGND	9	模拟信号地	

续表

信号名称		针脚号	功能	接口
编码器信号输出	OA+ OA− OB+ OB− OZ+ OZ−	11 23 12 24 13 25	将编码器信号分频后差分驱动输出	C5
	CZ	22	Z信号集电极开路输出	C6
	GND	10	编码器信号地	
屏蔽线保护地	插头金属外壳	—	连接屏蔽电缆的屏蔽线	—

位置脉冲有差分驱动、普通单端驱动和24 V单端驱动三种接法，本章实验采用普通单端驱动接法。驱动电流为8～15 mA，由参数P035设置工作方式：脉冲＋符号、正转/反转脉冲、正交脉冲。

2. 伺服驱动器参数设置

欲以PLC控制电机，需要根据PLC输出脉冲的控制方式，在伺服电机驱动器上设置相应的参数。迈信伺服电机驱动器的操作面板和面板主菜单分别如图4.102和图4.103所示。

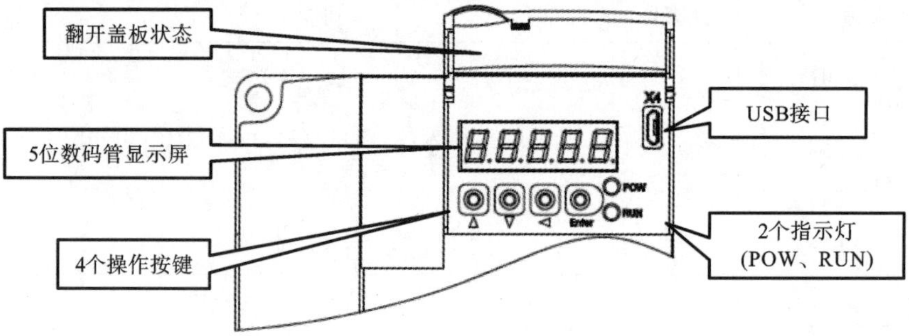

图 4.102

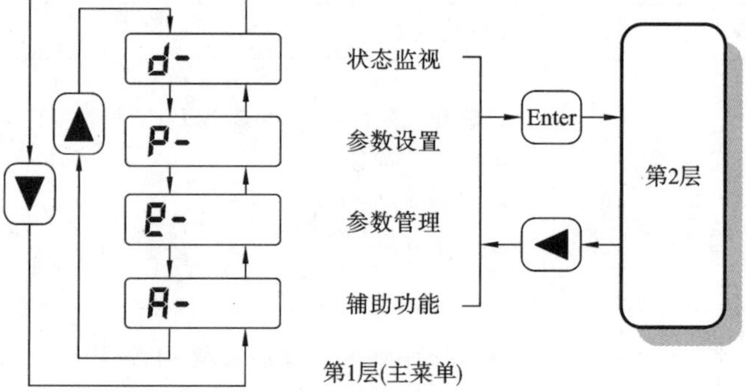

图 4.103

伺服电机驱动器参数需要在“参数设置”下进行设置。本实验中采用的是通过PLC输出脉冲进行驱动器位置控制的方式。

(1) 位置脉冲控制参数及说明如表 4.3 所示。

表 4.3　位置脉冲控制参数及说明

参数	名称	设置值	缺省值	参数说明
P004	控制方式	0	0	设为位置控制
P097	忽略驱动禁止	3	3	使用正转驱动禁止(CCWL)和反转驱动禁止(CWL)。若设置为忽略,可不连接 CCWL、CWL
P100	数字输入 DI1 功能	1	1	DI1 设置为伺服使能 SON
P130	数字输出 DO1 功能	2	2	DO1 设置为伺服准备好 RDY

(2) 位置脉冲指令参数如表 4.4 所示。

表 4.4　位置脉冲指令参数

参数	名称	参数范围	缺省值	单位	适用
P027	编码器脉冲因子 1	1～32767	10000	—	P
P028	编码器脉冲因子 2	1～32767	1	—	P
P029	指令脉冲电子齿轮第 1 分子	1～32767	1	—	P
P030	指令脉冲电子齿轮分母	1～32767	1	—	P
P031	指令脉冲电子齿轮第 2 分子	1～32767	1	—	P
P032	指令脉冲电子齿轮第 3 分子	1～32767	1	—	P
P033	指令脉冲电子齿轮第 4 分子	1～32767	1	—	P
P035	指令脉冲输入方式	0～2	0	—	P
P036	指令脉冲输入方向	0～1	0	—	P
P037	指令脉冲输入信号逻辑	0～3	0	—	P
P038	指令脉冲输入信号滤波	0～31	1	—	P
P039	指令脉冲输入滤波模式	0～1	0	—	P
P040	位置指令指数平滑滤波时间	0～1000	0	ms	P

(3) 指令脉冲输入方式。

指令脉冲输入方式由参数 P035 决定。可以通过参数 P037 设置输入信号 PULS 和 SIGN 的相位,用来调整计数沿。参数 P036 用于变更计数方向。不同指令脉冲输入方式下的波形和参数要求见表 4.5。

(4) 信号滤波。

参数 P038 设置输入信号 PULS 和 SIGN 的数字滤波,数值越大,滤波时间常数越大。缺省值下最大脉冲输入频率为 500 kHz,数值增大,最大脉冲输入频率会相应降低。

信号滤波用于滤除信号线上的噪声,避免计数出错。如果出现因计数不准而控制不准的现象,可适当增大参数值。参数 P039 可关闭 SIGN 信号滤波。

(5) 平滑滤波。

参数 P040 用于对指令脉冲进行平滑滤波,可实现具有指数形式的加减速。滤波器不会丢

表 4.5　位置指令脉冲波形和参数要求

位置指令脉冲波形	参数要求：差分	参数要求：单端
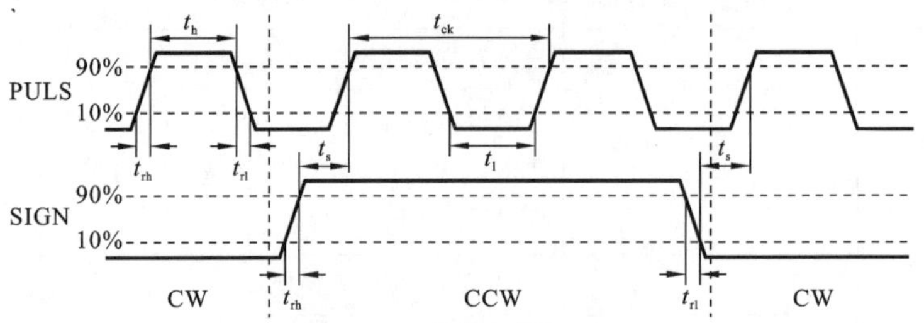PULS SIGN 90% 10% CW CCW t_h t_{ck} t_{rh} t_{rl} t_s t_l 脉冲＋方向	$t_{ck}>2\ \mu s$ $t_h>1\ \mu s$ $t_l>1\ \mu s$ $t_{rh}<0.2\ \mu s$ $t_{rl}<0.2\ \mu s$ $t_s>1\ \mu s$ $t_{qck}>8\ \mu s$ $t_{qh}>4\ \mu s$ $t_{ql}>4\ \mu s$ $t_{qrh}<0.2\ \mu s$ $t_{qrl}<0.2\ \mu s$ $t_{qs}>1\ \mu s$	$t_{ck}>5\ \mu s$ $t_h>>2.5\ \mu s$ $t_l>>2.5\ \mu s$ $t_{rh}<0.3\ \mu s$ $t_{rl}<0.3\ \mu s$ $t_s>2.5\ \mu s$ $t_{qck}>10\ \mu s$ $t_{qh}>5\ \mu s$ $t_{ql}>5\ \mu s$ $t_{qrh}<0.3\ \mu s$ $t_{qrl}<0.3\ \mu s$ $t_{qs}>2.5\ \mu s$
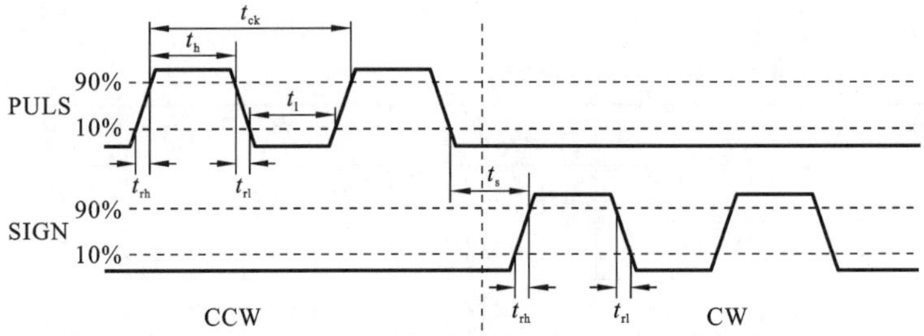PULS SIGN 90% 10% CCW CW t_{ck} t_h t_l t_{rh} t_{rl} t_s 正转/反转脉冲		
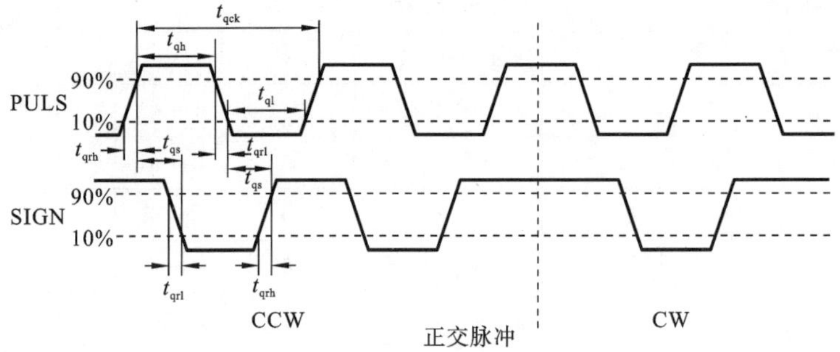PULS SIGN 90% 10% CCW CW t_{qck} t_{qh} t_{ql} t_{qrh} t_{qs} t_{qrl} 正交脉冲		

失输入脉冲，但会出现指令延迟现象。当参数值设置为 0 时，滤波器不起作用。参数值表示频率由 0 上升到位置指令频率的 63.2%所需的时间。滤波器使输入的脉冲频率平滑化，用于上位控制器无加减速功能、电子齿轮比较大、指令频率较低等场合。

(6) 电子齿轮。

通过电子齿轮可以定义输入装置的单位脉冲命令，使传动装置移动任意距离，上位控制器所产生的脉冲命令不需要考虑传动系统的齿轮比、减速比或电机编码器线数。表 4.6 所示为电子齿轮变量说明。

计算公式：

$$\text{电子齿轮比}\left(\frac{N}{M}\right)=\frac{\text{编码器一转分辨率}(P_t)}{\text{负载轴一转的指令脉冲数}(P_c)\times\text{减速比}(R)}$$

其中，

$$\text{负载轴一转的指令脉冲数}(P_c)=\frac{\text{负载轴一转的移动量}}{\text{一个指令脉冲移动量}(\Delta P)}$$

表 4.6　电子齿轮变量说明

变量	变量说明	本装置数值
C	编码器线数	2500
P_t	编码器分辨率/(pulse/rev)	$=4\times C=4\times 2500=10000$(pulse/rev)
R	减速比	$R=B/A$，其中 A 为电机旋转圈数，B 为负载轴旋转圈数
ΔP	一个指令脉冲移动量	
P_c	负载轴一转的指令脉冲数	
Pitch	滚珠丝杠节距/mm	
D	滚轮直径/mm	

将上面的计算结果进行约分，并使分子和分母都为小于或等于 32767 的整数值，保证比值在 1/50～200 范围内，写入参数中。

4.6.1　伺服电机参数设置与 JOG 调试实验

当拿到一套新的伺服电机时，往往需要通过伺服驱动器上的键盘设置参数，以点动控制伺服电机转动的方式，初步验证伺服电机套件有无故障，并设置伺服驱动器的参数。迈信 EP3E 伺服电机驱动器是一款性能优良、可靠性好的 EtherCAT 总线控制的伺服驱动器，它带有数字量输入输出接口，可以直接外接数字量传感器如行程开关，也可以直接驱动外部设备，所以本章实验采用了该伺服驱动器。

一、实验目的

(1) 掌握初步判断伺服电机及其驱动器能否工作的方法。
(2) 掌握用伺服驱动器上的键盘调速(JOG 点动)试运行的方式，控制伺服电机运动。

二、实验原理

1. 操作面板

伺服电机驱动器都带有面板操作的功能，用于以 JOG 手动模式调试伺服电机，EtherCAT 总线的 EP3E 伺服电机的面板参见图 4.102。面板操作按键的功能见表 4.7。

表 4.7　EP3E 伺服驱动器面板操作按键功能

符　号	名　称	功　能
POW	主电源指示灯	亮：主电源已上电；灭：主电源未上电
RUN	运行指示灯	亮：电机通电运行中；灭：电机未通电运行
▲	增大键	增大序号或数值，长按具有重复效果
▼	减小键	减小序号或数值，长按具有重复效果
◄	退出键	菜单退出，操作取消

续表

符　号	名　称	功　能
Enter	确认键	菜单进入,操作确认
	USB 接口	驱动器与计算机连接的接口

伺服电机旋转方向定义:面对电机轴,电机轴顺时针旋转为正转,逆时针旋转为反转。

2. 伺服电机驱动器的接线

在工业场合,伺服电机的标准接线如图 4.104 所示。

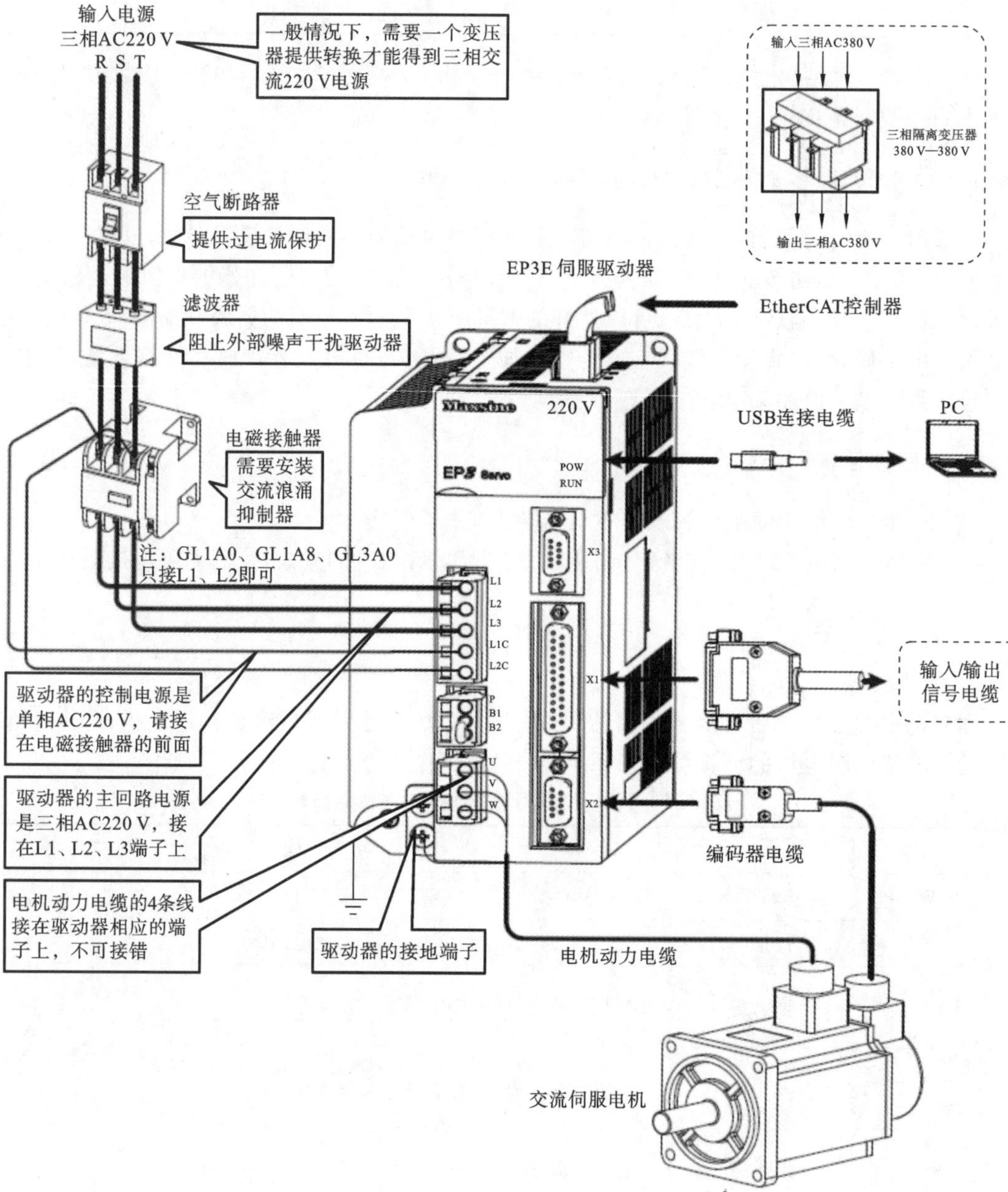

图 4.104

在本章的实验中，由于伺服电机负载小，环境干扰弱，所以采用了简化的接线方式，省略了滤波器和电磁接触器，用普通开关代替了断路器。

EP3E 伺服驱动器有两个 EtherCAT 网络接口：X5 为输入口，X6 为输出口。连接线采用普通百兆网线。

3. 面板状态显示

伺服电机驱动器接线完毕，通电后，在面板上会显示伺服电机驱动器的工作状态信息。

（1）EtherCAT 状态为 BOOT 时，显示：

（2）EtherCAT 状态为 Init 时，显示：

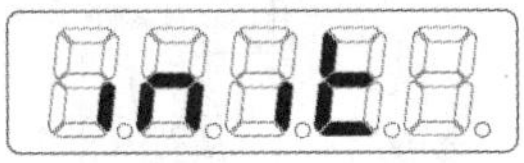

（3）其他 EtherCAT 状态时，显示：

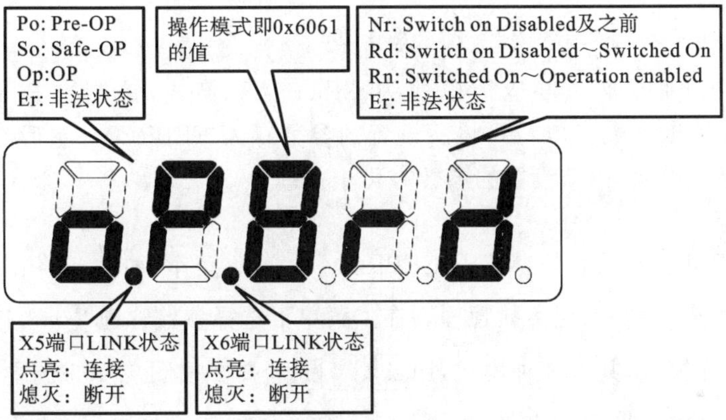

4. 操作面板主菜单

操作面板主菜单结构参见图 4.103，主菜单中有四种操作方式，用[▲]、[▼]键选择操作方式，按[Enter]键进入第 2 层子菜单，执行具体的操作，按[◄]键从第 2 层子菜单退回到主菜单。

5. 面板子菜单

下面以“参数设置”子菜单操作为例，说明面板子菜单的操作方法。

参数采用“参数段＋参数号”的格式来表示，百位数是段号，十位数和个位数是参数号，例如参数 P102，其段号是“1”，参数号是“02”。

在进行 EP3E 伺服驱动器面板操作时，需要通过按钮设置各种参数，设置参数的流程如图 4.105 所示。在主菜单下选择参数设置“P-”，按[Enter]键进入参数设置方式。用[▲]、[▼]键选择参数段，选中后按[Enter]键，进入该段参数号选择，然后再用[▲]、[▼]键选择参数号，选中后按[Enter]键显示参数值。

迈信伺服驱动器的键盘调速试运行，首先需要设置参数 P304（EtherCAT 模式开关）的值为 0。

当参数 P304 的值为 0 时，驱动器运行模式为普通模式，可用于键盘调速试运行等功能；当

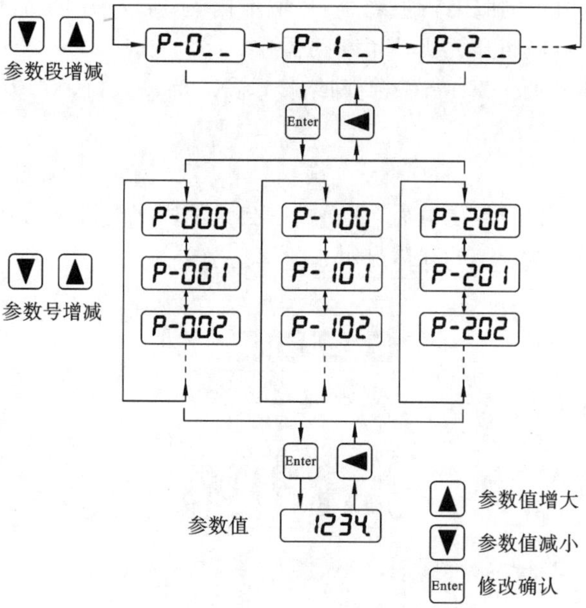

图 4.105

参数 P304 的值为 1 时,驱动器运行模式为 EtherCAT 模式,控制方式及指令均来源于 EtherCAT 总线。更改参数 P304 后,将所设置的参数存入 EEPROM,然后将驱动器断电,等待 10 s 后,再重新上电运行,新设置的参数方可生效。

6. 参数管理

参数管理主要处理参数表与存储器 EEPROM 之间的操作,如需要将在参数设置菜单里设置的参数保存下来,就要用到参数管理。在主菜单下选择参数管理"E-",按 Enter 键进入参数管理方式,选择操作模式,共有 3 种模式,用▲、▼键选择。按图 4.106 选中所需要的操作后按下 Enter 键并保持 3 s 以上,激活操作。完毕后再按◀键退回操作模式选择状态。

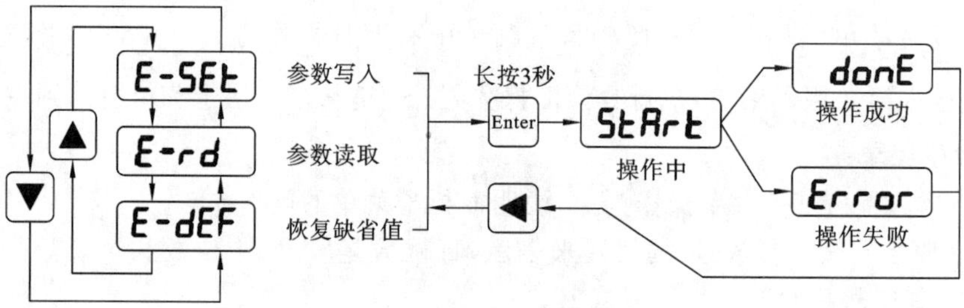

图 4.106

三、实验仪器和设备

(1) EP3E 伺服驱动器。

(2) 伺服电机。

(3) 220 V 电源线。

四、实验步骤及内容

(1) 操作前确认电机已脱开负载。

(2) 接通电源(交流单相 220 V),驱动器的显示器点亮,POWER 指示灯点亮,如果有报警出现,请检查连线。

(3) 设置 P304 参数值为 0。

① P304 参数设置步骤。

在主菜单下选择参数设置"P-",按[Enter]键进入参数设置方式。首先用[▲]、[▼]键选择参数段,选中后,按[Enter]键,进入该段参数号选择。然后再用[▲]、[▼]键选择参数号,选中后,按[Enter]键显示参数值。

用[▲]、[▼]键修改参数值。按[▲]或[▼]键一次,参数增大或减小 1,按下并保持[▲]或[▼]键,参数能连续增大或减小。参数值被修改时,最右边的 LED 数码管小数点点亮,按[Enter]键确定修改数值有效,此时右边的 LED 数码管小数点熄灭,修改后的数值将立刻反映到控制中(部分参数需要保存后重新上电才能起作用)。此后还可以继续修改参数,修改完毕按[◄]键退回参数号选择状态。如果对正在修改的数值不满意,不要按[Enter]键确定,可按[◄]键取消,参数恢复原值。

修改后的参数不会自动保存到 EEPROM 中,若需要永久保存,则需使用参数管理中的参数写入操作,并且确保写入操作完成。参数段、参数号不一定是连续的,未使用的参数段、参数号将被跳过而不能被选择。

② 将新设置的参数存入 EEPROM。

参数管理主要处理参数表与 EEPROM 之间的操作,在主菜单下选择参数管理"E-",按[Enter]键进入参数管理方式。

共有 3 种操作模式,可用[▲]、[▼]键来选择。选中[E-SEt]参数写入模式,按下[Enter]键并保持 3 s 以上,激活操作。完毕后可按[◄]键退回操作模式选择状态。

(4) 为使新保存的参数生效,需要断开伺服驱动器电源,等候 10 s,再接通电源。确认没有报警和异常的情况,且 EP3E 伺服驱动器的参数 P304 的值为 0 后,在主菜单选中[A-],按图 4.107 所示流程执行以下操作。

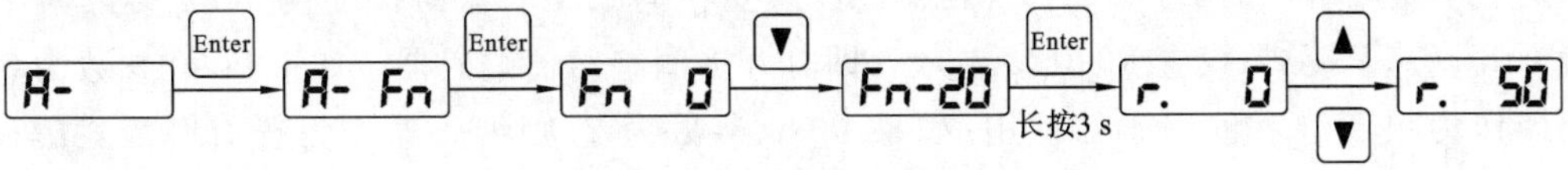

图 4.107

用[▲]、[▼]键改变速度指令,电机按给定的速度运行。正数表示正转(CCW),负数表示反转(CW),最小给定速度是 0.1 r/min。

注意:Fn 功能执行完成后,不能进行 E-SET 保存操作,必须断电重启,否则将导致 Fn 的状态保存。

五、实验报告要求

实验报告至少包含以下内容：

(1) 实验目的。

(2) 伺服系统接线图及说明。

(3) JOG 手动操作过程。

(4) 实验调试过程与结果。

(5) 实验总结及心得。

六、思考题

(1) 查 EP3E 伺服电机驱动器技术文档，P090 参数起什么作用？对于采用多圈绝对式编码器的伺服电机，该如何设置该参数？

(2) 查 EP3E 伺服电机驱动器技术文档，说明欲将伺服电机配置为速度和扭矩工作模式，应该如何设置伺服电机驱动器的参数。

4.6.2 TwinCAT 伺服系统参数设置与调试实验

一、实验目的

(1) 掌握伺服电机位置控制系统参数设置。

(2) 掌握 TwinCAT 集成 NC 运动调试方法。

二、实验原理

TwinCAT 开发环境中，集成了 TwinCAT NC 运动控制软件的调试界面。TwinCAT System Manager 为每个 NC 轴提供独立的调试界面。在目录树中选中 Axes 下的某个 NC 轴，用鼠标双击，右边就会出现它的调试界面。使用这个调试界面，用户就可以脱离 PLC 程序来配置和调试 NC 轴。修改 NC 及驱动器的参数，可消除单位设置、PID 参数及传动机械方面的误差，确保电机能够达到工艺要求。

对于新的 EtherCAT 伺服电机，需要在 TwinCAT 调试界面中，设置伺服驱动器的参数，之后就可以用 TwinCAT 的 PLC 程序控制伺服电机了。

对于本实验所用的 EtherCAT 伺服电机，需要在伺服驱动器面板设置 P304 参数为 1，即打开 EtherCAT 模式；设置 P090 参数为 1，即打开多圈绝对值编码器。如果 P090 参数为 0，则编码器作为单圈绝对值编码器使用；如果 P090 参数为 2，则编码器作为普通增量式编码器使用。

三、实验仪器和设备

(1) 计算机(安装有 TwinCAT)。

(2) EP3E 伺服电机驱动器(含电源线)。

(3) 伺服电机(含带接头的电源线、通信线)驱动的一维直线台。

(4) 网线。

四、实验步骤及内容

1. 实验方案

利用 TwinCAT 内置的轴调试工具，进行伺服系统的参数设置，并通过调试界面测试伺服电机的运转情况。

2. 实验步骤

(1) 电气系统接线。

以 PC 作为主站，用网线连接 PC 的网口和迈信 EP3E 伺服电机驱动器的 X5 网口，如图 4.108 所示。

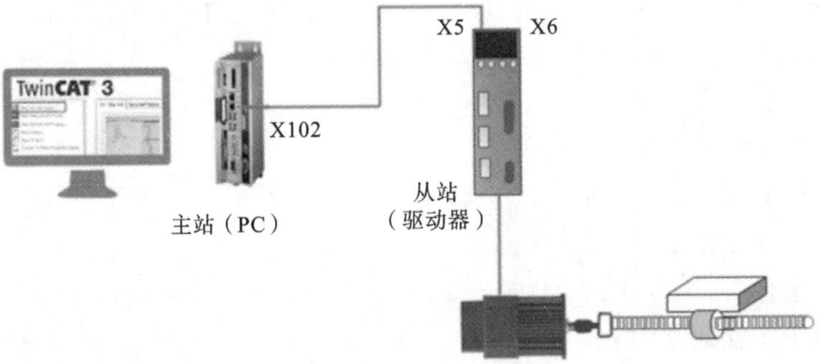

图 4.108

本次实验中，伺服电机引脚已经装在了相应的接插件上，直接插入伺服驱动器的相应端子接口即可实现伺服电机与伺服驱动器的连接，如图 4.109 所示。

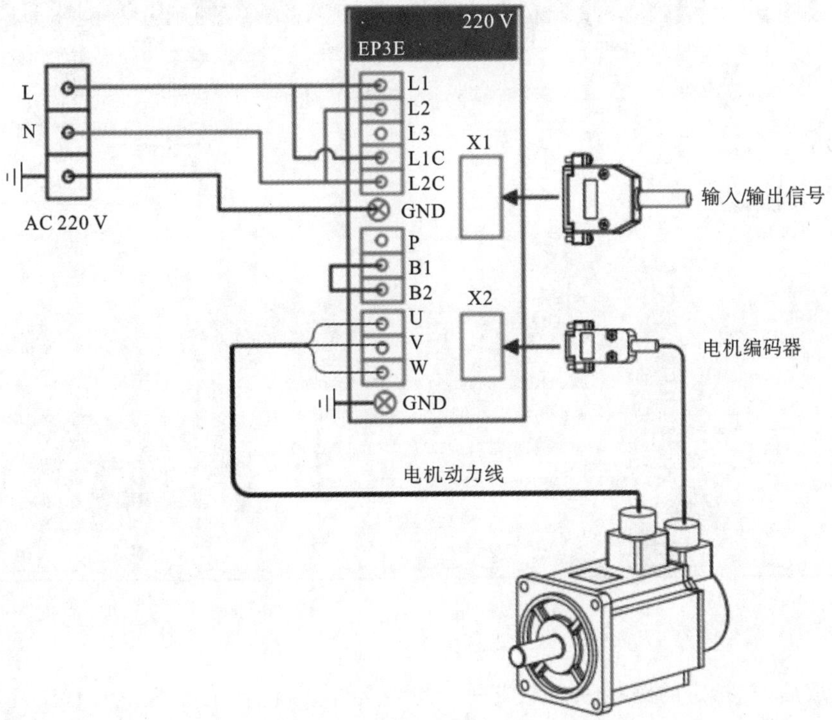

图 4.109

(2) 参数配置。

① 计算机网络 IP 地址配置(TCP/IPv4)。

将 IP 地址(I)配置成“192.168.0. X”,X 表示 1～256 中的一个数,将子掩码(U)配置成 255.255.255.0,其他不变。

② TwinCAT 参数配置。

③ 伺服驱动器参数配置。

IP 地址:当伺服驱动器的参数配置为 EtherCAT 模式后,它将会自动接受主机为其分配的 IP 地址。

为了使伺服驱动器在 EtherCAT 模式下正常工作,需要向迈信伺服电机供货商索取或从迈信电气的官网 http://www.maxsine.com/download 下载“EP3 伺服 xml 描述文件”,将其复制到 TwinCAT\3.1\Config\Io\EtherCAT\路径下。

(3) 建立工程。

请确保 PC 中安装了以下软件和组件:

① Visual Studio Community 2015 及以上版本;

② TwinCAT V3.1.4024.0;

③ TE1410 组件(用于 MATLAB Simulink 与 TwinCAT3 的交互)。

下面按照以下步骤建立工程:

◆ 双击 TwinCAT 图标按钮,启动 TwinCAT。

◆ 新建 TwinCAT 工程:

设置工程名称为 1Axis_AdjTest,保存至默认位置,点击 OK 即可,如图 4.110 所示。

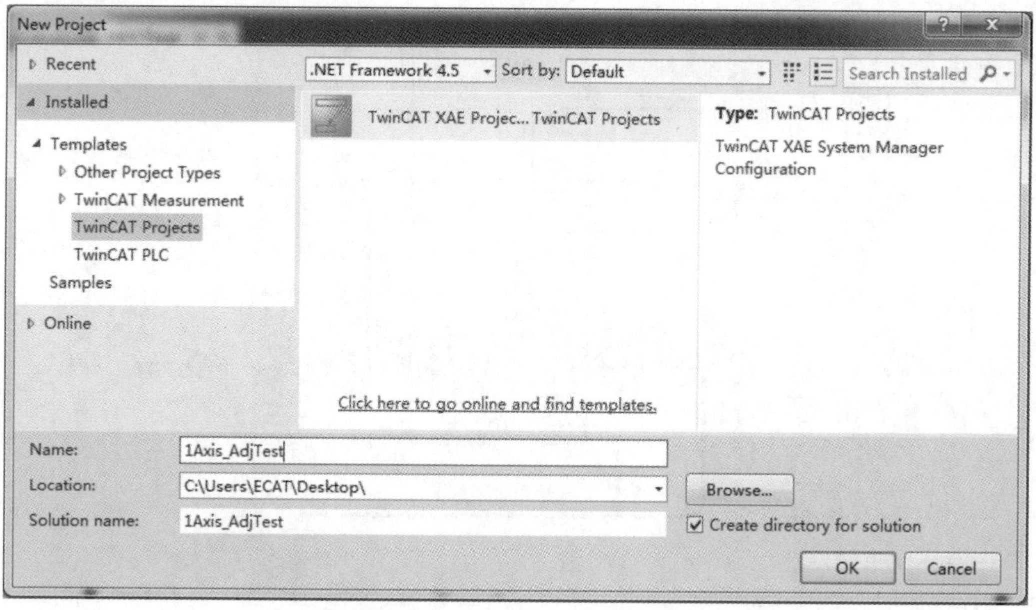

图 4.110

创建完成后,在指定的路径下会生成一个同名文件夹,包含工程相关所有文件,扩展名为 *.sln 的文件就是 TwinCAT 可以打开的工程文件。

（4）从站扫描。

将一维直线台伺服驱动器的 EtherCAT IN 接口与 PC 的网口通过网线连接好，打开控制系统电源，打开之前建立的工程。确保网卡已经正确配置好，扫描从站设备，如图 4.111 所示。

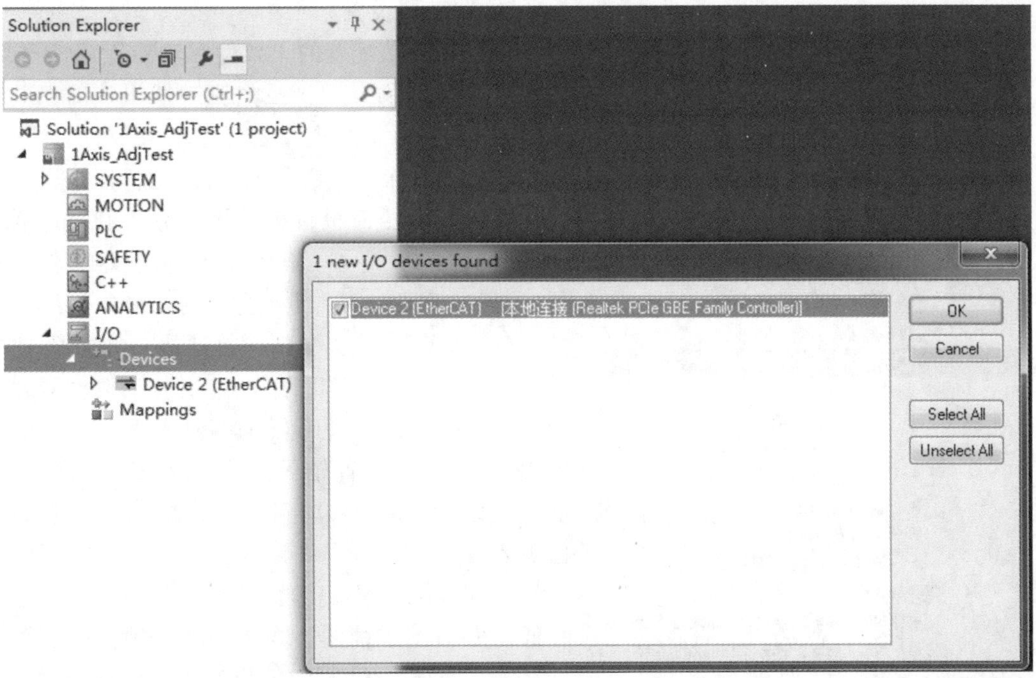

图 4.111

将扫描到的从站配置为 NC 模式，点击 OK 后，TwinCAT 会自动扫描连接的从站设备。这里需要注意的是：

① 普通的 I/O 型从站设备，经扫描后不会进行自动配置，只出现在设备列表，比如 DRE5104 这种普通从站。后面需要手动进行 PLC 变量与从站通道的链接。

② 对于支持 cia402 的伺服驱动器这种从站设备，比如迈信伺服驱动器，系统识别到后会自动配置，并在 MOTION 这个菜单下添加对应的 NC PTP 轴，有几个从站就会添加几个轴，不需要后面再手动添加。

在一维直线台中，第一个从站是伺服设备 EPC3E-EC，系统会自动配置。

系统扫描后等待片刻，按照图 4.112 所示步骤操作。

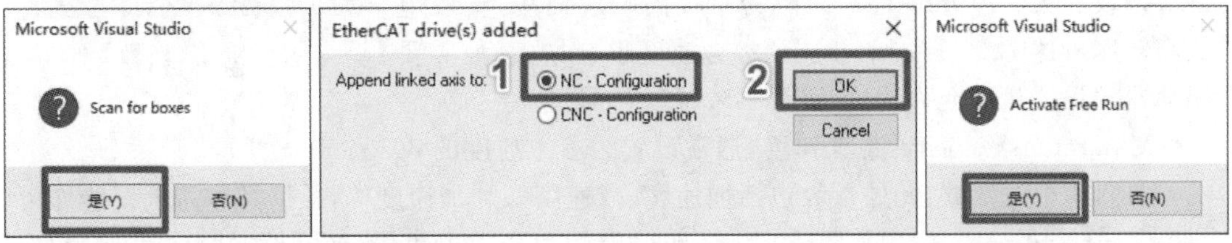

图 4.112

至此，所有从站扫描完成，可以看到在解决方案资源管理器里，有了图 4.113 所示的以下变化。

在 Devices 菜单下，列出了所有从站，顺序与设备的物理连接顺序相同。在 MOTION 菜

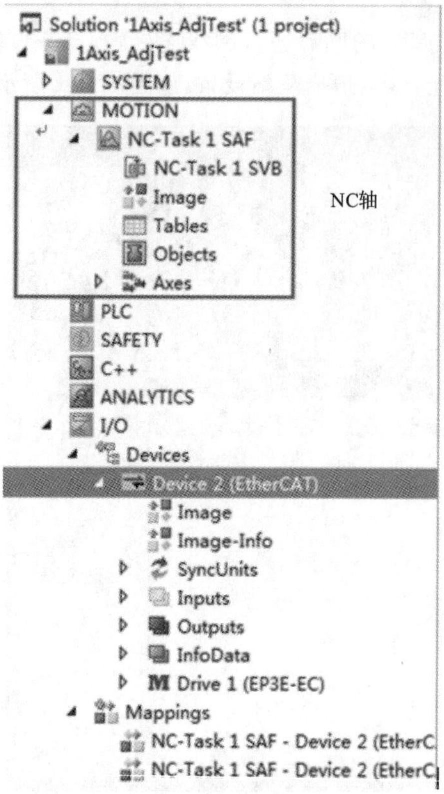

图 4.113

单下，自动添加了一个轴 Axis 1 对应 Drive 1，也就是一维直线台的伺服电机。

(5) 轴的配置。

① 驱动器设置。

为保证参数配置的一致性和功能正常，需要首先设置驱动器的参数。虽然驱动器出厂时已将参数设置好，但为了实现设备足够的开放性，这里再介绍驱动器几个关键参数的设置方法和原理。

关于驱动器面板按键的操作方法和数码管显示代码的含义，请参考迈信伺服驱动器的使用手册，这里只简要说明需重点注意的几个参数：

(a) 开启编码器多圈计数功能。将参数 P090 设置为 1，通过 E-SET 功能保存并重启驱动器。

(b) d-hpo 是编码器的多圈计数值，可通过 Fn36 清零。在设置轴的原点时需要用到这个功能。例如手动将轴移动到中心位置，此时多圈计数值需要清零。

(c) d-apo 是编码器的单圈计数值，有高位 HI 和低位 LO，不能清零。在手动移动轴到中心位置并清零多圈计数值后，需要松开滚珠丝杠一侧的电机联轴器螺钉，慢慢转动电机轴并观察单圈计数值，使其调整到 0 附近，随后锁紧联轴器，此时轴的中心位置即对应编码器反馈的零点位置。

另外，如果不采用上述复杂的手动调零方式，也可以在软件中设置位置偏移量，将机械中心调整为编码器反馈零点，后面会详细介绍。

② 基本参数。

在 MOTION 菜单下单击“Axis 1”，如图 4.114 所示。

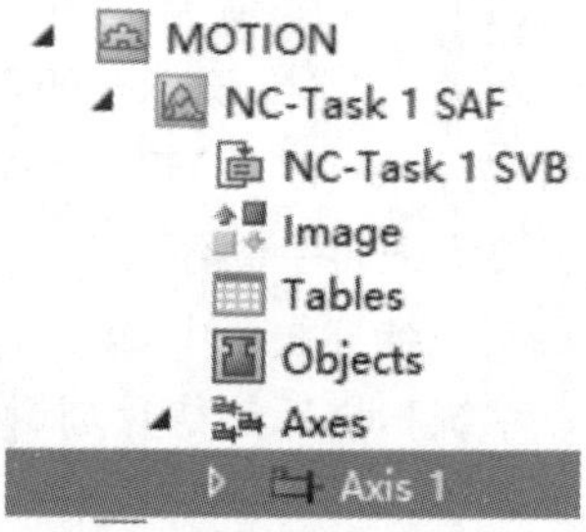

图 4.114

右侧出现图 4.115 所示的轴基本参数配置界面。

在轴基本参数配置中，需要重点修改的几个地方如下：

● Reference Velocity：参考速度，单位为 mm/s。对于额定转速为 3000 r/min 的伺服电机，滚珠丝杠导程为 4 mm，则参考速度应该设置为 200 mm/s。另外，为了提高响应效果，伺服电机最高转速可达 7500 r/min，相应的参考速度也会增大，但需要在驱动器端设置最大允许速度范围。

● Maximum Velocity：最大速度，通常设置为参考速度的 80%。

● 加减速相关参数：此处参数包括加速度、减速度和加加速度等，根据具体需求设置即可。

● Limit Switches：位置软限位。为防止位置超程造成电机堵转和结构损坏，可设置位置软限位的极小值和极大值，对于一维直线台，将零点设置在机械中心的前提下，软限位设置为 ±150 mm 即可。

● Position Lag Monitoring：位置误差监测。最好把这个功能关掉，即设置为 FALSE，否则电机在运行过程中会经常报错而停止。

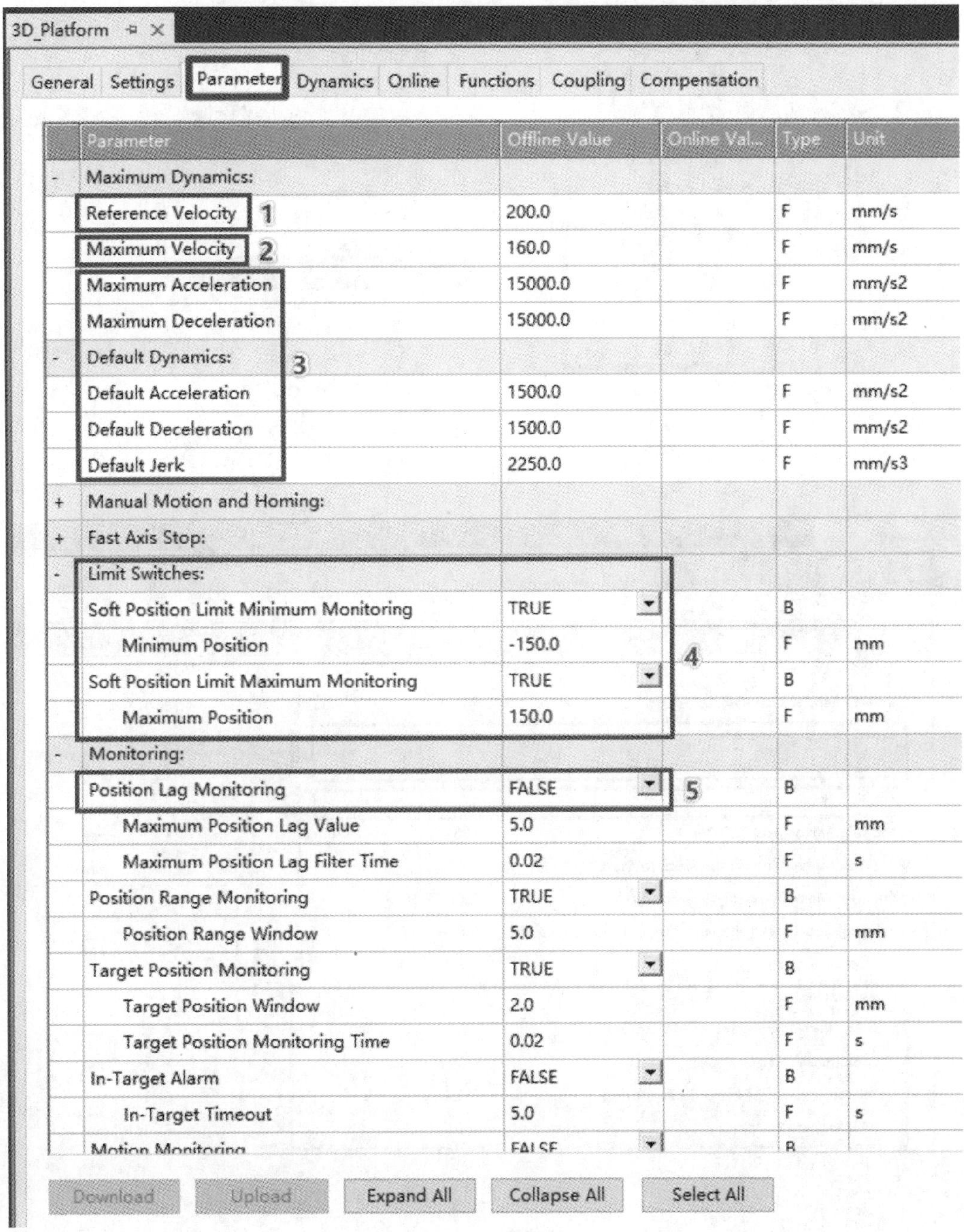

图 4.115

③ 编码器参数。

将 Axis 1 菜单展开，显示如图 4.116(a)所示，双击“Enc”，如图 4.116(b)所示，得到图 4.117 所示的编码器配置界面。

在编码参数配置中，重点需要修改图中所示的三个地方：

● Scaling Factor Numerator：电机轴旋转一圈对应轴移动的距离。根据滚珠丝杠参数，其导程为 4 mm，即电机轴旋转一圈，轴移动 4 mm，因此此处需要修改为 4.0；

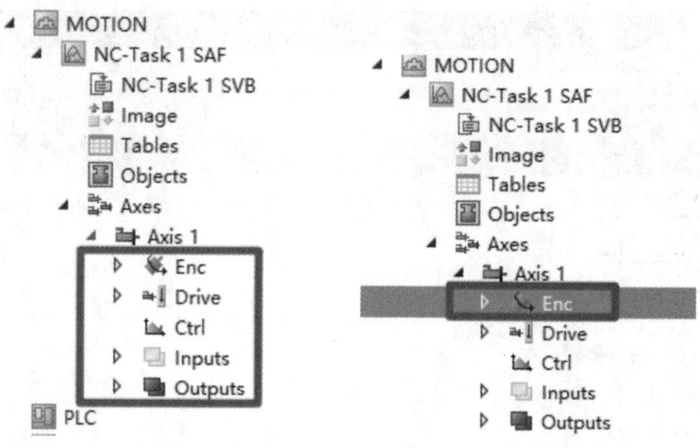

（a）　　　　（b）

图 4.116

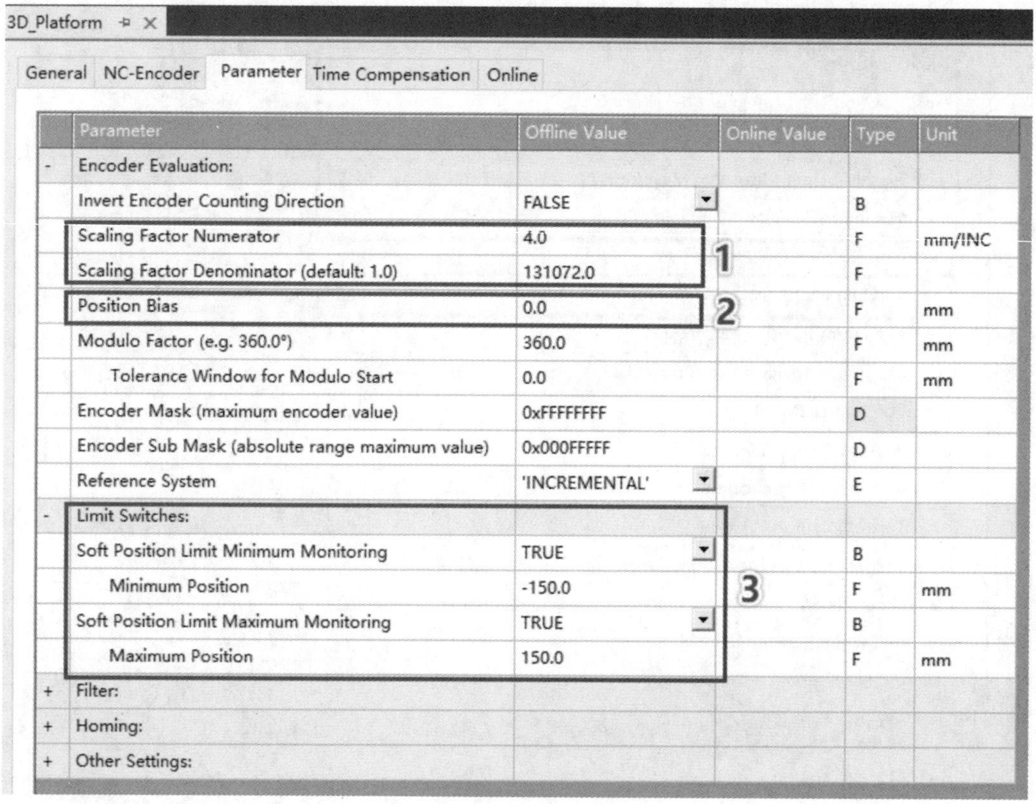

	Parameter	Offline Value	Online Value	Type	Unit
-	Encoder Evaluation:				
	Invert Encoder Counting Direction	FALSE		B	
	Scaling Factor Numerator	4.0		F	mm/INC
	Scaling Factor Denominator (default: 1.0)	131072.0		F	
	Position Bias	0.0		F	mm
	Modulo Factor (e.g. 360.0°)	360.0		F	mm
	Tolerance Window for Modulo Start	0.0		F	mm
	Encoder Mask (maximum encoder value)	0xFFFFFFFF		D	
	Encoder Sub Mask (absolute range maximum value)	0x000FFFFF		D	
	Reference System	'INCREMENTAL'		E	
-	Limit Switches:				
	Soft Position Limit Minimum Monitoring	TRUE		B	
	Minimum Position	-150.0		F	mm
	Soft Position Limit Maximum Monitoring	TRUE		B	
	Maximum Position	150.0		F	mm
+	Filter:				
+	Homing:				
+	Other Settings:				

图 4.117

Scaling Factor Denominator：电机旋转一圈对应的编码器脉冲数。由于电机配备的是 17 位绝对值编码器，因此一圈对应的脉冲数为 131072。

● Position Bias：位置偏移。通过软件方法更改编码器反馈零点时，修改此参数。

● Limit Switches：位置软限位。为防止位置超程造成电机堵转和结构损坏，可设置位置软限位的极小值和极大值，对于一维直线台，将零点设置在机械中心的前提下，软限位设置为

±150 mm 即可。

(6) 轴的调试。

在配置好所有参数后，按照图 4.118 所示步骤激活配置并进入运行模式。

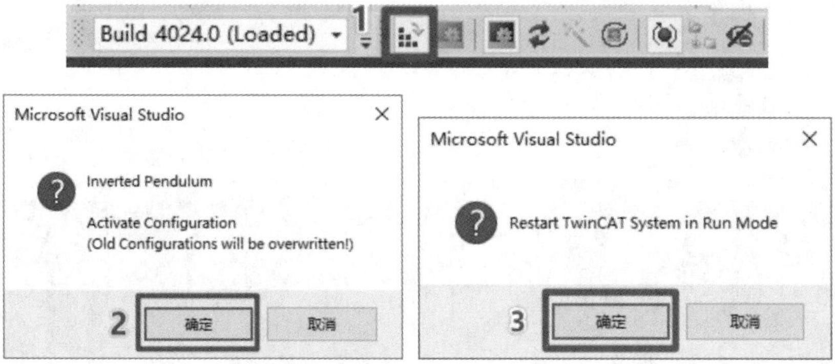

图 4.118

此时观察之前设置参数的地方，会有不同，如图 4.119 所示，Online Value 一列有数据显示，说明设置的参数已经生效。如果此时需要修改参数，需要按照图 4.120 所示例子的步骤进行更改并下载。

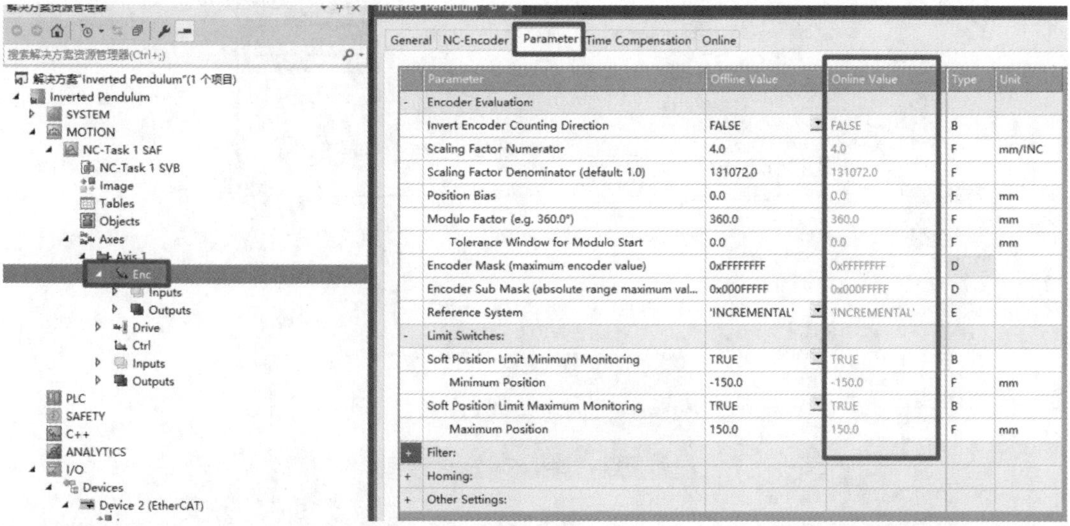

图 4.119

进入运行模式后，观察计算机桌面右下角的 TwinCAT 图标，它已变成绿色，如图 4.121 所示。如果有任何错误，请参看错误列表代码和提示排查。

正常进入运行模式后，可进行轴调试。首先按照图 4.122 所示的步骤，进入调试界面。

在调试界面中，各个主要部分的含义如下：

- 在"Settings"选项卡中，可以指定 NC 轴所控制的物理轴(伺服驱动器)和所链接的 PLC 轴；
- 在"Parameter"选项卡中，可以修改软限位、跟随误差等参数；
- 在"Dynamics"选项卡中，可以修改轴的加速和减速参数；
- 在"Online"选项卡中，有轴的整体状态显示和基本使能、点动、正转、反转等功能，

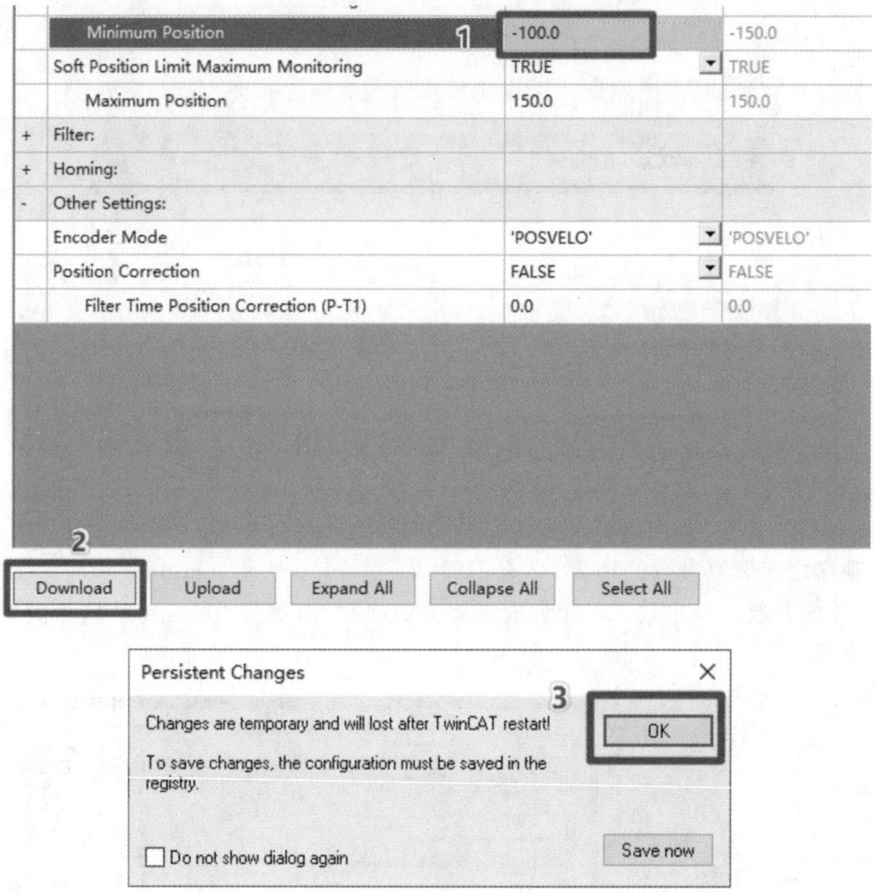

图 4.120

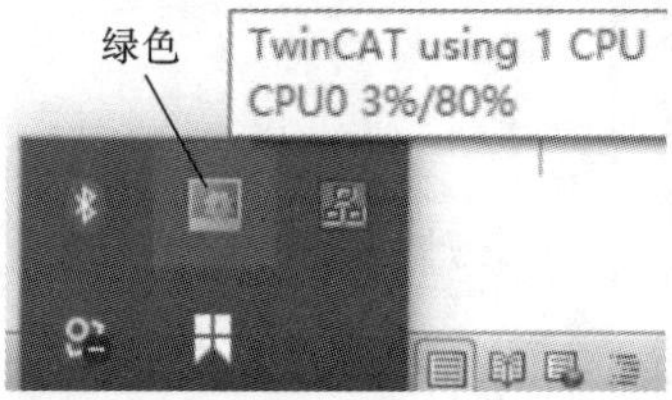

图 4.121

见图 4.123；

- 在"Functions"选项卡中，有单轴的各种常用运动；
- 在"Coupling"选项卡中，可以测试主轴与从轴在多种耦合方式下的运动。

在图 4.123 所示界面中，按照以下步骤可实现轴的简单运动：

① 设置目标速度，建议设置为 160；

② 设置目标位置，建议设置为与当前实际位置不同且不超过软限位的位置，如设为 100；

③ 单击使能控制部分的 Set 按钮，在出现的图 4.124 所示对话框中勾选三个复选框；Override 为速度比例，初期调试可设置小一点，熟练后可设置为 100，点击 OK。

④ 单击 F5 启动运行，观察轴的运动。

以上就实现了简单的轴的控制，轴运动到位后自动停止，再按下 F5，轴是不会再运动的，

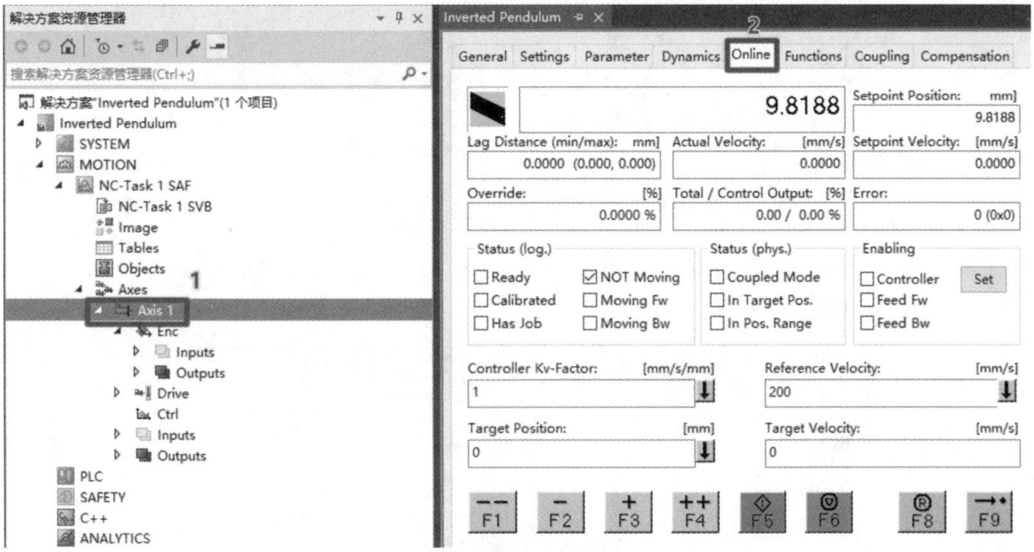

图 4.122

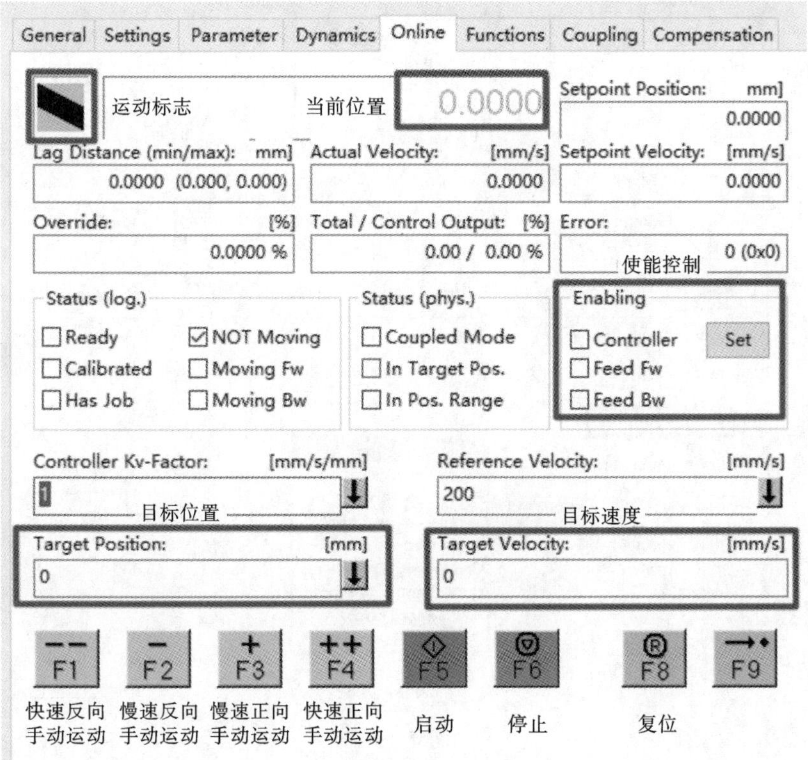

图 4.123

除非改变目标位置的值。如将 Target Position(目标位置值)改为－100,按下 F5,伺服电机会反转,带动一维直线台反向运动到指定位置。

后面几个选项卡还可实现复杂的运动功能和轴的耦合运动,如图 4.125 所示,具体方法可参考 TwinCAT 手册,这里不再赘述。

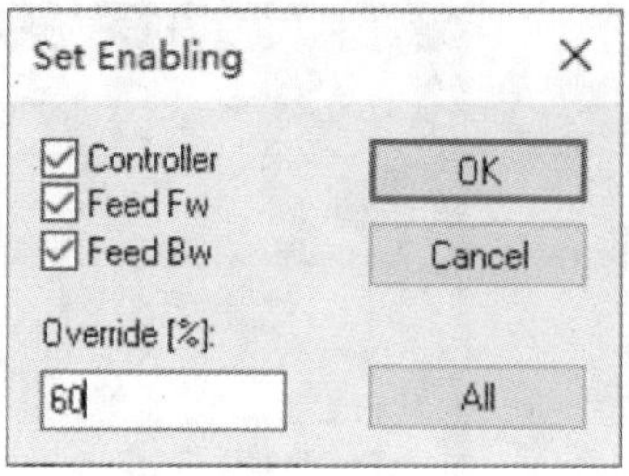

图 4.124

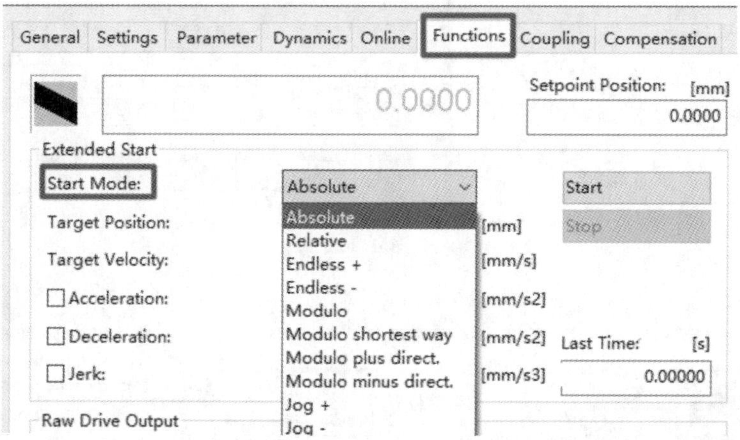

(a)

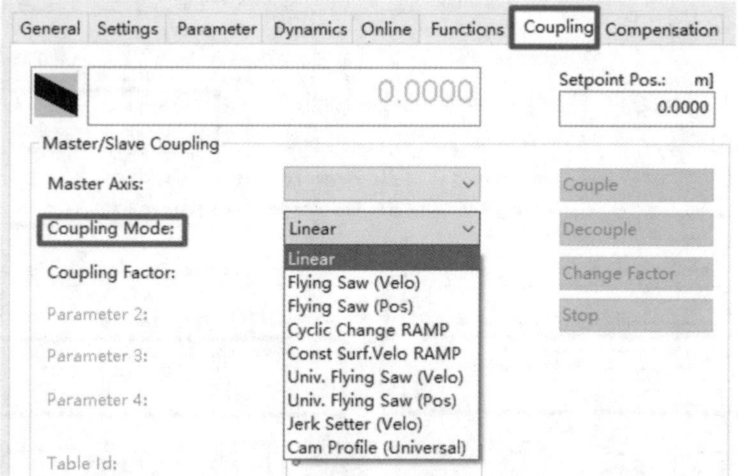

(b)

图 4.125

(7) 编码器调零。

一维直线台所用的迈信伺服电机，尾端所配的编码器是绝对值编码器，在掉电后位置信息会保存下来。由于安装的原因，对于不同设备，同一机械位置对应的编码器反馈值很难完全一致。为了调试方便以及后续控制程序的一致性，有必要将编码器反馈与机械位置的对应关系调整为同一标准。最直观的就是当一维直线台滑块处于中心位置时，编码器反馈回的实际位置也是零。

前面提到过，可以通过手动方式将滑块移动到中心位置，并将驱动器端的编码器数值清零，但这种方法操作较为烦琐，下面介绍软件调零方法。

① 在轴“Online”调试界面，通过点动微调方式将滑块移动到一维直线台中心位置；

② 记下此时电机实际位置，如图 4.126 中的“9.2000”；

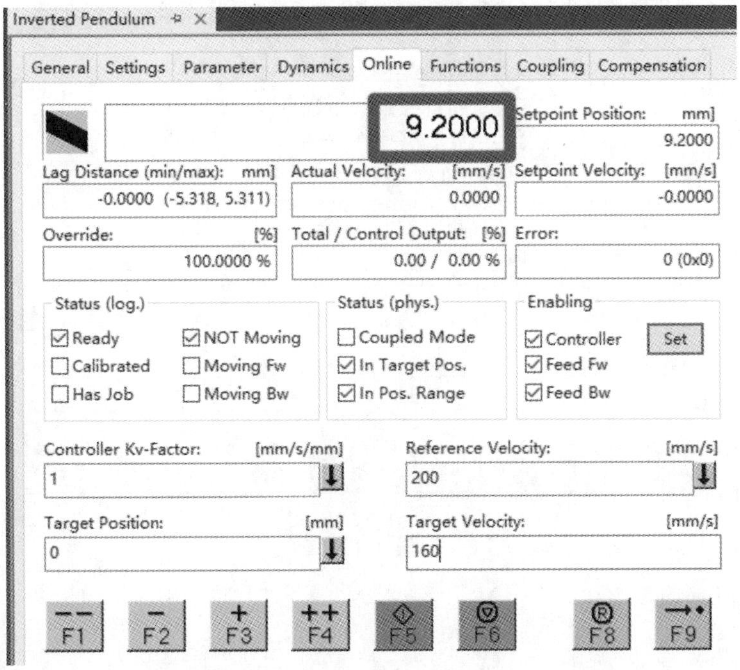

图 4.126

③ 将上面数字(即 9.2000)的相反数填入图 4.127 中所示的位置；

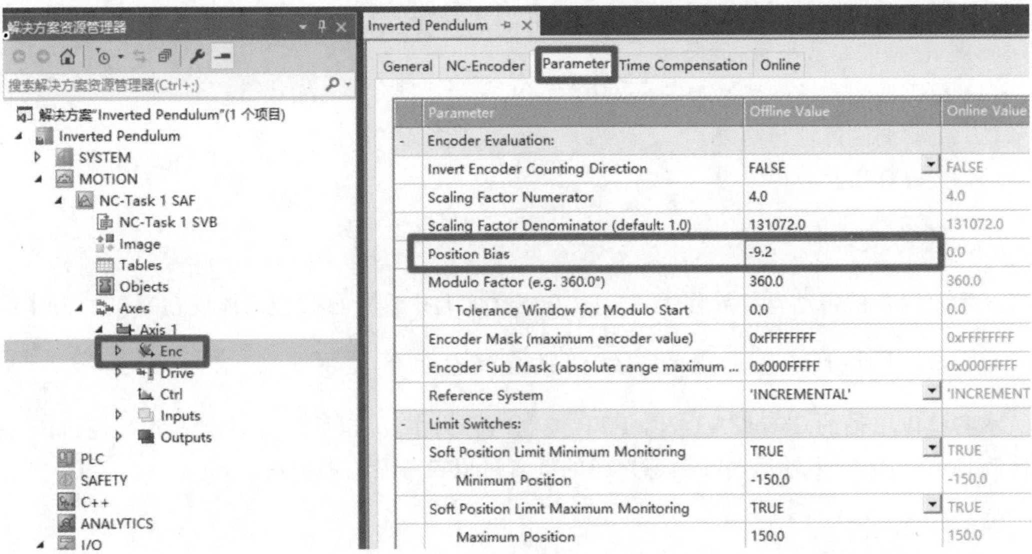

图 4.127

④ 重新激活配置并进入运行状态；

⑤ 此时可看到实际位置已被调零，如图 4.128 所示。

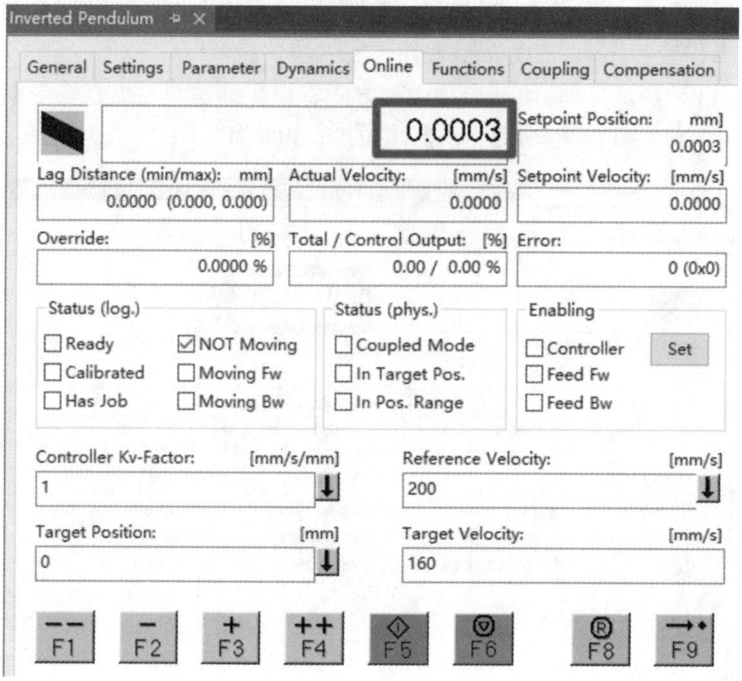

图 4.128

至此,轴编码器调零完成。

五、实验报告要求

实验报告至少包含以下内容:

(1) 实验目的。

(2) 硬件系统接线图及说明。

(3) NC 轴的参数配置过程。

(4) 编码器的参数配置过程。

(5) 实验调试过程与结果。

(6) 实验总结及心得。

六、思考题

一维直线台的传动丝杠导程为 4 mm,在本次实验中这个参数应该体现在哪里?为什么?

4.6.3 EtherCAT 总线的一维伺服直线台位置控制实验

本实验以单轴的 TwinCAT NC PTP 控制内容为主,为以后研究机器人和数控机床的多轴控制打下基础,对多轴运动控制感兴趣的读者可以参考专门的资料。

一、实验目的

(1) 了解 IEC61131-3 标准中运动控制功能模块库。

(2) 掌握 IEC61131-3 标准中运动控制功能模块的使用。

(3) 用符合 IEC61131-3 标准的运动功能模块实现对一个轴的运动控制,并结合之前实验的内容，设计一个人机界面 HMI，在 HMI 中用点动的方式控制伺服电机的正转和反转。

二、实验原理

TwinCAT NC 有 PTP 和 NC I 两个级别。PTP 为点对点控制方式，可控制单轴定位或者定速，也可以实现两轴之间的电子齿轮、电子凸轮同步。TwinCAT 还提供了 Dancer Control（张力控制）、Flying Saw（飞锯控制）等多轴联动方式。而 TwinCAT NC I 除了能够实现 TwinCAT NC PTP 的所有功能外，还可以执行 G 代码，实现多轴之间的直线、圆弧和空间螺旋插补功能。

TwinCAT NC PTP 把电机的运动控制分为三层：PLC 轴、NC 轴和物理轴。

PLC 程序中定义的轴变量，称作 PLC 轴。在 NC 配置界面定义的 AXIS，称作 NC 轴。在 I/O 配置中扫描或添加的运动中心和位置反馈的硬件，称作物理轴。PLC 程序在控制伺服电机时，必须通过运动控制器（即 TwinCAT NC），由 PLC 轴发指令给 NC 轴，NC 轴经过换算后再发指令给物理轴（伺服驱动器）。NC 轴是在 I/O 配置时扫描到伺服驱动器后自动添加的，如（实验 4.6.2）图 4.112 所示。

在 TwinCAT 中编写 PLC 运动控制程序，需要先添加、引用 Tc2_MC2 运动功能库，并创建轴变量。

1. 运动功能库 Tc2_MC2

（1）轴变量。

在运动控制的 PLC 程序中，所有对轴的控制都是通过 Tc2_MC2 中的 FB 实现的，其中定义了结构类型“Axis_Ref”，所有 FB 要控制轴运动的时候，其接口变量类型都是 Axis_Ref。

（2）变量的单位。

调用 MC 功能块时，常用变量如给定位置（Position）、速度（Velocity）、距离（Distance）及加速度（Acceleration）等，数据类型均为长实数 LREAL，距离、速度、加速度的单位分别为 mm、mm/s、mm/s^2。

（3）MC 功能块的动作触发。

功能块都有一个 bExecute 输入变量，表示动作的触发条件。该变量的上升沿会令动作开始执行，一旦动作开始执行，bExecute 的值是否保持为“True”就无所谓了，但在下一次触发之前，其值必须恢复为“False”。

2. 轴的基本管理功能块

（1）使能 MC_Power（见图 4.129）。

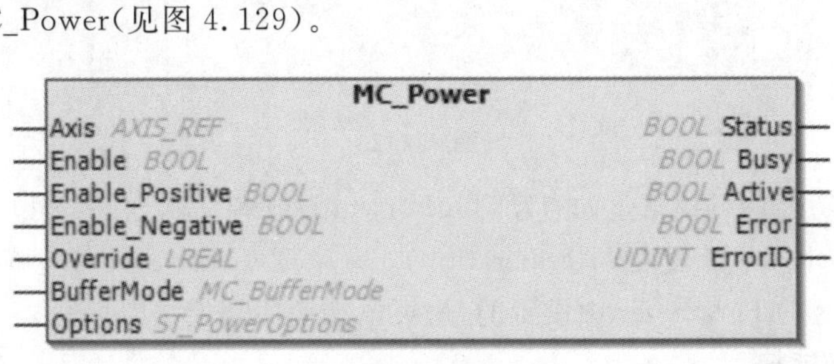

图 4.129

所有的 NC 轴在能够动作之前都必须使能。Enable 使能信号要持续生效，必须保持为“True”，直到 NC 轴正常停止。如果 NC 轴在动作过程中，使能信号变成“False”，则 NC 立即触发 Error 报警。

(2) 复位 MC_Reset(见图 4.130)。

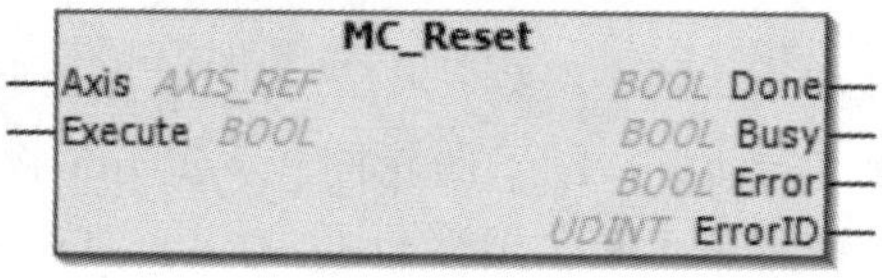

图 4.130

NC 报错之后,即使故障触发条件已经被排除,Error 信号也不会自动消除,需要用复位功能块 MC_Reset 才能清除。MC_Reset 是一个优先级最高的功能块,该功能块由输入变量 Execute 的上升沿触发,完成后输出变量 Done 置位。

(3) 当前位置设置 MC_SetPosition(见图 4.131)。

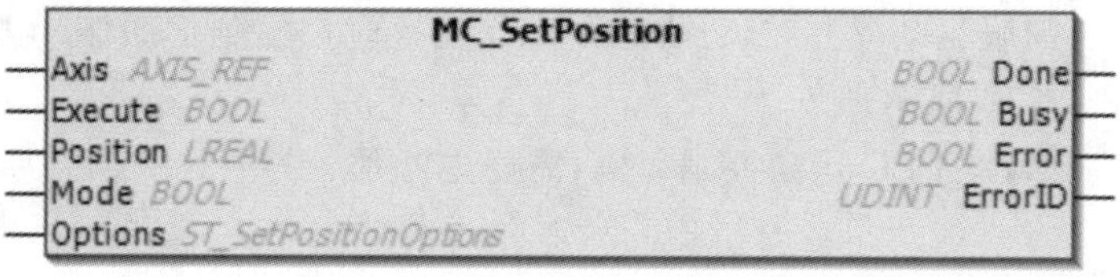

图 4.131

把当前位置设置为 Position 变量的值,由输入变量 Execute 的上升沿触发,完成后输出变量 Done 置位。

设置的模式由 Mode 确定:True 表示相对模式,把当前位置和目标位置都设置为"ActPos＋Position"之和;False 表示绝对模式,把当前位置和目标位置都设置为输入变量 Position 的值。

(4) 点动 MC_Jog(见图 4.132)。

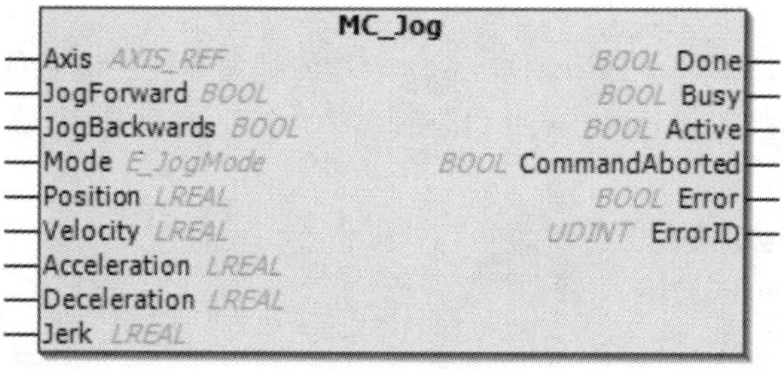

图 4.132

MC_Jog 点动功能块可执行正向点动(JogForward)或者反向点动(JogBackwards)。点动运行的速度(Velocity)、加速度(Acceleration)、减速度(Deceleration)和抖动(Jerk)是在 TwinCAT NC Axis 的 Parameter 中设置的,也可以在使用功能块时填写。

3. 轴的动作功能块

(1) 匀速运动速度功能块 MC_MoveVelocity(见图 4.133)。

在 Execute 上升沿触发后,启动 NC 轴以 Velocity 变量值为速度进行匀速运动。

运动方向 Direction 有 4 个选项:MC_Positive_Direction 正方向;MC_Shortest_Way 最短

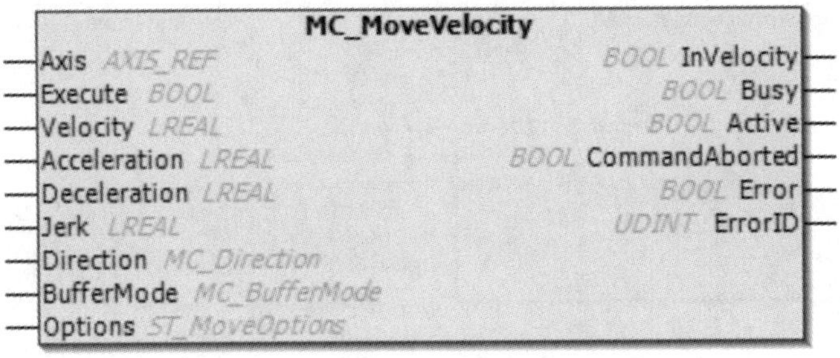

图 4.133

路径；MC_Negative_Direction 反方向；MC_Current_Direction 当前方向。

(2) 绝对定位功能块 MC_MoveAbsolute(见图 4.134)。

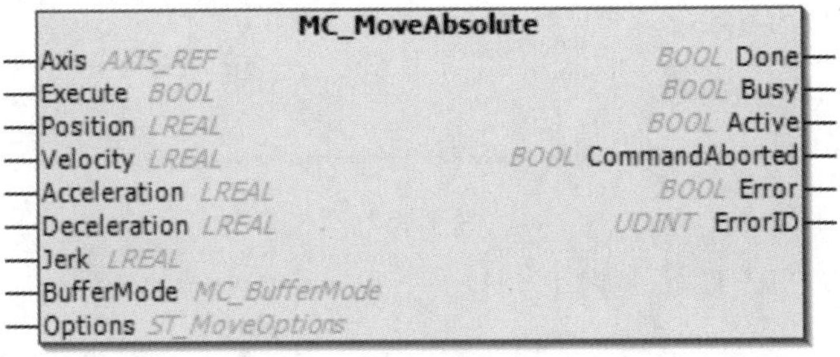

图 4.134

在 Execute 上升沿触发后，启动 NC 轴以 Velocity 变量值为速度，运动至 Position 给定的绝对位置。

(3) 相对定位功能块 MC_MoveRelative(见图 4.135)。

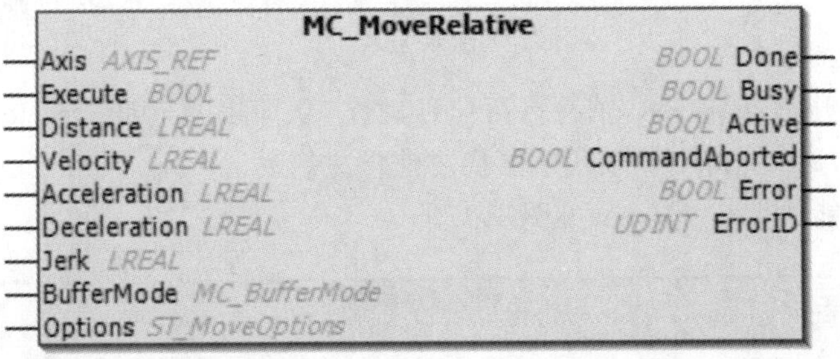

图 4.135

在 Execute 上升沿触发后，启动 NC 轴以 Velocity 变量值为速度，以当前位置为起点，运动 Distance 给定的距离。

(4) 连续运动功能块(见图 4.136)。

连续运动功能块包括连续绝对运动功能块 MC_MoveContinuousAbsolute 和连续相对运动功能块 MC_MoveContinuousRelative。使用这个功能块意味着，当定位运动结束时轴并不停止，而是保持恒定的速度继续运动。

(5) 停止功能块 MC_Stop(见图 4.137)。

在 Execute 上升沿，无论 NC 轴在执行何种动作，立即以减速度 Deceleration 停止。

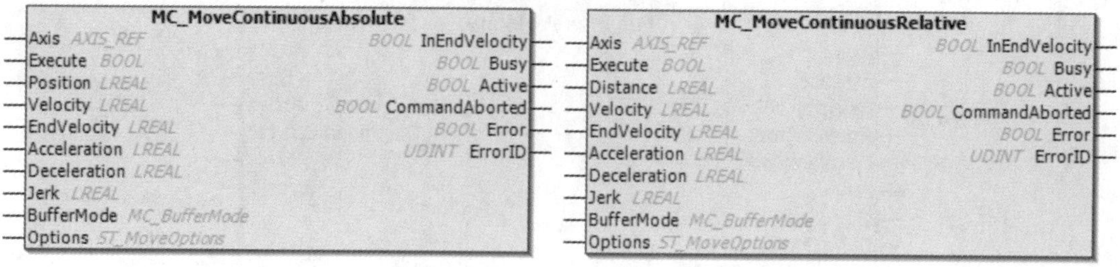

(a)　　　　(b)

图 4.136

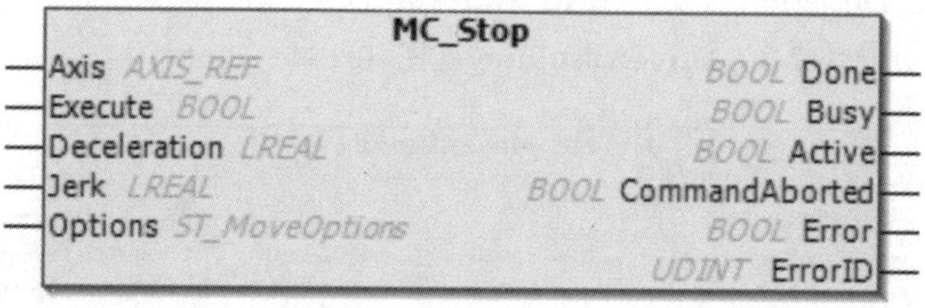

图 4.137

(6) 暂停功能块 MC_Halt(见图 4.138)。

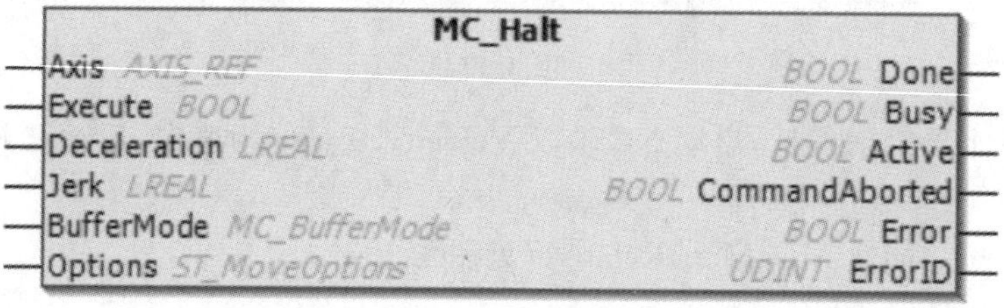

图 4.138

在 Execute 上升沿,无论 NC 轴在执行何种动作,立即以减速度 Deceleration 停止。相比于 MC_Stop,MC_Halt 允许 NC 轴在未停稳之前再次启动。

(7) 回原点功能块 MC_Home(见图 4.139)。

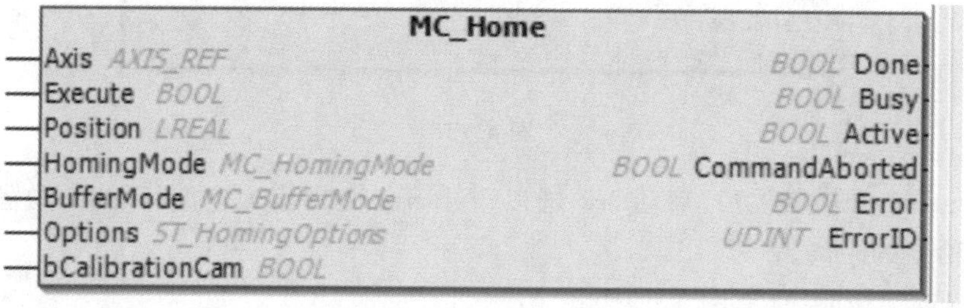

图 4.139

在 Execute 上升沿,触发寻参的动作。

Position:参考点位置,如果设置为 0,即为原点;

bCalibrationCam:原点接近开关;

Options:包含了 NC 轴的 Enc 参数中的 Homing 方向、速度等元素;PLC 程序中填写的

Options 优先于 NC 轴中的 Enc 设置。

4. 急停

在 IEC61131-3 标准中，急停不是通过 MC_Stop 功能块来实现的，而是通过 PLC 触发 Drive. In. nState4 实现的。因此，在需要用到急停功能时，应该在设置 NC 轴的参数(Parameter)选项卡中，把急停功能(Fast Axis Stop)打开，设置急停的特性。

三、实验仪器和设备

(1) 计算机(安装有 TwinCAT)。

(2) EP3E 伺服电机驱动器(含电源线)。

(3) 伺服电机(含带接头的电源线、通信线)驱动的一维直线台。

(4) 网线。

四、实验步骤及内容

(1) 连线：将伺服电机正确连接到伺服驱动器，给伺服驱动器正确供电；用网线连接 TwinCAT 所在 PC 的网口与伺服驱动器的 X5 网口。

(2) 新建一个项目(Project)，命名为 MC_1Axis。

(3) 添加轴。

在解决方案浏览窗口，选择 I/O→ Device，右键，点击 Scan，选择 NC-Configuration，如图 4.140所示。

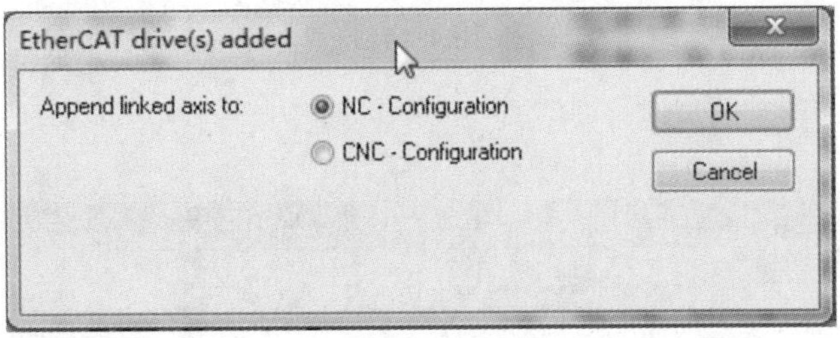

图 4.140

(4) 为了减少误差检测对实验的干扰，关闭位置误差检测，如图 4.141 所示。

设置改变后，点击 Download，下载配置到伺服驱动器。

(5) 添加 PLC，命名为 PLC_1Axis。

(6) 添加 Tc2_MC2 运动功能库。

在运动控制的 PLC 程序中，所有对轴的控制都是通过 Tc2_MC2 中的 FB 实现的，因此，用 PLC 控制轴的运动，需要添加 Tc2_MC2 运动功能库。

选择 MC_1Axis →PLC→ PLC_1Axis→ PLC_1Axis Project → References，双击 References，在弹出的选项卡中选择 Add Library。再选择 Motion→ PTP→ Tc2_MC2，如图 4.142 所示。

(7) 建立轴变量，编写程序代码。

在编写运动控制程序之前，需要先声明 AXIS_REF 类型的变量。AXIS_REF 是 Tc2_MC2 中定义的结构类型，这种类型的变量是 PLC 中的轴变量。

在 PLC 项目中新建全局变量 GVL，然后建立轴变量 Axis1，如图 4.143 所示。

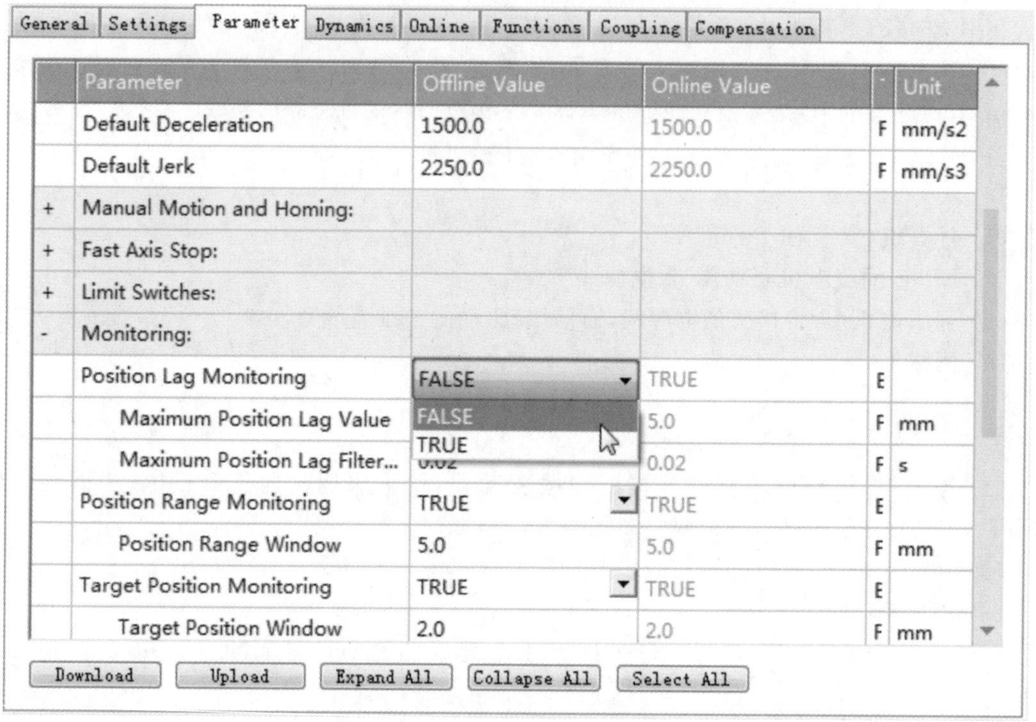
General
Settings
Parameter
Dynamics
Online
Functions
Coupling
Compensation
Parameter
Offline Value
Online Value
Unit
Default Deceleration
1500.0
1500.0
F
mm/s2
Default Jerk
2250.0
2250.0
F
mm/s3
+ Manual Motion and Homing:
+ Fast Axis Stop:
+ Limit Switches:
- Monitoring:
Position Lag Monitoring
FALSE
TRUE
E
Maximum Position Lag Value
FALSE
TRUE
5.0
F
mm
Maximum Position Lag Filter...
0.02
F
s
Position Range Monitoring
TRUE
TRUE
E
Position Range Window
5.0
5.0
F
mm
Target Position Monitoring
TRUE
TRUE
E
Target Position Window
2.0
2.0
F
mm
Download
Upload
Expand All
Collapse All
Select All

图 4.141

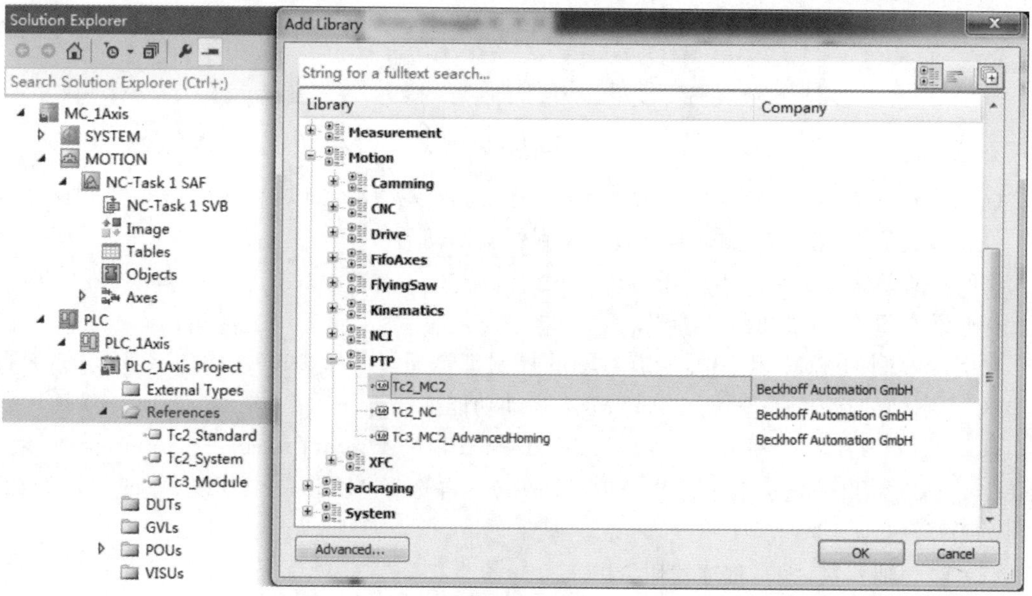
Solution Explorer
Search Solution Explorer (Ctrl+;)
MC_1Axis
SYSTEM
MOTION
NC-Task 1 SAF
NC-Task 1 SVB
Image
Tables
Objects
Axes
PLC
PLC_1Axis
PLC_1Axis Project
External Types
References
Tc2_Standard
Tc2_System
Tc3_Module
DUTs
GVLs
POUs
VISUs
Add Library
String for a fulltext search...
Library
Company
Measurement
Motion
Camming
CNC
Drive
FifoAxes
FlyingSaw
Kinematics
NCI
PTP
Tc2_MC2
Beckhoff Automation GmbH
Tc2_NC
Beckhoff Automation GmbH
Tc3_MC2_AdvancedHoming
Beckhoff Automation GmbH
XFC
Packaging
System
Advanced...
OK
Cancel

图 4.142

```
PROGRAM MAIN
VAR
//定义变量轴
    Axis1                     : AXIS_REF;

    //轴使能
    mc_Power                    : MC_Power;
    Power_Axis1_Enable        : BOOL;
    Power_Axis1_Status        : BOOL;

    //轴复位
    mc_Reset                  : MC_Reset;
    Reset_Axis1_Execute       : BOOL;

    //轴点动
    mc_Jog                    : MC_Jog;
    Axis1_JogForward          : BOOL;
    Axis1_JogBackwards        : BOOL;
    Axis1_JogVelocity         : LREAL :=100;

    //定义三个按钮变量
    Button_En                 : BOOL :=FALSE;       // 使能按钮
    Button_F                  : BOOL :=FALSE;       // 正转按钮
    Button_B                  : BOOL :=FALSE;       // 反转按钮
END_VAR
```

图 4.143

在程序代码区编写如下代码：

```
mc_Power(
    Axis:=Axis1,
    Enable:=Power_Axis1_Enable,
    Enable_Positive:=Power_Axis1_Enable,
    Enable_Negative:=Power_Axis1_Enable,
    Override:=100.0,
    BufferMode:=,
    Options:=,
    Status=> Power_Axis1_Status,
    Busy=> ,
    Active=> ,
    Error=> ,
    ErrorID=> );

mc_Reset(
    Axis:=Axis1,
```

```
        Execute:=Reset_Axis1_Execute,
        Done=> ,
        Busy=> ,
        Error=> ,
        ErrorID=> );

    mc_Jog(
        Axis:=Axis1,
        JogForward:=Axis1_JogForward,
        JogBackwards:=Axis1_JogBackwards,
        Mode:=MC_JOGMODE_CONTINOUS,
        Position:=,
        Velocity:=Axis1_JogVelocity,
        Acceleration:=,
        Deceleration:=,
        Jerk:=,
        Done=> ,
        Busy=> ,
        Active=> ,
        CommandAborted=> ,
        Error=> ,
        ErrorID=> );

    Power_Axis1_Enable :=Button_En;
    Axis1_JogForward :=Button_F;
    Axis1_JogBackwards :=Button_B;
```

(8) 设计人机界面 HMI。

按照实验 4.5 中的方法，设计人机界面。界面包含伺服驱动器"使能""正转""反转"和"伺服驱动器复位"四个按钮及相应的指示灯（见图 4.144）。相应建立三个变量"Button_En""Button_F"和"Button_B"。

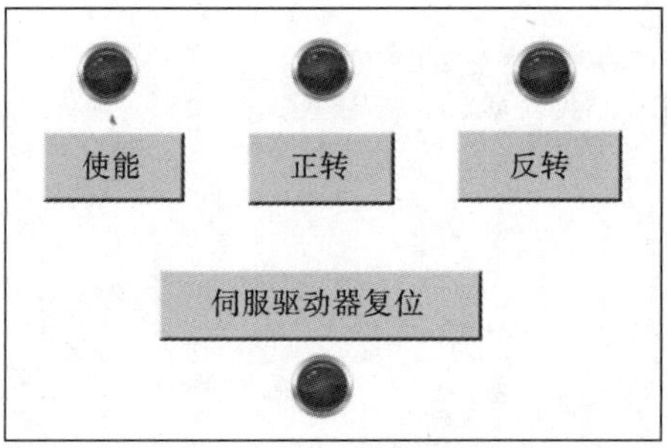

图 4.144

以"使能"按钮为例，说明按钮功能的设计方法。在 Properties/Toolbox 窗口，选择 Tool，在 Common Control 下，拖动"Button"到 HMI 设计窗口，点击按钮的中心，输入文字"使能"，点击该按钮图形的边缘，选中按钮，在右侧的 Properties 窗口设置属性（在 Input Configuration

→ OnMouseDown 中点击“Toggle a variable”进行设置，见图 4.145)。

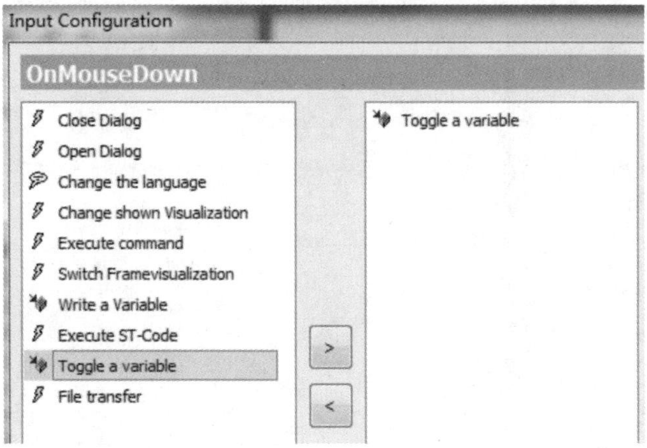

图 4.145

点击 Toggle a variable 的右侧单元格，关联程序变量 MAIN. Button_En，如图 4.146 所示。这样当在人机界面里点击“使能”按钮时，Button_En 就被赋值了。

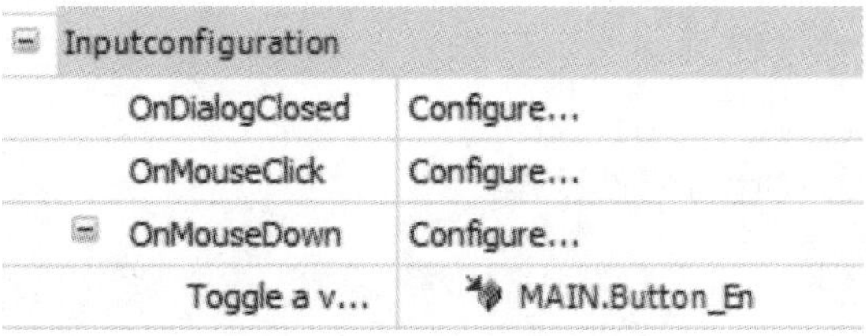

图 4.146

用同样的方法，设计其他按钮及指示灯。

(9) 链接 NC 轴与 PLC 轴。

选择 MC_1Axis_Simulink → MOTION → NC-Task 1 SAF → Axes →Axis 1，双击，在弹出的参数配置窗口，选择 Settings 选项卡，点击“Link To PLC”按钮，在变量选择窗口选择“MAIN. Axis1(PLC_1Axis Instance)”，点击“OK”，这样就完成了 NC 轴变量与 PLC 轴变量的链接，如图 4.147 所示。用同样的方法，点击“Link To I/O”按钮，链接 NC 轴与物理轴。

(10) 运行。

点击工具栏里的图标激活项目，点击图标进行登入，再点击运行项目。在 HMI 界面：点击“使能”按钮，使能指示灯亮，伺服驱动器使能成功。

点击“正转”按钮，正转指示灯亮，同时电机开始正转；再点击“正转”按钮，正转指示灯灭，电机停止转动。

点击“反转”按钮，反转指示灯亮，同时电机开始反转；再点击“反转”按钮，反转指示灯灭，电机停止转动。

如果在运转过程中伺服驱动器报错，可以点击“伺服驱动器复位”按钮，复位指示灯亮，表明复位成功。

五、实验报告要求

实验报告至少包含以下内容：

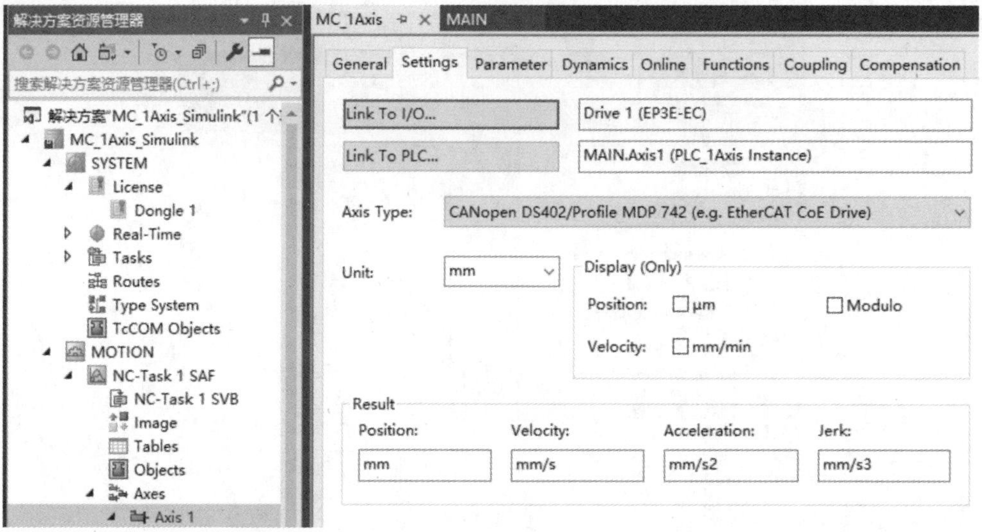

图 4.147

(1) 实验目的。
(2) 硬件系统接线图及说明。
(3) NC 轴的参数配置过程。
(4) 轴运动功能模块的使用过程。
(5) 人机界面 HMI 的设计与配置过程。
(6) 实验调试过程与结果。
(7) 实验总结及心得。
(8) 程序源代码并提交电子版源代码。

六、思考题

在轴的运动控制类型中,NC 轴与 CNC 轴有什么不同?

4.6.4　基于 EtherCAT 总线的水位控制实验

一、实验目的

(1) 掌握 PID 算法的计算机实现方法,根据 PID 原理公式,编写 PID 控制算法代码,控制上水箱的水位,使之稳定在一个指定高度。

(2) 掌握 TwinCAT HMI 的设计方法,结合相应的硬件功能模块,用 TwinCAT 设计、组合一个水位监控系统,用于对水箱水位的监控,使水位稳定在一个指定高度,且相关的控制参数和目标水位可以通过组态系统画面设定。

二、实验原理

1. 水箱水位控制实验台

水箱水位的控制实验是在双容水箱实验台上完成的,如图 4.148(a)所示,实验装置的底部是一个方形的水槽,上、下水箱各有一个三线制扩散硅压力传感器(见图 4.148(b)),用来测量水位的高度。

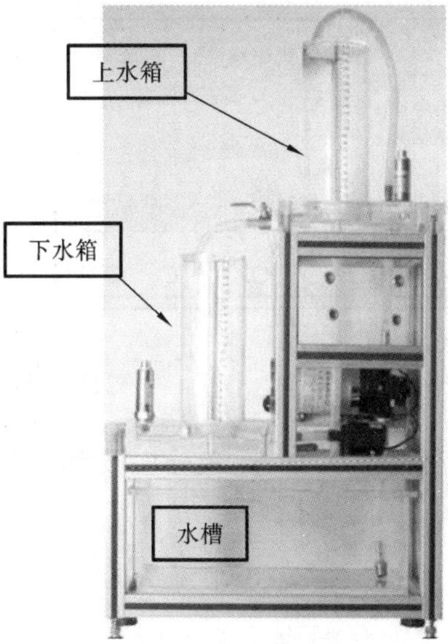

（a）实验水箱

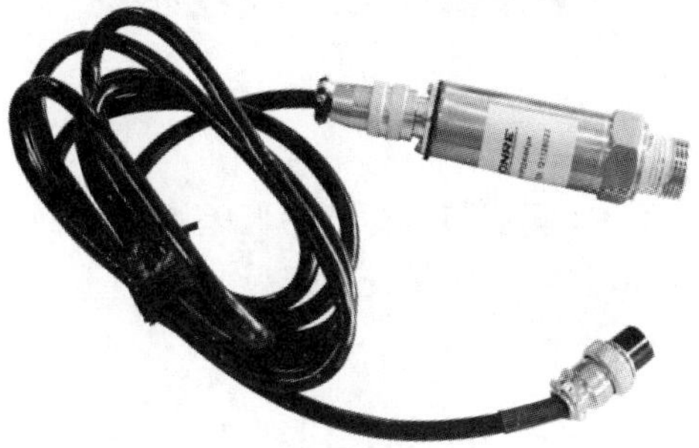

（b）水位传感器

图 4.148

(1) 传感器参数。

- 测量范围：0～250 MPa
- 输出信号：0～5 V DC
- 供电电压：(24±5)V DC（三线制）
- 温度漂移：±0.05%FS/℃（温度范围为－20～85 ℃，包括零点和量程的温度影响）
- 温度补偿范围：0～70 ℃
- 稳定性：典型 ±0.1%FS/年；最大 ±0.2%FS/年

(2) 水泵电机。

上水箱水泵的出口接有一根塑料水管，用于向上水箱注水，水泵由一个直流电机驱动。下水箱水泵用于下水箱的排水，改变下水箱水泵驱动电机的转速，可以控制下水箱的排水速度。

上、下水箱水泵电机的主要参数如下：

- 电机类型：直流电机
- 工作电压：12 V DC
- 工作电流：上水泵电机 6 A；下水泵电机 0.45 A
- 流量与压力：上水泵电机 最大流量 5 L/min，最大压力 0.42 MPa；下水泵电机 最大流量 5 L/min，最大压力 0.1 MPa

2. 直流电机驱动器

实验所用的直流电机驱动器（见图 4.149(a)），接收的从控制器发出的控制信号是 0～5 V 的模拟电压信号，能驱动功率为 60 W 以下、额定工作电压为 12 V 的直流电机。图 4.149(b) 是其器件框图，用于设计控制系统接线图。

3. PID 控制算法

PID 算法的数学模型为

$$m(t) = K_p\left[e(t) + \frac{1}{T_i}\int_0^t e(\tau)\mathrm{d}\tau + T_d\frac{\mathrm{d}e(t)}{\mathrm{d}t}\right] \tag{4-1}$$

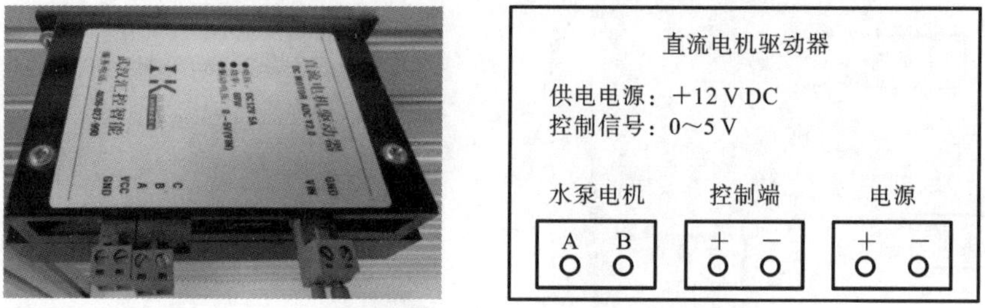

（a）　　（b）

图 4.149

式中：$m(t)$为实测值与目标值的偏差，方括号内的三项分别为比例项、积分项和微分项。设采样周期为 T，其数值计算表达式为

$$\left.\begin{aligned} & t \approx kT \\ & \int_0^t e(\tau)\mathrm{d}t \approx T\sum_{j=0}^{k} e(jT) = T\sum_{j=0}^{k} e_j \qquad (k=0,1,2,3,\cdots) \\ & \frac{\mathrm{d}e(t)}{\mathrm{d}t} \approx \frac{e(kT)-e[(k-1)T]}{T} = \frac{e_k - e_{k-1}}{T} \end{aligned}\right\} \tag{4-2}$$

式(4-2)中将 $e(kT)$简化成 e_k形式，其他项与之类似，则 PID 控制策略的数值算法可以用下式表示：

$$m_k = K_{\mathrm{P}}\left[e_k + \frac{T}{T_{\mathrm{I}}}\sum_{j=0}^{k} e_j + \frac{T_{\mathrm{D}}}{T}(e_k - e_{k-1})\right] + m_0 \tag{4-3}$$

即

$$m_k = K_{\mathrm{P}} e_k + K_{\mathrm{I}}\sum_{j=0}^{k} e_j + K_{\mathrm{D}}(e_k - e_{k-1}) + m_0 \tag{4-4}$$

其中 m_0为常量，反映了实际控制过程中的直流偏置。

三、实验仪器和设备

（1）计算机（安装有 TwinCAT）。
（2）双容水箱水位控制实验台。
（3）水泵电机驱动器。
（4）EK1100 EtherCAT 耦合模块。
（5）EL1008 数字量输入模块。
（6）EL2008 数字量输出模块。
（7）EL3004 模拟量输入模块。
（8）EL4034 模拟量输出模块。
（9）+24 V DC 电源、+12 V DC 电源。
（10）开关、导线、接线端子排若干。

四、实验步骤及内容

1. 实验方案

用 TwinCAT 将 PC 配置为软 PLC；用倍福 EL3004 模拟量输入模块，结合相应的程序，获得水位传感器的信号；根据水位传感器的参数，结合对水位传感器的标定，将信号换算成水位高度。

水泵电机是由一个 12 V DC 电源供电的电机驱动器驱动的，电机驱动器根据控制器发来的 0～5 V 模拟电压信号控制电机的转速，进而控制水泵的出水量。因此，可以用倍福 EL4034 模拟量输出模块，结合相应的 TwinCAT 程序，向电机驱动器发出控制信号。

将水位传感器获得的水位实际高度值与水位目标值做比较，就可以用 PID 算法精确地控制水位。

设计 HMI 界面，在 HMI 界面中可以设定目标水位和 PID 参数，从而控制水泵电机启动、停止，并显示目标水位、当前水位。

2. 实验步骤

(1) 根据所给的实验器材，画线连接图 4.150 中的各模块端子，设计控制系统电气接线图，然后按照接线图接线，建立水箱水位控制系统硬件环境。

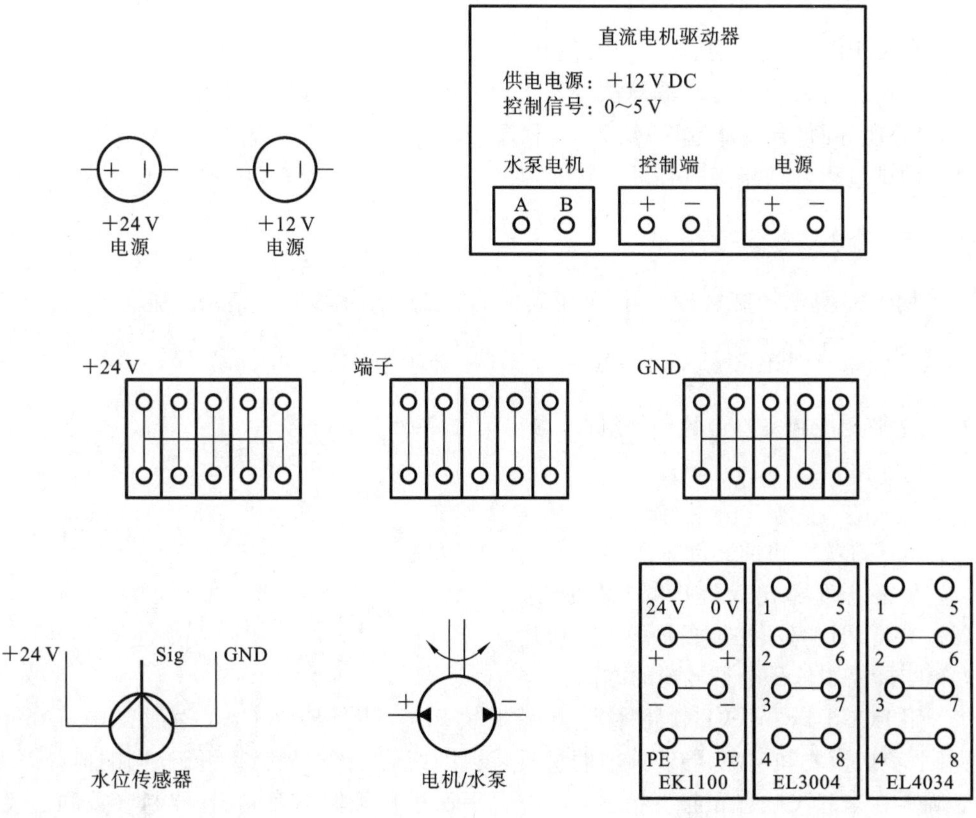

图 4.150

注意：水泵电机红线接电机驱动器的 A 端，黑线接 B 端(如果接反，电机会反转，水泵不出水)。

(2) 水箱下部的水槽加水至 2/3 高度。

(3) 设计 PLC 程序，控制水泵启、停运行。

(4) 标定水位传感器，测量至少 3 组水位高度与 EL3004 读取的传感器数值，用最小二乘法画出标定线。

(5) 设计 PLC 程序，结合水位传感器标定曲线，实现：当上水箱水位低于指定高度 2 mm

时,水泵启动运行;当上水箱水位到达指定高度时,水泵停止运行。

(6) 设计 PID 算法程序,通过调用 PLC 提供的 PID 算法,结合水位传感器标定曲线,精确控制上水箱水位的高度恒定在指定位置。

(7) 设计 HMI 界面,在 HMI 界面中可以设定水位目标值和 PID 参数,显示水位高度。

五、实验报告要求

在完成以上实验内容之后,应及时记录数据、保存界面截屏图等资料,撰写实验报告。实验报告应包含以下内容。

(1) 实验方案:① 总体方案;② 传感器标定;③ 人机交互界面方案。

(2) 控制系统框图。

(3) 控制系统接线图。

(4) 传感器标定过程及标定曲线。

(5) 控制程序流程图。

(6) 自编 PID 算法说明、源代码及注释。

(7) 采用自行编制 PID 控制算法控制水位的 PLC 程序代码(含注释)。

(8) HMI 界面(含设计过程)及 HMI 程序。

(9) 调试过程总结与实验心得。

六、思考题

除了用 PID 算法控制水位外,还可用其他的算法控制水位吗?请用实验验证之。

4.6.5　基于 EtherCAT 总线的旋翼平衡控制实验

双旋翼平衡控制实验台的硬件组成,参见第 3 章 3.3 节。

一、实验目的

(1) 了解旋翼电机的驱动方法和旋翼飞控的原理。

(2) 掌握 PLC 输出双路 PWM 波的方法。

(3) 掌握 PID 算法在旋翼平衡中的应用。

(4) 掌握控制信号电平转换的方法。

(5) 用 PC 端 TwinCAT 软件将 PC 配置成软 PLC,结合 EtherCAT 总线、相关 EtherCAT 模块、电平转换模块和电源、导线等辅助材料,设计、组合一个双旋翼平衡控制的监控系统,用于对双旋翼在未起飞状态和起飞状态下的左右平衡进行控制与监测,且控制参数和起飞高度(或角度)可以通过 HMI 画面监测显示与设定。

二、实验原理

参见第 3 章 3.3 节中实验原理部分。

旋翼的工作原理是:PLC 向旋翼电调发出经过 24 V→5 V 电平转换的 PWM 波,作为旋翼的驱动信号,旋翼电调对此 PWM 驱动信号进行功率放大后驱动旋翼电机旋转,从而带动旋翼旋转。

电调驱动信号是一个周期为 20 ms 的 PWM 信号,是脉冲宽度在 1～2 ms 之间的持续脉冲信号，信号高电平为+5 V，低电平为 0 V。当系统接好线后，电调每次重新供电都需要对电机运行在最大转速和最小转速的信号进行标定，否则，电调对所给的脉冲信号不予响应。并且，标定时最大转速和最小转速的信号变化不能过小，过小的标定行程电调也不会响应。

根据电调的以上要求，在电调上电的 3 s 之内，给电调提供一个脉冲宽度为 2 ms、周期为 20 ms、幅值为+5 V 的脉冲，电调发出"滴滴"两声响；然后再提供一个脉冲宽度为 1 ms、周期为 20 ms、幅值为+5 V 的脉冲，电调发出"滴"一声长响，这表示标定成功。电调标定成功后，提供 1～2 ms 之间的 PWM 脉冲就可以控制电机在最大转速和最小转速之间运行。

三、实验仪器和设备

(1) PC 一台(预装倍福 TwinCAT 软件)。

(2) 双旋翼实验箱一台(含电源)。

(3) 倍福 EK1100 EtherCAT 总线模块一个。

(4) 倍福 EL3004 模拟量输入模块一个。

(5) 倍福 EL2502 PWM 输出模块一个。

(6) 德普施 DRE5104 高速数字脉冲输入、输出模块一个。

(7) 24 V→5 V 电平转换模块、5 V→24 V 电平转换模块各一个。

(8) +24 V DC 电源、+12 V DC 电源、+5 V DC 电源。

(9) 可移动式传感器夹座，开关、导线，UK2.5 接线端子排若干。

四、实验步骤及内容

1. 实验方案

监测旋翼平衡的传感器是一个旋转电位器，给该电位器施加+5 V DC 电源，从动端的输出电压大小反映了旋翼平衡状态，将其接入 EL3004 模拟量输入模块，设计程序读取该传感器输入值。

监测旋翼起飞高度的传感器是一个旋转编码器，将该编码器的输出信号接入 DRE5104 高速脉冲输入/输出模块，设计程序读取编码器的输出脉冲数，结合旋翼连杆的臂长，就可以算出旋翼飞起的高度。

旋翼电机转动的控制信号由软 PLC 控制 EL2502 PWM 信号输出来产生(参考 3.3 节)，由于驱动旋翼电机的电调接收的 PWM 控制信号的电平为 5 V，而 EL2502 输出的 PWM 信号电平为 24 V，因此需要用 24 V→5 V 电平转换模块进行电平转换。

用 TwinCAT 将计算机配置成软 PLC，编写 PLC 程序，通过 EtherCAT 总线监测旋翼平衡和旋翼起飞高度，向旋翼电调发出控制信号。

根据 PID 控制算法，编写 PID 控制代码，完成对旋翼平衡的 PID 控制。

2. 实验步骤

(1) 设计电气接线图，并仔细检查无误。

(2) 确认总电源断电，无输出，将 220 V 交流电用导线连接到+5 V DC 电源、+12 V DC 电源和+24 V DC 电源的供电端子上(一般实验台上已经连接好，请检查确认)。

(3) 将 25 个 UK2.5 接线端子安装到导轨上，用端子连接条短接左侧的 5 个端子，并将其标记为+5 V，称之为"+5 V 端子组"，用红色导线将该组端子与电源+5 V 输出端连接。

(4) 用连接条连接+24 V 端子右侧的 5 个接线端子，并将其标记为+24 V，称之为"+24 V

端子组”，将＋24 V DC电源的输出正端用导线连接到＋24 V端子组的任一端子上。

(5) 用连接条连接最右侧的10个接线端子，并将其标记为GND，将＋5 V DC、＋24 V DC电源负端用导线连接到GND端子组的任一端子上。

(6) 剩余未用连接条连接的5个接线端子用于连接各种信号，称这组端子为“SIG(信号)端子组”，从左到右按顺序编为1～5号。

(7) 检查各端子接头，要求导线的铜线部分不得裸露在接线端子外；检查无误后，通电，查看各模块上的指示灯是否工作正常，可以结合万用表直流电压挡，对关键端子的电平进行测量；确认各模块工作正常后，关闭电源。

(8) 将旋翼平衡传感器——电位器的VCC端接到＋5 V端子组，GND端接到GND端子组，信号端接到信号端子组的1号端子，用导线将1号端子连接到EL3004模拟量输入模块的1号输入端口。

(9) 编码器的供电电源正端VCC连接到＋5 V端子组，GND端连接到GND端子组，输出信号连接到信号端子组的2号端子，2号端子的另一端用导线连接到5 V→24 V电平转换模块的输入端1＋(或X＋)，5 V→24 V电平转换模块的X－端用导线接到GND端子组的任一接口。5 V→24 V电平转换模块的供电电源正端用导线连接到＋24 V端子组的任一端子上，负端连接到GND端子组。

(10) 根据上面的接线步骤，画线连接图4.151中的各模块端子，形成硬件系统接线图。

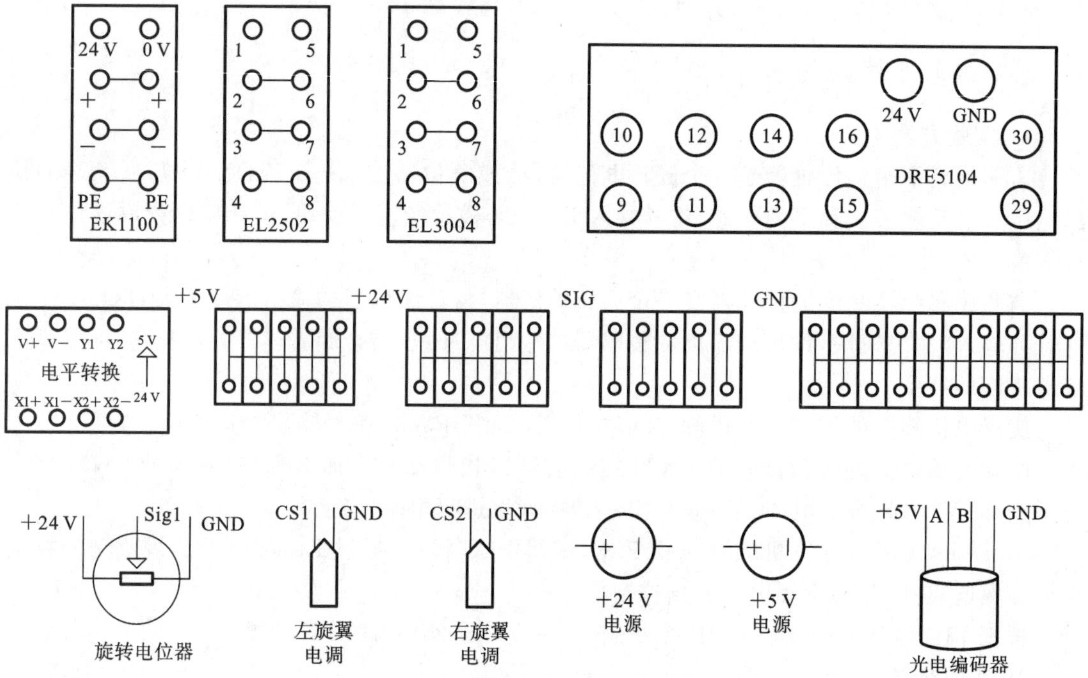

图 4.151

图4.151中，左、右旋翼的电调只需接控制线CS1、CS2和与其对应的GND，其他的接线已预先完成。为清晰简便，DRE5104模块的接线端子仅画出了本项实验用得到的端子，其他端子省略了。接线端子实物如图4.152所示。

(11) 设计TwinCAT程序，控制双旋翼在底部有支撑未起飞状态下运行，设计PID算法程序，控制旋翼达到左右平衡。

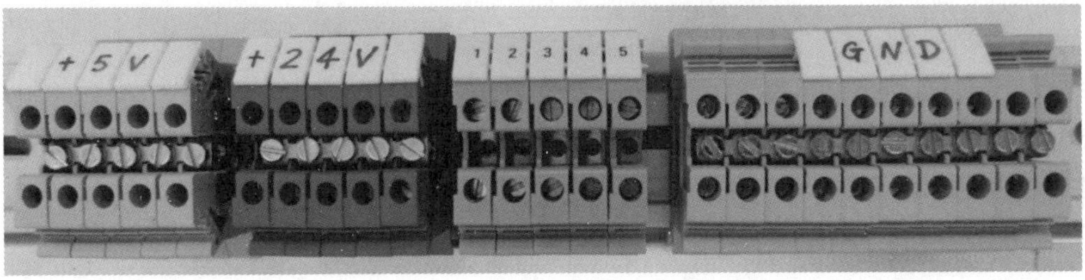

图 4.152

（12）在上一步的基础上，设计 TwinCAT 程序，控制双旋翼在起飞状态下运行，并达到左右平衡。

（13）设计 HMI 界面，在 HMI 界面上，可以显示双旋翼左右平衡状态，可以调节 PID 参数，可以输入旋翼起飞后的目标高度。

五、实验报告要求

在完成以上实验内容之后，应及时记录数据、保存界面截屏图等资料，撰写实验报告。实验报告应包含以下内容：

（1）实验目的。

（2）实验方案：① 总体方案；② 传感器标定；③ 人机交互界面方案。

（3）控制系统框图。

（4）控制系统接线图。

（5）旋翼平衡传感器标定过程。

（6）旋翼飞起高度传感器表达与计算。

（7）控制程序流程图。

（8）自编 PID 算法说明、源代码及注释。

（9）采用自行编制 PID 控制算法控制旋翼平衡的 PLC 程序代码（含注释）。

（10）采用自行编制 PID 控制算法控制旋翼飞起高度的 PLC 程序代码（含注释）。

（11）HMI 界面（含设计过程）及 HMI 程序。

（12）推导双旋翼平衡的数学模型。

（13）采用基于双旋翼平衡模型的控制算法控制旋翼平衡和飞起后的平衡。

（14）比较 PID 控制算法和基于旋翼平衡模型的控制算法对旋翼平衡的控制效果，并对结果予以分析。

（15）调试过程总结与实验心得。

4.6.6　EtherCAT 与 MATLAB/Simulink 接口实验

MATLAB 是功能强大、易学易用的数学计算工具，将 TwinCAT 与 MATLAB/Simulink 结合起来，可以利用 MATLAB/Simulink 丰富的数学工具库，实现很多的控制算法。

本章前面的实验主要基于 TwinCAT 平台实现对一个控制对象进行的控制和数据采集。本实验利用 TwinCAT 组件 TE1410，实现 MATLAB/Simulink 与 TwinCAT PLC 之间的数据共享，从而利用 MATLAB 强大的数学计算功能和 Simulink 丰富的工具箱，在 Simulink 环境下搭建一维直线台控制模型。

一、实验目的

(1) 了解 TwinCAT 与 MATLAB 通信的方式。

(2) 掌握通过 TE1410 组件实现与 MATLAB/Simulink 通信的方法，从而在 Simulink 中搭建一个能够控制伺服电机转动的模型。

二、实验原理

为了充分利用 MATLAB/Simulink 的计算能力，TwinCAT 集成了一个与 MATLAB/Simulink 通信的组件 TE1410。

TwinCAT 与 MATLAB/Simulink 的通信是通过 ADS (the automation device specification，自动化设备规范)完成的。

ADS 是倍福公司开发的用于倍福 PLC 与其他自动化设备之间通信的协议，它描述了一种独立于设备和现场总线的接口，这种接口用来管理 ADS 设备之间的通信。总之，ADS 是 TwinCAT 的通信协议，它规定了两个 ADS 设备交互的规范。

成功安装了 TE1410 组件后在 MATLAB/Simulink 库浏览器中，可以看到包含 Beckhoff/TwinCAT ADS 的条目，如图 4.153 所示。

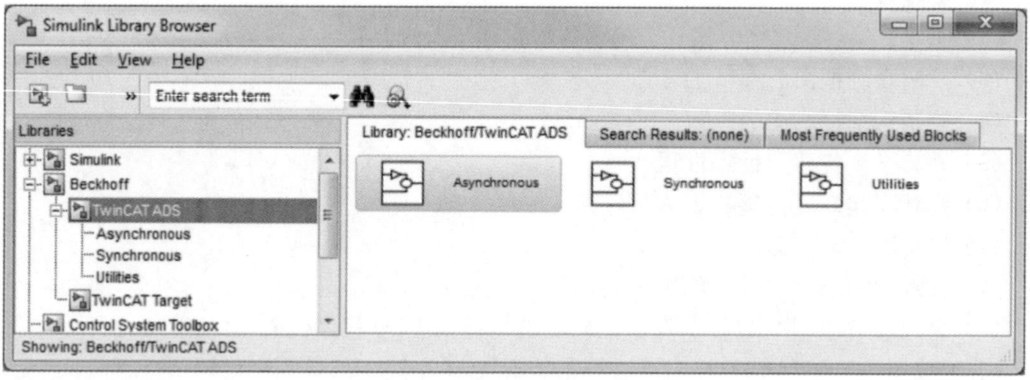

图 4.153

组件提供了异步(Asynchronous)、同步(Synchronous)两种通信方式，还提供了一个被称为“同步时钟”的工具。

采用 TE1410 组件通过 MATLAB/Simulink 控制并监测伺服电机运动。为了体现监控的实时性，在本项实验中采用“同步(Synchronous)”的通信方式。

“TC ADS 符号接口”功能块在 Simulink 中用于对 TwinCAT ADS 的同步读、写。端口的数量和端口的数据类型取决于块配置。

三、实验仪器和设备

(1) 计算机(安装有 TwinCAT)。

(2) TE1410 组件(从官网自行下载)。

(3) Dongle 加密狗。

(4) EP3E 伺服电机驱动器(含电源线)。

(5) 伺服电机(含带接头的电源线、通信线)驱动的一维直线台。

(6) 网线。

四、实验步骤及内容

1. 安装并配置 TE1410 组件

在倍福官方网站下载 TE1410 组件,并按照指引安装,如图 4.154 所示。

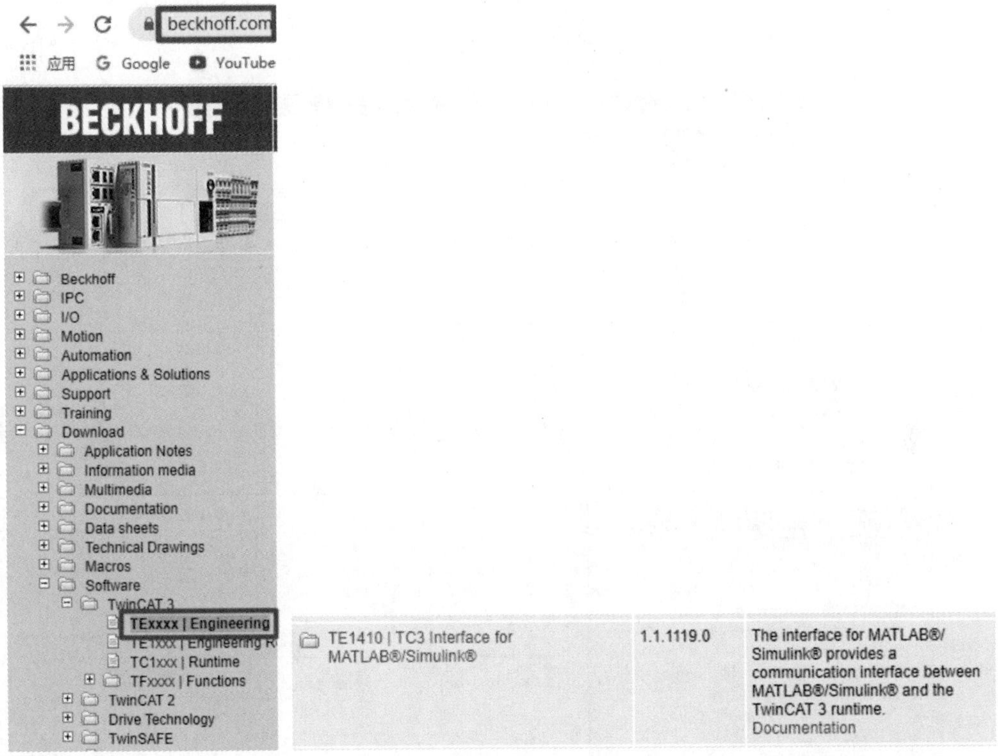

图 4.154

安装完成后,打开 MATLAB,设置工作路径为 TE1410 所安装的路径,按照图 4.155 所示步骤在 MATLAB 中进行最后配置。

随后重新打开 MATLAB,在 Simulink Library 中就可以发现已集成了倍福 ADS 模块(见图 4.156),利用这些 ADS 模块就可以和安装有 TC3 的控制器进行 ADS 通信。

2. 安装 TE1410 授权

假如未购买 TE1410 组件的软件授权,在 Simulink 环境下使用 ADS 模块时,输入输出端口总数量不能超过 5 个。对于稍微复杂的模型,5 个端口通常不能满足需求。

TE1410 授权共有两种方式,都需要通过倍福官方渠道购买获取。一种是针对工控机的 CPU 授权,授权码仅对当前机器的 CPU 有效;另外一种是 Dongle 加密狗授权,即插即用,方便灵活,但需要妥善保管。

(1) 使用工控机授权。

如图 4.157 所示是一套高性能 PC 控制中心工作台。其核心是一台倍福 C6920-0050 工控机,其基本性能参数如下:

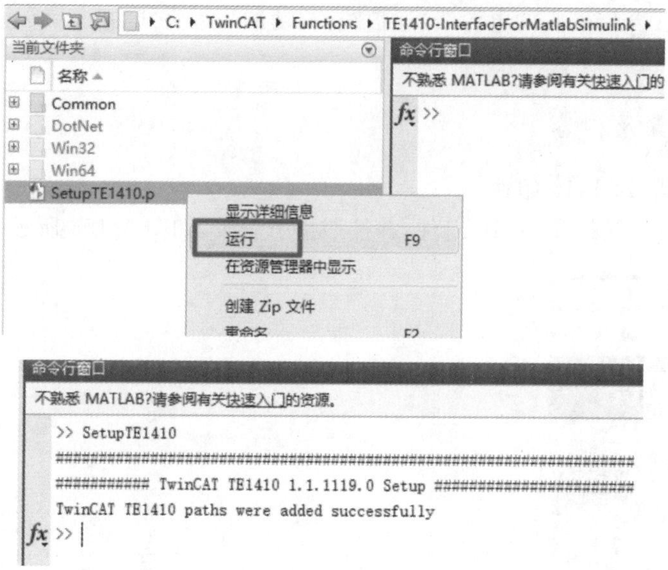

图 4.155

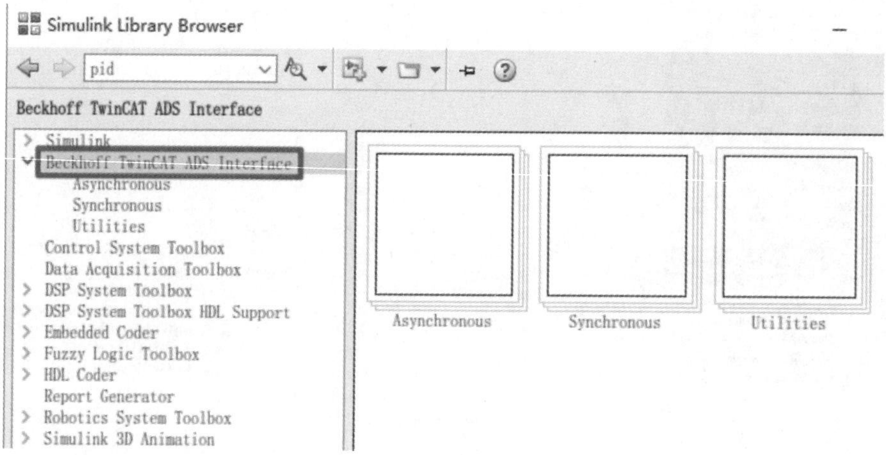

图 4.156

图 4.157

图 4.158

① CPU:intel i7-4700EQ 2.4 GHz;

② 内存:2＊8192MB DDR3L;

③ 其他:24 V DC 供电,双网口,固态硬盘。

另外,工作台还搭载了戴尔(DELL)23.8 英寸 10 点触控 IPS 触摸屏液晶显示器(型号 P2418HT),具备更好的人机交互性能。

软件方面,工控机的配置如下:

① Win10 专业版操作系统(试用,如需激活请购买正版许可);

② MATLAB R2017a(试用,如需激活请购买正版许可);

③ TwinCAT V3.1.4024.0。

其中,TwinCAT 软件中已安装了 TE1410 的永久授权,因此在该平台开发相关应用时不受端口数量限制。

(2) 使用 Dongle 加密狗授权。

工控机授权虽然较为可靠,但灵活性不足。使用 Dongle 加密狗(见图 4.158)授权,即插即用,可以在不同的计算机上使用同一个授权,但需要妥善保管授权 U 盘。使用时直接将授权 U 盘插入运行 TwinCAT 的计算机的 USB 接口即可。

Dongle 加密狗的使用方法:

① 将 Dongle 加密狗插在计算机 USB 端口上;

② 打开需要使用 TE1410 的 TwinCAT 工程,按照图 4.159 中所示步骤添加授权。

添加成功后界面显示如图 4.160 所示。此后就可以正常在 Simulink 与 TwinCAT 之间进行 ADS 通信,不受端口数量限制。

3. TwinCAT 编程

首先需要在 TwinCAT PLC 中编写程序,定义需要与 Simulink 交互的变量。只需要在实验 4.6.3 的工程基础上将 PLC HMI 删除,并修改 PLC MAIN 程序即可,其他配置保持不变。

具体步骤如下:

(1) 在工程中添加 TE1410 授权。

(2) 删除 PLC 中的 HMI。

(3) 修改实验 4.6.3 中的 PLC MAIN 程序。

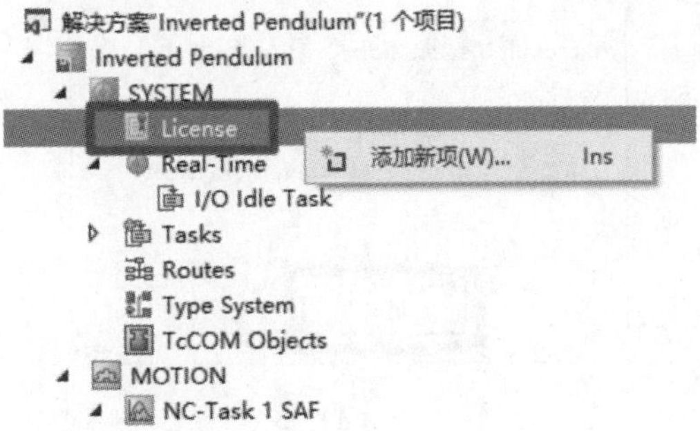

(a)

图 4.159

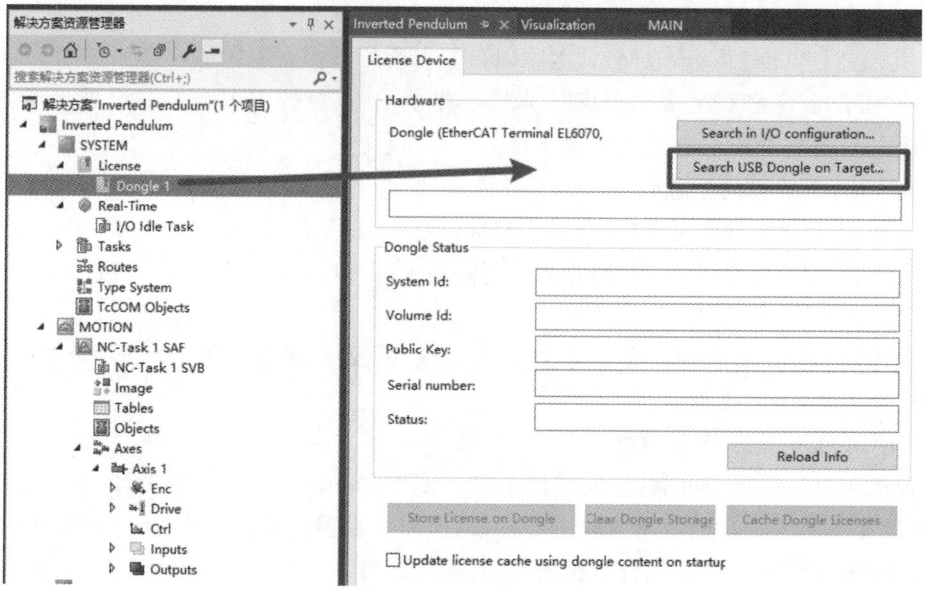
解决方案资源管理器
搜索解决方案资源管理器(Ctrl+;)
解决方案"Inverted Pendulum"(1 个项目)
Inverted Pendulum
SYSTEM
License
Dongle 1
Real-Time
I/O Idle Task
Tasks
Routes
Type System
TcCOM Objects
MOTION
NC-Task 1 SAF
NC-Task 1 SVB
Image
Tables
Objects
Axes
Axis 1
Enc
Drive
Ctrl
Inputs
Outputs
Inverted Pendulum
Visualization
MAIN
License Device
Hardware
Dongle (EtherCAT Terminal EL6070,
Search in I/O configuration...
Search USB Dongle on Target...
Dongle Status
System Id:
Volume Id:
Public Key:
Serial number:
Status:
Reload Info
Store License on Dongle
Clear Dongle Storage
Cache Dongle Licenses
Update license cache using dongle content on startup

(b)

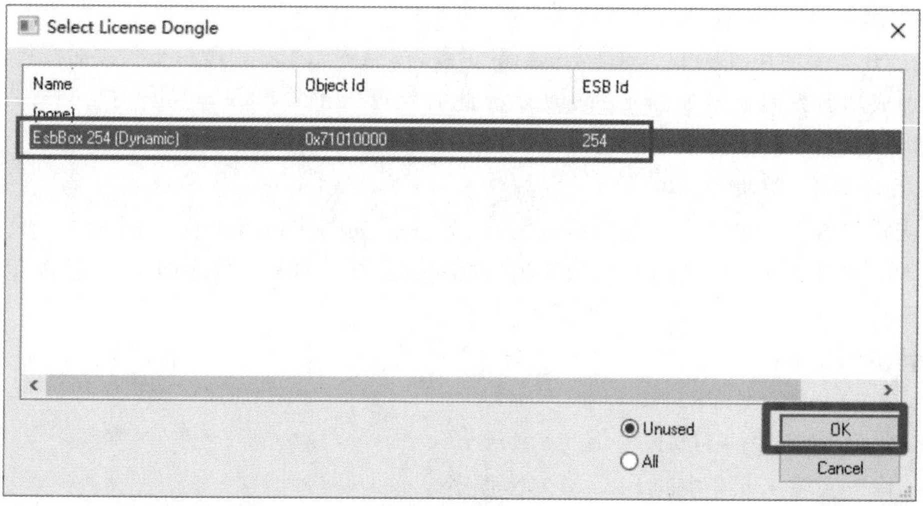
Select License Dongle
Name
Object Id
ESB Id
(none)
EsbBox 254 (Dynamic)
0x71010000
254
Unused
All
OK
Cancel

(c)

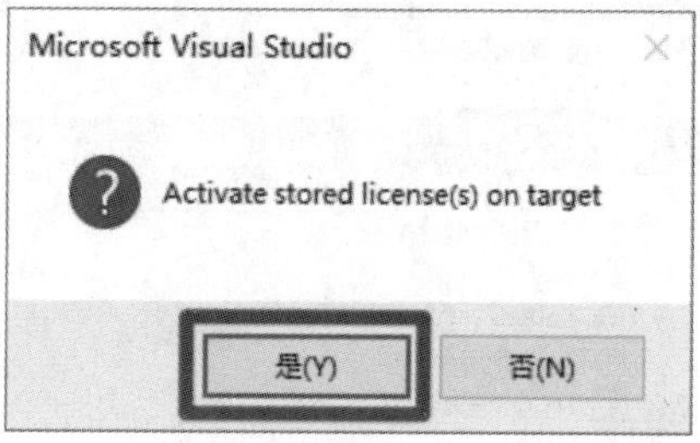
Microsoft Visual Studio
Activate stored license(s) on target
是(Y)
否(N)

(d)

续图 4.159

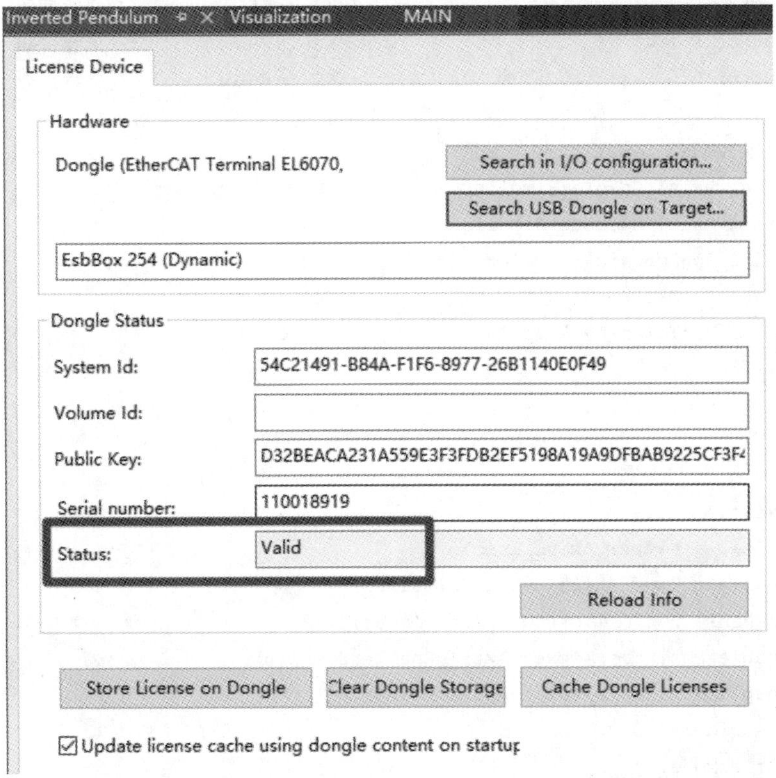

图 4.160

变量区：

```
PROGRAM MAIN
VAR
    //定义变量轴
    Axis1                          : AXIS_REF;

    //轴使能
    mc_Power                         : MC_Power;
    Power_Axis1_Enable             : BOOL;
    Power_Axis1_Status             : BOOL;

    //轴复位
    mc_Reset                         : MC_Reset;
    Reset_Axis1_Execute            : BOOL;

    //轴点动
    mc_Jog                           : MC_Jog;
    Axis1_JogForward               : BOOL;
    Axis1_JogBackwards             : BOOL;
    Axis1_JogVelocity              : LREAL :=100;

    //定义三个按钮变量
```

```
    Button_En                          : BOOL :=FALSE;      //使能按钮
    Button_F                           : BOOL :=FALSE;      //正转按钮
    Button_B                           : BOOL :=FALSE;      //反转按钮

    //与 MATLAB-Simulink 相关变量
    Power_Axis1_Enable_Simulink        : BOOL:= FALSE;
    Reset_Axis1_Execute_Simulink       : BOOL;
    Axis1_JogForward_Simulink          : BOOL;
    Axis1_JogBackwards_Simulink        : BOOL;
    Axis1_JogVelocity_Simulink         : LREAL :=100;
END_VAR
```

程序区：

```
mc_Power(
    Axis:=Axis1,
    //Enable:=Power_Axis1_Enable,
    Enable:=Power_Axis1_Enable_Simulink,
    //Enable_Positive:=Power_Axis1_Enable,
    Enable_Positive:=Power_Axis1_Enable_Simulink,
    Enable_Negative:=Power_Axis1_Enable,
    Override:=100.0,
    BufferMode:=,
    Options:=,
    Status=>Power_Axis1_Status,
    Busy=> ,
    Active=>
    Error=> ,
    ErrorID=> );

mc_Reset(
    Axis:=Axis1,
    Execute:=Reset_Axis1_Execute,
    Done=> ,
    Busy=> ,
    Error=> ,
    ErrorID=> );

mc_Jog(
    Axis:=Axis1,
    //JogForward:=Axis1_JogForward,
    JogForward:=Axis1_JogForward_Simulink,
    JogBackwards:=Axis1_JogBackwards,
    Mode:=MC_JOGMODE_CONTINOUS,
    Position:=,
    Velocity:=Axis1_JogVelocity,
    Acceleration:=,
```

```
        Deceleration:=,
        Jerk:=,
        Done=> ,
        Busy=> ,
        Active=> ,
        CommandAborted=> ,
        Error=> ,
        ErrorID=> );

    Power_Axis1_Enable :=Button_En;
    Axis1_JogForward :=Button_F;
    Axis1_JogBackwards :=Button_B;
```

重新生成解决方案，并链接所有变量，如图 4.161 所示。

（4）激活配置并进入运行模式，登录并运行程序。

4. Simulink 模型搭建

TwinCAT 程序运行起来以后，在 Simulink 模型中使用 ADS 模块即可搜索到 PLC 中的变量，并与其进行数据交互。

Simulink 模型搭建步骤如下：

（1）新建 Simulink 模型文件 Inverted_Pendulum_Ctrl.slx，并添加一个“TC ADS Symbol Interface”模块，如图 4.162 所示。

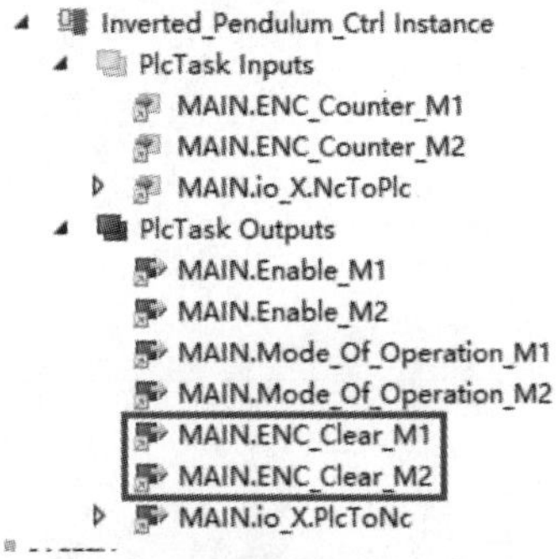

图 4.161

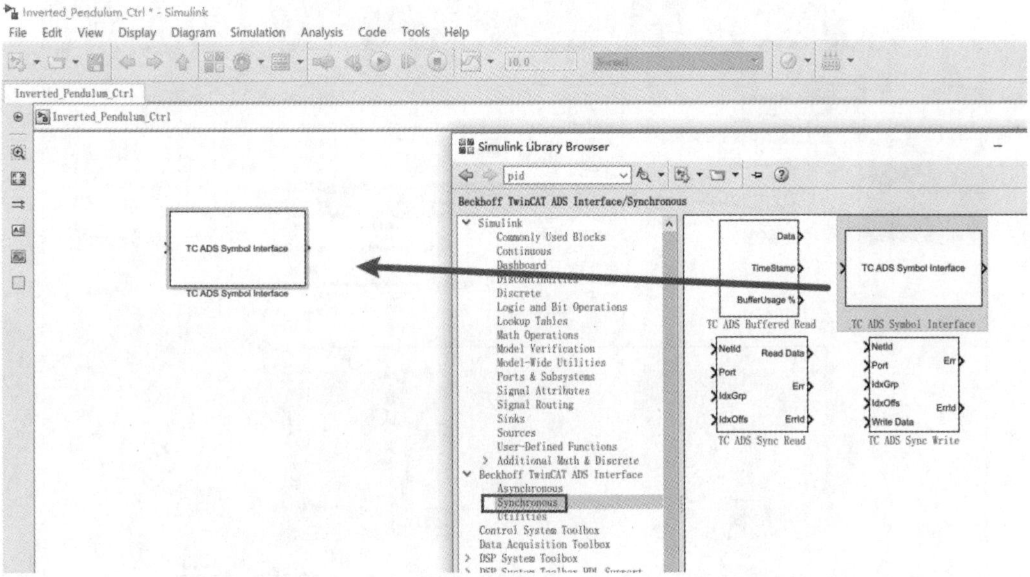

图 4.162

（2）双击“TC ADS Symbol Interface”模块，打开如图 4.163 所示界面。

按照图 4.164 中所示步骤可以搜索到 PLC 中的变量，并将其添加到 ADS 模块的输入输出端口，添加到上方列表中的是输出变量，下方列表中的是输入变量。

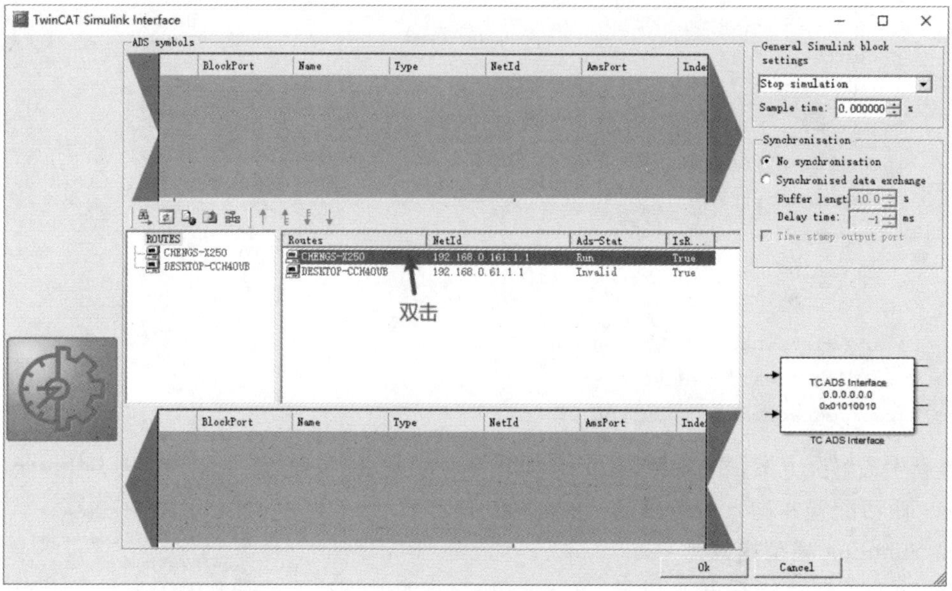

图 4.163

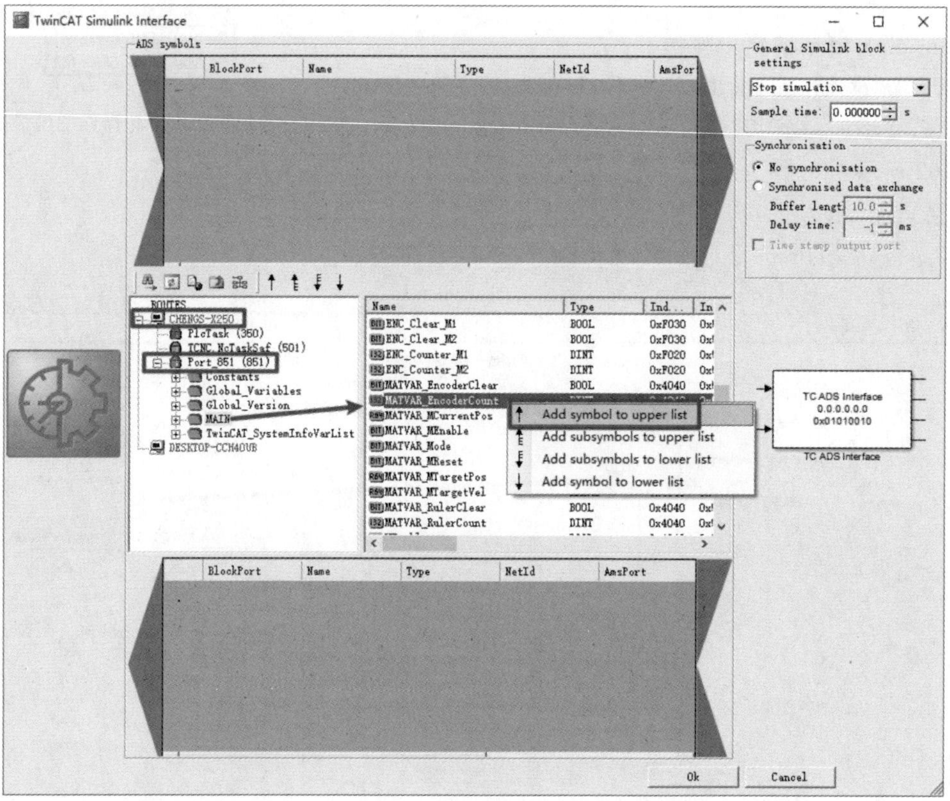

图 4.164

添加所有需要的变量，如图 4.165 所示。

点击“OK”，回到 ADS 界面，可以发现输入输出端口发生了变化，端口顺序与添加的顺序一致，如图 4.166 所示。

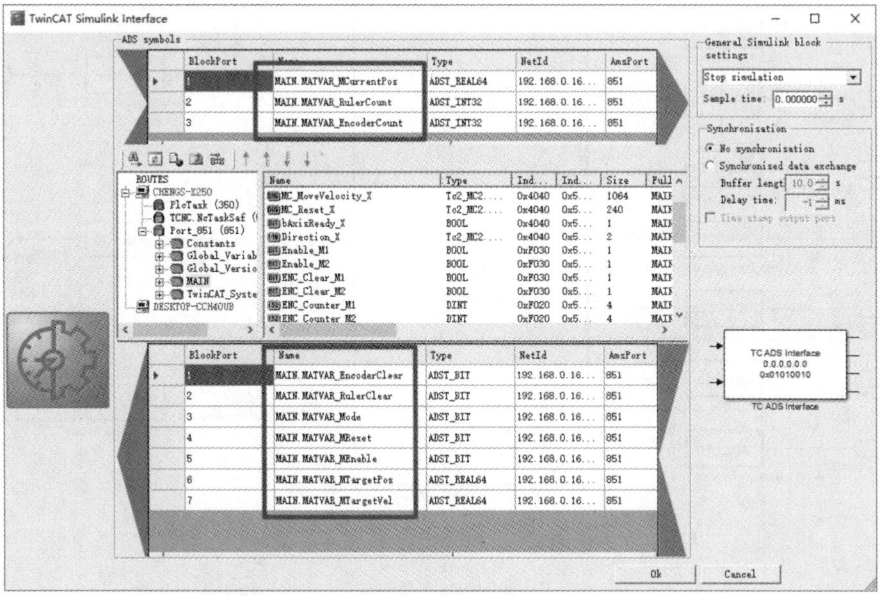

图 4.165

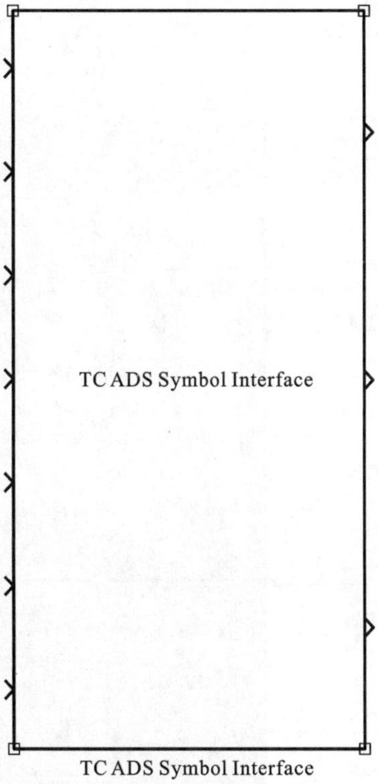

图 4.166

(3) 为了更加方便直观,将 ADS 模块添加到 Subsystem 模块中,并根据每个变量的数据类型添加数据类型转换模块,如图 4.167 所示。

(4) 添加按钮、开关等模块,方便修改端口值,最终建立好的模型如图 4.168 所示。

(5) 按照图 4.169 修改模型运行参数。

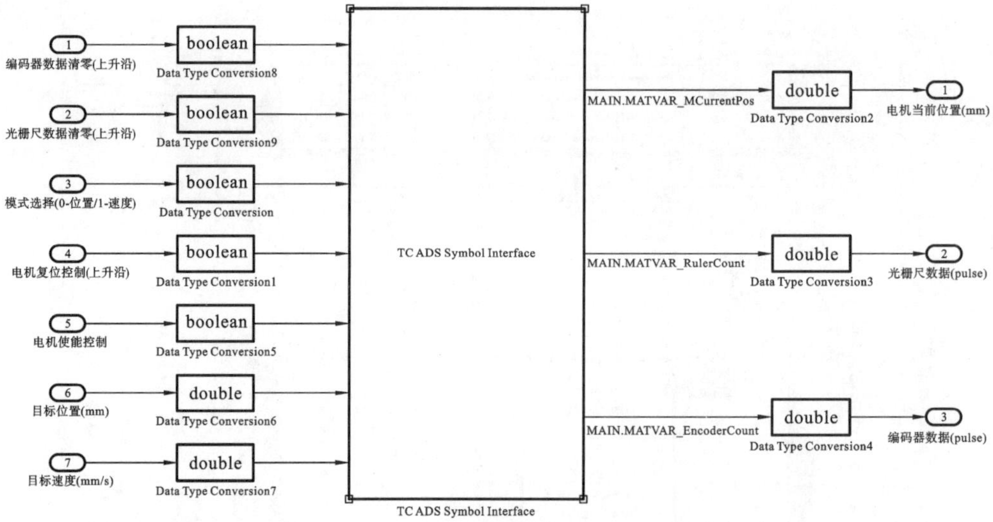
1
编码器数据清零(上升沿)
boolean
Data Type Conversion8
2
光栅尺数据清零(上升沿)
boolean
Data Type Conversion9
3
模式选择(0-位置/1-速度)
boolean
Data Type Conversion
4
电机复位控制(上升沿)
boolean
Data Type Conversion1
5
电机使能控制
boolean
Data Type Conversion5
6
目标位置(mm)
double
Data Type Conversion6
7
目标速度(mm/s)
double
Data Type Conversion7
TC ADS Symbol Interface
MAIN.MATVAR_MCurrentPos
double
Data Type Conversion2
1
电机当前位置(mm)
MAIN.MATVAR_RulerCount
double
Data Type Conversion3
2
光栅尺数据(pulse)
MAIN.MATVAR_EncoderCount
double
Data Type Conversion4
3
编码器数据(pulse)
TC ADS Symbol Interface

图 4.167

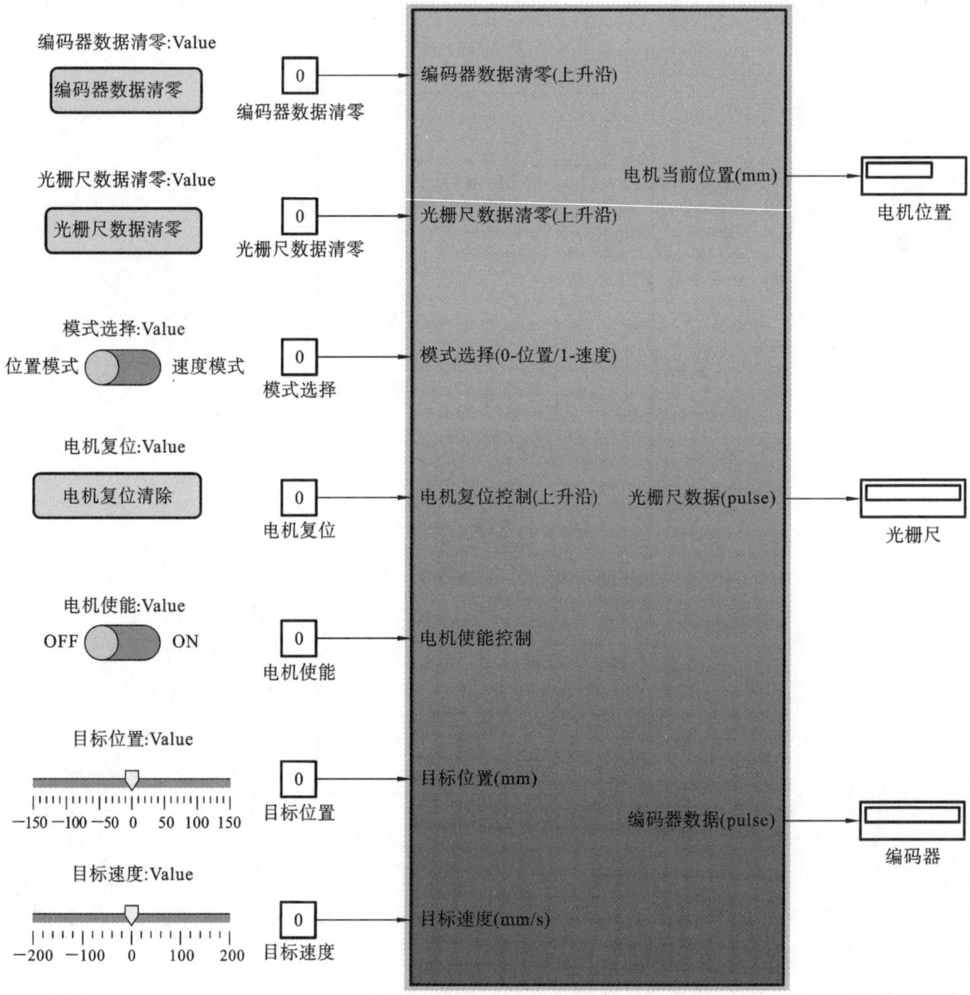
编码器数据清零:Value
编码器数据清零
0
编码器数据清零
编码器数据清零(上升沿)
光栅尺数据清零:Value
光栅尺数据清零
0
光栅尺数据清零
光栅尺数据清零(上升沿)
电机当前位置(mm)
电机位置
模式选择:Value
位置模式
速度模式
0
模式选择
模式选择(0-位置/1-速度)
电机复位:Value
电机复位清除
0
电机复位
电机复位控制(上升沿)
光栅尺数据(pulse)
光栅尺
电机使能:Value
OFF
ON
0
电机使能
电机使能控制
目标位置:Value
−150 −100 −50 0 50 100 150
0
目标位置
目标位置(mm)
编码器数据(pulse)
编码器
目标速度:Value
−200 −100 0 100 200
0
目标速度
目标速度(mm/s)

图 4.168

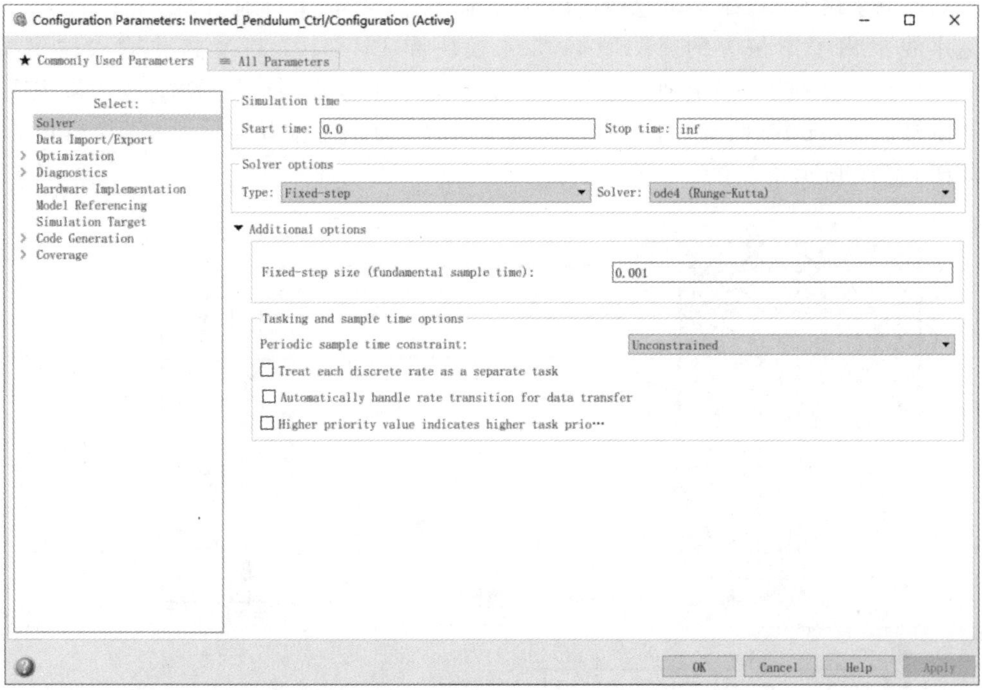

图 4.169

(6) 运行模型，即可通过操作控件实现一维直线台简单的速度和位置控制，并能实时获取编码器、光栅尺以及电机位置的实际值。

五、实验报告要求

实验报告至少包含以下内容：

(1) 实验目的。

(2) 控制系统接线图及说明。

(3) TwinCAT 与 MATLAB/Simulink 通信组件 TE1410 的安装配置过程。

(4) PLC 程序变量、代码及说明。

(5) 变量说明及配置过程。

(6) MATLAB/Simulink 程序设计及说明。

(7) 实验调试过程与结果。

(8) 实验总结及心得。

六、思考题

TwinCAT 与 MATLAB/Simulink 是如何实现通信的，通信的方式有几种？

4.7　基于 EtherCAT 总线的流水线控制

本项实验所用的实验台从实现的功能上看，与第 3 章实验 3.6 的内容完全一样，所不同的是测量与控制采用了 EtherCAT 总线通信方式,而不是传统的 I/O 通信方式。

流水线采用了第三方的 DRE1048 I/O 模块和 DRE5104 高速脉冲输入输出模块。DRE1048 I/O 模块用于接收各种传感器的信号,并输出 I/O 控制信号;DRE5104 模块用于控制步进电机运动,同时接收气缸上磁性开关所反映的气缸活塞位置信号。这两个模块的供电接线如图 4.170 所示。

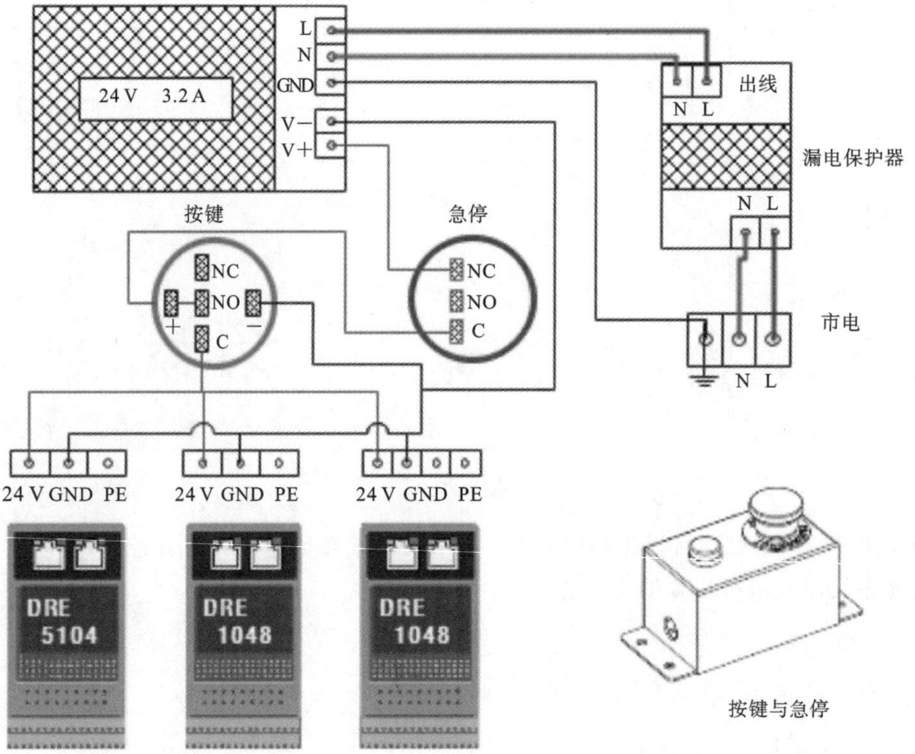

图 4.170

流水线各个单元使用的 EtherCAT 模块的型号及数量见表 4.8。

表 4.8 各单元 EtherCAT 模块型号及数量统计表

EtherCAT 模块	1 号工位	2 号工位	3 号工位
DRE1048	2	1	1
DRE5104	1	1	1

4.7.1 1 号工位物料分拣实验

一、实验目的

(1) 了解多传感器、多执行器动作控制系统的设计方法。

(2) 有序地将料仓里的零件推送到皮带机上,合理利用相关传感器,识别出零件的材料类型;将钢制的零件分拣到滑道 1,将铝制的零件推送到滑道 2,用水平气缸上的真空吸盘吸取非金属材料制作的零件并放到下一个工位(2 号工位)的托盘指定位置;在零件放置到位后,发出

“可抓取”信号。

(3) 设计 1 号工位物料状态监测看板(HMI),对 1 号工位中各种零件物料的位置状态、物料的材料属性进行监测,并予以计数,以醒目、美观的形式显示在工位看板中。

二、实验原理

1 号工位是传输、物料筛选单元,零件放在左边的料仓中,由下部的气缸将料仓底部的工件推送到传送带上。传送带由步进电机驱动,围绕传送带安装了光电反射传感器、电感式传感器、电容式传感器、颜色传感器,可以识别零件的数量、材料类别、颜色等特征;在传送带的一侧安装了 2 个出料滑槽,用于剔除不需要传送到下一个工位(2 号工位)的零件。真空吸盘安装在垂直方向运动的双轴气缸(02)上,双轴气缸通过滑块安装在水平导轨上,由水平气缸活塞杆带动它左右运动。水平气缸上的真空吸盘吸取筛选出的工件,放到 2 号工位的托盘上。图 4.171为 1 号工位布局图,图中的标准气缸(01)呈水平布置,气缸套外面左右各装有一个磁性开关传感器,用于检测气缸内部活塞的位置。

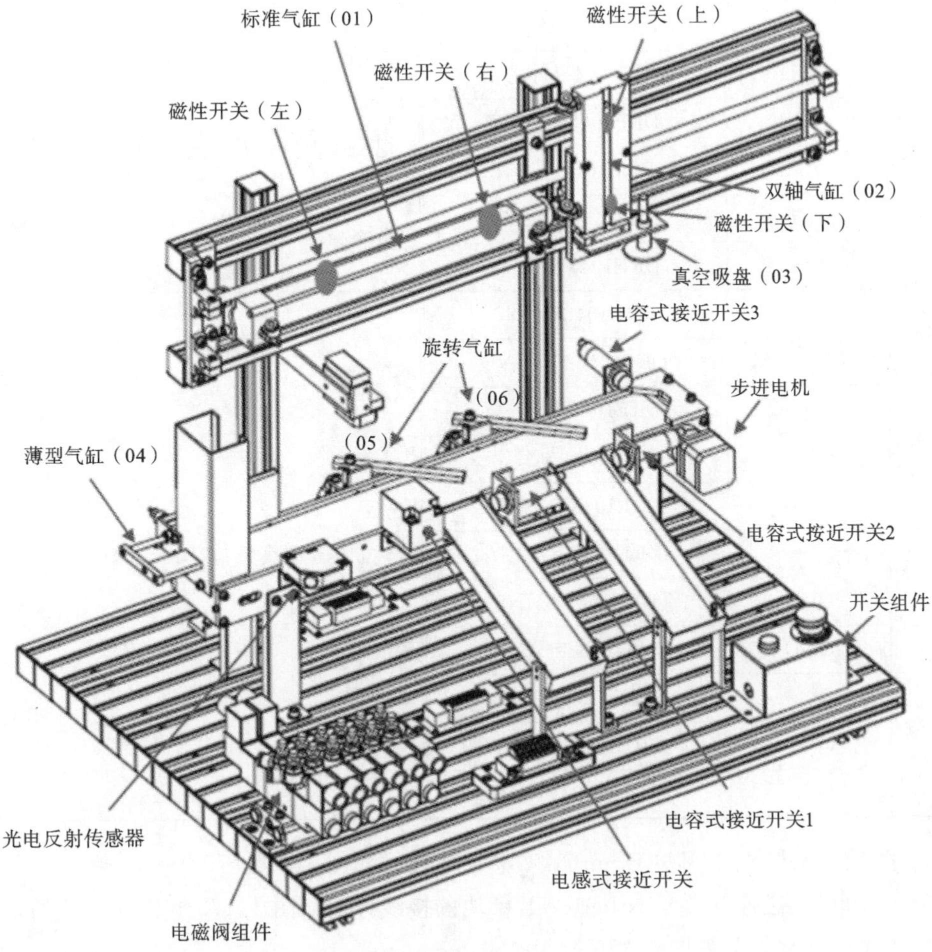

图 4.171

为方便使用,1 号工位的各电气端口已经接好线,端口分配见表 4.9。

表 4.9　1 号工位各端口分配

器件名称		EtherCAT 模块	器件名称		EtherCAT 模块
步进电机	A+	DRE5104-2:A1+	电磁阀 1-1	+	DRE1048-2:24 V
	A−	DRE5104-4:A1−		−	DRE1048-4:O1
	B+	DRE5104-6:B1+	电磁阀 1-2	+	DRE1048-6:24 V
	B−	DRE5104-8:B1−		−	DRE1048-8:O1
气缸磁性开关(上)	信号	DRE5104-21:IN3	电磁阀 2-1	+	DRE1048-10:24 V
	GND	DRE5104-23:GND		−	DRE1048-12:O1
气缸磁性开关(下)	信号	DRE5104-27:IN4	电磁阀 2-2	+	DRE1048-14:24 V
	GND	DRE5104-29:GND		−	DRE1048-16:O1
气缸磁性开关(左)	信号	DRE5104-22:IN1	电磁阀 3	+	DRE1048-18:24 V
	GND	DRE5104-24:GND		−	DRE1048-20:O5
气缸磁性开关(右)	信号	DRE5104-28:IN2	电磁阀 4	+	DRE1048-22:24 V
	GND	DRE5104-30:GND		−	DRE1048-24:O6
电感式接近开关	V+	DRE1048-1:24 V	电磁阀 5	+	DRE1048-26:24 V
	OUT	DRE1048-3:IN1		−	DRE1048-28:O7
	GND	DRE1048-5:GND	电磁阀 6	+	DRE1048-30:24 V
光电反射传感器	V+	DRE1048-7:24 V		−	DRE1048-32:O8
	SIG	DRE1048-9:IN2			
	GND/COM	DRE1048-11:GND			
电容式接近开关(1)	V+	DRE1048-1:24 V			
	OUT	DRE1048-3:IN1			
	GND	DRE1048-5:GND			
电容式接近开关(2)	V+	DRE1048-7:24 V	注:1048 模块为 DRE1048(2)		
	OUT	DRE1048-9:IN2			
	GND	DRE1048-11:GND			
电容式接近开关(3)	V+	DRE1048-13:24 V			
	OUT	DRE1048-15:IN2			
	GND	DRE1048-17:GND			

1 号工位传感器、电磁阀与 EtherCAT 模块的接线如图 4.172 所示。

1 号工位电机、磁性开关与 EtherCAT 模块的接线分别如图 4.173 和图 1.174 所示。

1 号工位的气动线路如图 4.175 所示。

三、实验仪器和设备

(1) 计算机(安装有 TwinCAT)。

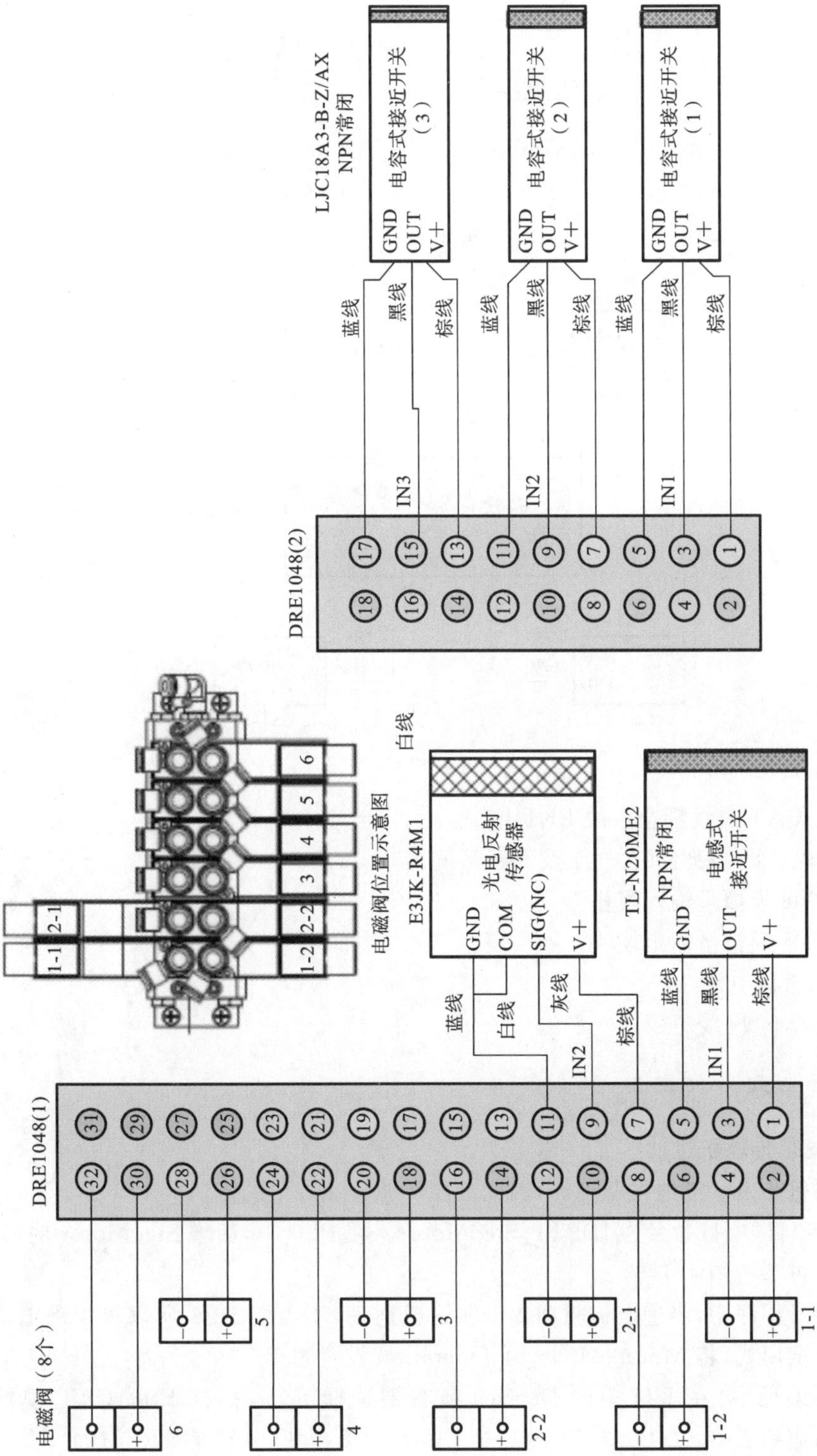
LJC18A3-B-Z/AX
NPN常闭
电容式接近开关（3）
电容式接近开关（2）
电容式接近开关（1）
GND
OUT
V+
蓝线
黑线
棕线
IN3
IN2
IN1
DRE1048(2)
DRE1048(1)
电磁阀位置示意图
E3JK-R4M1
光电反射传感器
COM
SIG(NC)
白线
灰线
TL-N20ME2
NPN常闭
电感式接近开关
电磁阀（8个）
1-1
1-2
2-1
2-2

图 4.172

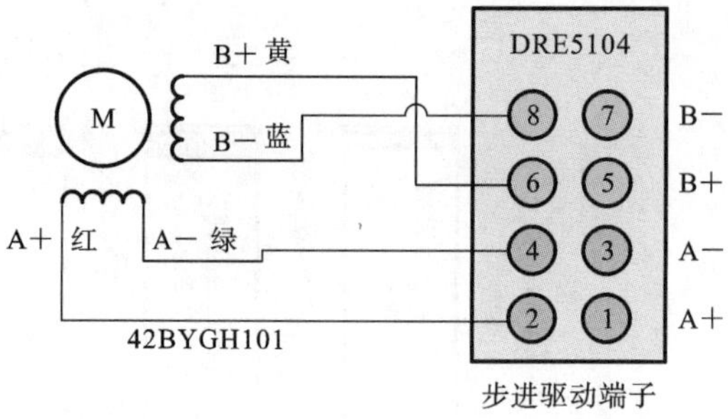

图 4.173

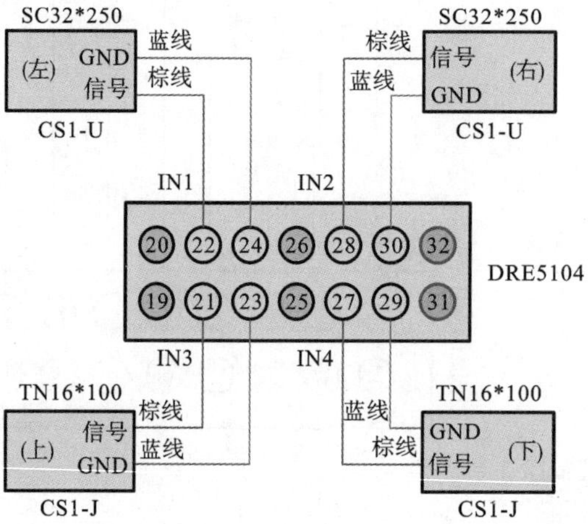

图 4.174

(2) EtherCAT 总线耦合模块 EK1100。

(3) 物料输送线实验台(含气泵及气路系统)。

(4) EL1008 模拟量输入模块

(5) EL2008 模拟量输出模块。

(6) 24 V 直流电源。

(7) 导线若干、网线一根。

四、实验步骤及内容

1. 控制皮带传输机运动

皮带传输机是由步进电机驱动的,因此参照实验 4.4.6 中的方法。

(1) 建立项目,项目命名为 JDPT1_StepMotor。在 PLC 下,新增 StepMotor 项目,设置变量,设计程序(可参考图 4.176)。

在这个参考程序中,步进电机驱动皮带输送机运动,不需要定位,所以将步进电机的运行模式设置为速度模式,将 Motor_Mode_of_Operation 设置为 1。

(2) 激活编译后,在 I/O 中的 Devices 项右键选择 Scan,扫描 EtherCAT 模块。如图 4.177所示,扫描到了 Box1、Box2、Box3 三个 EtherCAT 模块,分别是 DRE5104、DRE1048(1) 和 DRE1048(2)。

(3) 链接变量。步进电机是由 DRE5104 模块驱动的,所以所有程序变量需要与 DRE5104

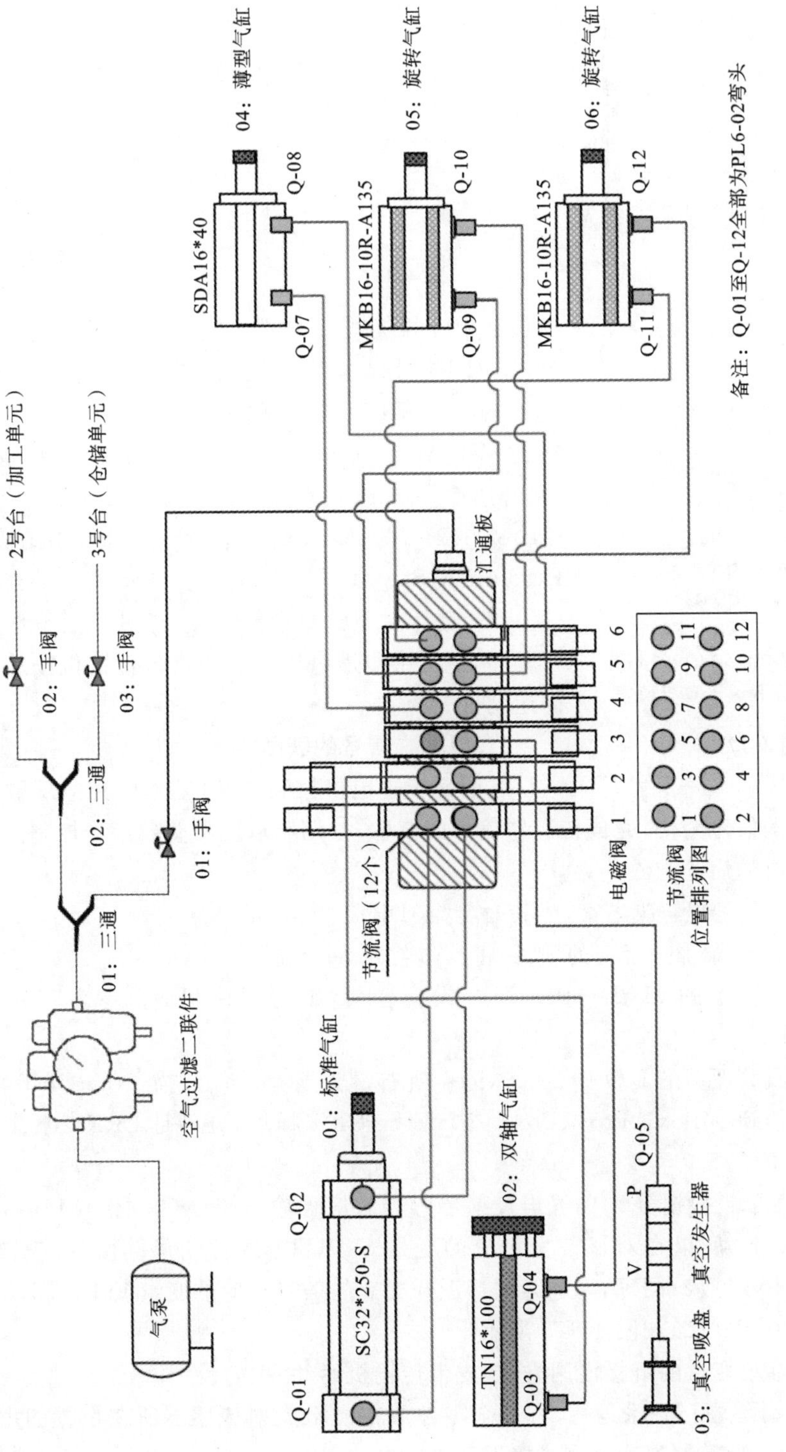

气泵
空气过滤二联件
01：三通
02：三通
01：手阀
02：手阀
03：手阀
2号台（加工单元）
3号台（仓储单元）
汇通板
节流阀（12个）
电磁阀
1
2
3
4
5
6
节流阀
位置排列图
1 3 5 7 9 11
2 4 6 8 10 12
Q-01
Q-02
SC32*250-S
01：标准气缸
Q-03
Q-04
TN16*100
02：双轴气缸
03：真空吸盘
真空发生器
V
P
Q-05
Q-07
Q-08
SDA16*40
04：薄型气缸
Q-09
Q-10
MKB16-10R-A135
05：旋转气缸
Q-11
Q-12
MKB16-10R-A135
06：旋转气缸
备注：Q-01至Q-12全部为PL6-02弯头

图 4.175

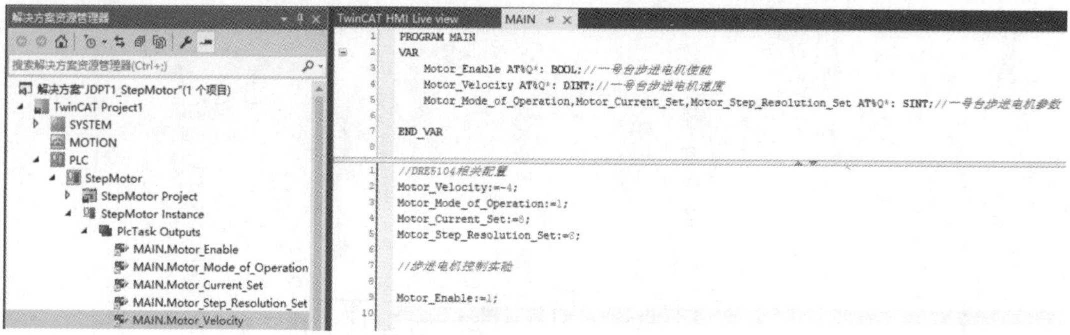

图 4.176

图 4.177

模块上相应的接线端子所对应的变量相链接。根据传输带电机与 DRE5104 模块接线图(图 4.173),Motor_Enable 链接到 Box1(DRE5104)下的 Enable_M1,Motor_Velocity 链接到 Vel_M1,Motor_Mode_of_Operation 链接到 Motor_Mode_of_Operation_M1,Motor_Current_Set 链接到 Current_Set_M1,Motor_Step_Resolution_Set 链接到 Step_Resolution_Set_M1。

(4) 运行。完成变量的链接,经过激活编译、登录后,运行程序,控制由步进电机驱动的皮带传输机按从左向右的方向运动。

2. 传感器信号的获取

在前面步进电机控制的基础上,以光电反射传感器和电容式接近开关的信号为例,完成传感器信号的获取,并用获取的传感器信号控制由步进电机驱动的皮带输送机的启动与停止。

(1) 新建一个工程解决方案,将其命名为 JDPT1_Sensor。

(2) 在 PLC 中添加一个新的项目,将其命名为 SensorSig。

(3) 在 POUs 下的 MAIN(PRG)中,设置变量,编写程序代码。参考程序如图 4.178 所示。

(4) 激活编译后,在 I/O 中的 Devices 项右键选择 Scan,扫描 EtherCAT 模块。如图 4.177所示,扫描到了 Box1、Box2、Box3 三个 EtherCAT 模块,分别是 DRE5104、DRE1048(1)和 DRE1048(2)。

(5) 链接变量。根据表 4.9,光电反射传感器的信号输出端接在 DRE1048(1)模块的第 9 号端子,即 IN2 上,所以在对该信号对应的变量 INPUT1 进行变量链接时,应链接到 Box2(DRE1048)的 INPUT2;同理,将电容式接近开关 3 的信号对应的变量 INPUT5,链接到 Box3(DRE1048)的 INPUT3,如图 4.179 所示。

步进电机参数变量的链接沿用"控制皮带传输机运动"中的设定。

(6) 激活编译项目,登录运行,将一个零件放在光电反射传感器所在位置的皮带上,皮带输送机开始转动,当零件到达电容式接近开关所在位置时,皮带输送机停止。

3. 控制气缸动作

气缸动作包括送料气缸(01)的伸出与回收动作,升降气缸(02)的下降与上升动作,真空吸

MAIN　TwinCAT HMI Live view

```
PROGRAM MAIN
VAR
    Motor_Enable AT%Q*: BOOL;//一号台步进电机使能
    Motor_Velocity AT%Q*: DINT;//一号台步进电机速度
    Motor_Mode_of_Operation,Motor_Current_Set,Motor_Step_Resolution_Set AT%Q*: SINT;//一号台步进电机参数

    INPUT1,INPUT5  AT%I*: BOOL;//一号台的2个传感器
END_VAR
```

```
//DRE5104相关配置
Motor_Velocity:=-4;
Motor_Mode_of_Operation:=1;
Motor_Current_Set:=8;
Motor_Step_Resolution_Set:=8;

INPUT1:= NOT(INPUT1);  //传感器输出为常闭，故取反
INPUT5:= NOT(INPUT5);

IF INPUT1=1 THEN
        Motor_Enable:=1;
END_IF

IF INPUT5=1 THEN
        Motor_Enable:=0;
END_IF
```

图 4.178

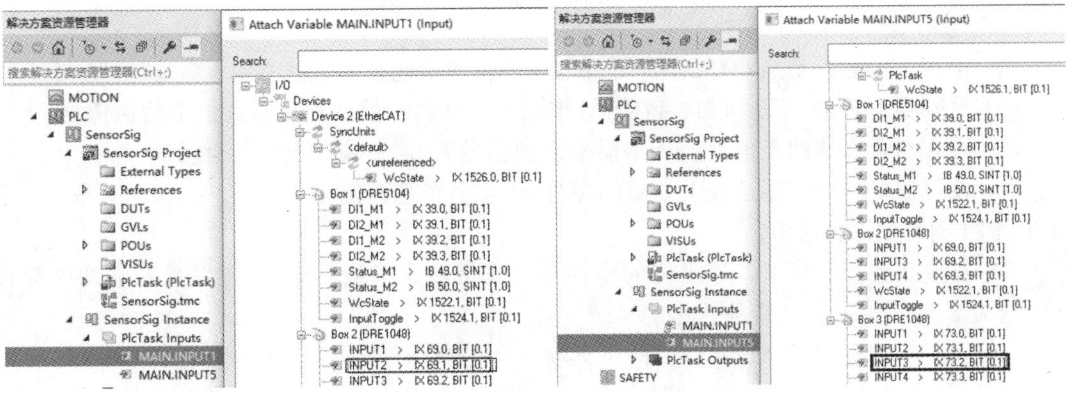

图 4.179

盘(03)的吸取与释放工件的动作，以及料仓推料气缸(04)的伸出与回收动作。

以水平气缸(即送料气缸)的伸出与回收动作控制即位置检测为例，设计相应的程序。

步骤如下：

(1) 新建一个工程解决方案，将其命名为 JDPT1_Cylinder。

(2) 在 PLC 中添加一个新的项目，将其命名为 Cylinder。

(3) 在 POUs 下的 MAIN(PRG)中，设置变量，编写程序代码。参考程序如图 4.180 所示。

(4) 链接变量。在这个程序中，输入变量 Cylinder1_SensorL 链接到 DRE5104 的 DI1_M1，Cylinder1_SensorR 链接到 DRE5104 的 DI2_M1，INPUT5 链接到 Box3(DRE1048)的 INPUT3。输出变量 OUTPUT1_1、OUTPUT1_2 分别链接到 Box2(DRE1048)的 OUTPUT1 和 OUTPUT2。

(5) 按下电磁阀上 1-2 电磁铁的按钮，使气缸复位。激活编译项目，登录运行，将一个零件放在光电反射传感器所在位置的皮带上，气缸向右做伸出运动，到达右侧后，气缸右侧的磁性开关上的信号灯亮起，气缸开始向左做收回运动；循环往复，直至拿开放在光电反射传感器

```
PROGRAM MAIN
VAR
    Cylinder1_SensorL,Cylinder1_SensorR  AT%I*: BOOL;//水平气缸的左、右磁性开关
    INPUT5  AT%I*: BOOL;//输送带右侧电容式接近开关
    OUTPUT1_1,OUTPUT1_2  AT%Q*: BOOL;//水平气缸左、右运动电磁阀

END_VAR

```

```
INPUT5:=NOT(INPUT5); //电容式接近开关为常闭输出，故取反
Cylinder1_SensorL:=NOT(Cylinder1_SensorL);
Cylinder1_SensorR:=NOT(Cylinder1_SensorR);

IF INPUT5=1 AND Cylinder1_SensorL=1 THEN
    OUTPUT1_2:=0;
    OUTPUT1_1:=1;
END_IF
IF  Cylinder1_SensorR=1 THEN
    OUTPUT1_1:=0;
    OUTPUT1_2:=1;
END_IF
```

图 4.180

所在位置的皮带上的零件为止。

4. 完成本项实验的总体控制

控制策略是：

(1) 系统上电运行初始，对工作台所有电气进行初始化。

(2) 料仓推料气缸(薄型气缸 04)动作，推出最底部的零件到皮带输送机上后回位。

(3) 装在料仓右侧的光电反射传感器检测到信号后，皮带输送机开始运动。

(4) 设定需要从皮带输送机上剔除的零件，根据其特性控制相应的旋转气缸(05 或 06)运动，将零件倒流到下料槽中。

(5) 需要送到下一环节 2 号工位的零件到达皮带输送机最右侧时，触发最右端的电容式接近开关 3，程序控制传送带停止运动。

(6) 上下运动气缸(即双轴气缸)向下运动，延时控制上面的真空吸盘动作，吸取工件并上升到位后，标准气缸 01 向右伸出，到位后上下运动气缸向下运动，到位后真空吸盘释放工件，工件被送往 2 号工位的托盘上。

五、实验报告要求

实验报告至少包含以下内容：

(1) 实验目的。

(2) 控制系统接线图及说明。

(3) 实验方案、流程图及说明。

(4) 程序变量说明及配置过程。

(5) PLC 程序代码及说明。

(6) 实验调试过程与结果。

(7) 实验总结及心得。

六、思考题

在实验步骤 3(控制气缸动作)中，为什么要那样链接变量？

4.7.2　2号工位物料转运实验

一、实验目的

(1) 了解多传感器、多执行器动作控制系统的设计方法。

(2) 控制2号工位的零件托盘进行 X-Y 平面内的精确移动,使之能准确地接收1号工位真空吸盘释放的零件;然后控制托盘的移动,准确地将托盘上的零件送到3号工位气动机械手能够准确夹持该零件的位置。

(3) 设计2号工位物料状态监测看板(HMI),对零件物料传送的位置状态进行监测,并予以计数,以醒目、美观的形式显示在工位看板中。

二、实验原理

在物料传送过程中,2号工位主要是在 X、Y 两个步进电机的驱动下,由一个工件托盘将1号工位送来的工件传送到3号工位气动机械手能够抓取的位置。在2号工位上可以加装色标传感器,用来识别工作台上的物品颜色,为后续3号工位进行分类仓储做准备。

2号工位可以单独拿出来,当作一个 X-Y 二维运动平台,用来模拟数控编程,例如用白板笔代替铣刀,模拟绘图仪在纸上写字等。

2号工位主要器件的位置示意图如图4.181所示,图中共有6个限位没有标出,分别是电机限位 X+、X−、Y+、Y−和气缸上限位、下限位。2号工位各端口分配见表4.10。

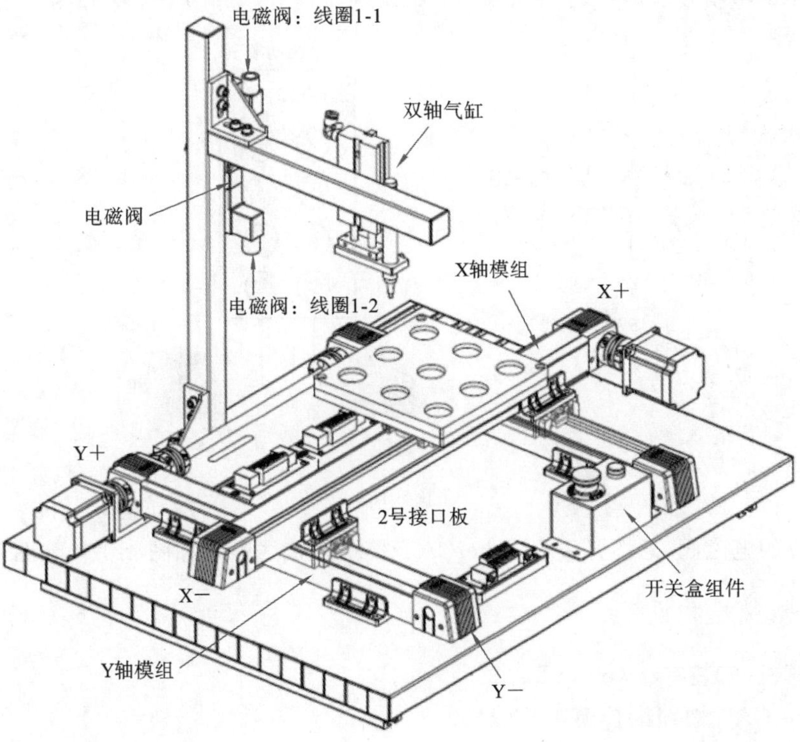

图 4.181

表 4.10　2 号工位各端口分配

器件名称		EtherCAT 模块	器件名称		EtherCAT 模块
步进电机(X)	A+	DRE5104-2:A1+	模组限位(X−)	OUT	DRE5104-22:IN1
	A−	DRE5104-4:A1−		V+	接 DC 24 V 电源
	B+	DRE5104-6:B1+		V−	
	B−	DRE5104-8:B1−	模组限位(X+)	OUT	DRE5104-28:IN2
步进电机(Y)	A+	DRE5104-1:A2+		V+	接 DC 24 V 电源
	A−	DRE5104-3:A2−		V−	
	B+	DRE5104-5:B2+	模组限位(Y−)	OUT	DRE5104-21:IN3
	B−	DRE5104-7:B2−		V+	接 DC 24 V 电源
电磁阀 1-1	+	DRE1048-2:24 V		V−	
	−	DRE1048-4:O1	模组限位(Y+)	OUT	DRE5104-27:IN4
电磁阀 1-2	+	DRE1048-6:24 V		V+	接 DC 24 V 电源
	−	DRE1048-8:O1		V−	
气缸磁性开关(上)	信号	DRE1048-3:IN1	气缸磁性开关(下)	信号	DRE1048-9:IN2
	GND	DRE1048-5:GND		GND	DRE1048-11:GND

2 号工位的电机及其限位与 EtherCAT 模块的接线分别如图 4.182 和图 4.183 所示。

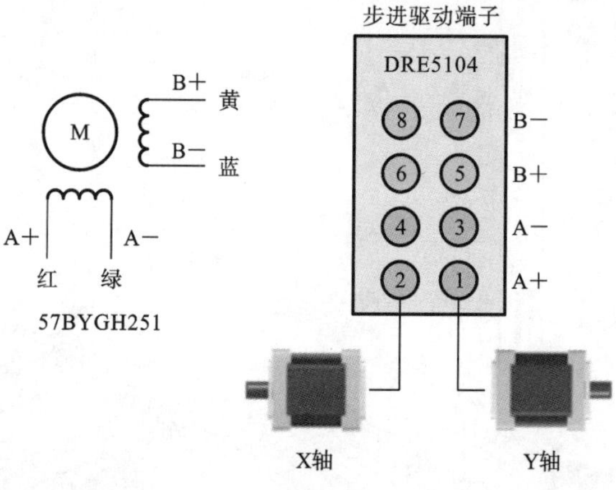

图 4.182

2 号工位的电磁阀、磁性开关与 EtherCAT 模块的接线分别如图 4.184 和图 4.185 所示。

三、实验仪器和设备

(1) 计算机(安装有 TwinCAT)。

(2) EtherCAT 总线耦合模块 EK1100。

(3) 物料输送线实验台(含气泵及气路系统、DRE1048 模块和 DRE5014 模块)。

(4) 24 V 直流电源。

(5) 导线若干、网线一根。

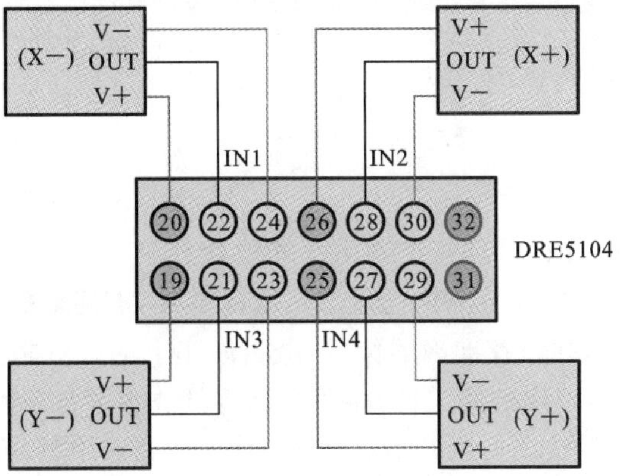

图 4.183

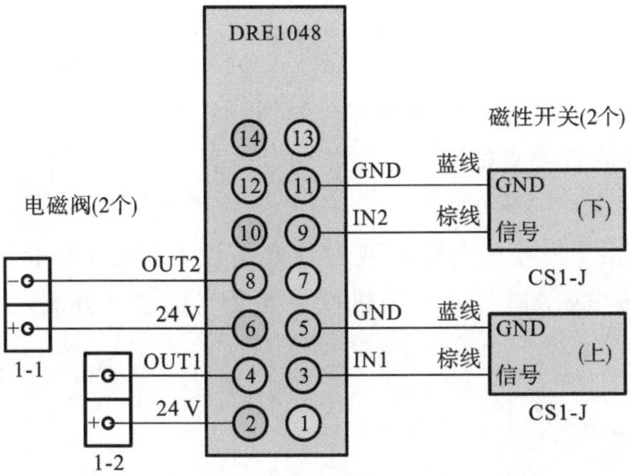

图 4.184

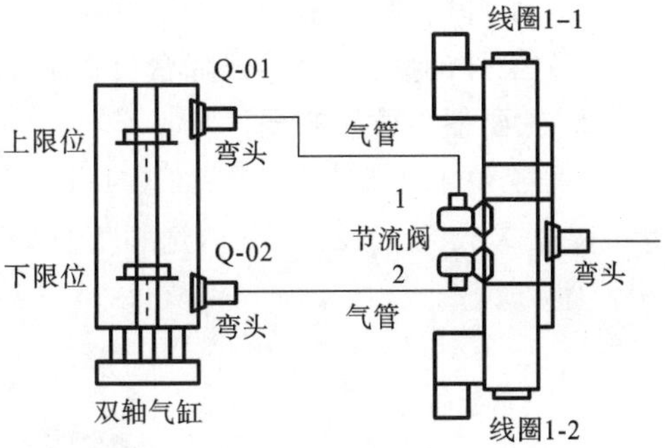

图 4.185

四、实验步骤及内容

参照实验 4.7.1,完成本项实验要求的任务。

五、实验报告要求

实验报告至少包含以下内容:

(1) 实验目的。
(2) 控制系统接线图及说明。
(3) 实验方案、流程图及说明。
(4) 程序变量说明及配置过程。
(5) PLC 程序代码及说明。
(6) 实验调试过程与结果。
(7) 实验总结及心得。

六、思考题

如果在 2 号工位的托盘上方安装一个摄像头,用于物料零件的形状识别,摄像头的接口是

USB 接口，那么如何把图像识别的结果传送到 TwinCAT 中？

4.7.3　3 号工位物料入库实验

一、实验目的

(1) 了解多传感器、多执行器动作控制系统的设计方法。

(2) 控制气动机械手将从 2 号工位托盘上抓取的零件，准确地放入料库车的托盘上，控制料库车在 X-Z 平面上运动，并停在准确的位置，由料库车上的气缸将非磁性金属材料零件，按照从左到右的顺序，放在零件库的第二排，将非金属零件放在零件库的最上面一排。

(3) 设计 3 号工位物料状态监测看板(HMI)，对立体仓库中物料的位置状态、物料的材料属性进行监测，并予以计数，以醒目、美观的形式显示在工位看板中。

二、实验原理

1. 3 号工位(仓储单元)的主要功能

(1) 工件的抓取：机械手把工件从 2 号工位抓取后放置到升降台的物料托盘上。

(2) 工件的立体仓储：升降台负责把工件放置到立体仓储货架指定的位置。

2. 主要器件位置布局

3 号工位上主要器件布局如图 4.186 所示。共有 8 个限位或磁性开关没有标出，分别是电机限位 X+、X-、Z+、Z-，送料气缸(双轴气缸)磁性开关及机械手摆动气缸磁性开关，如图 4.187 所示。

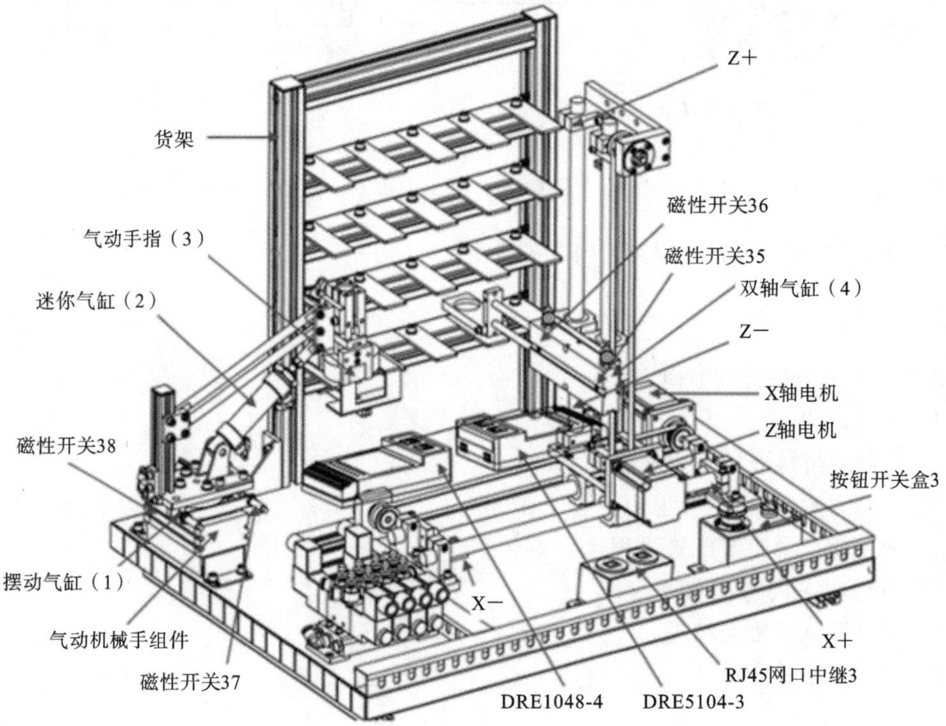

图 4.186

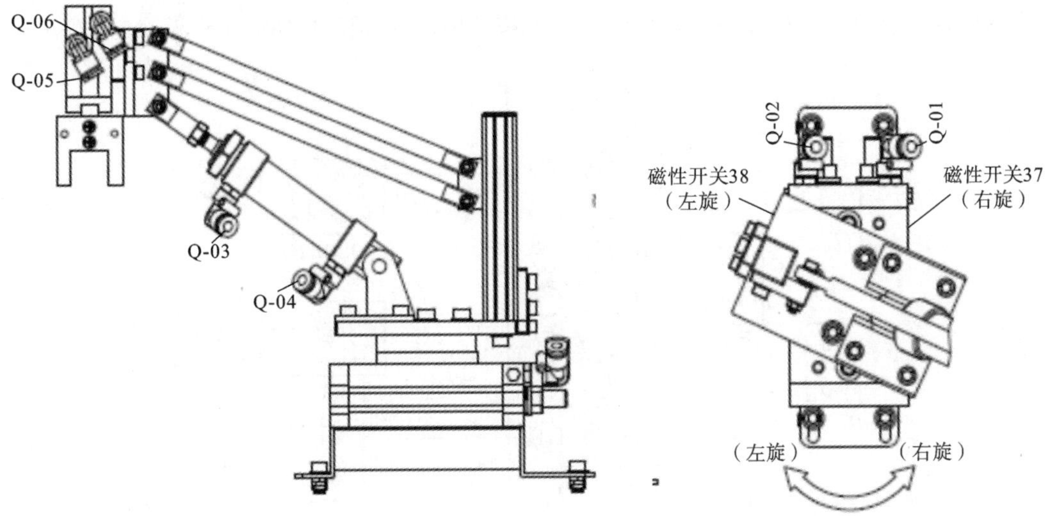

图 4.187

3 号工位各端口分配见表 4.11。

表 4.11　3 号工位各端口分配

器件名称		EtherCAT 模块	器件名称		EtherCAT 模块
步进电机（X）	A＋	DRE5104-2:A1＋	模组限位（X－）	OUT	DRE5104-22:IN1
	A－	DRE5104-4:A1－		V＋	接 DC 24 V 电源
	B＋	DRE5104-6:B1＋		V－	
	B－	DRE5104-8:B1－	模组限位（X＋）	OUT	DRE5104-28:IN2
步进电机（Z）	A＋	DRE5104-1:A2＋		V＋	接 DC 24 V 电源
	A－	DRE5104-3:A2－		V－	
	B－	DRE5104-5:B2＋	模组限位（Z－）	OUT	DRE5104-21:IN3
	B＋	DRE5104-7:B2－		V＋	接 DC 24 V 电源
电磁阀 1-1	＋	DRE1048-2:24 V		V－	
	－	DRE1048-4:O1	模组限位（Z＋）	OUT	DRE5104-27:IN4
电磁阀 1-2	＋	DRE1048-6:24 V		V＋	接 DC 24 V 电源
	－	DRE1048-8:O1		V－	
电磁阀 2	＋	DRE1048-10:24 V	气缸磁性开关（顶出）	信号	DRE1048-3:IN1
	－	DRE1048-12:O1		GND	DRE1048-5:GND
电磁阀 3	＋	DRE1048-14:24 V	气缸磁性开关（回收）	信号	DRE1048-9:IN2
	－	DRE1048-16:O1		GND	DRE1048-11:GND
电磁阀 4-1	＋	DRE1048-18:24 V	旋转气缸磁性开关（左）	信号	DRE1048-21:IN4
	－	DRE1048-20:O1		GND	DRE1048-23:GND
电磁阀 4-2	＋	DRE1048-22:24 V	旋转气缸磁性开关（右）	信号	DRE1048-15:IN3
	－	DRE1048-24:O1		GND	DRE1048-17:GND

3 号工位的电磁阀、磁性开关与 EtherCAT 模块的接线如图 4.188 所示。

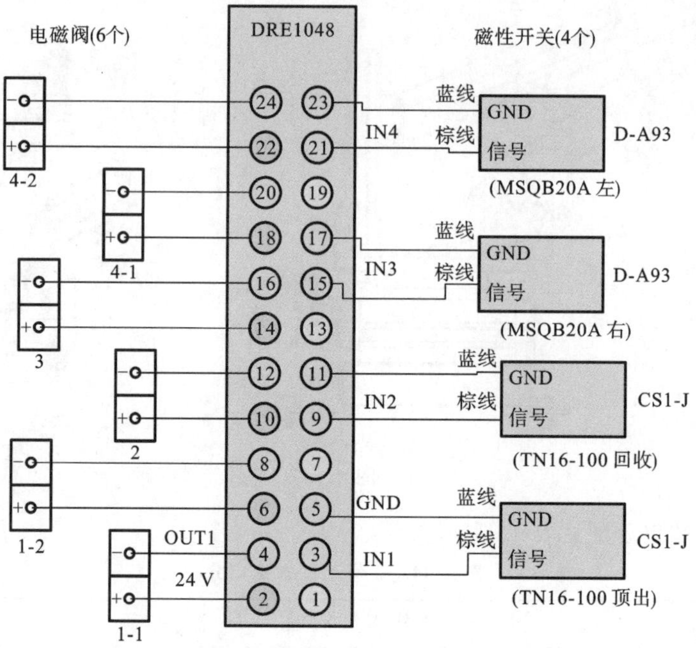

(a)

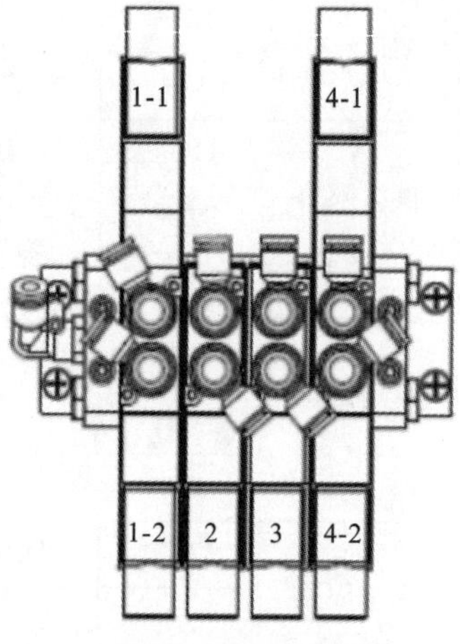

电磁阀组件位置图

(b)

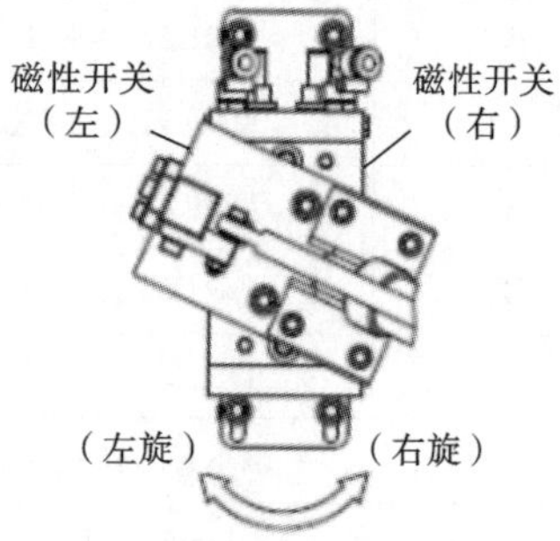

摆动气缸磁性开关位置图

(c)

图 4.188

3 号工位的气动线路如图 4.189 所示。

3 号工位的电机及其限位与 EtherCAT 模块的接线分别如图 4.190 和图 4.191 所示。

三、实验仪器和设备

(1) 计算机(安装有 TwinCAT)。

(2) EtherCAT 总线耦合模块 EK1100。

(3) 物料输送线实验台(含气泵及气路系统、DRE1048 模块和 DRE5014 模块)。

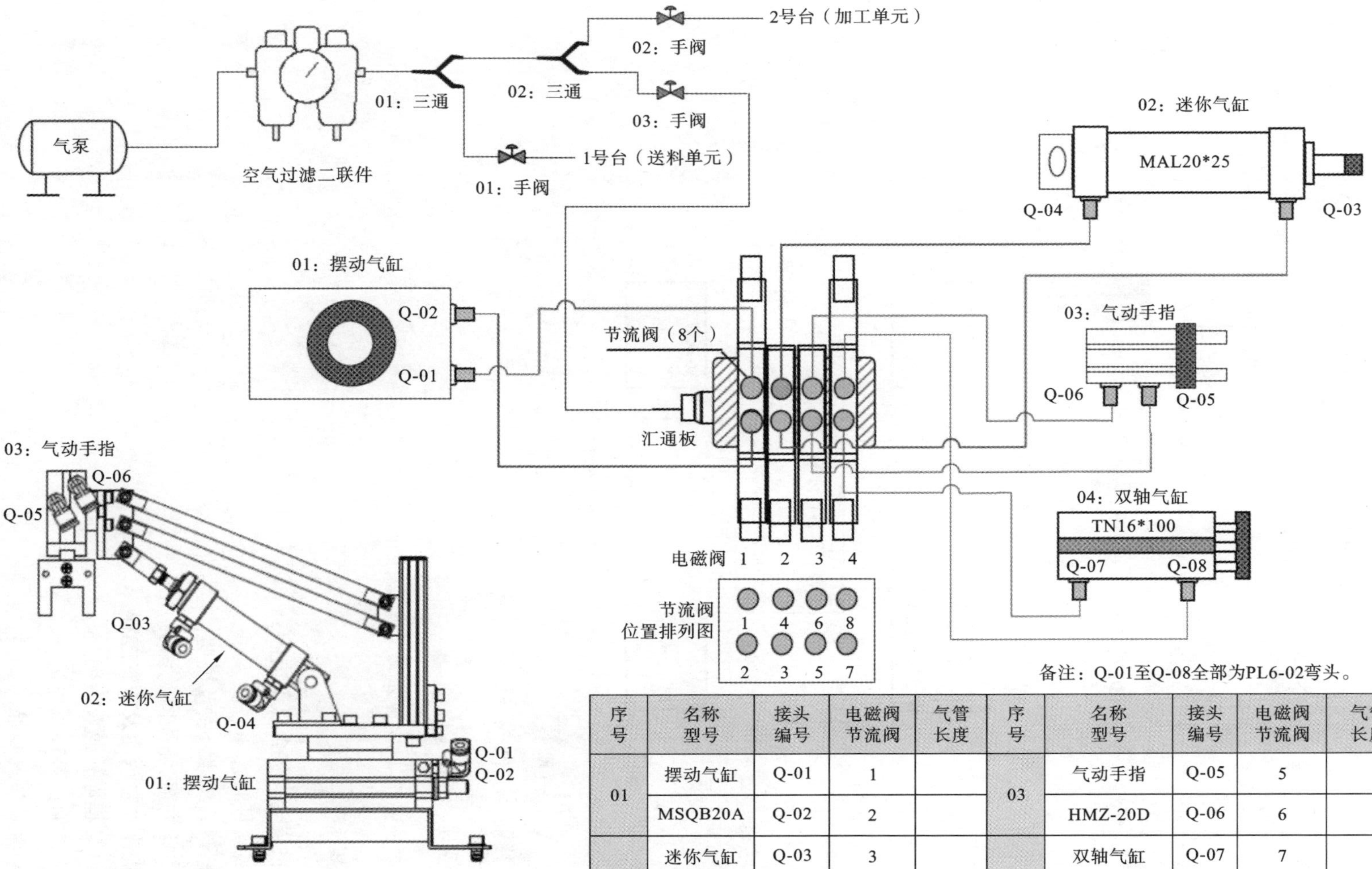

备注：Q-01至Q-08全部为PL6-02弯头。

序号	名称型号	接头编号	电磁阀节流阀	气管长度	序号	名称型号	接头编号	电磁阀节流阀	气管长度
01	摆动气缸	Q-01	1		03	气动手指	Q-05	5	
	MSQB20A	Q-02	2			HMZ-20D	Q-06	6	
02	迷你气缸	Q-03	3		04	双轴气缸	Q-07	7	
	MAL20*25	Q-04	4			TN16*100	Q-08	8	

图 4.189

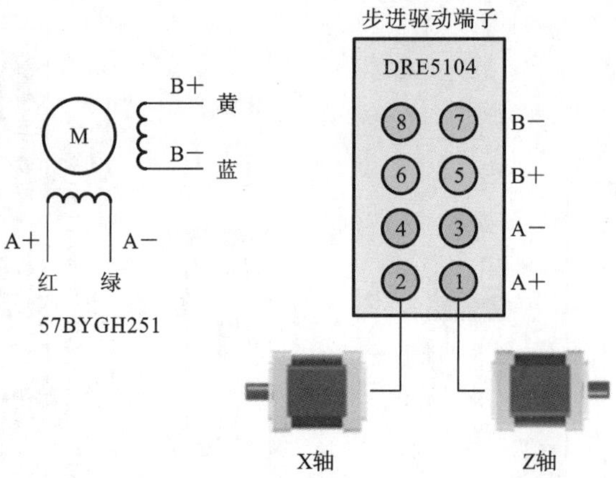

图 4.190

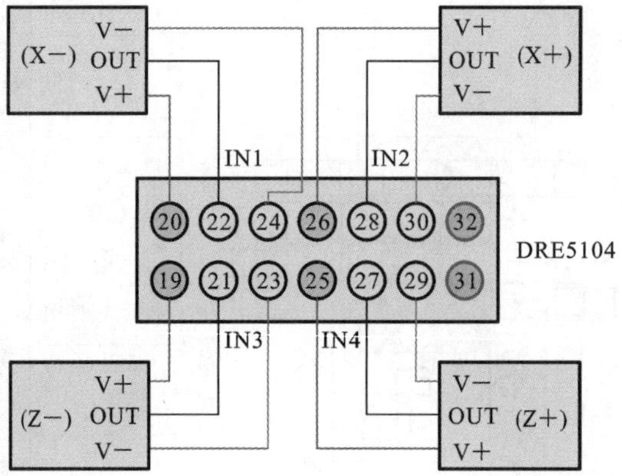

图 4.191

(4) 24 V 直流电源。

(5) 导线若干、网线一根。

四、实验步骤及内容

参照实验 4.7.1，完成本项实验要求的任务。

五、实验报告要求

实验报告至少包含以下内容：

(1) 实验目的。

(2) 控制系统接线图及说明。

(3) 实验方案、流程图及说明。

(4) 程序变量说明及配置过程。

(5) PLC 程序代码及说明。

(6) 实验调试过程与结果。

(7) 实验总结及心得。

六、思考题

如果需要对物料零件的重量进行计量，进行技术与市场调研，请结合 3 号工位实验台的实际尺寸，给出设计方案及造价估算。

4.7.4　物流线全线控制

一、实验目的

(1) 了解多传感器、多执行器动作控制系统的设计方法。

(2) 锻炼在解决复杂工程问题过程中的团队协作能力。

(3) 实现 1～3 号工位的联动，全线自动完成物料的分拣、转运和入库。具体要求如下：

① 有序地将料仓里的零件推送到皮带输送机上，合理利用相关传感器，识别出零件的材料类型，将钢制的零件分拣到滑道 1，将铝制的零件推送到滑道 2，用水平气缸上的真空吸盘吸取非金属材料制作的零件并放到下一个工位(2 号工位)的托盘指定位置，在零件放置到位后，发出"可抓取"信号。

② 控制 2 号工位的零件托盘进行 X-Y 平面内的精确移动，使之能准确地接收 1 号工位真空吸盘释放的零件，并控制托盘的移动，准确地将托盘上的零件送到 3 号工位气动机械手能够准确夹持该零件的位置。

③ 控制气动机械手将从 2 号工位托盘上抓取的零件，准确地放入料库车的托盘上，控制料库车在 X-Z 平面上运动，并停在准确的位置，由料库车上的气缸将非磁性金属材料的零件，按照从左到右的顺序放在零件库的第二排，将非金属零件放在零件库的最上面一排。

二、实验仪器和设备

(1) 计算机(安装有 TwinCAT)。

(2) EtherCAT 总线耦合模块 EK1100。

(3) 物料输送线实验台(含气泵及气路系统、DRE1048 模块和 DRE5014 模块)。

(4) 24 V 直流电源。

(5) 导线若干、网线一根。

三、实验步骤及内容

(1) 将物流线 1～3 号工位依次靠拢摆放整齐，并用固定条连接，如图 4.192 所示。

图 4.192

(2) 用网线按 1～3 号工位的顺序依次连接物流线各工位台上的 EtherCAT 模块。物流线通电后，在 TwinCAT 中通过扫描硬件可以找到物流线上的 EtherCAT 模块，如图 4.193 所示。图中,Box1、Box2 和 Box3 分别是 1 号工位上的 DRE5104、DER1048(1)和 DRE1048(2)模块,Box4、Box5 分别是 2 号工位上的 DRE5104 和 DRE1048 模块,Box6、Box7 分别是 3 号工位上的 DRE5104 和 DRE1048 模块。

图 4.193

(3) 进行团队分工,参照实验 4.7.1,完成本项实验所要求的任务。

四、实验报告要求

实验报告至少包含以下内容:

(1) 实验目的。

(2) 实验成员分工。

(3) 实验方案、流程图及说明。

(4) 控制系统接线图及说明。

(5) 程序变量说明及配置过程。

(6) PLC 程序代码及说明。

(7) 实验调试过程与结果。

(8) 实验总结及心得。

第5章　Arduino 测控实验

即学即用是学习一个项目的最好的方法，尤其是计算机类的项目。本章将从具体的项目入手，引导读者在动手做的过程中，掌握常见嵌入式控制器和相关开发环境的使用方法，在此基础上，完成更高级的项目。

本章实验的总体思路是：为达到控制目标，如控制水位、旋翼平衡、直流电机的转动、步进电机的转动等，采用 Arduino 单片机系统，通过采集传感器的信号，结合控制算法（如 PID 算法），完成对一个实验对象的控制任务。

实验所提供的器材：

（1）Arduino Mega 2560 单片机系统一套及相关电源。

（2）PC 一台。

（3）开关按键、导线、接线端子排若干，面包板一块。

（4）根据实际实验内容，提供以下实验装置中的一种或若干种：双容水箱实验对象、双旋翼实验对象、一维工作台、小车（含超声传感器和摄像头）及相关电源、多足机器人等。

本章的实验任务：

在掌握 Arduino 系统设计及程序设计的基础上，选择完成水位控制、温度控制、一维伺服工作台的位置控制和双旋翼的平衡控制；在此基础上，也可完成轮式小车的循迹导航和多足机器人的运动控制。

5.1　Arduino 测控应用基础实验

一、实验目的

（1）熟悉 Arduino 单片机系统的发展历程，了解 Arduino 单片机系统的基本性能。

（2）了解 Arduino 单片机系统的基本接口，初步掌握 Arduino 单片机系统基本接口的应用开发方法。

二、实验原理

1. Arduino 简介

Arduino 是一个基于开放源代码的嵌入式计算机平台，包含硬件（各种型号的 Arduino 板）和软件（具有使用类似 Java、C 语言的开发环境 Arduino IDE）。常规 Arduino 板的核心芯片是 Atmel AVR 单片机（也有使用 32 位 ARM 的），集成了 USB 端口，高端的 Arduino 板还集成了网口。Arduino 具有易用、便捷灵活、方便上手的特点。

与其他嵌入式微控制器相比，Arduino 的最大特点是易用性，即使是一个没有电子专业知识的人也可以快速入门，并开发自己所希望的电子作品。Arduino 是一个开源的项目，任何人都可以制作 Arduino 克隆板或变种板，同时在 Arduino 社区里有很多人分享他们的代码和电路图，以便其他人复制或改进，因此可以在网络上找到很多 Arduino 开源的资料。

Arduino 新的产品线是 Arduino Leonardo 和 Arduino Due，Due 采用 ARM 32 位处理器来代替 Arduino 板上的 8 位处理器，它的运行频率为 84 MHz，512 KB 闪存。本章实验所用的 Arduino 开发板的微处理器是 Atmel AVR 单片机，采用 5 V 电压供电。

Arduino 语言是建立在 C/C＋＋基础上的，其实就是基础的 C 语言，Arduino 语言只是把 AVR 单片机(微控制器)相关的一些寄存器参数设置等函数化了。与传统的单片机或 STM32 相比，AVR 单片机无须使用者了解它的底层，不太了解 AVR 单片机(微控制器)的开发人员也能轻松上手。

2. Arduino **实验板**

Arduino Mega 2560(见图 5.1)是基于 ATmega2560 的微控制板，有 54 路数字输入/输出端口，其中 15 个可以作为 PWM 输出(2～13、44、45、46 引脚)，16 路模拟输入端口(A0～A15)，4 路 UART 串口，16 MHz 的晶振，还有 USB 接口和复位按钮，简单地用 USB 连接 PC 或者用附带的电源适配器就能使用。

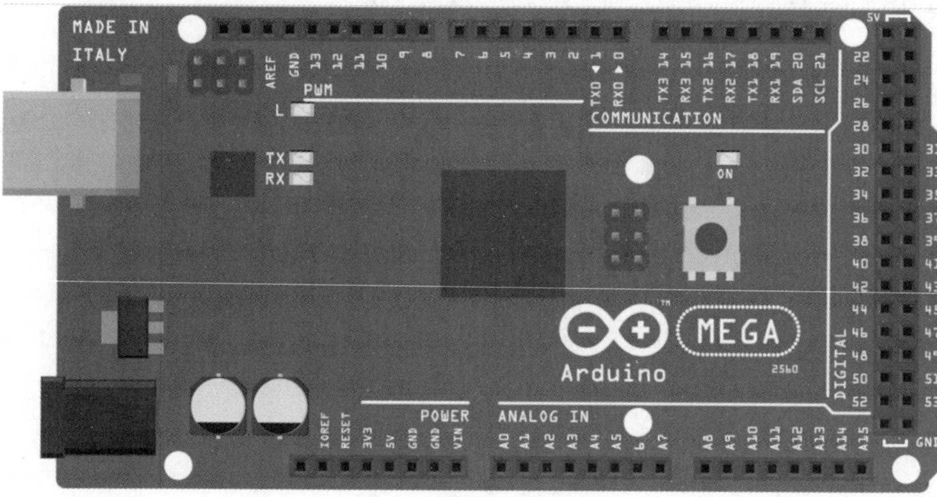

图 5.1

标准 Arduino 板的技术规格如下。

控制器型号：	ATmega2560
工作电压：	5 V
输入电压：	7～12 V
数字量 I/O 串口：	54 个(包含 15 个 PWM 输出引脚)
模拟量输入串口：	16 个
端口直流电流：	40 mA
3.3 V 端口直流电流：	50 mA
闪存：	256 KB，其中 4 KB 用于 bootloader
SRAM：	8 KB
EEPROM：	4 KB
频率：	16 MHz

3. Arduino **实验板与计算机连接**

当 Arduino 开发板连接到 PC 上时，在“设置”→“设备”中可以看到，如图 5.2 所示。

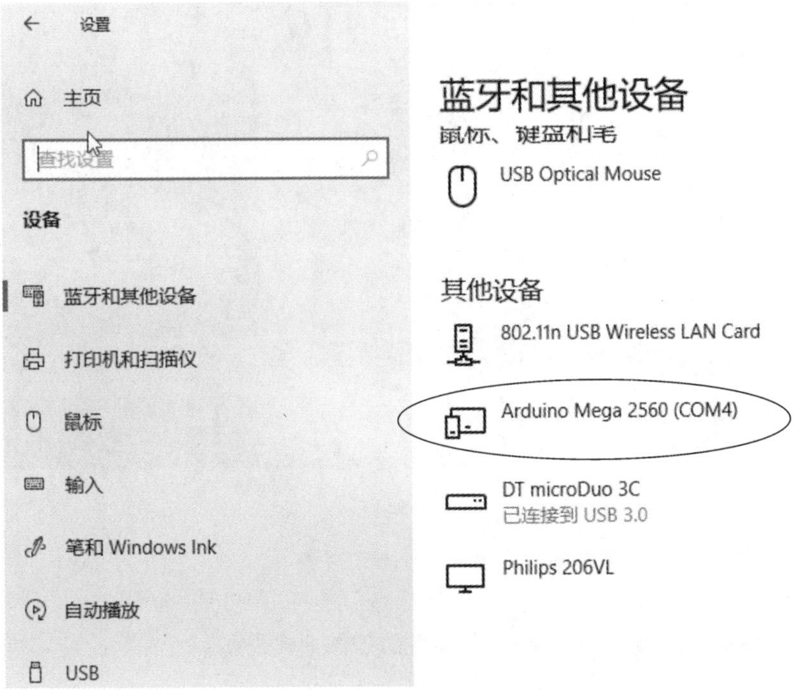

图 5.2

点击桌面图标，打开 Arduino IDE，在 Arduino IDE 的工具栏，选择与所用开发板相匹配的型号，本实验所用的开发板型号为 Mega 2560，如图 5.3 所示。

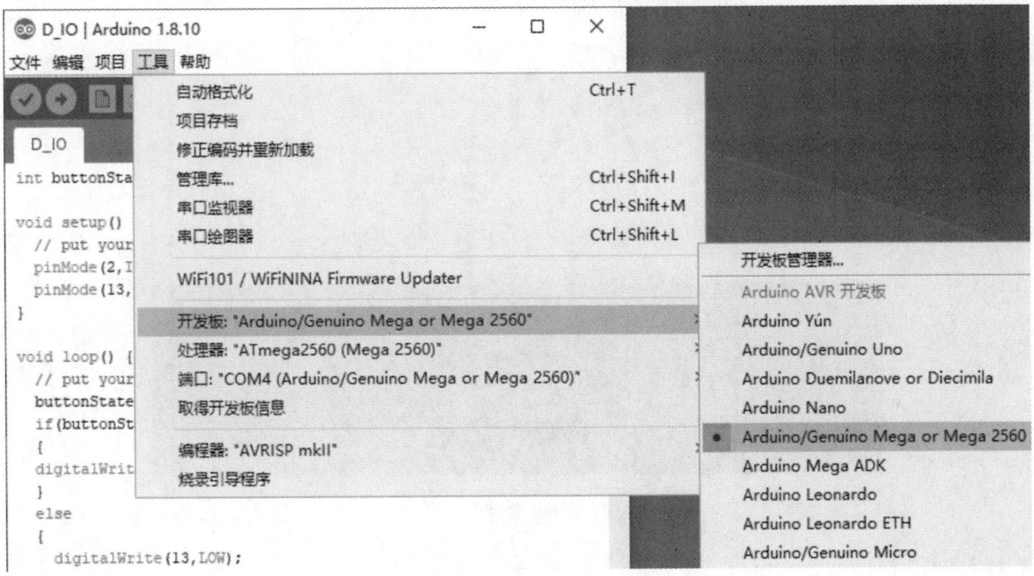

图 5.3

在“工具”→“端口”，选择开发板所在的端口号，如图 5.4 所示。

到这里已经安装好了 Arduino IDE，并选择了相应的开发板和端口，安装了驱动程序，就可以开始编写程序了。

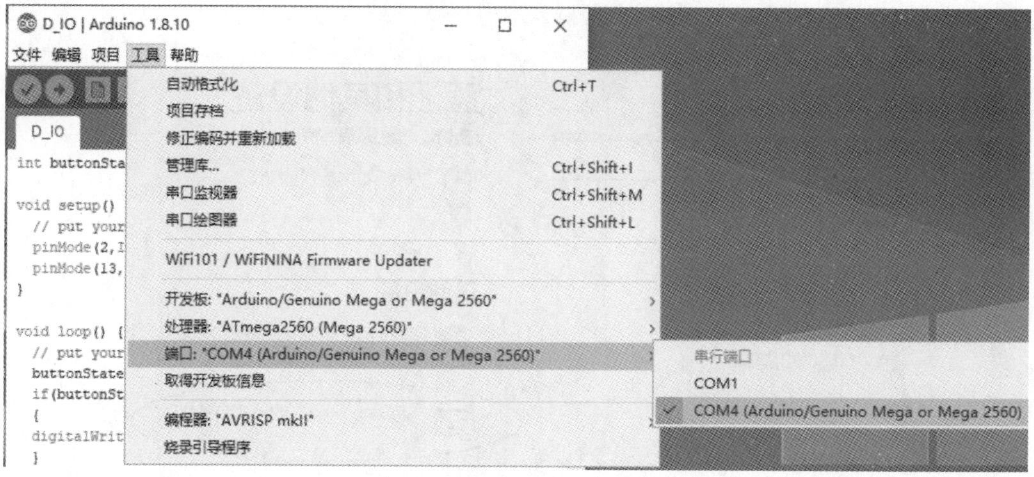

图 5.4

4. Arduino 编程环境及基本要点

(1) 编程环境。

Arduino 的编程软件是 Arduino IDE,其界面如图 5.5 所示。

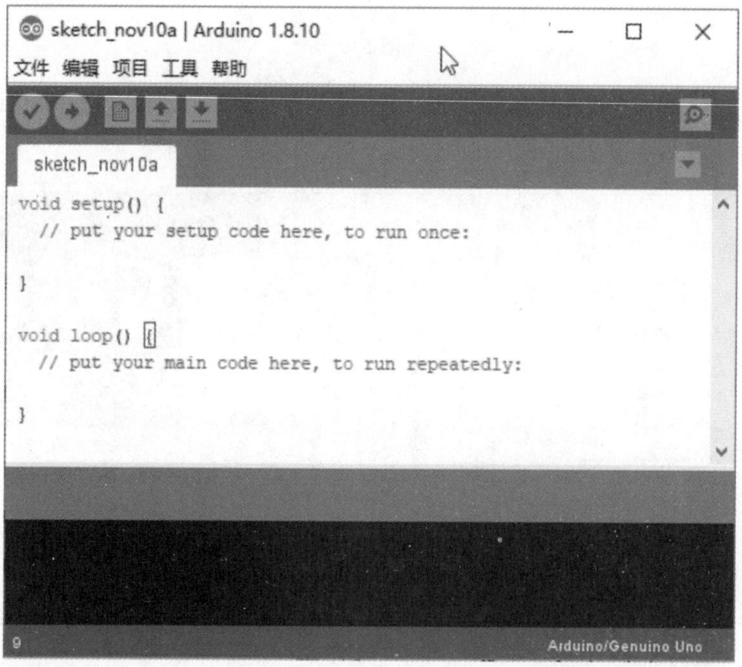

图 5.5

(2) 编程要点。

Arduino 的程序必须包括 void setup()和 void loop()两个函数(如图 5.5 所示),否则程序编译将会出错。Arduino 实验板通电或复位后,即会开始执行 setup() 函数中的程序,该部分只会执行一次。通常我们会在 setup() 函数中完成 Arduino 的初始化设置,如配置 I/O 口状态、初始化串口等操作。

在 setup() 函数中的程序执行完后,Arduino 会接着执行 loop() 函数中的程序。loop()

函数会一直循环执行，其中的程序会不断重复运行。通常我们会在 loop() 函数中完成程序的主要功能，如驱动各种模块、采集数据等。

(3) 数字 I/O 的使用。

数字信号是以 0、1 表示的电平不连续变化的信号，也就是以二进制的形式表示的信号。在 Arduino 中数字信号通过高低电平来表示，高电平为数字信号 1，低电平为数字信号 0。

Arduino 上每一个带有数字编号的引脚，都是数字引脚，包括编号中写有“A”的模拟输入引脚。使用这些引脚，可以完成数字信号输入输出的功能。

在使用输入或输出功能前，需要先通过 pinMode() 函数将引脚的模式配置为输入模式或输出模式，其格式如下：

pinMode(pin, mode)

其中，参数 pin 为引脚编号，参数 mode 为指定的配置模式。

- INPUT(输入模式)
- OUTPUT(输出模式)

Arduino 常用函数如下。

- 数字 I/O 口引脚定义函数：pinMode()
- 外部中断函数：attachInterrupt()
- 串口通信函数：串口定义波特率函数 Serial. begin()，判断缓冲器状态 Serial. available()，串口输出数据 Serial. print()，串口输出数据并带回车符 Serial. println()，读串口并返回收到参数 Serial. read()
- 引脚输入输出函数：digitalWrite()，digitalRead()，analogWrite()，analogRead()

当引脚被 pinMode() 函数定义为 INPUT 时，数字 I/O 口引脚可以用 digitalRead() 函数读取该引脚的状态；当引脚被 pinMode() 函数定义为 OUTPUT 时，数字 I/O 口引脚可以用 digitalWrite() 函数通过引脚输出 0 或 1。

Arduino Mega 2560 开发板共有 12 个模拟量 PWM 输出口，对应 2～13 引脚。PWM 模拟输出值设定范围为 0～255，0 对应的占空比为 0%，255 对应的占空比为 100%，通过函数 analogWrite() 实现。

(4) 常用运算符。

算术运算：加＋、减－、乘 * 、除/

关系运算：赋值＝、等于＝＝、不等于！＝、小于＜、大于＞、小于等于＜＝、大于等于＞＝

布尔运算：与 &&、或||、非！

复合运算符：自增＋＋、自减－－

常用数学函数：最大值 max(x,y) 、最小值 min(x,y) 、绝对值 abs(x) 、平方 sq(x)、开根号 sqrt(x)

其他常用函数：pulseIn()、外部中断 attachInterrupt()

三、实验仪器和设备

(1) 计算机(安装有 Arduino IDE)。

(2) Arduino 实验板。

(3) USB 通信线。

(4) 5 V 直流电源。

(5) 面模板。

(6) 1 kΩ 电阻。

(7) 2 kΩ 可变电阻。

(8) 一维直线台。

(9) 杜邦线。

四、实验步骤及内容

1. Arduino 数字量信号输入

Arduino 的数字量信号为 TTL 电平信号，即输入输出电压大于 2.4 V 为高电平，输入输出小于 0.4 V 为低电平，Arduino 的 I/O 口都可以用来做数字量 I/O 口。需要注意的是：当 I/O 口被设置为“信号输入”时，需要连接下拉电阻到 GND。

实验任务

通过在 Pin2 输入一个数字量信号（即 TTL 电平信号），控制开发板上连在 Pin13 上的 LED（图 5.6 中红框内）点亮和熄灭，即给 Pin2 施加一个高电平，LED 点亮，给 Pin2 施加一个低电平，LED 熄灭。

图 5.6

实验方法

Arduino 单片机实验板上自带一个 LED 与 13 号引脚连接，通过 13 号引脚输出可直接控制该 LED，其电路原理如图 5.7 所示，13 号引脚对应着原理图中的 D13。

电路设计说明：下拉（上拉）电阻——对于 Arduino，用 pinMode 函数将 I/O 口设为 INPUT 时，I/O 状态为浮空状态，此时 I/O 口没有连接到任何地方，读取 I/O 口的值是不确定的，可以为任何值，此时就需要连接下拉或者上拉电阻，使得 I/O 口的值为确定值。

注：上拉电阻——通过电阻连接到 VCC，下拉电阻——通过电阻连接到 GND。

示例代码如下：

```
int buttonPin=2;                   // 按键引脚
int ledPin=13;                     // LED 引脚
int buttonState=0;                 // 按键状态

void setup() {
    pinMode(ledPin, OUTPUT);       // 设置引脚 LED 输出
    pinMode(buttonPin, INPUT);     // 按键输入
}
```

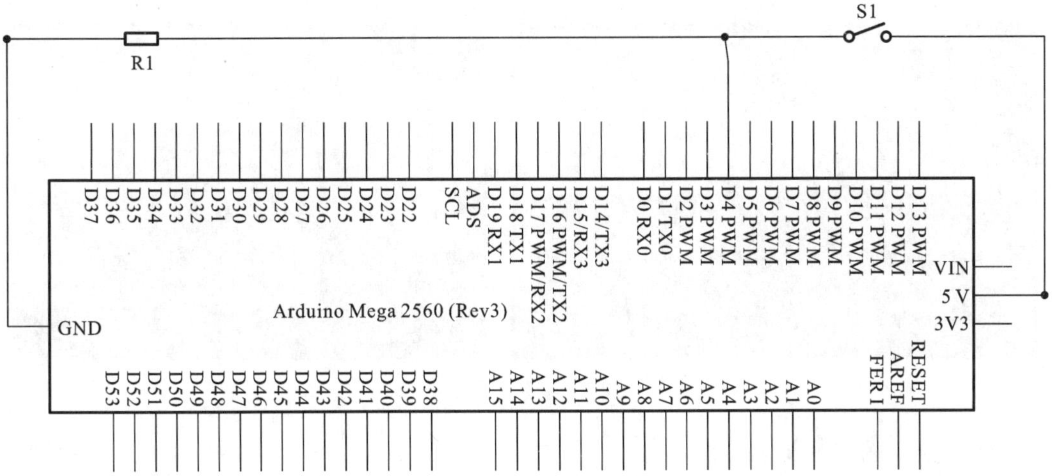

图 5.7

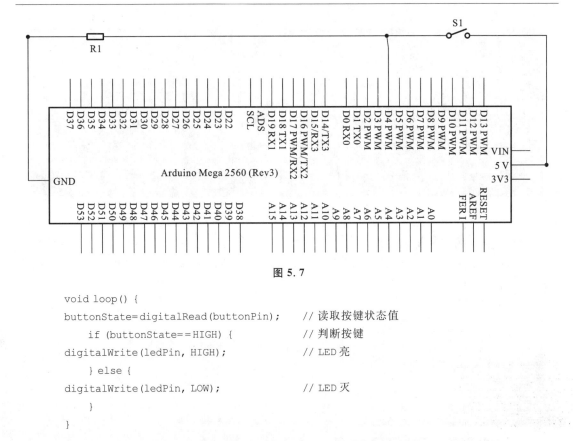

```
void loop() {
buttonState=digitalRead(buttonPin);        // 读取按键状态值
    if (buttonState==HIGH) {               // 判断按键
digitalWrite(ledPin, HIGH);                // LED 亮
    } else {
digitalWrite(ledPin, LOW);                 // LED 灭
    }
}
```

按图 5.7 连接好按键电路(信号输入口连接下拉电阻),点击 IDE 上部的 Verify/Compile 按钮,校验代码,如果没有错误就会进行编译,成功后,点击菜单栏里的“项目”→“上传”,或 Upload 按钮,上传代码到单片机板上,程序就可以运行了,如图 5.8 所示。

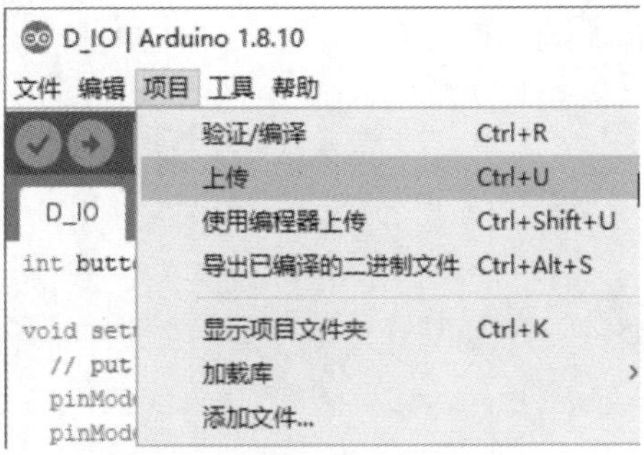

图 5.8

运行效果如图 5.9 所示。

2. Arduino 数字量信号输出

实验任务

在上一个实验任务的基础上,我们设计一个程序,实现功能:按下按键时,LED 闪烁,释放按键后,LED 熄灭,闪烁停止。

实验步骤

(1) 在上一个实验基础上,采用按照图 5.7 搭起的电路。

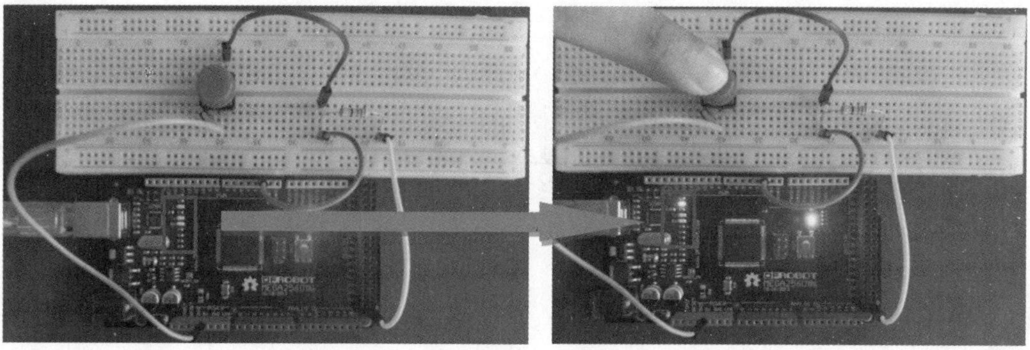

图 5.9

(2) 按照示例编写相应的程序。

下面的示例程序为单片机的 13 号引脚输出一个方波电平信号，占空比为 50%，周期为 2 s，使板上的 LED 闪烁。

示例代码片段如下：

```
int buttonPin= 2;                        // 按键引脚
int ledPin=13;                           // LED 引脚
int buttonState=0;                       // 按键状态

void setup() {
   pinMode(ledPin, OUTPUT);              // LED 输出
   pinMode(buttonPin, INPUT);            // 按键输入
}

void loop() {
   buttonState=digitalRead(buttonPin);   // 读取按键状态值
   if (buttonState==HIGH) {              // 判断按键
      digitalWrite(ledPin,HIGH);         // 输出高电平
      delay(1000);                       // 延时
      digitalWrite(ledPin,LOW);
      delay(1000);
   }
   else {
      digitalWrite(ledPin, LOW);         // LED 灭
  }
}
```

(3) 调试运行：点击 IDE 上部的 Verify/Compile 按钮，校验代码，如果没有错误就会进行编译，成功后，点击 Upload 按钮，上传代码到单片机板上，程序就可以运行了。

实验效果

按下按键后，与 13 号引脚相连的 LED 闪烁，如图 5.10 所示。

3. Arduino 串行接口通信

Arduino 可通过串口芯片与 PC 进行串口通信，也可使用 Arduino IDE 软件自带的串口监视器进行通信，如图 5.11 所示。

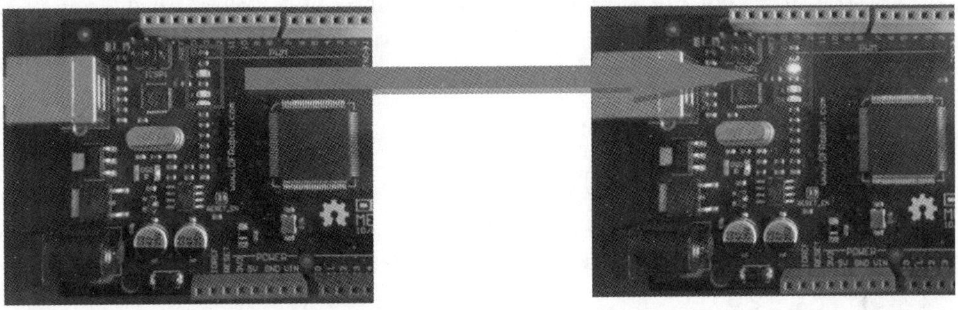

图 5.10

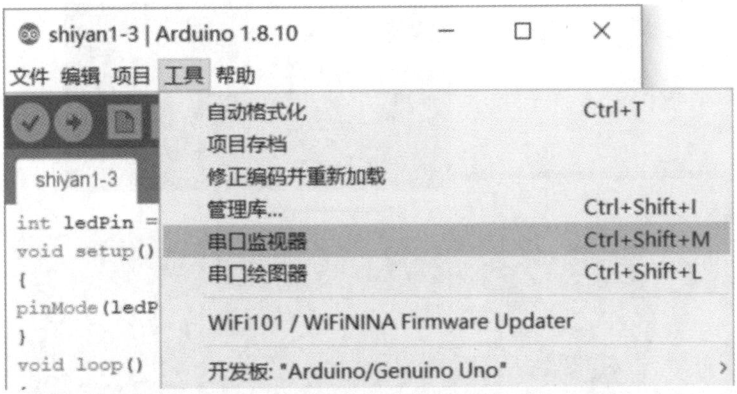

图 5.11

实验任务

通过连接在 Arduino 串行通信口的超声波测距传感器，测量距离。

实验原理

(1) 本实验所使用的超声波传感器的型号为 D17012，它有 VCC、GND 和 SIG 信号三个引脚，相比普通超声波模块具有四个引脚，D17012 超声波传感器将触发和接收合并到一个引脚上。使用时，先通过 SIG 信号引脚触发，再接收 SIG 信号引脚的电平信号，通过 SIG 信号引脚高电平宽度时间计算障碍物距离。超声波测距传感器工作原理如图 5.12 所示。

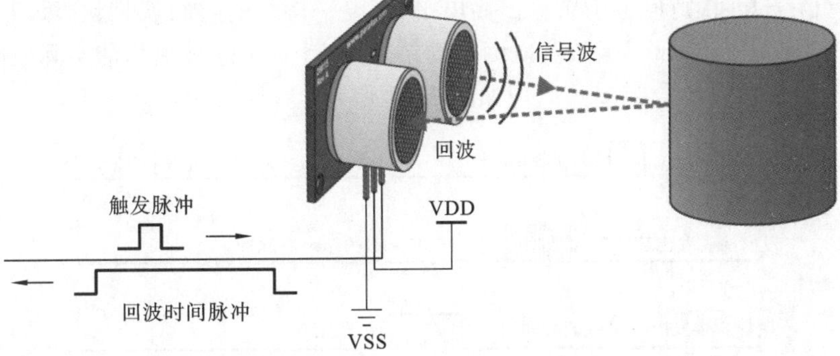

图 5.12

(2) 声音在 20 ℃的空气中的传播速度大约为 340 m/s。

(3) 编程函数拓展：pulseIn()用于检测引脚输入的高低电平的脉冲宽度，单位为微秒(μs)。

```
pulseIn(pin, value)
pulseIn(pin, value, timeout)
```

pin——需要读取脉冲的引脚编号；

value——需要读取的脉冲类型，HIGH 或 LOW；

timeout——超时时间，单位为微秒(μs)，数据类型为无符号长整型。

实验步骤

(1) 按照图 5.13 连接超声波传感器与 Arduino 实验板。

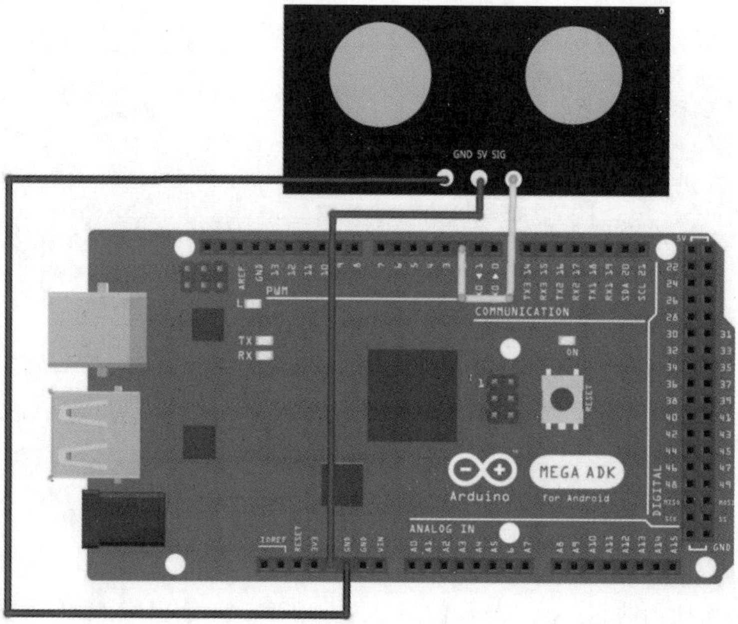

图 5.13

(2) 先使 Arduino 给信号引脚至少 10 μs 的高电平信号，触发超声波模块测距功能。

(3) 触发后，模块会发送 8 个 40 kHz 的超声波脉冲，并检测是否有信号返回。

(4) 若有信号返回，则信号引脚输出高电平，高电平持续的时间就是超声波从发射到返回的时间。此时，使用 pulseIn()函数获取测距的结果，并计算出距被测物的实际距离。

利用超声波传感器测量距离的原理如图 5.14 所示。

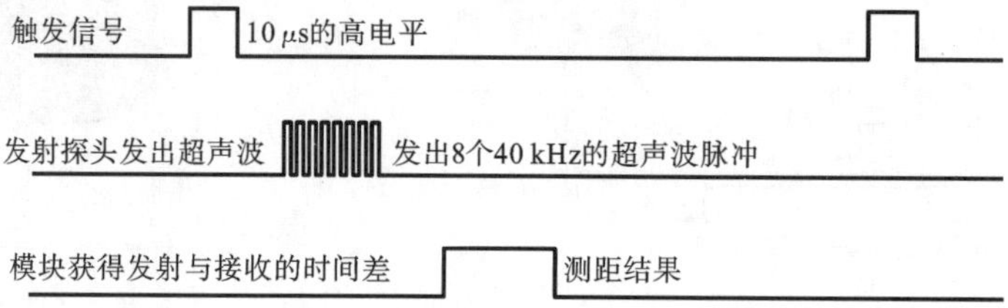

图 5.14

注意：信号输入 I/O 口需要连接下拉电阻到 GND。

实验效果

读取位于检测实验对象(一维工作台)上的超声波传感器的值,得到挡板与超声波传感器的距离,并通过 Arduino IDE 自带的串口监视器显示,如图 5.15 所示。

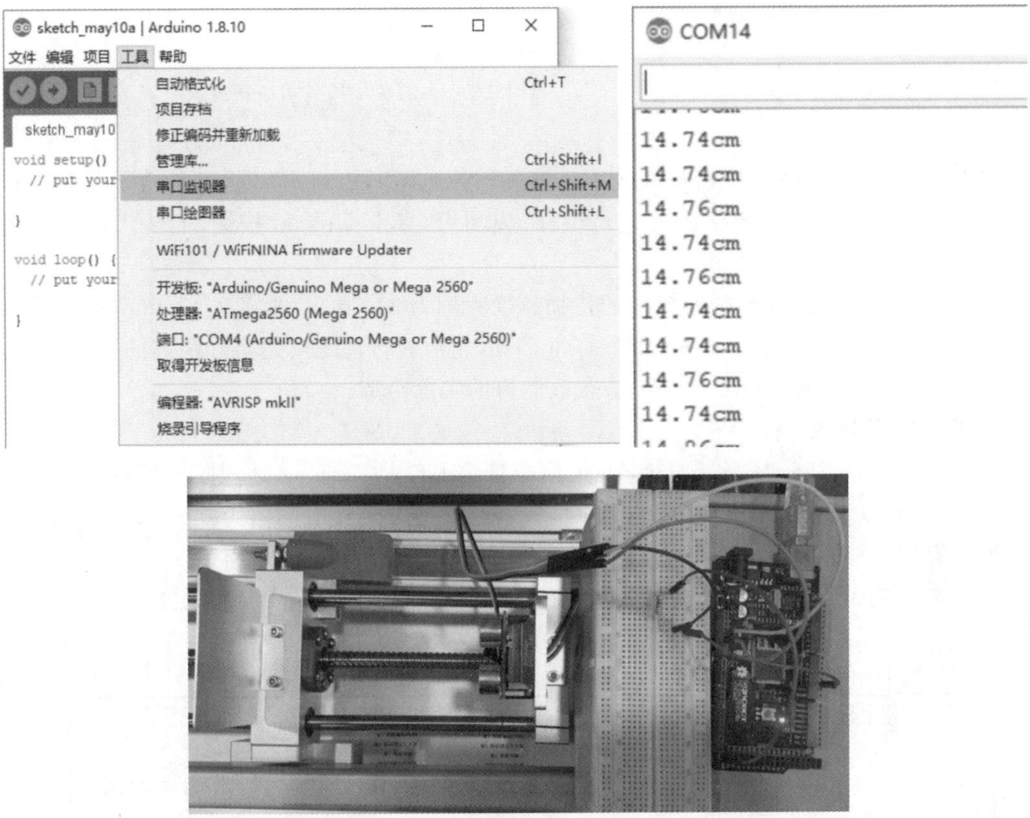

图 5.15

完整程序代码如下:

```
int sigPin=2;                    //信号引脚,需连接下拉电阻到 GND
int i=0;                         //高电平脉冲宽度值
double cm;                       //距离值
void setup() {
Serial.begin(9600);              //波特率
}
void loop() {
//**********超声波初始化**********
pinMode(sigPin,OUTPUT);          //设置引脚输出
digitalWrite(sigPin,LOW);        //引脚电平拉低
digitalWrite(sigPin,HIGH);       //高电平脉冲
delayMicroseconds(10);           //输出高电平脉冲 10 μs 激活传感器
digitalWrite(sigPin,LOW);        //
pinMode(sigPin,INPUT);           //引脚电平拉低
//**********脉宽时间**********
//检测引脚输出的高电平的脉冲宽度,单位 μs
```

```
i=pulseIn(sigPin,HIGH);
//**********距离输出**********
cm=i/58.82;                        //20 ℃室温下声速为 340 m/s
Serial.print(cm);                  //输出距离值
Serial.println("cm");              //输出字符串 cm 并换行
i=0;                               //重置脉冲宽度值
delay(100);                        //延时 100 ms,避免串口显示刷新过快
}
```

按引脚和 I/O 口连接导线(信号输入口连接下拉电阻),点击 IDE 上部的 Verify/Compile 按钮,校验代码,如果没有错误就会进行编译,成功后,点击 Upload 按钮,上传代码到单片机板上,程序就可以运行了。

计算说明:声音在 20 ℃的空气中的传播速度大约为 340 m/s,即 0.0340 cm/μs,换算为单位距离,即 1/(0.0340 cm/μs),可得 29.41 μs/cm,超声波行进距离是实际距离的 2 倍,所以可以用 pulseIn(sigPin, HIGH)/58.82 来获取测得的实际距离。

4. 模拟信号输入

Arduino Mega 2560 实验板共有 16 个模拟量输入口,为 A0～A15。模拟信号输入的信号电压范围为 DC 0～5 V,采用 10 位的 A/D 转换器,对应的转换后的值为 0～1023。

实验步骤

(1) 按照如图 5.16 所示的模拟量输入实验的电路原理图进行接线,电阻插在面模板上。

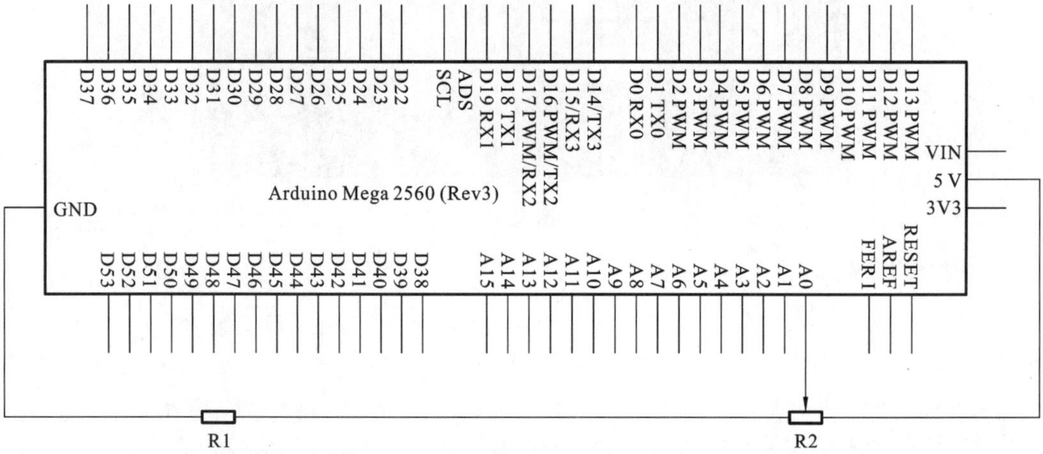

图 5.16

图 5.16 中 R1=1 kΩ,R2 为 2 kΩ 的可变电阻,其功能是:读取电阻尺(或电位器)的电压信号并通过串口通信输出到上位机显示。

(2) 编程。

可参考的示例代码片段如下:

```
//************获取电阻值并显示*****************
    void loop() {
     value=analogRead(trigPin);              //获取电阻值
    Serial.print(value);
    Serial.println();
```

```
        delay(500);                          //延时
    }
```

请读者在 Arduino IDE 中设计出完整的程序代码(可参考示例代码),按引脚和 I/O 口连接导线;点击 IDE 上部的 Verify/Compile 按钮,校验代码,如果没有错误就会进行编译,成功后,点击 Upload 按钮,上传代码到单片机板上,程序就可开始运行;旋动电位器杆,改变电位器的阻值,观察串口监视器的实验结果,如图 5.17 所示。

(3) 观察实验效果。

改变电位器或电阻尺接入电路 I/O 口的电阻值,串口输出的数据也会改变,与电阻值的变化成正比,如图 5.18 所示。

图 5.17

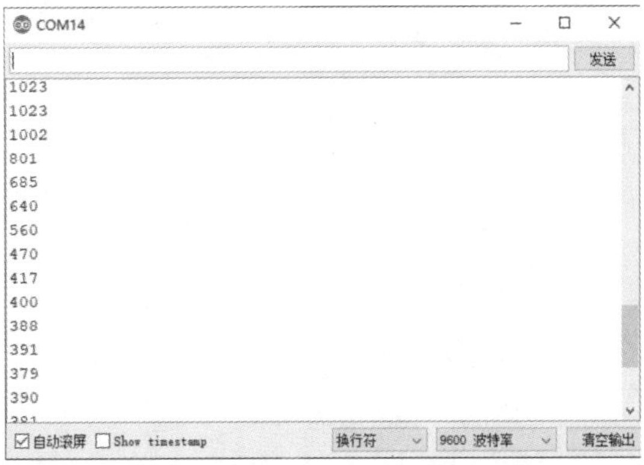

图 5.18

5. PWM 信号输出

实验任务

在本实验的第二个实验任务“Arduino 数字量信号输出”的基础上,以 PWM 输出的方式,实现“呼吸灯”的功能,即 LED 按照从“熄灭—微亮—中亮—亮—中亮—微亮—熄灭”的周期循环。

实验原理

标准的 Arduino 开发板没有 D/A 转换,并不能输出真正意义上的模拟值,而是以一种特殊的方式来达到输出近似模拟值的效果,这种方式称为脉冲宽度调制(PWM)。

通过在一段时间内来回切换高低电平而控制这段时间内高低电平出现的时间比例,若高电平出现的时间比例越多则输出电压就越接近 5 V 高电平,若低电平出现的时间比例越多则输出电压就越接近 0 V 低电平。这个时间比例就是“占空比”,输出的模拟电压＝占空比×PWM 波最高电压。

Arduino Mega 2560 开发板共有 15 个模拟量 PWM 输出口,对应开发板上的 2～13、44、45、46 引脚,输出值如图 5.19 所示;PWM 模拟输出值设定范围为 0～255,图中实测波形占空比为 50%,频率为 490 Hz。

实验步骤

按照下面的示例程序编程。示例程序实现的是通过 PWM 模拟输出引脚控制 LED 的亮度,使 LED 不断闪烁,达到呼吸灯的效果。若连接电机驱动板则可控制直流电机转速。

示例代码片段如下:

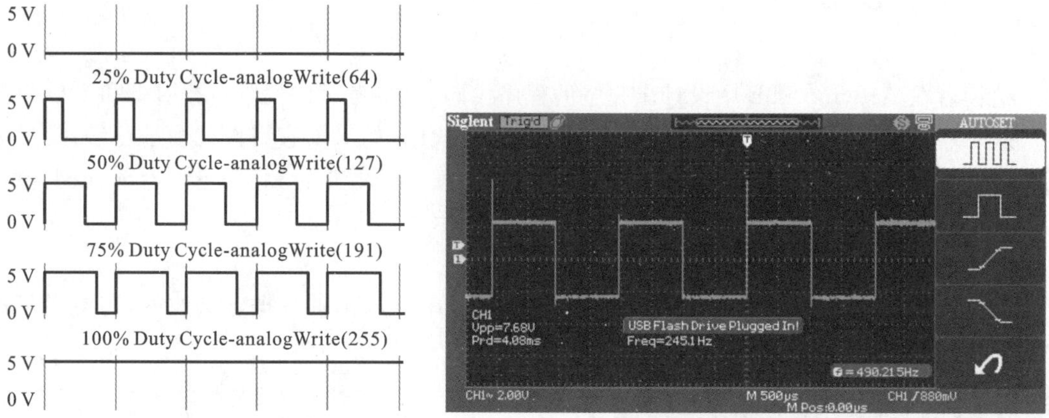

（a）理论波形　　（b）实测波形

图 5.19

```
int Pin=3;                              //mega 2560 PWM 输出引脚
int V[4]={255,100,0,100};
int i=0;
void setup() {
pinMode(Pin,OUTPUT);
}
void loop() {
analogWrite(Pin,V[i]);                  //模拟 PWM 输出
i++;
  if(i> 3)
i=0;
  delay(1000);                          //延时
}
```

按引脚和 I/O 口连接导线，点击 IDE 上部的 Verify/Compile 按钮，校验代码，如果没有错误就会进行编译，成功后，点击 Upload 按钮，上传代码到单片机板上，程序就可以运行了。

实验结果

运行程序，即可观察实验效果，如图 5.20 所示。

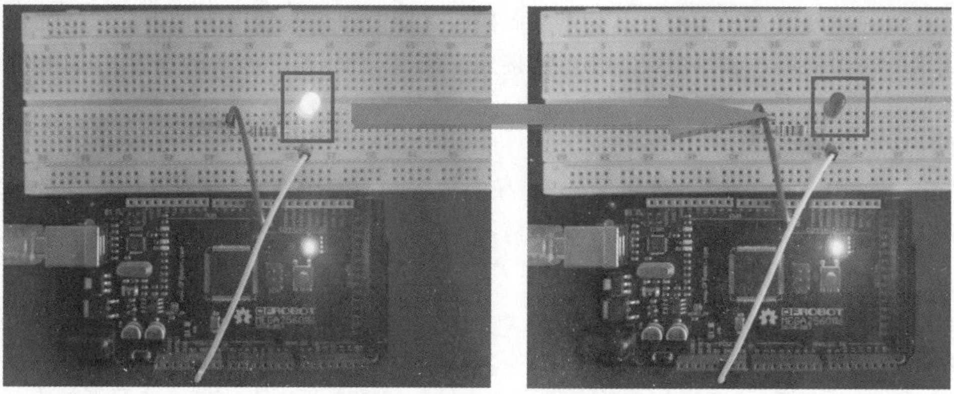

图 5.20

6. 显示(TFT 液晶触摸屏)

实验任务

通过触摸液晶屏中心区域的控制开关改变对应 I/O 口输出的电平信号。在以后的实验中,可以采用此方法控制电机的启动、停止。

实验原理

本项实验所用的 TFT 液晶触摸屏的型号为 DM-TFT35-107,其性能参数如下。

屏幕尺寸:52.56 mm×70.08 mm

工作电压:3.3 V 和 5 V

屏幕分辨率:320×240

通信接口:SPI

闪存:4 MB

工作温度:-10~70 ℃

尺寸:65.14 mm×78.10 mm (W×H)

本项实验所用的 DM-TFT35-107 液晶触摸屏为电阻触摸屏,如图 5.21 所示,直接将触摸屏对应引脚插到 Arduino 上即可。

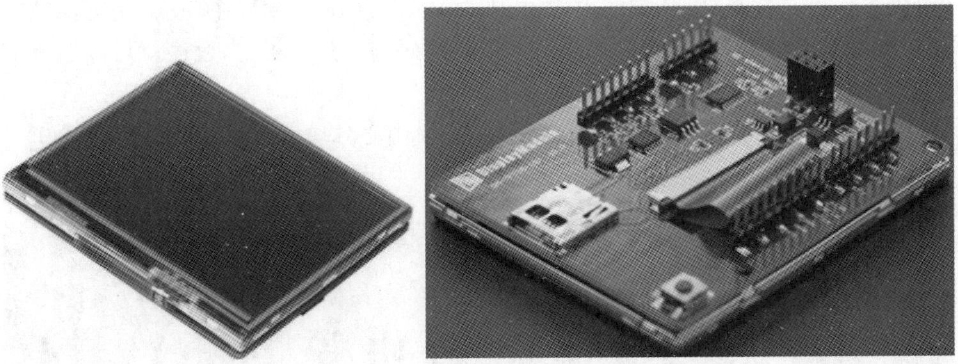

图 5.21

实验步骤

(1) 程序设计。

调用函数库中的库文件,设置开关状态的图像,在触摸屏中心显示一个正方形,以判断是否触摸设定区域。当触摸到中心区域设定范围时,设置状态值,通过判断状态值,显示不同颜色,并分别显示 OFF、ON 字符串。

编程需要用到触摸屏的头文件 SPI. h、DmTftSsd2119. h、DmTouch. h、DmTouchCalibration. h (头文件来源:https://bitbucket. org/displaymodule/dmtftlibrary/get/master. zip)。

示例程序片段如下:

```
//**************液晶屏触摸判断****************
if(120< x&&x< 180&&100< y&&y< 160)
{
    if(swithStatus==1)                         //切换开关状态
swithStatus=0;
    else
swithStatus=1;
```

```
        }
    //*************液晶屏显示****************
        if(swithStatus==0)                            //开关状态判断
        {
    tft.drawString(140, 70,"ON ");                    //显示字符串 ON
    tft.fillRectangle(120, 100, 180, 160, RED);       //显示红方形
    digitalWrite(swithPin,HIGH);
        }
        if(swithStatus==1)
        {
    digitalWrite(swithPin,LOW);
    tft.drawString(140, 70,"OFF");                    //显示字符串 OFF
    tft.fillRectangle(120, 100, 180, 160, BLUE);      //显示蓝方形
            }
        }
    }
```

(2) 连线与运行调试。

按引脚和 I/O 口连接导线，点击 IDE 上部的 Verify/Compile 按钮，校验代码，如果没有错误就会进行编译，成功后，点击 Upload 按钮，上传代码到单片机板上，程序就可以运行了。

实验结果

未触摸中心方块时显示蓝色方块及“OFF”，触摸中心方块后，显示红色方块及“ON”，如图 5.22 所示。

图 5.22

五、实验报告要求

实验报告应包含以下内容。

(1) 实验目的。

(2) 各个子任务的原理图、接线图(照片)、程序代码及注释。

(3) 实验过程和调试过程。

(4) 实验结果及总结。

六、思考题

(1) Arduion 的 I/O 口配置为输出端口时，其输出电流最大能到多少？

(2) 图 5.16 中电阻 R1 的作用是什么?

5.2　Arduino 水位测量与控制实验

一、实验目的

(1) 掌握 PID 算法及其计算机实现方法。

(2) 根据 PID 原理公式,在 Arduino 实验板上编写 PID 控制算法,用来控制上水箱的水位,使之稳定在一个指定高度。

(3) 掌握 Arduino 触摸屏 HMI 的设计方法,设计、组合一个水位监控系统,用于对水箱水位的监控,使水位稳定在一个指定高度,且目标水位可以通过 HMI 画面设定。

二、实验原理

1. 双容水箱实验装置

双容水箱水位测控实验装置如图 5.23 所示,控制部分包括上液位传感器、上液位电机、下液位传感器、下液位电机,可通过读取液位传感器信号来控制电机驱动板驱动液位电机。在该实验装置上,对上下水箱水位的控制效果可通过水柱刻度直观地反映出来。双容水箱实验装置更详细的信息请参见实验 3.1。

2. PWM 信号控制的直流电机调速器

图 5.24 所示为一个通过 PWM 信号控制的通用小功率直流电机调速器的接线端子。

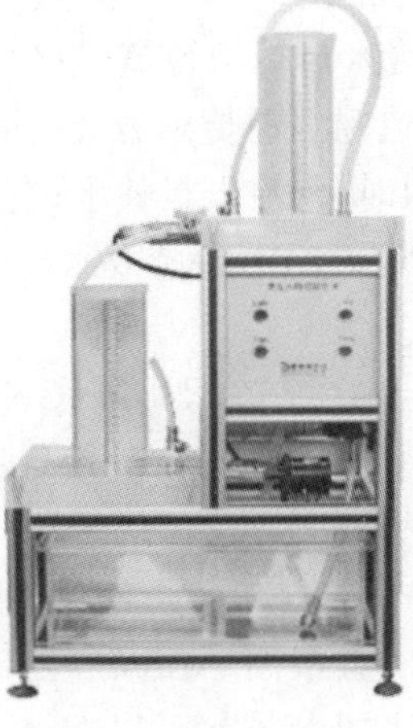

图 5.23

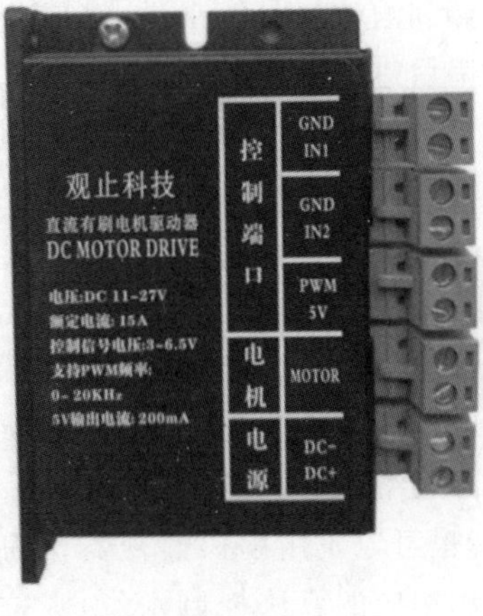

图 5.24

该直流电机调速器的参数指标如下。

(1) 工作电压:DC 12～48 V (超宽工作电压,48 V 为极限电压,一般要低于此电压使用),水泵电机的额定工作电压为 DC 12 V,所以"DC Power"端子接 12 V DC。

(2) 控制功率:0.01～500 W (MAX 电流 15 A)。

(3) 静态电流:0.02 A(待机状态)。

(4) 驱动直流电机的 PWM 占空比:0%～100%。

(5) 驱动直流电机的 PWM 频率:15 kHz。

(6) 控制信号 PWM 的电压：3～6.5 V。

(7) 控制信号 PWM 的频率：1～20 kHz。

根据以上参数，我们可以通过 Arduino 的 PWM 端口输出 PWM 波，改变 PWM 波的占空比，就可以控制水泵电机的转速，从而调节上水槽的进水量。

三、实验仪器和设备

(1) 计算机(安装有 Arduino IDE)。

(2) Arduino 实验板。

(3) USB 通信线。

(4) 12 V 直流电源。

(5) 面模板。

(6) 直流电机驱动器。

(7) 双容水箱实验台(含电机电缆和传感器电缆)。

四、实验步骤及内容

1. 实验方案

从实验 5.1 的图 5.19 可以看出，采用 analogWrite()输出的波形是 490 Hz 的 PWM 波，所以不能采用实验 3.1 中所用的模拟量控制的直流电机驱动器，只能采用 PWM 波控制的直流电机控制器。

采用 Arduino 实验板及其上位编程 PC 联合工作的模式，完成本实验任务，即通过上位机 PC 上的 Arduino IDE 中的串口监视器输入控制字符，下位机 Arduino 实验板接收控制字符来控制电机的启停和液位。具体来说，就是通过上位机 PC 输入目标液位值，下位机 Arduino 实验板接收字符串后进行数据拆分转换，再通过判断设定数值和当前传感器液位值之间的差值，来控制抽水电机转动的快慢。当传感器液位值小于设定值时，开启电机抽水；当传感器液位值大于设定值时，停止电机抽水(Arduino 控制液位时，需打开放水阀，保持放水)。

2. 实验步骤

(1) 按照图 5.25 完成控制系统接线，Arduino 实验板上的第 13 号引脚、GND 分别用导线接到电机调速器的 PWM 口和 GND。用 USB 通信线连接编程 PC 与 Arduino 实验板。

(2) 用 Arduino IDE 中的串口监视器向 Arduino 实验板发出控制指令。

控制命令：开启液位“I050”，关闭“O”。需要注意的是：I、O 均为大写，液位范围为 0～200。

当然，读者也可以不用串口监视器作为指令发送窗口，直接用 Arduino 控制水泵电机的启、停运行，采用相应的算法控制水位，水位的目标值、算法的参数都可以在 Arduino 程序中输入。

(3) 制定插值计算当前水位的方法。下位机 Arduino 接收液位传感器的模拟量数据，通过不同液位的传感器数值，计算出液位公式 $Y=aX+b$ 中的 a 和 b 的值，同一个传感器所得公式值基本相同。在下面的示例程序中已将计算出的值代入，可直接得出当前液位值。

(4) Arduino 编程。

参考下面的示例程序，完成 Arduino 编程。

```
int PIN_INPUT=A0,motorPin=13;          //设置 A0 引脚接收传感器模拟量，13 号引脚输出
                                         PWM 信号到直流电机驱动器控制端
```

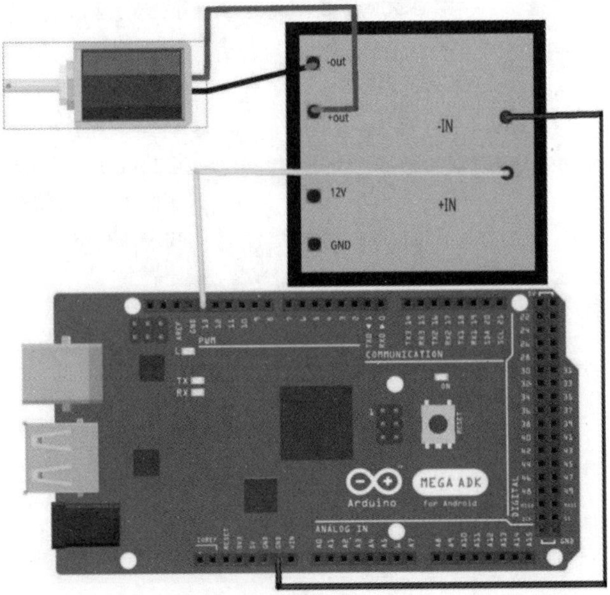

图 5.25

```
double Setpoint, Input;                         //设置液位设定值和传感器液位值
char point="O";                                 //定义字符串
int i=0,swich=0;
char contrl[3]="000";                           //输入值存储

void setup(){
pinMode(PIN_INPUT,INPUT);
    Input=analogRead(PIN_INPUT);
    Setpoint=50;                                //初始化设定液位值
Serial.begin(9600);}

void loop(){
    //**************上位机串口通信***************
    if (Serial.available()>0)                   //上位机串口通信判断
    {
        point=Serial.read();
        if(point=='I') {                        //开关字符判断
            swich=1;
            Serial.readBytes(contrl, 3);  //串口字符串按位接收 3 位,并存到 contrl 中
            Setpoint=(contrl[0]-'0')*100+(contrl[1]-'0')*10+(contrl[2]-'0');}
                                                //转换接收的字符串为数值

            else if(point=='O'){
            swich=0;
            analogWrite(motorPin,255); }
    }
    //**************水位控制***************
if(swich==1){
```

```
    Input=(analogRead(PIN_INPUT)* 3/10-29);  //液位传感器模拟量转换为当前液位值
    if(Input<(Setpoint-5))
    {analogWrite(motorPin,125);}             //电机控制板开启电机
     if(Input>(Setpoint+5))
    {analogWrite(motorPin,255);}             //电机控制板关闭电机
    delay(5);                                //延时 5 ms,等待传感器模拟量稳定
if(i>10) {                                   //通过串口通信,上位机显示传感器液位值
                Serial.print(Input);
                Serial.println();
                i=0;}
    else
    i++;}
}
```

示例程序实现的是:读取上液位传感器的模拟量电压值,控制上液位电机启停,实现水位的测量和控制。

(5) 程序运行。

按图 5.25 中 Arduino 实验板的引脚和 I/O 口连接导线,点击 IDE 上部的 Verify/Compile 按钮,校验代码,如果没有错误就会进行编译,成功后,点击 Upload 按钮,上传代码到单片机板上,程序就可以运行了。

(6) 程序调试。

设定目标水位,水泵电机开始工作后,观察水位的变化情况。可以加入 PID 控制算法,根据当前水位围绕目标水位波动的情况,优化调整 PID 算法的参数。

五、实验报告要求

实验报告应包含以下内容。

(1) 实验目的。

(2) 实验方案。

(3) 实验系统接线图(照片)、程序代码及注释。

(4) 实验过程和调试过程。

(5) 实验结果及总结。

六、思考题

参照 2.1 节的内容,设计 PID 算法,用于水位的控制,并观察控制效果。

5.3　Arduino 控制旋翼平衡实验

一、实验目的

(1) 熟悉 Arduino 的性能,基本掌握其在测控中的应用。

(2) 了解并掌握 PID 算法或其他基于模型的控制算法的编程实现。

二、实验原理

双旋翼飞行平衡实验台如图 5.26 所示，左右旋翼分别由一个无刷直流电机驱动，通过改变这两个无刷直流电机的转速来调节螺旋桨转速，由旋翼升力的变化实现对双旋翼飞行平衡的控制。在双旋翼前端有电位器传感器，用来测量两侧旋翼的平衡，双旋翼后端有数字编码器，用来测量整体旋翼的飞行上升量。

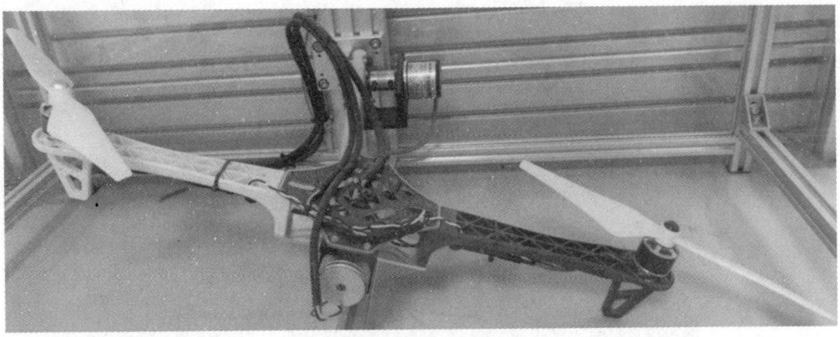

图 5.26

关于双旋翼实验台原理的详细说明参见实验 3.3。

关于双旋翼平衡的 PID 控制算法，参见 2.1 节。

三、实验仪器和设备

(1) 计算机(安装有组态王软件、WinCC flexible)。

(2) 双旋翼实验箱一台(含电源、连接线)。

(3) Arduino 实验板。

(4) 面模板。

(5) 开关、杜邦线、接线端子排若干。

四、实验步骤及内容

1. 接线

按照图 5.27 接线，电位器接引脚 A0，编码器 A 相接 2 号引脚，编码器 B 相接 3 号引脚，电机控制 1 接 6 号引脚，电机控制 2 接 7 号引脚，对应的 VCC 接 5 V 引脚，GND 接 GND 引脚。

2. 编写 Arduino 程序

(1) 编程之前需要了解函数 attachInterrupt()，这个函数在例程中会用到。

调用格式：

```
attachInterrupt(interrupt,function,mode)
```

- interrupt：中断号，mega2560 可用 0～5 号中断，分别为 2、3、21、20、19、28 号 I/O 口。
- function：调用中断函数，中断发生时调用的函数。
- mode：中断触发模式——LOW 低电平触发，HIGH 高电平触发，RISING 上升沿触发，FALLING 下降沿触发，CHANGE 电平变化。

注：该函数放在 void setup() 中。

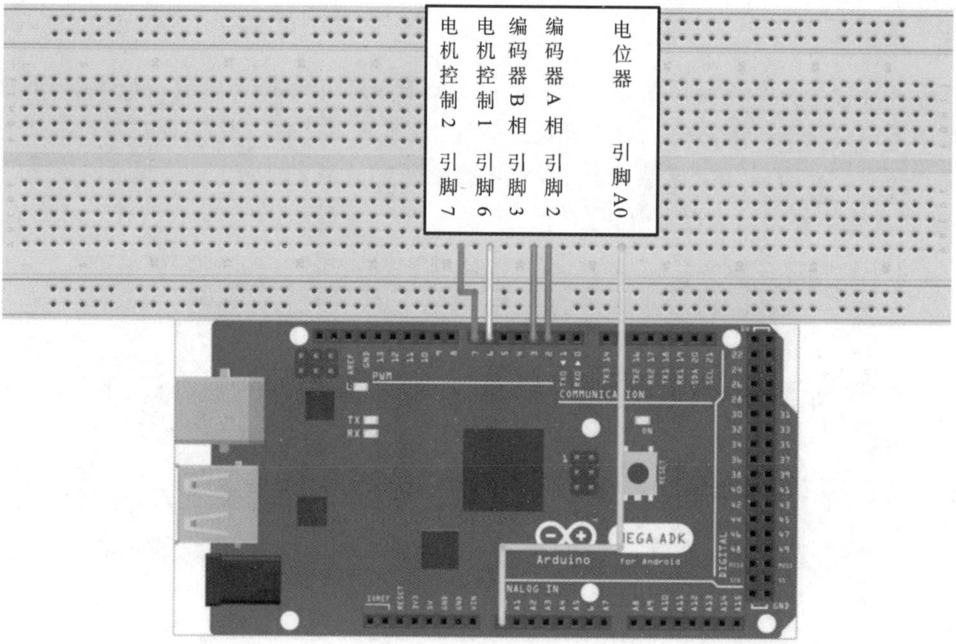

图 5.27

(2) 所需头文件：MsTimer2.h（文件来源：开源中断函数库文件，通过 Arduino 库文件管理器下载即可）。

- MsTimer2：：set(times, function)；　设定时间（单位 ms）与要执行的 function。
- MsTimer2：：start()；　启动中断。
- MsTimer2：：stop()；　停止中断。

(3) 控制命令：开启“I”，关闭“O”（上位机串口通信控制，波特率 9600 bit/s）。

(4) 中断：CPU 原本是按程序指令逐条向下顺序执行任务的，但如果中途某一事件 B 请求 CPU 迅速去处理（中断发生），CPU 暂时中断当前的工作，转去处理事件 B（中断响应和中断服务），待 CPU 将事件 B 处理完毕后，再回到原来被中断的地方继续执行程序（中断返回），这一过程称为中断。

(5) 示例程序片段如下：

```
//************中断串口通信发送**************
void sPrint()                              //内部中断串口通信
{
Serial.print("R");
Serial.print(R);
Serial.print("E");
Serial.print(E);
Serial.print(redV);
Serial.println();                          //换行
    }
//************串口通信接收**************
        {
            if(Serial.available()>0)  //串口接收命令
```

```
                {
Saccept=Serial.read();
            if(Saccept=='I')            //开关判断
                {
swich=1;
        }
            elseif(Saccept=='O')
                {
swich=0;
                }
            }
//*************外部中断获取编码器信号**********
void phaseA()                           //编码器 A 相计数
    {
bState=digitalRead(bPin);
        if(bState==1)                   //B 脉冲为高电平
          {
            E++;
        }
      if(bState==0)                     //B 脉冲为低电平
        {
          E--;
        }
    }
```

示例程序实现的是：Arduino 引脚读取编码器的数字量和电位器的模拟量值，并通过串口通信在上位机串口监视器显示数据，上位机通过串口监视器输出控制字符串，下位机 Arduino 接收控制字符串，根据读取的编码器和电位器的值判断左右旋翼的平衡状态。

3. 调试运行

再次检测按引脚连接的导线，确认无误后，点击 IDE 上部的 Verify/Compile 按钮，校验代码，如果没有错误就会进行编译，成功后，点击 Upload 按钮，上传代码到单片机板上，程序就可以运行了。观察程序运行现象：

① 旋翼电机释放，完成自检，完成自检会发出连续的“滴滴”响声；

② 旋翼释放，开始旋转，观察旋翼是否能够平衡。

五、实验报告要求

实验报告应包含以下内容。

(1) 实验目的。

(2) 实验方案。

(3) 实验系统接线图(照片)、程序代码及注释。

(4) 实验过程和调试过程。

(5) 实验结果及总结。

六、思考题

参照 2.1 节的内容，设计 PID 算法，用于双旋翼平衡的控制，并观察控制效果。

5.4　一维直线工作台的位置控制实验

一、实验目的

(1) 掌握步进电机的使用方法。

(2) 掌握 Arduino 控制步进电机驱动器各端口电平的要求。

(3) 掌握 Arduino 控制步进电机运动的接线方法。

(4) 掌握 Arduino 脉冲输出的编程方法。

(5) 掌握由步进电机驱动、丝杠螺母传动的一维直线台运动位移的计算方法。

(6) 编写 Arduino 程序，实现对由步进电机驱动的一维直线滑台的位置控制，并用直线光栅尺、旋转编码器进行验证。

(7) 掌握测量一维直线台丝杠螺母正反向间隙的方法。

(8) 能够在一维直线台上进行直线电阻尺位移精度的测量。

二、实验原理

(1) 一维运动综合实验台参见图 3.46，它包含了步进电机、光栅尺、超声波传感器、红外传感器、电阻尺、限位开关等。更详细的信息请参考实验 3.5。

图 5.28

(2) 步进电机驱动。

在本项实验中，一维运动综合实验台的驱动采用了 57 型步进电机，与此相对应，所用的步进电机驱动器为雷赛 DM542 型，如图 5.28 所示。

DM542 步进电机驱动器的供电电压为直流 18～48 V，可驱动四线两相步进电机，输入的控制信号有步进脉冲、方向、使能等。

“PUL＋/PUL－”脉冲控制信号的特性：差分模式或单脉冲模式均可(出厂默认设置为单脉冲模式)，脉冲有效沿可调，出厂时默认设置为脉冲上升沿有效；为了可靠响应脉冲信号，脉冲宽度应大于 1.2 μs；5～24 V DC 电平兼容。

“DIR＋/DIR－”方向控制信号的特性：高/低电平信号，为保证电机可靠换向，方向信号应先于脉冲信号至少 5 μs 建立；电机的初始运行方向与电机绕组接线有关，互换任一相绕组(如 A＋、A－交换)可以改变电机初始运行的方向；5～24 V DC 电平兼容。

“ENA＋/ENA－”使能控制信号：此输入信号用于使能或禁止驱动器输出；ENA 接低电平(或内部光耦导通)时，驱动器将切断电机各相的电流使电机处于自由状态，不响应步进脉冲；当不需用此功能时，使能信号端悬空即可；5～24 V DC 电平兼容。

“GND”：步进电机驱动器工作供电的直流电源地。

“V＋”：步进电机驱动器工作供电的直流电源正极，电压范围 18～48 V。

“A＋/A－”：电机 A 相绕组。

“B＋/B－”：电机 B 相绕组。

SW1～SW8:工作参数设定拨码开关,其中 SW1～SW3 用于工作电流设定(见表 5.1),SW4 用于静止电流设定,SW5～SW8 用于细分设定(见表 5.2)。

SW4 为静止电流设定拨码开关,off 表示静止电流设为运行电流的一半,on 表示静止电流与运行电流相同。一般用途中应将 SW4 设成 off,使电机和驱动器的发热减少,降低能耗,可靠性提高。脉冲信号停止 0.4 s 后电流自动减半,发热量理论上减至 25%。

表 5.1　SW1～SW3 工作电流设定拨码开关的设定组合

输出峰值电流	输出有效值电流	SW1	SW2	SW3
1.00 A	0.71 A	on	on	on
1.46 A	1.04 A	off	on	on
1.91 A	1.36 A	on	off	on
2.37 A	1.69 A	off	off	on
2.84 A	2.03 A	on	on	off
3.31 A	2.36 A	off	on	off
3.76 A	2.69 A	on	off	off
4.20 A	3.00 A	off	off	off

表 5.2　SW5～SW8 细分设定拨码开关的设定组合

步数/转	SW5	SW6	SW7	SW8
400	on	on	on	on
800	on	off	on	on
1600	off	off	on	on
3200	on	on	off	on
6400	off	on	off	on
12800	on	off	off	on
25600	off	off	off	on
1000	on	on	on	off
2000	off	on	on	off
4000	on	off	on	off
5000	off	off	on	off
8000	on	on	off	off
10000	off	on	off	off
20000	on	off	off	off
25000	off	off	off	off

三、实验仪器和设备

(1) 计算机(安装有 Arduino IDE)。

(2) 一维直线运动台(步进电机驱动,含直线光栅尺及其数显表、直线电阻尺、超声测距传感器,传动丝杠导程 4 mm)。

(3) Arduino 实验板(含电源)。

(4) 步进电机驱动器。

(5) 面模板。

(6) USB 通信电缆。

(7) 开关、杜邦线、接线端子排若干。

四、实验步骤及内容

1. 接线

Arduino 与一维直线台的接线如图 5.29 所示,位移传感器接引脚 A0,光栅尺 A 相接引脚 2、B 相接引脚 4,编码器 A 相接引脚 3、B 相接引脚 5,电机脉冲 PUL＋接引脚 7,电机方向 DIR＋接引脚 8,电机 PUL－和 DIR－接 GND,VCC 接 5 V 引脚,GND 接 GND 引脚。

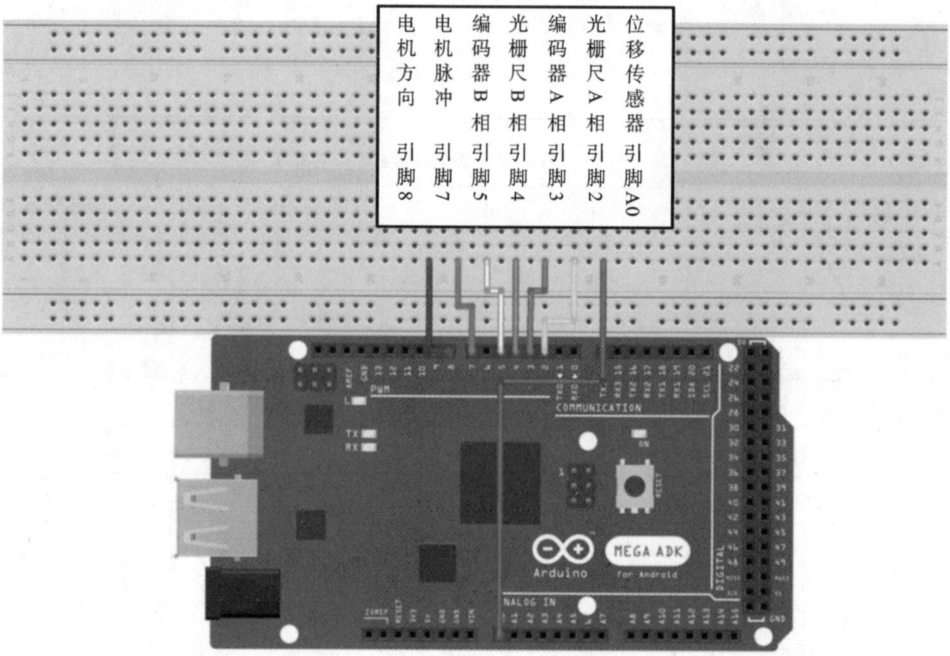

图 5.29

2. 编写 Arduino 程序

在下面的示例程序中,上位机 PC 串口调试工具的监视器显示检测到的电机的移动距离,并发送设置字符串给 Arduino;下位机 Arduino 读取光栅尺的信号和两个限位开关的信号,接收上位机控制字符串,通过电机控制引脚发送控制信号到电机控制板,以驱动电机移动。

控制命令:正向移动“＋025”,负向移动“－025”,停止“O”(上位机串口通信控制,波特率为 9600 bit/s)。

示例程序所需头文件:MsTimer2. h(文件来源:开源中断函数库文件,通过 Arduino 库文件管理器下载即可)。

拓展中断:① 内部中断——主要为定时中断,定时中断是指主程序在运行一段程序后自动进行的中断服务程序。

② 外部中断——一般由外设发出中断请求,如键盘中断、打印机中断。外部中断须外部中断源发出中断请求才能引发中断。

程序代码如下:

```
#include "MsTimer2.h"                              //内部中断调用头文件
int bPin=4;
int pulPin=7;                                      //电机脉冲引脚
int dirPin=8;                                      //0为正方向
int bState=0;
int i=0,limitM,limit;                              //定义左右限位开关
int swich=0,dir=0;                                 //定义电机开关和方向
char Saccept='O';                                  //开关字符串初始化定义
char contrl[3]="000";                              //初始化定义位移量设定值
doubleLeng=0,L=0;                                  //定义位移距离
//************内部中断串口通信*************
void Sprint()
{
    if (Serial.available()>0)
  {
Saccept= Serial.read();
if(Saccept=='-'||Saccept=='+')
    {
swich=1;
Serial.readBytes(contrl, 3);
Leng=(contrl[0]-'0')*100+(contrl[1]-'0')*10+(contrl[2]-'0');//转换接收的字符串为数值
if(Saccept=='-')
dir=1;
        else dir=0;

        L=0;
        }
        else if(Saccept=='O')
swich=0;
    }
}
//***************步进电机驱动器控制****************
if(swich==1)
{
digitalWrite(pulPin,HIGH);
delay(1);
digitalWrite(pulPin,LOW);
```

```
delay(1);
}
else digitalWrite(pulPin,HIGH);
if(dir==1)
{
digitalWrite(dirPin,HIGH);
}
else digitalWrite(dirPin,LOW);
}
//************外部中断获取光栅尺信号**************
void linearA()                                  //光栅尺 A 相计数
    {
        if(abs(L*0.02)>=Leng)                   //光栅尺脉冲信号转换为距离
swich=0;
bState=digitalRead(bPin);
        if(bState==1)                           //B 脉冲为高电平
            L++;
        if(bState==0)                           //B 脉冲为低电平
            L--;
    }
```

3. 编译下载

再次检测按引脚连接的导线，确认无误后，点击 IDE 上部的 Verify/Compile 按钮，校验代码，如果没有错误就会进行编译，成功后，点击 Upload 按钮，上传代码到单片机板上，程序就可以运行了。

4. 调试运行

测试串口调试工具与 Arduino 通信是否正常，即测试通过串口调试工具发出的字符串 Arduino 是否能够收到；测试步进电机是否能够转动，一维直线台的滑台是否能够移动；观察测试一维直线台的滑块位移与程序所设定的目标位移是否一致，误差多少。

五、实验报告要求

实验报告应包含以下内容。

(1) 实验目的。

(2) 实验方案。

(3) 实验系统接线图(照片)、程序代码及注释。

(4) 实验过程和调试过程。

(5) 实验结果及总结。

六、思考题

(1) 根据一维直线台的滑台的实际位移与目标位移的差距，编程进行补偿。

(2) 参照 2.1 节的内容，设计 PID 算法，编写相应程序代码，用于一维直线台滑块位移的控制，并与上面未采用 PID 控制器的滑台位移做比较，观察控制效果的差异，对该差异进行分析。

5.5　视频信号与颜色识别实验

一、实验目的

(1) 了解 Arduino 视觉图像处理的方法。
(2) Arduino 读取摄像头识别的图像颜色 RGB 值，通过串口输出到上位机显示。

二、实验原理

Pixy 是一种在全球极受欢迎的开源视觉传感器，图 5.30 所示为 Pixy2(二代)视觉传感器，它自带处理器，并搭载着一个图像传感器 CMUcam5，其通过处理器内部的算法，以颜色为中心来处理图像数据，选择性地过滤无用信息，从而得到有效信息。Pixy 让图像识别变得更容易，支持多物体识别，具有强大的多色彩颜色识别及色块追踪能力(最高支持 7 种颜色)，Pixy2 只需按下一个按钮即可识别并记忆所拍摄到的物体。同时，新版本还增加了线路追踪和小型条形码识别功能。Pixy 可直接连接到 Arduino 板上与 Arduino 进行通信。它能以 1 Mbit/s 的速度发送块信息给 Arduino，理论上 Pixy 每秒可以发送超过 6000 个识别的物体或每帧处理 135 个识别的物体(Pixy 每秒可以处理 50 帧画面)。

图 5.30

Pixy 视觉传感器的规格参数如下：

处理器	NXP LPC4330，204 MHz 主频，双核处理器
图像传感器	Omnivision OV9715，1/4"，1280×800
镜头视野	水平 75°，垂直 47°
镜头类型	标准 M12 (可支持几种不同类型)
功耗	典型值 140 mA
电源输入	USB 输入 (5 V) 或直流供电端 Vin 输入 (6～10 V)
RAM	264K bytes
Flash	1M bytes

三、实验仪器和设备

(1) 计算机(安装有 Arduino IDE)。
(2) Arduino 实验板(含电源)。
(3) Pixy 视觉传感器。
(4) USB 通信线。

四、实验步骤及内容

1. 连接 Pixy 视觉传感器到 Arduino 板

使用时通过 10P 转 6P 接口排线连接 Arduino 板 6P 排针与视觉传感器接口，具体连接如

图 5.31 所示。

图 5.31

2. 编写 Arduino 颜色识别程序代码

编程所需头文件：Pixy2. h(文件来源：https://pixycam. com/downloads-pixy2/)

stdio. h(文件来源：Arduino IDE 自带数学函数库文件)

在 Arduino IDE 中，参照下面的示例程序编写程序代码：

```
//********获取 RGB 值并串口输出**********
if (pixy.video.getRGB(pixy.frameWidth/2, pixy.frameHeight/2, &r, &g, &b)==0)检测附件物体颜色
{
Serial.print("red:");                    串口输出字符串 red
Serial.print(r);                         串口输出红色值 r
Serial.print(" green:");                 串口输出字符串 green
Serial.print(g);                         串口输出绿色值 g
Serial.print(" blue:");                  串口输出字符串 blue
Serial.println(b);                       串口输出蓝色值 b 并换行
}
```

示例程序如下：

```
#include < Pixy2.h>
Pixy2 pixy;                              //pixy2 摄像头主项目
int PwmPin=45;                           //设置 pwm 输出引脚
void setup()
{
  Serial.begin(9600);
  Serial.print("Starting...\n");
  pixy.init();                           //pixy2 初始化
}
void loop()
{
```

```
int i;                                          //定义计数变量 i
pixy.ccc.getBlocks();                           //物品识别
if (pixy.ccc.numBlocks)                         //如果有设置的物品,打印信息,驱动直流电机
{
  Serial.print("Detected ");                    //输出字符串"检测到"
  Serial.println(pixy.ccc.numBlocks);           //输出检测到的物品数量
  for (i= 0; i< pixy.ccc.numBlocks; i+ + )      //串口输出所有识别到的物品
  {
      Serial.print("  block ");
      Serial.print(i);                          //串口打印识别物品数量
      Serial.print(": ");
      pixy.ccc.blocks[i].print();               //串口打印识别物品参数
  }
  analogWrite(PwmPin,255);                      //识别到物品时, pwm 输出驱动电机
}
else analogWrite(PwmPin,0);                     //未识别到物品时, pwm 输出 0
delay(500);                                     //延时
}
```

3. 编译运行代码

再次核查 Pixy 视觉传感器与 Arduino 板连接是否正确,插上 USB 连接线,连接 Arduino 与 PC,点击 IDE 上部的 Verify/Compile 按钮,校验代码,如果没有错误就会进行编译,成功后,点击 Upload 按钮,上传代码到单片机板上,程序就可以运行了。

4. 观察实验效果

获取接近物体的颜色 RGB 值,并从串口输出。实物连线及拍摄物体如图 5.32 所示,串口监视器界面如图 5.33 所示。

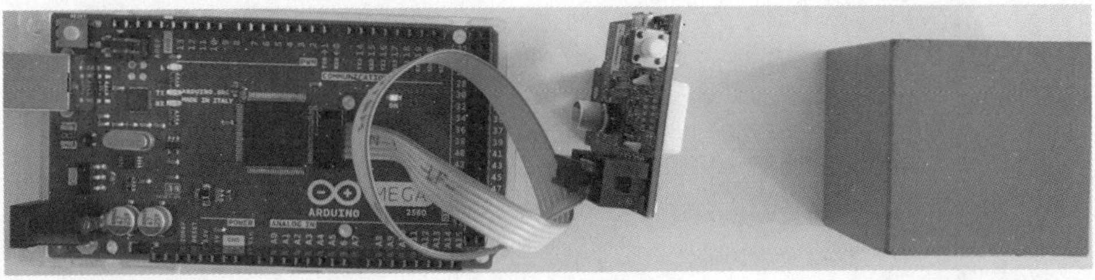

图 5.32

五、实验报告要求

实验报告应包含以下内容。

(1) 实验目的。

(2) 实验方案。

(3) 实验系统接线图(照片)、程序代码及注释。

(4) 实验过程和调试过程。

(5) 实验结果及总结。

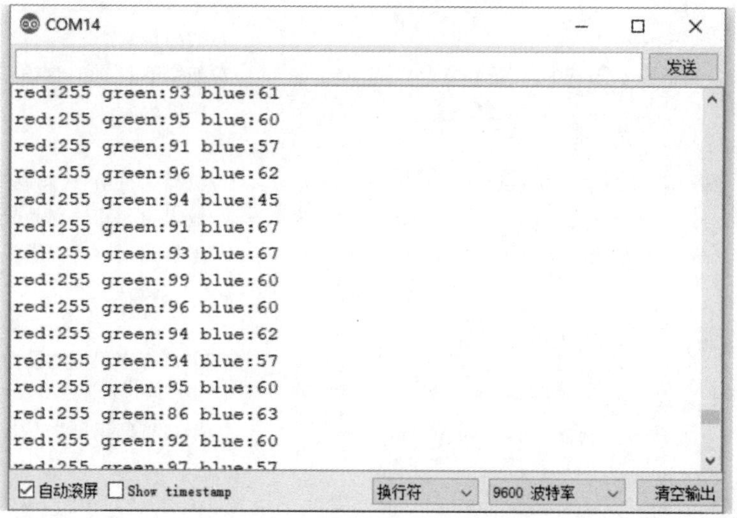

图 5.33

六、思考题

(1) 简介 Arduino,简述其发展历程及特点,据此写下自己的体会。

(2) 根据本章的实验,写出采用 Arduino 系统的小车循迹导航实验方案。

第 6 章　树莓派测控基础实验

“树莓派”，英文 Raspberry Pi。树莓派由注册于英国的慈善组织“Raspberry Pi 基金会”开发，Eben Upton 为项目带头人。2012 年 3 月，英国剑桥大学的 Eben Upton 正式发售世界上最小的台式机，又称卡片式计算机，外形只有信用卡大小，却具有计算机的所有基本功能。现在的树莓派是基于 ARM 的微型计算机主板，以 SD/MicroSD 卡为内存硬盘，卡片主板周围有 1/2/4 个 USB 接口和一个 10/100 以太网接口（A 型没有网口），可连接键盘、鼠标和网线，同时拥有视频模拟信号的电视输出接口和 HDMI 高清视频输出接口，以上部件全部整合在一张仅比信用卡稍大的主板上，具备 PC 的所有基本功能，只需接通电视机和键盘，就能实现如电子表格、文字处理、玩游戏、播放高清视频等诸多功能。

树莓派运行 Linux 操作系统，支持 Python、C、C++等编程语言。树莓派基金会提供了基于 ARM 的 Debian 和 Arch 微 Linux 操作系统，供使用者下载。树莓派官方推荐的操作系统 Raspbian 是开源 Linux 操作系统 Debian 的分支。微软也推出 Windows10 IoT 支持树莓派，这意味着，树莓派将可以运行 Windows10 操作系统。在树莓派社区里还发布了其他的操作系统版本，多达几十种。目前，树莓派有 A、A+、B、B+、2B、2B+、3B、4B 等多种型号，其中 4B 型号树莓派的功能最强。

鉴于树莓派低廉的价格、足够强的性能、小巧的体积、较低的功耗、开源的软硬件、丰富的资源、良好的生态、简单易学的操作等特点，使用树莓派的人越来越多，在教学和学生的课外创新实践与竞赛中也应用广泛。本章实验使用的是 4B 型树莓派。

6.1　树莓派硬件

实验所用的树莓派主板如图 6.1 所示。该实验板 CPU 采用主频 1.5 GHz、四核 64 位的

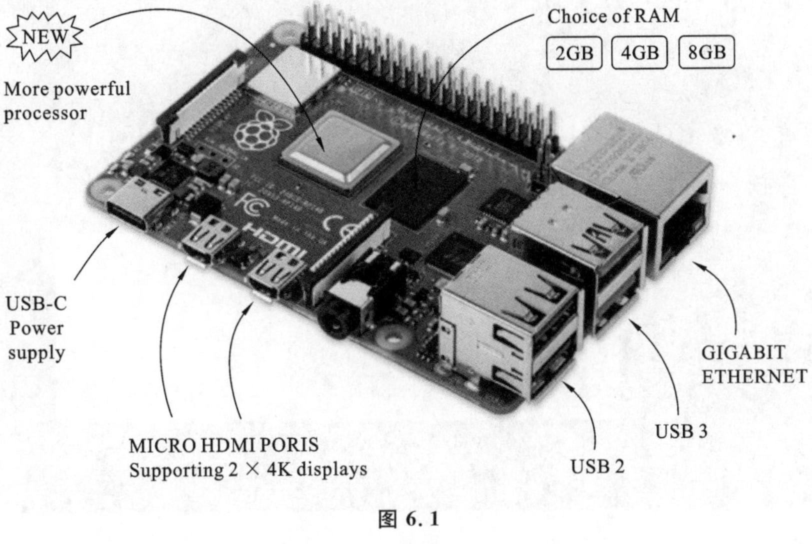

图 6.1

处理器 Cortex-A72(ARM v8),具有 8 G 内存,2 个 USB 3.0 接口和 2 个 USB 2.0 接口,蓝牙 5.0,一个千兆以太网和双频 80.2.11ac 5G/2.5G 无线 Wi-Fi,2 个 Micro HDMI 视频输出接口,支持双频显示,分辨率最高达 4 K。采用 Type-C 接口供电,支持更大的电流输入(5 V/3 A)。Raspberry Pi 4B 除了以上通用的接口外,板上有一个 GPIO(general-purpose input/output,通用输入/输出)接口,采用双排针式插座,共 40 个针脚,如图 6.2 所示。任何一个 GPIO 针脚都可以通过编程设置为输入或输出接口。

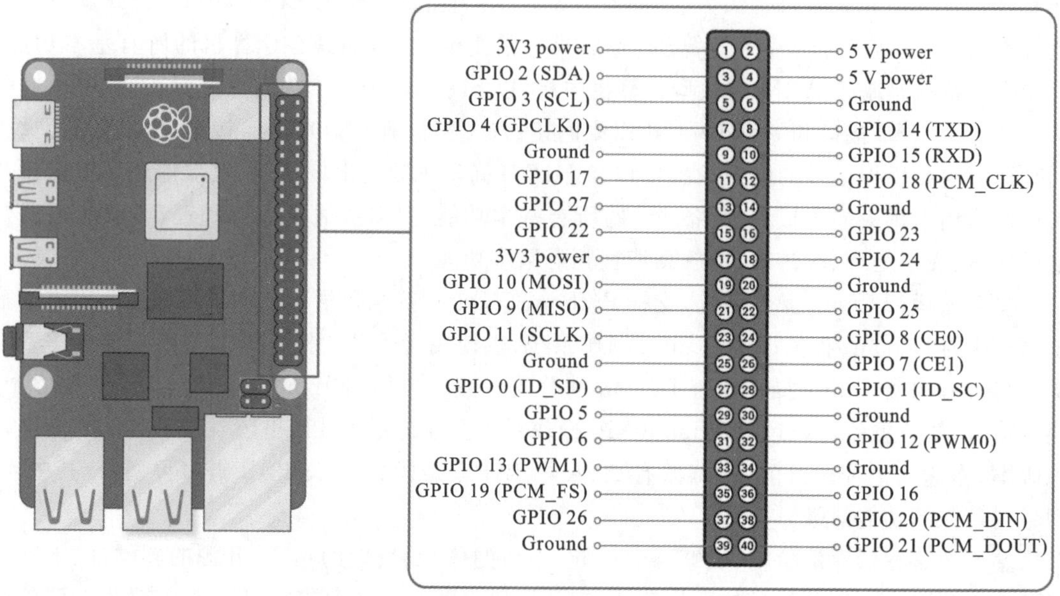

图 6.2

与 GPIO 相关的内容可以参考官方网站:https://www.raspberrypi.org/documentation,在该页面搜索栏里输入"GPIO"即会显示关于 GPIO 的相关信息,如图 6.3 所示。也可以在

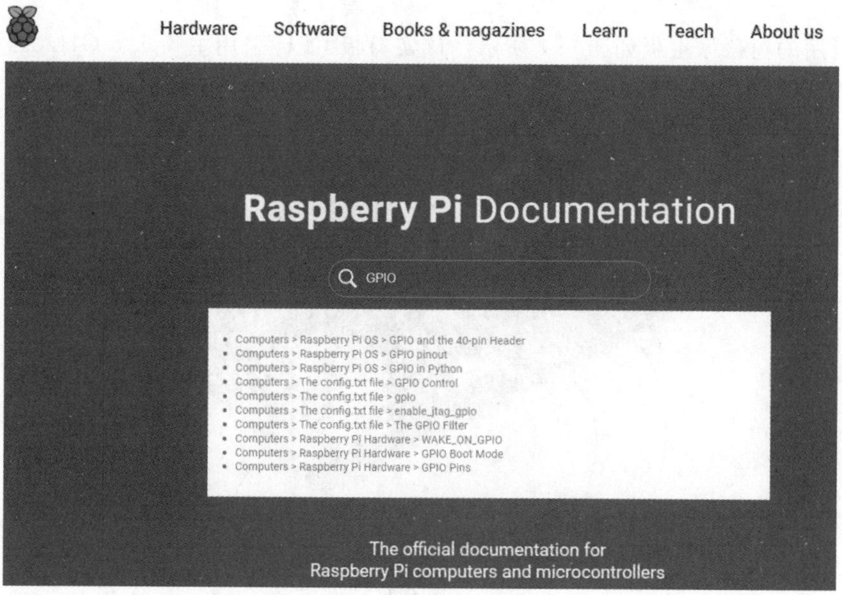

图 6.3

LX 终端输入命令“pinout”查看 GPIO 定义，如图 6.4 所示。

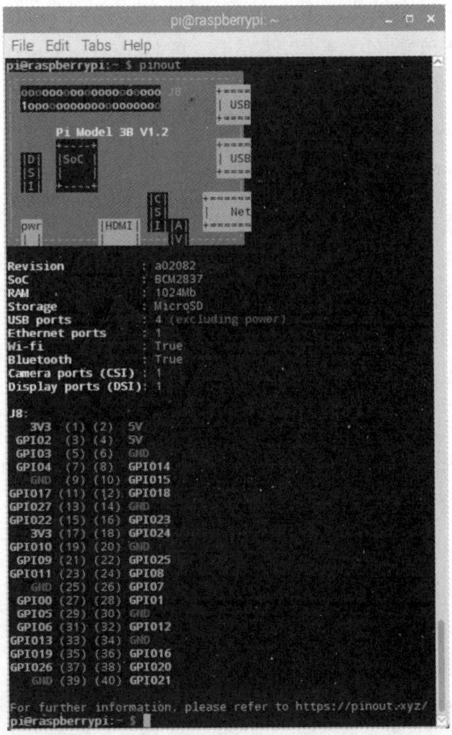

图 6.4

GPIO 接口提供了 2 个 5 V 电源端子(针脚 pin3、pin4)、2 个 3.3 V 电源端子(针脚 pin1、pin17)和 8 个接地端子(针脚 pin6、pin9、pin14、pin20、pin25、pin30、pin34、pin39)，可以为小功率的外设提供工作电源，但需注意的是：GPIO 接口针脚上的电压都是 3.3 V。另外，根据经验，如果某针脚被设置为输出，那么输出电流不要超过 3 mA，总输出电流须小于 100 mA，否则会影响树莓派的寿命；3.3 V 的供电引脚输出电流总额不要超过 50 mA，5 V 的供电引脚输出电流总额不要超过 250 mA。

6.2　常用工具软件及安装

树莓派主机本身不带硬盘，借助 Micro SD 卡(即通常所说的 TF 卡，以下统一称为 TF 卡)插槽，插入 TF 卡，充当电子硬盘使用。操作系统及所有的应用软件都需要安装到 TF 卡上，特别是树莓派的操作系统 Raspbian 需要借助个人计算机安装到 TF 卡上。另外，从使用习惯、功能和操作方便性出发，很多树莓派的开发人员习惯在个人计算机上开发树莓派的应用，这样，就需要在个人计算机上安装一些工具软件。本节以下所列的工具软件，都是安装在使用 Windows 操作系统的个人计算机上的，其作用就是为了给新的 TF 卡烧录树莓派的操作系统，也是为了能够通过网线使个人计算机能够登录树莓派，对树莓派进行操作。

1. SDFormatter 软件

树莓派所用的 TF 卡需要格式化为 FAT32 格式，但不能用 Windows 自带的格式化工具格式化树莓派的 TF 卡，需要借助专门的格式化工具软件，如 SDFormatter。

SDFormatter.exe 是一款用于 SD 卡格式化的绿色软件。Raspberry Pi 4B 不带硬盘，采用 Micro SD(即 TF 卡)作为硬盘,将 TF 卡放入读卡器,插到计算机上,运行 SDFormatter. exe 对其进行格式化操作后,就可以在 TF 卡上安装树莓派的操作系统了。

SDFormatter 是一款绿色软件,不需要安装,直接点击 SDFormatter. exe 就可以运行,按照提示操作,就可以格式化 TF 卡。

2. Raspberry Pi Imager **软件安装**

树莓派自身不带硬盘,使用时,把装有操作系统的 TF 卡插入树莓派的插槽中,充当树莓派的电子硬盘使用。树莓派只认可 FAT32 格式的 TF 卡,FAT32 指的是文件分配表采用 32 位二进制数记录管理的磁盘文件管理方式,单个文件只能支持最大 4 GB。而树莓派的操作系统镜像文件大于 4 GB,不能直接拷贝到 FAT32 格式的 TF 卡中,因此需要专门的镜像安装软件(如 Raspberry Pi Imager)将树莓派的操作系统安装到 FAT32 格式的 TF 卡上。

有多个工具软件可以将树莓派操作系统的镜像烧录到 TF 卡上,如 Raspberry Pi Imager、Belena-etcher、Win32DiskImager 等。Raspberry Pi Imager 烧录过程比较快,本书采用 Raspberry Pi Imager 来烧录树莓派的操作系统。Raspberry Pi Imager 可以从 https://www.raspberrypi. org/software/下载。

Raspberry Pi Imager(imager_1. 5. exe)最新版是一款小巧实用的系统镜像烧录工具,可以帮助用户非常方便地将树莓派系统软件的 ISO 镜像写入 TF 卡上,从而轻松地在树莓派主板上安装启动系统,并且 Raspberry Pi Imager 工具也适用于 Windows、Mac 和 Ubuntu 系统。Raspberry Pi Imager 的安装步骤如图 6. 5 所示。

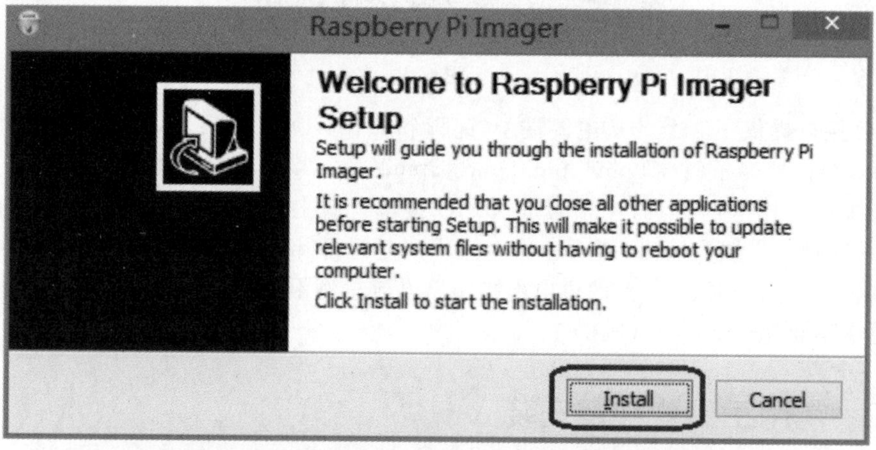

(a)

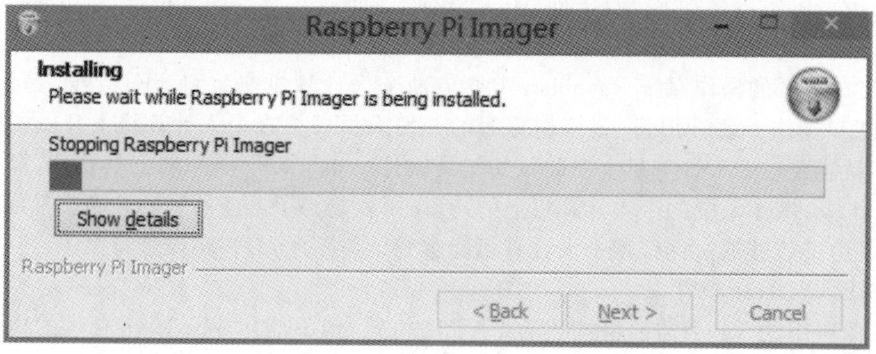

(b)

图 6. 5

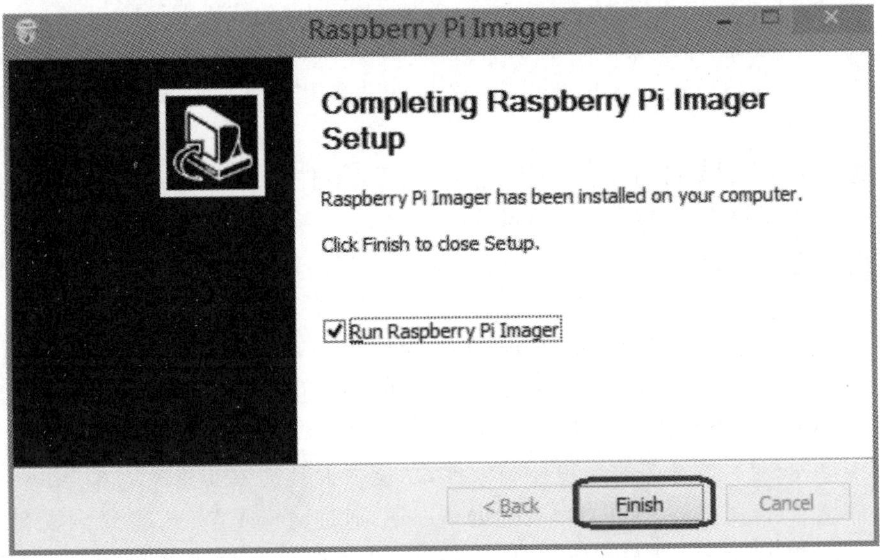

(c)

续图 6.5

双击 imager_1.5.exe 安装文件，选择“Install”按钮，启动安装并显示安装进度，耐心等待直到安装成功。

3. Advanced IP Scanner 软件

Advanced IP Scanner 是一款用于 Windows 的快速、功能强大和易于使用的局域网扫描器，它是一个绿色软件，无须安装，鼠标双击执行文件“advanced_ip_scanner.exe”即可运行。通过该软件可在很短的时间内得到局域网计算机的相关信息，设定要扫描的 IP 位置范围、启动扫描功能，这个 IP 区段中只要联上网络的计算机均会出现在其清单中。

如果树莓派连接了显示屏、键盘、鼠标，也可以在树莓派上查到自己的 IP 地址，方法是：点击桌面菜单上的“ >_”图标，打开 LX 终端，在终端窗口输入“ifconfig”并回车，则会返回网卡的 Mac 地址和 IP 地址，如图 6.6 所示。

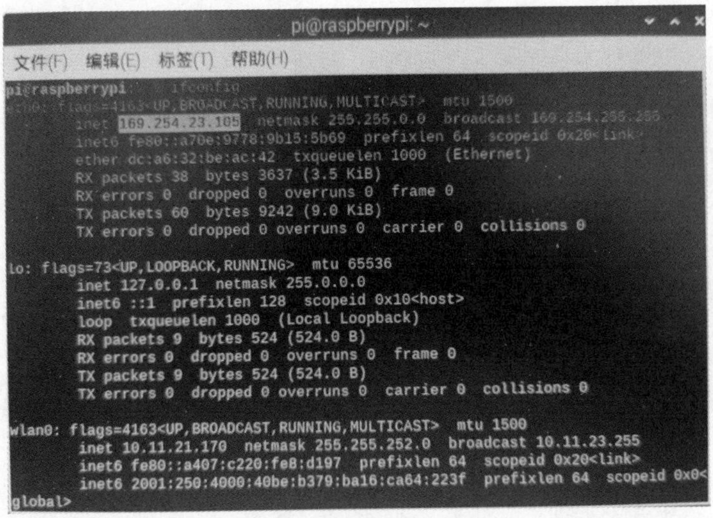

图 6.6

4. 远程 SSH 工具 PuTTY 安装

PuTTY 是一个免费开源、简单易用的 SSH(secure shell,安全网络传输协议)工具,类似 Telnet 和 Rlogin 网络协议的客户端程序,这些协议都用于通过网络在计算机上运行远程会话。

在给树莓派烧录好系统后,我们可以使用 PuTTY 软件,在个人计算机上通过网线登录树莓派,打开树莓派的终端,在树莓派的终端命令行模式下,输入指令,完成树莓派的相关设置;然后在个人计算机上通过 VNC-Viewer 软件,以图形化的方式登录树莓派,实现对树莓派的完全控制。

本实验采用的是 putty-64bit-0. 74-installer. msi,可以从 https://www. chiark. greenend. org. uk/~sgtatham/putty/latest. html 网站下载,下载后直接双击安装文件,如图 6.7 所示。

5. VNC Viewer 软件安装

VNC Viewer 是一款开源的远程控制软件,功能强大且高效实用。VNC Viewer 可以在 Windows 环境下,在树莓派 SSH 功能开通的情况下,通过网线或 Wi-Fi 登录到树莓派的图形界面,控制树莓派的运行。它与其他的 Windows 远程控制软件类似,不同的是,VNC Viewer 完全免费开源,更新速度也比较快。本实验采用的是 VNC-Viewer-6. 17. 731-Windows。双击安装文件,按图 6.8 中所示步骤完成安装。

6. FileZilla 软件安装

如果需要在个人计算机与树莓派之间进行文件传输,可以将树莓派断电后取下 TF 卡,将

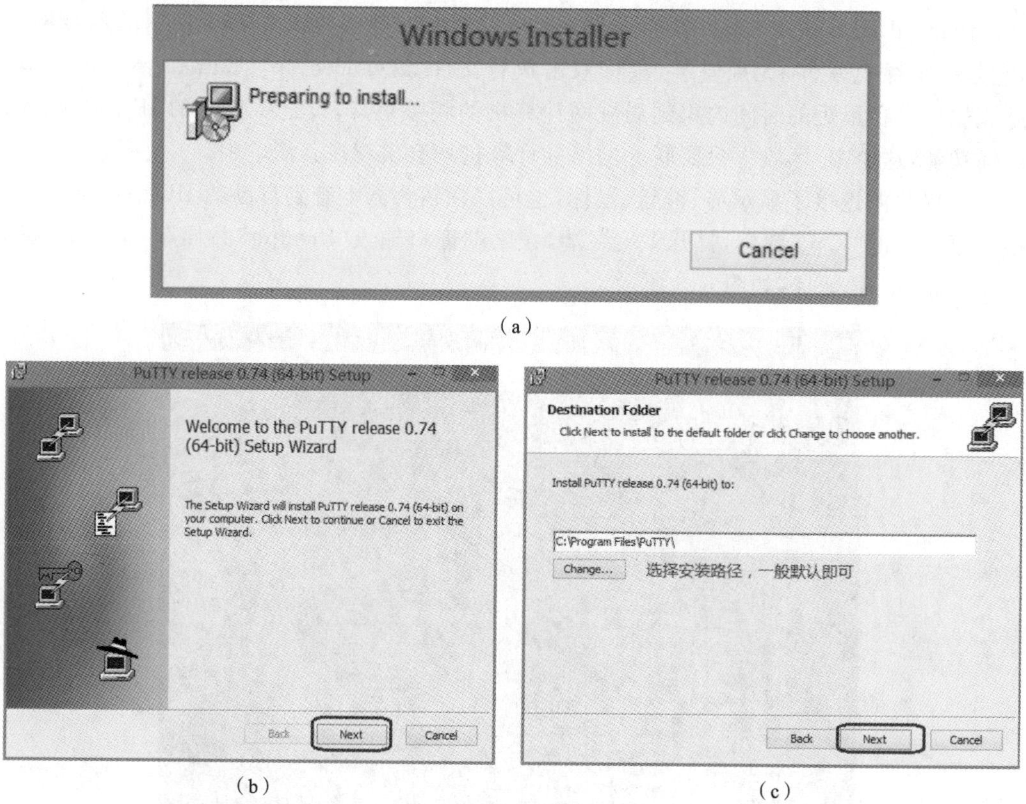

图 6.7

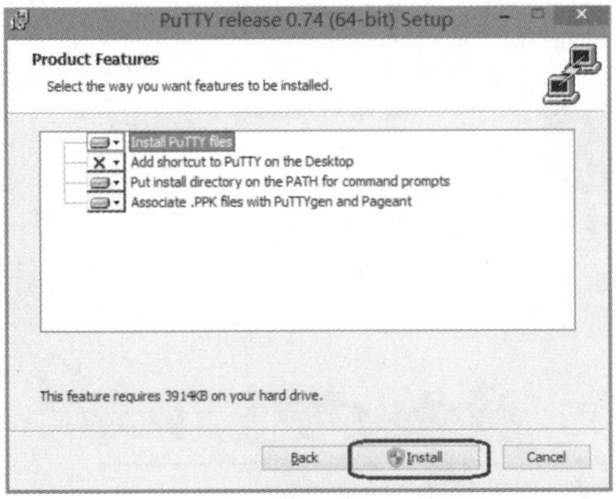

(d)

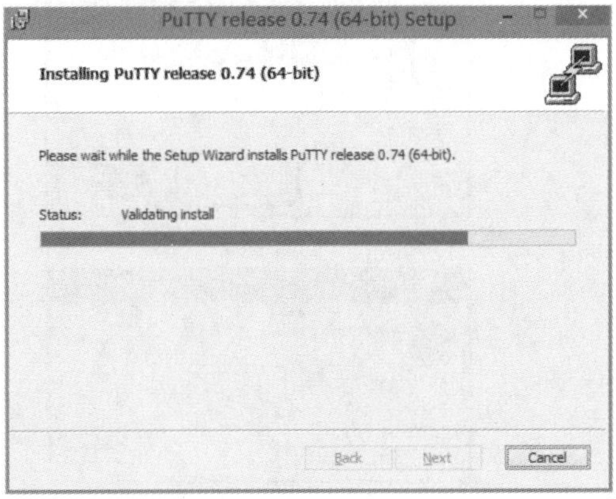

(e)

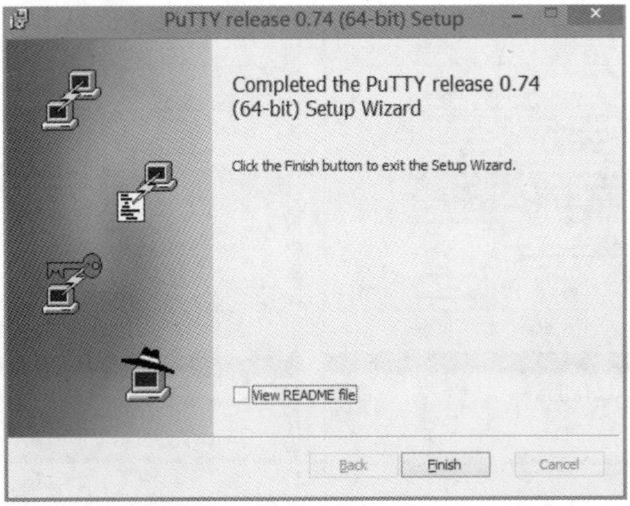

(f)

续图 6.7

其插到 TF 卡读卡器中，然后插入个人计算机的 USB 接口，如此 TF 卡就可以当作个人计算机上的一个 U 盘进行文件操作了。如果我们手头没有 TF 卡读卡器，或者我们不希望关闭树莓派，那么我们就可以借助文件传输工具，如 FileZilla，进行文件的传输。

FileZilla 客户端是一个免费开源、快速可靠、跨平台的 FTP、FTPS 和 SFTP 客户端，可以实现个人计算机与树莓派之间的文件传输。

FileZilla 分为客户端版本和服务器版本，具备所有的 FTP 软件功能。可控性、有条理的界面和管理多站点的简化方式使得 FileZilla 客户端版成为一个方便高效的 FTP 客户端工具，而 FileZilla Server 则是一个小巧并且可靠的支持 FTP&SFTP 的 FTP 服务器软件。本实验使用的是 FileZilla Client 3.14.1，安装过程如图 6.9 所示。

如果需要在个人计算机与树莓派之间直接进行文件传输，先将二者用网线连接，确认打开树莓派的 SSH 功能；然后点击 FileZilla 图标，启动 FileZilla，点击"文件"→"站点管理器"，如图 6.10 所示。

在弹出的站点管理器界面建立一个新站点，如图 6.11 所示，在主机栏填入树莓派的 IP

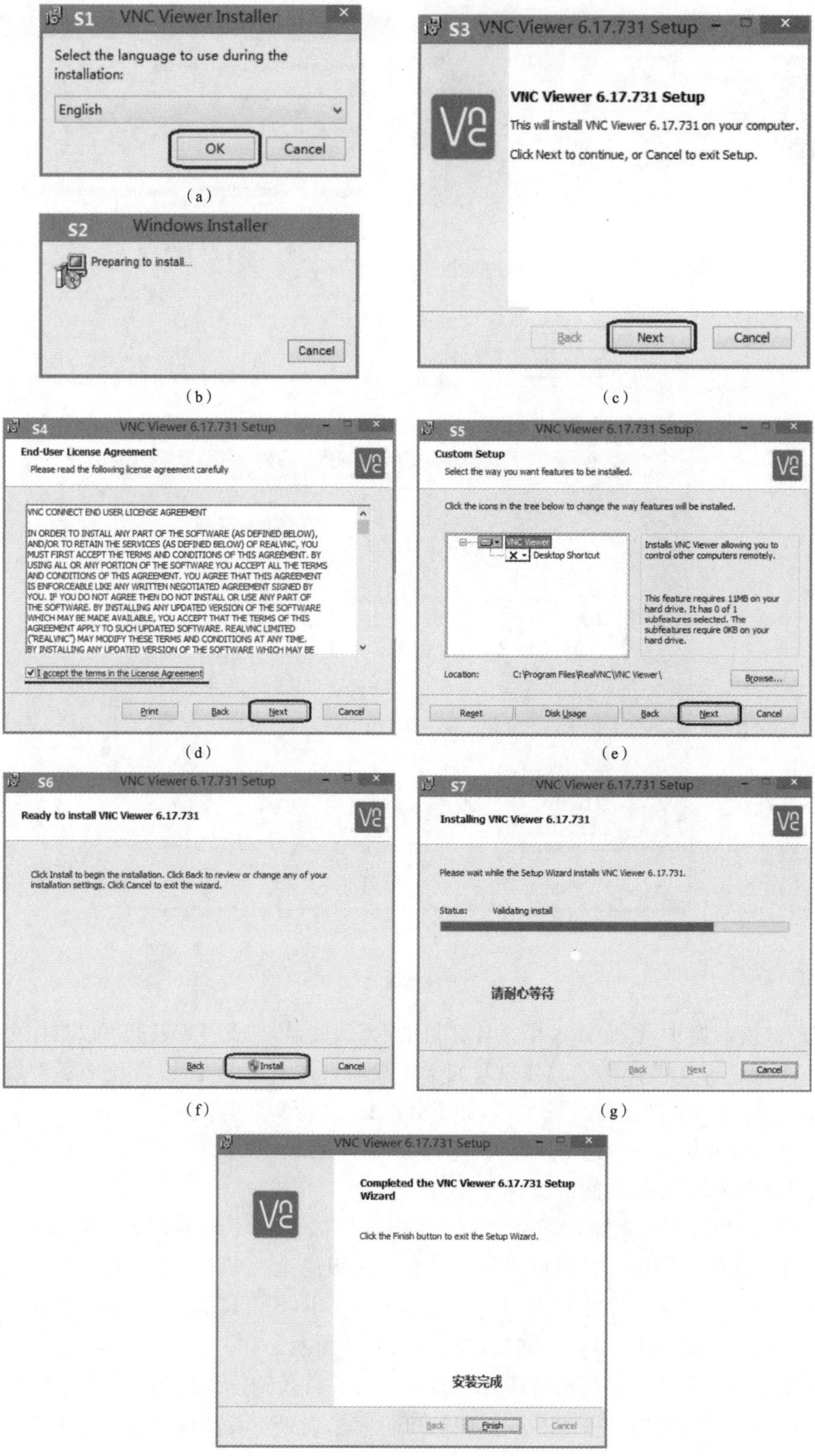
S1 VNC Viewer Installer
Select the language to use during the installation:
English
OK
Cancel
(a)
S2 Windows Installer
Preparing to install...
Cancel
(b)
S3 VNC Viewer 6.17.731 Setup
VNC Viewer 6.17.731 Setup
This will install VNC Viewer 6.17.731 on your computer.
Click Next to continue, or Cancel to exit Setup.
Back
Next
Cancel
(c)
S4 VNC Viewer 6.17.731 Setup
End-User License Agreement
Please read the following license agreement carefully
VNC CONNECT END USER LICENSE AGREEMENT
IN ORDER TO INSTALL ANY PART OF THE SOFTWARE (AS DEFINED BELOW), AND/OR TO RETAIN THE SERVICES (AS DEFINED BELOW) OF REALVNC, YOU MUST FIRST ACCEPT THE TERMS AND CONDITIONS OF THIS AGREEMENT. BY USING ALL OR ANY PORTION OF THE SOFTWARE YOU ACCEPT ALL THE TERMS AND CONDITIONS OF THIS AGREEMENT. YOU AGREE THAT THIS AGREEMENT IS ENFORCEABLE LIKE ANY WRITTEN NEGOTIATED AGREEMENT SIGNED BY YOU. IF YOU DO NOT AGREE THEN DO NOT INSTALL OR USE ANY PART OF THE SOFTWARE. BY INSTALLING ANY UPDATED VERSION OF THE SOFTWARE WHICH MAY BE MADE AVAILABLE, YOU ACCEPT THAT THE TERMS OF THIS AGREEMENT APPLY TO SUCH UPDATED SOFTWARE. REALVNC LIMITED ("REALVNC") MAY MODIFY THESE TERMS AND CONDITIONS AT ANY TIME. BY INSTALLING ANY UPDATED VERSION OF THE SOFTWARE WHICH MAY BE
I accept the terms in the License Agreement
Print
Back
Next
Cancel
(d)
S5 VNC Viewer 6.17.731 Setup
Custom Setup
Select the way you want features to be installed.
Click the icons in the tree below to change the way features will be installed.
VNC Viewer
Desktop Shortcut
Installs VNC Viewer allowing you to control other computers remotely.
This feature requires 11MB on your hard drive. It has 0 of 1 subfeatures selected. The subfeatures require 0KB on your hard drive.
Location: C:\Program Files\RealVNC\VNC Viewer\
Browse...
Reset
Disk Usage
Back
Next
Cancel
(e)
S6 VNC Viewer 6.17.731 Setup
Ready to install VNC Viewer 6.17.731
Click Install to begin the installation. Click Back to review or change any of your installation settings. Click Cancel to exit the wizard.
Back
Install
Cancel
(f)
S7 VNC Viewer 6.17.731 Setup
Installing VNC Viewer 6.17.731
Please wait while the Setup Wizard installs VNC Viewer 6.17.731.
Status: Validating install
请耐心等待
Back
Next
Cancel
(g)
VNC Viewer 6.17.731 Setup
Completed the VNC Viewer 6.17.731 Setup Wizard
Click the Finish button to exit the Setup Wizard.
安装完成
Back
Finish
Cancel
(h)

图 6.8

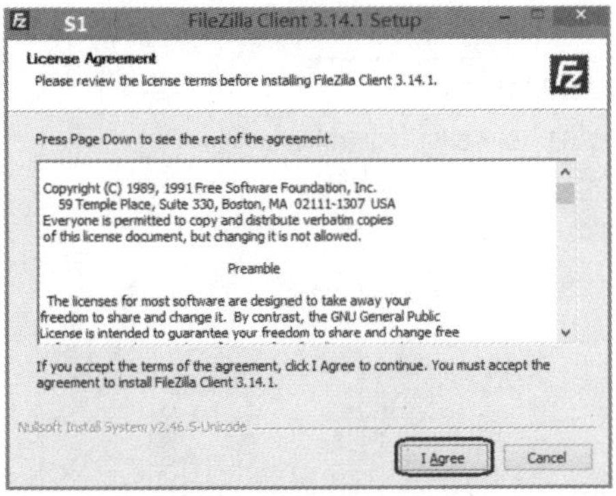
S1
FileZilla Client 3.14.1 Setup
License Agreement
Please review the license terms before installing FileZilla Client 3.14.1.
Press Page Down to see the rest of the agreement.
Copyright (C) 1989, 1991 Free Software Foundation, Inc.
59 Temple Place, Suite 330, Boston, MA 02111-1307 USA
Everyone is permitted to copy and distribute verbatim copies
of this license document, but changing it is not allowed.
Preamble
The licenses for most software are designed to take away your
freedom to share and change it. By contrast, the GNU General Public
License is intended to guarantee your freedom to share and change free
If you accept the terms of the agreement, click I Agree to continue. You must accept the agreement to install FileZilla Client 3.14.1.
Nullsoft Install System v2.46.5-Unicode
I Agree
Cancel

(a)

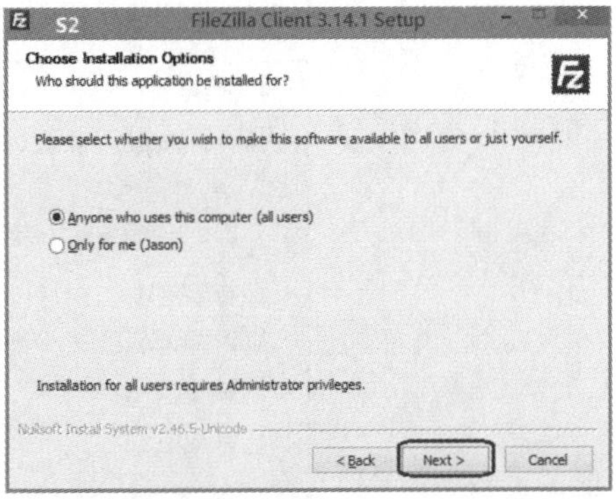
S2
FileZilla Client 3.14.1 Setup
Choose Installation Options
Who should this application be installed for?
Please select whether you wish to make this software available to all users or just yourself.
Anyone who uses this computer (all users)
Only for me (Jason)
Installation for all users requires Administrator privileges.
Nullsoft Install System v2.46.5-Unicode
< Back
Next >
Cancel

(b)

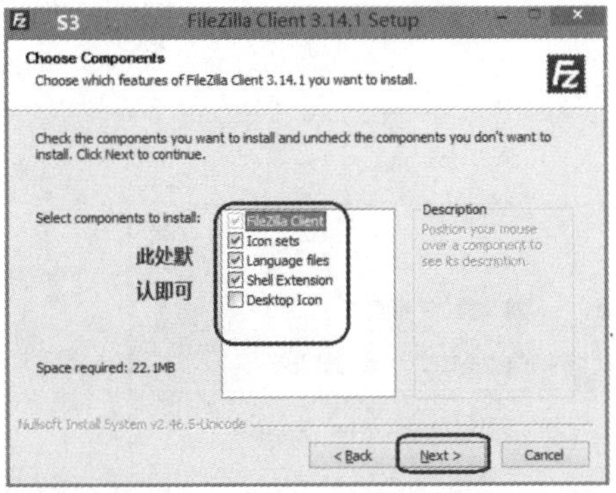
S3
FileZilla Client 3.14.1 Setup
Choose Components
Choose which features of FileZilla Client 3.14.1 you want to install.
Check the components you want to install and uncheck the components you don't want to install. Click Next to continue.
Select components to install:
FileZilla Client
Icon sets
Language files
Shell Extension
Desktop Icon
此处默
认即可
Description
Position your mouse over a component to see its description.
Space required: 22.1MB
Nullsoft Install System v2.46.5-Unicode
< Back
Next >
Cancel

(c)

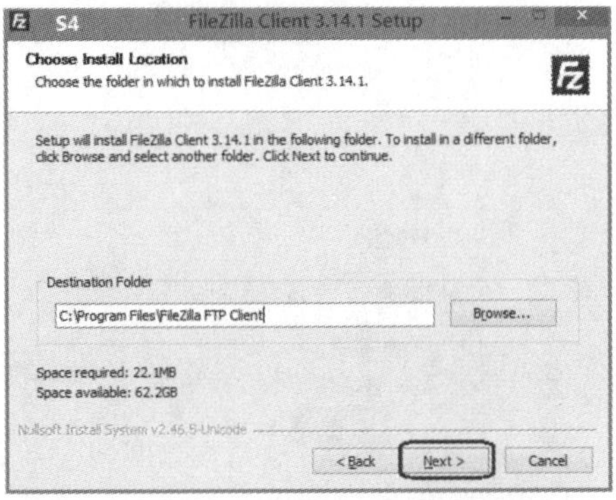
S4
FileZilla Client 3.14.1 Setup
Choose Install Location
Choose the folder in which to install FileZilla Client 3.14.1.
Setup will install FileZilla Client 3.14.1 in the following folder. To install in a different folder, click Browse and select another folder. Click Next to continue.
Destination Folder
C:\Program Files\FileZilla FTP Client
Browse...
Space required: 22.1MB
Space available: 62.2GB
Nullsoft Install System v2.46.5-Unicode
< Back
Next >
Cancel

(d)

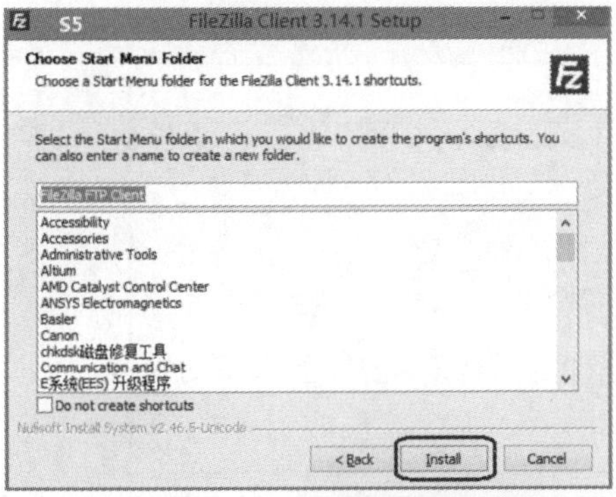
S5
FileZilla Client 3.14.1 Setup
Choose Start Menu Folder
Choose a Start Menu folder for the FileZilla Client 3.14.1 shortcuts.
Select the Start Menu folder in which you would like to create the program's shortcuts. You can also enter a name to create a new folder.
FileZilla FTP Client
Accessibility
Accessories
Administrative Tools
Altium
AMD Catalyst Control Center
ANSYS Electromagnetics
Basler
Canon
chkdsk磁盘修复工具
Communication and Chat
E系统(EES) 升级程序
Do not create shortcuts
Nullsoft Install System v2.46.5-Unicode
< Back
Install
Cancel

(e)

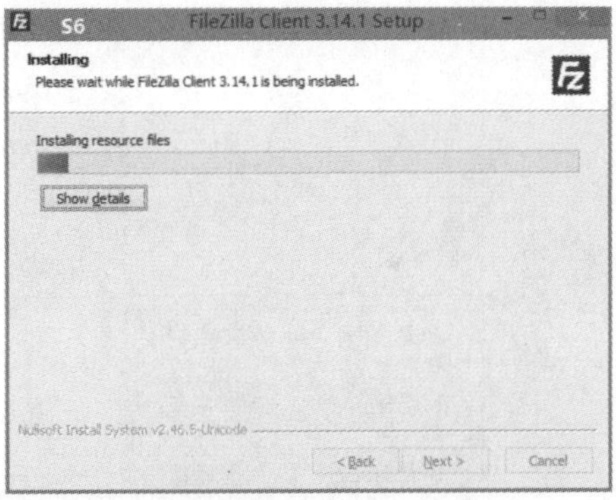
S6
FileZilla Client 3.14.1 Setup
Installing
Please wait while FileZilla Client 3.14.1 is being installed.
Installing resource files
Show details
Nullsoft Install System v2.46.5-Unicode
< Back
Next >
Cancel

(f)

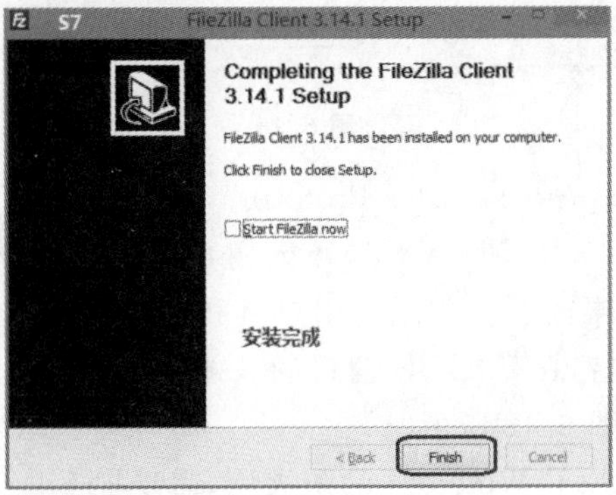
S7
FileZilla Client 3.14.1 Setup
Completing the FileZilla Client 3.14.1 Setup
FileZilla Client 3.14.1 has been installed on your computer.
Click Finish to close Setup.
Start FileZilla now
安装完成
< Back
Finish
Cancel

(g)

图 6.9

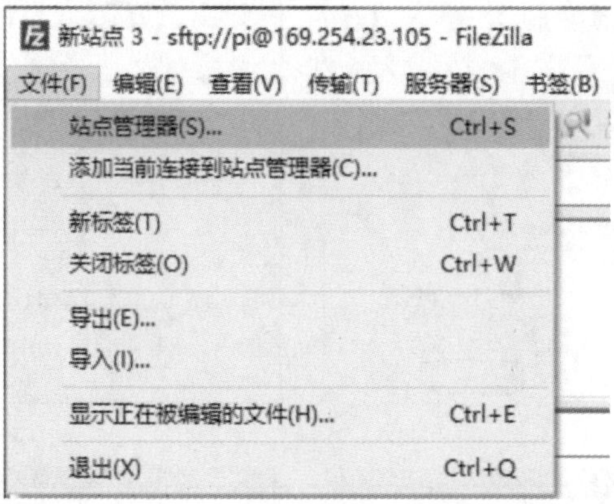

图 6.10

图 6.11

地址，协议选择“SFTP-SSH File Transfer Protocol”，端口号可以不填，默认值为 21。在“用户(U)处”填入用户名“pi”，在“密码(W)”处填入树莓派的密码(树莓派的初始用户名为 pi，初始密码是“raspberry”，如果改过树莓派的用户名和密码，请填入更改后的用户名和密码)。

点击“连接”，连接成功后，在 FileZilla 窗口的右侧将出现远程树莓派的文件目录，左侧是本地计算机的文件目录，如图 6.12 所示。

需要注意的是，如果打开了 Windows 的防火墙，需要把 FileZilla 的程序添加到防火墙允许运行的程序名单中。

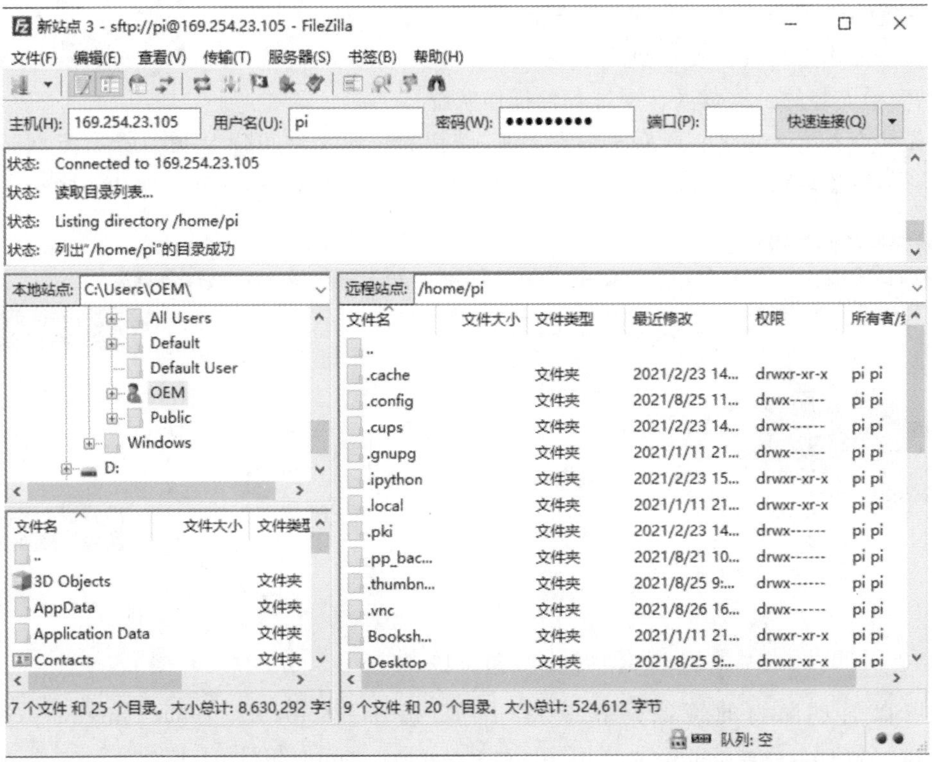

图 6.12

6.3　Raspberry Pi OS 安装

1. SD 卡格式化

将 SD 卡放入读卡器，插到计算机上，运行 SDFormatter. exe。格式化过程中会弹出确认提示对话框，如图 6.13 所示，直接点击“确定”即可，等待到格式化完成。

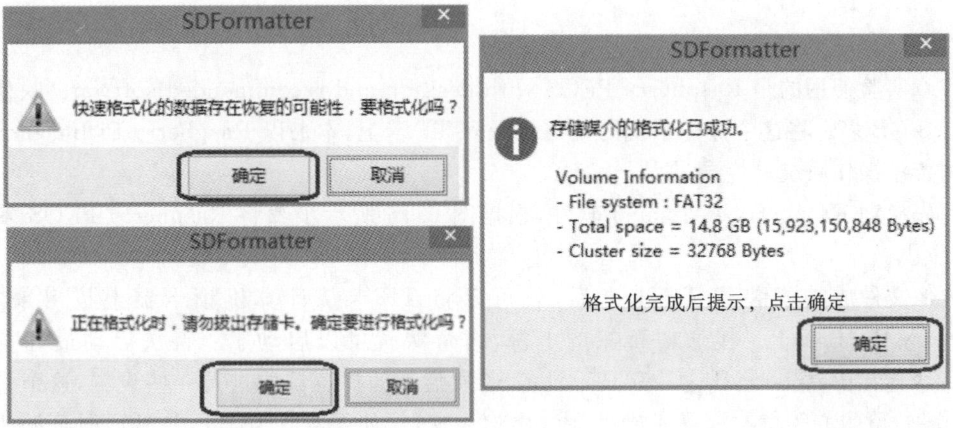

图 6.13

2. 安装 Raspberry Pi OS 到 TF 卡上

有多个操作系统可以安装到树莓派上，如 Raspbian、Arch Linux、Padora、Risc、Raspbmc 等，本书实验安装的是树莓派官网推荐的操作系统。

首先要准备 Raspberry Pi OS 映像文件，最新的映像文件可以从树莓派官方网站(见图 6.14)获得，链接地址为 https://www.raspberrypi.org/software/operating-systems/。

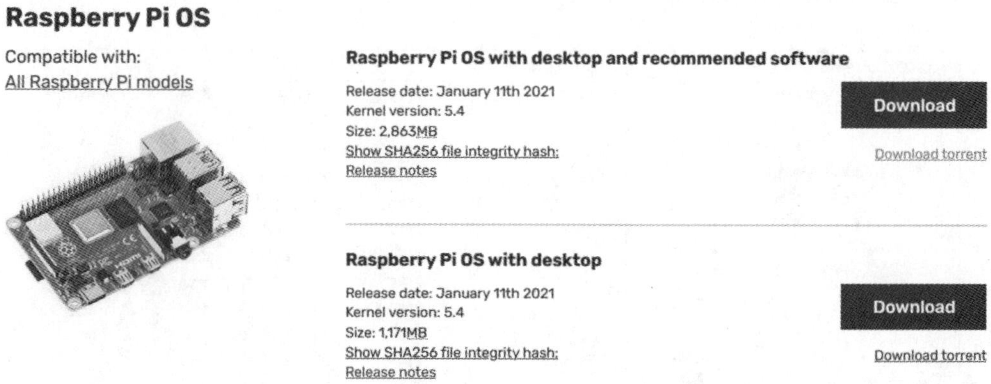

图 6.14

也可以通过国内的镜像网站获得，比如：https://mirrors.tuna.tsinghua.edu.cn/raspberry-pi-os-images/raspios_armhf/images/raspios_armhf-2021-01-12/。

下载的映像文件一般是压缩格式，需要先解压缩，解压缩后的文件名后缀是.img，如图 6.15所示。

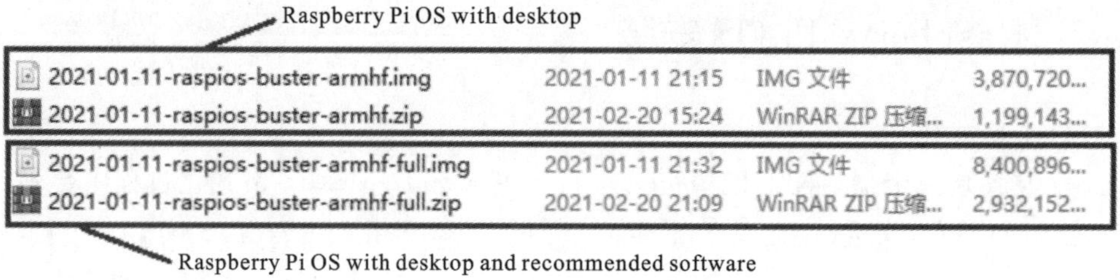

图 6.15

本章实验使用的是 Raspberry Pi OS with desktop and recommended software，映像文件大小有 8 GB 多。将这个操作系统的镜像烧录到 TF 卡上，本书以 Raspberry Pi Imager 为例，介绍树莓派操作系统的烧录过程。

首先启动 Raspberry Pi Imager 软件，根据图 6.16 所示步骤将 Raspberry Pi OS 安装到 TF 卡上。

映像文件成功安装到 TF 卡上后，就可以将 TF 卡从计算机读卡器上拔出来，插入 Raspberry Pi 4B 板上。接通树莓派的电源，树莓派就可以启动了。首次启动最好直接用 HDMI 线连接 Raspberry Pi 4B 和显示设备，首次启动的树莓派要进行一些设置，这个过程需 2～3 分钟，请耐心等待。配置完成后会弹出欢迎窗口，如图 6.17 所示，并显示树莓派的网络 IP 地址。记下这个 IP 地址，以后用个人计算机登录树莓派时会用到。

点击“Next”，弹出“国家”“语言”和“时区”选择窗口，依次选择“China”“Chinese”和“Shanghai”。选择“国家”时，可以使用 PageUp 键快速定位。点击树莓派图形界面右上方的

"↑↓"图标，连接到互联网，点击"Next"，树莓派进行配置；如果没有连接到互联网，也可以后再连接更新配置。随后，弹出密码设置窗口，将密码设为默认的密码 raspberry，如图 6.18 所示。

点击"Next"，弹出显示设置窗口"Set Up Screen"，如图 6.19 所示，接受默认设置。点击"Next"，弹出系统更新窗口"Update Software"，如图 6.20 所示。

这时需要将树莓派连接到互联网，点击"Next"，弹出更新完成窗口，接着弹出要求重新启动系统窗口，点击"Restart"，树莓派系统重新启动，安装完成。

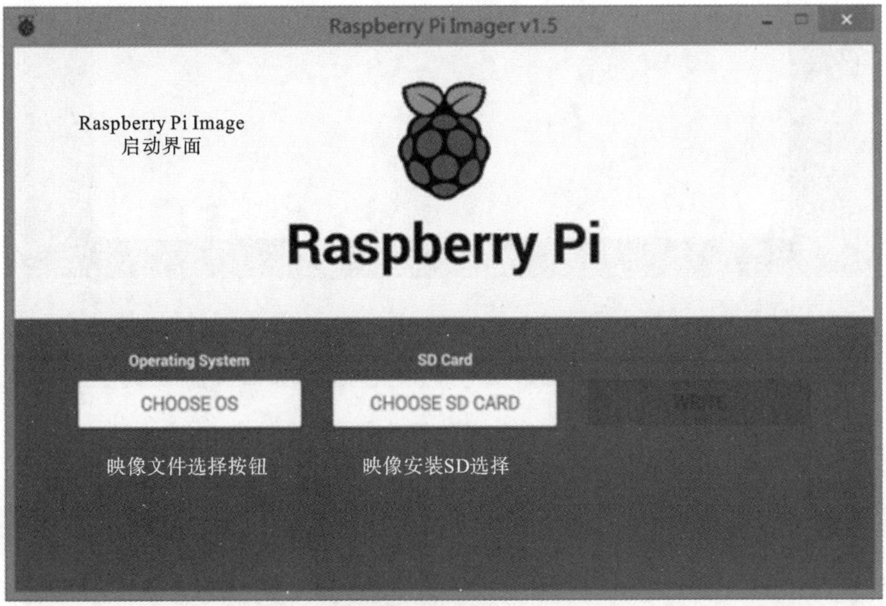

(a)

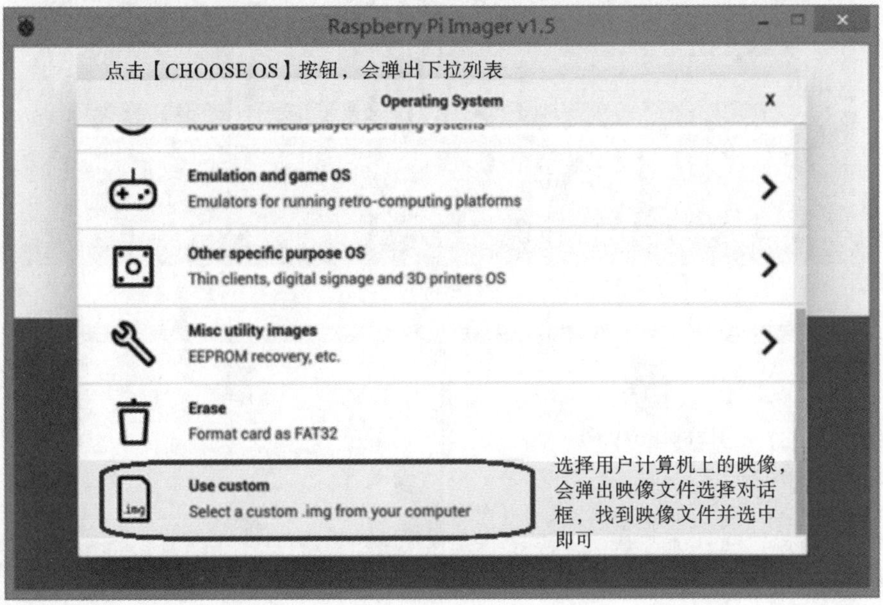

(b)

图 6.16

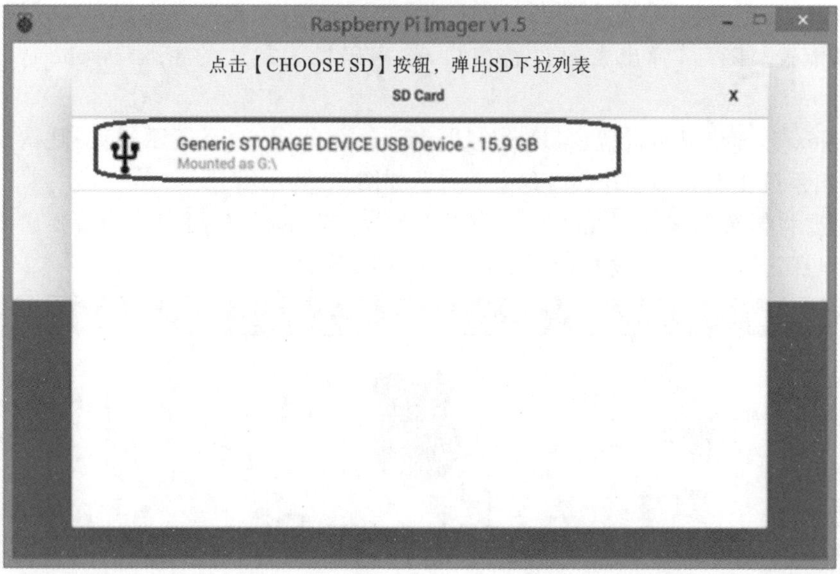
Raspberry Pi Imager v1.5
点击【CHOOSE SD】按钮，弹出SD下拉列表
SD Card
X
Generic STORAGE DEVICE USB Device - 15.9 GB
Mounted as G:\

（c）

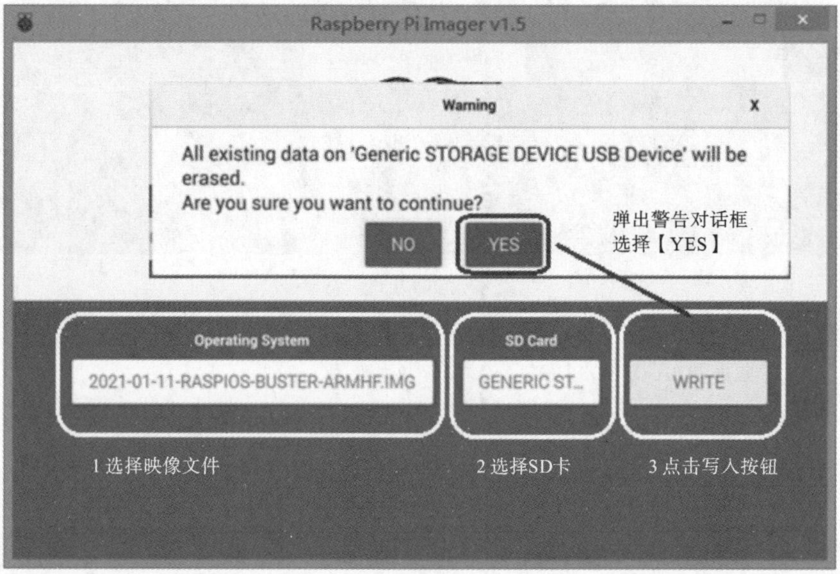
Raspberry Pi Imager v1.5
Warning
X
All existing data on 'Generic STORAGE DEVICE USB Device' will be erased.
Are you sure you want to continue?
NO
YES
弹出警告对话框
选择【YES】
Operating System
2021-01-11-RASPIOS-BUSTER-ARMHF.IMG
SD Card
GENERIC ST...
WRITE
1 选择映像文件
2 选择SD卡
3 点击写入按钮

（d）

安装进度显示对话框，
该过程比较耗时，请耐
心等待
Raspberry Pi
CANCEL WRITE
SD写入完成后会弹出成功
提示对话框，直接点击
【CONTINUE】按钮即可
You can now remove the SD card from the reader

（e）

续图 6.16

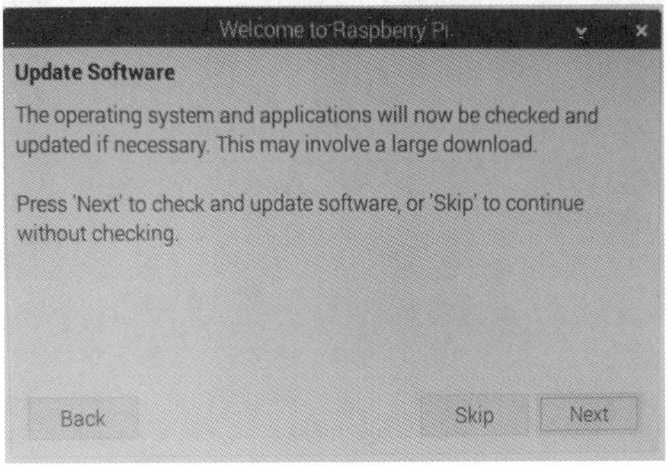

图 6.17

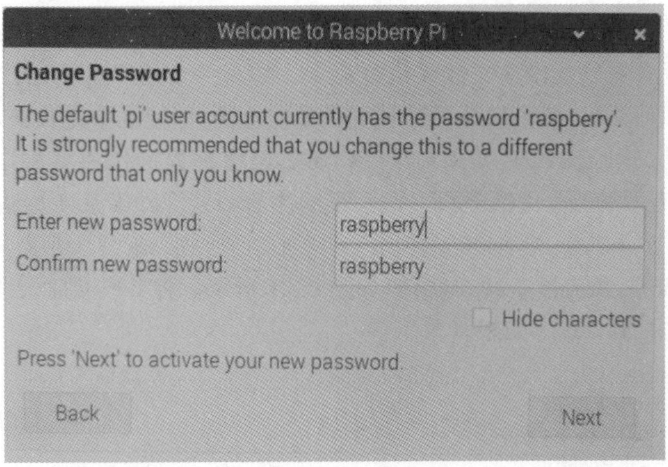

图 6.18

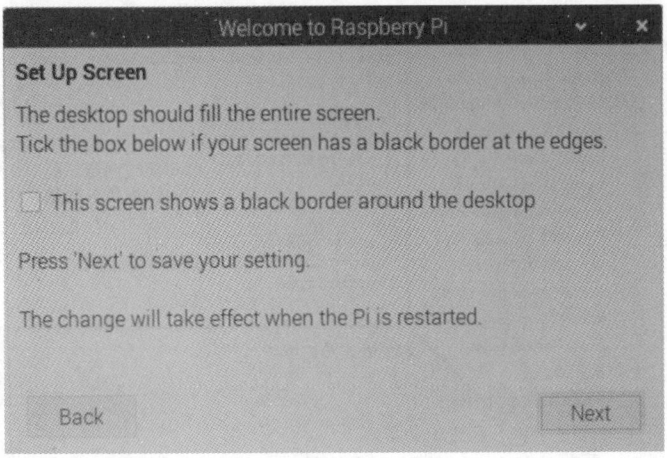

图 6.19

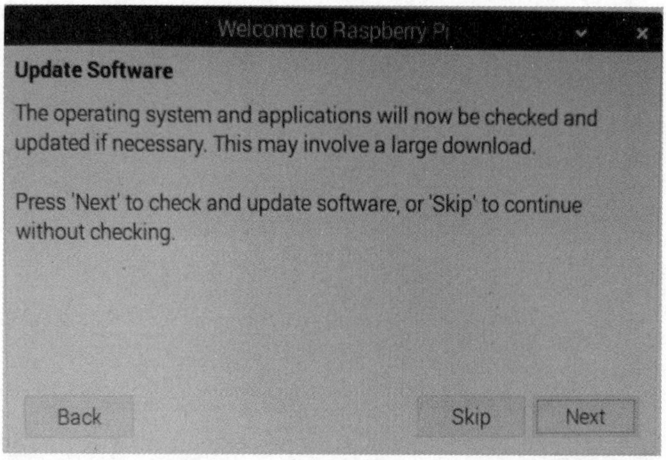

图 6.20

3. 手动添加网络文件

SSH 是一种网络协议，用于计算机之间的加密登录，可实现两个设备之间的安全通信，通常用于访问远程服务器以及传输文件或执行命令。如果一个用户从本地计算机使用 SSH 协议登录另一台远程计算机，就可以认为这种登录是安全的，即使被中途截获，密码也不会泄露。

树莓派默认是关闭 SSH 的，如果需要 PC 通过网络远程操作树莓派，就需要借助 SSH。开启 SSH 的方法有两种：① 借助 PuTTY 远程开启 SSH；② 树莓派接上显示器，在树莓派本地操作，开启 SSH。

要远程开启 SSH，需先准备两个文件，如图 6.21 所示。将 TF 卡插入读卡器与 PC 连接，并将这两个文件拷贝到 TF 卡的根目录下。

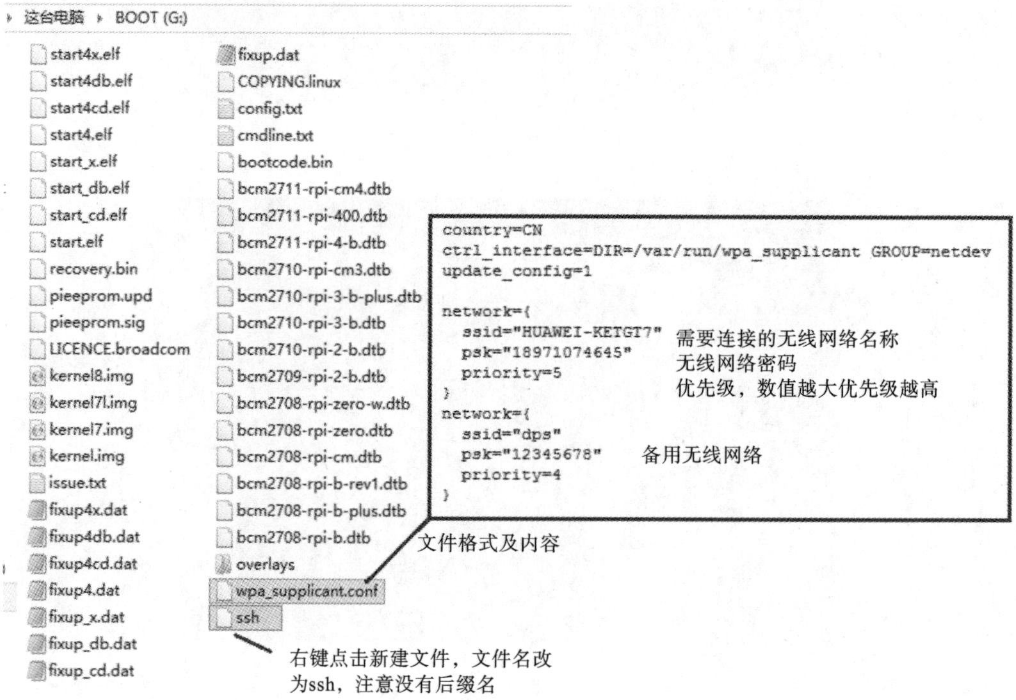

图 6.21

4. 利用 SSH 工具 PuTTY 连接 Raspberry Pi 并更改配置

常用的 SSH 登录工具有很多种，苹果的 Mac 系统和原生 Linux 系统自带终端模拟器，可以通过 ssh 命令直接登录服务器。PuTTY 是一个最简单的 SSH 工具，无须安装，支持多系统版本，下载后就可以直接使用，下载网址为 https://www.putty.org/。

(1) 将计算机和 Raspberry Pi 通过网线直连（或者通过路由器连接），或者让二者处于同一 Wi-Fi 网络下。

(2) 利用局域网 IP 扫描器（Advanced IP Scanner）扫描出 Raspberry Pi 的 IP 地址，如图 6.22 所示。

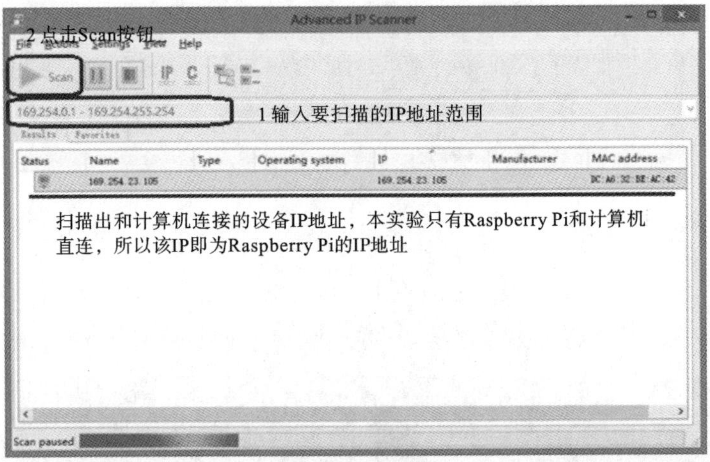

图 6.22

(3) 启动 PuTTY 软件，利用 Raspberry Pi 的 IP 地址登录 Raspberry Pi，如图 6.23 所示。

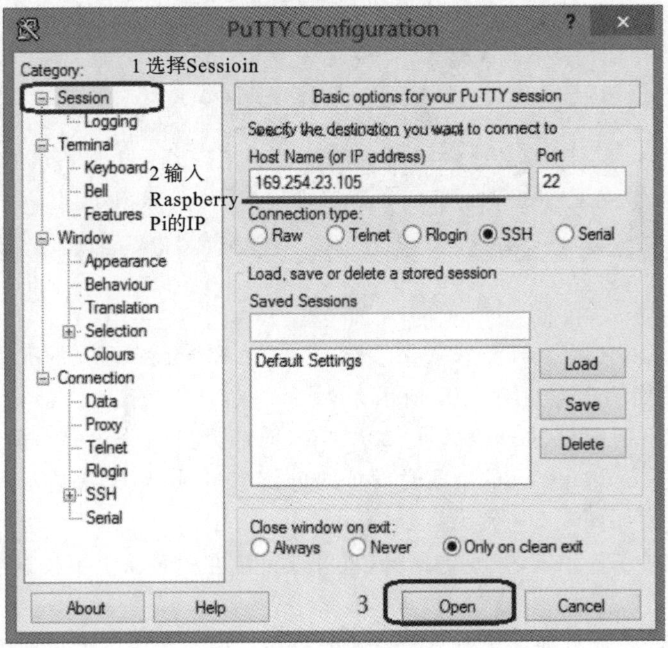

（a）

图 6.23

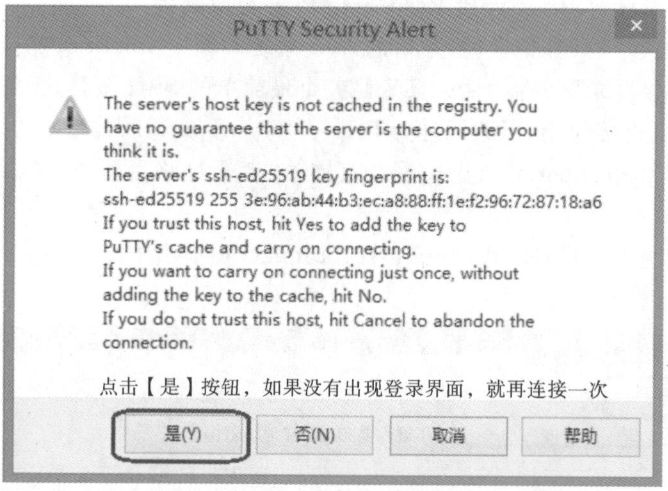

(b)

续图 6.23

(4) 计算机和 Raspberry Pi 连接成功后，会弹出命令行式的远程登录界面，如图 6.24 所示。Raspberry Pi OS 默认的登录名称是 pi，密码是 raspberry。

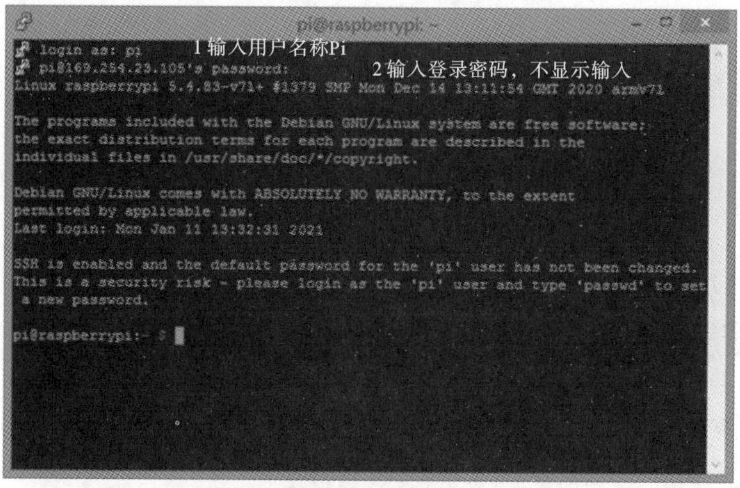

图 6.24

登录成功后，可以利用“sudo rapi-config”命令打开 Raspberry Pi 的配置界面。通过配置界面，启动 VNC 功能的步骤如图 6.25 所示。

由于 Raspberry Pi 默认的分辨率为 720×480，而计算机的分辨率一般都比较高，如果利用 VNC 远程登录 Raspberry Pi 的桌面时设置的分辨率过低，则无法显示远程桌面。设置系统显示分辨率的步骤如图 6.26 所示。

如果树莓派连接了显示器、键盘和鼠标，也可以直接在树莓派上更改显示的分辨率。方法有如下两种：

(1) 在树莓派的图形界面上更改显示器的分辨率。树莓派的图形界面上对显示分辨率的调节只有“低”“中”“高”三种模式，如果要更精确地调整显示器的分辨率，就需要采用下面的第(2)种方法。

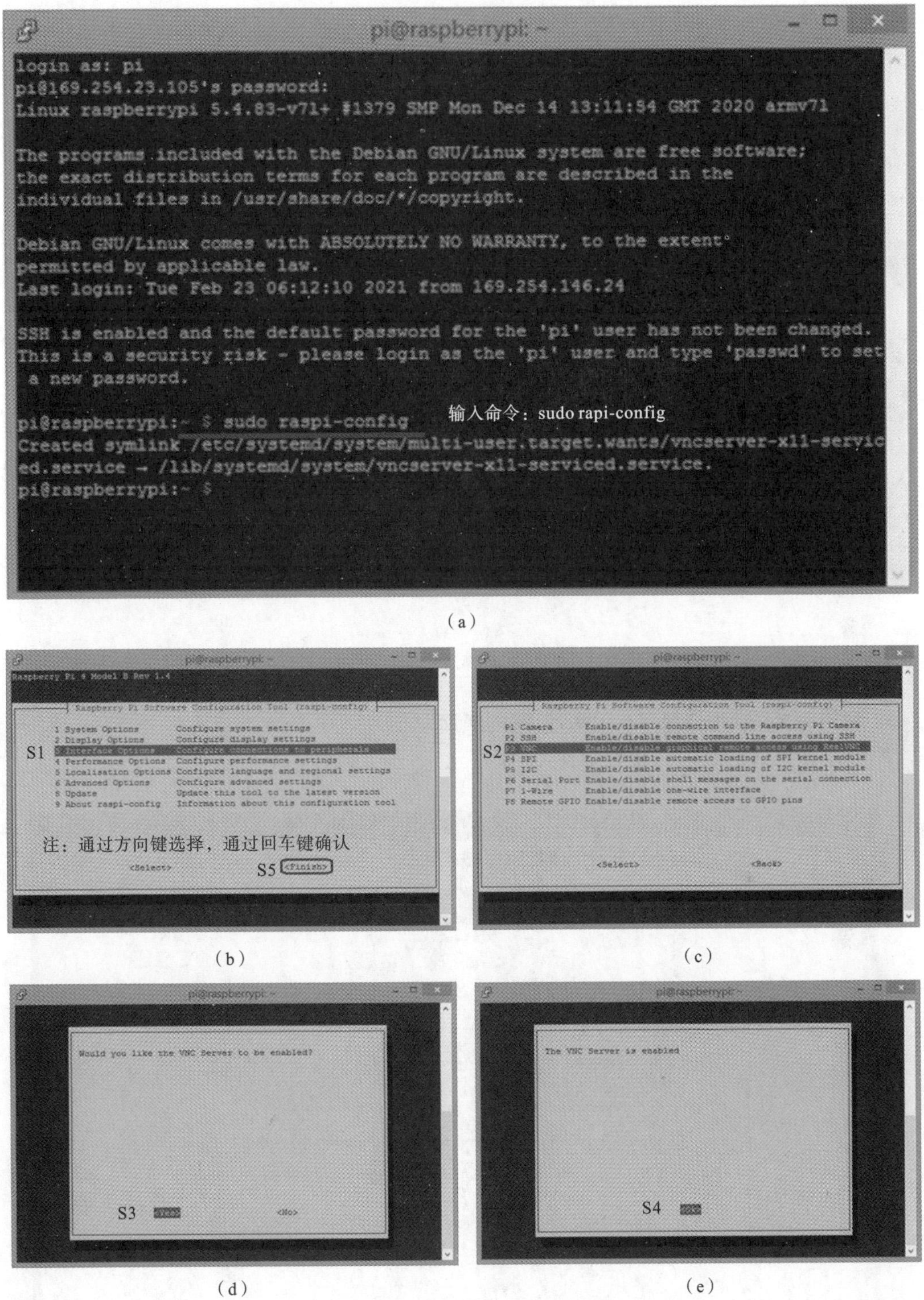

图 6.25

(2) 点击树莓派左上方菜单上的“>_”，打开 LX 终端，手动输入指令“sudo raspi-config”，回车后弹出树莓派显示器分辨率的设置面板，选中“Display Options”，再选择“Resolution”，就可以设置想要的显示器分辨率参数了。

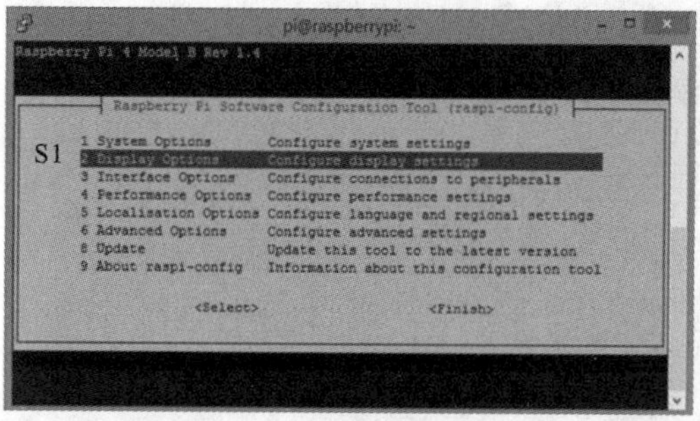

(a)

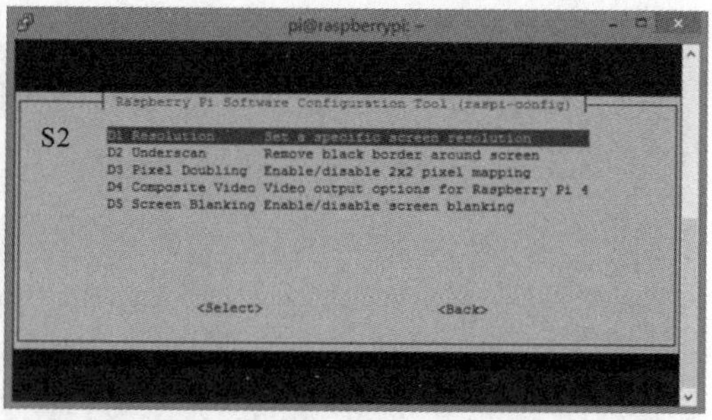

(b)

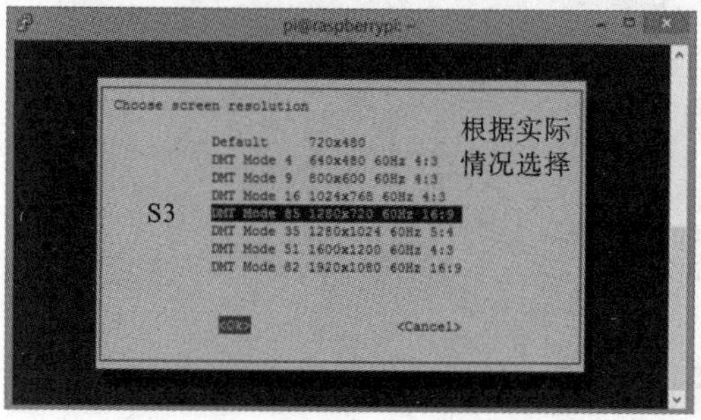

(c)

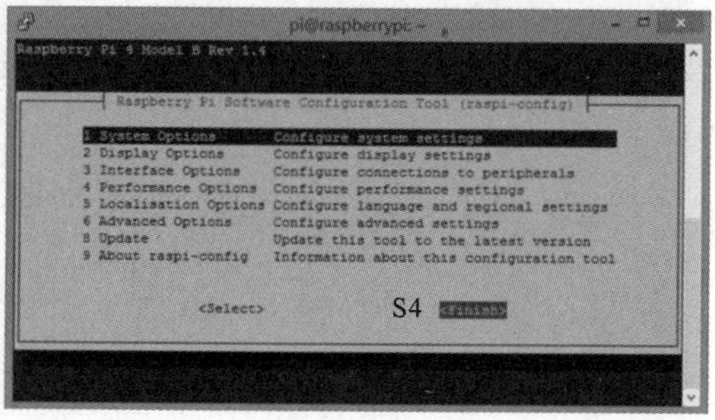

(d)

图 6.26

5. 利用 VNC 远程登录 Raspberry Pi 的桌面

首先启动 VNC Viewer，步骤如图 6.27 所示。

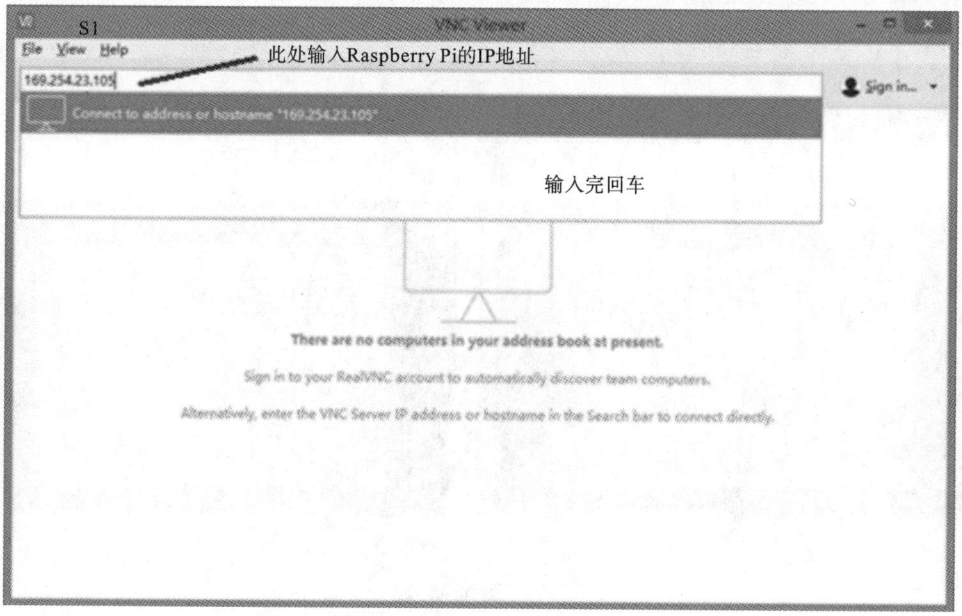

(a)

图 6.27

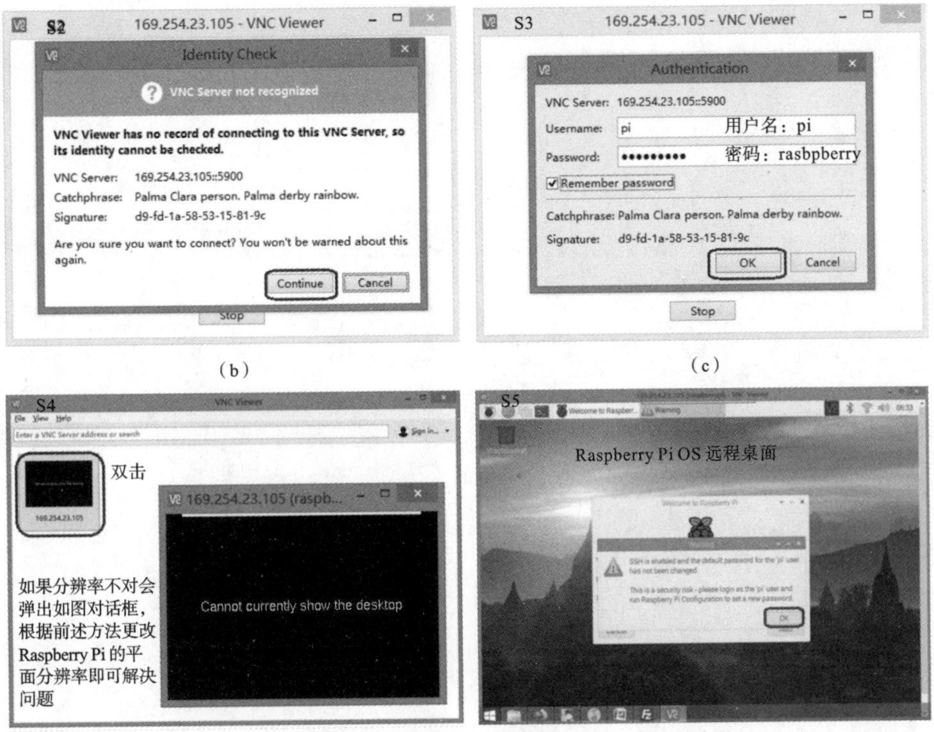

(b)　　(c)

(d)　　(e)

续图 6.27

首次登录远程桌面，需要进行一些配置。具体如图 6.28 所示。

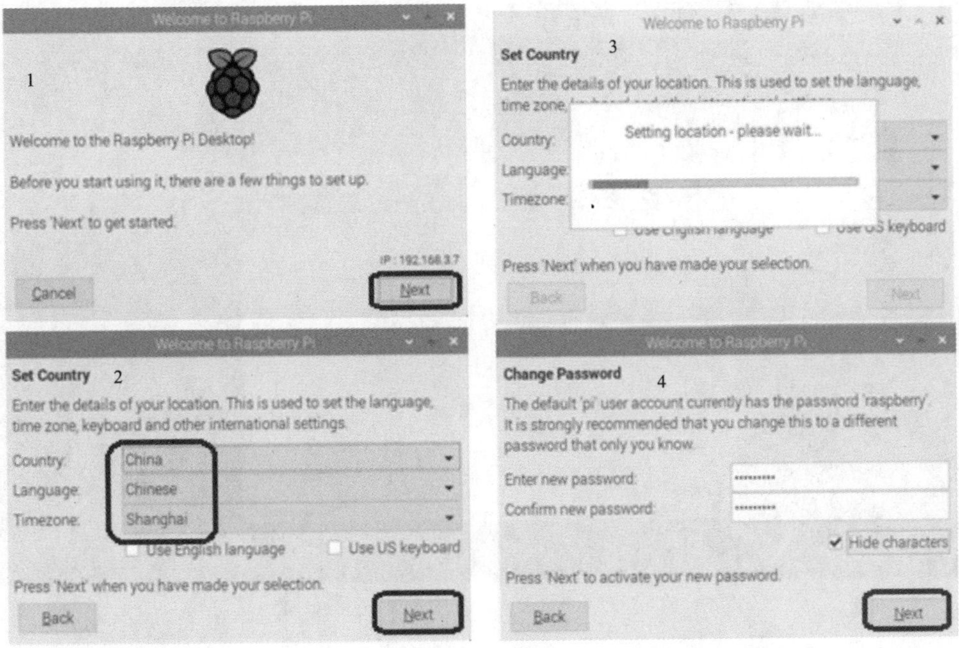

(a)

图 6.28

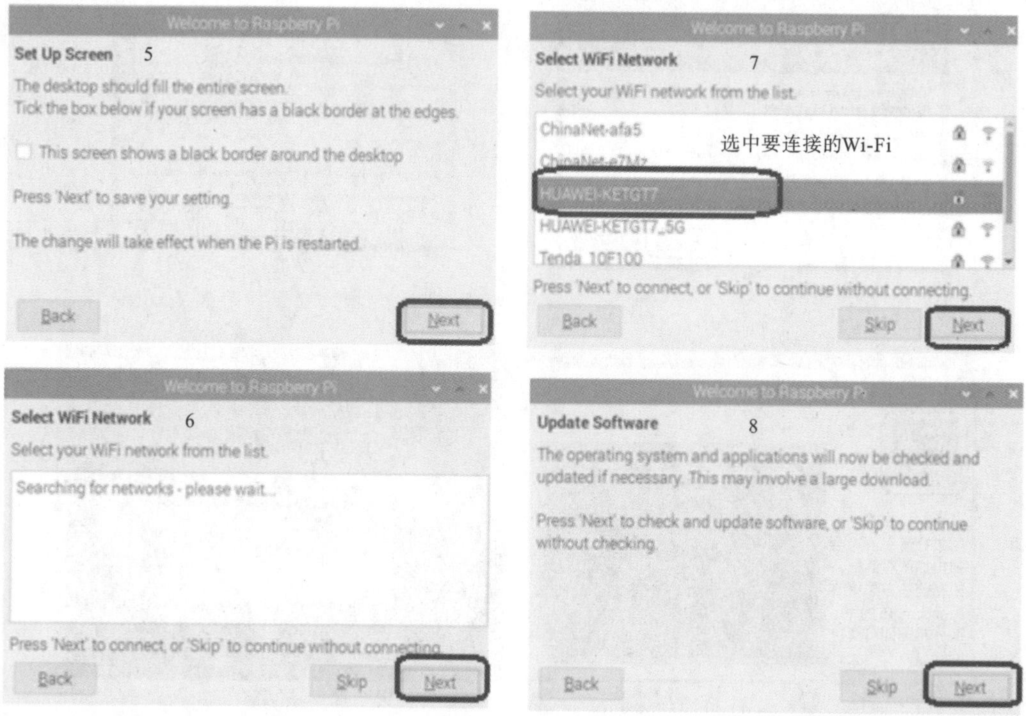
Welcome to Raspberry Pi
Set Up Screen
5
The desktop should fill the entire screen.
Tick the box below if your screen has a black border at the edges.
This screen shows a black border around the desktop
Press 'Next' to save your setting.
The change will take effect when the Pi is restarted.
Back
Next
Welcome to Raspberry Pi
Select WiFi Network
7
Select your WiFi network from the list.
ChinaNet-afa5
选中要连接的Wi-Fi
HUAWEI-KETGT7
HUAWEI-KETGT7_5G
Tenda_10F100
Press 'Next' to connect, or 'Skip' to continue without connecting.
Back
Skip
Next
Welcome to Raspberry Pi
Select WiFi Network
6
Select your WiFi network from the list.
Searching for networks - please wait...
Press 'Next' to connect, or 'Skip' to continue without connecting.
Back
Skip
Next
Welcome to Raspberry Pi
Update Software
8
The operating system and applications will now be checked and updated if necessary. This may involve a large download.
Press 'Next' to check and update software, or 'Skip' to continue without checking.
Back
Skip
Next

(b)

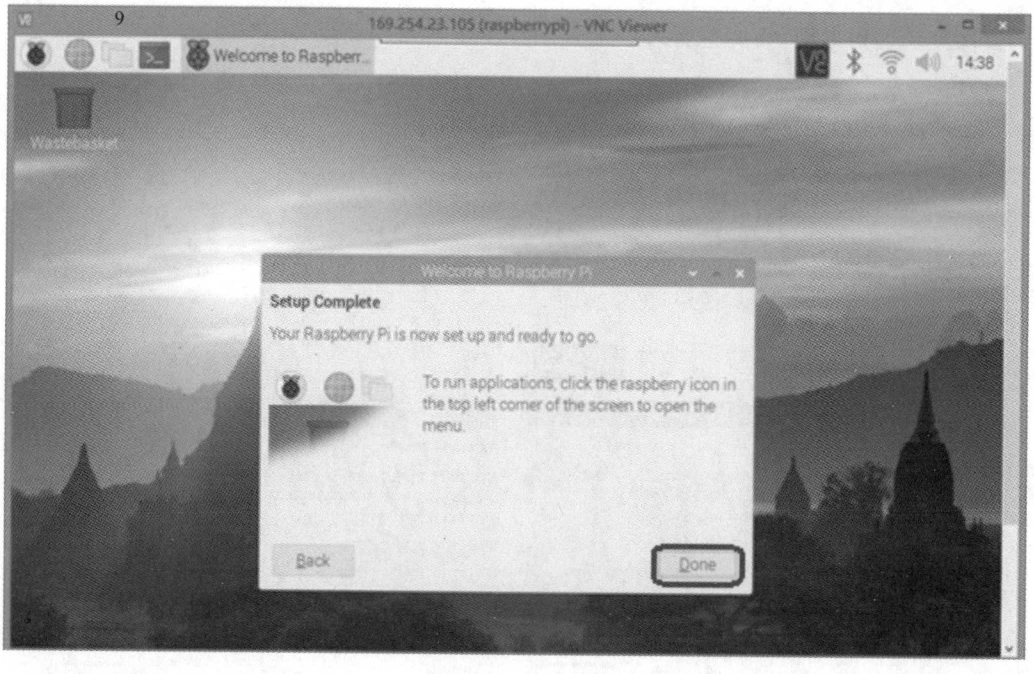
9
169.254.23.105 (raspberrypi) - VNC Viewer
Welcome to Raspberr...
14:38
Wastebasket
Welcome to Raspberry Pi
Setup Complete
Your Raspberry Pi is now set up and ready to go.
To run applications, click the raspberry icon in the top left corner of the screen to open the menu.
Back
Done

(c)

续图 6.28

(d)

续图 6.28

显然，以上的这些 VNC Viewer 远程操作也可以用在树莓派上的本地操作来代替，这就需要给树莓派配一个具有 HDMI 接口的显示器。如果显示器没有 HDMI 接口，有 DVI 接口，可以用一根 HDMI 转 DVI 接口的转接线。

6.4　树莓派的操作系统

在上一节我们给树莓派安装了 Raspberry Pi OS 操作系统，这是一个 Linux 操作系统。使用树莓派来完成测控任务，必然要用到操作系统的一些基本方法，并且很多时候是命令行形式的，因此，我们需要掌握操作系统的一些基本使用方法。

6.4.1　图形界面与操作

Raspberry Pi OS 操作系统，是 Linux 操作系统(OS)的一种发行版本。安装了 Raspberry Pi OS 操作系统的树莓派，其图形界面的上方有一排图形化的工具栏，如图 6.29 所示。

1. 树莓派菜单

左上角的树莓派图标是访问菜单的入口，点击它可以找到许多应用程序，包括编程和办公应用程序。若要打开 Python 编程环境，单击树莓派图标，选择“编程”，再选择“mu”，如图 6.30所示。再如若要打开文本编辑器，单击树莓派图标后，再单击“附件”，选择文本编辑器 Text Editor，如图 6.31 所示。

2. 连接到互联网

树莓派可以通过有线或无线两种方式连接到互联网。以通过 Wi-Fi 的方式连接到互联网为例，单击屏幕右上角的无线网络图标，然后从下拉菜单中选择网络，如图 6.32 所示。

在弹出的对话框中输入无线网络的密码，然后单击“OK”，如图 6.33 所示。

一旦树莓派连接到互联网，无线 LAN 符号将变为蓝色的 Wi-Fi 图标，见图 6.32。单击 Web 浏览器图标，在地址栏里输入网址，就可以上网了。

图 6.29

图 6.30

图 6.31

3. 安装软件

可以给树莓派安装很多我们需要的软件。当树莓派连接到互联网后，可以在树莓派命令行终端模式下安装应用软件，也可以在图形界面下安装树莓派应用软件。在树莓派菜单中，点击“Preference”，再点击“Recommended Software”，可以浏览所有推荐的软件，要安装某个软件，请单击以选中其右侧的复选框，然后单击“OK”，就开始安装所选软件了。

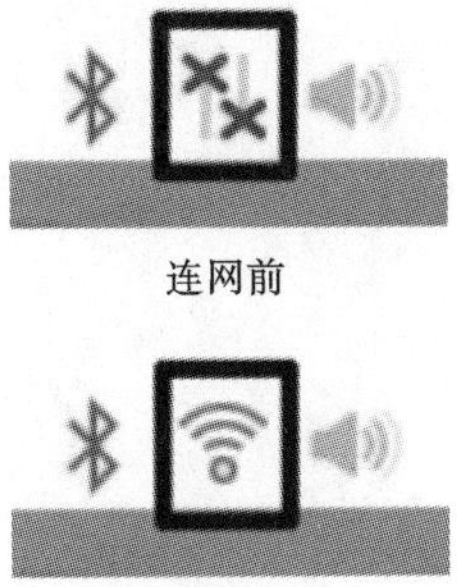

连网前

连网后

图 6.32

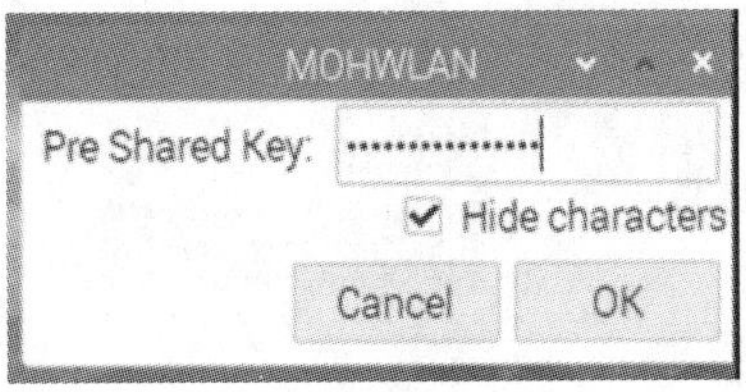

图 6.33

除了树莓派推荐的软件之外，树莓派官网还有一个庞大的应用程序库，我们也可以从这个程序库中，选择需要的应用程序进行安装。

如图 6.34 所示，单击“首选项”，然后单击菜单中的“Add/Remove Software”。

我们可以从左侧菜单中选择一个类别进行浏览，也可以搜索软件，如图 6.35 所示。

图 6.34

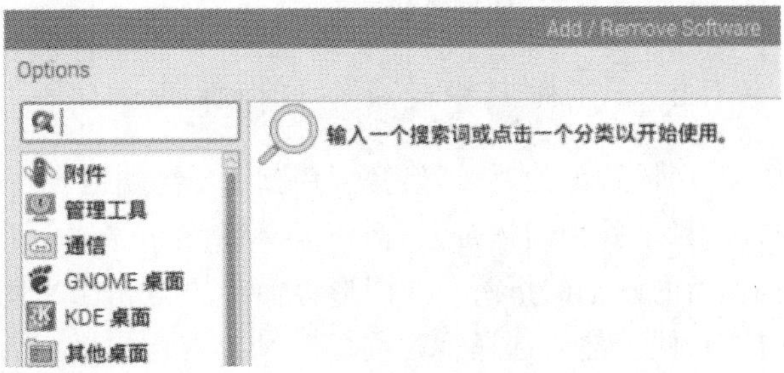

图 6.35

选择所需要安装软件的选择框，再点击“OK”，开始安装。

4. 文件管理

树莓派上的所有文件(包括用户自己创建的文件)都存储在 SD 卡上。用户可以使用文件管理器应用程序访问这些文件。

如图 6.36 所示，单击“附件”，选择菜单中的“文件管理器”，或直接点击菜单栏上的文件管理器图标。

当文件管理器打开时，会看到一个名为“pi”的目录，这是树莓派存储文件和创建新子文件夹的位置。我们可以在树莓派上使用 USB 硬盘和 U 盘，这是备份文件并将其复制到其他计算机的便捷方式。

图 6.36

5. 配置树莓派

通过菜单上"首选项"下的"Raspberry Pi Configuration"选项，可以对树莓派的大部分硬件资源进行设置，例如密码、启动画面、树莓派在网络中的计算机名、摄像头，以及各种接口、系统时钟、键盘布局等，如图 6.37 所示。

6.4.2 LX 终端中的命令行操作

在使用树莓派的时候，经常要用到 LX 终端命令行操作，在终端里我们使用键入的命令来访问文件目录并控制树莓派，而不是单击菜单选项。LX 终端通常出现在许多教程和项目指南中，包括网站上的指南。在图形界面上方点击 LX 图标，即可启动 LX 终端，也可以在菜单中选择"附件"，然后选择"LX 终端"。LX 终端启动后，出现如下的提示符：

```
pi@ raspberrypi ~ $
```

每次执行一行命令时，都会出现这个提示符，它的作用是提示用户名 pi 和计算机名 raspberrypi，符号"～"是主目录(/home/pi)的简写形式。

树莓派的命令行指令很多，考虑到篇幅，本书仅介绍常用的命令行指令，其他指令请参考专门的树莓派书籍。

1. 路径及文件夹指令

常用的路径及文件夹指令有 cd、pwd、ls、mk、rm 等。

(1) "$ cd"，更改目录。

可以用"cd～"命令将当前位置变为主目录，如果想在当前目录结构中上移一级，可以用"$ cd../"命令；用"$ cd /"命令，可以直接切换到根目录。如果当前目录下有一个子目录"net"，可以用"cd net"进入 net 目录中。

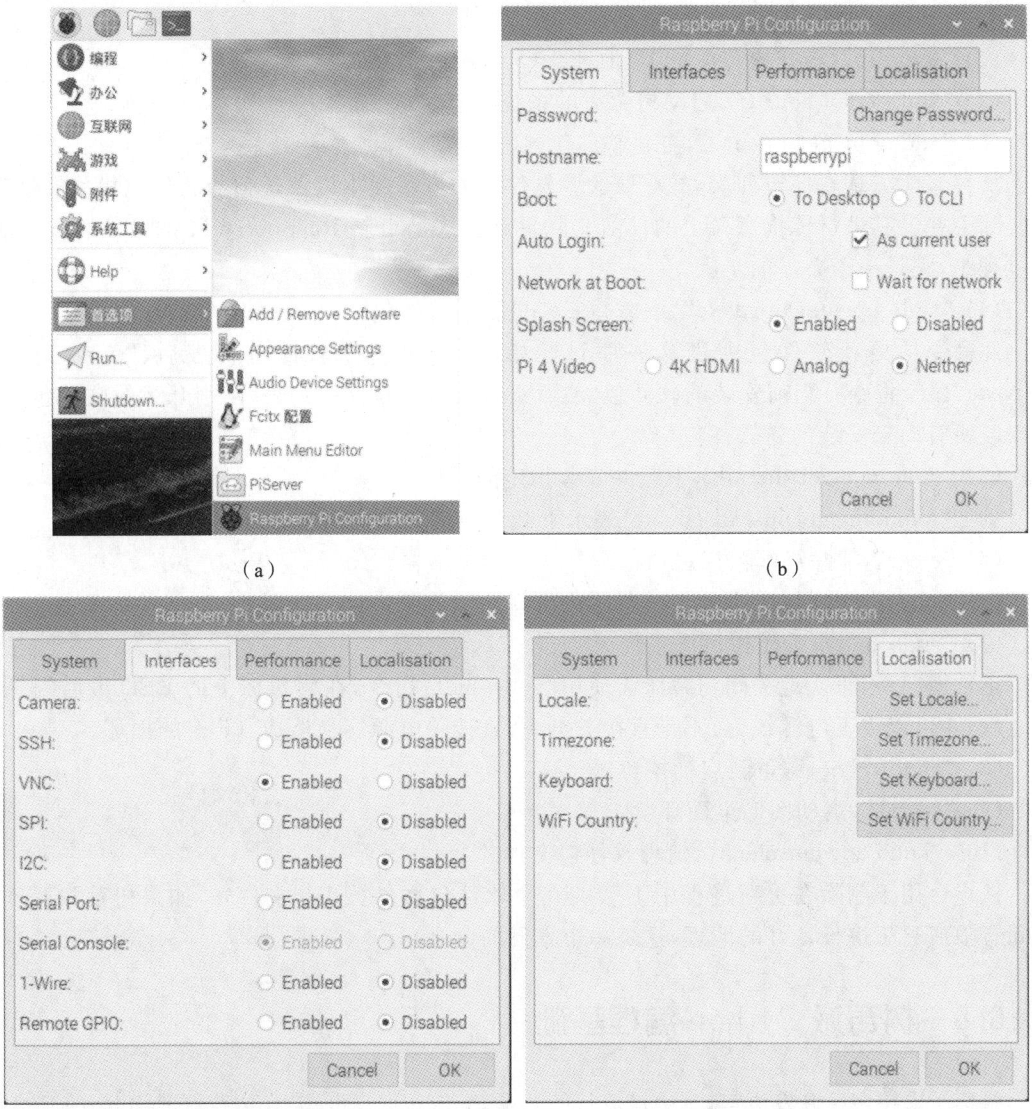

(a)　(b)　(c)　(d)

图 6.37

对于 LX 终端，整个系统的根目录就是“/”，若要访问根目录下面的目录，就需要用“/home/”表示。

(2)“$ pwd”，显示、查看当前目录位置。

(3)“$ ls”，查看当前目录下的文件和文件夹。

(4)“mkdir”，创建目录。

(5)“rmdir”，删除目录。

2. 文件操作类指令

(1)“cp”，复制文件或目录，例如“cp myfile. txt myfile1. txt”。

(2)“rm”，删除文件，例如“rm myfile. txt”。

(3)“nano”，编辑文件，例如“nano myfile. txt”；编辑完成后，按 Ctrl+X 保存文件。

(4)“cat”，显示文件内容，例如“cat myfile. txt”。

3. 系统操作类指令

(1)“ifconfig”,查找树莓派的 IP 地址。

(2)“sudo raspi-config”,启动树莓派的系统设置窗口。

(3)“sudo apt-get update”,更新软件包列表。

从存储库下载软件包列表,并获取这些软件包的最新版本以及任何与软件包相关的信息,它实际上并没有进行传统意义上的任何实际更新。这是更新 Raspberry Pi 的第一阶段,在整个过程中,它是一个必需的步骤。

(4)“sudo apt-get upgrade”,下载并安装更新的软件包。

此命令从更新软件包列表这一项目开始,有了更新的软件包列表后,“sudo apt-get upgrade”命令将查看当前安装的软件包,然后查看最新的软件包列表(刚刚升级的软件包),最后安装所有尚未安装的新软件包。

(5)“sudo apt-get install”,下载并安装指定的程序。

例如“sudo apt-get install cmake”表示下载并安装一个名字为 cmake 的程序。

(6)“clear”,清除终端窗口。

使用“clear”指令,屏幕上所有的显示内容将会被清除。

(7)“sudo halt”,关闭树莓派系统。

正常情况下,正确地关闭树莓派需使用“sudo halt”指令,在树莓派上的 LED 最后闪烁一次之后,才可以拔下电源线,而不是直接关电源,直接关电源容易造成 TF 卡的损坏。

(8)“sudo reboot”,重新启动树莓派。

(9)“startx”,启动图形桌面环境。

(10)“sudo apt-get clean”,清理软件包文件。

该指令用于删除在更新过程中下载的冗余软件包文件(.deb 文件)。如果树莓派 TF 卡空间有限或只想进行良好的清理,这是一个方便的命令。

6.5 树莓派 Python 编程基础

树莓派支持多种开发语言,其中最流行的就是 Python 了。事实上,树莓派 Raspberry Pi 中的 Pi 就是受到单词 Python 的启发而取的。本章的实验也很自然地采用 Python 作为编程语言。

1. 树莓派 Python 编程基础

(1)变量。

对于 Python 来说,变量无须声明,直接给它赋值即可,如:

```
a=123
b=45.6
c='Hello'
d=True
```

按照编程惯例,变量名以小写字母开头,如果变量包含多个单词,一般用下划线将它们连接起来。在 Python 中,可以使用单引号或双引号来定义字符串;逻辑常量是 True 和 False,这里大小写敏感。

(2)算术运算。

Python 常用的算术运算符有“+”(加法)、“-”(减法)、“*”(乘法)、“/”(除法)、“%”(取模)、“* *”(幂运算)等,相关说明见表 6.1。

表 6.1 Python 常用的算术运算符及其说明

运算符	说明
+	两个数相加,或是字符串连接
−	两个数相减
*	两个数相乘,或是返回一个重复若干次的字符串
/	两个数相除,结果为浮点数(小数)
//	两个数相除,结果为向下取整的整数
%	取模,返回两个数相除的余数
* *	幂运算,返回乘方结果

例如,求 2 的 8 次方,可以用下列运算表达式:

```
>>>2**8
256
```

(3) 比较运算。

Python 中的比较(关系)运算符共 6 个,如表 6.2 所示。

表 6.2 Python 的比较运算符及其说明

运算符	说明
==	比较两个对象是否相等
!=	比较两个对象是否不相等
>	大小比较,例如 x>y 将比较 x 和 y 的大小,若 x 比 y 大,返回 True,否则返回 False
<	大小比较,例如 x<y 将比较 x 和 y 的大小,若 x 比 y 小,返回 True,否则返回 False
>=	大小比较,例如 x>=y 将比较 x 和 y 的大小,若 x 大于等于 y,返回 True,否则返回 False
<=	大小比较,例如 x<=y 将比较 x 和 y 的大小,若 x 小于等于 y,返回 True,否则返回 False

(4) 赋值运算。

Python 中的赋值运算符及其说明见表 6.3。

表 6.3 Python 中的赋值运算符及其说明

运算符	说明
=	常规赋值运算符,将运算结果赋值给变量
+=	加法赋值运算符,例如 a+=b 等效于 a=a+b
−=	减法赋值运算符,例如 a−=b 等效于 a=a−b
*=	乘法赋值运算符,例如 a*=b 等效于 a=a*b
/=	除法赋值运算符,例如 a/=b 等效于 a=a/b
%=	取模赋值运算符,例如 a%=b 等效于 a=a%b
* *=	幂运算赋值运算符,例如 a* *=b 等效于 a=a* *b
//=	取整除赋值运算符,例如 a//=b 等效于 a=a//b

(5) 逻辑运算。

Python 中的逻辑运算符及其说明见表 6.4。

表 6.4　Python 中的逻辑运算符及其说明

运算符	说　明
and	布尔“与”运算符,返回两个变量“与”运算的结果
or	布尔“或”运算符,返回两个变量“或”运算的结果
not	布尔“非”运算符,返回对变量“非”运算的结果

(6) 位运算。

Python 中的位运算符及其说明见表 6.5。

表 6.5　Python 中的位运算符及其说明

<table>
<tr><th>运算符</th><th>说　明</th></tr>
<tr><td>&</td><td>按位“与”运算符:参与运算的两个值,如果两个相应位都为 1,则结果为 1,否则为 0</td></tr>
<tr><td>|</td><td>按位“或”运算符:只要对应的两个二进制位有一个为 1,结果就为 1</td></tr>
<tr><td>∧</td><td>按位“异或”运算符:当两对应的二进制位相异时,结果为 1</td></tr>
<tr><td>~</td><td>按位“取反”运算符:对数据的每个二进制位取反,即把 1 变为 0,把 0 变为 1</td></tr>
<tr><td><<</td><td>“左移动”运算符:运算数的各二进制位全部左移若干位,由“<<”右边的数指定移动的位数,高位丢弃, 低位补 0</td></tr>
<tr><td>>></td><td>“右移动”运算符:运算数的各二进制位全部右移若干位,由“>>”右边的数指定移动的位数</td></tr>
</table>

(7) 条件处理 if、if else 和 elif。

如果希望当某些条件成立时才运行某些 Python 命令,可以使用条件语句 if。例如下面的程序,只有当 x 取值大于 9 时,才会输出消息“x is too big”。

```
>>>x=10
>>>if x>9:
        print(“x is too big”)
```

有时,我们希望在条件为 True 时执行某些操作,而在条件为 False 时执行另外的操作,这时,我们可以将 else 与 if 结合起来使用。例如:

```
>>>x=10
>>>if x>9:
        print(“x is too big”)
    else:
        print(“x is too small”)
```

此外,还可以用 elif 语句将一组条件连接到一起,只要其中任何一个条件得到满足,就会执行对应的程序代码段,并且不再判断后续的条件分支。例如:

```
x=9
if x>15:
    print(“x is too big”)
```

```
    elif x<5:
        print("x is too small")
    else:
        print("x is medium")
```

这段程序代码运行后的输出结果是：x is medium。

(8) 循环 for 和 while。

当需要将某段程序代码重复执行特定的次数时，可以使用 for 命令，并指定循环的次数。例如，如果需要将一个命令重复执行 5 次，可以使用如下代码：

```
>>>for i in range(1,6):
        Print(i)
```

如果需要重复执行某些程序代码，直到某些条件发生变化为止，可以使用 while 指令。while 指令会重复执行嵌套在其内部的语句，直到它的条件不再成立为止。例如下面的例子，while 语句内嵌的代码会一直循环执行下去，直到在键盘上输入字符 B 后才会退出循环。

```
>>>key=' '
>>>while key != 'B':
        key=input('Enter command:')
```

也可以使用 break 语句来退出 while 或 for 循环，例如下面的代码运行的结果与上面的代码的运行结果完全一样。

```
>>>while True:
        key=input('Enter command:')
        if key=='B':
            break
```

(9) 定义和使用函数。

在程序中，如果有一段代码需要重复使用，可以用 def 命令创建一个函数，将多行代码组织在一起，然后在程序的不同地方调用它。例如，用 def 命令创建一个能打印输出 1 到 n 的函数，其代码可以写为：

```
def count_to_n(n):
    for i in range(1,n+1)
        print(i)
```

如果要打印输出 1 到 5，可以调用上面的函数：

```
count_to_n(5)
```

(10) 时间控制。

Python 提供了一个 time 模块用于格式化的时间。Python 的 time 模块下有很多函数可以转换常见日期格式。如函数 time. time()用于返回当前时间的时间戳(1970 纪元后经过的浮点秒数)，精确到小数点后 6 位。这个函数在后面的超声波测距实验中将会用到。

函数 time. sleep(t)用于推迟调用线程的运行，参数 t 设定的秒数表示进程挂起的时间。

2. 使用中断

在树莓派上的 Python 编程中，设置中断通常有两种方法，一种是 wait_for_edge()，另一种为 add_event_detect()。

(1) wait_for_edge():用于检测到边沿之前阻止程序运行。例如,设计一个 Python 程序,实现功能:延时 3 s,如果超时,程序继续执行,如果没有超时将继续等待。

```
channel=GPIO.wait_for_edge(channel, GPIO_RISING, timeout=3000)
if channel is None:
print('Timeout occurred')
else:
print('Edge detected on channel', channel)
```

(2) add_event_detect():对一个引脚进行监听,一旦引脚输入发生了改变,调用 event_detected()函数返回 True。例如:

```
GPIO.add_event_detect(channel, GPIO.RISING)
if GPIO.event_detected(channel):
print('The GPIO Pin is High',channel)
```

add_event_detect()多用于循环状态,并且它不会错过循环中输入状态的改变。

3. GPIO 接口与 GPIO 库

树莓派 Python 的 GPIO 库 RPi. GPIO 库可以看作树莓派 Python 的一个 module(模块),树莓派官方系统默认已经安装。可以访问 Python 主页下载源码 ,GPIO 库使用说明见官方的帮助文档的链接:https://sourceforge. net/p/raspberry-gpio-python/wiki/BasicUsage/。这里只简单介绍快速入门使用 GPIO 库需要注意的事项。

要导入 GPIO 库,需要在程序的开始部分输入:

```
import RPi.GPIO as GPIO
```

这样就可以通过脚本的其余部分将其称为 GPIO,如 GPIO. output。

(1) GPIO 的引脚编号。

在 RPi. GPIO 中,有两种方法可以对 Raspberry Pi 上的 I/O 引脚进行编号。第一种是使用 BCM 编号系统,也就是使用在 GPIO 管脚分布图中的 GPIOn(n 为 1～26)。这是一种较低级别的编号方式,I/O 引脚编号即是 Broadcom SOC 上的通道号码。用户必须始终使用那个通道编号所对应的树莓派板上的那个引脚的图表。而用户的脚本程序有可能会在树莓派板的硬件修订后不能使用,只是目前还没有这方面的问题。

第二种是使用 BOARD 板上的编号系统。这是树莓派板上 P1 接头上的引脚号。使用这种编号系统的优点是,无论树莓派的电路板版本如何,硬件都能正常工作,用户不需要重新连接连接器或更改代码。

两种方式的换算,如 BCM 编码方式的 GPIO23 对应 BOARD 编码方式的 16。

显然,第二种方式更方便,更直观。但是目前看到的很多有关 GPIO 编程的代码确实是使用的 BCM 编码方式。用户可以根据自己的习惯选择使用其中的任意一种编码方式。

程序中要指定使用的引脚编号方式,如:GPIO. setmode(GPIO. BCM) 或 GPIO. setmode(GPIO. BOARD)

(2) 设置通道类型。

设置用作输入或输出的每个通道。

将通道配置为输入:GPIO. setup(channel, GPIO. IN);

将通道配置为输出:GPIO. setup(channel, GPIO. OUT)。

其中通道 channel 是基于用户指定的编号系统(BOARD 或 BCM)的通道编号。

可以为输出通道指定一个初始值:GPIO. setup(channel, GPIO. OUT, initial=GPIO. HIGH)。

还可以一次设置多个通道,例如:

```
chan_list= [11,12]          #加尽可能多的通道!
                            #也可以用元组代替,即 chan_list = (11,12)
GPIO.setup(chan_list, GPIO.OUT)
```

● 输入、输出

输入:GPIO. input(channel),读取 GPIO 引脚的值。

输出:GPIO. output(channel, state),channel 是指定的通道编号,state 可以是 0/GPIO. LOW/False,或 1/GPIO. HIGH/True。如输出高电平,以下几种编程都可以:

```
GPIO.output(12, GPIO.HIGH)
#or
GPIO.output(12, 1)
#or
GPIO.output(12, True)
```

● 使用 PWM

创建一个 PWM 实例:

```
p=GPIO.PWM(channel, frequency)
```

启动 PWM:

```
p.start(dc)       # dc 为占空比 (0.0<=dc<=100.0)
```

更改频率:

```
p.ChangeFrequency(freq)       # 其中 freq 是以 Hz 为单位的新频率
```

改变占空比:

```
p.ChangeDutyCycle(dc)       # 其中 0.0 <=dc<=100.0
```

停止 PWM:

```
p.stop()
```

● GPIO 恢复默认

在程序的末尾,清理可能使用的资源是一种很好的习惯。需要注意的是,这样只会清除脚本中使用的 GPIO 通道,同时,GPIO. cleanup()也会清除正在使用的引脚编号系统。

要恢复 GPIO 的默认初始状态,需要在程序的末尾写上:

```
GPIO.cleanup()
```

4. 调用系统命令的 OS 库

调用系统命令的方法是:os. popen('命令行'). read();

使用前同样需要导入 OS 库:import os。

6.6 基于树莓派的测控实验

6.6.1 树莓派 Python 起步实验

一、实验目的

从编写一个在计算机屏幕上输出"Hello world"这行字符串的 Python 程序开始，初步熟悉树莓派上 Python 语言的编程环境 IDE。如果对 Python 有过初步的了解，或对其他编程语言，如 C 或 C++的编程比较熟悉，可以跳过本项实验，直接进入下一个实验。

二、实验原理

在本次实验中，采用 VNC Viewer 远程登录树莓派的方式，在个人计算机上进行树莓派的 Python 程序设计。当然，也可以将树莓派连上显示屏和鼠标键盘，直接在树莓派上进行 Python 编程。

三、实验仪器和设备

(1) 计算机。
(2) 树莓派 4B 实验开发板。
(3) 12 V DC 电源。

四、实验步骤及内容

(1) 如果计算机里没有安装 VNC Viewer，按照 6.2 节的内容，安装 VNC Viewer。

(2) 启动 VNC Viewer，在地址栏输入树莓派的 IP 地址(如 169.254.23.105)，回车，VNC Viewer 显示"Connecting to 169.254.23.105"，然后就会出现树莓派的界面，说明已经远程连接上树莓派了，如图 6.38 所示。

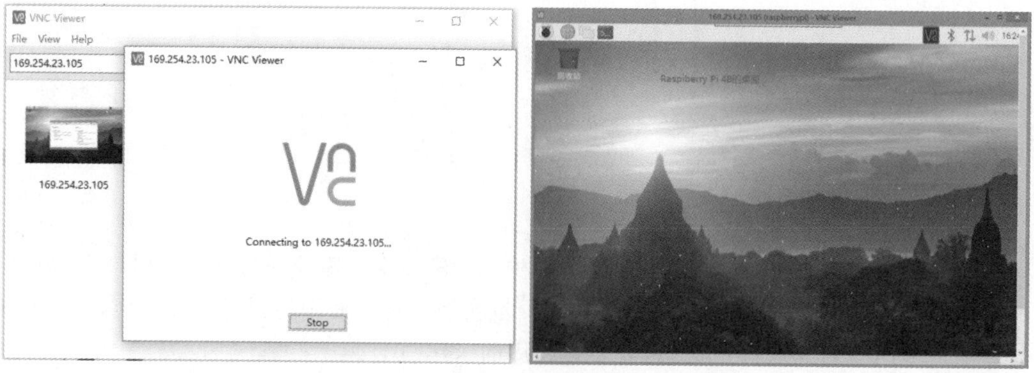

图 6.38

(3) 点击菜单里的"编程"，再点击"mu"，启动 Python 编程环境，如图 6.39 所示。

(4) 点击编程环境中的"新建"图标，如图 6.40 所示，就可以在编程窗口输入程序代码了。

(5) 点击"保存"图标，弹出文件保存窗口，输入文件名，保存文件，如图 6.41 所示。

(6) 点击"运行"图标，在 Python 编程窗口下方，出现运行结果的窗口，如图 6.42 所示。

图 6.39

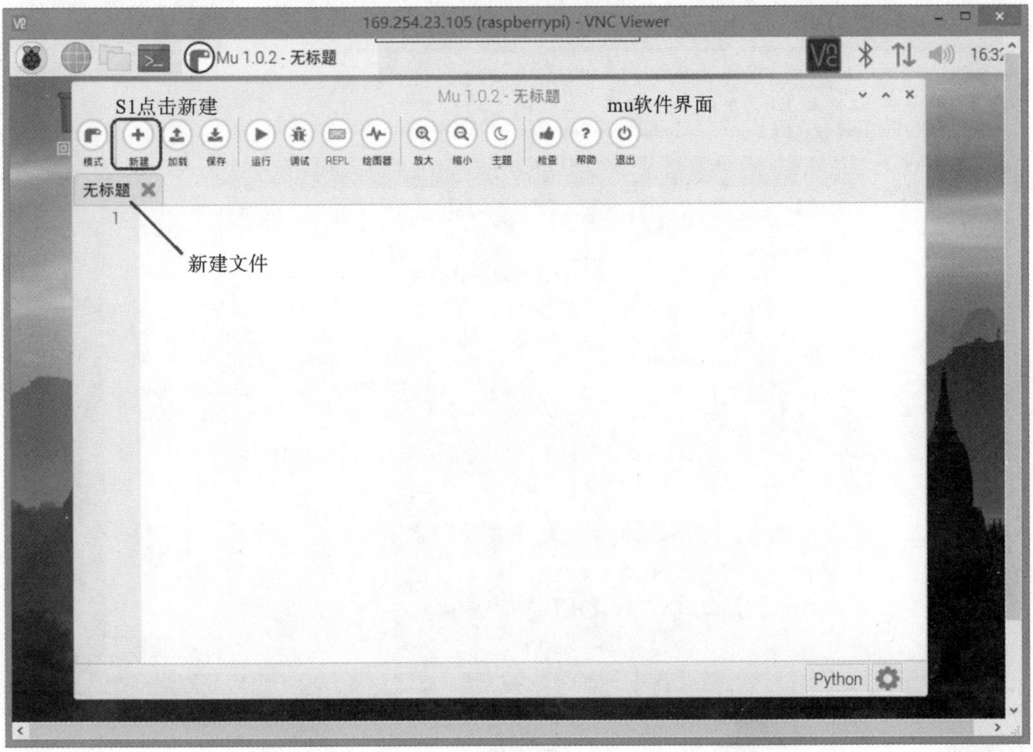

(a)

图 6.40

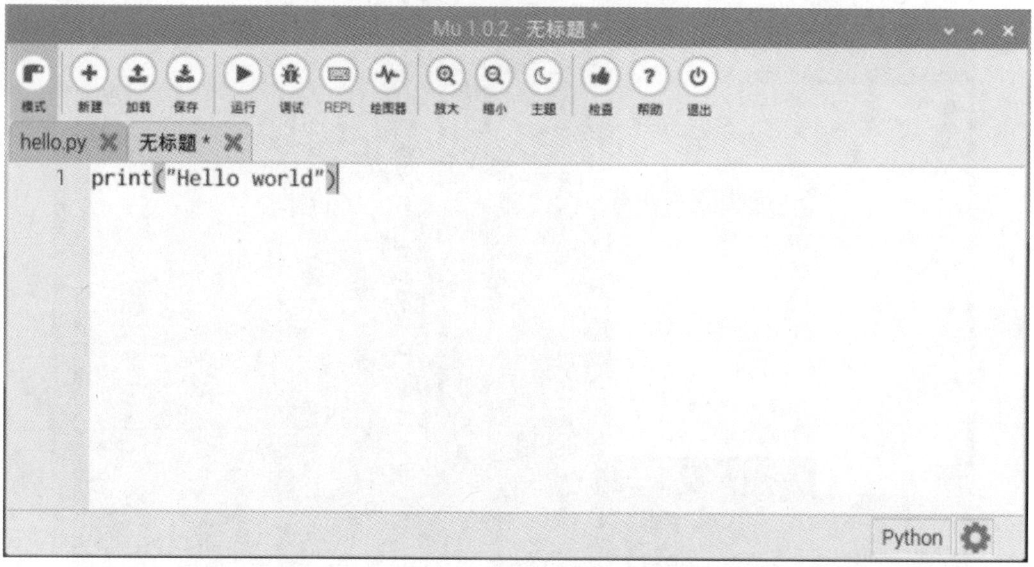
Mu 1.0.2 - 无标题 *
模式
新建
加载
保存
运行
调试
REPL
绘图器
放大
缩小
主题
检查
帮助
退出
hello.py
无标题 *
1 print("Hello world")
Python

(b)

续图 6.40

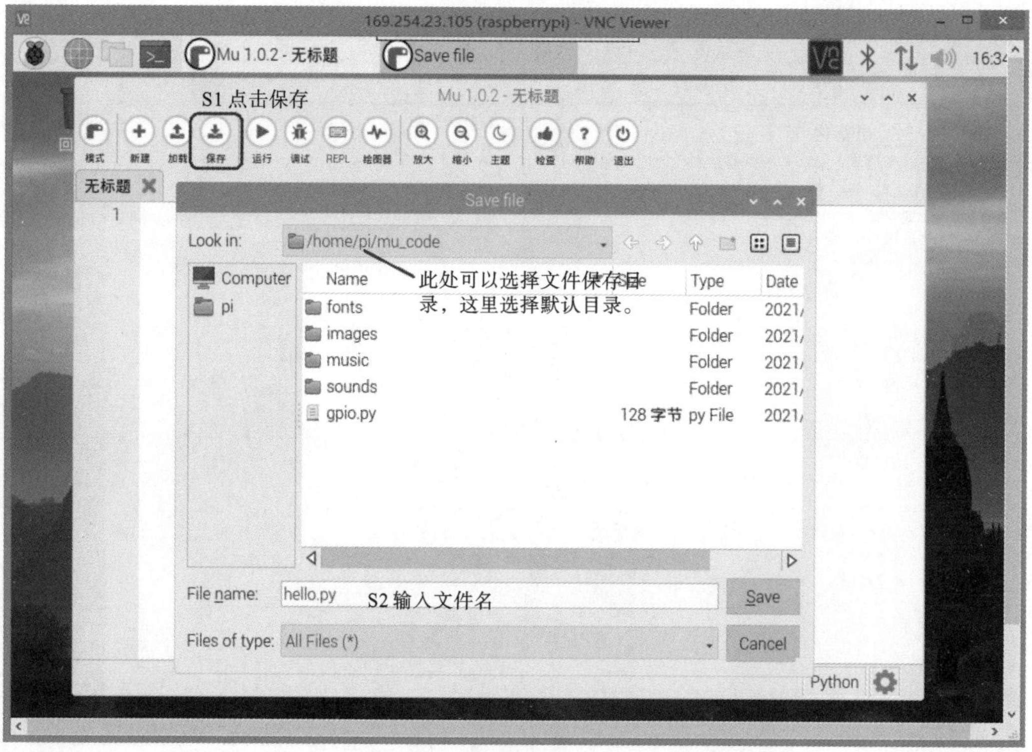
169.254.23.105 (raspberrypi) - VNC Viewer
Mu 1.0.2 - 无标题
Save file
S1 点击保存
Save file
Look in:
/home/pi/mu_code
Computer
pi
Name
Type
Date
此处可以选择文件保存目录，这里选择默认目录。
fonts
images
music
sounds
gpio.py
128 字节
py File
File name:
hello.py
S2 输入文件名
Save
Files of type:
All Files (*)
Cancel
Python

图 6.41

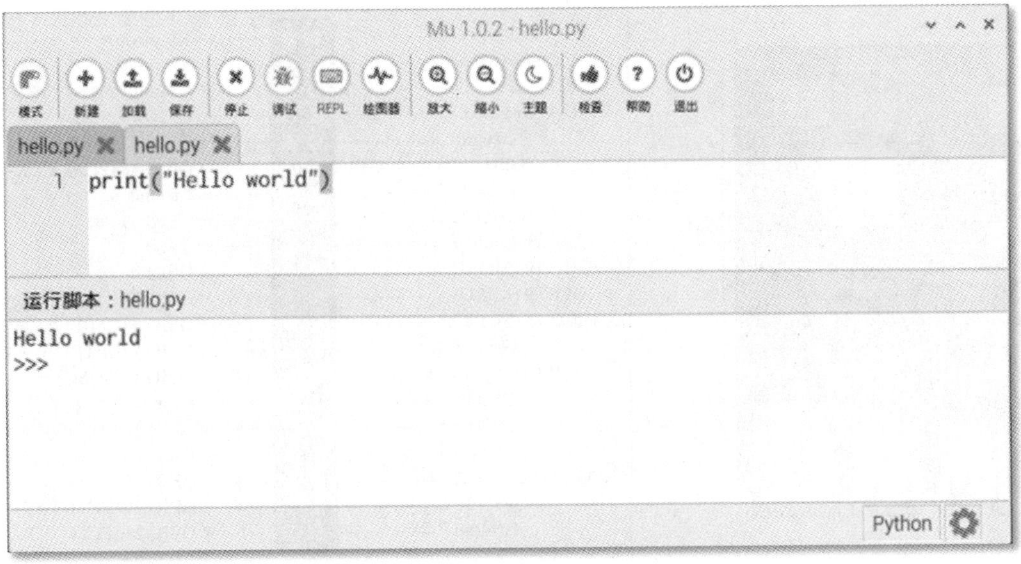

图 6.42

五、实验报告要求

实验报告至少包括以下内容。

(1) 实验目的与要求。

(2) 实验过程记录。

(3) 调试过程总结与实验心得。

六、思考题

如何在一张新的 TF 卡上安装树莓派操作系统?

6.6.2　控制 LED 点亮、熄灭实验

一、实验目的

(1) 掌握树莓派 GPIO 接口的针脚定义及其电气特性。

(2) 掌握控制树莓派 GPIO 数字输入输出端口的方法——通过树莓派点亮或熄灭一个 LED,来学习如何通过树莓派的 GPIO 接口控制电子设备。

二、实验原理

树莓派除了有 HDMI、USB、音频、以太网、显示器等专用接口外,还有一个 GPIO(通用输入输出)接口,它是一个含有 40 个针脚的双排插座,供用户使用。树莓派的 GPIO 接口针脚定义如图 6.43 所示。这个 GPIO 插座上,除了提供了 26 个 GPIO 端子外,还可以输出 5 V 和 3.3 V电源,通过 GPIO 接口及接口相应的程序,可以控制外围的电子设备。

GPIO 输入输出的电压为 3.3 V,可以提供 3～16 mA 的电流(取决于使用 GPIO 引脚的数量),对于输入信号来说,GPIO 会把 2.5 V 以上的电压视为高电平。

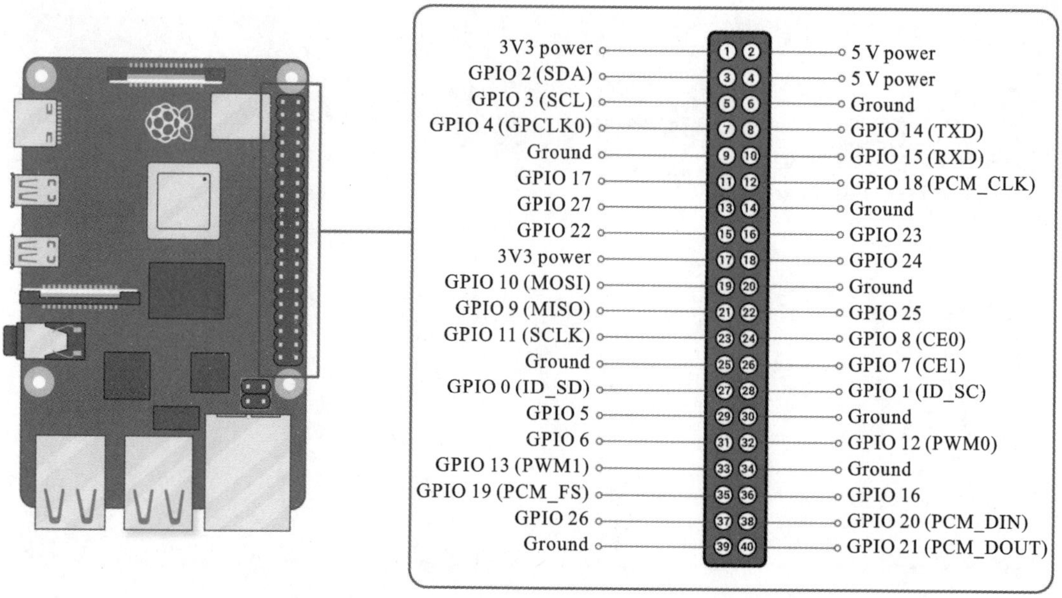

图 6.43

LED 是一种常用、高效、廉价并且稳定的光源，通常 1 mA 的电流就可以点亮 LED，只不过电流越大，LED 亮度越高。但是过大的电流通过 LED，会导致 LED 烧毁，因此在使用 LED 时，需要加一个限流电阻来保护它。

用 Python 对 GPIO 进行编程，需要用到树莓派为 GPIO 提供的 Python 库 RPi. GPIO，在程序开头就需要导入这个库。

三、实验仪器和设备

(1) 计算机。

(2) 树莓派 4B 实验开发板。

(3) 12 V DC 电源。

(4) 面包板。

(5) LED、电阻、导线。

四、实验步骤及内容

1. 实验方案

把 LED 正确地连接到树莓派的 GPIO 接口的针脚上，编写 Python 指令程序，控制 LED 点亮和熄灭。

2. 实验步骤

(1) 在 LED 的一个管脚上串联一个 300～470 Ω 的电阻，可以直接将电阻焊接到 LED 的正极管脚上，也可以通过面包板来串接。

(2) 通过面包板，将 LED 的正极端所接的电阻的另一端接到 GPIO 双排插座的 Pin16 (GPIO23)。

(3) 在终端上用指令控制 LED 点亮和熄灭。

点击树莓派顶部的图标“>_”，进入树莓派的 LX 终端，逐行输入以下指令，每输入一行指令，回车后注意观察 LED 的状态。

```
$  sudo python
>>>import RPi.GPIO as GPIO
>>>GPIO.setmode(GPIO.BCM)
>>>GPIO.setup(23,GPIO.OUT)
>>>GPIO.output(23.True)
>>>GPIO.output(23.False)
```

由于 RPi. GPIO 库要求具有超级用户权限，因此第一个指令就是 $ sudo python，目的是赋予所要执行指令的超级用户权限。

(4) 打开树莓派 Python 编程环境 mu，输入以下代码(注意：树莓派 Python 程序对大小写和缩进特别敏感)。

```
import RPi.GPIO as GPIO
import time
GPIO.setmode(GPIO.BCM)          # 采用 BCM 编码方式
GPIO.setup(23,GPIO.OUT)
while True:
    GPIO.output(23,False)
    time.sleep(0.5)
    GPIO.output(23,True)
    time.sleep(0.5)
```

将此代码保存为文件 LedBlink. py，点击“运行”图标，运行上面的代码，观察 LED 在程序运行过程中的状态。点击“停止”图标，可以停止程序运行。

需要注意的是，如果是在终端窗口运行该程序，由于 RPi. GPIO 库要求具有超级用户权限，因此必须使用下列命令：

```
$  sudo python LedBlink.py
```

五、实验报告要求

实验报告至少包括以下内容。

(1) 实验目的与要求。

(2) 电气接线图及说明。

(3) 实验过程记录。

(4) 调试过程总结与实验心得。

六、思考题

在树莓派的 LX 终端模式下运行 Python 指令，为什么需要先运行 sudo 指令？如果没有运行这个指令，会有什么问题，请实际验证。

6.6.3　舵机的运动控制实验

一、实验目的

(1) 掌握树莓派输出 PWM 信号的方法。

(2) 了解舵机的控制协议,掌握树莓派控制舵机运转的方法。

(3) 进一步熟悉树莓派的程序设计。

二、实验原理

1. 舵机及其特性

实验所用的舵机是一个可以双向连续旋转的小型伺服电机。舵机将伺服电机、电机驱动板、减速器与位置检测元件封装在一个外壳中,电机驱动板驱动电机转动,减速齿轮将动力传至摆臂,同时由位置检测器送回信号,判断是否已经到达定位。大多数舵机输出轴上还装有安装支架,用于安装需要驱动的部件,如图 6.44 所示。

图 6.44

舵机特性及技术参数:

- 双向连续旋转
- 转速范围:0～50 r/min,转速与 PWM 信号的脉宽呈线性关系
- 工作电压:4～6 V DC
- 以脉宽调制(PWM)控制方式,控制电机的转速与转动方向
- PWM 控制输入信号的电压:3.3～5 V

针脚(线色)	名称	描述	电压范围
1(白)	信号	PWM 输入信号	3.3～5 V
2(红)	Vservo	电源正	4～5 V
3(黑)	Vss	接地	接地

(详细内容请参考文档《Parallax Continuous Rotation Servo (#900-00008)》)

2. 舵机控制协议

本实验所用舵机的运转速度和转动方向,是由接收到的 PWM 信号控制的。转动的速度由 PWM 信号高电平的宽度控制,该高电平的宽度范围为 1.3～17 ms。为使电机转动平滑,PWM 信号中每两个脉冲之间的间隔为 20 ms,PWM 波的高电平宽度以 1.5 ms 为界:1.3～1.5 ms,电机顺时针转动(见图 6.45(a));1.5～1.7 ms,电机逆时针转动(见图 6.45(b))。

三、实验仪器和设备

(1) 计算机。

(2) 树莓派 4B 实验开发板。

(3) 12 V DC 电源。

(4) 舵机。

(5) 示波器。

(6) 导线。

四、实验步骤及内容

1. 硬件连接

按照图 6.46 连接舵机与树莓派 GPIO 相应的端口。

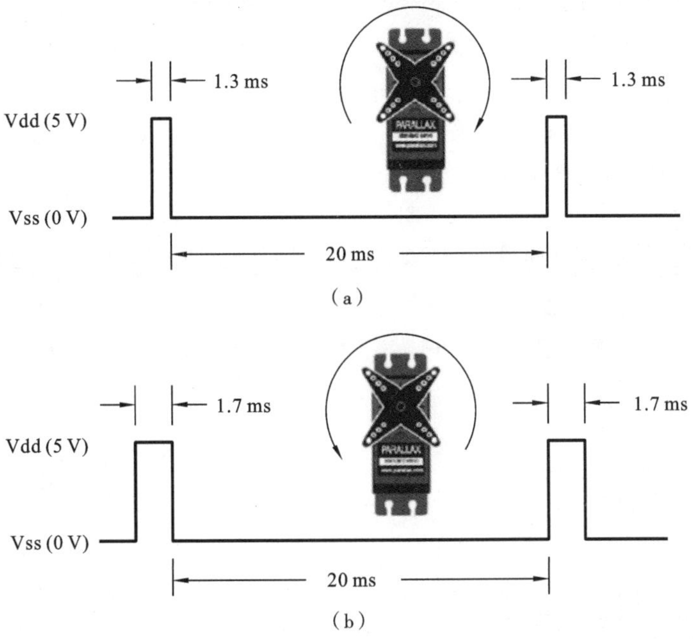

图 6.45

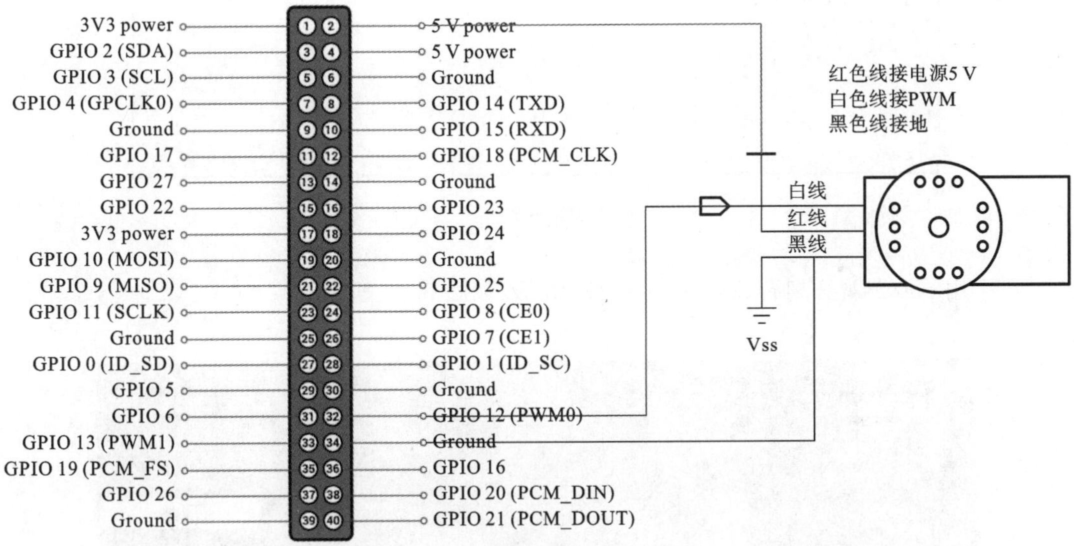

图 6.46

2. 设计树莓派 Python 程序

在树莓派 Python 程序编辑的“mu”环境中，输入以下代码：

```
import RPi.GPIO as GPIO
contr_bcm_pin=12
GPIO.setmode(GPIO.BCM)
GPIO.setup(contr_bcm_pin,GPIO.OUT)
duty_keyboard=input("Enter the value of duty(0-100)")
duty=int(duty_keyboard)                    # 通过键盘输入占空比
```

```
pwm_motor= GPIO.PWM(contr_bcm_pin,48)  # 为保证脉冲间隔为 20 ms,PWM 频率设为 48 Hz
pwm_motor.start(duty)
```

如图 6.47 所示,点击"保存"图标,将所编写的程序保存为"duoji. py",点击"运行"图标,运行代码。通过键盘输入占空比的值,如输入 5,以上代码通过 GPIO12 提供脉冲信号来控制电机实现顺时针转动,输入 8,电机则逆时针转动。

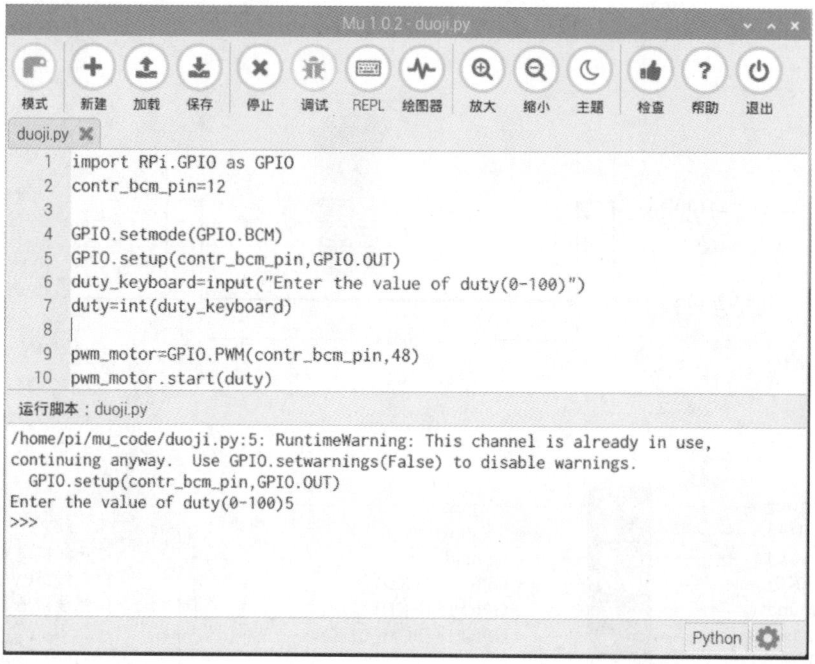

图 6.47

可以用示波器观察树莓派输出的 PWM 波形,如图 6.48 所示。

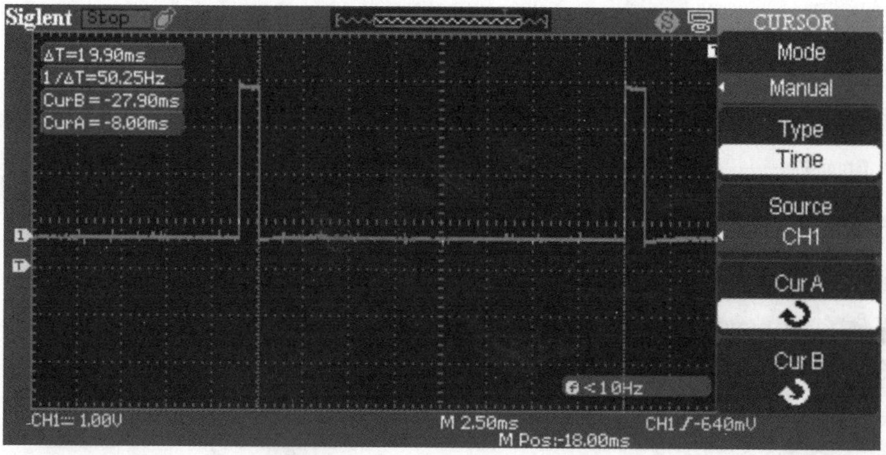

(a)

图 6.48

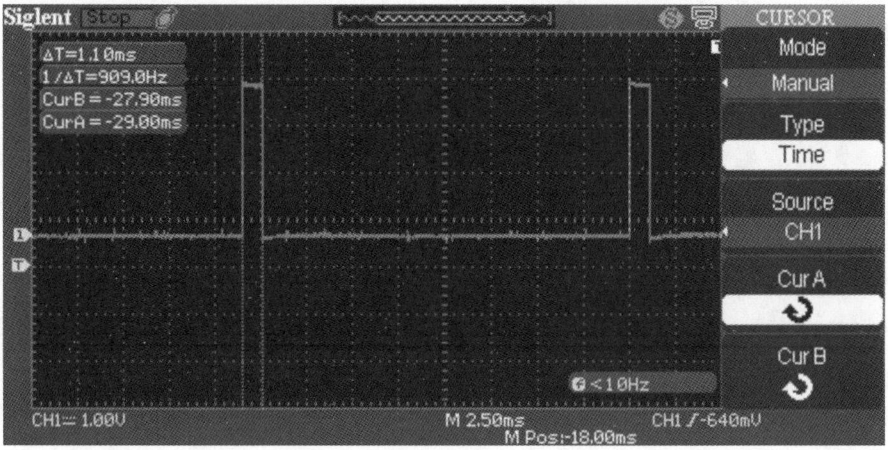

(b)

续图 6.48

五、实验报告要求

实验报告至少包括以下内容。

(1) 实验目的与要求。

(2) 电气接线图及说明。

(3) 实验过程记录。

(4) 调试过程总结与实验心得。

六、思考题

如果所用的舵机负载电流达到 300 mA,舵机该怎么接线?

6.6.4　超声波测距实验

一、实验目的

(1) 掌握超声波测距传感器的工作原理及应用计算方法。

(2) 掌握基于树莓派的超声波测距传感器的硬件连接及程序设计方法。

二、实验原理

1. 超声波测距传感器

本项实验所用的超声波测距传感器的型号为 SR-04,如图 6.49 所示。

SR-04 超声波测距传感器上有 2 个圆柱形的压电陶瓷超声换能器件,一个是超声换能器,用于发射超声波脉冲,另一个是接收器,用于接收回波。传感器上有 4 根针脚,分别是 Vcc(电源,+5 V,工作电流 15 mA)、Trig(触发,电压 3.3～5 V,宽度不小于 10 ms)、Echo(回波信号,电压 5 V)和 GND(电源地),探测距离为 2～450 cm。

2. 测量原理

超声波法测距的工作原理是:传感器模块收到一个触发信号后,该模块内部将发出 8 个

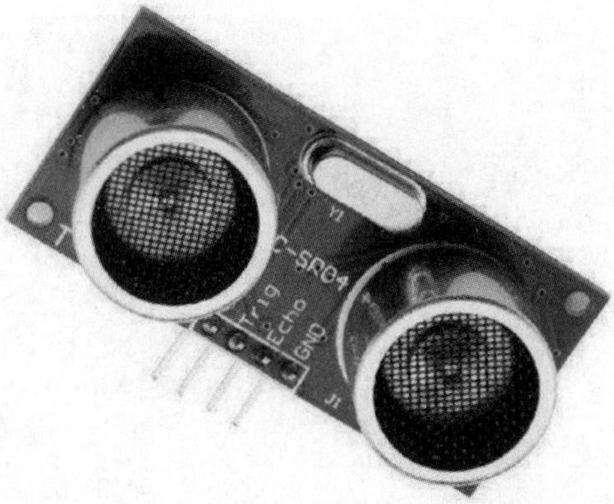

图 6.49

40 kHz 的超声波方波，并检测回波；一旦检测到有回波信号就输出回响信号，并通过 Echo 输出一个高电平，高电平的宽度与所测的距离成正比。回波高电平的宽度，就是超声波从发射到接收的时间长度，测量回波高电平的宽度，就得到了超声波往返行程的时间，结合声音在空气中的传播速度，就可以计算出被测物体距离超声波传感器的距离。距离计算方法如下：

$$距离=(高电平时间\times声速(340\ \mathrm{m/s}))/2$$

其中，高电平时间的单位为微秒(μs)。

三、实验仪器和设备

(1) 计算机。

(2) 树莓派 4B 实验开发板。

(3) 12 V DC 电源。

(4) 超声波测距传感器。

(5) 面包板。

(6) 导线。

四、实验步骤及内容

1. 实验方案

编写 Python 程序，将超声波传感器的 4 根针脚插到面包板上，触发针脚通过杜邦线连接到树莓派的 GPIO23 端口，向超声波传感器发送一个触发信号，宽度 1 m/s。

2. 硬件连接

(1) 将超声波测距传感器的 GND(红线)通过面包板连接到树莓派上的 GND(Pin6)。

(2) 将超声波测距传感器的 Trig(黄线)通过面包板连接到树莓派上的 GPIO23(Pin16)。

(3) 将超声波测距传感器的信号 Echo 线(蓝线)连接到面包板上 330 Ω 电阻的一端，树莓派上的 GPIO24(Pin18)用导线连接到该电阻的另一端。再在该电阻连接蓝线的一端与 GND 之间并联一个 470 Ω 的电阻，这 2 个电阻组成一个分压电路，将超声波测距传感器发出的 5 V 信号进行分压，使之输入 GPIO 端口的电压值为 3.3 V。

(4) 将树莓派板上的 5 V 电压输出(Pin2)通过面包板连接到超声波测距传感器的电源正端(红线)。

电路原理图和实际接线图分别如图 6.50 和图 6.51 所示。

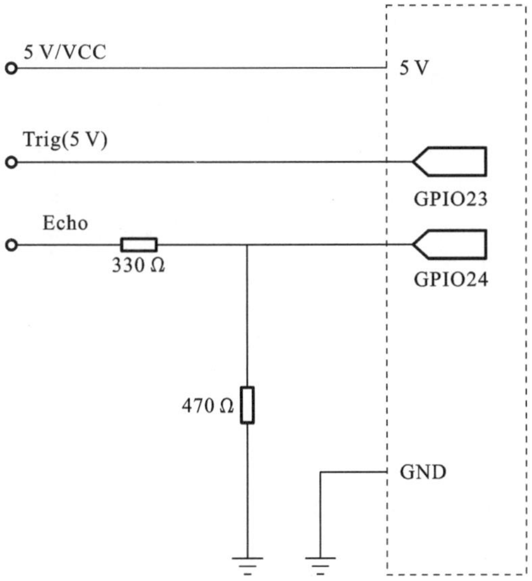

图 6.50

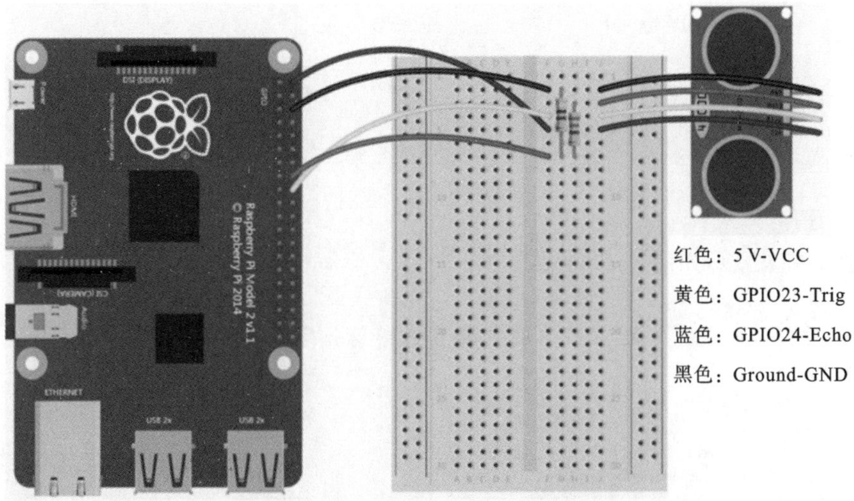

图 6.51

3. Python 程序设计

实验中声速取 343 m/s，即 0.0343 cm/μs。参考程序如下：

```
import RPi.GPIO as GPIO
import time
trig_bcmpin=23
echo_bcmpin=24
GPIO.setmode(GPIO.BCM)
GPIO.setup(trig_bcmpin,GPIO.OUT)
GPIO.setup(echo_bcmpin,GPIO.IN)
```

```
def trigger_pulse_send():
    GPIO.output(trig_bcmpin,1)
    time.sleep(0.001)
    GPIO.output(trig_bcmpin,0)

def wait_for_echo(value,timeout):
    count=timeout
    while GPIO.input(echo_bcmpin) !=value and count >0:
        count=count-1

def get_distance():
    trigger_pulse_send()
    wait_for_echo(1,1000)
    starttime=time.time()        # 返回当前时间戳,单位:秒
    wait_for_echo(0,1000)
    finishtime=time.time()
    pulselenth=finishtime-starttime
    distance_cm=pulselenth*34300/2      # 声速取 343 m/s
    #distance_cm=pulselenth/0.000058
    return(distance_cm)

while True:
    print("cm=%f" % get_distance())
    time.sleep(1)
```

4. 运行程序

程序运行结果显示如图 6.52 所示。

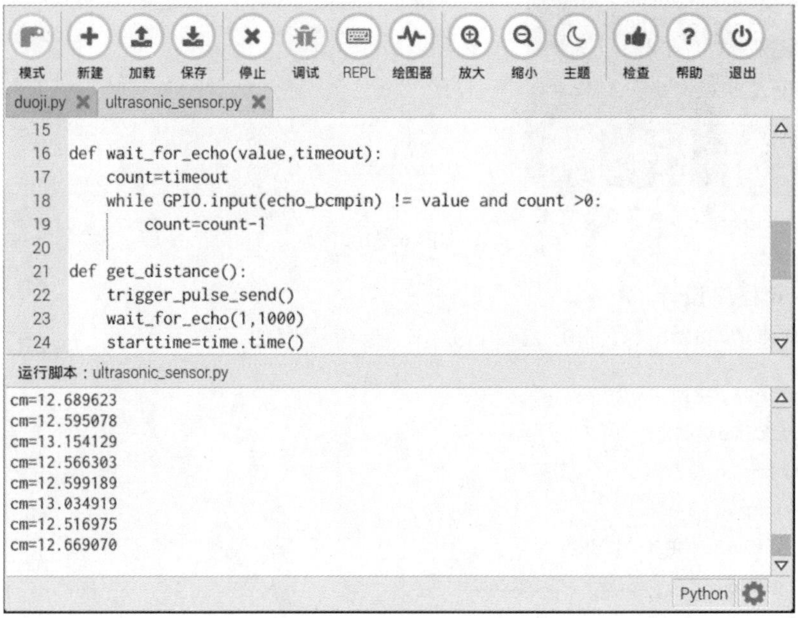

图 6.52

五、实验报告要求

实验报告至少包括以下内容。
(1) 实验目的与要求。
(2) 电气接线图及说明。
(3) 程序设计过程及说明。
(4) 实验过程记录。
(5) 调试过程总结与实验心得。

六、思考题

参考程序中,GPIO. setmode(GPIO. BCM) # 采用 BCM 编码方式,其目的是什么?

6.6.5　树莓派 CPU 的温度测量实验

一、实验目的

熟悉树莓派 OS 的常用命令,进一步熟悉树莓派 Python 语言编程环境 mu 与编程方法,了解树莓派 Python 语言编程过程中调用系统命令的方法。

二、实验原理

树莓派的 OS 是一种 Linux 操作系统,具有很多功能的系统命令,可以在系统提示符的后面输入 OS 命令,以命令行的方式运行。例如:查看 IP 的命令 ifconfig-a;更新安装包的命令 sudo apt-get upgrade;等等。常用的 OS 命令如表 6.6 所示。

表 6.6　常用的 OS 命令

序号	命令	意义	功能
1	ls	list	列出当前目录下的文件
2	pwd	print working	输出当前目录
3	cd	change directory	改变目录
4	mkdir	make directory	新建目录
5	cat	concatenate	显示或链接文件内容
6	rm	remove	删除文件
7	rmdir	remove directory	删除目录
8	mv	move	移动/重命名文件/目录
9	cp	copy	复制文件/目录
10	echo		显示在终端输入的内容
11	date		读取系统日期/时间
12	grep	global search regular expression and print	全面搜索正则表达式并打印
13	man	manual	显示命令使用手册

续表

序号	命令	意义	功能
14	sudo	super user do	以 root 权限执行
15	chmod	change mode	改变文件读写权限
16	./program		运行 program
17	apt-get	Advanced Package Tool	安装/删除软件包
18	exit		退出
19	reboot		重新启动
20	shutdown		关机

树莓派的 CPU 采用的是 Broadcom BCM2711 四核 Cortex-A72 处理器，该 CPU 芯片内置有温度传感器，可以使用 OS 库读取树莓派 CPU 芯片所测得的温度值。

调用系统命令的方法是：os. popen('命令行'). read()；

使用前同样需要导入 OS 库：import os。

三、实验仪器和设备

(1) 计算机。

(2) 树莓派 4B 实验开发板。

(3) 12 V DC 电源。

四、实验步骤及内容

(1) 在树莓派 Python 语言编程的 mu 环境中，输入以下的例程。

```
import os,time
while True:
    dev_rpi=os.popen('/opt/vc/bin/vcgencmd measure_temp')
    cpu_temp=dev_rpi.read()
    print(cpu_temp)
    time.sleep(1)
```

(2) 运行程序，在结果显示窗口可以看到树莓派 CPU 的当前温度值，如图 6.53 所示。

五、实验报告要求

实验报告至少包括以下内容。

(1) 实验目的与要求。

(2) 程序设计过程及说明。

(3) 实验过程记录。

(4) 调试过程总结与实验心得。

六、思考题

思考并详细解释参考程序中的代码：dev _ rpi = os. popen ('/opt/vc/bin/vcgencmd

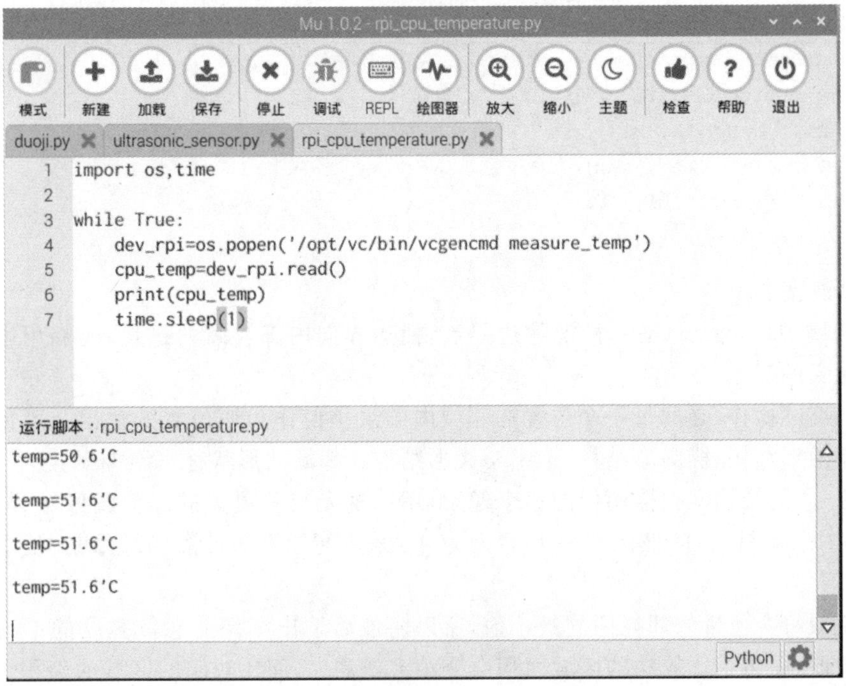

图 6.53

measure_temp')，其作用是什么？为什么采用这种格式？

6.6.6　机器视觉识别硬币数量实验

一、实验目的

(1) 了解图像处理常用方法。

(2) 初步掌握树莓派 Python 编程使用数学计算包 NumPY 和图像处理包 OpenCV Python CV2 的方法。

(3) 熟悉树莓派结合摄像头进行图像识别的编程方法。

二、实验原理

1. 关于图像的基本概念

(1) RGB 和 ARGB。

RGB 色彩模式使用 RGB 模型为图像中每个像素的 RGB 分量分配一个 0～255 范围内的强度值。RGB 图像仅仅使用三种颜色 R(red)、G(green)、B(blue)，就能够依照不同的比例混合，在屏幕上呈现 16777216(256×256×256)种颜色。

在计算机中，RGB 的所谓“多少”就是指亮度，并使用整数来表示。通常情况下，R、G、B 各有 256 级亮度，用数字表示为 0、1、2、…、255。

ARGB 表示 Alpha、Red、Green、Blue，也是一种色彩模式，是在 RGB 色彩模式上附加 Alpha(透明度)通道，常见于 32 位位图的存储结构。

(2) 图像裁剪。

图像裁剪的 OpenCV Python 代码：

```
import CV2
source=CV2 imread(image_path)        # 读图片
img= source[814:1067,1656:1907]      裁剪
#坐标;[Ly:Ry,LX:Rx]
# (Xmin,Ymin,Xmax,Ymax)
CV2.imshow("2",img)
CV2.WaitKey(0)
```

(3) 腐蚀算法。

图像的腐蚀(erosion)是一种消除边界点,使边界向内部收缩的过程,能够用来消除图像中小且无意义的对象。

图像的腐蚀操作,是取每一个位置的邻域内的最小值作为该位置的输出灰度值。这里的邻域可以是矩形结构、椭圆形结构、十字交叉形结构。邻域的形状称作结构元。

如用 3×3 的结构元扫描图像的每个像素,用结构元与其覆盖的二值图像做“与”操作,假设值都为 1,则结果图像的该像素为 1,否则为 0。采用腐蚀算法计算的结果是:使二值图像减小一圈。

因为是取每个位置的邻域内的最小值,所以腐蚀后输出图像的总体亮度的平均值比起原图会有所降低,图像中比较亮的区域面积会变小甚至消失,而比较暗的区域的面积会增大。

图 6.54 中 X 是被处理的对象,B 是结构元。不难知道,对于随意一个在阴影部分的点 a,Ba 包含于 X,所以 X 被 B 腐蚀的结果就是那个阴影部分。阴影部分在 X 的范围之内,且比 X 小,就像 X 被剥掉了一层似的,这就是为什么称为腐蚀的原因。

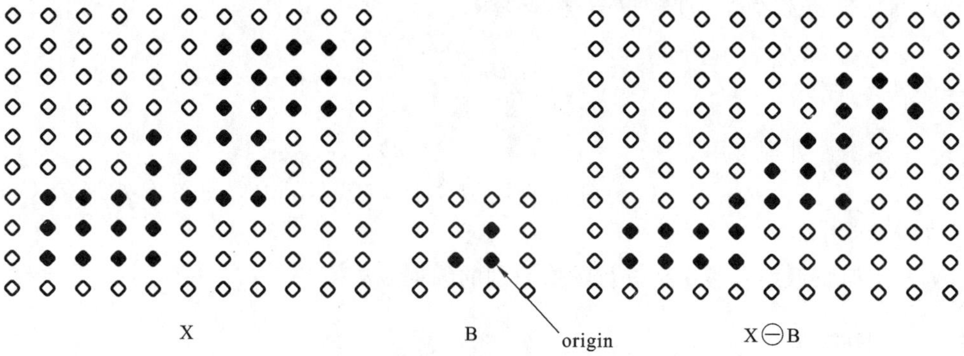

图 6.54

(4) 膨胀算法。

膨胀(dilation)是取每一个位置邻域内的最大值。

膨胀是将与物体接触的全部背景点合并到该物体中,使边界向外部扩张的过程,能够用来填补物体中的空洞。

用 3×3 的结构元扫描图像的每个像素,用结构元与其覆盖的二值图像做“或”操作,假设值都为 0,则结果图像的该像素为 0,否则为 1。其结果是:使二值图像扩大一圈。

膨胀可以看作腐蚀的对偶运算,其定义是:把结构元 B 平移 a 后得到 Ba,若 Ba 击中 X,则记下这个 a 点。全部满足上述条件的 a 点组成的集合称作 X 被 B 膨胀的结果。用公式表示为:$D(X)=\{a \mid Ba \uparrow X\}=X$ 腐蚀、膨胀、细化算法 B。例如图 6.55 中 X 是被处理的对象,B 是结构元,不难知道,对于随意一个在阴影部分的点 a,Ba 击中 X,所以 X 被 B 膨胀的结果就是

那个阴影部分。阴影部分包含 X 的全部范围，就像 X 膨胀了一圈似的，这就是为什么称为膨胀的原因。

膨胀后的输出图像的总体亮度的平均值比起原图会有所提升，而图像中较亮物体的尺寸会变大，较暗物体的尺寸会减小，甚至消失。

在图 6.55 中，左边是被处理的图像 X(二值图像，我们针对的是黑点)，中间是结构元 B。膨胀的方法是，拿 B 的中心点与 X 上的点及 X 周围的点一个一个地对，假设 B 上有一个点落在 X 的范围内，则该点就为黑。右边是膨胀后的结果，能够看出，它包含 X 的全部范围，就像 X 膨胀了一圈似的。

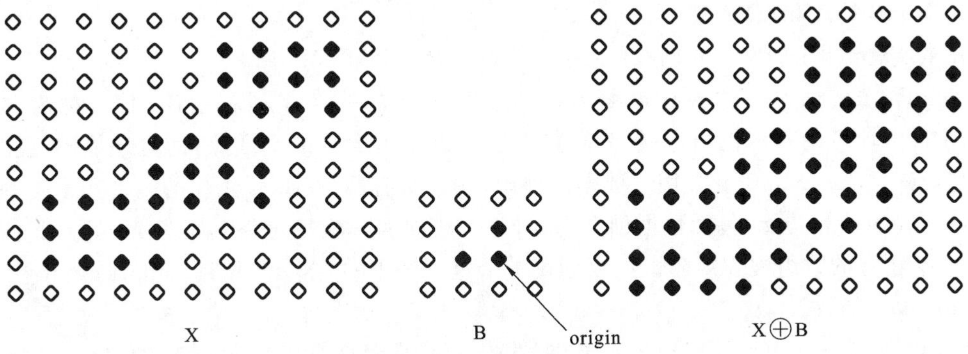

图 6.55

(5) 开运算。

对图像进行先腐蚀后膨胀的计算过程称为开运算。其主要作用是用来消除小物体、在纤细点处分离物体、平滑较大物体的边界的同时并不明显改变其面积。

(6) 闭运算。

对图像进行先膨胀后腐蚀的计算过程称为闭运算。其主要作用是填充物体内细小空洞、连接邻近物体、平滑物体边界的同时并不明显改变其面积。

图像应用腐蚀、膨胀算法处理的效果：

① 对图像腐蚀两次，相当于对结构元自身膨胀后的图像进行腐蚀；

② 腐蚀图像相当于对其反色图像膨胀后再取反色；

③ 膨胀图像相当于对其反色图像腐蚀后再取反色。

知道了图像的腐蚀与膨胀处理作用，就可以了解更多较深层次的图片处理算法了。

OpenCV Python 代码：

```
#腐蚀函数 erode
dst=CV2.erode(src,kernel,iterations)
#膨胀函数 dilate
dst=CV2.dilate(src,kernel,iterations)
```

(7) 模糊效果。

模糊主要是改变背景色的透明度。

(8) 灰度化。

在 RGB 模型中，如果 R=G=B，则图像的色彩显示出一种灰度颜色，其中 R=G=B 的值叫灰度值，因此，灰度图像每一个像素仅仅需一个字节存放灰度值(又称强度值、亮度值)，灰度范围为 0～255。

(9) 二值化。

一幅图像包含目标物体、背景还有噪声，要想从多值的数字图像中直接提取出目标物体，最经常使用的方法就是设定一个全局的阈值 T，用 T 将图像的数据分成两部分：大于 T 的像素群和小于 T 的像素群。将大于 T 的像素群的像素值设定为白色(或者黑色)，小于 T 的像素群的像素值设定为黑色(或者白色)。

例如：计算每个像素的(R+G+B)/3，假设其值大于 127，则设置该像素为白色，即 R=G=B=255；否则设置为黑色，即 R=G=B=0。

2. NumPY 库和 CV2 库

在本实验给出的 Python 例程中，用到了 NumPY 库和 CV2 库。

NumPY 的全称是 Numerical Python，是 Python 的一个扩展程序库，是一种高性能的 Python 科学计算的基本包，它不仅针对数组运算提供了大量的函数库，而且还能够支持维度数组与矩阵运算。NumPY 常用于数据的处理，几乎所有用 Python 工作的学者和工程师都利用了其强大的计算功能，包括数据创立和处理，一般在实际应用中将其写为 numpy，我们可以把 numpy 建立的数组视为矩阵。如要创建一个全部为 1 的数组，可以用 import numpy as np，再用 np. ones 函数。

OpenCV 是一个基于 BSD 许可(开源)发行的跨平台计算机视觉处理软件库。CV2 库是 OpenCV 为 Python 提供的图像处理库，可以运行在 Linux、Windows、Android 和 Mac OS 操作系统上。OpenCV 用 C++语言编写，它具有 C++、Python、Java 和 MATLAB 接口，主要用于实时视觉的图像处理。

关于在树莓派上安装 OpenCV，由于安装源文件地址经常变化，请读者自行查询资料，自行安装。

三、实验仪器和设备

(1) 显示器。

(2) 树莓派 4B 实验开发板。

(3) 12 V DC 电源。

(4) USB 接口的摄像头。

四、实验步骤及内容

将 USB 接口的摄像头插入树莓派的 USB 端口，树莓派通过 MicroHDMI-HDMI 电缆连接到显示器，接通树莓派和显示器电源，启动树莓派。

1. 编程

打开树莓派中的 Python 集成编程环境 IDE，输入下面的示例程序，输入完毕将其保存为 cardtest. py。

```
import numpy as np
import cv2 as cv
import time
while 1:
    cap=cv.VideoCapture(0)
```

```
    ret,frame=cap.read()
    if ret==True:
        cv.imwrite("./images/test.jpg",frame)
        img=cv.imread("./images/test.jpg",1)
    else:
        img=cv.imread("./images/00a.jpg",1)
    rows,cols=img.shape[:2]
    img=cv.resize(img,(int(0.5*cols),int(0.5*rows)))
    gray=cv.cvtColor(img,cv.COLOR_BGR2GRAY)
    kernel=np.ones((3,3),np.uint8)
    erosion=cv.erode(gray,kernel,iterations=5)
    dilation=cv.dilate(erosion,kernel,iterations=5)
    ret, thresh=cv.threshold(dilation, 80, 255, cv.THRESH_BINARY)
    thresh1=cv.GaussianBlur(thresh,(3,3),0)
    contours,hirearchy=cv.findContours(thresh1, cv.RETR_TREE, cv.CHAIN_APPROX_
SIMPLE)
    area=[]
    contours1=[]
    for i in contours:
        if cv.contourArea(i)>295:
            contours1.append(i)
    print(len(contours1)-1)
    draw=cv.drawContours(img,contours1,-1,(0,255,0),1)
    for i,j in zip(contours1,range(len(contours1))):
        M=cv.moments(i)
        cX=int(M["m10"]/M["m00"])
        cY=int(M["m01"]/M["m00"])
        draw1=cv.putText(draw, str(j), (cX, cY), 1,1.5, (255, 0, 255), 1)
    cv.imshow("draw",draw1)
    k=cv.waitKey(2000)
    if k==27:
        break
    time.sleep(2)
    cap.release()
    cv.destroyAllWindows()
```

2. 示例程序的说明

(1) 运行时查找摄像头,若有,拍一张照片,保存到./images/test.jpg,调出使用;若无摄像头,到./images 文件夹找到 00a.jpg 来使用;若找不到照片,报错并退出。

(2) 若有图片,进行图形学分析、计算轮廓、计数、画图输出等。

(3) 完成后,关闭摄像头,释放窗口,进入下一个循环:查找摄像头、拍照、调用、分析……

(4) 若键盘 Esc 键被按下,退出循环,并退出程序。

3. 图像识别操作

(1) 打开 shell,输入 cd mycode,进入 mycode 文件夹,输入 ls,找到 cardtest.py 文件。

(2) 直接运行 sudo python3 cardtest.py,shell 会采集摄像机的图像,经程序处理后,生成识别结果的图片，并在识别出的物体部位输出识别的数值。

(3) 如果需要退出，鼠标点击图片区域，按 Esc 键即可退出。

五、实验报告要求

实验报告至少包括以下内容。

(1) 实验目的与要求。

(2) 程序设计过程及说明。

(3) 实验过程记录。

(4) 调试过程总结与实验心得。

六、思考题

NumPY 和 CV2 分别是什么，是怎么安装到树莓派上的？请尝试在自己的树莓派上安装 NumPY 和 CV2。

6.6.7　树莓派与 Arduino 的通信实验

一、实验目的

掌握树莓派与 Arduino 通信的方法。

二、实验原理

树莓派可以通过 GPIO 接口实现对外围设备的控制，诸如开关量控制、电机转动、传感器数据获取等，这些设备也能被其他嵌入式系统，如 51 单片机、Arduino 单片机、ARM 等通过串行通信端口控制。树莓派的 I/O 接口与一些单片机相比，并不算丰富，所以，在有些情况下，往往是将树莓派与其他单片机或 ARM 结合起来使用：把树莓派作为上位机，利用其丰富的资源库和较强的处理能力，承担比较复杂的运算处理（如视频图像处理）任务，并把处理结果发给下位机；单片机、ARM 一般作为下位机，发挥其 I/O 接口多的优势，承担起外围设备的控制任务。

对于 Arduino，将 USB 下载线的下载头接 Arduino，另一 USB 端接计算机 USB 口即可以下载程序，此时也可通过 Arduino IDE 中的“串口监视器”查看串口状态（参见第 5 章）。Arduino 上还有 RX、TX 引脚接口，这是 Arduino 的串行通信端口的收发针脚，将 Arduino 上的 RX、TX 引脚和树莓派 TX、RX 引脚相连就可以得到通信的物理通道。

树莓派需要安装 RPi. GPIO 和 serial 库，前者可以控制 I/O 口，后者用于串口通信。

三、实验仪器和设备

(1) 计算机。

(2) 树莓派 4B 实验开发板（含供电电源、通信电缆）。

(3) HDMI 接口显示器。

(4) Arduino 实验板（含供电电源、通信电缆）。

(5) 杜邦线。

四、实验步骤及内容

1. 连接树莓派的串口与 Arduino 的串口

用杜邦线连接树莓派串行通信端口 R 与 Arduino 串行通信端口 T，以及树莓派的串行通信端口 T 与 Arduino 串行通信端口 R，连接树莓派 GPIO 上的 GND 与 Arduino 板上的 GND。

2. 将树莓派的硬件串口分配给 GPIO 串口

(1) 在命令行方式下输入 sudo raspi-config 命令，进入树莓派系统配置界面，选择第三项“Interfacing Options”，如图 6.56 所示。

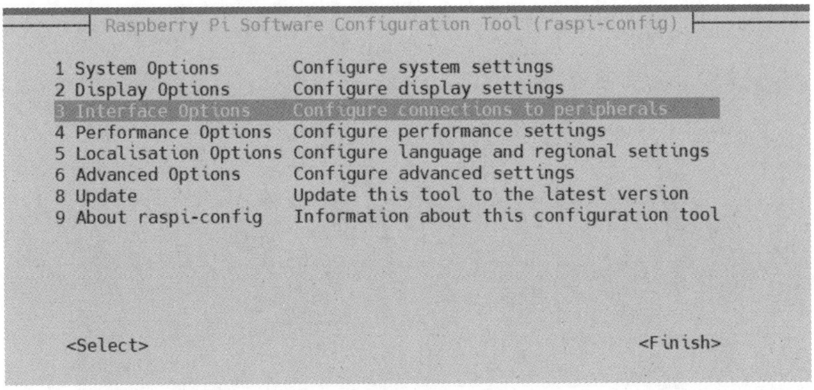

图 6.56

接着用鼠标选择“P6 Serial Port”，如图 6.57 所示。

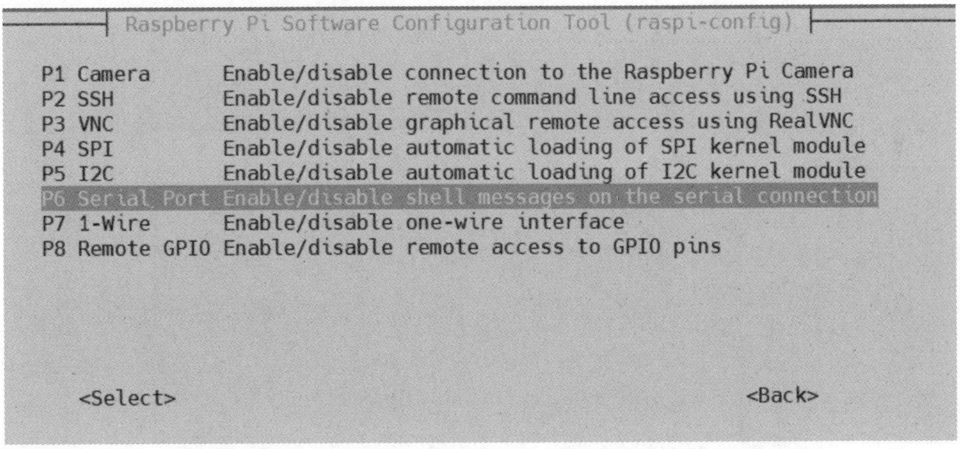

图 6.57

然后关闭串口登录功能，打开硬件串口调试功能，如图 6.58 所示。

(2) 修改配置文件。

打开/boot/config. txt 文件，输入 sudo vim /boot/config. txt，在最后添加两行：① dtoverlay=pi3-miniuart-bt；② force_turbo=1。然后重启树莓派，通过 ls /dev-al 命令查看串口，如图 6.59 所示。

由图可知，串口 0 对应 ttyAMA0，串口 1 对应 ttyS0，意味着此时树莓派的硬件串口可以

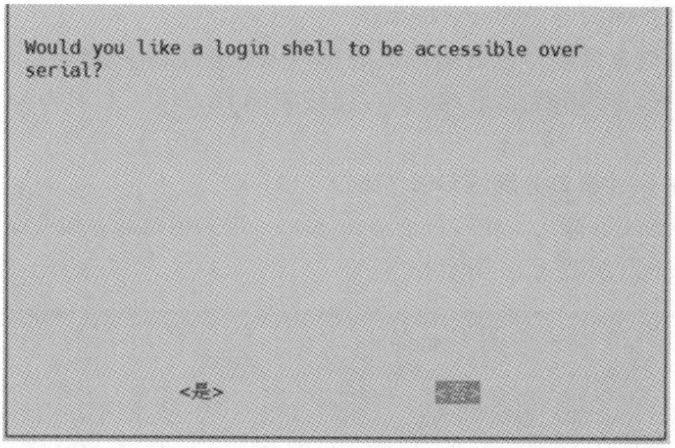
Would you like a login shell to be accessible over serial?
<是>
<否>

(a)

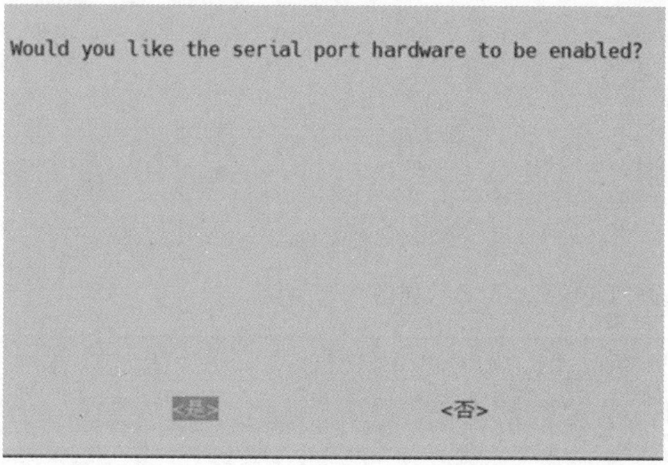
Would you like the serial port hardware to be enabled?
<是>
<否>

(b)

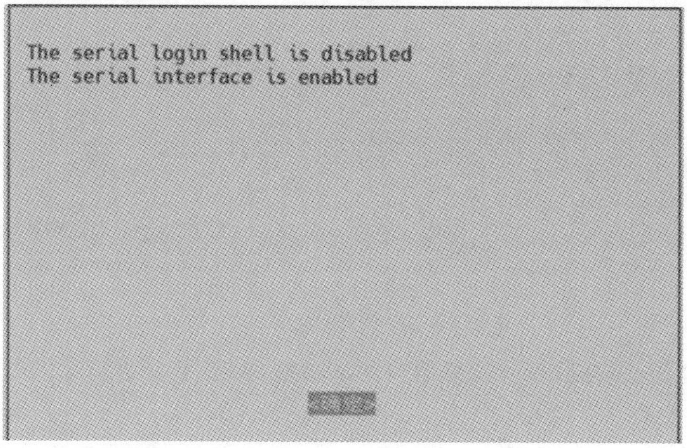
The serial login shell is disabled
The serial interface is enabled
<确定>

(c)

图 6.58

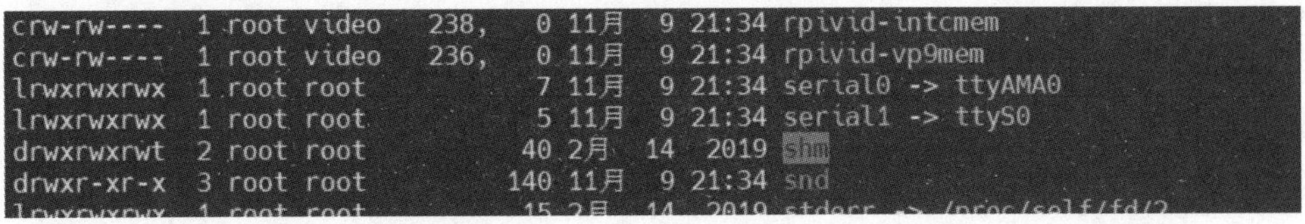

图 6.59

通过 GPIO 跟其他的串口进行通信了。

3. 编写测试程序

树莓派程序如下：

```
import serial
import time

port="/dev/ttyAMA0"
ser=serial.Serial(port,115200,timeout= 1)      # //打开串口,设置通信的波特率
ser.flushInput()                              # //清空输入缓冲区
while True:
        #ser.write("7".encode())
        ser.write("s".encode());
        size=ser.inWaiting()                  # 获得缓冲区字符
        if size !=0:
          response=ser.read(size);
          print(response)
        time.sleep(3)
```

Arduino 程序如下：

```
void setup()
{
    Serial.begin(115200);                     //定义波特率

}
void loop()
{
  while(Serial.available()>0){
        char teststring=Serial.read();

        Serial.println(teststring);

        if('s'==teststring)
            Serial.println("Hello Raspberry,I am Arduino.");
        }
}
```

4. 运行程序观察通信效果

通过树莓派和 Arduino 分别运行上面的程序，在树莓派上观察通信效果，在 Arduino 的编

程计算机上，通过 Arduino IDE 中的“串口监视器”观察串口的通信效果。

五、实验报告要求

实验报告至少包括以下内容。

(1) 实验目的与要求。

(2) 实验系统硬件接线原理图。

(3) 程序设计过程及说明。

(4) 实验过程记录。

(5) 调试过程总结与实验心得。

六、思考题

在本项实验例程的基础上，完成如下任务：树莓派向 Arduino 发出指令，由 Arduino 板根据树莓派的指令，操作 I/O 通断、PWM 输出并把 A/D 转换得到的传感器数据传给树莓派。

参考文献

[1] 杨叔子，杨克冲，吴波，等. 机械工程控制基础[M]. 7 版. 武汉：华中科技大学出版社，2017.

[2] 王正林，王胜开，陈国顺，等. MATLAB/Simulink 与控制系统仿真[M]. 北京：电子工业出版社，2017.

[3] 张培强. MATLAB 语言——演算纸式的科学工程计算语言[M]. 合肥：中国科学技术大学出版社，1995.

[4] 张运刚，宋小春，郭武强. 从入门到精通——西门子 S7-200 PLC 技术与应用[M]. 北京：人民邮电出版社，2007.

[5] 陈利君. TwinCAT 3.1 从入门到精通[M]. 北京：机械工业出版社，2020.

[6] 陈利君. TwinCAT NC 实用指南[M]. 北京：机械工业出版社，2020.

[7] Michael McRoberts. Arduino 从基础到实践[M]. 刘端阳，郎咸蒙，刘炜，译. 北京：电子工业出版社，2017.

[8] Simon Monk. 树莓派开发实战[M]. 韩波，译. 北京：人民邮电出版社，2019.